本书由上海财经大学浙江学院发展基金资助出版

高等院校经济数学系列教材

高等数学

（第二版）

沈炳良　邹晓光　晁海洲　郭巧玲　编

上海财经大学出版社
SHANGHAI UNIVERSITY OF FINANCE & ECONOMICS PRESS

图书在版编目(CIP)数据

高等数学:配习题集/沈炳良等编. —2 版. --上海:上海财经大学出版社,2024.6

(高等院校经济数学系列教材)

ISBN 978-7-5642-4412-5/F·4412

Ⅰ.①高… Ⅱ.①沈… Ⅲ.①高等数学-高等学校-教材 Ⅳ.①O13

中国国家版本馆 CIP 数据核字(2024)第 105839 号

□ 责任编辑 刘光本
□ 责编电邮 lgb55@126.com
□ 责编电话 021—65904890
□ 封面设计 张克瑶

高等数学

(第二版)

沈炳良 邹晓光 晁海洲 郭巧玲 编

上海财经大学出版社出版发行
(上海市中山北一路 369 号 邮编 200083)
网 址:http://www.sufep.com
电子邮箱:webmaster @ sufep.com
全国新华书店经销
启东市人民印刷有限公司印刷装订
2024 年 6 月第 2 版 2024 年 6 月第 1 次印刷

787mm×1092mm 1/16 21.25 印张 544 千字
(习题集 12.25 印张 314 千字)
印数:7 101—10 100 定价:89.00 元

(本书配习题集 请向售书单位索取)

前 言

高等数学是应用型本科院校理工类和经管类专业一门重要的基础理论课程。它在培养学生的抽象概括能力、逻辑思维能力、运算能力方面具有独特作用，可为学生终身可持续发展打好数学基础，是其他课程无法替代的。

由于应用型本科院校在我国的发展历史相对较短，《高等数学》教材的编写又是一件费时费力、十分繁杂的工作，对编写者的要求较高，不仅要熟悉应用型本科院校的办学模式和人才培养定位，还要熟悉教材内容、高瞻远瞩，更要了解学生的特点，否则很难编写出针对性强的教材。尽管已发行的高等数学的教材从种类到数量十分庞大，但我们很难寻觅到一部较为权威、适用于应用型本科院校、特色鲜明的教材。

《高等数学》(第二版)是在第一版的基础上修订而成的。全书突出“极限思想”，表述上尽可能从具体问题入手，问题的引入自然、贴切，问题的讨论由浅入深，由易及难，从具体到抽象，循序渐进，脉络清晰，做到了难点分散，化难为易，便于组织教学。

经过几年的教学实践并根据同行的宝贵建议，我们进一步对国内外优秀的同类教材进行了比较研究，在保持第一版特色的基础上，对第一版的错误和疏漏进行了改正，并对部分内容进行了重新编写。

此次修订中，广大师生提出了许多宝贵的意见及建议，我们在此表示诚挚的谢意。

本书的修订工作由上海财经大学浙江学院数学教研室及上海电子信息职业技术学院公共基础部教师承担。参加第二版修订工作的有：邹晓光(第一、二、三章)，沈炳良(第四、五章)，郭巧玲(第六、七章)，晁海洲(第八、九章)。

限于编者水平，教材中定存在不妥之处，恳请专家和本书的使用者批评指正。

编者

2024 年 6 月

目录

第一章

函数、极限与连续

本章在中学数学已有函数知识的基础上，进一步理解函数的概念、函数的极限及其应用.极限概念是微积分的理论基础，极限方法是学习微积分的关键，连续是函数的一个重要性态.本章将在理解函数概念的基础上，介绍函数、极限与连续的基本知识和有关的基本方法.

§1 函　　数

一、集合与变量

在观察某一现象的过程时，常常会遇到各种不同的量，其中有的量在过程中不起变化，我们把其称为常量；有的量在过程中是变化的，也就是可以取不同的数值，我们则把其称为变量.

在过程中还有一种量，它虽然是变化的，但是它的变化相对于所研究的对象是极其微小的，我们把它看作常量.

如果变量的变化是连续的，则常用区间来表示其变化范围.

在数轴上来说，区间是指介于某两点之间的线段上点的全体.

表 1-1

区间的名称	区间满足的不等式	区间的记号	区间在数轴上的表示
闭区间	$a \leqslant x \leqslant b$	$[a, b]$	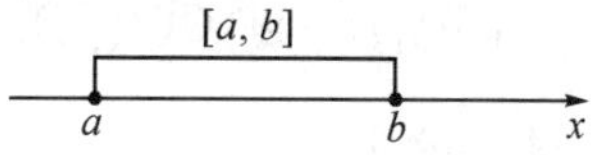
开区间	$a < x < b$	(a, b)	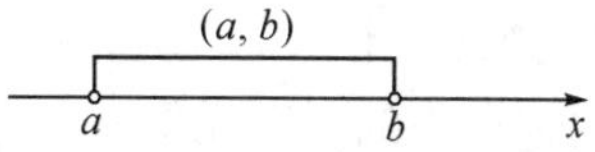
半开区间	$a < x \leqslant b$ 或 $a \leqslant x < b$	$(a, b]$ 或 $[a, b)$	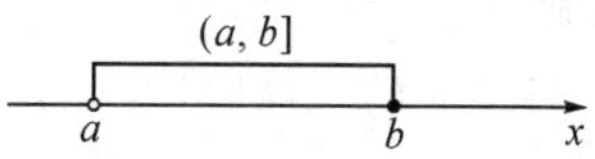 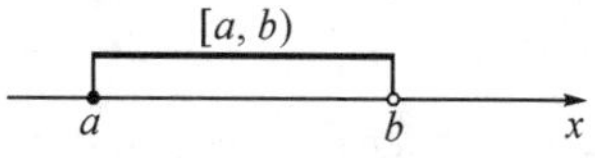

以上所述的都是有限区间，除此之外，还有无限区间：

$[a, +\infty)$：表示不小于 a 的实数的全体，也可记为：$a \leqslant x < +\infty$；

$(-\infty, b)$：表示小于 b 的实数的全体，也可记为：$-\infty < x < b$；

$(-\infty, +\infty)$：表示全体实数，也可记为：$-\infty < x < +\infty$，

其中 $-\infty$ 和 $+\infty$，分别读作"负无穷大"和"正无穷大"，它们不是数，仅仅是记号.

通常，我们把全体非负整数即自然数的集合记作 N，即：

$$N = \{0, 1, 2, 3, \cdots, n, \cdots\};$$

全体正整数的集合记作 N^+，即：

$$N^+ = \{1, 2, 3, \cdots, n, \cdots\};$$

全体整数的集合记作 Z，即：

$$Z = \{\cdots, -n, \cdots, -2, -1, 0, 1, 2, \cdots, n, \cdots\};$$

全体有理数的集合记作 Q，即：

$$Q = \left\{\frac{p}{q} \middle| p \in \mathbf{Z}, q \in N^+ \text{ 且 } p、q \text{ 互质}\right\};$$

全体实数的集合记作 R，全体复数的集合记作 C.

二、邻域

定义 1.1 设 $a, \delta \in \mathbf{R}, \delta > 0$，数集 $\{x \mid |x-a| < \delta, x \in \mathbf{R}\}$，即实数轴上和 a 点的距离小于 δ 的点的全体，称为点 a 的 δ 邻域，记作 $U(a, \delta)$，点 a 与数 δ 分别称为这邻域的中心和半径. 有时用 $U(a)$ 表示点 a 的一个泛指的邻域，即：$U(a, \delta) = (a-\delta, a+\delta)$，如图 1-1 所示.

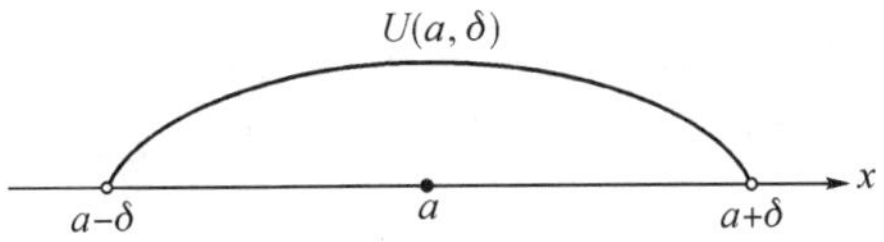

图 1-1

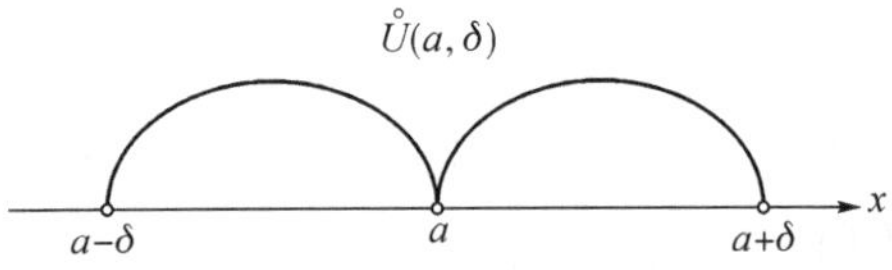

图 1-2

实数集 $\{x \mid 0 < |x-a| < \delta, x \in \mathbf{R}\}$，称为点 a 的去心 δ 邻域，记作 $\mathring{U}(a, \delta)$，即：

$$\mathring{U}(a, \delta) = (a-\delta, a) \cup (a, a+\delta),$$

如图 1-2 所示.

三、映射与函数的概念

1. 映射的定义

定义 1.2 设 A, B 是两个非空的集合，若对 A 中的每个元素 x，按照某种确定的法则 f，在 B 中有唯一的一个元素 y 与之对应，则称 f 是从 A 到 B 的一个映射，记作 $f: A \to B$，称 y 为 x 在映射 f 下的像，x 称为 y 在映射 f 下的原像. 集合 A 称为映射 f 的定义域，A 中所有元素 x 的像 y 的全体所构成的集合称为 f 的值域，记作 R_f 或 $f(A)$，即

$$R_f = f(A) = \{y \mid y = f(x), x \in A\}.$$

定义中 x 的像是唯一的，但 y 的原像不一定唯一，且 $f(A) \subseteq B$.

映射概念中的两个基本要素是定义域和对应法则. 定义域表示映射存在的范围,对应法则是映射的具体表现.

例 1　设 A 表示某高校大学一年级学生所构成的集合,用一种方法给每一个学生编一个学号, B 表示该校一年级学生学号的集合, f 表示编号方法,于是确定了从 A 到 B 的一个映射 $f:A\to B$.

例 2　设 $A=\{1, 2, \cdots, n, \cdots\}$, $B=\{2, 4, \cdots, 2n, \cdots\}$. 令 $f(x)=2x$, $x\in A$, 则 f 是一个从 A 到 B 的映射.

例 3　设 $A=[0, 1]$, $B=\{(x, y)\mid y=x, x\in A\}$, 如图 1-3 所示. 令

$f:x\mapsto(x, x)$, $x\in A$, 则 f 是一个从 A 到 B 的映射.

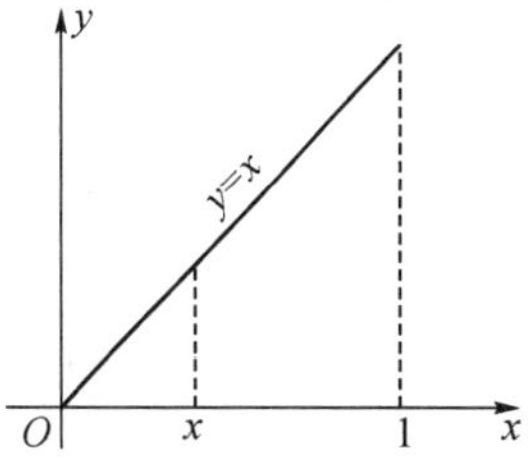

图 1-3

设有映射 $f: A\to B$, 若 $B=f(A)=\{f(x)\mid x\in A\}$, 则称 f 是满射. 若 f 将 A 中不同的元素映射到 B 中的像也不同,即若 $x_1, x_2\in A$ 且 $x_1\neq x_2$, 则 $f(x_1)\neq f(x_2)$, 则称 f 是单射. 若 f 既是满射又是单射,则称 f 是从 A 到 B 的一一映射. 若 A 与 B 之间存在一一映射,则称 A 与 B 是一一对应的.

上面的例 1、例 2 与例 3 的两个集合都是一一对应的.

2. 复合映射

定义 1.3　设有映射 $g:A\to B$, $f:B\to C$, 于是对 $x\in A$ 有:

$$x\xrightarrow{g}u=g(x)\xrightarrow{f}y=f(u)=f[g(x)]\in C.$$

这样,对每个 $x\in A$, 经过 $u\in B$, 有唯一的 $y\in C$ 与之对应,因此,又产生了一个从 A 到 C 的新映射,记作 $f\circ g:A\to C$, 即 $(f\circ g)(x)=f[g(x)]$, $x\in A$, 称 $f\circ g$ 为 f 与 g 的复合映射,如图 1-4 所示.

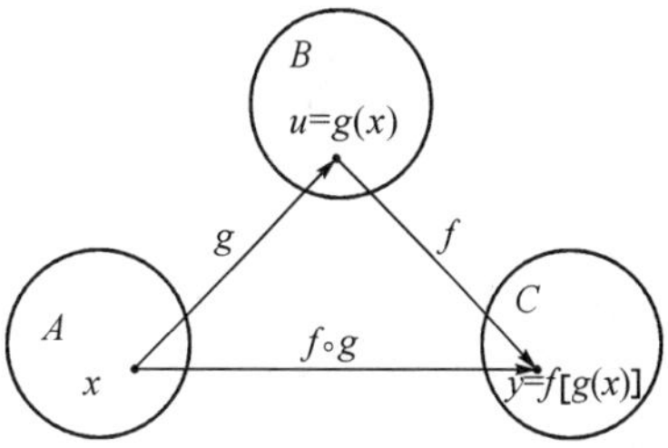

图 1-4

3. 逆映射

定义 1.4　设有映射 $f:A\to B$, $B=f(A)$, 若存在一个映射 $g:B\to A$, 对每个 $y\in B$, 通过 g, 有唯一的 $x\in A$ 与之对应,且满足关系 $f(x)=y$, 则称 g 是 f 的**逆映射**,记作 $g=f^{-1}$.

若映射 $f:A\to B$ 是一一映射,则 f 必存在一个从 B 到 A 的逆映射 f^{-1}.

4. 函数定义

定义 1.5　如果当变量 x 在其变化范围 D 内任意取定一个数值时,变量 y 按照一定的法则 f 总有确定的数值与之对应,则称 y 是 x 的函数,记为 $y=f(x)$. 通常 x 称为自变量, y 称为因变量,变量 x 的变化范围 D 称为函数的定义域,记为 D_f, 即 $D_f=D$. 函数值 $f(x)$ 的全体所构成的集合称为函数的值域,记为 R_f 或 $f(D)$, 即:

$$R_f=\{y\mid y=f(x), x\in D\}.$$

为了表明 y 是 x 的函数,我们用记号 $y=f(x)$, $y=F(x)$ 等来表示. 这里的字母 f, F 表示 y 与 x 之间的对应法则即函数关系,它们是可以任意采用不同的字母来表示的.

如果自变量在定义域内任取一个确定的值时,函数只有一个确定的值和它对应,这种函数叫作单值函数,否则叫作多值函数. 这里我们只讨论单值函数.

例 4 求函数 $y=\ln(2x+1)+\sqrt{4-3x}$ 的定义域.

解 由题意可得，x 应满足不等式$\begin{cases}2x+1>0\\4-3x\geqslant 0\end{cases}$，解得：

$$-\frac{1}{2}<x\leqslant\frac{4}{3},$$

所以，所求函数定义域 D_f 为$\left(-\frac{1}{2},\frac{4}{3}\right]$.

例 5 求函数 $y=\frac{1}{1-x}+\sqrt{4-x^2}$ 的定义域.

解 由题意可得，x 应满足不等式 $\begin{cases}1-x\neq 0\\4-x^2\geqslant 0\end{cases}$，解得：

$$\begin{cases}x\neq 1\\-2\leqslant x\leqslant 2\end{cases}$$

所以，函数的定义域为$[-2,1)\cup(1,2]$.

四、函数的常用表示法

函数的表示法主要有三种：解析法、表格法和图像法. 用图像法表示函数是基于函数图像的概念，坐标平面上的点集

$$\{(x,y)\mid y=f(x),x\in D\}$$

称为函数 $y=f(x)$，$x\in D$ 的图像.

在函数的定义中，并不要求当自变量变化时函数的值一定要改变，因此即使所有的 x 值都对应于一个 y 值也是允许的，即常数函数 $y=c$.

在实际问题中，经常遇到用几个式子表示一个函数的情形，这种在自变量的不同变化范围，对应法则用不同式子表示的函数，通常称为分段函数，它仍然是一个函数，而非多个函数.

例 6 函数 $y=|x|=\begin{cases}x,x\geqslant 0\\-x,x<0\end{cases}$，函数定义域 $D_f=(-\infty,+\infty)$，值域 $R_f=[0,+\infty)$，它的图形如图 1-5 所示，则函数称为绝对值函数.

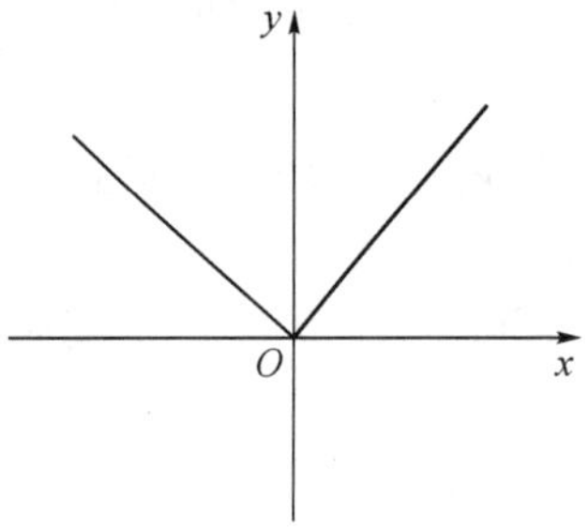

图 1-5

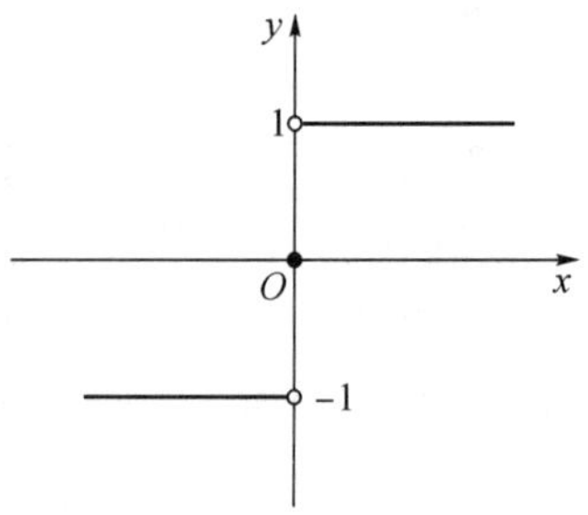

图 1-6

例 7 函数 $y=\operatorname{sgn}x=\begin{cases}1,x>0\\0,x=0\\-1,x<0\end{cases}$，称该函数为符号函数，它的定义域为

$D_f=(-\infty, +\infty)$，值域为 $R_f=\{-1, 0, 1\}$，它的图形如图 1-6 所示. 对于任何实数 x，下列关系成立：

$$|x|=\operatorname{sgn}x\cdot x.$$

例 8 函数 $y=[x]$ 表示不超过 x 的最大整数，例如，$[\pi]=3$，$[\sqrt{3}]=1$，$\left[-\dfrac{5}{2}\right]=-3$，即

$$y=[x]=n, n\leqslant x<n+1, n=0, \pm1, \pm2, \cdots,$$

它的定义域为 $(-\infty, +\infty)$，函数的图像如图 1-7 所示. 称该函数为取整函数.

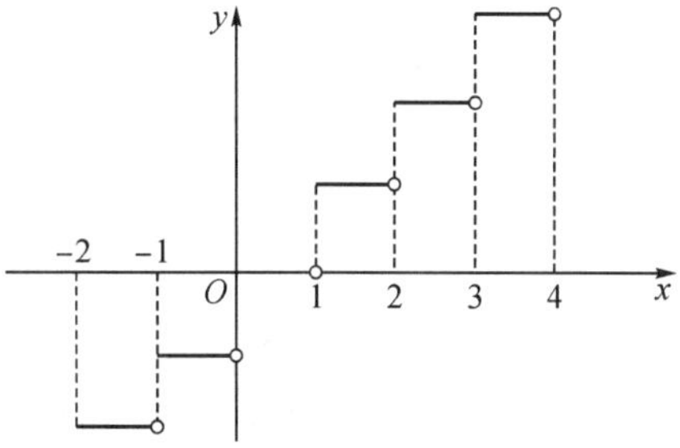

图 1-7

例 9 函数 $y=D(x)=\begin{cases}1, & x\in\mathbf{Q}\\ 0, & x\in\mathbf{R}-\mathbf{Q}\end{cases}$，称该函数为狄利克雷(Dirichlet)函数. 该函数图形不能简单地表示成直线或曲线的形式.

五、函数特性

1. 函数的有界性

定义 1.6 设函数 $f(x)$ 的定义域为 D_f，数集 $X\subseteq D_f$，若存在某个常数 K_1(或 K_2)，使得对任一 $x\in X$，都有

$$f(x)\leqslant K_1 \quad (\text{或 } f(x)\geqslant K_2),$$

则称函数 $f(x)$ 在 X 上有上界(或有下界)，常数 K_1(或 K_2)称为 $f(x)$ 在 X 上的一个上界(或下界)，否则，称 $f(x)$ 在 X 上无上界(或无下界).

若函数 $f(x)$ 在 X 既有上界又有下界，则称 $f(x)$ 在 X 上有界，否则，称 $f(x)$ 在 X 上无界.

易知，函数 $f(x)$ 在 X 上有界的充要条件是：存在常数 $M>0$，使得对任一 $x\in X$，都有

$$|f(x)|\leqslant M.$$

例如，函数 $y=\sin x$ 在其定义域 $(-\infty, +\infty)$ 内是有界的，因为对任一 $x\in(-\infty, +\infty)$ 都有 $|\sin x|\leqslant 1$，函数 $y=\dfrac{1}{x}$ 在 $(0, 1)$ 内无上界，但有下界.

从几何上看，有界函数的图像界于直线 $y=\pm M$ 之间.

2. 函数的单调性

定义 1.7 如果函数 $f(x)$ 在区间 (a, b) 内随着 x 增大而增大，即：对于 (a, b) 内任意两点 x_1 及 x_2，当 $x_1<x_2$ 时，有

$$f(x_1)<f(x_2),$$

则称函数 $f(x)$ 在区间 (a, b) 内是单调增加的，如图 1-8 所示.

如果函数 $f(x)$ 在区间 (a, b) 内随着 x 增大而减少，即：对于 (a, b) 内任意两点 x_1 及 x_2，当 $x_1<x_2$ 时，有

$$f(x_1)>f(x_2),$$

则称函数 $f(x)$ 在区间 (a, b) 内是单调减少的. 如图 1-8 所示.

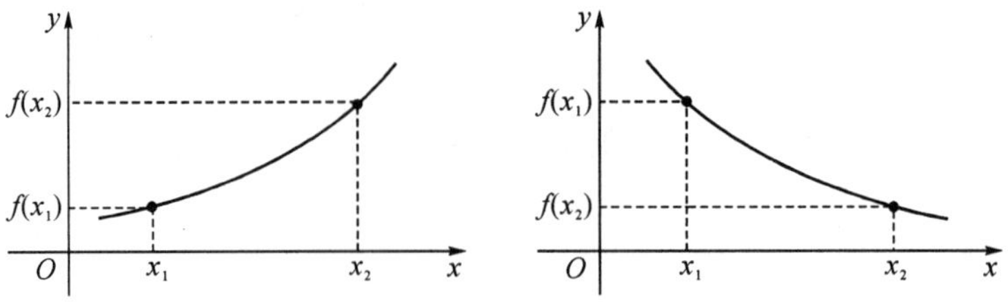

图 1-8

例如,函数 $f(x)=x^2$ 在区间 $(-\infty,0)$ 上是单调减少的,在区间 $(0,+\infty)$ 上是单调增加的;在区间 $(-\infty,+\infty)$ 不是单调的.

3. 函数的奇偶性

定义 1.8 如果函数 $f(x)$ 对于定义域内的任意 x 都满足 $f(-x)=f(x)$,则 $f(x)$ 叫作偶函数;如果函数 $f(x)$ 对于定义域内的任意 x 都满足 $f(-x)=-f(x)$,则 $f(x)$ 叫作奇函数.

偶函数的图形关于 y 轴对称,奇函数的图形关于原点对称,如图 1-9 所示.

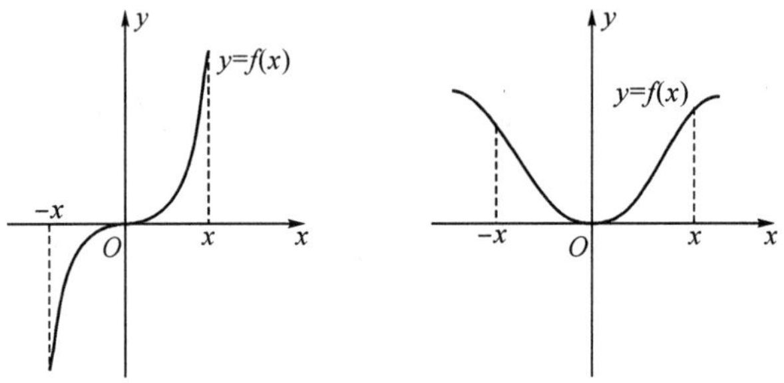

图 1-9

例 10 判断下列函数的奇偶性:

(1) $f(x)=\dfrac{1}{a^x+1}-\dfrac{1}{2}$,其中 $a>0$ 且 $a\neq 0$;

(2) $f(x)=\begin{cases}-x^3+1, & x<0 \\ x^3+1, & x\geqslant 0\end{cases}$.

解 (1) 由于
$$f(-x)=\frac{1}{a^{-x}+1}-\frac{1}{2}=\frac{a^x+1-1}{1+a^x}-\frac{1}{2}$$
$$=1-\frac{1}{1+a^x}-\frac{1}{2}=-\frac{1}{1+a^x}+\frac{1}{2}=-f(x),$$

因此,$f(x)$ 是奇函数.

(2) 由于
$$f(-x)=\begin{cases}-(-x)^3+1, & -x<0 \\ (-x)^3+1, & -x\geqslant 0\end{cases}=\begin{cases}x^3+1, & x>0 \\ -x^3+1, & x\leqslant 0\end{cases}$$
$$=\begin{cases}x^3+1, & x\geqslant 0 \\ -x^3+1, & x<0.\end{cases}=f(x),$$

因此,$f(x)$ 是偶函数.

4. 函数的周期性

定义 1.9　对于函数 $f(x)$，若存在一个不为零的数 T，使得关系式 $f(x+T)=f(x)$ 对于定义域内任何 x 值都成立，则 $f(x)$ 叫作周期函数，T 是 $f(x)$ 的周期.

在无特殊说明情况下，本书所指周期函数的周期是指最小正周期，即：使上式成立的最小正数 T(如果存在的话).

例如，函数 $y=\sin x$、$y=\cos x$ 是以 2π 为周期的周期函数；函数 $y=\tan x$ 是以 π 为周期的周期函数.

又如，例 9 介绍的狄利克雷(Dirichlet)函数就是一个周期函数，任何正有理数 r 都是它的周期. 因为不存在最小的正有理数，所以它没有最小正周期.

六、复合函数与反函数

1. 复合函数

定义 1.10　设函数 $y=f(u)$ 的定义域为 D_f，值域为 R_f；而函数 $u=g(x)$ 的定义域为 D_g，值域为 $R_g\subseteq D_f$，则对任意 $x\in D_g$，通过 $u=g(x)$ 有唯一的 $u\in R_g\subseteq D_f$ 与 x 对应，再通过 $y=f(u)$ 又有唯一的 $y\in R_f$ 与 u 对应. 这样，对任意 $x\in D_g$，通过 u，有唯一的 $y\in R_f$ 与之对应. 因此 y 是 x 的函数，称这个函数为 $y=f(u)$ 与 $u=g(x)$ 的复合函数，记作

$$y=(f\circ g)(x)=f[g(x)],\ x\in D_g,$$

u 称为**中间变量**.

两个函数的复合也可推广到多个函数复合的情形.

把几个作为中间变量的函数复合成一个函数，这个复合过程实际上是把中间变量依次代入的过程；反之把一个复合函数分解为几个较简单的函数，这些较简单的函数往往是基本初等函数或是基本初等函数与常数的四则运算所得到的函数.

例 11　函数 $y=e^{\sin x}$ 是由哪些简单函数复合而成的？

解　令 $u=\sin x$，则 $y=e^u$，故 $y=e^{\sin x}$ 是由 $y=e^u$，$u=\sin x$ 复合而成的.

例 12　设 $f(x)=\dfrac{x}{x+1}(x\neq-1)$，求 $f(f(f(x)))$.

解　令 $u=f(x)$，$w=f(u)$，

则 $y=f(f(f(x)))$ 是通过两个中间变量 w 和 u 复合而成的复合函数，

$$w=f(u)=\frac{u}{u+1}=\frac{\dfrac{x}{x+1}}{\dfrac{x}{x+1}+1}=\frac{x}{2x+1},\ x\neq-\frac{1}{2};$$

$$y=f(w)=\frac{w}{w+1}=\frac{\dfrac{x}{2x+1}}{\dfrac{x}{2x+1}+1}=\frac{x}{3x+1},\ x\neq-\frac{1}{3},$$

所以

$$f(f(f(x)))=\frac{x}{3x+1},\ x\neq-1,-\frac{1}{2},-\frac{1}{3}.$$

2. 反函数

定义 1.11　设 A，B 为实数集，映射 $f:A\to B$ 的逆映射 f^{-1} 称为 $y=f(x)$ 的反函数，即：

若对每个 $y \in B$，有唯一的 $x \in A$，使 $y=f(x)$，则称 x 也是 y 的函数，记作 f^{-1}，即 $x=f^{-1}(y)$，并称它为函数 $y=f(x)$ 的反函数，而 $y=f(x)$ 也称为反函数 $x=f^{-1}(y)$ 的直接函数.

从几何上看，函数 $y=f(x)$ 与其反函数 $x=f^{-1}(y)$ 有同一图像. 但人们习惯上用 x 表示自变量，y 表示因变量，因此反函数 $x=f^{-1}(y)$ 常改写成 $y=f^{-1}(x)$. 今后，我们称 $y=f^{-1}(x)$ 为 $y=f(x)$ 的反函数. 此时，由于对应关系 f^{-1} 未变，只是自变量与因变量交换了记号，因此反函数 $y=f^{-1}(x)$ 与直接函数 $y=f(x)$ 的图像关于直线 $y=x$ 对称，如图 1-10 所示.

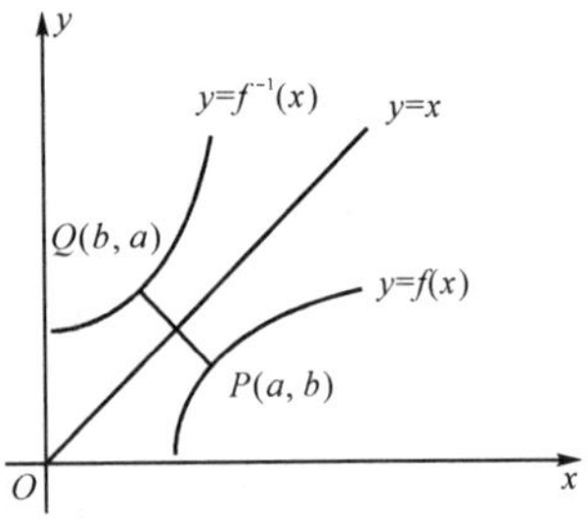

图 1-10

值得注意的是，并不是所有函数都存在反函数，例如函数 $y=x^2$ 的定义域为 $(-\infty, +\infty)$，值域为 $[0, +\infty)$，但对每一个 $y \in (0, +\infty)$，有两个 x 值即 $x_1=\sqrt{y}$ 和 $x_2=-\sqrt{y}$ 与之对应，因此 x 不是 y 的函数，从而 $y=x^2$ 不存在反函数. 事实上，由逆映射存在定理知，若 f 是从 D_f 到 R_f 的一一映射，则 f 才存在反函数 f^{-1}. 因此，有下面定理存在：

定理 1.1(反函数的存在定理) 若 $y=f(x)$ 在定义域 D_f 上严格单调递增(减)，则它的反函数 $y=f^{-1}(x)$ 必定存在，且 $y=f^{-1}(x)$ 在定义域 $f(D)$ 上严格单调递增(减).

证 任取 $y_1, y_2 \in f(D)$，且 $y_1<y_2$. 按函数 f 的定义，对 y_1，在 D 内存在唯一的原像 x_1，使得 $f(x_1)=y_1$，于是 $f^{-1}(y_1)=x_1$；对 y_2，在 D 内存在唯一的原像 x_2，使得 $f(x_2)=y_2$，于是 $f^{-1}(y_2)=x_2$.

如果 $x_1>x_2$，则由 $f(x)$ 单调递增，必有 $y_1>y_2$；如果 $x_1=x_2$，则显然有 $y_1=y_2$. 这两种情形都与假设 $y_1<y_2$ 不符，故必有 $x_1<x_2$，即 $f^{-1}(y_1)<f^{-1}(y_2)$.

这就证明了 f^{-1} 在 $f(D)$ 上是单调增加的.

例 13 设函数 $f(x+1)=\dfrac{x}{x+1}(x \neq -1)$，求 $f^{-1}(x+1)$.

解 函数 $y=f(x+1)$ 可看成由 $y=f(u)$，$u=x+1$ 复合而成. 所求的反函数 $y=f^{-1}(x+1)$ 可看成由 $y=f^{-1}(u)$，$u=x+1$ 复合而成. 因为

$$f(u)=\frac{x}{x+1}=\frac{u-1}{u}, u \neq 0,$$

即

$$y=\frac{u-1}{u},$$

从而，

$$u(y-1)=-1,\ u=\frac{1}{1-y},$$

所以

$$y=f^{-1}(u)=\frac{1}{1-u},$$

因此

$$f^{-1}(x+1)=\frac{1}{1-(x+1)}=-\frac{1}{x},\ x \neq 0.$$

七、函数的基本运算

设函数 $f(x)$,$g(x)$ 的定义域依次为 D_1,D_2,$D=D_1\cap D_2\neq\varnothing$,则我们可以定义这两个函数的下列运算：

和(差) $f\pm g$：$(f\pm g)(x)=f(x)\pm g(x)$,$x\in D$；

积 $f\cdot g$：　　$(f\cdot g)(x)=f(x)\cdot g(x)$,$x\in D$；

商 $\dfrac{f}{g}$：　　$\left(\dfrac{f}{g}\right)(x)=\dfrac{f(x)}{g(x)}$,$x\in D-\{x\mid g(x)=0,\ x\in D\}$.

八、初等函数

微积分的研究对象主要为初等函数,而初等函数是由基本初等函数组成的.

在初等数学中,我们学习了以下几种基本初等函数：

常数函数：$y=c$；

幂函数：$y=x^{\alpha}$,$\alpha\in\mathbf{R}$；

指数函数：$y=a^{x}$,$a>0$ 且 $a\neq 1$；

对数函数：$y=\log_a x$,$a>0$ 且 $a\neq 1$,特别当 $a=e$ 时,记为 $y=\ln x$；

三角函数：如 $y=\sin x$,$y=\cos x$,$y=\tan x$,$y=\cot x$,

此外,还有 $y=\sec x=\dfrac{1}{\cos x}$,$y=\csc x=\dfrac{1}{\sin x}$,

$y=\sec x$ 我们称为"正割",$y=\csc x$ 我们称为"余割"；

反三角函数：$y=\arcsin x$,$y=\arccos x$,$y=\arctan x$,$y=\text{arccot}\,x$.

以上函数统称为**基本初等函数**.

表 1-2 为基本初等函数的常用知识点.

表 1-2

函数名称	函数表示	函数的图像	函数的性质
指数函数	$y=a^{x}$,$a>0$ 且 $a\neq1$	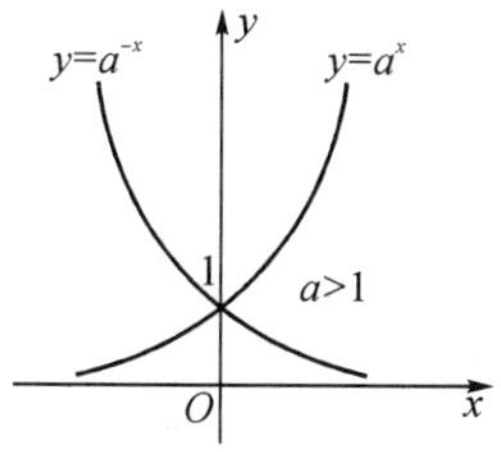	(1) $x\in\mathbf{R}$,$y\in(0,+\infty)$； (2) 当 $x=0$ 时,$y=1$.
对数函数	$y=\log_a x$,$a>0$ 且 $a\neq1$	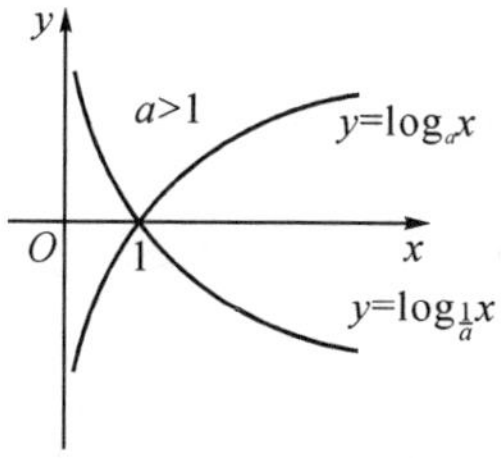	(1) $x\in(0,+\infty)$,$y\in\mathbf{R}$； (2) 图像过(1,0)点； (3) 当 $a>1$ 时,函数在定义域内单调递增； (4) 当 $0<a<1$ 时,函数在定义域内单调递减.

(续表)

函数名称	函数表示	函数的图像	函数的性质
幂函数	$y=x^{\alpha}$, $\alpha\in\mathbf{R}$	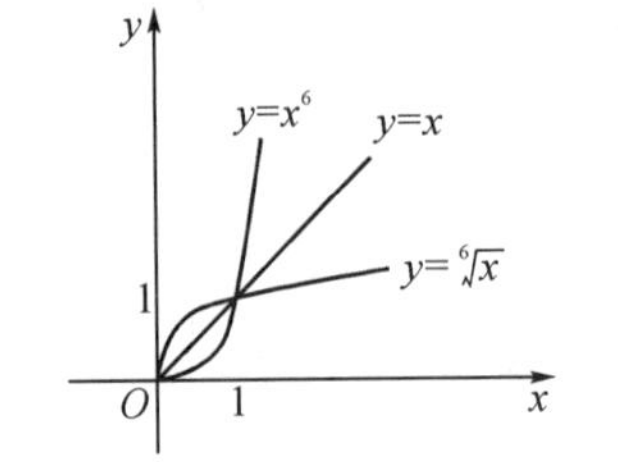 这里只画出函数图形的一部分.	令 $\alpha=\dfrac{m}{n}$：(1)当 m 为偶数 n 为奇数时，y 是偶函数；(2) 当 m,n 为奇数时，y 是奇函数；(3)当 m 奇 n 偶时，y 在$(-\infty,0)$无意义.
三角函数	$y=\sin x$（正弦函数）这里只写出了正弦函数	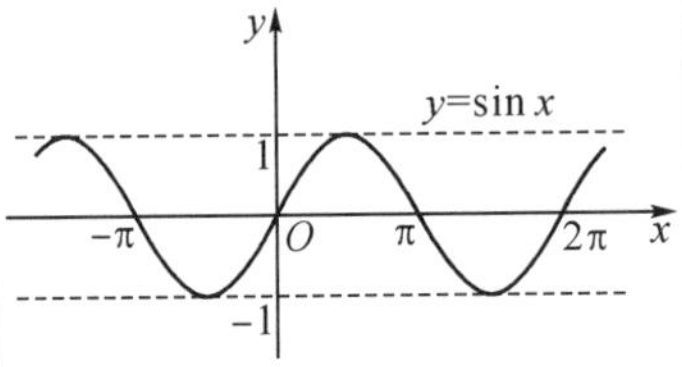	(1) 正弦函数是以 2π 为周期的周期函数；(2) 正弦函数是奇函数且 $\|\sin x\|\leqslant 1$.
反三角函数	$y=\arcsin x$（反正弦函数）这里只写出了反正弦函数	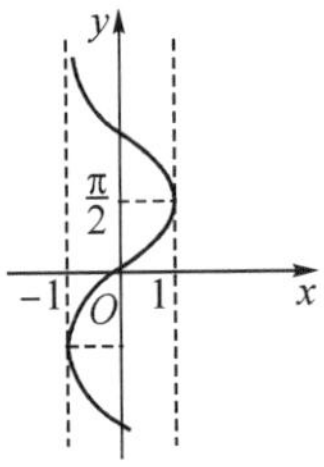	由于此函数为多值函数，因此将此函数值限制在 $\left[-\dfrac{\pi}{2},\dfrac{\pi}{2}\right]$ 上，并称其为反正弦函数的主值.

由基本初等函数，经过有限次四则运算及有限次复合而成的，并且能用一个解析式表示的函数，称为**初等函数**.

在工程技术上常用的初等函数有双曲函数，分别为：

双曲正弦函数　$\operatorname{sh}x=\dfrac{e^{x}-e^{-x}}{2}$，如图 1-11；

双曲余弦函数　$\operatorname{ch}x=\dfrac{e^{x}+e^{-x}}{2}$，如图 1-12；

双曲正切函数　$\operatorname{th}x=\dfrac{\operatorname{sh}x}{\operatorname{ch}x}$，如图 1-13.

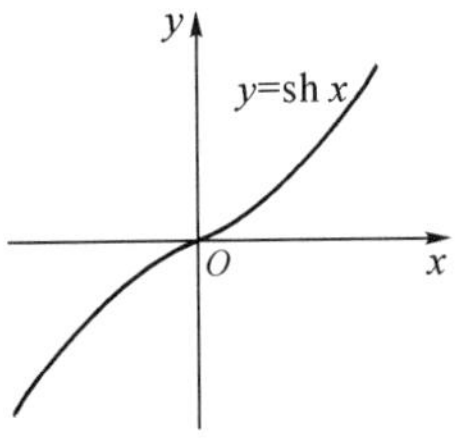

图 1-11

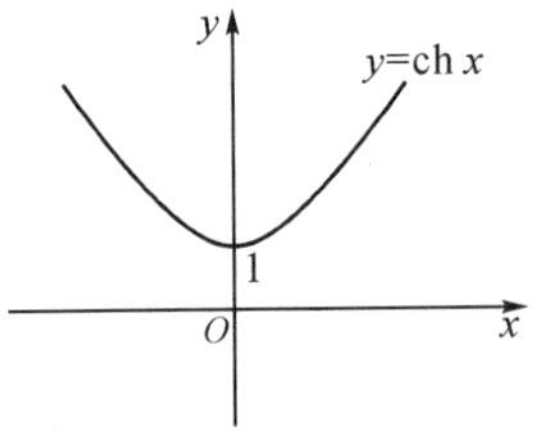

图 1-12

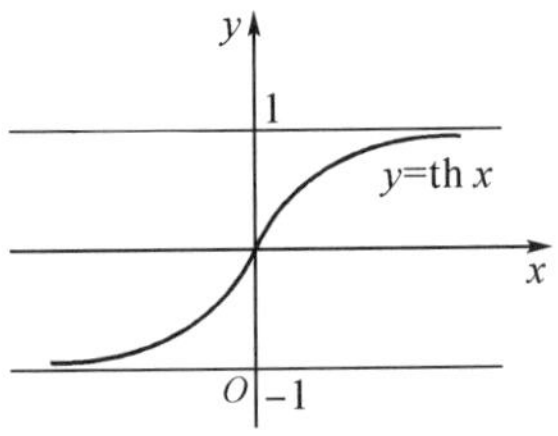

图 1-13

分段函数一般不是初等函数. 今后我们讨论的函数，绝大多数都是初等函数.

例 14　分解 $y=e^{\sin(1+3x^2)}$.

解　令 $u=\sin(1+3x^2)$，得 $y=e^{u}$；再令 $v=1+3x^2$，得 $u=\sin v$.

故 $y=\mathrm{e}^{\sin(1+3x^2)}$ 是由 $y=\mathrm{e}^u$，$u=\sin v$，$v=1+3x^2$ 三个基本函数复合而成的.

九、经济学常用函数

经济学是研究如何利用有限的资源合理安排生产，并把生产出来的产品在消费者中合理分配，以达到人类现在和将来最大满足的科学. 为了实现经济学的目标，需要对经济变量进行定量分析. 下面介绍经济学中的几个常用概念和常用经济学函数：

需求函数 需求被理解为购买者在一定时期内愿意，并且有购买能力以一个可能的价格购买某种商品的数量. 需求与购买的愿望和能力有关，如果不考虑购买者的收入、偏好等因素，则在一定时期内商品的需求量 q 主要依赖于商品的价格 p. 因此商品的需求是价格的函数，称为需求函数，记为 $q=f(p)$. 有时把需求量作为自变量，价格取为因变量，取 $q=f(p)$ 的反函数，$p=f^{-1}(q)$ 也称为需求函数. 需求函数 $q=f(p)$ 通常是单调减函数，其图像如图 1-14 所示.

成本函数 生产某产品时为消耗的生产要素所支付的费用称为成本. 总成本是生产特定产量所需要的成本总额，总成本 C 由固定成本 C_0 和可变成本 $C_1(q)$ 组成，即 $C=C_0+C_1(q)$. 固定成本是在一定时期内不随产量变动的成本，如厂房、机器折旧费、一般管理费等，可变成本是随着产量而变动的费用，如原料、动力费用、劳动力支出等. 平均成本为

$$\overline{C}=\frac{C}{q}=\frac{C_0+C_1(q)}{q}.$$

收益函数 设某种商品的价格为 p，需求量(等于销售量)为 $q=f(p)$，则出售这些商品可获得的总收益为 $R=pq=pf(p)$. 总收益也可写为

$$R=p\cdot q=q\cdot f^{-1}(q),$$

其中，$p=f^{-1}(q)$ 是需求函数 $q=f(p)$ 的反函数.

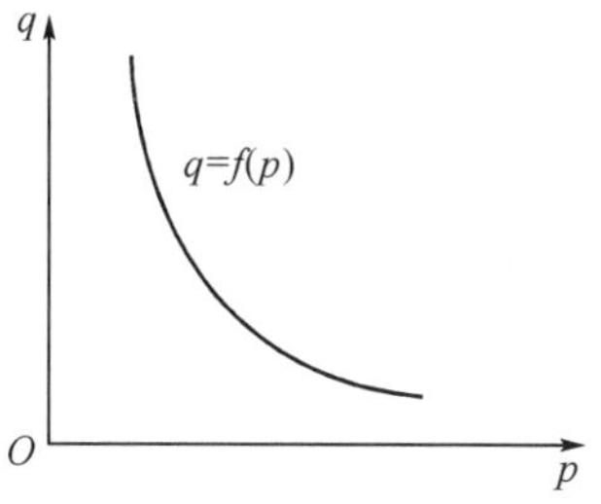

图 1-14 需求函数

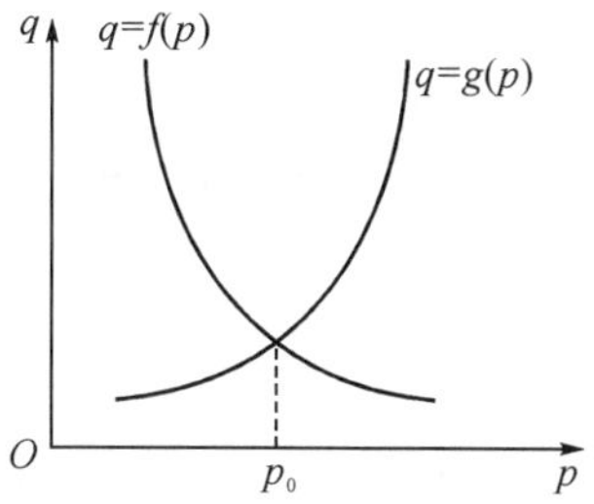

图 1-15 供给函数

供给函数 卖方在一定时期内以任一可能价格愿意且能出售的某种商品的数量称为供给. 在不考虑投入成本、劳务价格等因素的情况下，供给量 q 主要与市场价格 p 有关，记为 $q=g(p)$，$g(p)$ 通常是单调增加函数，如图 1-15 所示.

使需求 $f(p)$ 与供给 $g(p)$ 相等的价格 p，即满足 $f(p)=g(p)$ 的 p_0 称为市场均衡价格，如图 1-15 所示. 使利润等于零的生产量 q 称为保本产量，即满足 $R(q)=C(q)$ 的 q.

利润函数 收益 R 与成本 C 的差称为利润 L，即 $L(q)=R(q)-C(q)$.

例 15 某工厂生产某种产品，固定成本为 200 元，每多生产 1 件产品，成本增加 10 元，该产品的需求函数为 $q=50-2p$，试计算该产品的成本、平均成本、收益和利润.

解 成本函数 $C=200+10q$，平均成本函数 $\overline{C}=\dfrac{C(q)}{q}=\dfrac{200}{q}+10$；

收益函数 $R=qp=50p-2p^2$，或者 $R=q\cdot\dfrac{50-q}{2}=25q-\dfrac{q^2}{2}$；

利润函数 $L=R-C=(50p-2p^2)-(700-20p)=70p-2p^2-700$；

或者 $L=R-C=\left(25q-\dfrac{q^2}{2}\right)-(200+10q)=15q-\dfrac{q^2}{2}-200.$

习题 1-1

1. 求下列函数的自然定义域：

(1) $y=\sqrt{3x-a}$（a 为实数）；　　(2) $y=\dfrac{1}{1-x^2}$；

(3) $y=\dfrac{1}{x}-\sqrt{1-x^2}$；　　(4) $y=\dfrac{1}{\sqrt{4-x^2}}$；

(5) $y=\sin\sqrt{x}$；　　(6) $y=\tan(x+2)$；

(7) $y=\arcsin(x-3)$；　　(8) $y=\sqrt{3-x}+\arctan\dfrac{1}{x}$；

(9) $y=\ln(x+1)$；　　(10) $y=e^{\frac{1}{x}}$.

2. 设 $f(x)$ 的定义域 $D=[0,1]$，求下列各函数的定义域：

(1) $f(x^2)$；　　(2) $f(\sin x)$；

(3) $f(x+a)(a>0)$；　　(4) $f(x+a)+f(x-a)(a>0)$.

3. 指出下列函数的复合过程：

(1) $y=\sqrt{\ln(1+x^2)}$；　　(2) $y=2^{\sin^2\frac{1}{x}}$；

(3) $y=\sin[\lg(x^2+1)]$.

4. 设

$$f(x)=\begin{cases}1, & |x|<1,\\ 0, & |x|=1,\\ -1, & |x|>1,\end{cases}\quad g(x)=e^x,$$

求 $f[g(x)]$和 $g[f(x)]$，并做出这两个函数的图形.

5. (1) 设 $f(\sin^2 x)=\cos 2x+\tan^2 x$，$0<x<1$，求 $f(x)$.

(2) 设 $af(x)+bf\left(\dfrac{1}{x}\right)=\dfrac{c}{x}(x\neq 0,\ a^2\neq b^2)$，求 $f(x)$.

6. 设 $f(x)$ 是$(-\infty,+\infty)$ 内的奇函数，$f(1)=a$，且 $\forall x\in\mathbf{R}$，有

$$f(x+2)-f(x)=f(2),$$

(1) 试用 a 表示 $f(2)$与 $f(5)$；

(2) 问 a 取何值时，$f(x)$是以 2 为周期的周期函数.

7. 设 $f(x)=\dfrac{1}{1-x^2}$，求 $f[f(x)]$，$f\left[\dfrac{1}{f(x)}\right]$.

8. 设 $f(x)=\frac{1}{2}(x+|x|)$，$\varphi(x)=\begin{cases}x, & x<0\\ x^2, & x\geqslant 0\end{cases}$，求 $f[\varphi(x)]$.

9. 设 $f(x)=\begin{cases}0, & x\leqslant 0,\\ x, & x>0,\end{cases}$ $g(x)=\begin{cases}0, & x\leqslant 0\\ -x^2, & x>0\end{cases}$，求 $f[f(x)]$，$g[g(x)]$，$f[g(x)]$，$g[f(x)]$.

10. 某手机出厂价为 2000 元，成本为 1300 元. 厂商为了鼓励经销商大量采购，决定凡是订购量超过 50 部，每多订购 10 部售价就降低 100 元(即每多订购 1 部就降低 10 元)，但最低不能低于每部 1500 元.

(1) 将每部手机的实际售价 P 表示为订购数量 x 的函数；

(2) 将厂家所获的利润 L 表示为订购数量 x 的函数；

(3) 某一经销商订购了 500 部，厂家可获利多少？

§2　数列极限

一、数列极限的定义

我们先来回忆一下初等数学中学习的数列的概念：

若按照一定的法则，有第一个数 a_1，第二个数 a_2，…，依次排列下去，使得任何一个正整数 n 对应着一个确定的数 a_n，那么我们称这列有次序的数 $a_1, a_2, \cdots, a_n, \cdots$ 为数列. 数列中的每一个数叫作数列的项. 第 n 项 a_n 叫作数列的一般项或通项.

我们也可以把数列 $\{a_n\}$ 看作自变量为正整数 n 的函数，即：$a_n=f(n)$，它的定义域是全体正整数.

极限的概念是求实际问题的精确解答而产生的. 中国古代很早就对极限有了认识，例如，"一尺之棰，日截其半，万世不竭"——《庄子・天下》.

下面，我们就一个具体的实际例子来了解极限的概念. 我们可以通过作圆的内接正多边形，近似求出圆的面积.

设有一圆，首先作圆内接正六边形，把它的面积记为 A_1；再作圆的内接正十二边形，其面积记为 A_2；再作圆的内接正二十四边形，其面积记为 A_3；依次循环下去(一般把内接正 $6\times 2^{n-1}$ 边形的面积记为 A_n，$n\in\mathbf{N}^+$)，可得一系列内接正多边形的面积：$A_1, A_2, A_3, \cdots, A_n, \cdots$，就构成一有序数列. 我们可以发现，当内接正多边形的边数无限增加时，A_n 也无限接近某一确定的数值(圆的面积)，这个确定的数值在数学上被称为数列 $A_1, A_2, A_3, \cdots, A_n, \cdots$ 当 $n\to\infty$ (读作 n 趋近于无穷大)的极限.

上面这个例子就是我国古代数学家刘徽(公元三世纪)的割圆术.

在解决实际问题中逐渐形成的这种极限方法，已成为高等数学中的一种基本方法，因此有必要做进一步的阐明.

定义 2.1　一般地，对于数列 $x_1, x_2, \cdots, x_n, \cdots$ 来说，若对任意给定的正数 ε(不论其多么小)，总存在正整数 $\mathbf{N}$，使得对于 $n>\mathbf{N}$ 时的一切 x_n，不等式 $|x_n-a|<\varepsilon$ 都成立，那么就称常数 a 是数列 $\{x_n\}$ 的极限，或者称数列 $\{x_n\}$ 收敛于 a.

记作：$\lim\limits_{n\to\infty}x_n=a$ 或 $x_n\to a(n\to\infty)$.

如果不存在这样的常数 a，我们就称数列$\{x_n\}$没有极限，或者说数列$\{x_n\}$发散，习惯上也说$\lim\limits_{n\to\infty} x_n$ 不存在.

此定义中的正数ε 只有任意给定，不等式 $|x_n - a| < \varepsilon$ 才能表达出x_n 与a 无限接近的意思. 且定义中的正整数 N 与任意给定的正数 ε 是有关的，它是随着 ε 的给定而选定的.

在此我们可能不易理解这个概念，下面我们再给出它的一个几何解释，以使我们能理解它. 数列 x_n 极限为 a 的一个几何解释：将常数 a 及数列 $x_1, x_2, \cdots, x_n, \cdots$在数轴上用它们的对应点表示出来，再在数轴上做点 a 的ε 邻域即开区间 $(a-\varepsilon, a+\varepsilon)$，如图 2-1 所示.

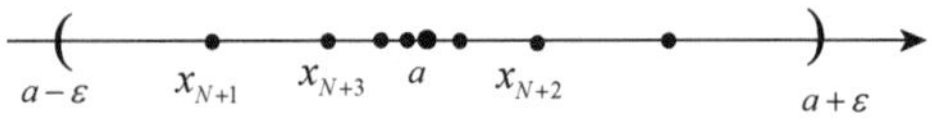

图 2-1

因不等式 $|x_n - a| < \varepsilon$ 与不等式$a-\varepsilon < x_n < a+\varepsilon$ 等价，故当$n > N$时，所有的点 x_n 都落在开区间$(a-\varepsilon, a+\varepsilon)$ 内，而只有有限个(至多只有 N 个)在此区间以外.

为了以后叙述的方便，这里介绍几个符号：符号“∀”表示“任取”“对于所有的”或“对于每一个”；符号“∃”表示“存在”；符号“max$\{X\}$”表示数集 X 中的最大数；符号“min$\{X\}$”表示数集 X 中的最小数.

至于如何求数列的极限，我们在以后会学习到，这里我们不做讨论，现只举例说明极限概念.

例 1 用定义验证 $\lim\limits_{n\to\infty}\dfrac{10^n-1}{10^n}=1$.

证 $\forall\varepsilon>0$，要使 $\left|\dfrac{10^n-1}{10^n}-1\right|<\varepsilon$ 成立，即$10^n>\dfrac{1}{\varepsilon}$，得 $n>\lg\dfrac{1}{\varepsilon}$.

取 $N=\left[\lg\dfrac{1}{\varepsilon}\right]$，可见 $\forall\varepsilon>0$, $\exists N=\left[\lg\dfrac{1}{\varepsilon}\right]$，当 $n>N$ 时，有$\left|\dfrac{10^n-1}{10^n}-1\right|<\varepsilon$ 成立，

所以
$$\lim\frac{10^n-1}{10^n}=1.$$

例 2 用定义验证 $\lim\limits_{n\to\infty}\dfrac{\sqrt{n^2+n}}{n}=1$.

证 $\forall\varepsilon>0$，要使 $\left|\dfrac{\sqrt{n^2+n}}{n}-1\right|<\varepsilon$ 成立，可要求

$$\left|\frac{\sqrt{n^2+n}-n}{n}\right|=\frac{1}{\sqrt{n^2+n}+n}<\frac{1}{2n}<\varepsilon \text{ 成立，即只要 } 2n>\frac{1}{\varepsilon} \text{ 成立即可.}$$

取 $N=\left[\dfrac{1}{2\varepsilon}\right]$，可见 $\forall\varepsilon>0$, $\exists N=\left[\dfrac{1}{2\varepsilon}\right]$，当 $n>N$ 时，有 $\left|\dfrac{\sqrt{n^2+n}}{n}-1\right|<\varepsilon$ 成立，

所以
$$\lim_{n\to\infty}\frac{\sqrt{n^2+n}}{n}=1.$$

二、收敛数列的性质

定理 2.1(极限的唯一性) 如果数列$\{x_n\}$收敛，那么它的极限唯一.

证 假设数列$\{x_n\}$收敛，但极限不唯一：$\lim\limits_{n\to\infty} x_n=a$，$\lim\limits_{n\to\infty} x_n=b$，且 $a\neq b$，不妨设 $a<b$，

由极限定义，取 $\varepsilon=\frac{b-a}{2}$，则 $\exists N_1>0$，当 $n>N_1$ 时，$|x_n-a|<\frac{b-a}{2}$，即

$$\frac{3a-b}{2}<x_n<\frac{a+b}{2},$$

$\exists N_2>0$，当 $n>N_2$ 时，$|x_n-b|<\frac{b-a}{2}$，即

$$\frac{a+b}{2}<x_n<\frac{3b-a}{2},$$

取 $N=\max\{N_1, N_2\}$，则当 $n>N$ 时，上述两式应同时成立，显然矛盾. 该矛盾证明了收敛数列 $\{x_n\}$ 的极限必唯一.

例 3　证明数列 $x_n=(-1)^n(n=1, 2, \cdots)$ 是发散的.

证　如果这数列收敛，根据定理 2.1 它有唯一极限. 设极限为 a，即 $\lim\limits_{n\to\infty}x_n=a$. 按数列极限定义，对于 $\varepsilon=\frac{1}{2}$，$\exists$ 正整数 $\mathbf{N}$，当 $n>\mathbf{N}$ 时，$|x_n-a|<\frac{1}{2}$ 成立；即当 $n>\mathbf{N}$ 时，$x_n=(-1)^n$ 都在开区间 $\left(a-\frac{1}{2}, a+\frac{1}{2}\right)$ 内. 但这是不可能的，因为 $n\to\infty$ 时，x_n 无休止地重复取 1 和 -1 两值，而这两个数不可能同时属于长度为 1 的开区间 $\left(a-\frac{1}{2}, a+\frac{1}{2}\right)$. 所以数列 $x_n=(-1)^n(n=1, 2, \cdots)$ 是发散的.

定义 2.2　设有数列 $\{x_n\}$，若 $\exists M\in\mathbf{R}$，$M>0$，使对一切 $n=1, 2, \cdots$，有 $|x_n|\leqslant M$，则称数列 $\{x_n\}$ 是有界的，否则称它是无界的.

对于数列 $\{x_n\}$，若 $\exists M\in\mathbf{R}$，使对 $n=1, 2, \cdots$，有 $x_n\leqslant M$，则称数列 $\{x_n\}$ 有上界；若 $\exists M\in\mathbf{R}$，使对 $n=1, 2, \cdots$，有 $x_n\geqslant M$，则称数列 $\{x_n\}$ 有下界.

显然，数列 $\{x_n\}$ 有界的充要条件是 $\{x_n\}$ 既有上界又有下界.

例 4　数列 $\left\{\frac{1}{n^2+1}\right\}$ 有界；数列 $\{n^2\}$ 有下界而无上界；数列 $\{-n^2\}$ 有上界而无下界；数列 $\{(-1)^n n-1\}$ 既无上界又无下界.

定理 2.2（收敛数列的有界性）　如果数列 $\{x_n\}$ 收敛，那么数列 $\{x_n\}$ 一定有界.

证　设 $\lim\limits_{n\to\infty}x_n=a$，由极限定义，$\forall\varepsilon>0$，且 $\varepsilon<1$，$\exists N>0$，当 $n>N$ 时，$|x_n-a|<1$，从而 $|x_n|<1+|a|$.

取 $M=\max\{1+|a|, |x_1|, |x_2|, \cdots, |x_N|\}$，则有 $|x_n|\leqslant M$ 对一切 $n=1, 2, 3, \cdots$ 成立，即 $\{x_n\}$ 有界.

由此定理我们可知，如果数列 $\{x_n\}$ 无界，那么它一定发散. 但数列 $\{x_n\}$ 有界是数列 $\{x_n\}$ 收敛的必要条件，而非充要条件，不能由数列 $\{x_n\}$ 有界推出数列 $\{x_n\}$ 一定收敛. 例如数列 $\{(-1)^n\}$，很显然数列有界，但这个数列是发散的.

定理 2.3（收敛数列的保号性）　若 $\lim\limits_{n\to\infty}x_n=a$，$a>0$（或 $a<0$），则 $\exists N>0$，当 $n>N$ 时，$x_n>0$（或 $x_n<0$）.

证　设 $a>0$，由极限定义，对 $\varepsilon=\frac{a}{2}>0$，$\exists N>0$，当 $n>N$ 时，$|x_n-a|<\frac{a}{2}$，

即
$$\frac{a}{2}<x_n<\frac{3a}{2},$$

故当 $n>N$ 时，$x_n>\frac{a}{2}>0$.

类似可证 $a<0$ 的情形.

推论 设有数列 $\{x_n\}$，$\exists N>0$，当 $n>N$ 时，$x_n\geqslant 0$(或 $x_n\leqslant 0$)，若 $\lim\limits_{n\to\infty}x_n=a$，则必有 $a\geqslant 0$ (或 $a\leqslant 0$).

推论中，若 $x_n>0$ (或 $x_n<0$)，我们只能推出 $a\geqslant 0$ (或 $a\leqslant 0$)，而不能推出 $a>0$(或 $a<0$). 例如 $x_n=\frac{1}{n}>0$，但 $\lim\limits_{n\to\infty}x_n=\lim\limits_{n\to\infty}\frac{1}{n}=0$.

* **定理 2.4(收敛数列与其子列的关系)** 如果数列 $\{x_n\}$ 收敛 a，那么它的任一子列也收敛，且极限也是 a.

证 设数列 $\{x_{n_k}\}$ 是数列 $\{x_n\}$ 的任一子列.

由于 $\lim\limits_{n\to\infty}x_n=a$，故 $\forall\varepsilon>0$，$\exists N>0$，当 $n>N$ 时，有 $|x_n-a|<\varepsilon$ 成立.

取 $K=N$，则当 $k>K$ 时，$n_k>n_K=n_N=N$. 于是 $|x_{n_k}-a|<\varepsilon$. 这就证明了 $\lim\limits_{k\to\infty}x_{n_k}=a$.

例如，数列 $x_n=(-1)^n\frac{1}{n}(n=1,2,\cdots)$，显然 $x_n\to 0$；数列的奇偶子列为：

$$x_{2k-1}=-\frac{1}{2k-1}(k=1,2,\cdots);\quad x_{2k}=\frac{1}{2k}(k=1,2,\cdots).$$

显然：$x_{2k-1}\to 0$；$x_{2k}\to 0$. 它们的极限与 x_n 极限相同.

由定理可知，如果数列 $\{x_n\}$ 有两个子数列收敛于不同的极限，那么数列 $\{x_n\}$ 必定发散. 如例 3 中的数列 $x_n=(-1)^n(n=1,2,\cdots)$，奇偶子列分别收敛于 -1，1，因此数列 $x_n=(-1)^n(n=1,2,\cdots)$ 是发散的. 由此可知，一个发散数列也可能有收敛的子数列.

习题 1-2

1. 观察下列数列的变化趋势，判别哪些数列有极限；如有极限，写出它的极限：

(1) $x_n=\frac{1}{a^n}(a>1)$；　　(2) $x_n=(-1)^{n-1}\frac{1}{n}$；

(3) $x_n=(-1)^n-\frac{1}{n}$；　　(4) $x_n=\sin\frac{n\pi}{2}$；

(5) $x_n=\frac{n-1}{n+1}$；　　(6) $x_n=2^{(-1)^n}$；

(7) $x_n=\cos\frac{1}{n}$；　　(8) $x_n=\ln\frac{1}{n}$.

2. 用极限定义考察下列结论是否正确，为什么？

(1) 设数列 $\{x_n\}$，当 n 越来越大时，$|x_n-a|$ 越来越小，则 $\lim\limits_{n\to\infty}x_n=a$；

(2) 设数列 $\{x_n\}$，当 n 越来越大时，$|x_n-a|$ 越来越接近于零，则 $\lim\limits_{n\to\infty}x_n=a$；

(3) 设数列 $\{x_n\}$，若 $\forall\varepsilon>0$，$\exists N$，当 $n>N$ 时，有无穷多个 x_n 满足 $|x_n-a|<\varepsilon$，则

$\lim\limits_{n\to\infty}x_n=a$；

(4) 设数列 $\{x_n\}$，若 $\forall\varepsilon>0$，$\{x_n\}$ 中仅有有限个 x_n 不满足 $|x_n-a|<\varepsilon$，则 $\lim\limits_{n\to\infty}x_n=a$.

3. 用极限性质判别下列结论是否正确，为什么？

(1) 若 $\{x_n\}$ 收敛，则 $\lim\limits_{n\to\infty}x_n=\lim\limits_{n\to\infty}x_{n+k}$（$k$ 为正整数）；

(2) 有界数列 $\{x_n\}$ 必收敛；

(3) 无界数列 $\{x_n\}$ 必发散；

(4) 发散数列 $\{x_n\}$ 必无界.

4. 利用数列极限的定义证明下列极限：

(1) $\lim\limits_{n\to\infty}\dfrac{1}{n^2}=0$；　　(2) $\lim\limits_{n\to\infty}\dfrac{2n+1}{3n+1}=\dfrac{2}{3}$；

(3) $\lim\limits_{n\to\infty}\left(1-\dfrac{1}{3n}\right)=1$；　　(4) $\lim\limits_{n\to\infty}\dfrac{\sin n}{n}=0$.

5. 若 $\lim\limits_{n\to\infty}u_n=a$，证明 $\lim\limits_{n\to\infty}|u_n|=|a|$. 并举例说明，数列 $\{|u_n|\}$ 有极限，但数列 $\{u_n\}$ 未必有极限.

§3　函数极限

一、函数极限的定义

前面我们学习了数列的极限，已经知道数列可看作一类特殊的函数，即 $x_n=f(n)$，$n\in\mathbf{N}^+$，当自变量 n 取正整数而无限增大（$n\to\infty$）时，$x_n=f(n)$ 无限接近于常数 a. 若自变量不再限于正整数的顺序，而是连续变化的，就成了函数. 下面我们来学习函数的极限.

函数的极限有两种情况：

(1) 自变量 x 的绝对值 $|x|$ 无限增大即趋向于无穷大（记作 $x\to\infty$）时，对应函数值 $f(x)$ 的变化情形；

(2) 自变量 x 无限接近某一定点 x_0（记作 $x\to x_0$）时，对应函数值 $f(x)$ 的变化情形.

如果在这时函数值无限接近于某一常数 A，就称函数极限存在. 我们已知道数列的极限的情况，那么函数的极限如何呢？

下面我们结合数列的极限来学习函数极限的概念.

1. 自变量趋向无穷大时函数的极限

引例　观察函数 $y=\dfrac{\sin x}{x}$ 当 $x\to+\infty$ 时的变化趋势（见图 3-1）.

从图 3-1 可以看出，当 x 无限增大时，函数 $\dfrac{\sin x}{x}$ 无限接近于 0（确定的常数）.

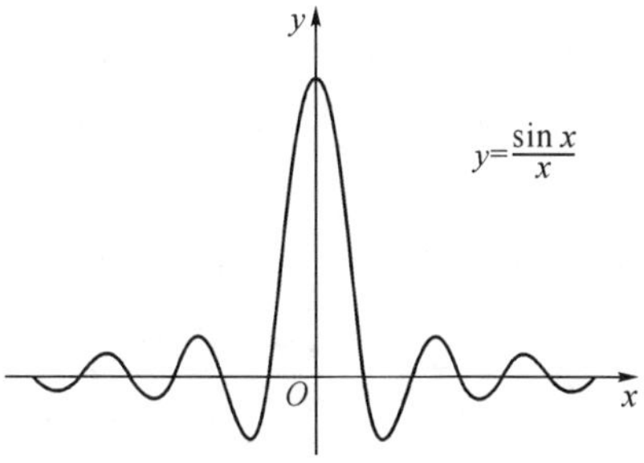

图 3-1

类比于数列极限的定义，推得当 $x\to+\infty$ 时函数 $f(x)$ 的极限的直观定义：

定义 3.1　$f(x)$ 当 x 大于某一正数时有定义，如果存在常数 A，对任意给定的正数 ε，总存在正数 X，使得当 $x>X$ 时，不等式

$$|f(x)-A|<\varepsilon$$

都成立，则称 A 是函数 $f(x)$ 在 $x\to+\infty$ 时的极限，记作

$$\lim_{x\to+\infty} f(x)=A.$$

定义 3.1 可简单叙述为：

$$\lim_{x\to+\infty} f(x)=A \Leftrightarrow \forall\varepsilon>0, \exists X>0, \text{当 } x>X \text{ 时，有 } |f(x)-A|<\varepsilon.$$

类比当 $x\to+\infty$ 时函数 $f(x)$ 的极限定义，当 $x\to-\infty$ 时函数 $f(x)$ 的极限定义：

定义 3.2 当 $-x$ 大于某一正数时有定义，如果存在常数 A，对任意给定的正数 ε，总存在正数 X，使得当 $x<-X$ 时，不等式

$$|f(x)-A|<\varepsilon$$

都成立，则称 A 是函数 $f(x)$ 在 $x\to-\infty$ 时的极限，记作

$$\lim_{x\to-\infty} f(x)=A.$$

定义 3.2 可简单叙述为：

$$\lim_{x\to-\infty} f(x)=A \Leftrightarrow \forall\varepsilon>0, \exists X>0, \text{当 } x<-X \text{ 时，有 } |f(x)-A|<\varepsilon.$$

结合定义 3.1 和定义 3.2，推得函数 $f(x)$ 在 $x\to\infty$ 时的极限定义：

定义 3.3 $f(x)$ 当 $|x|$ 大于某一正数时有定义，如果存在常数 A，对任意给定的正数 ε，总存在正数 X，使得当 $|x|>X$ 时，不等式

$$|f(x)-A|<\varepsilon$$

都成立，则称 A 是函数 $f(x)$ 在 $x\to\infty$ 时的极限，记作

$$\lim_{x\to\infty} f(x)=A.$$

定义 3.3 可简单叙述为：

$$\lim_{x\to\infty} f(x)=A \Leftrightarrow \forall\varepsilon>0, \exists X>0, \text{当 } |x|>X \text{ 时，有 } |f(x)-A|<\varepsilon.$$

结合定义 3.3，$f(x)$ 在 $x\to\infty$ 时的极限存在的充要条件是

$$\lim_{x\to\infty} f(x)=A \Leftrightarrow \lim_{x\to-\infty} f(x)=\lim_{x\to+\infty} f(x)=A.$$

从几何上来看，$\lim\limits_{x\to\infty} f(x)=A$ 的几何意义是：作直线 $y=A+\varepsilon$ 和 $y=A-\varepsilon$，则总有一个正数 X 存在，使得当 $x<-X$ 或 $x>X$ 时，函数 $y=f(x)$ 的图形位于这两直线之间，见图 3-2. 直线 $y=A$ 称为函数 $y=f(x)$ 的图形的水平渐近线.

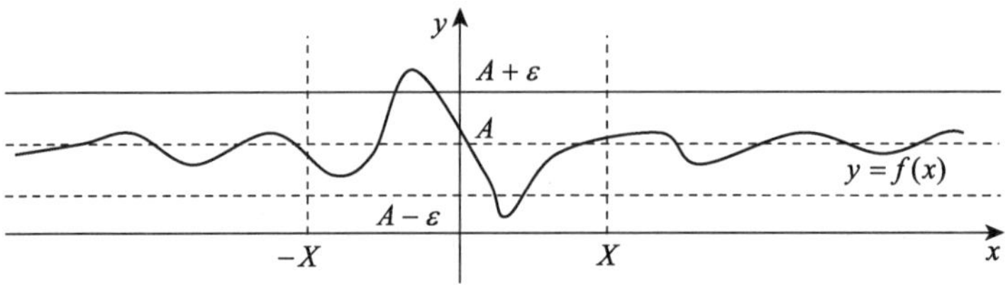

图 3-2

下面我们用表格把函数的极限与数列的极限作一对比：

表 3-1

数列的极限的定义	函数的极限的定义
数列 $a_n=f(n)$，存在常数 A，任给一正数 $\varepsilon>0$，总可找到一正整数 $\mathbf{N}$，对于 $n>\mathbf{N}$ 的所有 a_n 都满足 $\|a_n-A\|<\varepsilon$，则称数列 a_n 当 $n\to\infty$ 时收敛于 A，记为 $$\lim_{n\to\infty}a_n=A.$$	函数 $y=f(x)$，存在常数 A，任给一正数 $\varepsilon>0$，存在一正数 X，对于 $\|x\|>X$ 的一切 x，都满足 $\|f(x)-A\|<\varepsilon$，称函数 $y=f(x)$ 当 $x\to\infty$ 时的极限为 A，记为 $$\lim_{x\to\infty}f(x)=A.$$
	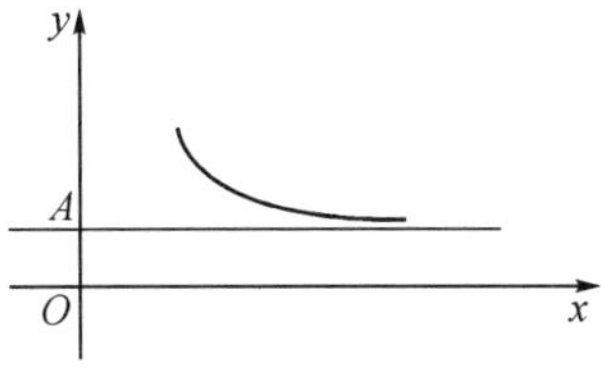

例 1 验证 $\lim\limits_{x\to\infty}\dfrac{x+3}{2x+5}=\dfrac{1}{2}$.

证 $\forall\varepsilon>0$，要使 $\left|\dfrac{x+3}{2x+5}-\dfrac{1}{2}\right|<\varepsilon$ 成立，即 $\left|\dfrac{1}{2(2x+5)}\right|<\varepsilon$，也即 $|2x+5|>\dfrac{1}{2\varepsilon}$.
由于 $|2x+5|\geqslant|2x|-5$，只要 $|2x|-5>\dfrac{1}{2\varepsilon}$，得 $|x|>\dfrac{1}{2}\left(\dfrac{1}{2\varepsilon}+5\right)$.
取 $X=\dfrac{1}{2}\left(\dfrac{1}{2\varepsilon}+5\right)$，当 $|x|>X$ 时，必有 $\left|\dfrac{x+3}{2x+5}-\dfrac{1}{2}\right|<\varepsilon$ 成立.

所以
$$\lim_{x\to\infty}\frac{x+3}{2x+5}=\frac{1}{2}.$$

例 2 验证 $\lim\limits_{x\to+\infty}\left(\dfrac{1}{a}\right)^x=0\ (a>1)$.

证 $\forall\varepsilon>0$，要使 $\left|\left(\dfrac{1}{a}\right)^x-0\right|=\left(\dfrac{1}{a}\right)^x<\varepsilon$ 成立，只要 $a^x>\dfrac{1}{\varepsilon}$，即 $x>\dfrac{\lg\frac{1}{\varepsilon}}{\lg a}$（假设 $0<\varepsilon<1$）. 取 $X=\dfrac{\lg\frac{1}{\varepsilon}}{\lg a}$，则当 $|x|>X$ 时，$\left|\left(\dfrac{1}{a}\right)^x-0\right|<\varepsilon$，

所以
$$\lim_{x\to+\infty}\left(\frac{1}{a}\right)^x=0.$$

2. 自变量趋向有限值时函数的极限

我们先来看一个例子.

例：函数 $f(x)=\dfrac{x^2-1}{x-1}$，当 $x\to1$ 时函数值的变化趋势如何？函数在 $x=1$ 处无定义. 我们知道对实数来讲，在数轴上任何一个有限的范围内都有无穷多个点，为此我们把 $x\to1$ 时函数值的变化趋势用表 3-2 列出.

表 3-2

x	…	0.9	0.99	0.999	…	1	…	1.001	1.01	1.1	…
$f(x)$	…	1.9	1.99	1.999	…	2	…	2.001	2.01	2.1	…

从中我们可以看出 $x\to 1$ 时，$f(x)\to 2$. 而且只要 x 与 1 有多接近，$f(x)$就与 2 有多接近. 或者说：若 $f(x)$与 2 只差一个微小量 $\varepsilon>0$，就一定可以找到一个 $\delta>0$，当 $0<|x-1|<\delta$ 时满足：$|f(x)-2|<\varepsilon$.

通过上述例子分析，我们可以给出 $x\to x_0$ 时函数极限的如下定义：

定义 3.4 设函数 $y=f(x)$ 在某点 x_0 的某个去心邻域内有定义，且存在常数 A，对于任意给定的正数 ε(不论其多么小)，总存在正数 δ，当 $0<|x-x_0|<\delta$ 时，$|f(x)-A|<\varepsilon$，则称函数 $y=f(x)$ 当 $x\to x_0$ 时存在极限，且极限为 A，记为：

$$\lim_{x\to x_0} f(x)=A \quad \text{或者} \quad f(x)\to A(x\to x_0).$$

定义 3.4 可以简单地表述为：

$\lim\limits_{x\to x_0} f(x)=A \Leftrightarrow \forall\varepsilon>0, \exists\delta>0$，当 $0<|x-x_0|<\delta$ 时，有 $|f(x)-A|<\varepsilon$.

在定义中为什么是只考虑去心邻域内？是因为我们只讨论 $x\to x_0$ 的过程，与 $x=x_0$ 点处无关. 此定义的核心问题是：对给出的 $\varepsilon>0$，是否存在正数 δ，使其在 x_0 的去心邻域内的 x 均满足不等式.

从几何图上看，函数 $y=f(x)$ 当 $x\to x_0$ 时的极限 A 即表示：任意给定一正数 ε，作平行于 x 轴的两条直线 $y=A+\varepsilon$ 和 $y=A-\varepsilon$，介于两条直线之间的一横条区域.

根据定义，对于给定的 ε，存在点 x_0 的一个 δ 邻域 $(x_0-\delta, x_0+\delta)$，当 $y=f(x)$ 的图形上的点的横坐标 x 在邻域 $(x_0-\delta, x_0+\delta)$ 内，且 $x\neq x_0$ 时，这些点的纵坐标 $f(x)$满足不等式

$$|f(x)-A|<\varepsilon \text{，或} A-\varepsilon<f(x)<A+\varepsilon.$$

即这些点落在上面所做的横条区域内，见图 3-3.

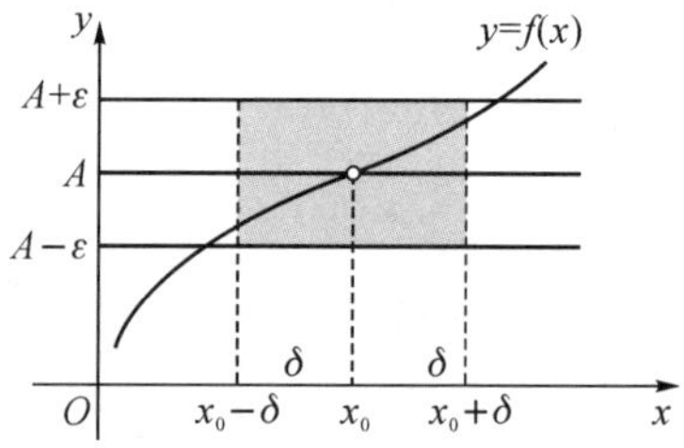

图 3-3

例 3 证明 $\lim\limits_{x\to 1}\dfrac{x^2-1}{x-1}=2$.

证 这里，函数在点 $x=1$ 是没有意义的，但是函数当 $x\to 1$ 时的极限存在或不存在与它并无关系. 事实上，$\forall\varepsilon>0$，将不等式

$$\left|\frac{x^2-1}{x-1}-2\right|<\varepsilon$$

约去非零因子 $x-1$ 后，就化为 $|x+1-2|=|x-1|<\varepsilon$.

因此，只要取 $\delta=\varepsilon$，那么当 $0<|x-1|<\delta$ 时，就有 $\left|\dfrac{x^2-1}{x-1}-2\right|<\varepsilon$.

所以
$$\lim_{x\to 1}\frac{x^2-1}{x-1}=2.$$

例 4 用定义验证 $\lim\limits_{x\to 1}\dfrac{2x^2-x-1}{x-1}=3$.

证 $\forall \varepsilon>0$,要使$\left|\dfrac{2x^2-x-1}{x-1}-3\right|<\varepsilon$,即$|(2x+1)-3|<\varepsilon$,也即$|2(x-1)|<\varepsilon$,于是$\forall \varepsilon>0$,取$\delta=\dfrac{\varepsilon}{2}$,当$0<|x-1|<\delta$时,有$|x-1|<\dfrac{\varepsilon}{2}$成立. 即有$\left|\dfrac{2x^2-x-1}{x-1}-3\right|<\varepsilon$. 所以$\lim\limits_{x\to 1}\dfrac{2x^2-x-1}{x-1}=3$.

上述$x\to x_0$时函数$f(x)$的极限概念中,x是既从x_0的左侧也从x_0的右侧趋向于x_0. 但有时只能或只需考虑x仅从x_0的左侧趋向于x_0(记作$x\to x_0^-$)的情形,或x仅从x_0的右侧趋向于x_0(记作$x\to x_0^+$)的情形.

在$x\to x_0^-$的情形,x在x_0的左侧,$x<x_0$. 在$\lim\limits_{x\to x_0}f(x)=A$的定义中,把$0<|x-x_0|<\delta$改成$x_0-\delta<x<x_0$,那么$A$就叫作函数$f(x)$当$x\to x_0$时的左极限,记作:

$$\lim_{x\to x_0^-}f(x)=A \quad \text{或者} \quad f(x_0^-)=A.$$

类似地,在$\lim\limits_{x\to x_0}f(x)=A$的定义中,把$0<|x-x_0|<\delta$改成$x_0<x<x_0+\delta$,那么$A$就叫作函数$f(x)$当$x\to x_0$时的右极限,记作:

$$\lim_{x\to x_0^+}f(x)=A \quad \text{或者} \quad f(x_0^+)=A.$$

左、右极限统称为函数$f(x)$的单侧极限.

根据$x\to x_0$时函数$f(x)$的极限的定义以及左、右极限的定义,我们容易证明:函数$f(x)$当$x\to x_0$时的极限存在的充分必要条件是左、右极限都存在且相等,即:

$$f(x_0^-)=f(x_0^+)=A.$$

因此,即使$f(x_0^-)$、$f(x_0^+)$都存在,但若不相等,$\lim\limits_{x\to x_0}f(x)$也不存在.

例 5 已知$f(x)=\dfrac{|x|}{x}$,求$\lim\limits_{x\to 0}f(x)$.

解 $\lim\limits_{x\to 0^+}f(x)=\lim\limits_{x\to 0^+}\dfrac{|x|}{x}=\lim\limits_{x\to 0^+}\dfrac{x}{x}=1$,

$\lim\limits_{x\to 0^-}f(x)=\lim\limits_{x\to 0^-}\dfrac{|x|}{x}=\lim\limits_{x\to 0^-}\dfrac{-x}{x}=-1$.

由于$\lim\limits_{x\to 0^+}f(x)\neq\lim\limits_{x\to 0^-}f(x)$,因此$\lim\limits_{x\to 0}f(x)$不存在.

例 6 设$f(x)=\begin{cases} e^x, & x<0 \\ \sqrt{2x+1}, & x>0 \end{cases}$,求$\lim\limits_{x\to 0}f(x)$.

解 因为$\lim\limits_{x\to 0^+}f(x)=\lim\limits_{x\to 0^+}\sqrt{2x+1}=1$,$\lim\limits_{x\to 0^-}f(x)=\lim\limits_{x\to 0^-}e^x=1$,所以$\lim\limits_{x\to 0}f(x)=1$.

二、函数极限的性质

与数列收敛的性质相类似,函数极限同样存在相对应的性质. 函数极限的定义按自变量的变化过程不同有各种形式,下面仅以“$\lim\limits_{x\to x_0}f(x)$”这种形式为代表给出关于函数极限性质的一些定理.

定理 3.1(函数极限的唯一性) 如果 $\lim\limits_{x\to x_0}f(x)$ 存在,则它的极限必唯一.

定理 3.2(函数极限的局部有界性) 如果 $\lim\limits_{x\to x_0}f(x)=A$,则在 x_0 的某去心邻域内,函数 $f(x)$ 有界.

证 我们仅就 $x\to x_0$ 的情形证明,其他情形类似可证.

若 $\lim\limits_{x\to x_0}f(x)=A$,由极限定义,对 $\varepsilon=1$,$\exists\delta>0$,当 $x\in(x_0,\delta)$ 时,$|f(x)-A|<1$,则 $|f(x)|<1+|A|$,取 $M=1+|A|$,由此可知,当 $x\to x_0$ 时,$f(x)$ 有界.

注意,该定理的逆命题不成立,如 $\sin x$ 是有界变量,但 $\lim\limits_{x\to\infty}\sin x$ 不存在.

定理 3.3(函数极限的局部保号性) 如果 $\lim\limits_{x\to x_0}f(x)=A$,且 $A>0$(或 $A<0$),则存在 x_0 的某去心邻域,在此去心邻域内有 $f(x)>0$(或 $f(x)<0$).

定理 3.4(函数极限与数列极限的关系) $\lim\limits_{x\to x_0}f(x)=A$ 的充要条件是对任意的数列 $\{x_n\}$,$x_n\in D_f(x_n\neq x_0)$,当 $x_n\to x_0(n\to\infty)$ 时,都有 $\lim\limits_{n\to\infty}f(x_n)=A$,这里 A 可为有限数或为 ∞.

定理 3.4 常被用于证明某些极限不存在.

例 7 证明极限 $\lim\limits_{x\to 0}\cos\dfrac{1}{x}$ 不存在.

证 取 $x_n=\dfrac{1}{2n\pi}$,则 $\lim\limits_{n\to\infty}x_n=\lim\limits_{n\to\infty}\dfrac{1}{2n\pi}=0$,

而
$$\lim_{n\to\infty}\cos\frac{1}{x_n}=\lim_{n\to\infty}\cos 2n\pi=1.$$

又取 $x'_n=\dfrac{1}{(2n+1)\pi}$,则 $\lim\limits_{n\to\infty}x'_n=\lim\limits_{n\to\infty}\dfrac{1}{(2n+1)\pi}=0$,

而
$$\lim_{n\to\infty}\cos\frac{1}{x'_n}=\lim_{n\to\infty}\cos(2n+1)\pi=-1,$$

由于 $\lim\limits_{n\to\infty}\cos\dfrac{1}{x_n}\neq\lim\limits_{n\to\infty}\cos\dfrac{1}{x'_n}$,故 $\lim\limits_{x\to 0}\cos\dfrac{1}{x}$ 不存在.

习题 1-3

1. 对图 3-4 所示的函数 $f(x)$,求下列极限,如极限不存在,说明理由.

(1) $\lim\limits_{x\to -2}f(x)$;　　(2) $\lim\limits_{x\to -1}f(x)$;

(3) $\lim\limits_{x\to 0}f(x)$.

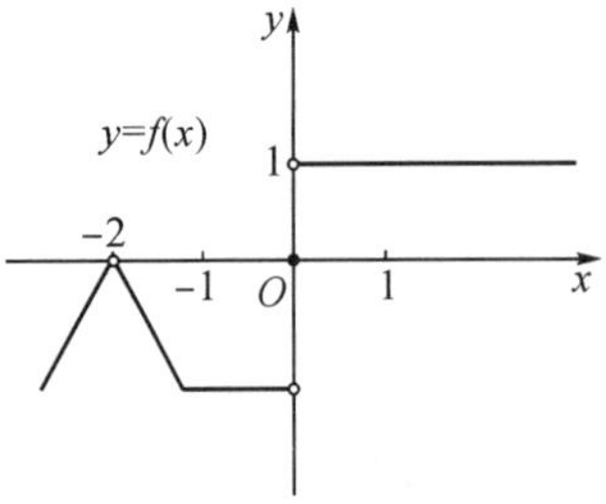

图 3-4

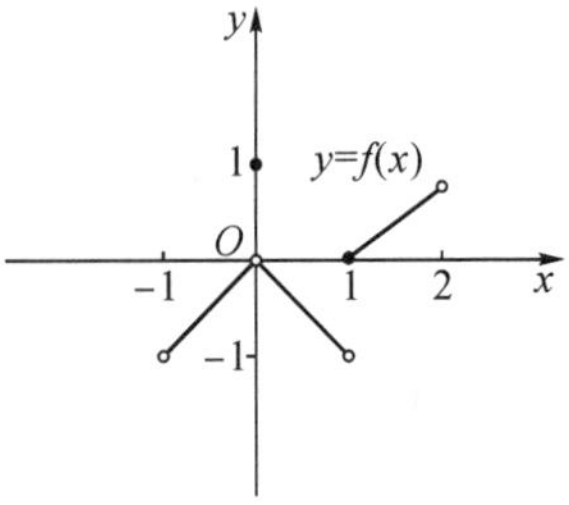

图 3-5

2. 对图 3-5 所示的函数 $f(x)$，下列陈述中哪些是对的，哪些是错的？

(1) $\lim\limits_{x\to 0}f(x)$ 不存在；

(2) $\lim\limits_{x\to 0}f(x)=0$；

(3) $\lim\limits_{x\to 0}f(x)=1$；

(4) $\lim\limits_{x\to 1}f(x)=0$；

(5) $\lim\limits_{x\to 1}f(x)$ 不存在；

(6) 对每个 $x_0\in(-1,1)$，$\lim\limits_{x\to x_0}f(x)$ 存在.

3. 用极限定义证明：

(1) $\lim\limits_{x\to 1}(3x+5)=8$；

(2) $\lim\limits_{x\to 1}\dfrac{x^2-1}{x-1}=2$；

(3) $\lim\limits_{x\to 3}(3x-1)=8$；

(4) $\lim\limits_{x\to 2}\dfrac{2x+1}{x^2-1}=\dfrac{5}{3}$.

4. 用极限定义证明：

(1) $\lim\limits_{x\to\infty}\dfrac{6x+5}{x}=6$；

(2) $\lim\limits_{x\to+\infty}\dfrac{\sin x}{\sqrt{x}}=0$；

(3) $\lim\limits_{x\to\infty}\dfrac{3x+1}{x^2+2}=0$；

(4) $\lim\limits_{x\to-\infty}\dfrac{\sqrt{-x}-1}{x+1}=0$.

5. 设 $f(x)=\begin{cases}x, & x<3\\ 3x-1, & x\geqslant 3\end{cases}$，做 $f(x)$ 的图形，并讨论当 $x\to 3$ 时 $f(x)$ 的左右极限(利用第 3 题(3)的结果).

§4 无穷大与无穷小

一、无穷小

定义 4.1 若函数 $f(x)$ 当 $x\to x_0$(或 $x\to\infty$) 时的极限为零，则称函数 $f(x)$ 为当 $x\to x_0$(或 $x\to\infty$) 时的无穷小，常用 α，β，γ 等表示.

特别地，以零为极限的数列 $\{x_n\}$ 称为 $n\to\infty$ 的无穷小.

例 1 $\lim\limits_{x\to 0}\sin x=0$，所以函数 $\sin x$ 为当 $x\to 0$ 时的无穷小；

$\lim\limits_{x\to 1}(x-1)^2=0$，所以函数 $(x-1)^2$ 为当 $x\to 1$ 时的无穷小；

$\lim\limits_{x\to\infty}\dfrac{1}{x+3}=0$，所以函数 $\dfrac{1}{x+3}$ 为当 $x\to\infty$ 时的无穷小.

注意：

(1) 无穷小是以零为极限的变量，是一个函数，不是一个数；

(2) 0 是唯一可以作为无穷小量的常数；

(3) 无穷小量是相对于自变量的某一变化过程而言的，必须注明自变量的变化趋势；因此不能简单地称某个函数是无穷小量. 如不能直接称 $\sin x$ 是无穷小量，因为 $\sin x$ 在 $x\to 0$ 时是无穷小，而在 $x\to\dfrac{\pi}{2}$ 时就不再是无穷小.

(4) 无穷小量定义对数列也适用. 例如，数列$\left\{\frac{1}{n^2}\right\}$当$n\to\infty$时就是无穷小量.

定理 4.1(极限与无穷小量之间的关系) 函数$f(x)$以A为极限的充分必要条件是：$f(x)$可以表示为A与一个无穷小α之和，即

$$\lim f(x)=A \Leftrightarrow f(x)=A+\alpha(x),$$

其中$\lim\alpha(x)=0$.

证 为方便起见，仅对$x\to x_0$的情形证明，其他极限过程可仿此进行.

设$\lim\limits_{x\to x_0}f(x)=A$，记$\alpha(x)=f(x)-A$，则$\forall\varepsilon>0$，$\exists\delta>0$，当$x\in\mathring{U}(x_0,\delta)$时，$|f(x)-A|<\varepsilon$，即$|\alpha(x)|<\varepsilon$. 由极限定义可知，$\lim\limits_{x\to x_0}\alpha(x)=0$，即$\alpha(x)$是$x\to x_0$时的无穷小，且$f(x)=A+\alpha(x)$.

反过来，若当$x\to x_0$时，$\alpha(x)$是无穷小，则$\forall\varepsilon>0$，$\exists\delta>0$，当$x\in\mathring{U}(x_0,\delta)$时，$|\alpha(x)-0|=|\alpha(x)|<\varepsilon$，即$|f(x)-A|<\varepsilon$，由极限定义可知，$\lim\limits_{x\to x_0}f(x)=A$.

例 2 当$x\to\infty$时，将函数$f(x)=\frac{x}{x+1}$写成其极限值与一个无穷小量之和的形式.

解 因为$\lim\limits_{x\to\infty}f(x)=\lim\limits_{x\to\infty}\frac{x}{x+1}=1$，而$f(x)$可写成$\frac{x}{x+1}=1+\left(-\frac{1}{x+1}\right)$的形式. 其中$\left(-\frac{1}{x+1}\right)$就是当$x\to\infty$时的无穷小量，所以$f(x)=\frac{x}{x+1}=1+\left(-\frac{1}{x+1}\right)$为所求极限值与一个无穷小量之和的形式.

二、无穷大

在$\lim f(x)$不存在的各种情形下，有一种较有规律，即当$x\to x_0$或$x\to\infty$时，$|f(x)|$无限增大的情形. 例如，函数$f(x)=\frac{1}{x-1}$，当$x\to1$时，$|f(x)|=\left|\frac{1}{x-1}\right|$无限增大，确切地说，$\forall M>0$(无论它多么大)，总$\exists\delta>0$，当$x\in\mathring{U}(1,\delta)$时，$|f(x)|>M$，这就是我们要介绍的无穷大.

定义 4.2 若$\forall M>0$(无论它多么大)，总$\exists\delta>0$(或$\exists X>0$)，当$x\in\mathring{U}(x_0,\delta)$(或$|x|>X$)时，$|f(x)|>M$恒成立，则称$f(x)$当$x\to x_0$或$x\to\infty$时是一个无穷大.

若用$f(x)>M$代替上述定义中的$|f(x)|>M$，则得到正无穷大的定义；

若用$f(x)<-M$代替$|f(x)|>M$，则得到负无穷大的定义.

某极限过程中的无穷大、正无穷大、负无穷大分别记作：

$$\lim f(x)=\infty,\quad \lim f(x)=+\infty,\quad \lim f(x)=-\infty.$$

例如，当$x\to0^-$时，$\frac{1}{x^3}$是负无穷大量；当$x\to0^+$时，$\cot x$，$\frac{1}{\sqrt{x}}$是正无穷大量；当$x\to\infty$时，$2x+3$是无穷大量.

与无穷小量类似，理解无穷大量概念时也应注意把握以下几个关键：

(1) 无穷大是一个变量，是一个函数，一个无论多么大的常数都不能作为无穷大量.

(2) 当我们说某个函数是无穷大量时，必须同时指出它的极限过程. 对于一个函数，一般来说，自变量趋向不同会导致函数值的趋向不同. 例如，函数 $y=\frac{1}{x}$，当 $x\to 0$ 时，它是一个无穷大，而当 $x\to\infty$ 时，它则是一个无穷小.

(3) 无穷大量定义对数列也适用.

(4) 需要进一步说明的是，无穷大是函数极限不存在的一种情形，这里使用了极限记号 $\lim\limits_{x\to *}f(x)=\infty$，但并不表示函数 $f(x)$ 的极限存在.

(5) 由无穷大的定义可知，在某一极限过程中的无穷大必是无界变量，但其逆命题不成立. 例如，当 $n\to\infty$ 时，$(1+(-1)^n)^n$ 是无界变量，但它不是无穷大.

例 3　$\lim\limits_{x\to 1}\frac{1}{(x-1)^2}=+\infty$，　$\lim\limits_{x\to -1}\frac{-1}{(x+1)^2}=-\infty$，　$\lim\limits_{x\to 0^+}\ln x=-\infty$，

$\lim\limits_{x\to \frac{\pi}{2}^-}\tan x=+\infty$，　$\lim\limits_{x\to \frac{\pi}{2}^+}\tan x=-\infty$.

一般地，若 $\lim\limits_{x\to x_0}f(x)=\infty$（或 $\lim\limits_{x\to x_0}f(x)=+\infty$，$\lim\limits_{x\to x_0}f(x)=-\infty$），则称 $x=x_0$ 为曲线 $y=f(x)$ 的铅直渐近线（或垂直渐近线）.

例如，$\lim\limits_{x\to 1}\frac{1}{(x-1)^2}=+\infty$，则 $x=1$ 是函数 $y=\frac{1}{(x-1)^2}$ 的铅直渐近线.

与水平渐近线定义相类似，若 $\lim\limits_{x\to\infty}\frac{f(x)}{x}=k\ (k\neq 0,\infty)$，$\lim\limits_{x\to\infty}[f(x)-kx]=b$，或 $\lim\limits_{x\to+\infty}\frac{f(x)}{x}=k$ 与 $\lim\limits_{x\to+\infty}[f(x)-kx]=b$、$\lim\limits_{x\to-\infty}\frac{f(x)}{x}=k$ 与 $\lim\limits_{x\to-\infty}[f(x)-kx]=b$，这两者之一成立，则称 $y=kx+b$ 为函数 $y=f(x)$ 的斜渐近线.

例如，$y=x$ 即为 $y=x+\sin\frac{1}{x}$ 的斜渐近线.

三、无穷小与无穷大的关系

定理 4.2　在某极限过程中，若 $f(x)$ 为无穷大，则 $\frac{1}{f(x)}$ 为无穷小；反之，若 $f(x)$ 为无穷小，且 $f(x)\neq 0$，则 $\frac{1}{f(x)}$ 为无穷大.

证　我们仅证明 $x\to x_0$ 的情形，其他情形仿此可证.

设 $\lim\limits_{x\to x_0}f(x)=\infty$，则 $\forall\varepsilon>0$，令 $M=\frac{1}{\varepsilon}$，则 $\exists\delta>0$，当 $x\in\mathring{U}(x_0,\delta)$ 时，

$|f(x)|>M=\frac{1}{\varepsilon}$，即 $\left|\frac{1}{f(x)}\right|<\varepsilon$，故 $\frac{1}{f(x)}$ 为 $x\to x_0$ 时的无穷小.

反之，若 $\lim\limits_{x\to x_0}f(x)=0$，且 $f(x)\neq 0$，则 $\forall M>0$，$f(x)\neq 0$，令 $\varepsilon=\frac{1}{M}$，则 $\exists\delta>0$，当 $x\in\mathring{U}(x_0,\delta)$ 时，$|f(x)|<\varepsilon=\frac{1}{M}$，即 $\left|\frac{1}{f(x)}\right|>M$，故 $\frac{1}{f(x)}$ 为 $x\to x_0$ 时的无穷大.

习题 1-4

1. 根据定义证明：

(1) $y=(x-2)^2$ 为当 $x\to 2$ 时的无穷小；

(2) $y=\sin x$ 为当 $x\to 0$ 时的无穷小.

2. 利用“有界量乘无穷小依然是无穷小”求下列极限：

(1) $\lim\limits_{x\to 0}x^2\sin\dfrac{1}{x}$；　　(2) $\lim\limits_{x\to\infty}\dfrac{\arctan x}{x}$.

3. 函数 $y=x\cos x$ 在 $(-\infty,+\infty)$ 内是否有界？这个函数是否为 $x\to+\infty$ 时的无穷大？为什么？

4. 求函数 $f(x)=\dfrac{4}{2-x^2}$ 的图形的渐近线.

§5　极限运算法则

一、无穷小运算法则

定理 5.1　在某一极限过程中，如果 $\alpha(x)$，$\beta(x)$ 是无穷小，则 $\alpha(x)\pm\beta(x)$ 也是无穷小.

证　我们只证 $x\to x_0$ 的情形，其他情形的证明类似.

由于 $x\to x_0$ 时，$\alpha(x)$，$\beta(x)$ 均为无穷小，故 $\forall\varepsilon>0$，$\exists\delta_1>0$，当 $0<|x-x_0|<\delta_1$ 时，

$$|\alpha(x)|<\frac{\varepsilon}{2},\tag{1}$$

$\exists\delta_2>0$，当 $0<|x-x_0|<\delta_2$ 时，

$$|\beta(x)|<\frac{\varepsilon}{2},\tag{2}$$

取 $\delta=\min(\delta_1,\delta_2)$，则当 $0<|x-x_0|<\delta$ 时，(1)(2)两式同时成立，因此

$$|\alpha(x)\pm\beta(x)|\leqslant|\alpha(x)|+|\beta(x)|<\frac{\varepsilon}{2}+\frac{\varepsilon}{2}=\varepsilon.$$

由无穷小的定义可知，$x\to x_0$ 时，$\alpha(x)\pm\beta(x)$ 为无穷小.

推论　在同一极限过程中的有限个无穷小的代数和仍为无穷小.

定理 5.2　在某一极限过程中，若 $\alpha(x)$ 是无穷小，$f(x)$ 是有界变量，则 $\alpha(x)f(x)$ 仍是无穷小.

证　我们只证 $x\to\infty$ 时的情形，其他情形证法类似.

设 $f(x)$ 为 $x\to\infty$ 时的有界变量，则 $\exists M>0$，当 $|x|>X_1>0$ 时，$|f(x)|<M$，又因 $\lim\limits_{x\to\infty}\alpha(x)=0$，则 $\forall\varepsilon>0$，对 $\dfrac{\varepsilon}{M}$ 来说，$\exists X_2>0$，当 $|x|>X_2$ 时，$|\alpha(x)|<\dfrac{\varepsilon}{M}$，

取 $X=\max\{X_1, X_2\}$，则当 $|x|>X$ 时，有

$$|\alpha(x)f(x)|=|\alpha(x)|\cdot|f(x)|<\frac{\varepsilon}{M}\cdot M=\varepsilon.$$

这就证明了当 $x\to\infty$ 时，$\alpha(x)f(x)$ 是无穷小.

例 1 求 $\lim\limits_{x\to\infty}\frac{1}{x}\sin x$.

解 因为 $\forall x\in(-\infty,+\infty)$，$|\sin x|\leqslant 1$，且 $\lim\limits_{x\to\infty}\frac{1}{x}=0$，故由定理 5.2，得

$$\lim_{x\to\infty}\frac{1}{x}\sin x=0.$$

推论 在某一极限过程中，若 C 为常数，$\alpha(x)$ 和 $\beta(x)$ 是无穷小，则 $C\alpha(x)$，$\alpha(x)\beta(x)$ 均为无穷小.

这是因为 C 和无穷小均为有界变量，由定理 5.2 可得此推论. 此推论可推广到有限个无穷小乘积的情形.

定理 5.3 在某一极限过程中，如果 $\alpha(x)$ 是无穷小，$f(x)$ 以 A 为极限，且 $A\neq 0$，则 $\frac{\alpha(x)}{f(x)}$ 仍为无穷小.

证 由定理 5.2 可知，我们只需证 $\frac{1}{f(x)}$ 为该极限过程中的有界变量即可. 我们仅对 $x\to x_0$ 时进行证明，其他情形类似可证.

因为 $\lim\limits_{x\to x_0}f(x)=A$，$A\neq 0$，则对 $\varepsilon=\frac{|A|}{2}$，$\exists\delta>0$，当 $x\in\mathring{U}(x_0,\delta)$ 时，有

$$||f(x)|-|A||\leqslant|f(x)-A|<\frac{|A|}{2},$$

从而 $\frac{|A|}{2}<|f(x)|<\frac{3|A|}{2}$，故 $\frac{1}{f(x)}<\frac{2}{|A|}=M$，即 $\frac{1}{f(x)}$ 为 $x\to x_0$ 时的有界变量.

利用无穷小的性质及无穷小与函数极限的关系，我们可得极限四则运算法则.

二、极限的四则运算法则

定理 5.4 若 $\lim f(x)=A$，$\lim g(x)=B$，则

(1) $\lim[f(x)\pm g(x)]=\lim f(x)\pm\lim g(x)=A\pm B$；

(2) $\lim[f(x)g(x)]=\lim f(x)\lim g(x)=A\cdot B$；

(3) $\lim\frac{f(x)}{g(x)}=\frac{\lim f(x)}{\lim g(x)}=\frac{A}{B}\ (B\neq 0)$.

证 我们仅证(2)(3).

因为 $\lim f(x)=A$，$\lim g(x)=B$，所以 $f(x)=A+\alpha(x)$，$g(x)=B+\beta(x)$，其中 $\lim\alpha(x)=0$，$\lim\beta(x)=0$，于是

$$f(x)g(x)=[A+\alpha(x)][B+\beta(x)]=AB+A\beta(x)+B\alpha(x)+\alpha(x)\beta(x).$$

由定理 5.2 可得 $\lim B\alpha(x)=0$，$\lim A\beta(x)=0$，$\lim\alpha(x)\beta(x)=0$.
故由本章定理 4.1 及定理 5.1 可知 $\lim[f(x)g(x)]=AB=\lim f(x)\lim g(x)$.
同理，对于式(3)，只需证 $\dfrac{f(x)}{g(x)}-\dfrac{A}{B}$ 是无穷小即可，因为

$$\frac{f(x)}{g(x)}-\frac{A}{B}=\frac{A+\alpha(x)}{B+\beta(x)}-\frac{A}{B}=\frac{B\alpha(x)-A\beta(x)}{B[B+\beta(x)]},$$

由定理 5.1 及其推论可知 $\lim[B\alpha(x)-A\beta(x)]=0$.

由刚获证的式(2)可知 $\lim\{B[B+\beta(x)]\}=\lim B\lim[B+\beta(x)]=B^2$.

所以 $\dfrac{f(x)}{g(x)}=\dfrac{A}{B}+\dfrac{B\alpha(x)-A\beta(x)}{B[B+\beta(x)]}$，其中 $\dfrac{B\alpha(x)-A\beta(x)}{B[B+\beta(x)]}$ 为无穷小.

最后由上节中的定理 4.1 便得 $\lim\dfrac{f(x)}{g(x)}=\dfrac{A}{B}=\dfrac{\lim f(x)}{\lim g(x)}(B\neq 0)$.

推论 1 若 $\lim f(x)$ 存在，C 为常数，则 $\lim Cf(x)=C\lim f(x)$.

这就是说，求极限时，常数因子可提到极限符号外面，因为 $\lim C=C$.

推论 2 若 $\lim f(x)$ 存在，$n\in\mathbf{N}$，则 $\lim[f(x)]^n=[\lim f(x)]^n$.

上述定理称为极限的四则运算法则，是计算极限的基础，有时需要先将函数进行适当的代数运算，才能使用法则.

例 2 求 $\lim\limits_{x\to1}(2x^2-3x+1)$.

解 $\lim\limits_{x\to1}(2x^2-3x+1)=\lim\limits_{x\to1}2x^2-\lim\limits_{x\to1}3x+\lim\limits_{x\to1}1=2-3+1=0$.

例 3 求 $\lim\limits_{x\to1}\dfrac{x^2-2x+5}{x^2+6}$.

解 $\lim\limits_{x\to1}\dfrac{x^2-2x+5}{x^2+6}=\dfrac{\lim\limits_{x\to1}(x^2-2x+5)}{\lim\limits_{x\to1}(x^2+6)}=\dfrac{4}{7}$

例 4 求 $\lim\limits_{x\to4}\dfrac{x-4}{\sqrt{x+5}-3}$.

解
$$\begin{aligned}\lim_{x\to4}\frac{x-4}{\sqrt{x+5}-3}&=\lim_{x\to4}\frac{(x-4)(\sqrt{x+5)}+3)}{(\sqrt{x+5}-3)(\sqrt{x+5)}+3)}\\&=\lim_{x\to4}\frac{(x-4)(\sqrt{x+5)}+3)}{x-4}\\&=\lim_{x\to4}\sqrt{x+5}+3=6.\end{aligned}$$

例 5 求 $\lim\limits_{x\to\infty}\dfrac{5x^2+2x-8}{2x^3+6}$.

解 先用 x^3 除分母和分子，然后求极限，得

$$\lim_{x\to\infty}\frac{5x^2+2x-8}{2x^3+6}=\lim_{x\to\infty}\frac{\dfrac{5}{x}+\dfrac{2}{x^2}-\dfrac{8}{x^3}}{2+\dfrac{6}{x^3}}=\frac{0}{2}=0.$$

例 6　求 $\lim\limits_{x\to\infty}\dfrac{2x^3+6}{5x^2+2x-8}$.

解　由上面例 4 可知

$$\lim_{x\to\infty}\frac{2x^3+6}{5x^2+2x-8}=\frac{1}{\lim\limits_{x\to\infty}\dfrac{5x^2+2x-8}{2x^3+6}}.$$

所以得 $\lim\limits_{x\to\infty}\dfrac{2x^3+6}{5x^2+2x-8}=\infty$.

例 7　求 $\lim\limits_{x\to\infty}\dfrac{2x^3+6}{5x^3+2x-8}$.

解　先用 x^3 除分母和分子，然后求极限，得

$$\lim_{x\to\infty}\frac{2x^3+6}{5x^3+2x-8}=\lim_{x\to\infty}\frac{2+\dfrac{6}{x^3}}{5+\dfrac{2}{x^2}-\dfrac{8}{x^3}}=\frac{2}{5}.$$

例 5、例 6、例 7 是下列一般情形的特例，即当 $a_0\neq 0$，$b_0\neq 0$，m 和 n 为非负整数时，有

$$\lim_{x\to\infty}\frac{a_0x^m+a_1x^{m-1}+\cdots+a_m}{b_0x^n+b_1x^{n-1}+\cdots+b_n}=\begin{cases}0, & n>m\\ \dfrac{a_0}{b_0}, & n=m\\ \infty, & n<m\end{cases}.$$

定理 5.5(复合函数的极限运算法则)　设 $y=f[g(x)]$ 是由函数 $y=f(u)$ 及 $u=g(x)$ 复合而成的函数，$f[g(x)]$ 在点 x_0 的某去心邻域内有定义，若 $\lim\limits_{x\to x_0}g(x)=u_0$，$\lim\limits_{u\to u_0}f(u)=A$，且存在 $\delta_0>0$，当 $x\in\mathring{U}(x_0,\delta_0)$ 时，有 $g(x)\neq u_0$，则

$$\lim_{x\to x_0}f[g(x)]=\lim_{u\to u_0}f(u)=A.$$

在定理 5.5 中，把 $\lim\limits_{x\to x_0}g(x)=u_0$ 换成 $\lim\limits_{x\to x_0}g(x)=\infty$ 或 $\lim\limits_{x\to\infty}g(x)=\infty$，而把 $\lim\limits_{u\to u_0}f(u)=A$ 换成 $\lim\limits_{u\to\infty}f(u)=A$，可得类似的定理.

如果函数 $g(x)$ 和 $f(u)$ 满足该定理的条件，那么作代换 $u=g(x)$ 可把求 $\lim\limits_{x\to x_0}f[g(x)]$ 化为求 $\lim\limits_{u\to u_0}f(u)$，这里 $u_0=\lim\limits_{x\to x_0}g(x)$.

例 8　计算 $\lim\limits_{x\to 0}\sin 2x$.

解　令 $u=2x$，则函数 $y=\sin 2x$ 可视为由 $y=\sin u$，$u=2x$ 构成的复合函数.

因为 $x\to 0$，$u=2x\to 0$，且 $u\to 0$ 时 $\sin u\to 0$，所以

$$\lim_{x\to 0}\sin 2x=\lim_{u\to 0}\sin u=0.$$

习 题 1-5

1. 填空题

(1) 已知 a，b 为常数，$\lim\limits_{n\to\infty}\dfrac{an^2+bn+2}{2n-1}=3$，则 $a=$________，$b=$________.

(2) 已知 a，b 为常数，$\lim\limits_{x\to\infty}\left(\dfrac{x^2+1}{x}-ax-b\right)=1$，则 $a=$________，$b=$________.

(3) a，b 为常数，已知 $\lim\limits_{x\to1}\dfrac{ax+b}{x-1}=2$，则 $a=$________，$b=$________.

2. 求下列极限：

(1) $\lim\limits_{n\to\infty}\dfrac{3n^2+n}{4n^2+1}$；

(2) $\lim\limits_{n\to\infty}\dfrac{5^n+(-2)^n}{5^{n+1}+(-2)^{n+1}}$；

(3) $\lim\limits_{n\to\infty}\dfrac{1+\frac{1}{2}+\frac{1}{2^2}+\cdots+\frac{1}{2^n}}{1+\frac{1}{3}+\frac{1}{3^2}+\cdots+\frac{1}{3^n}}$；

(4) $\lim\limits_{n\to\infty}\left(\dfrac{1}{n^2}+\dfrac{3}{n^2}+\cdots+\dfrac{2n-1}{n^2}\right)$；

(5) $\lim\limits_{n\to\infty}\left[\dfrac{1}{1\cdot2}+\dfrac{1}{2\cdot3}+\cdots+\dfrac{1}{n(n+1)}\right]$；

(6) $\lim\limits_{n\to\infty}(\sqrt{n+1}-\sqrt{n})\sqrt{n}$.

3. 计算下列极限

(1) $\lim\limits_{x\to1}\dfrac{x^2-2x+1}{x^2-1}$；

(2) $\lim\limits_{x\to0}\dfrac{4x^3-2x^2+x}{3x^2+2x}$；

(3) $\lim\limits_{h\to0}\dfrac{(x+h)^2-x^2}{h}$；

(4) $\lim\limits_{x\to\infty}\left(2-\dfrac{1}{x}+\dfrac{1}{x^2}\right)$；

(5) $\lim\limits_{x\to\infty}\dfrac{x^2-1}{2x^2-x-1}$；

(6) $\lim\limits_{x\to\infty}\dfrac{x^2+x}{x^4-3x^2+1}$；

(7) $\lim\limits_{x\to1}\left(\dfrac{\sqrt{3-x}-\sqrt{1+x}}{x^2-1}\right)$；

(8) $\lim\limits_{x\to1}\left(\dfrac{1}{1-x}-\dfrac{3}{1-x^3}\right)$；

(9) $\lim\limits_{x\to1}\dfrac{x^m-1}{x^n-1}$($m$，$n$ 是正整数)；

(10) $\lim\limits_{x\to1}\dfrac{\sqrt[3]{x}-1}{\sqrt{x}-1}$；

(11) $\lim\limits_{x\to0}\dfrac{(1+x)(1+2x)(1+3x)-1}{x}$；

(12) $\lim\limits_{x\to+\infty}(\sqrt{(x+2)(x-1)}-x)$.

4. 判断下列陈述的对错，如果是对的，说明理由；如果是错的，试给出一个反例.

(1) 如果 $\lim\limits_{x\to x_0}f(x)$ 存在，但 $\lim\limits_{x\to x_0}g(x)$ 不存在，那么 $\lim\limits_{x\to x_0}[f(x)+g(x)]$ 不存在；

(2) 如果 $\lim\limits_{x\to x_0}f(x)$ 和 $\lim\limits_{x\to x_0}g(x)$ 都不存在，那么 $\lim\limits_{x\to x_0}[f(x)+g(x)]$ 不存在；

(3) 如果 $\lim\limits_{x\to x_0}f(x)$ 存在，但 $\lim\limits_{x\to x_0}g(x)$ 不存在，那么 $\lim\limits_{x\to x_0}f(x)\cdot g(x)$ 不存在.

§6 极限存在准则与两个重要极限

在求解函数极限过程中，有些函数的极限不能(或者难以)直接应用极限运算法则求得，往往需要先判定极限存在，再用其他方法求得. 下面先介绍判定函数极限存在的两个准则，然后讨论两个重要极限.

一、极限存在准则Ⅰ(夹逼准则)

定理 6.1(夹逼准则)　如果数列$\{x_n\}$、$\{y_n\}$及$\{z_n\}$及满足下列条件:

(1) $y_n \leqslant x_n \leqslant z_n (n=1, 2, 3, \cdots)$;

(2) $\lim\limits_{n\to\infty} y_n = \lim\limits_{n\to\infty} z_n = a$,

那么数列$\{x_n\}$的极限存在,且$\lim\limits_{n\to\infty} x_n = a$.

证　因为$y_n \to a$, $z_n \to a$, $\forall \varepsilon > 0$, $\exists N_1 > 0$, $N_2 > 0$,使得当$n > N_1$时,恒有$|y_n - a| < \varepsilon$;当$n > N_2$时,恒有$|z_n - a| < \varepsilon$,取$N = \max\{N_1, N_2\}$,上两式同时成立,即

$$a-\varepsilon < y_n < a+\varepsilon,\ a-\varepsilon < z_n < a+\varepsilon,$$

所以,当$n > N$时,恒有

$$a-\varepsilon < y_n \leqslant x_n \leqslant z_n < a+\varepsilon,$$

即$|x_n - a| < \varepsilon$成立,所以$\lim\limits_{n\to\infty} x_n = a$.

例 1　求$\lim\limits_{n\to\infty}\left(\dfrac{1}{\sqrt{n^2+1}}+\dfrac{1}{\sqrt{n^2+2}}+\cdots+\dfrac{1}{\sqrt{n^2+n}}\right)$.

解　$\dfrac{n}{\sqrt{n^2+n}} < \dfrac{1}{\sqrt{n^2+1}}+\cdots+\dfrac{1}{\sqrt{n^2+n}} < \dfrac{n}{\sqrt{n^2+1}}$,

而　$\lim\limits_{n\to\infty}\dfrac{n}{\sqrt{n^2+n}} = \lim\limits_{n\to\infty}\dfrac{n}{\sqrt{n^2+1}} = 1$,所以原式极限为 1.

上述数列极限存在准则可以推广到函数的极限:

定理 6.1′　设在点x_0的某去心邻域有$F_1(x) \leqslant f(x) \leqslant F_2(x)$,且

$$\lim_{x\to x_0} F_1(x) = \lim_{x\to x_0} F_2(x) = A,$$

则$\lim\limits_{x\to x_0} f(x) = A$.

证　由已知条件,$\exists \delta_1 > 0$,当$x \in \mathring{U}(x_0, \delta_1)$时,$F_1(x) \leqslant f(x) \leqslant F_2(x)$;

又由$\lim\limits_{x\to x_0} F_1(x) = \lim\limits_{x\to x_0} F_2(x) = A$知:

$$\forall \varepsilon > 0, \exists \delta_2 > 0,\text{当 } x \in \mathring{U}(x_0, \delta_2)\text{ 时}, |F_1(x) - A| < \varepsilon;$$

$$\exists \delta_3 > 0,\text{当 } x \in \mathring{U}(x_0, \delta_3)\text{ 时}, |F_2(x) - A| < \varepsilon.$$

取$\delta = \min(\delta_1, \delta_2, \delta_3)$,则当$x \in \mathring{U}(x_0, \delta)$时,得

$$A-\varepsilon < F_1(x) \leqslant f(x) \leqslant F_2(x) < A+\varepsilon.$$

由极限定义可知,$\lim\limits_{x\to x_0} f(x) = A$.

夹逼定理虽然只对$x \to x_0$的情形作了叙述和证明,但是将$x \to x_0$换成其他的极限过程,定理仍成立,证明亦相仿. 例如,若$\exists X > 0$使$x > X$时有$F_1(x) \leqslant f(x) \leqslant F_2(x)$,且

$\lim\limits_{x\to\infty}F_1(x)=\lim\limits_{x\to\infty}F_2(x)=A$，则$\lim\limits_{x\to\infty}f(x)=A$.

利用夹逼定理，我们可得一个非常重要的极限：

$$\lim_{x\to 0}\frac{\sin x}{x}=1.$$

证 我们首先证明 $\lim\limits_{x\to 0^+}\frac{\sin x}{x}=1$.

因为 $x\to 0^+$，可设 $x\in\left(0,\ \frac{\pi}{2}\right)$，如图 6-1 所示，其中，$\overset{\frown}{EAB}$ 为单位圆弧，且 $OA=OB=1$，$\angle AOB=x$，则 $OC=\cos x$，$AC=\sin x$，$DB=\tan x$，又

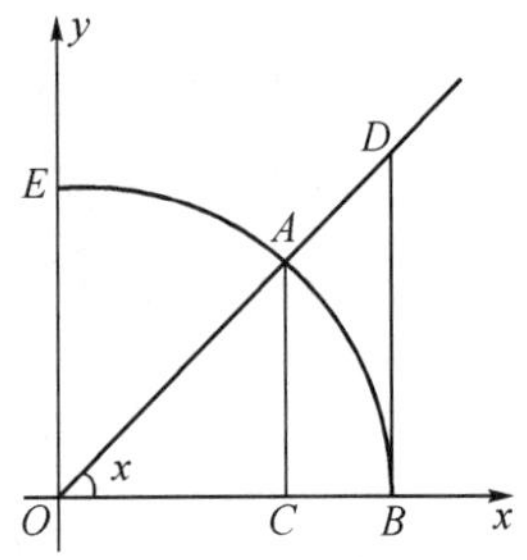

图 6-1

$$S_{\triangle AOC}<S_{\text{扇形}OAB}<S_{\triangle DOB},$$

即

$$\cos x\sin x<x<\tan x.$$

因为 $x\in\left(0,\ \frac{\pi}{2}\right)$，则 $\cos x>0$，$\sin x>0$，故上式可写为 $\cos x<\frac{\sin x}{x}<\frac{1}{\cos x}$.

由 $\lim\limits_{x\to 0}\cos x=1$，$\lim\limits_{x\to 0}\frac{1}{\cos x}=1$，运用夹逼定理得 $\lim\limits_{x\to 0^+}\frac{\sin x}{x}=1$.

注意到 $\frac{\sin x}{x}$ 是偶函数，从而有 $\lim\limits_{x\to 0^-}\frac{\sin x}{x}=\lim\limits_{x\to 0^-}\frac{\sin(-x)}{-x}=\lim\limits_{z\to 0^+}\frac{\sin z}{z}=1$.

综上所述，得 $\lim\limits_{x\to 0}\frac{\sin x}{x}=1$.

例 2 证明 $\lim\limits_{x\to 0}\frac{\tan x}{x}=1$.

证 $\lim\limits_{x\to 0}\frac{\tan x}{x}=\lim\limits_{x\to 0}\frac{\sin x}{x}\cdot\frac{1}{\cos x}=\lim\limits_{x\to 0}\frac{\sin x}{x}\cdot\lim\limits_{x\to 0}\frac{1}{\cos x}=1$.

例 3 求 $\lim\limits_{x\to 0}\frac{1-\cos x}{x^2}$.

解 $\lim\limits_{x\to 0}\frac{1-\cos x}{x^2}=\lim\limits_{x\to 0}\frac{2\left(\sin\frac{x}{2}\right)^2}{x^2}=\frac{1}{2}\lim\limits_{x\to 0}\left(\frac{\sin\frac{x}{2}}{\frac{x}{2}}\right)^2=\frac{1}{2}$.

例 4 求 $\lim\limits_{x\to 0}\frac{\tan x-\sin x}{x^3}$.

解 $\lim\limits_{x\to 0}\frac{\tan x-\sin x}{x^3}=\lim\limits_{x\to 0}\frac{\sin x(1-\cos x)}{x^3\cos x}=\lim\limits_{x\to 0}\frac{\sin x}{x}\cdot\frac{1-\cos x}{x^2}\cdot\frac{1}{\cos x}=\frac{1}{2}$.

例 5 求 $\lim\limits_{x\to\infty}x\sin\frac{1}{x}$.

解 令 $u=\frac{1}{x}$，则当 $x\to\infty$ 时，$u\to 0$，故 $\lim\limits_{x\to\infty}x\sin\frac{1}{x}=\lim\limits_{u\to 0}\frac{\sin u}{u}=1$.

从以上几例可以看出，$\lim\limits_{x\to 0}\dfrac{\sin x}{x}=1$ 中的变量可换为其他形式的变量，只要在极限过程中该变量趋于零. 即如果在某极限过程中有 $\lim u(x)=0(u(x)\neq 0)$，则

$$\lim\frac{\sin u(x)}{u(x)}=1.$$

例 6　求 $\lim\limits_{x\to 2}\dfrac{\sin(\sqrt{x}-\sqrt{2})}{x^2+x-6}$.

解　原式$=\lim\limits_{x\to 2}\dfrac{\sin(\sqrt{x}-\sqrt{2})}{\sqrt{x}-\sqrt{2}}\cdot\dfrac{\sqrt{x}-\sqrt{2}}{x^2+x-6}=\lim\limits_{x\to 2}\dfrac{\sin(\sqrt{x}-\sqrt{2})}{\sqrt{x}-\sqrt{2}}\cdot\lim\limits_{x\to 2}\dfrac{\sqrt{x}-\sqrt{2}}{x^2+x-6}$

$$=1\cdot\lim_{x\to 2}\frac{(\sqrt{x}-\sqrt{2})(\sqrt{x}+\sqrt{2})}{(x-2)(x+3)(\sqrt{x}+\sqrt{2})}=\frac{1}{10\sqrt{2}}.$$

二、极限存在准则Ⅱ(单调有界准则)

定义 6.1　数列 $\{x_n\}$ 的项若满足 $x_1\leqslant x_2\leqslant\cdots\leqslant x_n\leqslant x_{n+1}\leqslant\cdots$，则称数列 $\{x_n\}$ 为单调增加数列；若满足 $x_1\geqslant x_2\geqslant\cdots\geqslant x_n\geqslant x_{n+1}\geqslant\cdots$，则称数列 $\{x_n\}$ 为单调减少数列. 当上述不等式中等号都不成立时，则分别称 $\{x_n\}$ 是严格单调增加和严格单调减少数列.

在第二节中，我们曾证明：收敛的数列一定有界. 那时也曾指出：有界的数列不一定收敛. 但如果数列不仅有界，并且是单调的，那它的收敛性又将如何呢？这就是我们接下去要讲的极限存在准则Ⅱ.

定理 6.2　单调有界数列必有极限.

该准则的证明涉及较多的基础理论，在此略去.

作为准则Ⅱ的应用，我们讨论第二个重要极限：

$$\lim_{x\to\infty}\left(1+\frac{1}{x}\right)^x=e.$$

证　为了证明上述极限，我们先考虑数列 $\left\{\left(1+\dfrac{1}{n}\right)^n\right\}$ 的极限.

要证明数列 $\left\{\left(1+\dfrac{1}{n}\right)^n\right\}$ 收敛，只需证明 $\left\{\left(1+\dfrac{1}{n}\right)^n\right\}$ 单调增加且有上界.

当 $a>b>0$ 时，有 $a^{n+1}-b^{n+1}=(a-b)(a^n+a^{n-1}b+\cdots+ab^{n-1}+b^n)<(n+1)(a-b)a^n$，

即

$$a^n[(n+1)b-na]<b^{n+1}. \tag{1}$$

取 $a=1+\dfrac{1}{n}$，$b=1+\dfrac{1}{n+1}$ 代入(1)式，得 $\left(1+\dfrac{1}{n}\right)^n<\left(1+\dfrac{1}{n+1}\right)^{n+1}$，

即数列 $\left\{\left(1+\dfrac{1}{n}\right)^n\right\}$ 是单调增加的.

取 $a=1+\dfrac{1}{2n}$，$b=1$ 代入(1)式，得 $\left(1+\dfrac{1}{2n}\right)^n<2$，

从而 $\left(1+\frac{1}{2n}\right)^{2n}<4$, $n=1,2,\cdots$,又由于 $\left(1+\frac{1}{2n-1}\right)^{2n-1}<\left(1+\frac{1}{2n}\right)^{2n}<4$,

所以 $\left(1+\frac{1}{n}\right)^{n}<4$ 对一切 $n=1,2,\cdots$ 成立,

即数列 $\left\{\left(1+\frac{1}{n}\right)^{n}\right\}$ 有界,由收敛准则 Ⅱ 可知 $\left\{\left(1+\frac{1}{n}\right)^{n}\right\}$ 收敛.

我们将 $\left\{\left(1+\frac{1}{n}\right)^{n}\right\}$ 的极限记为 e,即 $\lim\limits_{n\to\infty}\left(1+\frac{1}{n}\right)^{n}=e$.

对于任意正实数 x,总存在 $n\in\mathbf{N}$,使 $n\leqslant x<n+1$,故有 $1+\frac{1}{n+1}<1+\frac{1}{x}\leqslant 1+\frac{1}{n}$,

及

$$\left(1+\frac{1}{n+1}\right)^{n}<\left(1+\frac{1}{x}\right)^{x}\leqslant\left(1+\frac{1}{n}\right)^{n+1}.$$

由于 $x\to+\infty$ 时,有 $n\to\infty$, 而

$$\lim_{n\to\infty}\left(1+\frac{1}{n+1}\right)^{n}=\lim_{n\to\infty}\frac{\left(1+\frac{1}{n+1}\right)^{n+1}}{1+\frac{1}{n+1}}=e,\lim_{n\to\infty}\left(1+\frac{1}{n}\right)^{n+1}$$

$$=\lim_{n\to\infty}\left(1+\frac{1}{n}\right)^{n}\cdot\left(1+\frac{1}{n}\right)=e,$$

由夹逼定理使得 $\lim\limits_{x\to+\infty}\left(1+\frac{1}{x}\right)^{x}=e$.

下面证 $\lim\limits_{x\to-\infty}\left(1+\frac{1}{x}\right)^{x}=e$.

令 $x=-(t+1)$,则 $x\to-\infty$ 时,$t\to+\infty$, 故

$$\lim_{x\to-\infty}\left(1+\frac{1}{x}\right)^{x}=\lim_{t\to+\infty}\left(1-\frac{1}{t+1}\right)^{-(t+1)}=\lim_{t\to+\infty}\left(\frac{t}{t+1}\right)^{-(t+1)}$$

$$=\lim_{t\to+\infty}\left(1+\frac{1}{t}\right)^{t}\left(1+\frac{1}{t}\right)=e.$$

综上所述,即有 $\lim\limits_{x\to\infty}\left(1+\frac{1}{x}\right)^{x}=e$.

在 $\lim\limits_{x\to\infty}\left(1+\frac{1}{x}\right)^{x}=e$ 式中, 令 $t=\frac{1}{x}$, 则当 $x\to\infty$ 时,$t\to 0$, 这时上式变为

$$\lim_{t\to 0}(1+t)^{\frac{1}{t}}=e.$$

为了方便地使用以上公式,常将它们记为下列形式:

(1) 在某极限过程 ($x\to x_0$, $x\to\infty$, $x\to-\infty$, $x\to+\infty$) 中,若 $\lim u(x)=\infty$, 则

$$\lim\left[1+\frac{1}{u(x)}\right]^{u(x)}=e;$$

(2) 在某极限过程中，若 $\lim u(x)=0$，则 $\lim[1+u(x)]^{\frac{1}{u(x)}}=e$.

例 7　求 $\lim\limits_{x\to\infty}\left(1+\dfrac{k}{x}\right)^x$，$k\neq 0$.

解　$\lim\limits_{x\to\infty}\left(1+\dfrac{k}{x}\right)^x=\lim\limits_{x\to\infty}\left(1+\dfrac{k}{x}\right)^{\frac{x}{k}\cdot k}=\lim\limits_{x\to\infty}\left[\left(1+\dfrac{k}{x}\right)^{\frac{x}{k}}\right]^k=\mathrm{e}^k$.

例 8　求 $\lim\limits_{x\to\infty}\left(\dfrac{x+1}{x+2}\right)^x$.

解　$\lim\limits_{x\to\infty}\left(\dfrac{x+1}{x+2}\right)^x=\lim\limits_{x\to\infty}\left(1+\dfrac{-1}{x+2}\right)^x=\lim\limits_{x\to\infty}\left(1+\dfrac{-1}{x+2}\right)^{x+2-2}$

$$=\lim_{x\to\infty}\left(1+\frac{-1}{x+2}\right)^{x+2}\cdot\lim_{x\to\infty}\left(1+\frac{-1}{x+2}\right)^{-2}=\mathrm{e}^{-1}.$$

例 9　求 $\lim\limits_{x\to 0}\dfrac{\ln(1+x)}{x}$.

解　$\lim\limits_{x\to 0}\dfrac{\ln(1+x)}{x}=\lim\limits_{x\to 0}\ln(1+x)^{\frac{1}{x}}=\ln e=1$.

例 10　求 $\lim\limits_{x\to 0}\dfrac{\mathrm{e}^x-1}{x}$.

解　令 $u=\mathrm{e}^x-1$，则 $x=\ln(1+u)$，当 $x\to 0$ 时，$u\to 0$，故

$$\lim_{x\to 0}\frac{\mathrm{e}^x-1}{x}=\lim_{u\to 0}\frac{u}{\ln(1+u)}=\lim_{u\to 0}\frac{1}{\dfrac{\ln(1+u)}{u}}=1.$$

例 11　求 $\lim\limits_{x\to a}\dfrac{\ln x-\ln a}{x-a}(a>0)$.

解　令 $u=x-a$，则 $x=u+a$，当 $x\to a$ 时，$u\to 0$，故

$$\lim_{x\to a}\frac{\ln x-\ln a}{x-a}=\lim_{u\to 0}\frac{\ln(u+a)-\ln a}{u}=\lim_{u\to 0}\frac{1}{a}\ln\left(1+\frac{u}{a}\right)^{\frac{a}{u}}=\frac{1}{a}.$$

本节所学习的两个重要极限，在求函数极限过程中占有重要的地位，应熟练掌握.

习题 1-6

1. 计算下列函数极限：

(1) $\lim\limits_{x\to 0}\dfrac{\sin 2x}{\sin 5x}$；　(2) $\lim\limits_{x\to 0}x\cot 2x$；

(3) $\lim\limits_{x\to 0}\dfrac{1-\cos 2x}{x\sin x}$；　(4) $\lim\limits_{n\to\infty}2^n\sin\dfrac{x}{2^n}$（$x$ 为不等于零的常数）；

(5) $\lim\limits_{x\to 0}\dfrac{x-\sin x}{x+\sin x}$；　(6) $\lim\limits_{x\to 0}\dfrac{\tan x-\sin x}{x^3}$；

(7) $\lim\limits_{x\to a}\dfrac{\sin x-\sin a}{x-a}$；　(8) $\lim\limits_{x\to\frac{\pi}{3}}\dfrac{\sin\left(x-\frac{\pi}{3}\right)}{1-2\cos x}$；

(9) $\lim\limits_{x\to 1}(1-x)\tan\dfrac{\pi x}{2}$.

2. 求下列极限：

(1) $\lim\limits_{x\to\infty}\left(1-\dfrac{2}{x}\right)^{\frac{x}{2}-1}$； (2) $\lim\limits_{x\to 0}\left(\dfrac{2-x}{2}\right)^{\frac{2}{x}}$；

(3) $\lim\limits_{x\to\infty}\left(\dfrac{x-1}{x+1}\right)^{x}$； (4) $\lim\limits_{x\to+\infty}\left(1-\dfrac{1}{x}\right)^{\sqrt{x}}$；

(5) $\lim\limits_{x\to\infty}\left(\dfrac{x^2}{x^2-1}\right)^{x}$； (6) $\lim\limits_{x\to 0}(1+3\tan 2x)^{\cot 2x}$；

(7) $\lim\limits_{x\to 0}\dfrac{\ln(1+2x)}{\sin 3x}$； (8) $\lim\limits_{n\to\infty}\{n[\ln(n+2)-\ln n]\}$.

3. 利用极限存在准则证明：

(1) $\lim\limits_{n\to\infty}n\left(\dfrac{1}{n^2+\pi}+\dfrac{1}{n^2+2\pi}+\cdots+\dfrac{1}{n^2+n\pi}\right)=1$；

(2) 设 $A=\max\{a_1,a_2,\cdots,a_m\}$ $(a_i>0,i=1,2,\cdots,m)$，则有

$$\lim_{x\to\infty}\sqrt[n]{a_1^n+a_2^n+\cdots+a_m^n}=A;$$

(3) 数列 $x_1=\sqrt{2}$，$x_2=\sqrt{2+\sqrt{2}}$，$x_3=\sqrt{2+\sqrt{2+\sqrt{2}}}$，… 的极限存在，并求 $\lim\limits_{x\to\infty}x_n$；

(4) 数列 $x_1=2$，$x_{n+1}=\dfrac{1}{2}\left(x_n+\dfrac{1}{x_n}\right)$ 的极限存在.

§7 无穷小的比较

在第五节中，我们学习了无穷小的概念，也学习了有限个无穷小的和、差、乘积仍旧是无穷小. 但两个无穷小的商会出现不同的情况，主要是因为同一极限过程中的无穷小量趋于零的速度并不一定相同. 研究这个问题能得到一种求极限的方法，也有助于以后内容的学习. 我们用两个无穷小量比值的极限来衡量这两个无穷小量趋于零的快慢速度.

一、无穷小阶的概念

定义 7.1 设 $\alpha(x)$，$\beta(x)$是同一极限过程中的两个无穷小量：

$$\lim\alpha(x)=0,\lim\beta(x)=0.$$

若 $\lim\dfrac{\alpha(x)}{\beta(x)}=0$，则称 $\alpha(x)$为 $\beta(x)$的高阶无穷小，记为 $\alpha(x)=o(\beta(x))$；

若 $\lim\dfrac{\alpha(x)}{\beta(x)}=\infty$，则称 $\alpha(x)$ 为 $\beta(x)$ 的低阶无穷小，记为 $\beta(x)=o(\alpha(x))$；

若 $\lim\dfrac{\alpha(x)}{\beta(x)}=A(A\neq 0)$，则称 $\alpha(x)$ 是 $\beta(x)$ 的同阶无穷小，记为 $\beta(x)=O(\alpha(x))$；

特别地，当 $A=1$ 时，则称 $\alpha(x)$ 与 $\beta(x)$ 是等价无穷小，记为 $\alpha(x)\sim\beta(x)$.

若在某极限过程中，$\alpha(x)$是 $\beta^k(x)$的同阶无穷小量$(k>0)$，则称 $\alpha(x)$是 $\beta(x)$的 k 阶无穷小.

例如：因为 $\lim\limits_{x\to 0}\dfrac{1-\cos x}{x}=0$，所以当 $x\to 0$ 时，$1-\cos x$ 是 x 的高阶无穷小量，即

$$1-\cos x=o(x)\ (x\to 0).$$

因为 $\lim\limits_{x\to 0}\dfrac{1-\cos x}{x^2}=\dfrac{1}{2}$，所以当 $x\to 0$ 时，$1-\cos x$ 是 x^2 的同阶无穷小量，即

$$1-\cos x=O(x^2)\ (x\to 0).$$

因为 $\lim\limits_{x\to 0}\dfrac{\ln(1+x)}{x}=1$，所以当 $x\to 0$ 时，与 $\ln(1+x)$ 与 x 是等价无穷小量，即

$$\ln(1+x)\sim x\quad (x\to 0).$$

二、等价无穷小的性质

关于等价无穷小，有两个定理，在极限计算中有重要作用.

定理 7.1 设 α,β 是等价无穷小量的充分必要条件为 $\beta=\alpha+o(\alpha)$，即：

$$\alpha\sim\beta\Leftrightarrow\beta=\alpha+o(\alpha).$$

证 必要性. 设 $\alpha\sim\beta$，则

$$\lim\frac{\beta-\alpha}{\alpha}=\lim\left(\frac{\beta}{\alpha}-1\right)=\lim\frac{\beta}{\alpha}-1=0,$$

因此 $\beta-\alpha=o(\alpha)$，即 $\beta=\alpha+o(\alpha)$.

充分性. 设 $\beta=\alpha+o(\alpha)$，则

$$\lim\frac{\beta}{\alpha}=\lim\frac{\alpha+o(\alpha)}{\alpha}=\lim\left(1+\frac{o(\alpha)}{\alpha}\right)=1,$$

因此 $\alpha\sim\beta$.

定理 7.2 设无穷小量 $\alpha\sim\alpha'$，$\beta\sim\beta'$，若 $\lim\dfrac{\alpha}{\beta}$ 存在，则 $\lim\dfrac{\alpha'}{\beta'}=\lim\dfrac{\alpha}{\beta}$.

证 因为 $\alpha\sim\alpha'$，$\beta\sim\beta'$，则 $\lim\dfrac{\alpha'}{\alpha}=1$，$\lim\dfrac{\beta'}{\beta}=1$，

由于 $\dfrac{\alpha'}{\beta'}=\dfrac{\alpha'}{\alpha}\cdot\dfrac{\alpha}{\beta}\cdot\dfrac{\beta}{\beta'}$，又 $\lim\dfrac{\alpha}{\beta}$ 存在，

所以
$$\lim\frac{\alpha'}{\beta'}=\lim\frac{\alpha'}{\alpha}\lim\frac{\alpha}{\beta}\lim\frac{\beta}{\beta'}=\lim\frac{\alpha}{\beta}.$$

定理 7.2 表明，在求极限的乘除运算中，无穷小量因子可用其等价无穷小量替代. 但加减运算过程中，慎用等价无穷小量替换.

在极限运算中，常用的等价无穷小量有下列几种：

当 $x\to 0$ 时，有

$\sin x\sim x$，　　$\tan x\sim x$，　　$\arcsin x\sim x$，

$\arctan x\sim x$，　　$1-\cos x\sim\dfrac{1}{2}x^2$，　　$e^x-1\sim x$，

$\ln(1+x)\sim x$，　　$\sqrt{1+x}-1\sim\dfrac{x}{2}$，　　$(1+x)^\alpha-1\sim\alpha x\ (\alpha\in\mathbf{R})$.

例 1 求 $\lim\limits_{x\to0}\dfrac{\tan 3x}{\sin 5x}$.

解 因为 $x\to0$ 时，$\tan 3x\sim 3x$，$\sin 5x\sim 5x$，所以 $\lim\limits_{x\to0}\dfrac{\tan 3x}{\sin 5x}=\lim\limits_{x\to0}\dfrac{3x}{5x}=\dfrac{3}{5}$.

例 2 求 $\lim\limits_{x\to\infty}x^2\ln\left(1+\dfrac{4}{x^2}\right)$.

解 当 $x\to\infty$ 时，$\ln\left(1+\dfrac{4}{x^2}\right)\sim\dfrac{4}{x^2}$，故 $\lim\limits_{x\to\infty}x^2\ln\left(1+\dfrac{4}{x^2}\right)=\lim\limits_{x\to\infty}x^2\cdot\dfrac{4}{x^2}=4$.

例 3 求 $\lim\limits_{x\to0}\dfrac{\tan x-\sin x}{x^3}$.

分析 当 $x\to0$ 时，$\sin x\sim x$、$\tan x\sim x$，则原式能否写成

$$\lim_{x\to0}\frac{\tan x-\sin x}{x^3}=\lim_{x\to0}\frac{x-x}{x^3}=\lim_{x\to0}\frac{0}{x^3}=0?$$

结果显然不对，原因就在于分子是两个无穷小相减，仍为无穷小，但不确定这个无穷小是否为 x^3 的高阶无穷小，所以不能直接将分子替换成 $x-x$. 正解应该先将分子化成乘除形式.

解 $\lim\limits_{x\to0}\dfrac{\tan x-\sin x}{x^3}=\lim\limits_{x\to0}\dfrac{\tan x(1-\cos x)}{x^3}=\lim\limits_{x\to0}\dfrac{x\cdot\dfrac{x^2}{2}}{x^3}=\dfrac{1}{2}$，

例 4 求 $\lim\limits_{x\to0}\dfrac{e^{ax}-e^{bx}}{\sin ax-\sin bx}$，$a\neq b$.

解
$$\begin{aligned}\lim_{x\to0}\frac{e^{ax}-e^{bx}}{\sin ax-\sin bx}&=\lim_{x\to0}\frac{e^{bx}\left[e^{(a-b)x}-1\right]}{2\cos\dfrac{a+b}{2}x\sin\dfrac{a-b}{2}x}\\&=\lim_{x\to0}\frac{e^{bx}}{\cos\dfrac{a+b}{2}x}\cdot\lim_{x\to0}\frac{e^{(a-b)x}-1}{2\sin\dfrac{a-b}{2}x}\\&=\lim_{x\to0}\frac{(a-b)x}{2\cdot\dfrac{(a-b)}{2}x}=1.\end{aligned}$$

习题 1-7

1. 当 $x\to0$ 时，下列各函数都是无穷小，试确定哪些是 x 的高阶无穷小？同阶无穷小？等价无穷小？

(1) x^2+x；　(2) $x+\sin x$；

(3) $x-\sin x$；　(4) $1-\cos 2x$；

(5) $\tan x$；　(6) $\tan 2x$.

2. 证明当 $x\to0$ 时，有：

(1) $\arctan x\sim x$；　(2) $\sec x-1\sim\dfrac{1}{2}x^2$；

(3) $\sqrt{1+x\sin x}-1\sim\dfrac{1}{2}x^2$；　(4) $\sqrt{1+x^2}-\sqrt{1-x^2}\sim x^2$.

3. 利用等价无穷小的性质，求下列极限：

(1) $\lim\limits_{x\to 0}\dfrac{\sqrt{1+x\tan x}-1}{1-\cos x}$； (2) $\lim\limits_{x\to 0}\dfrac{\sin 2x\cdot(e^x-1)}{\tan x^2}$；

(3) $\lim\limits_{x\to 0}\dfrac{\ln(1-2x)}{\sin 5x}$； (4) $\lim\limits_{x\to 0}\dfrac{\tan x-\sin x}{\sin^3 x}$；

(5) $\lim\limits_{x\to 0}\dfrac{1}{x}\left(\dfrac{1}{\sin x}-\dfrac{1}{\tan x}\right)$； (6) $\lim\limits_{x\to 0}\dfrac{1-\cos mx}{x^2}$.

§8 函数的连续性

一、连续函数的概念

现实世界中，我们遇到的许多变量是在接连不断地变化着的，如某地气温随着时间在接连不断地变化着，金属丝的长度随着温度在接连不断地变化着，等等. 这些现象的共同特征的抽象就是数学上的连续性. 反映在函数关系上，就是自变量的微小改变只能引起函数的微小变化. 微小变化我们称为增量，我们利用增量的概念来描述连续性，并引出函数连续的概念.

设变量 u 从它的初值 u_0 变到终值 u_1，终值与初值的差 u_1-u_0 称为变量 u 的增量，或称为 u 的改变量，记作 Δu，即 $\Delta u=u_1-u_0$.

应该注意的是：Δu 是 u 的改变量，不是增加的量. Δu 可正、可负，也可以为零.

现假设函数 $y=f(x)$ 在点 x_0 的某一个邻域内是有定义的. 当自变量 x 在这邻域内从 x_0 变到 $x_0+\Delta x$ 时，函数 y 相应地从 $f(x_0)$ 变到 $f(x_0+\Delta x)$，因此函数 y 的对应增量为 $\Delta y=f(x_0+\Delta x)-f(x_0)$. 其几何意义如图 8-1 所示.

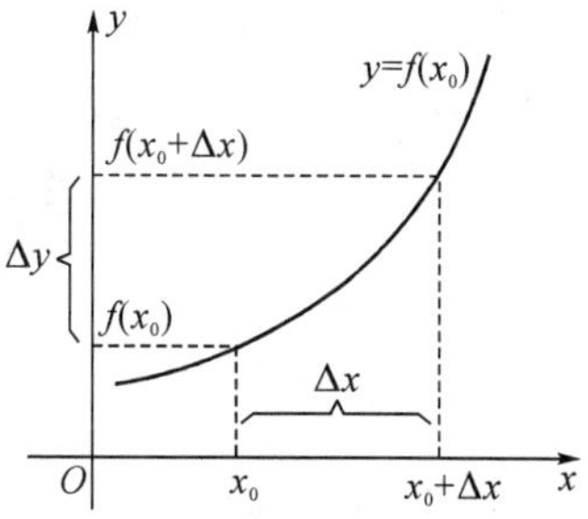

图 8-1

函数的连续考察的是自变量增量 Δx 与函数增量 Δy 之间的关系. 当 Δx 趋向于零时，函数 y 的对应增量 Δy 也趋向于零，即：

$$\lim_{\Delta x\to 0}\Delta y=\lim_{\Delta x\to 0}f(x_0+\Delta x)-f(x_0)=0,$$

就称函数 $y=f(x)$ 在点 x_0 处连续，即有下列定义：

定义 8.1 设函数 $y=f(x)$ 在点 x_0 的某一个邻域内有定义，如果有

$$\lim_{\Delta x\to 0}\Delta y=\lim_{\Delta x\to 0}f(x_0+\Delta x)-f(x_0)=0,$$

就称函数 $y=f(x)$ 在点 x_0 处连续.

设 $x=x_0+\Delta x$，则当 $\Delta x\to 0$ 时就有 $x\to x_0$. 又因为 $\Delta y\to 0$ 即为：

$$f(x_0+\Delta x)-f(x_0)=f(x)-f(x_0)\to 0,$$

所以函数连续的定义又可叙述为：

定义 8.1′ 设函数 $y=f(x)$ 在点 x_0 的某个邻域内有定义，若

$$\lim_{x\to x_0}f(x)=f(x_0),$$

则称函数 $f(x)$ 在点 x_0 处连续.

由上式可知,要定义函数在 x_0 点连续,必须保证函数极限 $\lim\limits_{x \to x_0} f(x)$ 存在,而由极限的定义可知,$\lim\limits_{x \to x_0} f(x) = f(x_0) \Leftrightarrow \lim\limits_{x \to x_0^-} f(x) = \lim\limits_{x \to x_0^+} f(x) = f(x_0)$.
所以函数 $y = f(x)$ 在点 x_0 处连续的一充分必要条件是:

$$\lim_{x \to x_0^-} f(x) = \lim_{x \to x_0^+} f(x) = f(x_0).$$

若上式改成 $\lim\limits_{x \to x_0^-} f(x) = f(x_0^-)$ 存在且等于 $f(x_0)$,则称函数 $f(x)$ 在点 x_0 处左连续;若 $\lim\limits_{x \to x_0^+} f(x) = f(x_0^+)$ 存在且等于 $f(x_0)$,则称函数 $f(x)$ 在点 x_0 处右连续. 因此,函数 $f(x)$ 在点 x_0 处连续即为:$f(x)$ 在点 x_0 处既是左连续又是右连续.

若函数 $y = f(x)$ 在开区间 (a, b) 上每一点都连续,则称 $y = f(x)$ 在区间 (a, b) 上连续;若函数 $y = f(x)$ 在闭区间 $[a, b]$ 上连续,那么函数 $f(x)$ 在 $x = a$ 点连续指右连续,在 $x = b$ 点连续指左连续.

例 1 证明函数 $f(x) = 3x^2 - 1$ 在 $x = 1$ 处连续.

证 因为 $f(1) = 3 \times 1 - 1 = 2$,且 $\lim\limits_{x \to 1} f(x) = \lim\limits_{x \to 1} (3x^2 - 1) = 2$,
故函数 $f(x) = 3x^2 - 1$ 在 $x = 1$ 处连续.

例 2 讨论下列函数在指定点处的连续性:

(1) $f(x) = \begin{cases} \dfrac{\sin x}{x}, & x \neq 0 \\ 1, & x = 0 \end{cases}$,在 $x = 0$ 处;

(2) $f(x) = \begin{cases} 2x + 1, & x < 0 \\ 0, & x = 0 \\ 2x - 1, & x > 0 \end{cases}$,在 $x = 0$ 处.

解

(1) $\lim\limits_{x \to 0} f(x) = \lim\limits_{x \to 0} \dfrac{\sin x}{x} = 1, \quad f(0) = 1,$

因此 $\lim\limits_{x \to 0} f(x) = f(0)$,所以 $f(x)$ 在点 $x = 0$ 处连续.

(2) $\lim\limits_{x \to 0^-} f(x) = \lim\limits_{x \to 0^-} (2x + 1) = 1,$

$$\lim_{x \to 0^+} f(x) = \lim_{x \to 0^+} (2x - 1) = -1,$$

因此 $\lim\limits_{x \to 0^-} f(x) \neq \lim\limits_{x \to 0^+} f(x)$,$\lim\limits_{x \to 0} f(x)$ 不存在,所以 $f(x)$ 在点 $x = 0$ 处不连续.

例3 设函数 $f(x) = \begin{cases} \dfrac{\cos x}{x + 2} & x \geqslant 0 \\ \dfrac{\sqrt{a} - \sqrt{a - x}}{x} & x < 0 \end{cases}$,$a > 0$,当 a 为何值时,$f(x)$ 在 $x = 0$ 处连续.

解 $\lim\limits_{x \to 0^-} f(x) = \lim\limits_{x \to 0^-} \dfrac{\sqrt{a} - \sqrt{a - x}}{x} = \lim\limits_{x \to 0^-} \dfrac{(\sqrt{a} - \sqrt{a - x})(\sqrt{a} + \sqrt{a - x})}{x(\sqrt{a} + \sqrt{a - x})}$

$$=\lim_{x\to 0^-}\frac{1}{\sqrt{a}+\sqrt{a-x}}=\frac{1}{2\sqrt{a}},$$

$$\lim_{x\to 0^+}f(x)=\lim_{x\to 0^+}\frac{\cos x}{x+2}=\frac{1}{2},$$

因为 $f(x)$ 在 $x=0$ 处连续，所以 $\lim\limits_{x\to 0}f(x)$ 存在，即 $\lim\limits_{x\to 0^-}f(x)=\lim\limits_{x\to 0^+}f(x)$，

所以 $a=1$.

二、函数的间断点

定义 8.2　设函数 $y=f(x)$ 在点 x_0 的某个邻域内有定义，若函数 $f(x)$ 在 x_0 点不连续，则称 x_0 为 $f(x)$ 的一个间断点或不连续点. 函数的间断点（不连续点）包含以下三种情形：

(1) 函数 $f(x)$ 在 $x=x_0$ 点没有定义；

(2) $f(x)$ 在 $x=x_0$ 有定义，但函数 $f(x)$ 当 $x\to x_0$ 时极限不存在；

(3) $f(x)$ 在 $x=x_0$ 有定义，且 $\lim\limits_{x\to x_0}f(x)$ 存在，但 $\lim\limits_{x\to x_0}f(x)\neq f(x)$.

例 4　考虑函数 $f(x)=\dfrac{x^2-4}{x-2}$ 在 $x=2$ 处的连续性.

解　$f(x)=\dfrac{x^2-4}{x-2}$ 在 $x=2$ 处无定义，所以 $f(x)=\dfrac{x^2-4}{x-2}$ 在 $x=2$ 处不连续（见图8-2）.

但 $\lim\limits_{x\to 2}f(x)=\lim\limits_{x\to 2}\dfrac{x^2-4}{x-2}=4$，极限存在.

补充定义：令 $x=2$ 时 $y=4$，则所给的函数在 $x=2$ 点处连续. 所以 $x=2$ 称为该函数的**可去间断点**.

例 5　函数 $f(x)=\begin{cases}x+1, & x\leqslant 0\\ \dfrac{1}{x}, & x>0\end{cases}$，考虑 $f(x)$ 在 $x=0$ 处的连续性.

解　$f(x)$ 在 $x=0$ 处函数有定义，但

$$\lim_{x\to 0^-}f(x)=1\quad \lim_{x\to 0^+}f(x)=+\infty,$$

所以 $\lim\limits_{x\to 0}f(x)$ 不存在，$x=0$ 是 $f(x)$ 的间断点（见图 8-3）.

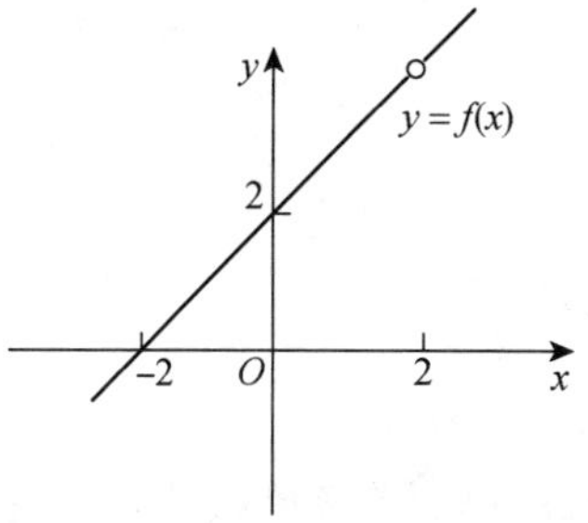

图 8-2

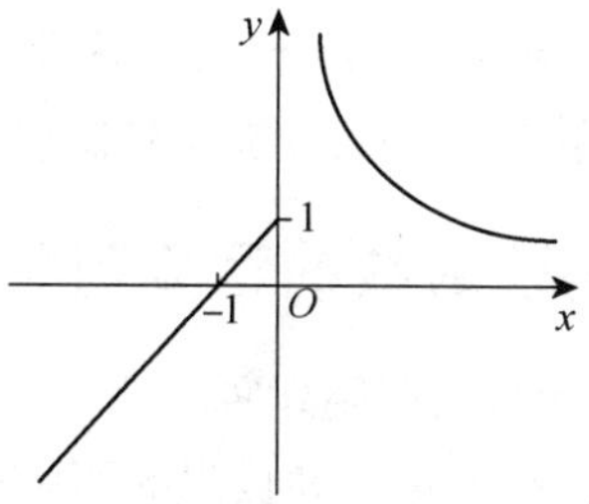

图 8-3

例 6　考虑函数 $f(x)=\dfrac{1}{x-1}$ 在 $x=1$ 点处的连续性.

解 函数 $f(x)=\dfrac{1}{x-1}$ 在 $x=1$ 点处没有定义，所以 $x=1$ 是 $f(x)$ 的间断点. 又因为 $\lim\limits_{x\to 1} f(x)=\infty$ 存在，所以我们称 $x=1$ 是 $f(x)$ 的**无穷间断点**(见图 8-4).

例 7 考虑函数 $f(x)=\begin{cases} x+1, & x<1 \\ x, & x\geqslant 1 \end{cases}$ 在 $x=1$ 点处的连续性.

解 函数 $f(x)$ 在 $x=1$ 点处有定义，且 $\lim\limits_{x\to 1^-} f(x)=2$，$\lim\limits_{x\to 1^+} f(x)=1$，但 $\lim\limits_{x\to 1^-} f(x)\neq \lim\limits_{x\to 1^+} f(x)$，所以 $x=1$ 是 $f(x)$ 的间断点. 从图 8-5 可以看出，函数图像在 $x=1$ 处产生了跳跃，我们称 $x=1$ 为函数 $f(x)$ 的**跳跃间断点**.

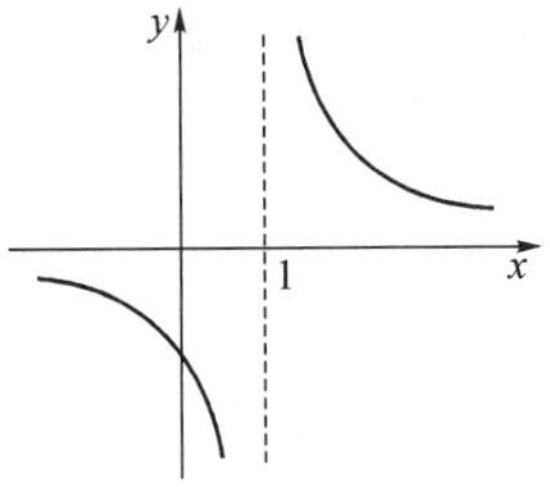

图 8-4

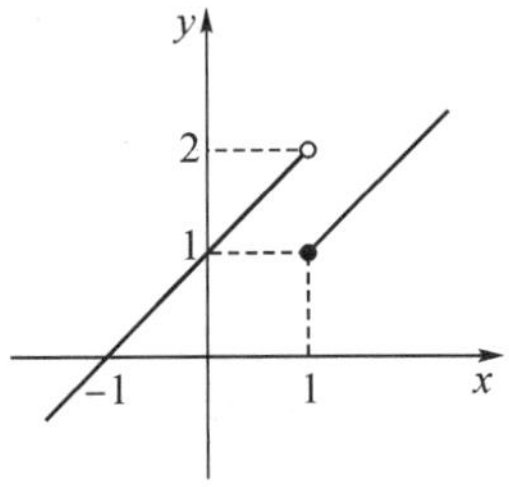

图 8-5

上述例子中，我们可以将间断点分成两类：若 x_0 是 $f(x)$ 的间断点，但左、右极限 $f(x_0^-)$、$f(x_0^+)$ 都存在，那么 x_0 称为函数 $f(x)$ 的**第一类间断点**. 例 4、例 7 中函数的间断点就是第一类间断点. 不是第一类间断点的任何间断点，称为**第二类间断点**. 例 5、例 6 中函数的间断点就是第二类间断点. 在第二类间断点处，函数的左、右极限中至少有一个不存在.

在第一类间断点中，左、右极限相等的称为可去间断点，不相等的称为跳跃间断点.

例 8 讨论函数 $y=\begin{cases} \sin\dfrac{1}{x}, & x\neq 0 \\ x, & x=0 \end{cases}$ 在 $x=0$ 处的连续性.

解 由于 $\lim\limits_{x\to 0}\sin\dfrac{1}{x}$ 不存在，随着 x 趋近于零，函数值在 -1 与 1 之间来回振荡，故函数在点 $x=0$ 处间断(见图 8-6).

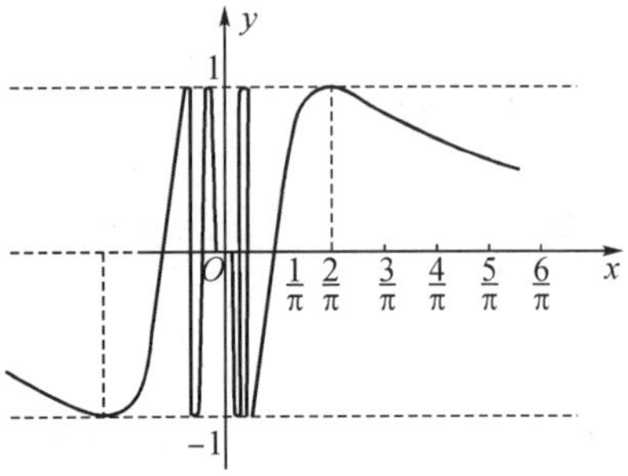

图 8-6

若函数 $y=f(x)$ 在 $x=x_0$ 时呈振荡无极限状态，则称点 x_0 为函数 $y=f(x)$ 的**振荡间断点**.

无穷间断点和振荡间断点都是第二类间断点.

三、连续函数的运算与初等函数的连续性

1. 连续函数的四则运算

由函数连续的定义和极限的四则运算法则，我们可以得到连续函数的四则运算性质.

定理 8.1 设函数 $f(x)$ 和 $g(x)$ 都在点 x_0 处连续，则

(1) $f(x)\pm g(x)$ 在点 x_0 处连续；

(2) $f(x)\cdot g(x)$ 在点 x_0 处连续；

(3) $\dfrac{f(x)}{g(x)}$ 在点 x_0 处连续($g(x_0)\neq 0$).

例如,多项式函数 $P_n(x)=\sum\limits_{k=0}^{n}a_kx^k$ 在$(-\infty,+\infty)$内连续;三角函数 $\sin x$、$\cos x$ 在定义域内是连续的,所以函数 $\cot x=\dfrac{\cos x}{\sin x}$, $\tan x=\dfrac{\sin x}{\cos x}$ 在它们的定义域内也是连续的.

2. 反函数与复合函数的连续性

定理 8.2 (反函数的连续性) 设函数 $y=f(x)$ 在区间 I_x 上单调增加(或单调减少)且连续,那么它的反函数 $x=f^{-1}(y)$ 也在对应的区间 $I_y=\{y\mid y=f(x),\ x\in I_x\}$ 上单调增加(或单调减少)且连续.

证明从略.

从几何上看,该定理是显然的,因为函数 $y=f(x)$ 与其反函数 $x=f^{-1}(y)$ 在 xoy 坐标面上为同一条曲线.

例如,指数函数 $y=a^x(a>0)$ 在定义域$(-\infty,+\infty)$上单调且连续,所以它的反函数对数函数 $y=\log_a x$ 在定义域$(0,+\infty)$也是单调连续的.

同理,三角函数的反函数 $\arcsin x$、$\arccos x$、$\arctan x$、$\text{arccot}\,x$ 在它们的定义域内也是连续的.

定理 8.3(复合函数连续性) 设函数 $y=f[\varphi(x)]$ 是由 $y=f(u)$, $u=\varphi(x)$ 复合而成的复合函数,$U(x_0)\subseteq D_{f\sim g}$. 如果 $u=\varphi(x)$ 在点 x_0 连续,又 $y=f(u)$ 在相应点 $u_0=\varphi(x_0)$ 处连续,则 $y=f[\varphi(x)]$ 在点 x_0 处连续.

证明从略.

推论 若在某极限过程有 $\lim\varphi(x)=A$,且 $y=f(u)$ 在 $u=A$ 处连续,则

$$\lim f[\varphi(x)]=f(A),\ 即\ \lim f[\varphi(x)]=f[\lim\varphi(x)],$$

即极限符号与函数符号可以交换位置.

例 9 求极限 $\lim\limits_{x\to 0}\dfrac{\ln(1+x)}{x}$.

解 我们知道 $\dfrac{\ln(1+x)}{x}=\ln(1+x)^{\frac{1}{x}}$ 是由函数 $y=\ln u$, $u=(1+x)^{\frac{1}{x}}$ 复合而成的,而由重要极限 Ⅱ 知 $\lim\limits_{x\to 0}(1+x)^{\frac{1}{x}}=e$,并且 $y=\ln u$ 在 $u=e$ 点连续,因此有

$$\lim_{x\to 0}\frac{\ln(1+x)}{x}=\lim_{x\to 0}\ln(1+x)^{\frac{1}{x}}=\ln\lim_{x\to 0}(1+x)^{\frac{1}{x}}=\ln e=1.$$

由定理 8.3 及其推论,我们可以讨论幂指函数 $[f(x)]^{g(x)}$ 的极限问题. 幂指函数的定义域要求 $f(x)>0$. 当 $f(x)$, $g(x)$ 均为连续函数,且 $f(x)>0$ 时,$[f(x)]^{g(x)}$ 也是连续函数. 在求 $\lim\limits_{x\to x_0}[f(x)]^{g(x)}$ 时,有以下几种结果:

(1) 如果 $\lim\limits_{x\to x_0}f(x)=A>0$, $\lim\limits_{x\to x_0}g(x)=B$,则 $\lim\limits_{x\to x_0}[f(x)]^{g(x)}=A^B$.

(2) 如果 $\lim\limits_{x\to x_0}f(x)=1$, $\lim\limits_{x\to x_0}g(x)=\infty$, 则 $\lim\limits_{x\to x_0}[f(x)]^{g(x)}=e^{\lim\limits_{x\to x_0}[f(x)-1]g(x)}$

(3) 如果 $\lim\limits_{x\to x_0}f(x)=A\neq 1(A>0)$, $\lim\limits_{x\to x_0}g(x)=\pm\infty$,则 $\lim\limits_{x\to x_0}[f(x)]^{g(x)}$ 可根据具体

情况直接求得.

例如，$\lim\limits_{x\to x_0} f(x)=A>1$，$\lim\limits_{x\to x_0} g(x)=+\infty$，则 $\lim\limits_{x\to x_0}[f(x)]^{g(x)}=+\infty$.

又如，$\lim\limits_{x\to x_0} f(x)=A(0<A<1)$，$\lim\limits_{x\to x_0} g(x)=+\infty$，则 $\lim\limits_{x\to x_0}[f(x)]^{g(x)}=0$.

上面结果仅对 $x\to x_0$ 时写出，实际上这些结果对 $x\to\infty$ 等极限过程仍然成立.

例 10 求 $\lim\limits_{x\to 0}\left(\dfrac{1-\cos x}{x^2}\right)^{1+x^2}$.

解 因为 $\lim\limits_{x\to 0}\dfrac{1-\cos x}{x^2}=\dfrac{1}{2}$，$\lim\limits_{x\to 0}(1+x^2)=1$，

所以
$$\lim_{x\to 0}\left(\frac{1-\cos x}{x^2}\right)^{1+x^2}=\left(\frac{1}{2}\right)^1=\frac{1}{2}.$$

例 11 求 $\lim\limits_{x\to\infty}\left(\dfrac{3x-2}{2x+1}\right)^{x^2+2}$.

解 由于 $\lim\limits_{x\to\infty}\dfrac{3x-2}{2x+1}=\dfrac{3}{2}$，$\lim\limits_{x\to\infty}x^2+2=+\infty$，

因此
$$\lim_{x\to\infty}\left(\frac{3x-2}{2x+1}\right)^{x^2+2}=+\infty.$$

例 12 求 $\lim\limits_{x\to\infty}\left(\dfrac{x-1}{x+1}\right)^x$.

解 由于 $\lim\limits_{x\to\infty}\dfrac{x-1}{x+1}=1$，$\lim\limits_{x\to\infty}x=\infty$，

则
$$\lim_{x\to\infty}\left(\frac{x-1}{x+1}\right)^x=e^{\lim\limits_{x\to\infty}\left(\frac{x-1}{x+1}-1\right)x}=e^{\lim\limits_{x\to\infty}\frac{-2x}{x+1}}=e^{-2}.$$

例 12 也可按下列方法求解：
$$\lim_{x\to\infty}\left(\frac{x-1}{x+1}\right)^x=\lim_{x\to\infty}\frac{\left(1-\dfrac{1}{x}\right)^x}{\left(1+\dfrac{1}{x}\right)^x}=\frac{e^{-1}}{e}=e^{-2}.$$

3. 初等函数的连续性

我们遇到的函数大部分为初等函数，它们是由基本初等函数经过有限次四则运算及有限次复合运算而成的. 由函数极限的讨论以及函数的连续性的定义可知：基本初等函数在其定义域内是连续的. 再由定理 8.1、定理 8.2、定理 8.3 可知，初等函数在其定义区间内也是连续的.

所谓定义区间是指包含在定义域内的区间.

由上可知，对初等函数在其定义区间内的点求极限时，只需求相应函数值即可.

例 13 利用初等函数的连续性求下列极限：

(1) $\lim\limits_{x\to\frac{\pi}{6}}\ln(2\cos x)$；

(2) 求 $\lim\limits_{x\to 1}\dfrac{x^2+\ln(4-3x)}{\arctan x}$.

解　(1) $\lim\limits_{x\to\frac{\pi}{6}}\ln(2\cos x)=\ln\left(2\cos\left(\frac{\pi}{6}\right)\right)=\ln 1=0$.

(2) 初等函数 $f(x)=\dfrac{x^2+\ln(4-3x)}{\arctan x}$ 在 $x=1$ 的某邻域内有定义，所以

$$\lim_{x\to 1}\frac{x^2+\ln(4-3x)}{\arctan x}=\frac{1+\ln(4-3)}{\arctan 1}=\frac{4}{\pi}.$$

四、闭区间上连续函数的性质

定义 8.3　设函数 $y=f(x)$在区间 I 上有定义，如果存在点 $x_0\in I$，使 $\forall x\in I$，有

$$f(x_0)\geqslant f(x)(\text{或 } f(x_0)\leqslant f(x)),$$

则称 $f(x_0)$为函数 $y=f(x)$在区间 I 上的最大(小)值，记为

$$f(x_0)=\max_{x\in I}f(x)(\text{或 } f(x_0)=\min_{x\in I}f(x)).$$

一般来说，在一个区间上连续的函数，在该区间上不一定存在最大值或最小值. 但是如果函数在一个闭区间上连续，那么它必定在该闭区间上取得最大值和最小值.

定理 8.4(最大值最小值定理)　若函数 $f(x)$在闭区间$[a, b]$上连续，则函数 $f(x)$在$[a, b]$ 上一定能取到最大值和最小值.

关于此定理我们需要注意以下两点：

该定理说明，如果函数 $f(x)$在闭区间$[a, b]$上连续，那么至少有一点 $\xi_1\in[a, b]$，使 $m=f(\xi_1)$ 是 $f(x)$ 在$[a, b]$ 上的最小值，且至少有一点 $\xi_2\in[a, b]$，使 $M=f(\xi_2)$ 是 $f(x)$ 在$[a, b]$ 上的最大值.

从图 8-7 可以看出，若 $f(x)$为$[a, b]$上的单调函数，此时函数 $f(x)$恰好在区间$[a, b]$的端点 a 和 b 取得最大值和最小值：

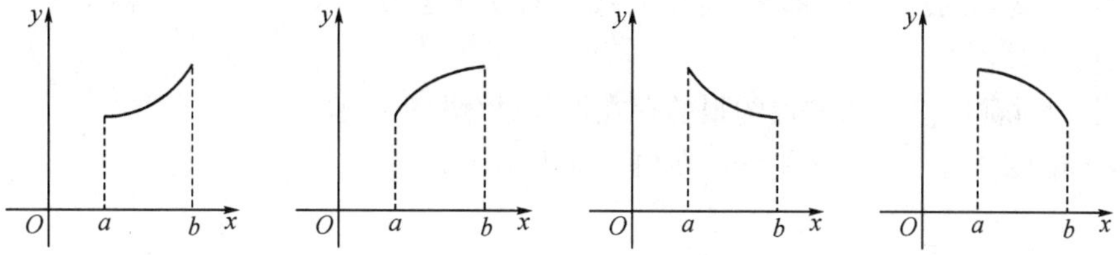

图 8-7

$$y=f(x)\uparrow,\ x\in[a, b],\text{则 }\max_{x\in[a, b]}f(x)=f(b),\quad \min_{x\in[a, b]}f(x)=f(a);$$

$$y=f(x)\downarrow,\ x\in[a, b],\text{则 }\max_{x\in[a, b]}f(x)=f(a),\quad \min_{x\in[a, b]}f(x)=f(b).$$

若 $f(x)$为$[a, b]$上的一般连续函数，则在这种情形下，总可以将$[a, b]$分成有限个小区间，使函数 $f(x)$在每个小区间上保持单调增加或单调减少. 于是，这有限个小区间的端点处的函数值中的最大者和最小者分别为函数 $f(x)$在$[a, b]$上的最大值和最小值，如图 8-8 所示. 最大值为 $f(b)$，而最小值为 $f(a_4)$.

定理 8.4 表明：若 $y=f(x)$在闭区间$[a, b]$上连续，则存在 $x_1, x_2\in[a, b]$，使得 $f(x_1)$

$=\min\limits_{x\in[a,b]} f(x)$, $f(x_2)=\min\limits_{x\in[a,b]} f(x)$. 于是,对任意 $x\in[a,b]$,有 $f(x_2)\leqslant f(x)\leqslant f(x_1)$,若取 $M=\max\{|f(x_1)|,|f(x_2)|\}$,则有 $|f(x)|\leqslant M$,从而有下述结论:

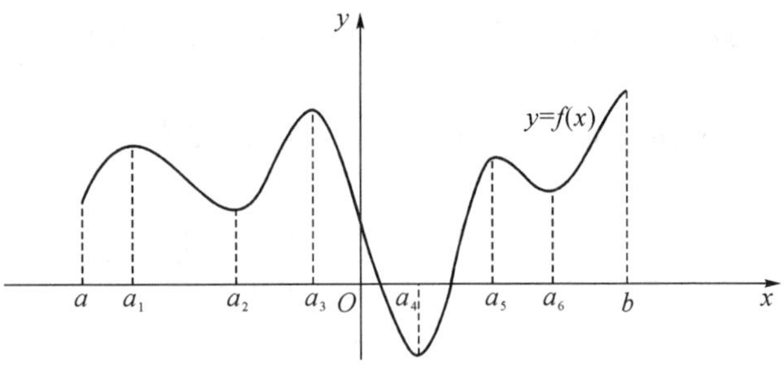

图 8-8

定理 8.5 (有界性定理) 闭区间上的连续函数一定是该区间上的有界函数.

如果函数在开区间内连续,或函数在闭区间上有间断点,那么函数在该区间上不一定有最大值或最小值.

例如开区间 (a,b) 上的函数 $y=x$,我们发现函数 $y=x$ 在开区间 (a,b) 内既无最大值又无最小值.

又如:在闭区间 $[0,2]$ 考察函数

$$f(x)=\begin{cases}-x+1, & 0\leqslant x<1\\ 1, & x=1\\ -x+3, & 1<x\leqslant 2\end{cases}.$$

从图 8-9 中我们很容易发现函数 $y=f(x)$ 在开区间 $[0,2]$ 内有间断点 $x=1$,函数既无最大值又无最小值.

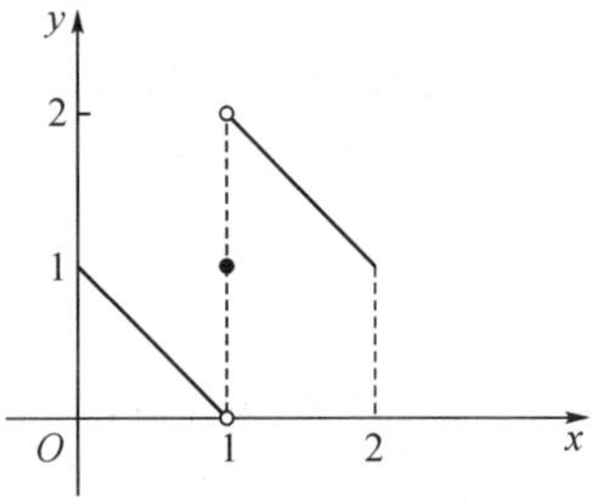

图 8-9

定理 8.6(零点定理) 设函数 $f(x)$ 在闭区间 $[a,b]$ 上连续,且 $f(a)$ 与 $f(b)$ 异号(即 $f(a)\cdot f(b)<0$),那么在开区间 (a,b) 内至少有一点 $\xi(a<\xi<b)$,使 $f(\xi)=0$.

证明从略.

从几何上看,定理 8.6 表示:如果连续曲线弧 $y=f(x)$ 的两个端点位于 x 轴的不同侧,那么,这段曲线弧与 x 轴至少有一个交点.

零点定理时常用于证明方程的根的存在性问题(见图 8-10).

例 14 证明方程 $x^5-3x-1=0$ 在 $(1,2)$ 内至少有一个实根.

证 设 $f(x)=x^5-3x-1$,则 $f(x)$ 在 $[1,2]$ 上连续,且 $f(1)\cdot f(2)=-3\times 25<0$. 由零点定理知,在 $(1,2)$ 至少有一点 ξ,使 $f(\xi)=0$,即 ξ 是方程 $x^5-3x-1=0$ 在 $(1,2)$ 内的一个根.

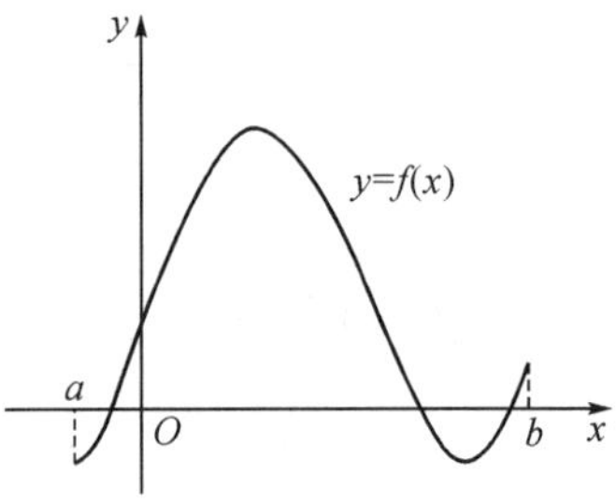

图 8-10

由定理 8.6 可推得下面更一般的情形:

定理 8.7(介值定理) 设函数 $f(x)$ 在闭区间 $[a,b]$ 上连续,那么它在 $[a,b]$ 上能取到介于其最大值 M 与最小值 m 之间的任何值.

证 因 $f(x)$ 在闭区间 $[a,b]$ 上连续,由定理 8.4 知,必存在 ξ_1, ξ_2 使 $f(\xi_1)=M$, $f(\xi_2)=m$,设 $m\neq M$, c 为 M 与 m 之间的任意一个数,即 $m<c<M$. 作辅助函数

$\varphi(x)=f(x)-c$,则 $\varphi(x)$ 在$[\xi_1,\xi_2]$(或$[\xi_2,\xi_1]$)上连续,

$$\varphi(\xi_1)\cdot\varphi(\xi_2)=(m-c)\cdot(M-c)<0,$$

由定理 8.6 得,至少有一点 ξ(ξ 在 ξ_1 与 ξ_2 之间),使 $\varphi(\xi)=0$. 而 $\varphi(\xi)=f(\xi)-c$,所以 $f(\xi)=c$(ξ 在 ξ_1 与 ξ_2 之间). 因 $\xi_1,\xi_2\in[a,b]$,故 $\xi\in(a,b)$.

该定理说明,当 x 在$[a,b]$上变动时,$[a,b]$上的连续函数所取得的函数值必完全充满区间$[m,M]$(见图 8-11).

值得注意的是,与定理 8.5 类似,定理 8.6、定理 8.7 的条件"$f(x)$在闭区间$[a,b]$上连续"不能减弱,若将区间$[a,b]$换成(a,b),或去掉"连续"的条件,定理的结论不一定成立. 读者可以试着举反例.

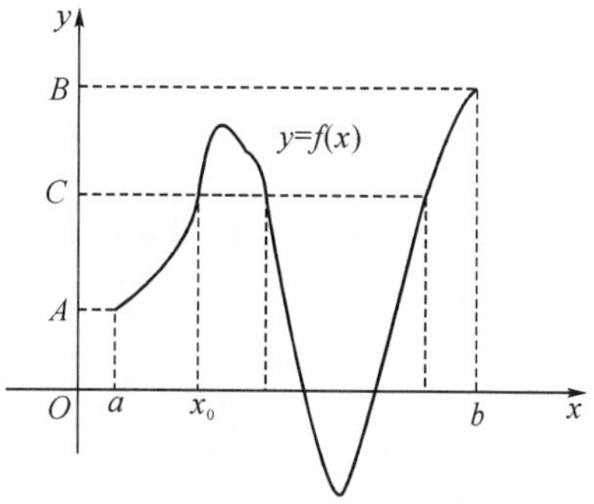

图 8-11

例 15 方程 $x^5-3x=1$ 至少有一个根介于 1 和 2 之间.

证明:令 $f(x)=x^5-3x-1$,则 $f(1)=-3<0$,$f(2)=25>0$,
根据零点定理:至少存在一点 $\xi\in(1,2)$,使得 $f(\xi)=0$,
即方程 $x^5-3x=1$ 至少有一个根介于 1 和 2 之间.

习题 1-8

1. 研究下列函数的连续性,并画出函数的图形:

(1) $f(x)=\begin{cases}-1, & x<-1\\ x^2, & -1\leqslant x\leqslant 1;\\ 1, & x>1\end{cases}$　　(2) $f(x)=\begin{cases}x^2, & 0\leqslant x\leqslant 1\\ 2-x, & 1<x\leqslant 2\end{cases}$.

2. 确定常数 a,b 使下列函数连续:

(1) $f(x)=\begin{cases}e^x, & x\leqslant 0\\ x+a, & x>0\end{cases}$;　　(2) $f(x)=\begin{cases}\dfrac{\ln(1-3x)}{bx}, & x<0\\ 2, & x=0.\\ \dfrac{\sin ax}{x}, & x>0\end{cases}$

3. 下列函数在指出的点处间断,说明这些间断点属于哪一类;如果是可去间断点,则补充或改变函数的定义使它连续:

(1) $y=\dfrac{x^2-1}{x^2-3x+2}$, $x=1$, $x=2$;　　(2) $y=\begin{cases}x-1, & x\leqslant 1,\\ 3-x, & x>1,\end{cases}$ $x=1$.

4. 讨论下列函数的连续性,若有间断点,判别其类型:

(1) $f(x)=\lim\limits_{n\to\infty}\dfrac{x+x^2e^{\frac{n}{x}}}{1+e^{\frac{n}{x}}}$;　　(2) $f(x)=\lim\limits_{n\to\infty}\dfrac{1-x^{2n}}{1+x^{2n}}x$.

5. 求下列极限:

(1) $\lim\limits_{x\to\infty}e^{\frac{1}{x}}$;　　(2) $\lim\limits_{x\to 0}\ln\dfrac{\sin x}{x}$;

(3) $\lim\limits_{x\to\infty}\left(1+\dfrac{1}{x}\right)^{\frac{x}{2}}$；

(4) $\lim\limits_{x\to 0}(1+3\tan^2 x)^{\cot 2x}$；

(5) $\lim\limits_{x\to\infty}\left(\dfrac{3+x}{6+x}\right)^{\frac{x-1}{2}}$；

(6) $\lim\limits_{x\to 0}\dfrac{\sqrt{1+\tan x}-\sqrt{1+\sin x}}{x\sqrt{1+\sin^2 x}-x}$.

6. 设 $f(x)$在 $\mathbf{R}$ 上连续，且 $f(x)\neq 0$，$\varphi(x)$ 在 $\mathbf{R}$ 上有定义，且有间断点，则下列陈述中哪些是对的？哪些是错的？如果是对的，说明理由；如果是错的，试给出一个反例：

(1) $\varphi[f(x)]$必有间断点；

(2) $[\varphi(x)]^2$ 必有间断点；

(3) $f[\varphi(x)]$未必有间断点；

(4) $\dfrac{\varphi(x)}{f(x)}$必有间断点.

7. 试证下列方程在指定区间内至少有一个实根：

(1) $x^5-2x^3-3=0$，在区间$(1,3)$；

(2) $x^2=e^x-2$，在区间$(0,2)$.

8. 假设函数 $f(x)$在闭区间$[0,1]$上连续，并且对$[0,1]$上任一点 x 有 $0\leqslant f(x)\leqslant 1$. 试证明$[0,1]$中必存在一点 c，使得 $f(c)=c$（c 称为函数 $f(x)$ 的不动点).

9. 证明方程 $x=a\sin x+b$，其中 $a>0$，$b>0$，至少有一个正根，并且它不超过 $a+b$.

10. 若 $f(x)$ 在$[a,b]$上连续，$a<x_1<x_2<\cdots<x_n<b(n\geqslant 3)$，则在$(x_1,x_n)$内至少有一点 ξ，使 $f(\xi)=\dfrac{f(x_1)+f(x_2)+\cdots+f(x_n)}{n}$.

习题一

1. 在“充分”“必要”和“充分必要”三者中选择一个正确的填入下列空格内：

(1) 数列$\{x_n\}$有界是数列$\{x_n\}$收敛的 ________ 条件. 数列$\{x_n\}$收敛是数列$\{x_n\}$有界的 ________ 条件.

(2) $f(x)$在 x_0 的某一去心邻域内有界是$\lim\limits_{x\to x_0}f(x)$存在的________条件. $\lim\limits_{x\to x_0}f(x)$存在是 $f(x)$在 x_0 的某一去心邻域内有界的________条件.

(3) $f(x)$ 在 x_0 的某一去心邻域内无界是 $\lim\limits_{x\to x_0}f(x)=\infty$ 的 ________ 条件. $\lim\limits_{x\to x_0}f(x)=\infty$ 是 $f(x)$ 在 x_0 的某一去心邻域内无界的 ________ 条件.

(4) $f(x)$ 当 $x\to x_0$ 时的右极限 $f(x_0^+)$ 及左极限 $f(x_0^-)$ 都存在且相等是 $\lim\limits_{x\to x_0}f(x)$ 存在的 ________ 条件.

2. 求下列极限：

(1) $\lim\limits_{x\to -2}\dfrac{x^3+3x^2+2x}{x^2-x-6}$；

(2) $\lim\limits_{x\to +\infty}x(\sqrt{x^2+1}-x)$；

(3) $\lim\limits_{x\to +\infty}\dfrac{\sqrt{x^2+2x}-\sqrt{x-1}}{x}$；

(4) $\lim\limits_{x\to +\infty}\dfrac{x\cos\sqrt{x}}{1+x^2}$；

(5) $\lim\limits_{x\to +\infty}(\sin\sqrt{x+1}-\sin\sqrt{x})$；

(6) $\lim\limits_{x\to\infty}x^2\left(1-\cos\dfrac{1}{x}\right)$；

(7) $\lim\limits_{x\to 1} x^{\frac{1}{1-x}}$；

(8) $\lim\limits_{x\to 0}\dfrac{x^2\tan^2 x}{(1-\cos x)^2}$；

(9) $\lim\limits_{x\to e}\dfrac{\ln x-1}{x-e}$；

(10) $\lim\limits_{x\to 0}\dfrac{\sqrt{1+\tan x}-\sqrt{1+\sin x}}{x^3}$.

3. 试确定常数 a 和 b：

(1) $\lim\limits_{x\to\infty}\left(ax+b-\dfrac{x^3+1}{x^2+1}\right)=1$；

(2) $\lim\limits_{x\to+\infty}(\sqrt{x^2-x+1}-ax-b)=0$；

(3) $\lim\limits_{x\to 1}\dfrac{x^2+bx+a}{1-x}=5$.

4. 求下列极限：

(1) $\lim\limits_{x\to 1}\dfrac{x^2-x+1}{(x-1)^2}$；

(2) $\lim\limits_{x\to+\infty}x(\sqrt{x^2+1}-x)$；

(3) $\lim\limits_{x\to\infty}\left(\dfrac{x+3}{x+1}\right)^{x+1}$；

(4) $\lim\limits_{x\to 0}\dfrac{\tan x-\sin x}{x^3}$；

(5) $\lim\limits_{x\to 0}\left(\dfrac{a^x+b^x+c^x}{3}\right)^{\frac{1}{x}}\quad(a>0,\ b>0,\ c>0)$；

(6) $\lim\limits_{x\to\frac{\pi}{2}}(\sin x)^{\tan x}$.

5. 求下列函数的间断点并确定其所属类型，如果是可去间断点则补充定义使它连续：

(1) $y=\dfrac{1-\cos x}{x^2}$；

(2) $y=\dfrac{\cos\dfrac{\pi}{2}x}{x^2(x-1)}$；

(3) $y=\dfrac{\sqrt[3]{1+4x}-1}{2\sin x}$；

(4) $y=\sin x\sin\dfrac{1}{x}$；

(5) $y=\arctan\dfrac{1}{x}$；

(6) $y=\dfrac{1}{1+e^{\frac{1}{1-x}}}$；

(7) $y=\begin{cases}\dfrac{2^{\frac{1}{x}}-1}{2^{\frac{1}{x}}+1}, & x\neq 0\\ 1, & x=0\end{cases}$；

(8) $f(x)=\begin{cases}e^{\frac{1}{x}}, & x>0\\ \ln(1+x), & -1<x\leqslant 0\end{cases}$.

6. 试确定 a，使函数 $f(x)$ 为连续函数.

(1) $f(x)=\begin{cases}x^2, & x<0\\ a+x, & x\geqslant 0\end{cases}$；

(2) $f(x)=\begin{cases}x\sin\dfrac{1}{x}, & x>0\\ \ln(a+x^2), & x\leqslant 0\end{cases}$.

7. 讨论下列函数的连续性；若存在间断点，则判别其类型：

(1) $y=\lim\limits_{n\to\infty}\dfrac{nx}{1+nx^3}$；

(2) $y=\lim\limits_{n\to\infty}\dfrac{1+x}{1+x^{2n}}$.

8. 证明方程 $x\cdot 3^x=2$ 至少有一个小于 1 的正根.

9. 证明：若 $f(x)$ 及 $g(x)$ 都在 $[a,b]$ 上连续，且 $f(a)<g(a)$，$f(b)>g(b)$，则存在点 $c\in(a,b)$，使得 $f(c)=g(c)$.

第二章

导数与微分

微分学是微积分的重要组成部分，它的基本概念是导数与微分. 本章主要介绍导数和微分的概念及它们的计算方法.

§1 导数概念

一、引例

在实际生活中，经常需要描述函数相对于自变量的变化而变化的快慢问题，即函数的变化率. 我们先从变速直线运动的速度、曲线的切线出发，引出导数的概念.

1. 变速直线运动的瞬时速度

一个质点在一条直线上运动，所经过的路程 s 是时间 t 的函数 $s=f(t)$.

如果质点是作匀速直线运动，质点的运动速度 v 等于路程 s 与时间 t 之比，即：

$$v=\frac{s}{t}.$$

如果质点是做变速直线运动，它的速度随时间变化而变化. 现讨论质点在某一时刻 $t=t_0$ 时的速度 $v(t)=v(t_0)$，即瞬时速度.

质点从时刻 t_0 到 $t_0+\Delta t$ 这段时间间隔内，质点从位置 $s=f(t_0)$ 移动到 $s=f(t_0+\Delta t)$，质点经过的路程为：

$$\Delta s=f(t_0+\Delta t)-f(t_0).$$

质点的平均速度为： $\bar{v}=\dfrac{f(t_0+\Delta t)-f(t_0)}{\Delta t}.$

当 Δt 较小时，平均速度 $\bar{v}$ 可近似地表示质点在时刻 t_0 的速度. 且 Δt 越小，这种近似程度也越好.

令 $\Delta t\to 0$，如果 $\lim\limits_{\Delta t\to 0}\dfrac{f(t_0+\Delta t)-f(t_0)}{\Delta t}$ 存在，则称平均速度 $\bar{v}$ 的极限为质点在时刻 t_0 的

瞬时速度,即 $v(t_0)=\lim\limits_{\Delta t\to 0}\dfrac{f(t_0+\Delta t)-f(t_0)}{\Delta t}$.

2. 平面曲线的切线问题

切线的一般定义:设有曲线 $C: y=f(x)$ 及 C 上的一点 M(见图 1-1),在点 M 外另取 C 上一点 N,作割线 MN,当点 N 沿曲线 C 逐渐趋于点 M 时,割线 MN 绕点 M 旋转,而逐渐趋于极限位置 MT,直线 MT 就称为曲线 C 在点 M 处的切线.

极限位置的含义:只要弦长 $|MN|$ 趋于零,$\angle NMT$ 也趋于零.

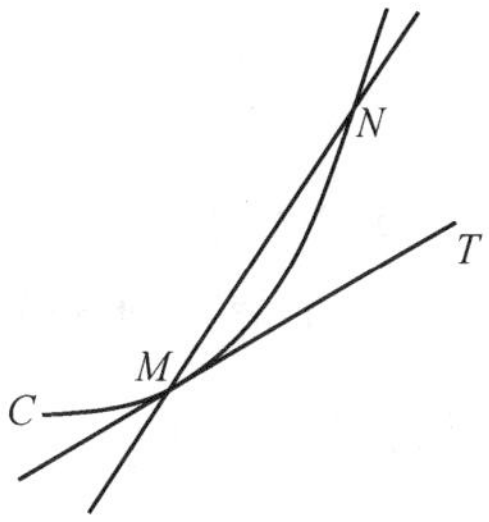

图 1-1

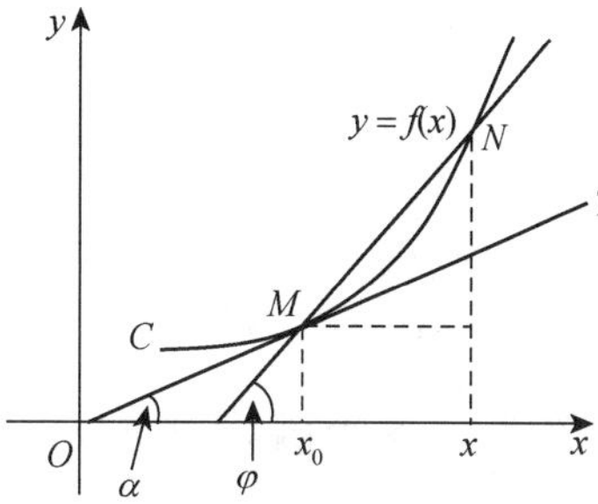

图 1-2

设 $M(x_0, y_0)$是曲线 C 上的一点(见图 1-2),则 $y_0=f(x_0)$. 在点 M 外另取 C 上一点 $N(x, y)$,割线 MN 的斜率为:

$$k_{MN}=\tan\varphi=\frac{y-y_0}{x-x_0}=\frac{f(x)-f(x_0)}{x-x_0}.$$

其中 φ 为割线 MN 的倾角. 当点 N 沿曲线 C 趋于点 M 时, $x\to x_0$. 如果 $\lim\limits_{x\to x_0}\dfrac{f(x)-f(x_0)}{x-x_0}$ 存在,则此极限就是切线 MT 的斜率 $k=\tan\alpha$,其中 α 是切线 MT 的倾角.

上面两个实际问题,虽然实际意义不同,但解决问题的方法相同,都归结为求函数增量与自变量增量之比的极限:

$$\lim_{x\to x_0}\frac{f(x)-f(x_0)}{x-x_0},$$

或

$$\lim_{\Delta x\to 0}\frac{f(x_0+\Delta x)-f(x_0)}{\Delta x},$$

其中, $\Delta x=x-x_0$ 称为自变量增量,

$$\Delta y=f(x)-f(x_0)=f(x_0+\Delta x)-f(x_0)$$

称为相应于自变量增量 Δx 的函数增量.

在物理学、化学、生物学、经济学等科学领域还有许多实际问题,如线密度、电流、反应速度等,都可归结为函数对于自变量的变化率即函数的导数.

二、导数的定义

定义 1.1　设函数 $y=f(x)$ 在点 x_0 的某一邻域内有定义,当自变量 x 在 x_0 处有增量

Δx（$x_0+\Delta x$ 也在该邻域内）时，相应地函数有增量 $\Delta y=f(x_0+\Delta x)-f(x_0)$，若 Δy 与 Δx 之比当 $\Delta x\to 0$ 时极限存在，则称函数 $y=f(x)$ 在点 x_0 处可导，这个极限值为 $y=f(x)$ 在 x_0 处的导数. 记为：$f'(x_0)$，即

$$f'(x_0)=\lim_{\Delta x\to 0}\frac{\Delta y}{\Delta x}=\lim_{\Delta x\to 0}\frac{f(x_0+\Delta x)-f(x_0)}{\Delta x},$$

还可记为：$y'\big|_{x=x_0}$，$\left.\dfrac{\mathrm{d}y}{\mathrm{d}x}\right|_{x=x_0}$ 或 $\left.\dfrac{\mathrm{d}f(x)}{\mathrm{d}x}\right|_{x=x_0}$.

反之，若 $\lim\limits_{\Delta x\to 0}\dfrac{f(x_0+\Delta x)-f(x_0)}{\Delta x}$ 极限不存在，称函数 $y=f(x)$ 在点 x_0 处不可导.

若函数 $f(x)$ 在区间 (a,b) 内每一点都可导，就称函数 $f(x)$ 在区间 (a,b) 内可导. 这时函数 $y=f(x)$ 对于区间 (a,b) 内的每一个确定的 x 值，都对应着一个确定的导数，这就构成一个新的函数，我们就称这个函数为原来函数 $y=f(x)$ 的导函数，记作 y'，$f'(x)$，$\dfrac{\mathrm{d}y}{\mathrm{d}x}$ 或 $\dfrac{\mathrm{d}f(x)}{\mathrm{d}x}$.

导函数的定义式为：

$$f'(x)=\lim_{\Delta x\to 0}\frac{f(x+\Delta x)-f(x)}{\Delta x}.$$

此外，函数 $y=f(x)$ 在点 x_0 处的导数 $f'(x_0)$ 即为导函数 $f'(x)$ 在点 $x=x_0$ 处的函数值，即

$$f'(x_0)=f'(x)\Big|_{x=x_0}.$$

为方便起见，导函数 $f'(x)$ 简称导数，而 $f'(x_0)$ 是 $f(x)$ 在点 x_0 处的导数或导数 $f'(x)$ 在 x_0 处的值.

注 (1) 导函数的定义式可取不同的形式，常见的有：

$$f'(x)=\lim_{h\to 0}\frac{f(x+h)-f(x)}{h};\quad f'(x)=\lim_{h\to 0}\frac{f(x)-f(x-h)}{h}.$$

上两式中，虽然 x 可以取区间内的任何数值，但在极限过程中，x 是常量，Δx 或 h 是变量.

(2) $\dfrac{\Delta y}{\Delta x}$ 反映的是曲线在 $[x_0,x]$ 上的平均变化率，而 $f'(x)=\left.\dfrac{\mathrm{d}y}{\mathrm{d}x}\right|_{x=x_0}$ 是在点 x_0 的变化率，它反映了函数 $y=f(x)$ 随 $x\to x_0$ 变化的快慢程度.

(3) 这里 $\left.\dfrac{\mathrm{d}y}{\mathrm{d}x}\right|_{x=x_0}$ 与 $\left.\dfrac{\mathrm{d}f}{\mathrm{d}x}\right|_{x=x_0}$ 中的 $\dfrac{\mathrm{d}y}{\mathrm{d}x}$ 与 $\dfrac{\mathrm{d}f}{\mathrm{d}x}$ 是一个整体记号，而不能视为分子 $\mathrm{d}y$ 或 $\mathrm{d}f$ 与分母 $\mathrm{d}x$，待到后面再讨论.

(4) 若 $\lim\limits_{\Delta x\to 0}\dfrac{\Delta y}{\Delta x}=\infty$，也可称 $y=f(x)$ 在 $x=x_0$ 的导数为 ∞，因为此时 $y=f(x)$ 在 x_0 点的切线存在，它是垂直于 x 轴的直线 $x=x_0$.

根据函数 $f(x)$在点 x_0 处的导数 $f'(x_0)$的定义，导数

$$f'(x_0)=\lim_{\Delta x\to 0}\frac{f(x_0+\Delta x)-f(x_0)}{\Delta x}$$

是一个极限，而极限存在的充分必要条件是左、右极限都存在且相等，因此 $f'(x_0)$ 存在即 $y=f(x)$ 在点 x_0 处可导的充分必要条件是左、右极限

$$\lim_{\Delta x\to 0^-}\frac{f(x_0+\Delta x)-f(x_0)}{\Delta x} \quad 及 \quad \lim_{\Delta x\to 0^+}\frac{f(x_0+\Delta x)-f(x_0)}{\Delta x}$$

都存在且相等. 这两个极限分别称为函数 $f(x)$在点 x_0 处的左导数和右导数，记为 $f'_-(x_0)$和 $f'_+(x_0)$，即：

$$f_-'(x_0)=\lim_{\Delta x\to 0^-}\frac{f(x_0+\Delta x)-f(x_0)}{\Delta x},f_+'(x_0)=\lim_{\Delta x\to 0^+}\frac{f(x_0+\Delta x)-f(x_0)}{\Delta x}.$$

由此可知，函数 $f(x)$在点 x_0 处可导的充分必要条件是左导数 $f_-'(x_0)$ 和右导数 $f_+'(x_0)$ 都存在且相等.

左导数和右导数统称为单侧导数.

我们需要说明的是，如果称函数 $f(x)$在闭区间$[a,b]$内可导，指的是 $f(x)$在区间(a,b)内可导，且 $f_+'(a)$ 与 $f_-'(b)$ 都存在.

三、求导数举例

根据导数的定义求 $y=f(x)$ 的导数，一般可分为以下三个步骤：

(1) 求函数的增量 $\Delta y=f(x+\Delta x)-f(x)$；

(2) 求两增量的比值 $\frac{\Delta y}{\Delta x}$；

(3) 求极限 $\lim\limits_{\Delta x\to 0}\frac{\Delta y}{\Delta x}$.

例 1 求函数 $f(x)=C$(C 为常数) 的导数.

解 (1) $\Delta y=f(x+\Delta x)-f(x)=C-C=0$；

(2) $\frac{\Delta y}{\Delta x}=0$；

(3) $y'=\lim\limits_{\Delta x\to 0}\frac{\Delta y}{\Delta x}=0$.

即
$$(C)'=0.$$
这就是说，常数的导数等于零.

例 2 求函数 $f(x)=x^n$ 的导数.

解 (1) $\Delta y=f(x+\Delta x)-f(x)=(x+\Delta x)^n-x^n$
$=C_n^1x^{n-1}\Delta x+C_n^2x^{n-2}(\Delta x)^2+\cdots+C_n^n(\Delta x)^n$；

(2) $\frac{\Delta y}{\Delta x}=\frac{C_n^1x^{n-1}\Delta x+C_n^2x^{n-2}(\Delta x)^2+\cdots+C_n^n(\Delta x)^n}{\Delta x}$

$$=C_n^1 x^{n-1}+C_n^2 x^{n-2}\Delta x+\cdots+C_n^n(\Delta x)^{n-1};$$

(3) $f'(x)=\lim\limits_{\Delta x\to 0}(C_n^1 x^{n-1}+C_n^2 x^{n-2}\Delta x+\cdots+C_n^n(\Delta x)^{n-1})=nx^{n-1}$.

即
$$(x^n)'=nx^{n-1}.$$

注 更一般地，$f(x)=x^{\mu}$（μ 为常数）的导数为 $f'(x)=\mu x^{\mu-1}$，由此可见，

$$(\sqrt{x})'=\frac{1}{2}\frac{1}{\sqrt{x}},\ \left(\frac{1}{x}\right)'=-\frac{1}{x^2}\quad (x\neq 0).$$

例 3 求 $f(x)=\sin x$ 的导数.

解 (1) $\Delta y=\sin(x+\Delta x)-\sin x=2\cos\left(x+\frac{\Delta x}{2}\right)\sin\frac{\Delta x}{2}$;

(2) $\dfrac{\Delta y}{\Delta x}=\dfrac{2\cos\left(x+\frac{\Delta x}{2}\right)\sin\frac{\Delta x}{2}}{\Delta x}=\cos\left(x+\dfrac{\Delta x}{2}\right)\dfrac{\sin\frac{\Delta x}{2}}{\frac{\Delta x}{2}}$;

(3) $y'=\lim\limits_{\Delta x\to 0}\dfrac{\Delta y}{\Delta x}=\lim\limits_{\Delta x\to 0}\cos\left(x+\dfrac{\Delta x}{2}\right)\dfrac{\sin\frac{\Delta x}{2}}{\frac{\Delta x}{2}}$

$$=\lim_{\Delta x\to 0}\cos\left(x+\frac{\Delta x}{2}\right)\cdot\lim_{\Delta x\to 0}\frac{\sin\frac{\Delta x}{2}}{\frac{\Delta x}{2}}=\cos x.$$

即
$$(\sin x)'=\cos x.$$
同理可得
$$(\cos x)'=-\sin x.$$

例 4 求函数 $f(x)=a^x$ 的导数.

解 (1) $\Delta y=f(x+\Delta x)-f(x)=a^{x+\Delta x}-a^x=a^x(a^{\Delta x}-1)$;

(2) $\dfrac{\Delta y}{\Delta x}=\dfrac{a^x(a^{\Delta x}-1)}{\Delta x}=a^x\dfrac{(a^{\Delta x}-1)}{\Delta x}$;

(3) $f'(x)=\lim\limits_{\Delta x\to 0}a^x\dfrac{(a^{\Delta x}-1)}{\Delta x}=a^x\lim\limits_{\Delta x\to 0}\dfrac{(a^{\Delta x}-1)}{\Delta x}=a^x\ln a$.

即
$$(a^x)'=a^x\ln a.$$
特殊地，当 $a=e$ 时，因 $\ln e=1$，故有 $(e^x)'=e^x$.

上式表明，以 e 的底的指数的导数就是它自己，这是以 e 为底的指数函数的一个重要特性.

例 5 求 $f(x)=\log_a x$ 的导数.

解 (1) $\Delta y=\log_a(x+\Delta x)-\log_a x=\log_a\left(1+\dfrac{\Delta x}{x}\right)$;

(2) $\dfrac{\Delta y}{\Delta x}=\dfrac{\log_a\left(1+\frac{\Delta x}{x}\right)}{\Delta x}=\dfrac{1}{x}\log_a\left(1+\dfrac{\Delta x}{x}\right)^{\frac{x}{\Delta x}}$;

(3) $y'=\lim\limits_{\Delta x\to 0}\dfrac{\Delta y}{\Delta x}=\lim\limits_{\Delta x\to 0}\left[\dfrac{1}{x}\log_a\left(1+\dfrac{\Delta x}{x}\right)^{\frac{x}{\Delta x}}\right]=\dfrac{1}{x}\log_a e=\dfrac{1}{x\ln a}$.

即
$$(\log_a x)'=\frac{1}{x\ln a}.$$

特别地，当 $a=e$ 时，得 $(\ln x)'=\dfrac{1}{x}$.

四、导数的几何意义

由平面曲线的切线斜率问题的讨论和导数的定义知，函数 $y=f(x)$ 在 x_0 处的导数 $f'(x_0)$ 在几何上表示曲线 $y=f(x)$ 在点 $M(x_0,\ y_0)$ 处的切线的斜率，即

$$\tan\alpha=f'(x_0).$$

由此得，曲线 $y=f(x)$ 在点 $M(x_0,\ y_0)$ 处的切线方程为

$$y-y_0=f'(x_0)(x-x_0),$$

法线方程为

$$y-y_0=-\frac{1}{f'(x_0)}(x-x_0)\ (f'(x_0)\neq 0).$$

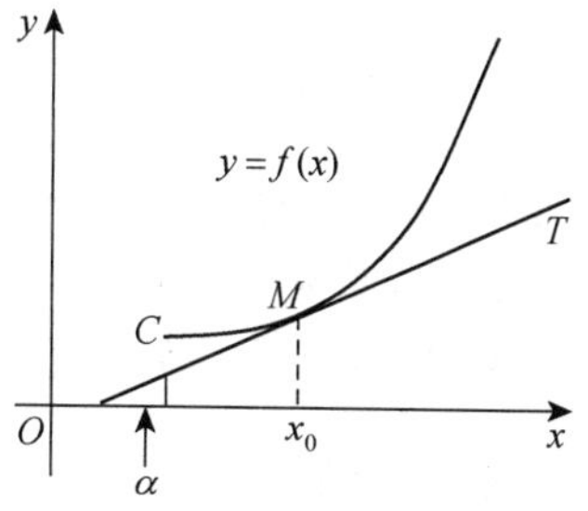

图 1-3

当 $f'(x_0)=0$ 时，切线为平行于 x 轴的直线 $y=f(x_0)$，法线为垂直于 x 轴的直线 $x=x_0$；当 $f'(x_0)=\infty$ 时，切线为垂直于 x 轴的直线 $x=x_0$，法线为平行于 x 轴的直线 $y=f(x_0)$；当 $f'(x_0)$ 不存在且又不是无穷大时，没有切线.

例 6　求曲线 $y=x^2$ 在点 $P(x_0,\ y_0)$ 处的切线与法线方程.

解　由于 $(x^2)'\big|_{x=x_0}=2x\big|_{x=x_0}=2x_0$，所以 $y=x^2$ 在 $P(x_0,\ y_0)$ 处的切线方程为：

$$y-y_0=2x_0(x-x_0).$$

当 $x_0\neq 0$ 时，法线方程为：$y-y_0=-\dfrac{1}{2x_0}(x-x_0)$.

当 $x_0=0$ 时，法线方程为：$x=0$.

例 7　求等边双曲线 $y=\dfrac{1}{x^3}$ 在点 $(1,\ 1)$ 处的切线的斜率，并写出在该点处的切线方程和法线方程.

解　根据导数的几何意义知道，所求切线的斜率为 $k_1=y'\big|_{x=1}$，

由于 $y'=\left(\dfrac{1}{x^3}\right)'=-\dfrac{3}{x^4}$，于是

$$k_1=-\frac{3}{x^4}\Big|_{x=1}=-3,$$

从而所求的切线方程为：$y-1=-3(x-1)$，即

$$3x+y-4=0;$$

所求的法线斜率为：

$$k_2=-\frac{1}{k_1}=\frac{1}{3},$$

于是所求的法线方程为：$y-1=\frac{1}{3}(x-1)$，即 $x-3y+2=0$.

五、函数可导性与连续的关系

连续和可导都是用极限定义的概念，所有的初等函数在其定义区间内都是连续的，那么函数的连续性与可导性有什么联系呢？

定理 1.1 如果函数 $y=f(x)$ 在 $x=x_0$ 点可导，那么在该点必连续.

证明 由条件知，$\lim\limits_{\Delta x\to 0}\frac{\Delta y}{\Delta x}=f'(x_0)$ 是存在的，其中 $\Delta x=x-x_0$，$\Delta y=f(x)-f(x_0)$，

由无穷小性质知，$\frac{\Delta y}{\Delta x}=f'(x_0)+\alpha$（$\alpha$ 为无穷小）$\Rightarrow \Delta y=f'(x_0)\Delta x+\alpha\Delta x$，

显然当 $\Delta x\to 0$ 时，有 $\Delta y\to 0$，所以由连续定义，即得函数 $y=f(x)$ 在 $x=x_0$ 点连续. 证毕.

注 若函数 $f(x)$ 在点 x_0 处连续，则 $f(x)$ 在点 x_0 处不一定可导.

这里介绍一个今后要用到的例子.

例 8 函数 $y=|x|=\begin{cases}x, & x\geqslant 0\\ -x, & x<0\end{cases}$ 在 $x=0$ 处连续但不可导.

显然，$y=|x|$ 在 $x=0$ 处连续，下面说明它在 $x=0$ 处不可导，这是因为

$$\Delta y=|0+\Delta x|-|0|=|\Delta x|,$$

$$\lim_{\Delta x\to 0^+}\frac{\Delta y}{\Delta x}=\lim_{\Delta x\to 0^+}\frac{|\Delta x|}{\Delta x}=\lim_{\Delta x\to 0^+}\frac{\Delta x}{\Delta x}=1,$$

$$\lim_{\Delta x\to 0^-}\frac{\Delta y}{\Delta x}=\lim_{\Delta x\to 0^-}\frac{|\Delta x|}{\Delta x}=\lim_{\Delta x\to 0^-}\frac{-\Delta x}{\Delta x}=-1.$$

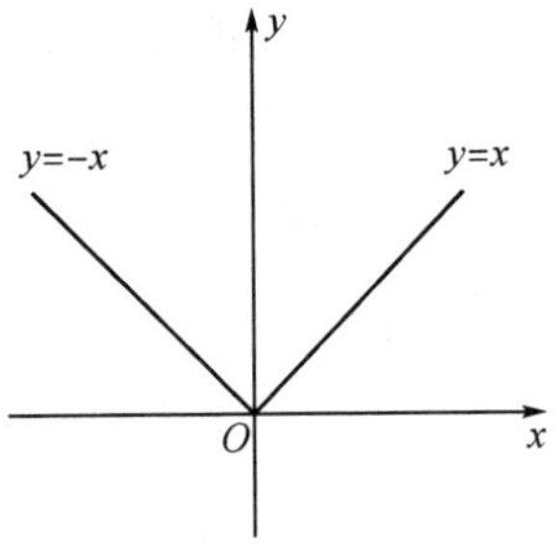

图 1-4

即当 $\Delta x\to 0$ 时，左右极限存在但不相等，所以极限 $\lim\limits_{\Delta x\to 0}\frac{\Delta y}{\Delta x}$ 不存在. 也就是说，函数 $y=|x|$ 在 $x=0$ 处不可导.

由于导数不存在且又不是无穷大，故在原点没有切线，如图 1-4 所示，这时函数 $y=|x|$ 的图形在原点 O 处出现“尖点”. 如果函数在一个区间内可导，则其图形不出现“尖点”，是一条连续的光滑曲线.

例 9 求常数 a，b，使得 $f(x)=\begin{cases}e^x, & x\geqslant 0\\ ax+b, & x<0\end{cases}$ 在 $x=0$ 点可导.

解 若使 $f(x)$ 在 $x=0$ 点可导，必使之连续，故

$$\lim_{x\to 0^+}f(x)=\lim_{x\to 0^-}f(x)=f(0)\Rightarrow e^0=a\cdot 0+b \quad\Rightarrow b=1.$$

又若使 $f(x)$ 在 $x=0$ 点可导，必使之左右导数存在且相等，由函数知，左右导数是存在的，且

$$f'_-(0)=\lim_{x\to 0-}\frac{(ax+b)-e^0}{x-0}=a,\ f'_+(0)=\lim_{x\to 0+}\frac{e^x-e^0}{x-0}=e^0=1.$$

所以若有 $a=1$，则 $f'_-(0)=f'_+(0)$，此时 $f(x)$ 在 $x=0$ 点可导，
所以所求常数为 $a=b=1$.

由以上讨论知，函数在某点连续是函数在该点可导的必要条件，但不是充分条件.

习题 2-1

1. 选择题

(1) 设 $f(x)=\begin{cases}\frac{2}{3}x^3, & x\leqslant 1\\ x^2, & x>1\end{cases}$，则 $f(x)$ 在 $x=1$ 处的(　　).

A. 左、右导数都存在　　B. 左导数存在，右导数不存在

C. 左导数不存在，右导数存在　　D. 左、右导数都不存在

(2) 设 $f(x)$ 可导，$F(x)=f(x)(1+|\sin x|)$，则 $f(0)=0$ 是 $F(x)$ 在 $x=0$ 处可导的(　　).

A. 充分必要条件　　B. 充分条件但非必要条件

C. 必要条件但非充分条件　　D. 既非充分条件又非必要条件

2. 设 $\lim\limits_{x\to a}\dfrac{f(x)-f(a)}{x-a}=A$，$A$ 为常数，判定下列命题的正确性：

(1) $f(x)$ 在点 a 可导；

(2) $f(x)-f(a)=A(x-a)+o(x-a)$；

(3) $\lim\limits_{x\to a}f(x)$ 存在；

(4) $\lim\limits_{x\to a}f(x)=f(a)$.

3. 下列各题中均假定 $f'(x_0)$ 存在，按照导数定义求下列极限，指出 A 表示什么：

(1) $\lim\limits_{\Delta x\to 0}\dfrac{f(x_0-\Delta x)-f(x_0)}{2\Delta x}=A$；

(2) $\lim\limits_{h\to 0}\dfrac{f(x_0+h)-f(x_0-2h)}{h}=A$；

(3) $\lim\limits_{x\to 0}\dfrac{f(x)}{x}=A$，其中 $f(0)=0$ 且 $f'(0)$ 存在；

(4) $\lim\limits_{\Delta x\to 0}\dfrac{f(x_0+\alpha\Delta x)-f(x_0+\beta\Delta x)}{\Delta x}=A$，其中 α，β 为不等于零的常数.

4. 设函数 $f(x)$ 可导，且 $f'(3)=2$，求 $\lim\limits_{x\to 0}\dfrac{f(3-x)-f(3)}{2x}$.

5. 讨论下列函数在指定点处的连续性与可导性：

(1) $f(x)=\begin{cases}x^2, & x\geqslant 0\\ x, & x<0\end{cases}$ 在 $x=0$ 处；

(2) $f(x)=\begin{cases}x\arctan\dfrac{1}{x}, & x\neq 0\\ 0, & x=0\end{cases}$ 在 $x=0$ 处；

(3) $y=|\sin x|$ 在 $x=0$ 处；

(4) $y=\begin{cases}x^2\sin\dfrac{1}{x}, & x\neq 0\\ 0, & x=0\end{cases}$ 在 $x=0$ 处.

6. 已知 $f(x)$在 $x=1$ 处连续,且 $\lim\limits_{x\to1}\dfrac{f(x)}{x-1}=2$,求 $f'(1)$.

7. 设函数 $f(x)=\begin{cases}ax+b, & x>0\\ \cos x, & x\leqslant 0\end{cases}$. 为了使函数 $f(x)$ 在 $x=0$ 处连续且可导,a,b 应取什么值?

8. 求曲线 $y=\cos x$ 上点$\left(\dfrac{\pi}{3},\ \dfrac{1}{2}\right)$处的切线方程和法线方程.

9. 求曲线 $y=e^x$ 在点(0, 1) 处的切线方程.

10. 设函数 $f(x)=\begin{cases}x^2, & x\leqslant 1\\ ax+b, & x>1\end{cases}$,为了使函数 $f(x)$在 $x=1$ 处连续且可导,a,b 应取什么值?

11. 已知 $f(x)=\begin{cases}x^2, & x\geqslant 0\\ -x, & x<0\end{cases}$,求 $f'_+(0)$ 及 $f'_-(0)$,又 $f'(0)$是否存在?

§2 函数的求导法则和基本求导公式

本节将介绍求导的几个基本法则以及前一节未讨论的几个基本初等函数的导数公式. 利用这些法则和基本初等函数的导数公式,就能方便地求出常见的初等函数的导数.

一、函数的和、差、积、商的求导法则

定理 2.1 设函数 $u=u(x)$ 和 $v=v(x)$ 在点 x 处可导,则它们的和、差、积、商(分母不为零) 在点 x 处也可导,且

(1) $[u(x)\pm v(x)]'=u(x)'\pm v(x)'$;

(2) $[u(x)v(x)]'=u(x)'v(x)+u(x)v(x)'$,特别地$(Cu)'=Cu'$($C$ 为常数);

(3) $\left[\dfrac{u(x)}{v(x)}\right]'=\dfrac{u(x)'v(x)-u(x)v(x)'}{v(x)^2}$ $(v(x)\neq 0)$,特别地 $\left(\dfrac{1}{v(x)}\right)'=-\dfrac{v(x)'}{v(x)^2}$.

证 (1)
$$\begin{aligned}[u(x)\pm v(x)]'&=\lim_{\Delta x\to0}\frac{[u(x+\Delta x)\pm v(x+\Delta x)]-[u(x)\pm v(x)]}{\Delta x}\\&=\lim_{\Delta x\to0}\frac{u(x+\Delta x)-u(x)}{\Delta x}\pm\lim_{\Delta x\to0}\frac{v(x+\Delta x)-v(x)}{\Delta x}\\&=u'(x)\pm v'(x),\end{aligned}$$

所以 $[u(x)\pm v(x)]'=u(x)'\pm v(x)'$.

(2)
$$[u(x)v(x)]'=\lim_{\Delta x\to0}\frac{u(x+\Delta x)v(x+\Delta x)-u(x)v(x)}{\Delta x}$$
$$\begin{aligned}&=\lim_{\Delta x\to0}\frac{u(x+\Delta x)v(x+\Delta x)-u(x)v(x+\Delta x)+u(x)v(x+\Delta x)-u(x)v(x)}{\Delta x}\\&=\lim_{\Delta x\to0}\frac{u(x+\Delta x)-u(x)}{\Delta x}v(x+\Delta x)+\lim_{\Delta x\to0}u(x)\frac{v(x+\Delta x)-v(x)}{\Delta x}\\&=\lim_{\Delta x\to0}\frac{u(x+\Delta x)-u(x)}{\Delta x}\lim_{\Delta x\to0}v(x+\Delta x)+u(x)\lim_{\Delta x\to0}\frac{v(x+\Delta x)-v(x)}{\Delta x}\\&=u'(x)v(x)+u(x)v'(x),\end{aligned}$$

即 $[u(x)v(x)]'=u(x)'v(x)+u(x)v(x)'$.

(3) $$\left[\frac{u(x)}{v(x)}\right]'=\lim_{\Delta x\to 0}\frac{\frac{u(x+\Delta x)}{v(x+\Delta x)}-\frac{u(x)}{v(x)}}{\Delta x}=\lim_{\Delta x\to 0}\frac{u(x+\Delta x)v(x)-u(x)v(x+\Delta x)}{\Delta x v(x+\Delta x)v(x)}$$

$$=\lim_{\Delta x\to 0}\left[\frac{u(x+\Delta x)-u(x)}{\Delta x}\frac{1}{v(x+\Delta x)}-u(x)\frac{v(x+\Delta x)-v(x)}{\Delta x}\frac{1}{v(x+\Delta x)v(x)}\right]$$

$$=u'(x)\frac{1}{v(x)}-u(x)v'(x)\frac{1}{v^2(x)}$$

$$=\frac{u'(x)v(x)-u(x)v'(x)}{v^2(x)},$$

即 $\left[\dfrac{u(x)}{v(x)}\right]'=\dfrac{u'(x)v(x)-u(x)v'(x)}{v^2(x)}$.

注 定理 2.1 中法则(1)(2)均可以推广到有限多个函数的情形. 例如,设 $u=u(x)$, $v=v(x)$, $w=w(x)$ 均可导, 则有

$$(u\pm v\pm w)'=u'\pm v'\pm w',(uvw)'=u'vw+uv'w+uvw'.$$

但法则(3)不能推广到有限多个函数的情形,要特别注意负号.

例 1 设 $f(x)=x^3+2^x+2\sin x$,求 $f'(x)$.

解 $$f'(x)=(x^3)'+(2^x)'+(2\sin x)'$$
$$=3x^2+2^x\ln 2+2\cos x.$$

例 2 设 $f(x)=x\mathrm{e}^x\ln x$,求 $f'(x)$.

解 $$f'(x)=(x\mathrm{e}^x\ln x)'$$
$$=\mathrm{e}^x\ln x+x\mathrm{e}^x\ln x+x\mathrm{e}^x\cdot\frac{1}{x}$$
$$=\mathrm{e}^x(\ln x+x\ln x+1).$$

例 3 求 $y=\tan x$ 的导数.

解 $$y'=(\tan x)'=\left(\frac{\sin x}{\cos x}\right)'$$
$$=\frac{(\sin x)'\cos x-\sin x(\cos x)'}{\cos^2 x}$$
$$=\frac{\cos^2 x+\sin^2 x}{\cos^2 x}=\sec^2 x,$$

即 $$(\tan x)'=\sec^2 x.$$

同理可得 $$(\cot x)'=-\csc^2 x.$$

例 4 求 $y=\sec x$ 的导数.

解 $$y'=(\sec x)'=\left(\frac{1}{\cos x}\right)'=-\frac{(\cos x)'}{\cos^2 x}=\frac{\sin x}{\cos^2 x}=\sec x\tan x,$$

即 $$(\sec x)'=\sec x\tan x.$$

同理可得 $$(\csc x)'=-\csc x\cot x.$$

例 5 已知某企业每月生产 x 吨产品的总成本为 C 千元,$C=C(x)=x^2-10x+20$. 如果每吨产品的销售价格为 2 万元,求利润函数 $L(x)$ 及其导数 $L'(x)$,以及 $L'(8)$,$L'(15)$,

$L'(20)$,并对结果进行说明.

解 利润=收入−成本,所以利润函数为

$$L(x)=20x-(x^2-10x+20)=-x^2+30x-20,$$

从而

$$L'(x)=-2x+30,$$

$$L'(8)=-2\times 8+30=14\ (\text{千元}/\text{吨}),$$
$$L'(15)=-2\times 15+30=0\ (\text{千元}/\text{吨}),$$
$$L'(20)=-2\times 20+30=-10\ (\text{千元}/\text{吨}).$$

在经济分析中,通常把导数叫作"边际",利润函数 $L(x)$的导数 $L'(x)$在经济学中称为边际利润,边际利润 $L'(x)$的经济意义是,在产量为 x 时,每增加或减少一个单位产品而使利润变动的数值.

说明 当月产量为 8 吨时,再生产 1 吨,利润将增加 1 万 4 千元;当月产量为 15 吨时,再生产 1 吨,利润将不会增加;当月产量为 20 吨时,再生产 1 吨,利润将减少 1 万元;也就是说,该企业不能单靠增加产量来提高利润.

二、反函数求导法则

定理 2.2(反函数求导法则) 设函数 $x=f(y)$ 在区间 I_y 内单调、可导,且 $f'(y)\neq 0$,则它的反函数 $y=f^{-1}(x)$ 在 $I_x=f(I_y)$ 内也可导,且

$$[f^{-1}(x)]'=\frac{1}{f'(y)}\text{ 或 }\frac{dy}{dx}=\frac{1}{\frac{dx}{dy}}.$$

证明 $$[f^{-1}(x)]'=\lim_{\Delta x\to 0}\frac{\Delta y}{\Delta x}=\lim_{\Delta x\to 0}\frac{1}{\frac{\Delta x}{\Delta y}}=\lim_{\Delta y\to 0}\frac{1}{\frac{\Delta x}{\Delta y}}=\frac{1}{f'(y)},$$

所以 $[f^{-1}(x)]'=\frac{1}{f'(y)}$. 改写成 $\frac{dy}{dx}$ 形式,即:

$$\frac{dy}{dx}=\frac{1}{\frac{dx}{dy}}.$$

上述结论可以简单地表述成:反函数的导数等于直接函数导数的倒数.

例 6 求 $y=\ln x$ 的导数.

解 $y=\ln x$ 的反函数为 $x=e^y$,且 $x=e^y$ 满足定理 2.2 的条件,所以

$$(\ln x)'=\frac{1}{(e^y)'}=\frac{1}{e^y}=\frac{1}{x}.$$

即

$$(\ln x)'=\frac{1}{x}.$$

例 7 求 $y=\arcsin x\quad(-1<x<1)$ 的导数.

解 $y=\arcsin x\quad(-1<x<1)$ 的反函数为 $x=\sin y\left(-\frac{\pi}{2}<y<\frac{\pi}{2}\right)$,且 $x=\sin y$ 满

足定理 2.2 的条件,所以

$$(\arcsin x)'=\frac{1}{(\sin y)'}=\frac{1}{\cos y}=\frac{1}{\sqrt{1-\sin^2 y}}=\frac{1}{\sqrt{1-x^2}},$$

即
$$(\arcsin x)'=\frac{1}{\sqrt{1-x^2}}.$$

类似地,可求得
$$(\arccos x)'=-\frac{1}{\sqrt{1-x^2}}.$$

$$(\arctan x)'=\frac{1}{1+x^2}.$$

$$(\text{arccot} x)'=-\frac{1}{1+x^2}.$$

三、复合函数的求导法则

定理 2.3(复合函数求导法则) 设函数 $u=\varphi(x)$ 在 x 点可导,函数 $y=f(u)$ 在相应的 u 点可导,则复合函数 $y=f[\varphi(x)]$ 在 x 点可导,且其导数为

$$\frac{\mathrm{d}y}{\mathrm{d}x}=\frac{\mathrm{d}y}{\mathrm{d}u}\cdot\frac{\mathrm{d}u}{\mathrm{d}x} \quad 或 \quad \frac{\mathrm{d}y}{\mathrm{d}x}=f'(u)\cdot\varphi'(x).$$

即复合函数的导数等于函数对中间变量的导数乘以中间变量对自变量的导数.

证明 $\lim\limits_{\Delta x\to 0}\frac{f(\varphi(x+\Delta x))-f(\varphi(x))}{\Delta x}$

$$=\lim_{\Delta x\to 0}\frac{f(\varphi(x+\Delta x))-f(\varphi(x))}{\varphi(x+\Delta x)-\varphi(x)}\cdot\frac{\varphi(x+\Delta x)-\varphi(x)}{\Delta x}$$

$$=\lim_{\Delta x\to 0}\frac{f(u+\Delta u)-f(u)}{\Delta u}\cdot\frac{\varphi(x+\Delta x)-\varphi(x)}{\Delta x}$$

$$=\lim_{\Delta u\to 0}\frac{f(u+\Delta u)-f(u)}{\Delta u}\cdot\lim_{\Delta x\to 0}\frac{\varphi(x+\Delta x)-\varphi(x)}{\Delta x}$$

$$=f'(u)\cdot\varphi'(x),$$

所以 $[f(\varphi(x))]'=f'(u)\varphi'(x)$,即 $\frac{\mathrm{d}y}{\mathrm{d}x}=\frac{\mathrm{d}y}{\mathrm{d}u}\cdot\frac{\mathrm{d}u}{\mathrm{d}x}$.

上式中,我们也可把 $\frac{\mathrm{d}y}{\mathrm{d}x}=\frac{\mathrm{d}y}{\mathrm{d}u}\cdot\frac{\mathrm{d}u}{\mathrm{d}x}$ 写成 $y'_x=y'_u\cdot u'_x$.

例 8 求 $y=\sin(ax^2+1)$ 的导数.

解 $y=\sin(ax^2+1)$ 由 $y=\sin u$, $u=ax^2+1$ 复合而成,

因为 $y'_u=\cos u, u'_x=2ax$,

所以 $y'_x=y'_u\cdot u'_x=\cos u\cdot 2ax=2ax\cos(ax^2+1)$.

例 9 设 $y=\mathrm{e}^{\tan x}$,求 $\frac{\mathrm{d}y}{\mathrm{d}x}$.

解 $y=\mathrm{e}^{\tan x}$ 由 $y=\mathrm{e}^u$, $u=\tan x$ 复合而成,

因为 $\frac{dy}{du}=e^u$，$\frac{du}{dx}=\sec^2 x$，

所以 $\frac{dy}{dx}=\frac{dy}{du}\cdot\frac{du}{dx}=e^u\cdot\sec^2 x=e^{\tan x}\sec^2 x$.

复合函数的求导法则可以推广到多个中间变量的情形. 例如，设 $y=f(u)$，$u=\varphi(v)$，$v=\psi(x)$ 均可导，则复合函数 $y=f\{\varphi[\psi(x)]\}$ 的导数为

$$\frac{dy}{dx}=\frac{dy}{du}\cdot\frac{du}{dv}\cdot\frac{dv}{dx} \text{ 或} \frac{dy}{dx}=f'(u)\cdot\varphi'(v)\cdot\psi'(x).$$

例 10 求 $y=\ln\cos e^x$ 的导数.

解 $y=\ln\cos e^x$ 由 $y=\ln u$，$u=\cos v$，$v=e^x$ 复合而成，

因为 $y'_u=\frac{1}{u}$，$u'_v=-\sin v$，$v'_x=e^x$，

所以 $y'_x=y'_u\cdot u'_v\cdot v'_x=\frac{1}{\cos e^x}\cdot(-\sin e^x)\cdot e^x=-e^x\tan e^x$.

从上面三个例子看出，求复合函数的导数时，首先要分析所给函数是由哪些函数复合形成的，然后求出函数对中间变量的导数以及中间变量对自变量的导数，最后应用复合函数的求导法则就可以求出所给函数的导数.

对复合函数的分解比较熟练后，可以不写出中间变量，而把中间变量看在眼里，记在心上，由外到内，逐层求导. “层层求导，注意对象”.

例 11 求 $y=[\sin(\omega x+\varphi)]^n$ 的导数.

解 $y'=\{[\sin(\omega x+\varphi)]^n\}'=n[\sin(\omega x+\varphi)]^{n-1}\cdot\sin(\omega x+\varphi)'$

$=n[\sin(\omega x+\varphi)]^{n-1}\cdot\cos(\omega x+\varphi)\cdot(\omega x+\varphi)'$

$=n\omega[\sin(\omega x+\varphi)]^{n-1}\cdot\cos(\omega x+\varphi)$.

例 12 求 $y=shx=\frac{e^x-e^{-x}}{2}$ 的导数.

解 $sh'x=\left(\frac{e^x-e^{-x}}{2}\right)'=\frac{1}{2}(e^x-e^{-x})'=\frac{1}{2}((e^x)'-(e^{-x})')=\frac{e^x+e^{-x}}{2}$，

即 $$sh'x=chx.$$

同理，$$ch'x=shx.$$

例 13 $y=\ln(x+\sqrt{1+x^2})$，求 y'.

解 $y'=[\ln(x+\sqrt{1+x^2})]'=\frac{1}{x+\sqrt{1+x^2}}\cdot(x+\sqrt{1+x^2})'$

$$=\frac{1}{x+\sqrt{1+x^2}}\left[1+\frac{1}{2}\frac{1}{\sqrt{1+x^2}}(1+x^2)'\right]$$

$$=\frac{1}{x+\sqrt{1+x^2}}\left(1+\frac{1}{2}\frac{2x}{\sqrt{1+x^2}}\right)=\frac{1}{\sqrt{1+x^2}}.$$

同理，$$[\ln(x+\sqrt{x^2-1})]'=\frac{1}{\sqrt{x^2-1}}.$$

四、基本求导法则与求导公式

基本初等函数的求导公式与本节讨论的求导法则在初等函数求导运算中起着重要的作用,我们必须熟练地掌握它们. 为方便查阅,现将这些求导公式与求导法则归纳如下:

1. 数和基本初等函数的求导公式

(1) $(c)'=0$;　　(2) $(x^{\mu})'=\mu x^{\mu-1}$;

(3) $(\sin x)'=\cos x$;　　(4) $(\cos x)'=-\sin x$;

(5) $(\tan x)'=\sec^2 x$;　　(6) $(\cot x)'=-\csc^2 x$;

(7) $(\sec x)'=\sec x\cdot\tan x$;　　(8) $(\csc x)'=-\csc x\cdot\cot x$;

(9) $(a^x)'=a^x\ln a$;　　(10) $(\mathrm{e}^x)'=\mathrm{e}^x$;

(11) $(\log_a x)'=\dfrac{1}{x\ln a}$;　　(12) $(\ln x)'=\dfrac{1}{x}$;

(13) $(\arcsin x)'=\dfrac{1}{\sqrt{1-x^2}}$;　　(14) $(\arccos x)'=-\dfrac{1}{\sqrt{1-x^2}}$;

(15) $(\arctan x)'=\dfrac{1}{1+x^2}$;　　(16) $(\operatorname{arccot} x)'=-\dfrac{1}{1+x^2}$.

2. 函数的四则运算的求导法则

设 $u=u(x),v=v(x)$, 则

(1) $(u\pm v)'=u'\pm v'$;　　(2) $(cu)'=cu'$;

(3) $(uv)'=u'v+uv'$;　　(4) $\left(\dfrac{u}{v}\right)'=\dfrac{u'v-uv'}{v^2}\quad(v\neq 0)$.

3. 反函数的求导法则

设函数 $x=f(y)$在区间 I_y 内单调、可导,且 $f'(y)\neq 0$, 则它的反函数 $y=f^{-1}(x)$ 在 $I_x=f(I_y)$ 内也可导, 且

$$[f^{-1}(x)]'=\frac{1}{f'(y)}\quad 或\quad \frac{\mathrm{d}y}{\mathrm{d}x}=\frac{1}{\dfrac{\mathrm{d}x}{\mathrm{d}y}}.$$

4. 复合函数的求导法则

设 $y=f(u),u=\varphi(x)$,则 $y=f(\varphi(x))$ 的导数为:

$$\frac{\mathrm{d}y}{\mathrm{d}x}=\frac{\mathrm{d}y}{\mathrm{d}u}\cdot\frac{\mathrm{d}u}{\mathrm{d}x}\quad 或\quad [f(\varphi(x))]'=f'(\varphi(x))\cdot\varphi'(x).$$

习题 2-2

1. 求下列函数在给定点处的导数:

(1) $y=\sin x-\cos x$,求 $y'\big|_{x=\frac{\pi}{6}}$ 和 $y'\big|_{x=\frac{\pi}{4}}$;

(2) $\rho=\theta\sin\theta+\dfrac{1}{2}\cos\theta$,求$\dfrac{\mathrm{d}\rho}{\mathrm{d}\theta}\Big|_{\theta=\frac{\pi}{4}}$;

(3) $f(x)=\dfrac{3}{5-x}+\dfrac{x^2}{5}$,求 $f'(0)$ 和 $f'(2)$.

2. 求曲线 $y=x^3-4x-3$ 的切线方程，使得该切线平行于直线 $x+y=1$.

3. 求下列函数的导数：

(1) $y=(3x+5)^3$； (2) $y=\sin(2-4x)$；

(3) $y=e^{-2x^3}$； (4) $y=\ln(a^2-x^2)$；

(5) $y=\cos^2 x$； (6) $y=\sqrt{a^2+x^2}$；

(7) $y=\cot(x^2)$； (8) $y=\arctan(e^x)$；

(9) $y=(\arcsin x)^2$； (10) $y=\ln\sin x$.

4. 求下列函数的导数：

(1) $y=\left(\arccos\dfrac{x}{2}\right)^2$； (2) $y=\ln\cot\dfrac{x}{2}$；

(3) $y=\sqrt{1+\ln^2 x}$； (4) $y=e^{\operatorname{arccot}\sqrt{x}}$；

(5) $y=\sin^n x\cos^n x$； (6) $y=\arctan\dfrac{1+x}{1-x}$；

(7) $y=\sqrt[3]{1+\cos 2x}$； (8) $y=(\ln x^2)^3$；

(9) $y=\sin^2(\csc 2x)$； (10) $y=\dfrac{\sin(x^2)}{\sin^2 x}$；

(11) $y=\ln\ln x$； (12) $y=\arcsin\dfrac{e^x-e^{-x}}{e^x+e^{-x}}$.

5. 设 $f(x)$ 可导，求下列函数的导数 $\dfrac{dy}{dx}$：

(1) $y=f(x^2)$； (2) $y=f(\sin^2 x)+f(\cos^2 x)$.

6. 设函数 $f(x)$ 和 $g(x)$ 可导，且 $f^2(x)+g^2(x)\neq 0$，试求函数 $y=\sqrt{f^2(x)+g^2(x)}$ 的导数.

7. 求下列函数的导数：

(1) $y=e^{-x}(x^2-2x+3)$； (2) $y=\sin^2 x\cdot\sin(x^2)$；

(3) $y=\left(\arctan\dfrac{x}{2}\right)^2$； (4) $y=\dfrac{\ln x}{x^n}$；

(5) $y=\dfrac{e^t-e^{-t}}{e^t+e^{-t}}$； (6) $y=\ln\cos\dfrac{1}{x}$；

(7) $y=e^{-\sin^2\frac{1}{x}}$； (8) $y=\sqrt{x+\sqrt{x}}$；

(9) $y=x\arcsin\dfrac{x}{2}+\sqrt{4-x^2}$； (10) $y=\arcsin\dfrac{2t}{1+t^2}$.

§3 高阶导数

在上一节，我们知道函数 $y=f(x)$ 的导函数 $y'=f'(x)$ 仍为 x 的函数. 若我们将导函数再对 x 求导，就得到了二阶导数，即有如下定义：

定义 3.1 如果函数 $y=f(x)$ 的导数 $f'(x)$ 在点 x 处可导，即

$$(f'(x))' = \lim_{\Delta x \to 0} \frac{f'(x+\Delta x) - f'(x)}{\Delta x}$$

存在,则称$(f'(x))'$为函数$f(x)$在点x处的二阶导数,记为

$$y'', \quad f''(x), \quad \frac{d^2 y}{dx^2} \text{ 或 } \frac{d^2 f(x)}{dx^2}.$$

类似地,二阶导数的导数称为三阶导数,记为

$$y''', \quad f'''(x), \quad \frac{d^3 y}{dx^3} \text{ 或 } \frac{d^3 f(x)}{dx^3}.$$

一般地,$f(x)$的$n-1$阶导数的导数称为$f(x)$的n阶导数,记为

$$y^{(n)}, \quad f^{(n)}(x), \quad \frac{d^n y}{dx^n} \text{ 或 } \frac{d^n f(x)}{dx^n}.$$

若$y=f(x)$在区间I上的每一点都二次可导,则称$f(x)$在区间I上二次可导,并称$f''(x)$为$f(x)$在I上的二阶导函数,简称二阶导数;若$f(x)$在点x处n阶可导,那么$f(x)$在点x处必定具有一切低于n阶的导数. 二阶及二阶以上的导数统称高阶导数.

例 1 $y=ax^2+bx+c$,求y'', y''', $y^{(4)}$.

解 $y'=2ax+b$, $\quad y''=2a$,

$y'''=0$, $\quad y^{(4)}=0$.

例 2 设$y=x\ln x$,求$y''|_{x=2}$.

解 $y'=x'\ln x+x(\ln x)'=\ln x+1$,

$$y''=(\ln x+1)'=\frac{1}{x},$$

$$y''|_{x=2}=\frac{1}{2}.$$

例 3 求$y=e^x$的n阶导数.

解 $y'=e^x$, $y''=e^x$, …,

显然对任意正整数n,有 $\qquad y^{(n)}=e^x$.

例 4 求$y=\sin x$的n阶导数.

解 $y'=\cos x=\sin\left(\frac{1\cdot\pi}{2}+x\right)$, $\quad y''=-\sin x=\sin\left(\frac{2\cdot\pi}{2}+x\right)$,

$y'''=-\cos x=\sin\left(\frac{3\cdot\pi}{2}+x\right)$, $\quad y^{(4)}=\sin x=\sin\left(\frac{4\cdot\pi}{2}+x\right)$,

$y^{(5)}=-\cos x=\sin\left(\frac{5\cdot\pi}{2}+x\right)$,

……

所以有

$$y^{(n)}=(\sin x)^{(n)}=\sin\left(\frac{n\cdot\pi}{2}+x\right).$$

同理可得

$$(\cos x)^{(n)}=\cos\left(\frac{n\pi}{2}+x\right).$$

例 5 求函数 $y=\ln x$ 的 n 阶导数.

解 $y'=\frac{1}{x}=(-1)^0\frac{1}{x}$,

$y''=-\frac{1}{x^2}=(-1)^1\frac{1}{x^2}$,

$y'''=\frac{2}{x^3}=(-1)^2\frac{2!}{x^3}$, $y^{(4)}=(-1)^3\frac{3!}{x^4}$,

……

一般地,对任意正整数 n 有 $y^{(n)}=(-1)^{n-1}\frac{(n-1)!}{x^n}$.

通常规定 $0!=1$,所以,上式当 $n=1$ 时也成立.

例 6 求幂函数 $y=x^\mu$(μ 是任意常数)的 n 阶导数公式.

解 $y=x^\mu$, $y'=\mu x^{\mu-1}$, $y''=\mu(\mu-1)x^{\mu-2}$, $y'''=\mu(\mu-1)(\mu-2)x^{\mu-3}$,

$$y^{(4)}=\mu(\mu-1)(\mu-2)(\mu-3)x^{\mu-4},$$

依此类推,可得 $y^{(n)}=\mu(\mu-1)(\mu-2)\cdots(\mu-n+1)x^{\mu-n}$,

即 $(x^\mu)^{(n)}=\mu(\mu-1)(\mu-2)\cdots(\mu-n+1)x^{\mu-n}$.

当 $\mu=n$ 时,$(x^n)^{(n)}=n(n-1)(n-2)\cdots3\cdot2\cdot1=n!$,

而 $(x^n)^{(n+1)}=0$.

由此可见,求高阶导数就是多次接连地求导数. 因此,上一节所学的求导法则在高阶导数中类似.

设函数 $u=u(x)$ 及 $v=v(x)$ 都在点 x 处具有 n 阶导数,显然 $u(x)\pm v(x)$ 也在点 x 处具有 n 阶导数,且 $(u\pm v)^{(n)}=u^{(n)}\pm v^{(n)}$.

值得注意的是,两函数乘积 $u(x)\cdot v(x)$ 的 n 阶导数并不能简单类推.

$u(x)\cdot v(x)$ 的 n 阶导数满足下式:

$$(uv)^{(n)}=u^{(n)}v^{(0)}+C_n^1u^{(n-1)}v^{(1)}+C_n^2u^{(n-2)}v^{(2)}+\cdots+C_n^ku^{(n-k)}v^{(k)}+\cdots+u^{(o)}v^{(n)}$$
$$=\sum_{K=0}^{n}C_n^ku^{(n-k)}v^{(k)},$$

其中,$u^{(0)}=u$,$v^{(0)}=v$.

上式称为莱布尼兹(Leibniz)公式. 这个公式与二项式展开做一比较可见:

$$(u+v)^n=u^nv^0+C_n^1u^{n-1}v^1+\cdots C_n^ku^{n-k}v^k+\cdots+u^ov^n=\sum_{K=0}^{n}C_n^ku^{n-k}v^k.$$

两者在形式上两者有相似之处. 把 k 次幂换成 k 阶导数(零阶导数理解成函数本身),再把左端的 $u+v$ 换成 uv 即可.

例 7 $y=x^2e^x$,求 $y^{(n)}$.

解 设 $u=e^x$, $v=x^2$, 则

$$u^{(k)}=e^x,\ v'=2x,\ v''=2,\ v^{(k)}=0\ (k\geqslant3),$$

由莱布尼兹公式,得

$$y^{(n)}=(x^2e^x)^{(n)}=x^2\cdot e^x+n\cdot 2x\cdot e^x+\frac{n(n-1)}{2}\cdot 2\cdot e^x=e^x(x^2+2nx+n^2-n).$$

例 8 $y=e^x\cos x$，求 $y^{(5)}(0)$

解
$$\begin{aligned}y^{(5)}&=(e^x\cos x)^{(5)}\\&=(e^x)^{(5)}\cdot\cos x+C_5^1(e^x)^{(4)}(\cos x)'+C_5^2(e^x)'''(\cos x)''\\&\quad+C_5^3(e^x)''(\cos x)'''+C_5^4(e^x)'(\cos x)^{(4)}+e^x(\cos x)^{(5)}\\&=e^x\cos x+5e^x(-\sin x)+10e^x(-\cos x)+10e^x\sin x+5e^x\cos x+e^x(-\sin x)\\&=e^x[\cos x-5\sin x-10\cos x+10\sin x+5\cos x-\sin x]\\&=e^x(4\sin x-4\cos x)=4e^x(\sin x-\cos x).\end{aligned}$$

所以，
$$y^{(5)}(0)=-4.$$

习 题 2-3

1. 验证函数 $y=e^x\cos x$ 满足关系式：$y''-2y'+2y=0$.

2. 求下列函数的二阶导数：

(1) $y=2x^2+\ln x$；(2) $y=e^{2x-1}$；

(3) $y=x\cos x$；(4) $y=e^{-t}\sin t$；

(5) $y=\sqrt{a^2-x^2}$；(6) $y=\ln(1-x^2)$；

(7) $y=\tan x$；(8) $y=\dfrac{1}{x^3+1}$；

(9) $y=(1+x^2)\arctan x$；(10) $y=\dfrac{e^x}{x}$；

(11) $y=xe^{x^2}$；(12) $y=\ln(x+\sqrt{1+x^2})$.

3. 设 $f(x)=(x+10)^6$，求 $f'''(2)$.

4. 试从 $\dfrac{dx}{dy}=\dfrac{1}{y'}$ 导出：

(1) $\dfrac{d^2x}{dy^2}=-\dfrac{y''}{(y')^3}$；(2) $\dfrac{d^3x}{dy^3}=\dfrac{3(y'')^2-y'y'''}{(y')^5}$.

5. 设 $f(u)$ 二阶可导，求$\dfrac{d^2y}{dx^2}$：

(1) $y=f(x^2)$；(2) $y=\ln f(x)$.

6. 求下列函数的 n 阶导数：

(1) $y=\dfrac{1}{ax+b}$；(2) $y=\dfrac{1}{x^2-x-6}$；

(3) $y=\cos^2x$；(4) $y=x\ln x$；

(5) $y=xe^x$；

(6) $y=x^n+a_1x^{n-1}+\cdots+a_{n-1}x+a_n$（$a_1, a_2, \cdots, a_n$ 都是常数）.

7. 求下列函数所指定的阶的导数：

(1) $y=e^x\cos x$，求 $y^{(4)}$；(2) $y=x^2\sin 2x$，求 $y^{(50)}$.

§4 隐函数及由参数方程确定的函数的导数

一、隐函数的导数

函数 $y=f(x)$表示两个变量 y 与 x 之间的对应关系，这种对应关系可以用各种不同的方式表达. 前面我们遇到的函数，例如 $y=(\arctan 2x)^2$，$y=\ln\cos e^x$ 等，这种函数表达式的特点是：等号左端是因变量的符号，而右端是含有自变量的式子，当自变量取定义域内任一值时，由这式子能确定对应的函数值. 用这种方式表达的函数叫作显函数. 但是有些函数的表达式却不是这样，例如方程 $y^2-x^3+2^x+2\sin y=0$ 表示一个函数，因为当自变量 x 在$(-\infty,+\infty)$内取值时，变量 y 有唯一确定的值与之对应，这样的函数称为隐函数.

一般地，如果变量 x，y 之间的函数关系是由方程 $F(x,y)=0$ 所确定，那么这种函数就叫作由方程所确定的隐函数.

把一个隐函数化成显函数，叫作隐函数的显化. 例如从方程 $x^2+y^3-1=0$ 解出 $y=\sqrt[3]{1-x^2}$，就把隐函数化成了显函数，我们可按前面介绍的方法求出它的导数. 若不把隐函数显化，怎样求隐函数的导数呢(有很多隐函数是显化不了的)？下面举例说明.

例 1 求由方程 $xy^2+\ln y=1$ 所确定的隐函数 y 的导数 y'.

解 方程两边对 x 求导，得

$$(xy^2+\ln y)'=(1)',$$

$$y^2+x\cdot 2yy'+\frac{1}{y}\cdot y'=0,$$

整理得
$$(2xy^2+1)y'=-y^3,$$

解出 y' 得
$$y'=-\frac{y^3}{2xy^2+1}.$$

这就是所要求的隐函数的导数，结果中除了含有 x 外，还含有 y，这是允许的.

从上例看到，求隐函数的导数时，由于 y 不能或不必解出，为了求 y'，由方程两边对 x 求导，应用求导法则(包括四则运算法则和复合函数求导法则)后，对常数项或只含 x 的项直接应用求导公式；对只含 y 的项 $f(y)$，由于 y 是 x 的函数，故 $f(y)$是 x 的复合函数，y 是中间变量. 由 $f(y)$对 x 求导时，根据复合函数的求导法则，应先由 $f(y)$对 y 求导，再乘以 y 对 x 的导数即 y'，这样得到一个关于 y'的方程，然后从中解出 y'即可.

例 2 求由方程 $\sqrt[y]{x}=\sqrt[x]{y}$ 所确定的隐函数 y 的导数 y'.

解 方程两边取对数，得

$$\frac{1}{y}\ln x=\frac{1}{x}\ln y,\quad \text{即}\quad x\ln x=y\ln y,$$

方程两边对 x 求导，得

$$\ln x+x\cdot\frac{1}{x}=y'\ln y+y\cdot\frac{1}{y}\cdot y',$$

于是，$y'=\dfrac{1+\ln x}{1+\ln y}$.

例 3 求曲线 $y^3+y^2=2x$ 在横坐标为 1 的点处的切线和法线方程.

解 由导数的几何意义,所求切线的斜率为

$$k=y'\big|_{x=1},$$

方程两端分别对 x 求导,有

$$3y^2y'+2yy'=2,$$

从而

$$y'=\frac{2}{3y^2+2y}.$$

当 $x=1$ 时，$y=1$,代入上式,得 $y'\Big|_{\substack{x=1\\y=1}}=\dfrac{2}{5}$.

于是所求的切线方程为

$$y-1=\frac{2}{5}(x-1),$$

即

$$2x-5y+3=0.$$

法线方程为

$$y-1=-\frac{5}{2}(x-1),$$

即

$$5x+2y-7=0.$$

二、对数求导法

有些函数,直接求导是很繁杂的,若先在等式两边同取对数,变成隐函数,再利用隐函数求导法求导数,则可使求导问题变得容易,这种求导方法叫对数求导法. 一般地,幂指函数 $y=[u(x)]^{v(x)}$ 以及多因子之积(商),可以用对数求导法来求导,通过方程两端取对数将所求函数化为隐函数,从而求出导数 y'.

例 4 求 $y=x^{\tan x}\ (x>0)$ 的导数.

解 对于 $y=x^{\tan x}$ 两边取对数，得

$$\ln y=\tan x\ln x,$$

两边对 x 求导,得

$$\frac{1}{y}y'=\sec^2x\ln x+\frac{\tan x}{x},$$

于是

$$y'=y\left(\sec^2x\ln x+\frac{\tan x}{x}\right)=x^{\tan x}\left(\sec^2x\ln x+\frac{\tan x}{x}\right).$$

例 5 求 $y=x^2\sqrt{\dfrac{(x-1)(x-2)}{(x-3)(x-4)}}$ 的导数.

解 先在两边取对数(假定 $x>4$),得

$$\ln y=2\ln x+\frac{1}{2}[\ln(x-1)+\ln(x-2)-\ln(x-3)-\ln(x-4)],$$

上式两边对 x 求导,注意到 y 是 x 的函数,得

$$\frac{1}{y}y'=\frac{2}{x}+\frac{1}{2}\left(\frac{1}{x-1}+\frac{1}{x-2}-\frac{1}{x-3}-\frac{1}{x-4}\right),$$

于是

$$y'=x^2\sqrt{\frac{(x-1)(x-2)}{(x-3)(x-4)}}\left[\frac{2}{x}+\frac{1}{2}\left(\frac{1}{x-1}+\frac{1}{x-2}-\frac{1}{x-3}-\frac{1}{x-4}\right)\right].$$

当 $x<1$ 时, $y=x^2\sqrt{\frac{(1-x)(2-x)}{(3-x)(4-x)}}$;

当 $2<x<3$ 时, $y=x^2\sqrt{\frac{(x-1)(x-2)}{(3-x)(4-x)}}$,用同样的方法可得与上面相同的结果.

关于幂指函数求导,除了取对数的方法,也可以采取化指数的办法. 例如 $x^x=\mathrm{e}^{x\ln x}$,可把幂指函数求导转化为复合函数求导;例如求 $y=x^{\mathrm{e}^x}+\mathrm{e}^{x^{\mathrm{e}}}$ 的导数时,化指数方法比取对数方法来得简单,且不容易出错.

三、由参数方程确定的函数的导数

一般地,如果参数方程

$$\begin{cases}x=\varphi(t)\\ y=\psi(t)\end{cases},\quad t\text{ 为参数}$$

确定 y 与 x 之间的函数关系,则称此函数关系所表示的函数为由参数方程所确定的函数.

对于参数方程所确定的函数,通常不需要由参数方程消去参数 t 化为 y 与 x 之间的直接函数关系后再求导.

如果函数 $x=\varphi(t)$, $y=\psi(t)$ 都可导,且 $\varphi'(t)\neq 0$,又 $x=\varphi(t)$ 具有单调连续的反函数 $t=\varphi^{-1}(x)$,则由参数方程所确定的函数可以看成 $y=\psi(t)$ 与 $t=\varphi^{-1}(x)$ 复合而成的函数 $y=\psi[\varphi^{-1}(x)]$,根据复合函数与反函数的求导法则,有

$$\frac{\mathrm{d}y}{\mathrm{d}x}=\frac{\mathrm{d}y}{\mathrm{d}t}\cdot\frac{\mathrm{d}t}{\mathrm{d}x}=\frac{\mathrm{d}y}{\mathrm{d}t}\cdot\frac{1}{\frac{\mathrm{d}x}{\mathrm{d}t}}=\frac{\psi'(t)}{\varphi'(t)},$$

即

$$\frac{\mathrm{d}y}{\mathrm{d}x}=\frac{\psi'(t)}{\varphi'(t)},$$

上式也可写成

$$\frac{\mathrm{d}y}{\mathrm{d}x}=\frac{\frac{\mathrm{d}y}{\mathrm{d}t}}{\frac{\mathrm{d}x}{\mathrm{d}t}}.$$

如果 $x=\varphi(t)$, $y=\psi(t)$ 还是二阶可导的,由 $\frac{\mathrm{d}y}{\mathrm{d}x}=\frac{\psi'(t)}{\varphi'(t)}$ 还可导出 y 对 x 的二阶导数公式:

$$\frac{d^2y}{dx^2}=\frac{d}{dx}\left(\frac{dy}{dx}\right)=\frac{d}{dt}\left(\frac{\psi'(t)}{\varphi'(t)}\right)\cdot\frac{dt}{dx}$$
$$=\frac{\psi''(t)\varphi'(t)-\psi'(t)\varphi''(t)}{[\varphi'(t)]^2}\cdot\frac{1}{\varphi'(t)},$$

即
$$\frac{d^2y}{dx^2}=\frac{\psi''(t)\varphi'(t)-\psi'(t)\varphi''(t)}{[\varphi'(t)]^3}.$$

例 6 求摆线 $\begin{cases}x=a(t-\sin t)\\y=a(1-\cos t)\end{cases}$ 在 $t=\frac{\pi}{2}$ 处的切线方程.

解 摆线在任意点的切线斜率为

$$\frac{dy}{dx}=\frac{[a(1-\cos t)]'}{[a(t-\sin t)]'}=\frac{a\sin t}{a(1-\cos t)}=\frac{\sin t}{1-\cos t},$$

$t=\frac{\pi}{2}$ 时,摆线上对应点为 $\left(a\left(\frac{\pi}{2}-1\right),a\right)$,在此点的切线斜率为

$$k=\left.\frac{dy}{dx}\right|_{t=\frac{\pi}{2}}=\left.\frac{\sin t}{1-\cos t}\right|_{t=\frac{\pi}{2}}=1,$$

于是,切线方程为 $y-a=x-a\left(\frac{\pi}{2}-1\right)$,

即
$$y=x+a\left(2-\frac{\pi}{2}\right).$$

例 7 求方程 $\begin{cases}x=3e^{-t}\\y=2e^t\end{cases}$ 确定的函数的二阶导数 $\frac{d^2y}{dx^2}$.

解 $\frac{dy}{dx}=\frac{(2e^t)'}{(3e^{-t})'}=\frac{2e^t}{-3e^{-t}}=-\frac{2}{3}e^{2t}$,

$$\frac{d^2y}{dx^2}=\frac{d}{dx}\left(\frac{dy}{dx}\right)=\frac{d}{dx}\left(-\frac{2}{3}e^{2t}\right)=\frac{d}{dt}\left(-\frac{2}{3}e^{2t}\right)\cdot\frac{dt}{dx}$$
$$=-\frac{4}{3}e^{2t}\frac{1}{\frac{dx}{dt}}=\frac{-\frac{4}{3}e^{2t}}{-3e^{-t}}=\frac{4}{9}e^{3t}.$$

习题 2-4

1. 求由下列方程所确定的隐函数的导数 $\frac{dy}{dx}$:

(1) $y^2-2xy+9=0$;　　(2) $x^3+y^3-3axy=0$;

(3) $xy=e^{x+y}$;　　(4) $y=1-xe^y$;

(5) $x^y=y^x$.

2. 求椭圆方程 $3x^2+4y^2=12$ 在点 $A\left(1,\frac{3}{2}\right)$ 处的切线方程与法线方程.

3. 求由下列方程所确定的隐函数的二阶导数 $\dfrac{d^2y}{dx^2}$：

(1) $x^2-y^2=1$；　　(2) $b^2x^2+a^2y^2=a^2b^2$；

(3) $y=\tan(x+y)$；　　(4) $y=1+xe^y$.

4. 用对数求导法求下列函数的导数：

(1) $y=\left(\dfrac{x}{1+x}\right)^x$；　　(2) $y=\sqrt[5]{\dfrac{x-5}{\sqrt[5]{x^2+2}}}$；

(3) $y=\dfrac{\sqrt{x+2}(3-x)^4}{(x+1)^5}$；　　(4) $y=\sqrt{x\sin x\sqrt{1-e^x}}$.

5. 求下列参数方程所确定的函数的导数 $\dfrac{dy}{dx}$：

(1) $\begin{cases}x=at^2\\ y=bt^3\end{cases}$；　　(2) $\begin{cases}x=\theta(1-\sin\theta)\\ y=\theta\cos\theta\end{cases}$.

6. 写出下列曲线在所给参数值相应的点处的切线方程和法线方程：

(1) $\begin{cases}x=\sin t\\ y=\cos 2t\end{cases}$ 在 $t=\dfrac{\pi}{4}$ 处；　　(2) $\begin{cases}x=\dfrac{3at}{1+t^2}\\ y=\dfrac{3at^2}{1+t^2}\end{cases}$ 在 $t=2$ 处.

7. 求下列参数方程所确定的函数的二阶导数 $\dfrac{d^2y}{dx^2}$：

(1) $\begin{cases}x=\ln(1+t^2)\\ y=t-\arctan t\end{cases}$；

(2) $\begin{cases}x=f'(t)\\ y=tf'(t)-f(t)\end{cases}$，设 $f''(t)$ 存在且不为 0.

§5　函数的微分

在理论研究和实际应用中，常常遇到这样的问题：当自变量在点 x 处有微小增量 Δx 时，求函数 $y=f(x)$ 相应的微小增量

$$\Delta y=f(x+\Delta x)-f(x).$$

这个问题初看起来简单，然而，对于较复杂的函数 $f(x)$，增量 Δy 的值不易求出. 这时我们可以考虑求 Δy 的近似值. 怎样求 Δy 的近似值呢？微分就是在这种背景下产生的.

一、微分的定义

先分析一个具体问题. 一个正方形的铁片，受热后均匀膨胀，边长由 x_0 变为 $x_0+\Delta x$，问铁片的面积大体改变了多少？

如图 5-1 所示，设正方形铁片的边长为 x，面积为 A，则

$$A=x^2,$$

当边长 x 由 x_0 变为 $x_0+\Delta x$ 时，面积的改变量为

$$\Delta A=(x_0+\Delta x)^2-x_0^2=2x_0\Delta x+(\Delta x)^2.$$

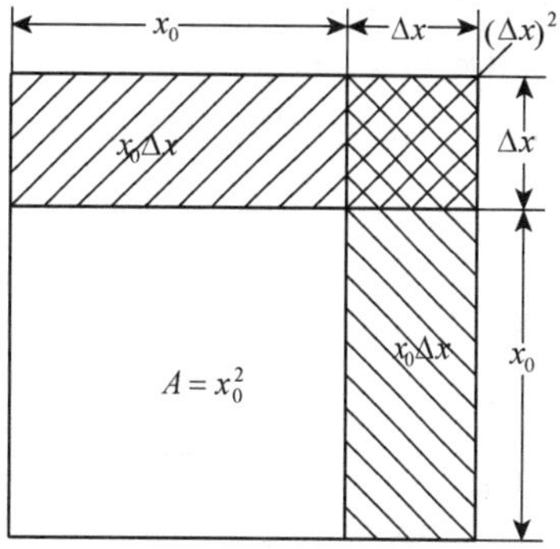

图 5-1

上式包含两个部分：第一部分是 $2x_0\Delta x$，即图中带有斜线的两个矩形面积之和，是 Δx 的线性函数，是 ΔA 的主要部分；第二部分是 $(\Delta x)^2$，即图中带有交叉斜线的小正方形的面积，当 $\Delta x\to 0$ 时，$(\Delta x)^2$ 是比 Δx 高阶的无穷小，是 ΔA 的次要部分.

由此可见，如果边长有微小改变(即 $|\Delta x|$ 很小)时，我们可以将第二部分 $(\Delta x)^2$ 忽略，而用第一部分 $2x_0\Delta x$ 近似地表示 ΔA，即 $\Delta A\approx 2x_0\Delta x$. 因为 $A'(x_0)=2x_0$，所以 $\Delta A\approx A'(x_0)\Delta x$，即面积的增量近似等于面积函数的导数与边长增量之积. 由此我们引入微分的定义.

定义 5.1 设函数 $y=f(x)$ 在某区间内有定义，$x_0+\Delta x$ 及 x_0 在这区间内，如果函数的增量

$$\Delta y=f(x_0+\Delta x)-f(x_0)$$

可表示为

$$\Delta y=A\Delta x+o(\Delta x), \tag{1}$$

其中 A 是不依赖于 Δx 的常数，而 $o(\Delta x)$ 是比 Δx 高阶的无穷小，那么称函数 $y=f(x)$ 在点 x_0 是可微的，而 $A\Delta x$ 叫作函数 $y=f(x)$ 在点 x_0 相应于自变量增量 Δx 的微分，记作 $\mathrm{d}y$，即

$$\mathrm{d}y=A\Delta x.$$

下面讨论函数可微的条件. 设函数 $y=f(x)$ 在点 x_0 可微，则按定义有(1)式成立. (1)式两边除以 Δx，得

$$\frac{\Delta y}{\Delta x}=A+\frac{o(\Delta x)}{\Delta x}.$$

于是，当 $\Delta x\to 0$ 时，由上式得到

$$A=\lim_{\Delta x\to 0}\frac{\Delta y}{\Delta x}=f'(x_0).$$

因此，如果函数 $f(x)$ 在点 x_0 可微，则 $f(x)$ 在点 x_0 也一定可导(即 $f'(x_0)$ 存在)，且 $A=f'(x_0)$.

反之，如果 $y=f(x)$ 在点 x_0 可导，即

$$\lim_{\Delta x\to 0}\frac{\Delta y}{\Delta x}=f'(x_0)$$

存在，根据极限与无穷小的关系，上式可写成

$$\frac{\Delta y}{\Delta x}=f'(x_0)+\alpha,$$

其中 $\alpha\to 0$(当 $\Delta x\to 0$). 由此又有

$$\Delta y=f'(x_0)\Delta x+\alpha\Delta x.$$

因 $\alpha\Delta x=o(\Delta x)$，且不依赖于 Δx，故上式相当于(1)式，所以 $f(x)$ 在点 x_0 也是可微的.

由此可见，函数 $f(x)$ 在点 x_0 可微的充分必要条件是函数 $f(x)$ 在点 x_0 可导，且当 $f(x)$ 在点 x_0 可微时，其微分一定是

$$\mathrm{d}y=f'(x_0)\Delta x. \tag{2}$$

当 $f'(x_0)\neq 0$ 时，有

$$\lim_{\Delta x\to 0}\frac{\Delta y}{\mathrm{d}y}=\lim_{\Delta x\to 0}\frac{\Delta y}{f'(x_0)\Delta x}=\frac{1}{f'(x_0)}\lim_{\Delta x\to 0}\frac{\Delta y}{\Delta x}=1.$$

从而，当 $\Delta x\to 0$ 时，Δy 与 $\mathrm{d}y$ 是等价无穷小，这时有

$$\Delta y=\mathrm{d}y+o(\mathrm{d}y), \tag{3}$$

即 $\mathrm{d}y$ 是 Δy 的主部. 又由于 $\mathrm{d}y=f'(x_0)\Delta x$ 是 Δx 的线性函数，所以在 $f'(x_0)\neq 0$ 的条件下，我们说 $\mathrm{d}y$ 是 Δy 的线性主部(当 $\Delta x\to 0$). 这时由(3)式有

$$\lim_{\Delta x\to 0}\frac{\Delta y-\mathrm{d}y}{\mathrm{d}y}=0,$$

从而也有

$$\lim_{\Delta x\to 0}\left|\frac{\Delta y-\mathrm{d}y}{\mathrm{d}y}\right|=0.$$

式子 $\left|\dfrac{\Delta y-\mathrm{d}y}{\mathrm{d}y}\right|$ 表示以 $\mathrm{d}y$ 近似代替 Δy 时的相对误差，于是我们得到结论：在 $f'(x_0)\neq 0$ 的条件下，以微分 $\mathrm{d}y=f'(x_0)\Delta x$ 近似代替增量 $\Delta y=f(x_0+\Delta x)-f(x_0)$ 时，相对误差当 $\Delta x\to 0$ 时趋于零. 因此，当 $|\Delta x|$ 很小时，有精确度较好的近似等式

$$\Delta y\approx \mathrm{d}y.$$

函数 $y=f(x)$ 在任意点 x 的微分，称为函数的微分，记作 $\mathrm{d}y$ 或 $\mathrm{d}f(x)$，即

$$\mathrm{d}y=f'(x)\Delta x.$$

例 1 求函数 $y=x^2$ 当 $x=2$, $\Delta x=0.01$ 时的增量和微分.

解 函数的增量为 $\Delta y=(2+0.01)^2-2^2=0.0401$，

函数的微分为 $\mathrm{d}y=(x^2)'\cdot\Delta x=2x\cdot\Delta x$，将 $x=2$, $\Delta x=0.01$ 代入，得

$$\mathrm{d}y=2\times 2\times 0.01=0.04.$$

由上例结果可看出，$\Delta y\approx \mathrm{d}y$，误差是 0.0001.

对于函数 $y=x$，它的微分是 $\mathrm{d}y=\mathrm{d}x=x'\cdot\Delta x=\Delta x$，即

$$\mathrm{d}x=\Delta x.$$

即自变量的微分等于自变量的增量.

于是函数的微分可以写成

$$\mathrm{d}y=f'(x)\mathrm{d}x,$$

即函数的微分等于函数的导数与自变量微分的乘积. 从而有 $\frac{dy}{dx}=f'(x)$，即函数微分与自变量微分的商等于函数的导数，因此导数通常也叫作"微商".

从上看到，若函数可导，则函数必可微；反之，若函数可微，则函数必可导. 因此，导数与微分是一致的，通常把导数和微分统称为微分.

二、微分的几何意义

为了对微分有比较直观的了解，我们来说明微分的几何意义.

如图 5-2，设曲线 $y=f(x)$ 在点 M 的坐标为 $(x_0, f(x_0))$，过点 M 作切线 MT，它的倾角为 α，当自变量 x 有微小的增量 Δx 时，相应的曲线上纵坐标有增量 Δy，由图 5-2 可看出

$$dy=f'(x_0)\cdot\Delta x=\tan\alpha\cdot\Delta x=QP.$$

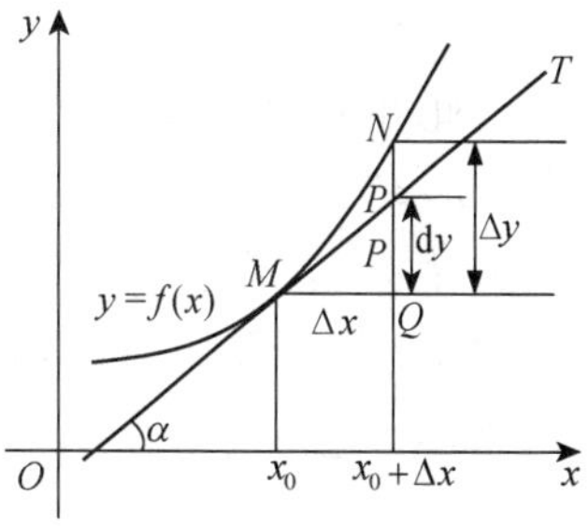

图 5-2

由此可见，当 Δy 是曲线 $y=f(x)$ 上的 M 点的纵坐标的增量时，dy 就是曲线的切线上 M 点的纵坐标的相应增量. 当 $|\Delta x|$ 很小时，$|\Delta y-dy|$ 比 $|\Delta x|$ 小得多. 因此在点 M 的邻近，我们可以用切线段来近似代替曲线段.

三、微分的基本公式与运算法则

从微分的定义 $dy=f'(x)dx$ 可知，求函数的微分就是所给函数的导数乘以 dx，所以从导数的基本公式和运算法则就可以得到微分的基本公式和运算法则.

1. 微分基本公式：

(1) $d(C)=0$（C 为常数）； (2) $d(x^\alpha)=\alpha x^{\alpha-1}dx$；

(3) $d(a^x)=a^x\ln a\,dx$； (4) $d(e^x)=e^x dx$；

(5) $d(\log_a x)=\frac{1}{x\ln a}dx$； (6) $d(\ln x)=\frac{1}{x}dx$；

(7) $d(\sin x)=\cos x\,dx$； (8) $d(\cos x)=-\sin x\,dx$；

(9) $d(\tan x)=\sec^2 x\,dx$； (10) $d(\cot x)=-\csc^2 x\,dx$；

(11) $d(\sec x)=\sec x\tan x\,dx$； (12) $d(\csc x)=-\csc x\cot x\,dx$；

(13) $d(\arcsin x)=\frac{1}{\sqrt{1-x^2}}dx$； (14) $d(\arccos x)=-\frac{1}{\sqrt{1-x^2}}dx$；

(15) $d(\arctan x)=\frac{1}{1+x^2}dx$； (16) $d(\text{arccot}\,x)=-\frac{1}{1+x^2}dx$.

2. 微分的四则运算法则

设 u、v 都是 x 的可微函数，则有

(1) $d(u\pm v)=du\pm dv$；

(2) $d(uv)=vdu+udv$，特别地 $d(Cu)=Cdu$（C 是常数）；

(3) $d\left(\frac{u}{v}\right)=\frac{vdu-udv}{v^2}$.

3. 复合函数的微分法则

设 $y=f(u)$，$u=\varphi(x)$ 均可导，按定义，复合函数 $y=f[\varphi(x)]$ 的微分为

$$dy=y'_x\cdot dx=f'(u)\varphi'(x)dx,$$

即复合函数的微分等于复合函数的导数乘以自变量的微分.

因为 $\varphi'(x)dx=du$，所以上式又可写成

$$dy=y'_u du \quad 或 \quad dy=f'(u)du.$$

即复合函数的微分等于函数对中间变量的导数乘以中间变量的微分，这就是复合函数的微分法则.

由此可见，无论 u 是自变量还是中间变量，微分形式 $dy=f'(u)du$ 保持不变. 这一性质称为微分形式不变性.

求导数与求微分的运算统称为微分运算.

例 2 求下列函数的微分：

(1) $y=2x^2+3x+\sqrt{x}$； (2) $y=\arcsin e^x$；

(3) $y=\ln(1+e^{x^2})$； (4) $y=\ln x\cdot\sin x$.

解 (1) 利用微分的定义得

$$dy=(2x^2+3x+\sqrt{x})'dx=\left(4x+3+\frac{1}{2\sqrt{x}}\right)dx.$$

(2) 解法 1，利用微分的定义得

$$dy=(\arcsin e^x)'dx=\frac{1}{\sqrt{1-e^{2x}}}\cdot(e^x)'dx=\frac{e^x}{\sqrt{1-e^{2x}}}dx.$$

解法 2，利用复合函数的微分法则得

$$dy=\frac{1}{\sqrt{1-e^{2x}}}\cdot d(e^x)=\frac{1}{\sqrt{1-e^{2x}}}\cdot(e^x)'dx=\frac{e^x}{\sqrt{1-e^{2x}}}dx.$$

(3) 用公式 $dy=f'(x)dx$，得

$$dy=[\ln(1+e^{x^2})]'dx=\frac{2xe^{x^2}}{1+e^{x^2}}dx.$$

(4) 利用乘积的微分法则得

$$\begin{aligned}dy&=d(\ln x\cdot\sin x)=\sin x\,d(\ln x)+\ln x\,d(\sin x)\\&=\frac{\sin x}{x}dx+\ln x\cdot\cos x\,dx=\left(\frac{\sin x}{x}+\ln x\cdot\cos x\right)dx.\end{aligned}$$

例 3 在括号里填上适当的函数，使下列等式成立：

(1) d(　　)$=2x\,dx$； (2) d(　　)$=\csc^2x\,dx$.

解 与 $df(x)=f'(x)dx$ 比较可知，这是已知函数的导数、求原来函数的问题.

(1) 已知函数的导数为 x，因为 $(x^2)'=2x$，所以 $d(x^2)=2x\,dx$.

此外，$(x^2+1)'=2x$，$(x^2-2)'=2x$，….
一般地，有 $d(x^2+C)=2x\,dx$（C 为任意常数）.

（2）已知函数的导数为$\csc^2 x$，因为$(-\cot x)'=\csc^2 x$，
所以 $d(-\cot x)=\csc^2 x\,dx$.
此外，$d(-\cot x+2)=\csc^2 x\,dx$，$d(-\cot x-1)=\csc^2 x\,dx$，….
一般地，有 $d(-\cot x+C)=\csc^2 x\,dx$（$C$ 为任意常数）.

例 4　在括号里填上适当的常数，使下列等式成立：

（1）$\cos 5x\,dx=(\quad)d(\sin 5x)$；　　　（2）$x^2dx=(\quad)d(a-5x^3)$；

解　（1）因为 $d(\sin 5x)=(\sin 5x)'dx=5\cos 5x\,dx$，所以 $\cos 5x\,dx=\left(\frac{1}{5}\right)d(\sin 5x)$.

（2）因为 $d(a-5x^3)=-15x^2dx$，所以 $x^2dx=\left(-\frac{1}{15}\right)d(a-5x^3)$.

四、微分在近似计算中的应用

由微分的概念可知，当函数 $f(x)$在点 x_0 的导数 $f'(x_0)\neq 0$ 且当$|\Delta x|$很小时，有

$$\Delta y\approx dy=f'(x_0)\Delta x, \tag{4}$$

即

$$\Delta y=f(x_0+\Delta x)-f(x_0)\approx f'(x_0)\Delta x,$$

变形得

$$f(x_0+\Delta x)\approx f(x_0)+f'(x_0)\Delta x. \tag{5}$$

利用(4)式可以求函数增量 Δy 的近似值，利用(5)式可以求函数 $f(x)$在 x_0 附近的近似值.

例 5　计算的 $\cos 60°30'$近似值.

解　设 $f(x)=\cos x$，有 $f'(x)=-\sin x$（x 为弧度）.

令 $x_0=\frac{\pi}{3}$，$\Delta x=\frac{\pi}{360}$，有 $f\left(\frac{\pi}{3}\right)=\frac{1}{2}$，$f'\left(\frac{\pi}{3}\right)=-\frac{\sqrt{3}}{2}$.

所以得 $\cos 60°30'=\cos\left(\frac{\pi}{3}+\frac{\pi}{360}\right)\approx\cos\frac{\pi}{3}-\sin\frac{\pi}{3}\cdot\frac{\pi}{360}=\frac{1}{2}-\frac{\sqrt{3}}{2}\cdot\frac{\pi}{360}\approx 0.4924$.

例 6　一个半径为 1 厘米的球，为了提高表面的光洁度，需要镀上一层铜. 镀层厚度为 0.01 厘米. 估计每只球需要用铜多少克？（铜的密度为 8.9g/cm^3）

解　需用铜的质量等于镀层的体积乘以铜的密度.

镀层的体积等于两个球体体积之差，由球的体积 $V=\frac{4}{3}\pi r^3$ 得镀层的体积为

$$\Delta V=\frac{4}{3}\pi\left[(r+\Delta r)^3-r^3\right],$$

利用近似计算公式(1)，得

$$\Delta V\approx V'\Delta r=4\pi r^2\Delta r,$$

依题意，$r=1$，$\Delta r=0.01$，得

$$\Delta V\approx 4\pi r^2\Delta r\approx 0.13(\text{cm})^3,$$

因此每只球需要用铜约为 $0.13\times 8.9=1.16$(克).

在公式 $f(x_0+\Delta x)\approx f(x_0)+f'(x_0)\Delta x$ 中,令 $x_0=0$, $\Delta x=x$,得

$$f(x)\approx f(0)+f'(0)x. \tag{6}$$

当 $|x|$ 很小时,利用(3)式可以求函数 $f(x)$ 在点 $x=0$ 附近的近似值.

根据(6)式,可以得到几个工程上常用的近似计算公式($|x|$ 很小):

(1) $(1+x)^\alpha\approx 1+\alpha x$;

(2) $e^x\approx 1+x$;

(3) $\ln(1+x)\approx x$;

(4) $\sin x\approx x$(x 用弧度作单位来表达);

(5) $\tan x\approx x$(x 用弧度作单位来表达).

证明从略.

习题 2-5

1. 设函数 $y=x^3+2x$,计算在 $x=1$ 处,Δx 分别等于 0.1, −0.01 时的增量 Δy 及微分 dy.

2. 求下列函数的微分:

(1) $y=\dfrac{1}{x}+2\sqrt{x}$;　　(2) $y=x\sin 2x$;

(3) $y=\dfrac{x}{\sqrt{x^2+1}}$;　　(4) $y=\ln^2(1-x)$;

(5) $y=x^2e^{2x}$;　　(6) $y=e^{-x}\cos(3-x)$;

(7) $y=\arcsin\sqrt{1-x^2}$;　　(8) $y=\tan^2(1+2x^2)$;

(9) $y=\arctan\dfrac{1-x^2}{1+x^2}$;　　(10) $s=A\sin(\omega t+\varphi)$ (A, ω, φ 是常数).

3. 将适当的函数填入下列括号内,使等式成立:

(1) d(　　) $=2dx$;　　(2) d(　　) $=3x\,dx$;

(3) d(　　) $=\cos t\,dt$;　　(4) d(　　) $=\sin\omega x\,dx$;

(5) d(　　) $=\dfrac{1}{1+x}dx$;　　(6) d(　　) $=e^{-2x}dx$;

(7) d(　　) $=\dfrac{1}{\sqrt{x}}dx$;　　(8) d(　　) $=\sec^2 3x\,dx$.

4. 由方程 $y=1-xe^y$ 所确定的隐函数 $y=y(x)$,求 dy.

5. 利用微分求近似值:

(1) $\tan 46°$;　　(2) $\arccos 0.4995$;

(3) $\ln 1.002$;　　(4) $\sqrt[3]{1002}$.

6. 一个球的半径 $r=2$m, 如果半径增加 0.1m,求此球表面积与体积增加的精确值和近似值.

习题二

1. 在“充分”“必要”“充分必要”三者中选择一个正确的填入下列空格内：

(1) $f(x)$在点 x_0 可导是 $f(x)$在点 x_0 连续的________条件. $f(x)$在点 x_0 连续是 $f(x)$在点 x_0 可导的________条件.

(2) $f(x)$在点 x_0 的左导数 $f'_-(x_0)$及右导数 $f'_+(x_0)$都存在且相等是 $f(x)$在点 x_0 可导的________条件.

(3) $f(x)$在点 x_0 可导是 $f(x)$在点 x_0 可微的________条件.

2. 设 $f(0)=0$,则 $f(x)$ 在点 $x=0$ 可导的充要条件是(　　)

A. $\lim\limits_{h\to 0}\dfrac{f(1-\cos h)}{h^2}$ 存在　　B. $\lim\limits_{h\to 0}\dfrac{f(1-e^h)}{h}$ 存在

C. $\lim\limits_{h\to 0}\dfrac{f(h-\sin h)}{h^2}$ 存在　　D. $\lim\limits_{h\to 0}\dfrac{f(2h)-f(h)}{h}$ 存在

3. 设 $f'(a)=2$，求：

(1) $\lim\limits_{x\to a}\dfrac{xf(a)-af(x)}{x-a}$；　　(2) $\lim\limits_{x\to a}\dfrac{f(a)-f(x)}{\sqrt{x}-\sqrt{a}}(a>0)$；

(3) $\lim\limits_{h\to 0}\dfrac{f(a+h)-f(a-2h)}{h}$.

4. (1) 设 $f(x)=x(x+1)(x+2)\cdots(x+2020)$，则 $f'(0)=$________；

(2) 设 $f(x)=(e^x-1)(e^{2x}-2)\cdots(e^{nx}-n)$，其中 n 为正整数，则 $f'(0)=$________.

5. 求下列函数 $f(x)$的 $f'_-(x_0)$ 及 $f'_+(x_0)$，又 $f'(0)$是否存在：

(1) $f(x)=\begin{cases}\sin x, & x<0\\ \ln(1+x), & x\geqslant 0\end{cases}$；

(2) $f(x)\begin{cases}\dfrac{x}{1+e^{\frac{1}{x}}}, & x\neq 0\\ 0, & x=0\end{cases}$.

6. 讨论函数 $f(x)\begin{cases}x\sin\dfrac{1}{x}, & x\neq 0\\ 0, & x=0\end{cases}$ 在 $x=0$ 处的连续性与可导性.

7. 求下列函数的导数：

(1) $y=\arcsin(\sin x)$；　　(2) $y=\arctan\dfrac{1+x}{1-x}$；

(3) $y=\ln\tan\dfrac{x}{2}-\cos x\cdot\ln\tan x$；　　(4) $y=\ln(e^x+\sqrt{1+e^{2x}})$；

(5) $y=x^{\frac{1}{x}}(x>0)$.

8. 求下列函数的二阶导数：

(1) $y=x^2\cos 2x$；　　(2) $y=\ln\sqrt{\dfrac{1-x}{x^2+1}}$.

9. 求下列由参数方程所确定的函数一阶导数$\frac{dy}{dx}$及二阶导数$\frac{d^2y}{dx^2}$：

(1) $\begin{cases} x = a\cos^3\theta \\ y = a\sin^3\theta \end{cases}$；　　(2) $\begin{cases} x = \ln\sqrt{1+t^2} \\ y = \arctan t \end{cases}$.

10. 已知：$xe^y + y + \sin x = 0$，求$\left.\frac{dy}{dx}\right|_{x=0}$.

11. 求下列函数的 n 阶导数：

(1) $f(x) = \frac{1}{x^2+2x-3}$；　　(2) $f(x) = (x^2+x)\cos ax$，$a>0$；

(3) $f(x) = \arctan x$，求 $f^{(n)}(0)$.

第三章

微分中值定理与导数的应用

在第二章,我们学习了微分学的两个基本概念——导数和微分,并讨论了导数的计算方法. 本章中,我们将利用导数和微分来研究函数及其曲线的一些性质,并利用这些知识解决一些实际问题. 为此,我们先介绍微分学的几个中值定理,它们反映了函数在某区间上的整体性质与函数在该区间内某一点的导数之间的关系.

§1 微分中值定理

我们先介绍罗尔(Rolle)定理,然后根据罗尔(Rolle)定理推出拉格朗日(Lagrange)中值定理和柯西(Cauchy)中值定理.

一、罗尔(Rolle)定理

首先,观察图 1-1. 设曲线弧 $\overset{\frown}{AB}$ 是函数 $y=f(x)(x\in[a, b])$ 的图形. 这是一条连续的曲线弧,除端点外处处具有不垂直于 x 轴的切线,且两个端点的纵坐标相等,即 $f(a)=f(b)$. 可以发现曲线的最高点或最低点 C 处,曲线有水平的切线. 如果记 C 点的横坐标为ξ,那么就有 $f'(\xi)=0$. 现在用数学语言把这个几何现象描述出来,就是罗尔定理.

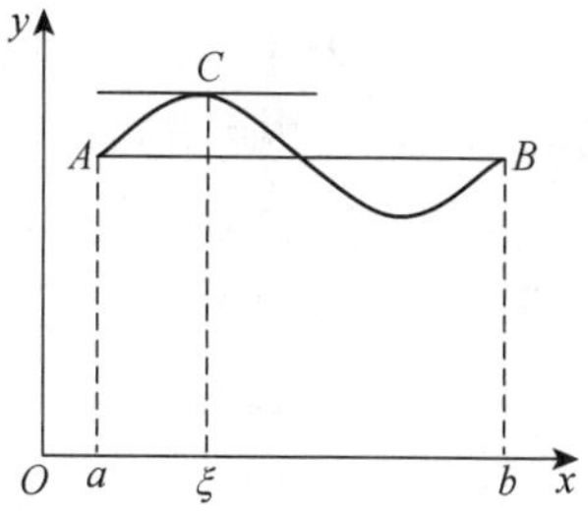

图 1-1

为了应用方便,先介绍费马(Fermat)引理.

定理 1.1(费马引理) 设函数 $f(x)$ 在点 x_0 的某邻域 $U(x_0)$ 内有定义,并且在 x_0 处可导,如果对任意的 $x\in U(x_0)$,有 $f(x)\leqslant f(x_0)$(或 $f(x)\geqslant f(x_0)$),那么 $f'(x_0)=0$.

证 不妨设 $x\in U(x_0)$ 时,$f(x)\leqslant f(x_0)$ (如果 $f(x)\geqslant f(x_0)$,可以类似地证明). 于是,对于 $x_0+\Delta x\in U(x_0)$,有 $f(x_0+\Delta x)\leqslant f(x_0)$.

从而当 $\Delta x>0$ 时,

$$\frac{f(x_0+\Delta x)-f(x_0)}{\Delta x}\leqslant 0;$$

当 $\Delta x<0$ 时，

$$\frac{f(x_0+\Delta x)-f(x_0)}{\Delta x}\geqslant 0.$$

根据函数 $f(x)$在 x_0 可导的条件及极限的保号性，得到

$$f'(x_0)=f'_+(x_0)=\lim_{\Delta x\to 0^+}\frac{f(x_0+\Delta x)-f(x_0)}{\Delta x}\leqslant 0,$$

$$f'(x_0)=f'_-(x_0)=\lim_{\Delta x\to 0^-}\frac{f(x_0+\Delta x)-f(x_0)}{\Delta x}\geqslant 0.$$

所以，$f'(x_0)=0$.

通常称导数等于零的点为函数的驻点(或稳定点、临界点).

定理 1.2 (罗尔定理) 如果函数 $y=f(x)$ 在闭区间$[a, b]$上连续，在开区间(a, b) 内可导，且有 $f(a)=f(b)$，那么在(a, b) 内至少存在一点 ξ，使得 $f'(\xi)=0$.

证 由于 $f(x)$在闭区间$[a, b]$上连续，根据闭区间上连续函数的最大值和最小值定理，$f(x)$在闭区间$[a, b]$上必定取得它的最大值 M 和最小值 m. 这样，只有两种可能情形：

(1) $M=m$. 这时 $f(x)$ 在区间$[a, b]$ 上必然取相同的数值 M：$f(x)=M$. 由此，$\forall x\in(a, b)$，有 $f'(x)=0$. 因此，任取 $\xi\in(a, b)$，有 $f'(\xi)=0$.

(2) $M>m$. 因为 $f(a)=f(b)$，所以 M 和 m 这两个数中至少有一不等于 $f(x)$ 在区间$[a, b]$的端点处的函数值. 为确定起见，不妨设 $M\neq f(a)$(如果设 $m\neq f(a)$，证明完全类似). 那么必定在开区间(a, b)内有一点 ξ 使 $f(\xi)=M$. 因此，$\forall x\in[a, b]$，有 $f(x)\leqslant f(\xi)$，从而由费马引理可知 $f'(\xi)=0$.

注 证明方程有根，一是用零点定理，二是用罗尔定理.

例 1 不求导数，判断函数 $f(x)=(x-1)(x-2)(x-3)(x-4)-2$ 的导数有几个根，并指出它们所在的区间.

解 由于 $f(x)$为多项式函数，所以 $f(x)$在$[1, 2]$，$[2, 3]$，$[3, 4]$上连续；在$(1, 2)$，$(2, 3)$，$(3, 4)$内可导，且 $f(1)=f(2)=f(3)=f(4)=-2$，即函数 $f(x)$满足罗尔定理条件.

由罗尔定理可得在$(1, 2)$内至少存在一点 ξ_1，使得 $f'(\xi_1)=0$，即 ξ_1 为 $f'(x)=0$ 的一个实根，$\xi_1\in(1, 2)$.

同理存在 $\xi_2\in(2, 3)$，$\xi_3\in(3, 4)$ 使得 $f'(\xi_2)=0$，$f'(\xi_3)=0$.

又因为 $f'(x)=0$ 为三次方程，至多有三个实根. 故 $f'(x)=0$ 有三个实根，它们分别在$(1, 2)$，$(2, 3)$，$(3, 4)$内.

例 2 设 $f(x)$在$[0, 1]$上连续，在$(0, 1)$内可导，且 $f(0)=f(1)=0$，$f\left(\frac{1}{2}\right)=1$，试证：至少存在一个 $\xi\in(0, 1)$，使 $f'(\xi)=1$.

证 令 $F(x)=f(x)-x$，则 $F(0)=0$，$F\left(\frac{1}{2}\right)=\frac{1}{2}$，$F(1)=-1$.

由闭区间上连续函数的零点定理可知，存在 $\eta\in\left(\frac{1}{2}, 1\right)$，使得 $F(\eta)=0$.

再由罗尔定理得，至少存在一个 $\xi\in(0, \eta)\subset(0, 1)$，使得 $F'(\xi)=0$，即 $f'(\xi)=1$.

二、拉格朗日(Lagrange)中值定理

罗尔定理中 $f(a)=f(b)$ 这个条件是相当特殊的，它使罗尔定理的应用受到限制. 如果把 $f(a)=f(b)$ 这个条件取消，但仍保留其余两个条件，并相应地改变结论，就得到微分学中十分重要的拉格朗日中值定理.

定理 1.3(拉格朗日中值定理) 如果函数 $f(x)$ 在闭区间 $[a, b]$ 上连续，在开区间 (a, b) 内可导，则在 (a, b) 内至少有一点 ξ，使得等式

$$f(b)-f(a)=f'(\xi)(b-a)$$

成立.

在证明之前，先看一下定理的几何意义. 如果把上式改写成

$$\frac{f(b)-f(a)}{b-a}=f'(\xi),$$

由图 1-2 可看出，$\frac{f(b)-f(a)}{b-a}$ 为弦 AB 的斜率，而 $f'(\xi)$ 为曲线在点 C 处的切线的斜率. 因此拉格朗日中值定理的几何意义是：如果连续曲线 $y=f(x)$ 的弦 AB 上除端点外处处具有不垂直于 x 轴的切线，那么这弧上至少有一点 C，使曲线在 C 点处的切线平行于弦 AB.

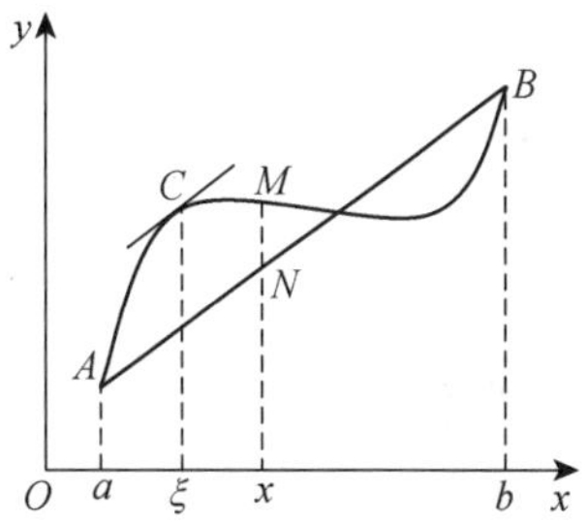

图 1-2

从罗尔定理的几何意义（见图 1-1）可看出，由于 $f(a)=f(b)$，弦 AB 是平行于 x 轴的，因此点 C 处的切线实际上也平行于弦 AB. 由此可见，罗尔定理是拉格朗日中值定理的特殊情形.

证 令 $\varphi(x)=f(x)-f(a)-\frac{f(b)-f(a)}{b-a}(x-a)$，

易知 $\varphi(x)$ 在闭区间 $[a, b]$ 上连续，在开区间 (a, b) 内可导，且 $\varphi(a)=\varphi(b)=0$，故由 Rolle 定理，至少 $\exists$ 一点 $\xi\in(a, b)$，使得 $\varphi'(\xi)=0$；

而 $\varphi'(x)=f'(x)-\frac{f(b)-f(a)}{b-a}$，即 $f'(\xi)-\frac{f(b)-f(a)}{b-a}=0$，

所以得到 $f'(\xi)=\frac{f(b)-f(a)}{b-a}$.

注 由 $f'(\xi)-\frac{f(b)-f(a)}{b-a}=0$ 式出发，可以做出一个更简单的函数.

由 $f'(\xi)-\frac{f(b)-f(a)}{b-a}=0$，即 $\left[f(x)-\frac{f(b)-f(a)}{b-a}x\right]'\Big|_{x=\xi}=0$（注：以后做题中常采用这种做辅助函数的方法）

故可取 $\varphi(x)=f(x)-\frac{f(b)-f(a)}{b-a}x$，

显然，函数 $\varphi(x)$ 满足罗尔定理，故得证.

拉格朗日中值公式还有其他表达形式：

(1) $f(b)-f(a)=f'(\xi)(b-a)(a>\xi>b, a<\xi<b)$(即指与 a，b 大小无关)；

(2) $f(b)-f(a)=f'[a+\theta(b-a)](b-a) \quad (0<\theta<1)$；

(3) $f(x+\Delta x)-f(x)=f'(\xi)\Delta x \quad (x>\xi>x+\Delta x, x<\xi<x+\Delta x)$；

(4) $f(x+\Delta x)-f(x)=f'(x+\theta\Delta x)\Delta x \quad (0<\theta<1)$；

(5) $\Delta y=f'(x+\theta\Delta x)\Delta x(0<\theta<1)$.

我们知道，函数的微分 $dy=f'(x)\Delta x$ 是函数增量的近似表达式，一般来说，以 dy 近似代替 Δy 时所产生的误差只有当 $\Delta x\to 0$ 时才趋近于零，而(5)式则表示 $f'(x+\Delta x)\Delta x$，在 Δx 有限时也叫作"有限增量定理".尽管有时并不知道 ξ 的具体值，但该定理在微分学中仍占有很重要的地位，有时也叫作微分学中值定理，它在理论证明时有重要的价值.

作为拉格朗日中值定理的一个应用，我们可以导出以后学积分时很有用的定理. 我们知道，如果一个函数 $f(x)$在区间 I 上是一个常数，则 $f(x)$在区间 I 上的导数恒为零. 它的逆命题也成立，即：

定理 1.4 如果函数 $f(x)$在区间 I 上的导数恒为零，那么 $f(x)$在区间 I 上恒等于一个常数.

证 在区间 I 上任取两点 x_1，$x_2(x_1<x_2)$，应用(1)式就得

$$f(x_2)-f(x_1)=f'(\xi)(x_2-x_1) \quad (x_1<\xi<x_2),$$

由已知得 $f'(\xi)=0$，所以 $f(x_2)-f(x_1)=0$，即

$$f(x_2)=f(x_1).$$

又因为 x_1，x_2 是区间 I 上的任意两点，所以 $f(x)$在区间 I 上恒等于一个常数.

推论 如果函数 $f(x)$与 $g(x)$在区间 I 内每一点的导数 $f'(x)$与 $g'(x)$都相等，则这两个函数在区间 I 内至多相差一个常数，即

$$f(x)=g(x)+C \text{，} C \text{ 为一确定的常数.}$$

例 3 验证函数 $f(x)=x^3-3x^2+x-1$ 在区间$[0, 1]$上满足拉格朗日中值定理的条件，并求定理中 ξ 的值.

解 显然 $f(x)$在区间$[0, 1]$上连续，$f'(x)=3x^2-6x+1$ 在$(0, 1)$有意义，即 $f(x)$在$(0, 1)$可导，故 $f(x)$在区间$[0, 1]$上满足拉格朗日中值定理的条件.

根据拉格朗日中值定理，得

$$f(1)-f(0)=f'(\xi)(1-0)=3\xi^2-6\xi+1,$$

所以 $3\xi^2-6\xi+1=-1$，解得 $\xi=1-\dfrac{\sqrt{3}}{3}\in[0, 1]$.

例 4 证明当 $x>0$ 时，$\dfrac{x}{1+x}<\ln(1+x)<x$.

证 设 $f(x)=\ln(1+x)$，显然 $f(x)$ 在区间$[0, x]$上满足拉格朗日中值定理的条件，根据定理，就有

$$f(x)-f(0)=f'(\xi)(x-0), \quad 0<\xi<x.$$

由于 $f(0)=0, f'(x)=\dfrac{1}{1+x}$，因此上式即为

$$\ln(1+x)=\frac{x}{1+\xi}.$$

又由 $0<\xi<x$，有

$$\frac{x}{1+x}<\ln(1+x)<x.$$

利用拉格朗日中值定理证明不等式时，选择与所要证明的问题相近的函数与区间，再利用拉格朗日中值定理即得结论.

如证明：$|\arctan a-\arctan b|\leqslant|a-b|$，则选 $f(x)=\arctan x$，区间为$[a, b]$.

三、柯西(Cauchy)中值定理

设曲线弧 C 由参数方程

$$\begin{cases}X=F(x)\\Y=f(x)\end{cases}\quad(a<x<b)$$

表示，其中 x 为参数. 如果曲线 C 上除端点外处处具有不垂直于横轴的切线，那么在曲线 C 上必有一点 $x=\xi$，使曲线上该点的切线平行于联结曲线端点的弦 AB，曲线 C 上点 $x=\xi$ 处的切线的斜率为 $\dfrac{\mathrm{d}Y}{\mathrm{d}X}=\dfrac{f'(\xi)}{F'(\xi)}$，弦 AB 的斜率为 $\dfrac{f(b)-f(a)}{F(b)-F(a)}$，

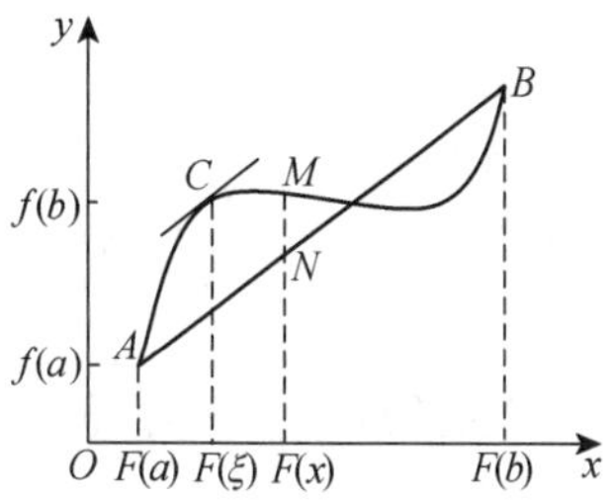

图 1-3

于是

$$\frac{f(b)-f(a)}{F(b)-F(a)}=\frac{f'(\xi)}{F'(\xi)}.$$

定理 1.5（柯西中值定理） 如果函数 $f(x)$及 $F(x)$在闭区间$[a, b]$上连续，在开区间(a, b)内可导，且 $F'(x)$在(a, b)内的每一点处均不为零，那么在(a, b)内至少有一点 ξ，使等式 $\dfrac{f(b)-f(a)}{F(b)-F(a)}=\dfrac{f'(\xi)}{F'(\xi)}$ 成立.

证 从略.

显然，若取 $F(x)=x$，那么 $F(b)-F(a)=b-a$，$F'(x)=1$，$\dfrac{f(b)-f(a)}{F(b)-F(a)}=\dfrac{f'(\xi)}{F'(\xi)}$ 就可以改写成：$f(b)-f(a)=f'(\xi)(b-a)\quad(a<\xi<b)$. 由此可知，拉格朗日中值定理是柯西中值定理的一特殊情形.

习 题 3-1

1. 验证下列各题，确定 ξ 的值：

(1) 对函数 $y=\cos x$ 在区间$[-1, 1]$上验证罗尔定理；

(2) 对函数 $f(x)=\mathrm{e}^{-x}\sin x$ 在$[0, \pi]$上验证罗尔定理；

(3) 对函数 $f(x)=x^4$ 在$[1, 2]$上验证拉格朗日中值定理.

2. 证明下列不等式：

(1) 当 $a>b>0$ 时，$nb^{n-1}(a-b)<a^n-b^n<na^{n-1}(a-b)$；

(2) 当 $a>b>0$ 时，$\frac{a-b}{a}<\ln\frac{a}{b}<\frac{a-b}{b}$；

(3) $|\arctan a-\arctan b|\leqslant|a-b|$；

(4) 当 $x>1$ 时，$e^x>ex$.

3. 证明下列恒等式：

(1) $\arctan x+\operatorname{arccot} x=\frac{\pi}{2}\quad(-\infty<x<+\infty)$；

(2) $\arctan e^x+\arctan e^{-x}=\frac{\pi}{2}\quad(-\infty<x<+\infty)$.

4. 证明方程 $x^5+x-1=0$ 有且只有一个正实根.

5. 不用求出函数 $f(x)=x(x+1)(x+2)(x+3)(x+4)$ 的导数，试判断方程 $f''(x)=0$ 的根的个数.

6. 若函数 $f(x)$ 在 $(-\infty,\infty)$ 上满足关系式 $f'(x)=2f(x)$，且 $f(0)=1$，证明：

$$f(x)=e^{2x}.$$

§2 洛必达法则

在求函数的极限时，常会遇到两个函数 $f(x)$，$F(x)$都是无穷小或都是无穷大时，求它们比值的极限，此时极限 $\lim\frac{f(x)}{F(x)}$ 可能存在，也可能不存在. 通常把这种极限叫作未定式，并分别简称为 $\frac{0}{0}$ 型或 $\frac{\infty}{\infty}$ 型. 例如，$\lim\limits_{x\to0}\frac{\sin x}{x}$ 就是 $\frac{0}{0}$ 型的未定式，而极限 $\lim\limits_{x\to+\infty}\frac{\ln x}{x}$ 就是 $\frac{\infty}{\infty}$ 型的未定式. 我们容易知道，对于未定式的极限求法，是不能应用"商的极限等于极限的商"这个法则来求解的，那么我们该如何求这类问题的极限呢？

计算未定式的极限往往需要经过适当的变形，转化成可利用极限运算法则或重要极限的形式进行计算. 这种变形没有一般方法，需视具体问题而定，属于特定的方法. 本节将用导数作为工具，给出计算未定式极限的一般方法，即洛必达法则. 本节的几个定理所给出的求极限的方法统称为洛必达法则.

一、$\frac{0}{0}$ 型未定式

定理 2.1 设函数 $f(x)$，$F(x)$满足下列条件：

(1) $\lim\limits_{x\to x_0}f(x)=0$，$\lim\limits_{x\to x_0}F(x)=0$；

(2) $f(x)$ 与 $F(x)$ 在 x_0 的某一去心邻域内可导，且 $F'(x)\neq0$；

(3) $\lim\limits_{x\to x_0}\frac{f'(x)}{F'(x)}$ 存在(或为无穷大)，则 $\lim\limits_{x\to x_0}\frac{f(x)}{F(x)}=\lim\limits_{x\to x_0}\frac{f'(x)}{F'(x)}$.

这个定理说明：当 $\lim\limits_{x\to x_0}\frac{f'(x)}{F'(x)}$ 存在时，$\lim\limits_{x\to x_0}\frac{f(x)}{F(x)}$ 也存在且等于 $\lim\limits_{x\to x_0}\frac{f'(x)}{F'(x)}$；当

$\lim\limits_{x\to x_0}\dfrac{f'(x)}{F'(x)}$ 为无穷大时，$\lim\limits_{x\to x_0}\dfrac{f(x)}{F(x)}$ 也是无穷大.

这种在一定条件下通过分子分母分别求导再求极限来确定未定式的极限值的方法称为洛必达(L'Hospital)法则.

证　因为 $\lim\limits_{x\to x_0}\dfrac{f(x)}{F(x)}$ 的极限值与 $f(x_0)$，$F(x_0)$ 值无关，所以我们可以假定 $f(x_0)=F(x_0)=0$，于是由条件(1)(2)可知，$f(x)$，$F(x)$ 在区间 $[x,x_0]$（或者区间 $[x_0,x]$）内满足柯西中值定理，所以有

$$\frac{f(x)}{F(x)}=\frac{f(x)-f(x_0)}{F(x)-F(x_0)}=\frac{f'(\xi)}{F'(\xi)}\quad(\xi\in(x,x_0)),$$

所以 $\lim\limits_{x\to x_0}\dfrac{f(x)}{F(x)}=\lim\limits_{x\to x_0}\dfrac{f'(\xi)}{F'(\xi)}=\lim\limits_{x\to x_0}\dfrac{f'(x)}{F'(x)}$，得证.

注　(1) 计算过程中，若当 $x\to x_0$ 时，$\dfrac{f'(x)}{F'(x)}$ 仍属于 $\dfrac{0}{0}$ 型，且仍满足洛必达法则的条件，则可以继续用洛必达法则先确定 $\lim\limits_{x\to x_0}\dfrac{f''(x)}{F''(x)}$，从而确定 $\lim\limits_{x\to x_0}\dfrac{f(x)}{F(x)}$，以此类推.

即

$$\lim_{x\to x_0}\frac{f(x)}{F(x)}=\lim_{x\to x_0}\frac{f'(x)}{F'(x)}=\lim_{x\to x_0}\frac{f''(x)}{F''(x)}=\cdots.$$

(2) 在定理 2.1 中，把“$x\to x_0$”换成“$x\to\infty$”(或其他情形)时，结论也成立.

例 1　计算极限 $\lim\limits_{x\to 0}\dfrac{e^x-1}{x}$.

解　该极限属于 $\dfrac{0}{0}$ 型不定式，于是由洛必达法则，得

$$\lim_{x\to 0}\frac{e^x-1}{x}=\lim_{x\to 0}\frac{e^x}{1}=1.$$

例 2　计算极限 $\lim\limits_{x\to 0}\dfrac{\tan ax}{\tan bx}$.

解　该极限属于 $\dfrac{0}{0}$ 型不定式，于是由洛必达法则，得

$$\lim_{x\to 0}\frac{\tan ax}{\tan bx}=\lim_{x\to 0}\frac{a\sec^2 ax}{b\sec^2 bx}=\frac{a}{b}.$$

例 3　计算极限 $\lim\limits_{x\to 0}\dfrac{\ln(1+\sin x)}{x}$.

解　该极限属于 $\dfrac{0}{0}$ 型不定式，于是由洛必达法则，得

$$\lim_{x\to 0}\frac{\ln(1+\sin x)}{x}=\lim_{x\to 0}\frac{\frac{\cos x}{1+\sin x}}{1}=\lim_{x\to 0}\frac{\cos x}{1+\sin x}=\frac{\cos 0}{1+\sin 0}=1.$$

值得注意的是，上式中的 $\lim\limits_{x\to 0}\dfrac{\cos x}{1+\sin x}$ 已经不是未定式，不能再对它应用洛必达法则，否则会得出错误的结论. 事实上，利用初等函数的连续性即可求出它的值.

例 4 计算极限 $\lim\limits_{x\to+\infty}\dfrac{\dfrac{\pi}{2}-\arctan x}{\dfrac{1}{x}}$.

解 $\lim\limits_{x\to+\infty}\dfrac{\dfrac{\pi}{2}-\arctan x}{\dfrac{1}{x}}=\lim\limits_{x\to+\infty}\dfrac{-\dfrac{1}{1+x^2}}{-\dfrac{1}{x^2}}=\lim\limits_{x\to+\infty}\dfrac{x^2}{1+x^2}=1.$

二、$\dfrac{\infty}{\infty}$型未定式

$\dfrac{\infty}{\infty}$型的未定式极限也有类似于$\dfrac{0}{0}$型未定式极限的洛必达法则：

定理 2.2 设函数 $f(x)$，$F(x)$满足下列条件：

(1) $\lim\limits_{x\to x_0}f(x)=\infty$，$\lim\limits_{x\to x_0}F(x)=\infty$；

(2) $f(x)$与 $F(x)$在 x_0 的某一去心邻域内可导，且 $F'(x)\neq 0$；

(3) $\lim\limits_{x\to x_0}\dfrac{f'(x)}{F'(x)}$ 存在(或为无穷大)，

则
$$\lim_{x\to x_0}\frac{f(x)}{F(x)}=\lim_{x\to x_0}\frac{f'(x)}{F'(x)}.$$

注 对于 $x\to\infty$时未定式$\dfrac{\infty}{\infty}$型同样适用.

证 $\lim\limits_{x\to x_0}\dfrac{f(x)}{F(x)}=\lim\limits_{x\to x_0}\dfrac{\dfrac{1}{F(x)}}{\dfrac{1}{f(x)}}=\lim\limits_{x\to x_0}\dfrac{-\dfrac{F'(x)}{F^2(x)}}{-\dfrac{f'(x)}{f^2(x)}}=\lim\limits_{x\to x_0}\left(\left(\dfrac{f(x)}{F(x)}\right)^2\cdot\dfrac{F'(x)}{f'(x)}\right)$，

所以有
$$\lim_{x\to x_0}\frac{f(x)}{F(x)}=\lim_{x\to x_0}\frac{f'(x)}{F'(x)}.$$

例 5 计算极限 $\lim\limits_{x\to+\infty}\dfrac{\ln x}{x^\alpha}$ $(\alpha>0)$.

解 此极限属于$\dfrac{\infty}{\infty}$型不定式，满足洛必达法则，于是得
$$\lim_{x\to+\infty}\frac{\ln x}{x^\alpha}=\lim_{x\to+\infty}\frac{\dfrac{1}{x}}{\alpha x^{\alpha-1}}=\lim_{x\to+\infty}\frac{1}{\alpha x^\alpha}=0.$$

例 6 计算极限 $\lim\limits_{x\to+\infty}\dfrac{x^n}{e^x}(n>0)$.

解 所求问题是$\dfrac{\infty}{\infty}$型未定式，连续 n 次施行洛必达法则，有

$$\lim_{x\to+\infty}\frac{x^n}{e^x}=\lim_{x\to+\infty}\frac{nx^{n-1}}{e^x}=\lim_{x\to+\infty}\frac{n(n-1)x^{n-2}}{e^x}$$

$$=\cdots=\lim_{x\to+\infty}\frac{n!}{e^x}=0.$$

例 7　计算极限 $\lim\limits_{x\to 0}\dfrac{\tan x-x}{x^2\sin x}$.

解　如果本题直接运用洛必达法则，那么分母的导数较为烦琐，尤其是再次求高阶导数时，表达式会很复杂. 但作一个等阶无穷小替换，运算过程大大简化：

$$\lim_{x\to 0}\frac{\tan x-x}{x^2\sin x}=\lim_{x\to 0}\frac{\tan x-x}{x^3}\quad(\text{利用等价无穷小量代换 }\sin x\sim x)$$

$$=\lim_{x\to 0}\frac{\sec^2 x-1}{3x^2}=\lim_{x\to 0}\frac{\tan^2 x}{3x^2}$$

$$=\frac{1}{3}\lim_{x\to 0}\left(\frac{\tan x}{x}\right)^2=\frac{1}{3}.$$

由此可知，洛必达法则是求未定式极限的一种有效方法，使用时，一方面要与其他求极限的方法结合使用；另一方面能化简时应尽可能化简，以使运算尽可能简捷.

三、其他未定式

1. "$0\cdot\infty$"型

设 $\lim\limits_{x\to a}f(x)=0$，$\lim\limits_{x\to a}g(x)=\infty$，则 $\lim\limits_{x\to a}f(x)\cdot g(x)$ 就构成了"$0\cdot\infty$"型不定式，它可以做如下转化：

$$\lim_{x\to a}f(x)\cdot g(x)=\lim_{x\to a}\frac{f(x)}{\dfrac{1}{g(x)}}\quad\left(\frac{0}{0}\text{ 型}\right),$$

或

$$\lim_{x\to a}f(x)\cdot g(x)=\lim_{x\to a}\frac{g(x)}{\dfrac{1}{f(x)}}\quad\left(\frac{\infty}{\infty}\text{ 型}\right).$$

例 8　求 $\lim\limits_{x\to 0^+}x\ln x$.

解　这是 $0\cdot\infty$ 型未定式，将乘积变为除，转化为 $\dfrac{\infty}{\infty}$ 型未定式计算，得

$$\lim_{x\to 0^+}x\ln x=\lim_{x\to 0^+}\frac{\ln x}{\dfrac{1}{x}}=\lim_{x\to 0^+}\frac{\dfrac{1}{x}}{-\dfrac{1}{x^2}}=\lim_{x\to 0^+}(-x)=0.$$

值得注意的是，本题不宜化为 $\dfrac{0}{0}$ 型未定式计算，读者可以自行尝试.

2. ∞−∞型

这种形式的不定型可以通过通分等手段转化为$\frac{0}{0}$型或$\frac{\infty}{\infty}$型.

例 9 计算极限 $\lim\limits_{x\to\frac{\pi}{2}}(\sec x-\tan x)$.

解 $$\lim_{x\to\frac{\pi}{2}}(\sec x-\tan x)=\lim_{x\to\frac{\pi}{2}}\left(\frac{1}{\cos x}-\frac{\sin x}{\cos x}\right).$$
$$=\lim_{x\to\frac{\pi}{2}}\frac{1-\sin x}{\cos x}=\lim_{x\to\frac{\pi}{2}}\frac{-\cos x}{-\sin x}=0.$$

例 10 求 $\lim\limits_{x\to 0}\left(\frac{1}{x}-\frac{1}{e^x-1}\right)$.

解 这是∞−∞型未定式,通分化为$\frac{0}{0}$型未定式计算,得

$$\lim_{x\to 0}\left(\frac{1}{x}-\frac{1}{e^x-1}\right)=\lim_{x\to 0}\frac{e^x-1-x}{x(e^x-1)}=\lim_{x\to 0}\frac{e^x-1}{e^x-1+xe^x}$$
$$=\lim_{x\to 0}\frac{e^x}{2e^x+xe^x}=\lim_{x\to 0}\frac{1}{2+x}$$
$$=\frac{1}{2}.$$

3. 0^0, 1^∞, ∞^0 型

它可以通过如下转化:

$$\lim_{x\to a}[f(x)]^{g(x)}=\lim_{x\to a}e^{\ln[f(x)]^{g(x)}}=\lim_{x\to a}e^{g(x)\ln f(x)}=e^{\lim\limits_{x\to a}g(x)\ln f(x)}.$$

例 11 计算极限 $\lim\limits_{x\to 0^+}x^x$.

解 这是 0^0 型未定式,取对数,转化为$\frac{\infty}{\infty}$或$\frac{0}{0}$型未定式计算,得

$$\lim_{x\to 0^+}x^x=e^{\lim\limits_{x\to 0^+}x\ln x},$$

所以由上题结果得: $$\lim_{x\to 0^+}x^x=e^0=1.$$

例 12 计算极限 $\lim\limits_{x\to+\infty}\left(\frac{2}{\pi}\arctan x\right)^x$.

解 这是 1^∞ 型未定式,取对数,转化为$\frac{\infty}{\infty}$或$\frac{0}{0}$型未定式计算,得

$$\lim_{x\to+\infty}\left(\frac{2}{\pi}\arctan x\right)^x=e^{\lim\limits_{x\to+\infty}x\ln\left(\frac{2}{\pi}\arctan x\right)},$$

而 $$\lim_{x\to+\infty}x\ln\left(\frac{2}{\pi}\arctan x\right)=\lim_{x\to+\infty}\frac{\ln\frac{2}{\pi}+\ln\arctan x}{\frac{1}{x}}$$

$$=\lim_{x\to+\infty}\frac{\frac{1}{\arctan x}\cdot\frac{1}{1+x^2}}{-\frac{1}{x^2}}$$

$$=\lim_{x\to+\infty}\frac{1}{\arctan x}\cdot\frac{-x^2}{1+x^2}=-\frac{2}{\pi},$$

所以
$$\lim_{x\to+\infty}\left(\frac{2}{\pi}\arctan x\right)^x=e^{-\frac{2}{\pi}}.$$

我们在使用洛必达法则计算函数极限过程中，必须注意以下几点：

(1) 洛必达法则只能适用于$\frac{0}{0}$和$\frac{\infty}{\infty}$型的未定式，其他未定式须先化简变形成$\frac{0}{0}$或$\frac{\infty}{\infty}$型才能运用该法则.

(2) 只要条件具备，可以连续应用洛必达法则.

(3) 洛必达法则的条件是充分的，但不必要. 因此，在该法则失效时并不能断定原极限不存在.

例如：极限 $\lim\limits_{x\to+\infty}\frac{x+\cos x}{x}$，显然极限存在且等于 1，但它不满足洛必达法则：$\lim\limits_{x\to+\infty}\frac{(x+\cos x)'}{x'}=\lim\limits_{x\to+\infty}(1-\sin x)$ 极限不存在.

习题 3-2

1. 用洛必达法则求下列各极限：

(1) $\lim\limits_{x\to0}\frac{e^{2x}-1-2x}{\sin^2x}$；

(2) $\lim\limits_{x\to0}\frac{e^{2x}+\sin x-3x-1}{x\ln(1+2x)}$；

(3) $\lim\limits_{x\to1}\frac{x^5-1}{x^9-1}$；

(4) $\lim\limits_{x\to0}\frac{\ln(1-5x)}{\sin4x}$；

(5) $\lim\limits_{x\to0}\frac{\ln\cos x}{x^2}$；

(6) $\lim\limits_{x\to\frac{\pi}{8}}\frac{\tan2x-1}{\sin8x}$；

(7) $\lim\limits_{x\to0}\frac{\arcsin x-x}{\sin^3x}$；

(8) $\lim\limits_{x\to1}\frac{x^2-\cos(x^2-1)}{\ln x}$；

(9) $\lim\limits_{x\to0}\frac{e^x+e^{-x}-2}{\sin^22x}$；

(10) $\lim\limits_{x\to0^+}\frac{\ln\sin4x}{\ln\sin5x}$；

(11) $\lim\limits_{x\to+\infty}\frac{xe^{2x}}{x+e^{2x}}$；

(12) $\lim\limits_{x\to0}x^2e^{\frac{1}{x^2}}$；

(13) $\lim\limits_{x\to1}\left(\frac{2}{x^2-1}-\frac{1}{x-1}\right)$；

(14) $\lim\limits_{x\to\infty}\left(1+\frac{3}{x}\right)^x$；

(15) $\lim\limits_{x\to0^+}x^{\tan x}$；

(16) $\lim\limits_{x\to0^+}\left(\frac{1}{x}\right)^{\sin x}$.

2. 验证极限 $\lim\limits_{x\to\infty}\frac{2x+\cos x}{x-2\sin x}$ 存在，但不能用洛必达法则求出.

3. 讨论函数 $f(x)=\begin{cases}\left[\dfrac{(1+x)^{\frac{1}{x}}}{e}\right]^{\frac{1}{x}}, & x>0\\ e^{-\frac{1}{2}}, & x\leqslant 0\end{cases}$ 在点 $x=0$ 处的连续性.

§3 函数的单调性与凹凸性

一、函数单调性的判定法

函数的单调性也就是函数的增减性,怎样才能判断函数的增减性呢?我们知道,若函数在某区间上单调增(或减),则在此区间内函数图形上切线的斜率均为正(或负),也就是函数的导数在此区间上均取正值(或负值). 因此,我们可通过判定函数导数的正负来判定函数的增减性.

定理 3.1 设函数 $y=f(x)$ 在$[a, b]$上连续,在(a, b)内可导.

(1) 如果在(a, b)内 $f'(x)>0$,那么函数 $y=f(x)$ 在$[a, b]$上单调增加;

(2) 如果在(a, b)内 $f'(x)<0$,那么函数 $y=f(x)$ 在$[a, b]$上单调减少.

证 (1) 由于函数 $f(x)$满足拉格朗日中值定理条件,故在$[a, b]$上任取两点 x_1, x_2(不妨设 $x_1<x_2$),必有 $\xi\in(x_1, x_2)$, 使

$$f(x_2)-f(x_1)=f'(\xi)(b-a).$$

如果 $f'(x)>0$,必有 $f'(\xi)>0$, 于是

$$f(x_2)-f(x_1)>0,$$

即

$$f(x_1)<f(x_2).$$

这表明函数 $y=f(x)$ 在$[a, b]$上单调增加.

同理可证,如果 $f'(x)<0$,函数 $y=f(x)$ 在$[a, b]$上单调减少.

值得注意的是,在上面定理的证明过程中易于看到,闭区间$[a, b]$若改为开区间(a, b)或无限区间,该定理结论同样成立;若可导函数在某区间内有限个点处,导数等于零,但函数在该区间内仍旧是单调增加(或单调减少).

例如,幂函数 $y=x^3$ 的导数 $y'=3x^2$,当 $x=0$ 时, $y'=0$. 但它在$(-\infty, +\infty)$ 内是单调增加的.

例 1 讨论函数 $y=\ln x$ 的单调性.

解 $y=\ln x$ 的定义域为$(0, +\infty)$. 因为 $y'=\dfrac{1}{x}>0$, $x\in(0, +\infty)$,

所以 $y=\ln x$ 在其定义域$(0, +\infty)$ 内单调增加.

例 2 讨论函数 $y=\arctan x-x$ 的单调性.

解 $y=\arctan x-x$ 的定义域为$(-\infty, +\infty)$.

$$y'=\frac{1}{1+x^2}-1=-\frac{x^2}{1+x^2}.$$

除 $x=0$ 时 $y'=0$ 外，恒有 $-\dfrac{x^2}{1+x^2}<0$，所以在 $(-\infty,\ 0)$ 及 $(0,\ +\infty)$ 内恒有 $y'<0$，因此，$y=\arctan x-x$ 在 $(-\infty,\ +\infty)$ 内是单调减少的.

例 3　确定函数 $f(x)=x^4-2x^2$ 的单调区间.

解　$f(x)$ 的定义域为 $(-\infty,\ +\infty)$.

$$\begin{aligned} f'(x) &= 4x^3-4x=4(x^3-x) \\ &= 4x\cdot(x-1)(x+1). \end{aligned}$$

$f(x)$ 的定义域 $(-\infty,\ +\infty)$ 被 $x=0,\ -1,\ 1$ 分成 $(-\infty,\ -1)$，$(-1,\ 0)$，$(0,\ 1)$，$(1,\ +\infty)$ 四个区间.

当 $x\in(-\infty,-1)$，$x\in(0,\ 1)$ 时，$f'(x)<0$，$f(x)$ 单调减少；

当 $x\in(-1,\ 0)$，$x\in(1,\ +\infty)$ 时，$f'(x)>0$，$f(x)$ 单调增加.

从例 3 可以看出，有些函数在它的定义域上不是单调的，这时我们要把整个定义域划分为若干个子区间，分别讨论函数在各子区间内的单调性. 一般可以用使 $f'(x)=0$ 的点作为分界点，使得函数的导数在各子区间内符号不变，从而函数 $f(x)$ 在每个子区间内单调. 具体做法通常用列表法.

令 $f'(x)=0$，得 $x_1=-1,\ x_2=0,\ x_3=1$，

列表如下：

表 3-1

x	$(-\infty,\ -1)$	$(-1,\ 0)$	$(0,\ 1)$	$(1,\ +\infty)$
$f'(x)$	$-$	$+$	$-$	$+$
$f(x)$	↘	↗	↘	↗

说明：“↗”表示单调递增，“↘”表示单调递减.

所以，函数在 $(-\infty,\ -1)$，$(0,\ 1)$ 内单调减少；函数在 $(-1,\ 0)$，$(1,\ +\infty)$ 内单调增加.

例 4　求 $y=(x-1)\sqrt[3]{x^2}$ 的单调区间.

解　函数的定义域为 $(-\infty,\ +\infty)$.

$$y'=x^{\frac{2}{3}}+\frac{2}{3}(x-1)x^{-\frac{1}{3}}=\frac{5x-2}{3\sqrt[3]{x}}.$$

当 $x=0$ 时，y' 不存在；当 $x=\dfrac{2}{5}$ 时，$y'=0$.

列表如下：

表 3-2

x	$(-\infty,\ 0)$	0	$\left(0,\ \frac{2}{5}\right)$	$\frac{2}{5}$	$\left(\frac{2}{5},\ +\infty\right)$
y'	$+$		$-$		$+$
y	↗		↘		↗

所以函数 $f(x)$在$(-\infty, 0)$,$\left(\frac{2}{5}, +\infty\right)$内单调增加;在区间$\left(0, \frac{2}{5}\right)$内单调减少.

综上所述,求 $f(x)$单调区间的步骤如下:

(1) 确定函数的定义域;

(2) 求出 $f(x)$单调区间所有可能的分界点(包括 $y'=0$ 点,y'不存在的点),并根据分界点把定义域分成若干子区间;

(3) 讨论一阶导数 y'在各区间的符号,从而判别在各区间的单调性.

此外,我们还可以利用函数的单调性证明不等式.

例 5 证明:当 $x>1$ 时,$2\sqrt{x}>3-\frac{1}{x}$.

证 令 $f(x)=2\sqrt{x}-\left(3-\frac{1}{x}\right)$,则

$$f'(x)=\frac{1}{\sqrt{x}}-\frac{1}{x^2}=\frac{1}{x^2}(x\sqrt{x}-1).$$

因为当 $x>1$ 时,

$$f'(x)>0,$$

因此 $f(x)$ 在$[1, +\infty)$ 上 $f(x)$ 单调增加,
从而当 $x>1$ 时,

$$f(x)>f(1).$$

由于 $f(1)=0$,故 $f(x)>f(1)=0$, 即

$$2\sqrt{x}-\left(3-\frac{1}{x}\right)>0.$$

也就是 $2\sqrt{x}>3-\frac{1}{x}\ (x>1)$.

二、函数的凹凸性

知道了函数在某个区间的单调性,我们就可知道曲线在该区间上是上升或下降的,但如何上升?如何下降?如图 3-1 中的两条曲线 $\overset{\frown}{ACB}$ 和 $\overset{\frown}{ADB}$,都是单调上升的,但它们的弯曲方向明显不同,下面介绍描述曲线弯曲方向的概念.

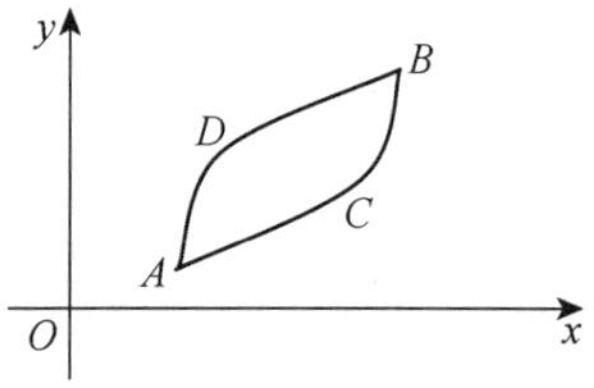

图 3-1

定义 3.1 设函数 $f(x)$在区间 I 内连续,如果曲线上任一点的切线都位于该曲线的下方,则称曲线 $f(x)$在 I 上是凹的(或下凹的);如果曲线上任一点的切线都位于该曲线的上方,则称曲线 $f(x)$在 I 上是凸的(或上凹的),见图 3-2、图 3-3.

用数学式子来表示凹凸性可以表述为:若对区间 I 上的任意两点 x_1, x_2,恒有:

$$f\left(\frac{x_1+x_2}{2}\right)<\frac{f(x_1)+f(x_2)}{2},$$

那么称 $f(x)$ 图形在区间 I 上是凹的(或下凹的)；
若恒有：

$$f\left(\frac{x_1+x_2}{2}\right)>\frac{f(x_1)+f(x_2)}{2},$$

那么称 $f(x)$ 图形在区间 I 上是凸的(或上凹的).

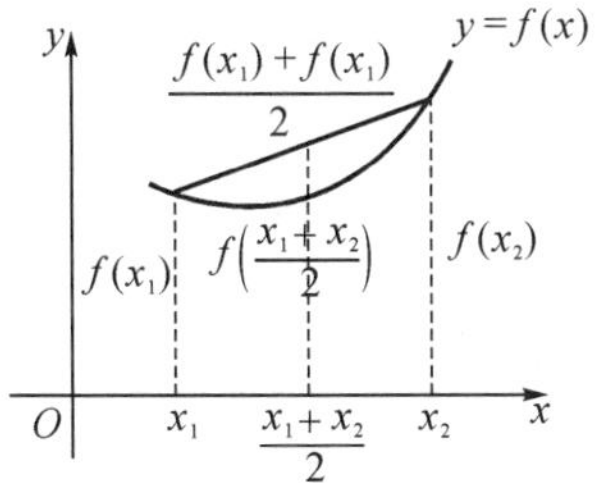

图 3-2

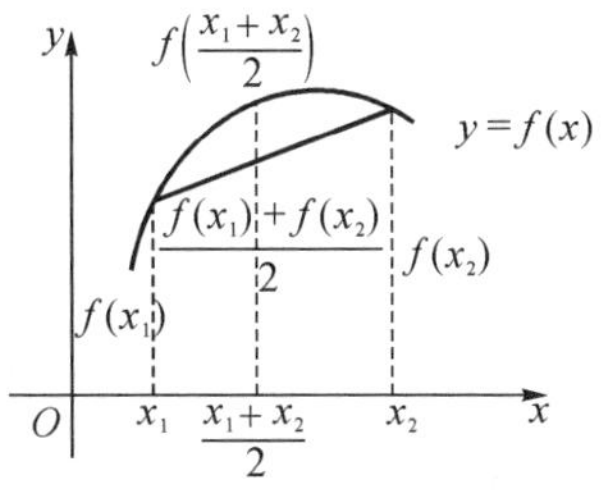

图 3-3

为了能用导数来判定曲线是凹的或凸的,我们先分析凹的曲线或凸的曲线与导数的关系.如图 3-4、图 3-5 所示,对于凹的曲线,当 x 增大时,曲线上对应点的切线的斜率 $f'(x)$ 也是增大的,即 $f'(x)$ 是单调递增的,从而 $f''(x)>0$；而对于凸的曲线,曲线上对应点的切线的斜率 $f'(x)$ 是减小的,即 $f'(x)$ 是单调递减的,从而 $f''(x)<0$. 这说明可以用函数 $f(x)$ 的二阶导数 $f''(x)$ 来判定曲线的凹凸性.

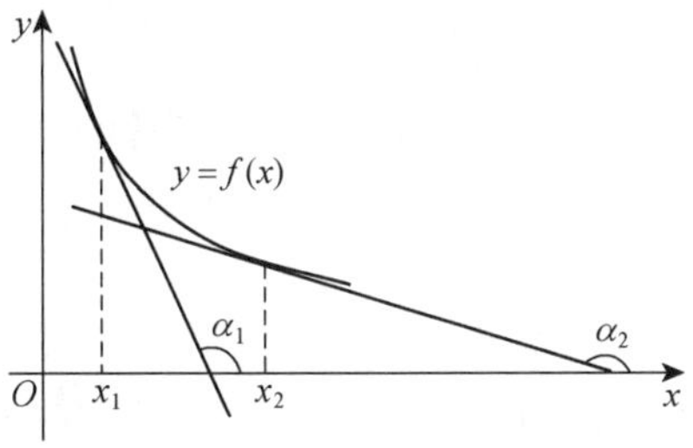

图 3-4

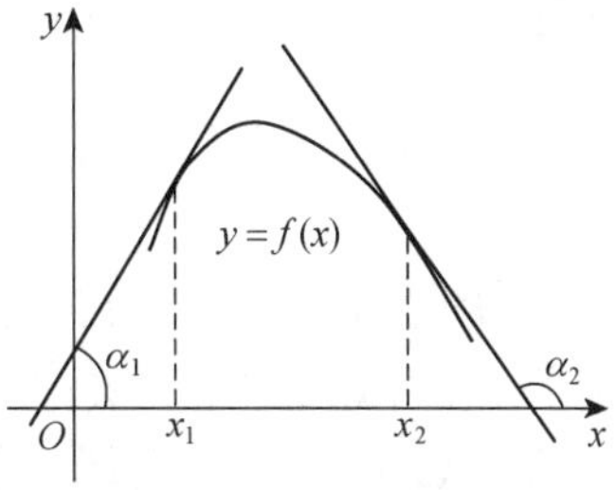

图 3-5

定理 3.2　设函数 $f(x)$ 在区间 $[a,b]$ 上连续,在 (a,b) 内具有一阶和二阶导数,则

(1) 若在 (a,b) 内,$f''(x)>0$,则曲线 $f(x)$ 在 $[a,b]$ 上是凹的；

(2) 若在 (a,b) 内,$f''(x)<0$,则曲线 $f(x)$ 在 $[a,b]$ 上是凸的.

证　只证(1). 设 $x_1,x_2\in[a,b]$,且 $x_1<x_2$,记 $x_0=\dfrac{x_1+x_2}{2}$.

由拉格朗日中值公式,得

$$f(x_1)-f(x_0)=f'(\xi_1)(x_1-x_0)=f'(\xi_1)\frac{x_1-x_2}{2},\ x_1<\xi_1<x_0,$$

$$f(x_2)-f(x_0)=f'(\xi_2)(x_2-x_0)=f'(\xi_2)\frac{x_2-x_1}{2},\ x_0<\xi_2<x_2,$$

两式相加并应用拉格朗日中值公式,得

$$f(x_1)+f(x_2)-2f(x_0)=[f'(\xi_2)-f'(\xi_1)]\frac{x_2-x_1}{2}$$
$$=f''(\xi)(\xi_2-\xi_1)\frac{x_2-x_1}{2}>0,\ \xi_1<\xi<\xi_2,$$

即 $\frac{f(x_1)+f(x_2)}{2}>f\left(\frac{x_1+x_2}{2}\right)$，所以 $f(x)$ 在$[a, b]$上的图形是凹的.

类似地,可以证明情形(2).

例 6 讨论曲线 $y=x^3$ 的凹凸性.

解 函数 $y=x^3$ 的定义域为$(-\infty, +\infty)$，$y'=3x^2$，$y''=6x$.

当 $x>0$ 时，$y''>0$；当 $x<0$ 时，$y''<0$.

所以,曲线 $y=x^3$ 在$(0, +\infty)$上是凹的,在$(-\infty, 0)$上是凸的.

例 7 讨论曲线 $y=x^{\frac{1}{3}}$ 的凹凸性.

解 函数 $y=x^{\frac{1}{3}}$ 的定义域为$(-\infty, +\infty)$，$y'=\frac{1}{3}x^{-\frac{2}{3}}$，$y''=-\frac{2}{9}x^{-\frac{5}{3}}=-\frac{2}{9x\sqrt[3]{x^2}}$.

当 $x>0$ 时，$y''<0$；当 $x<0$ 时，$y''>0$.

所以,曲线 $y=x^{\frac{1}{3}}$ 在$(0, +\infty)$上是凸的,在$(-\infty, 0)$上是凹的.

从上述两个例子可以看出,曲线 $y=f(x)$ 在经过某些点(x_0, y_0)时,曲线的凹凸性发生了改变,那么这样的点(x_0, y_0)称为曲线的拐点.

定义 3.2 连续曲线上凹曲线和凸曲线的分界点称为曲线的**拐点**.

由例 6、例 7 可知,曲线 $y=x^3$ 及 $y=x^{\frac{1}{3}}$ 的拐点均为$(0, 0)$,在拐点处,函数的二阶导数为零或不存在.

一般地,确定曲线 $f(x)$的凹凸性和拐点的步骤如下：

(1) 求函数 $f(x)$的定义域；

(2) 求 $f'(x)$，$f''(x)$,并求出使 $f''(x)=0$ 及 $f''(x)$ 不存在的点；

(3) 用步骤(2) 中求出的点将函数的定义区间划分为若干个子区间,确定 $f''(x)$在各个子区间的符号以及 $f(x)$在各个子区间的凹凸性,确定拐点.

值得注意的是,函数 $f(x)$在点(x_0, y_0)的二阶导数为零或不存在只是点(x_0, y_0)为曲线 $f(x)$的拐点的必要条件,而不是充分条件.

例 8 求曲线 $y=x^4-6x^2+24x-12$ 的凹凸区间及拐点.

解 (1) 函数的定义域为$(-\infty, +\infty)$.

(2) $y'=4x^3-12x+24$，$y''=12x^2-12=12(x+1)(x-1)$. 令 $y''=0$,解得驻点 $x=\pm 1$.

(3) 用 $x=\pm 1$ 把定义域分为三个区间:$(-\infty, -1)$、$(-1, 1)$、$(1, +\infty)$,列表确定 y''的符号、曲线的凹凸区间及拐点：

表 3-3

x	$(-\infty,-1)$	-1	$(-1,1)$	1	$(1,+\infty)$
y''	$+$	0	$-$	0	$+$
y	凹的	拐点 $(-1,-41)$	凸的	拐点 $(1,7)$	凹的

所以曲线的凹区间为$(-\infty,-1)$和$(1,+\infty)$，凸区间为$(-1,1)$，拐点为$(-1,-41)$和$(1,7)$.

习题 3-3

1. 讨论函数 $f(x)=x-\sin x$ 在$[0,2\pi]$上的单调性.

2. 求下列函数的单调区间：

(1) $y=2x^3-9x^2+12x-3$；　　(2) $y=x-\dfrac{3}{2}\sqrt[3]{x^2}$；

(3) $y=x^3-3x$；　　(4) $y=x^2-\ln(x+1)$；

(5) $y=x^2e^{2x}$；　　(6) $y=(x-1)^2(x+1)^3$.

3. 证明下列不等式：

(1) 当 $x>0$ 时，$\ln(1+x)>x-\dfrac{1}{2}x^2$；

(2) 当 $x>1$ 时，$2\sqrt{x}>3-\dfrac{1}{x}$；

(3) 当 $0<x<\dfrac{\pi}{2}$ 时，$\tan x>x+\dfrac{1}{3}x^3$；

(4) 当 $x>0$ 时，$1+x\ln(x+\sqrt{1+x^2})>\sqrt{1+x^2}$.

4. 证明方程 $x^5+x-1=0$ 在区间$(0,1)$内有且只有一个实根.

5. 求下列函数的凹凸区间以及拐点：

(1) $y=3x^4-4x^3+1$；　　(2) $y=4-\sqrt[3]{x-9}$；

(3) $y=xe^x$；　　(4) $y=x-\ln(1+x)$；

(5) $y=\dfrac{2x}{1+x^2}$；　　(6) $y=e^{\arctan x}$.

*6. 利用函数图形的凹凸性，证明下列不等式：

(1) $\dfrac{1}{2}(x^n+y^n)>\left(\dfrac{x+y}{2}\right)^n$　$(x>0,\ y>0,\ x\neq y,\ n>1)$；

(2) $\cos\dfrac{x+y}{2}>\dfrac{\cos x+\cos y}{2}$　$\left(x,\ y\in\left(-\dfrac{\pi}{2},\ \dfrac{\pi}{2}\right)\right)$.

7. 问 a 及 b 为何值时，点$(1,1)$为曲线 $y=ax^3+b\ln x$ 的拐点？

8. 试确定曲线 $y=ax^3+bx^2+cx+d$ 中的 a,b,c,d，使得在 $x=-2$ 处曲线有水平切线，$(1,-10)$ 为拐点，且点$(-2,44)$在曲线上.

§4 函数的极值、最值和函数图像描绘

一、函数的极值及其求法

定义 4.1 设函数 $f(x)$在点 x_0 的某一邻域$U(x_0)$内有定义,如果对于去心邻域$\mathring{U}(x_0)$内的任一 x,都有

$$f(x) < f(x_0) \quad (\text{或} f(x) > f(x_0)),$$

则称函数值 $f(x_0)$是函数 $f(x)$的一个极大值(或极小值).

函数的极大值与极小值统称为函数的极值,使函数取得极值的点称为极值点.

例如,函数 $f(x)=x^4-2x^2$ 有极小值 $f(-1)=-1$, $f(1)=-1$ 和极大值 $f(0)=0$,点 $x=\pm1$ 和 $x=0$ 是函数 $f(x)$ 的极值点.

函数的极大值、极小值概念是局部性的概念. 如果 $f(x_0)$是函数 $f(x)$的极大值,那只是就 x_0 附近的某一领域$U(x_0)$来说,$f(x_0)$是函数 $f(x)$的最大值;如果就 $f(x)$的整个定义域来说,$f(x_0)$不一定是最大值. 关于极小值,同理.

在图 4-1 中,函数 $y=f(x)$在定义区间$[a, b]$内有多个极值点. 但从图 4-1 可知:函数的极大值不一定比极小值大,且函数的极值点一定出现在区间内部.

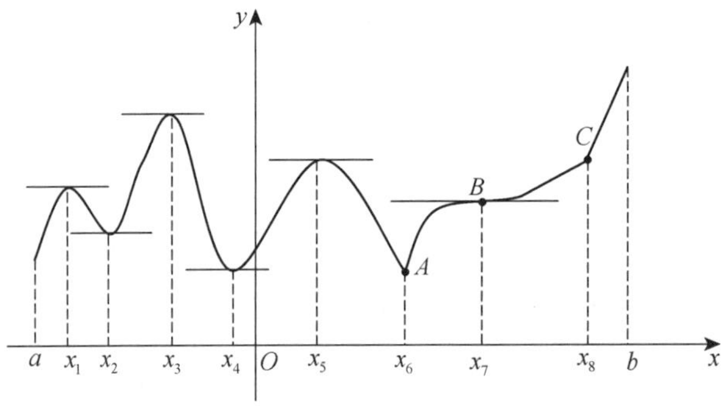

图 4-1

从图 4-1 我们还可以看出,若极值点处导数存在,则该点处的切线是水平的. 但曲线上有水平切线的点,函数不一定取到极值,如图 4-1 中在 B 点处有水平切线,即 x_7 是驻点($f'(x_7)=0$),但不是函数极值点. 同样,$f(x)$的不可导点也未必一定是极值点,如在图 4-1 中的点 A 处不可导,但它是极小值点,但在点 C 处,图像无切线,因此函数在 x_8 也是不可导的,但它并非极值点. 由此可知,极值点处的切线是水平,是取到极值点的必要条件,而非充要条件. 由费马(Fermat)引理我们可知:

定理 4.1(极值的必要条件) 设函数 $f(x)$在 x_0 处可导,且在 x_0 处取得极值,则一定有 $f'(x_0)=0$.

我们知道函数的极值就是局部的最值,而证明极值点处的导数为零只要在极值点的某一邻域内考虑即可,那么就是证明这一邻域内的最值处导数为零,而这实际上就是费马(Fermat)引理的内容.

证　设 $f(x_0)$ 为极大值（$f(x_0)$ 为极小值时可类似证明）. 根据极值的定义，对于 $x \in \mathring{U}(x_0)$，恒有 $f(x) < f(x_0)$，于是

当 $x < x_0$，$\dfrac{f(x)-f(x_0)}{x-x_0} > 0$，故 $f'(x_0) = \lim\limits_{x \to x_0^-} \dfrac{f(x)-f(x_0)}{x-x_0} \geqslant 0$.

当 $x > x_0$，$\dfrac{f(x)-f(x_0)}{x-x_0} < 0$，故 $f'(x_0) = \lim\limits_{x \to x_0^+} \dfrac{f(x)-f(x_0)}{x-x_0} \leqslant 0$.

从而，$f'(x_0)=0$.

定义 4.2　函数 $y=f(x)$ 满足导数 $f'(x)=0$ 的点称为函数的驻点（稳定点）.

定理 4.1 表明：可导函数的极值点必定是驻点. 反过来，函数的驻点却不一定是极值点，例如 $f(x)=x^3$，$f'(x)=3x^2$，因此 $x=0$ 是这可导函数的驻点，但 $x=0$ 不是函数的极值点. 所以，函数的驻点只是可能的极值点. 此外，函数的导数不存在的点也可能是极值点. 例如，函数 $f(x)=|x|$ 在点 $x=0$ 处不可导，但函数在该点取到极小值. 因此，对可导函数而言求极值点应先找出驻点，然后对驻点进行判断，哪些是极值点哪些不是极值点. 根据极值的定义及函数单调性的判定法不难知道：如果在驻点两侧函数导数的符号相反，则驻点必然是使函数单调性改变的点，从而一定是函数的极值点，如图 4-2、图 4-3 所示.

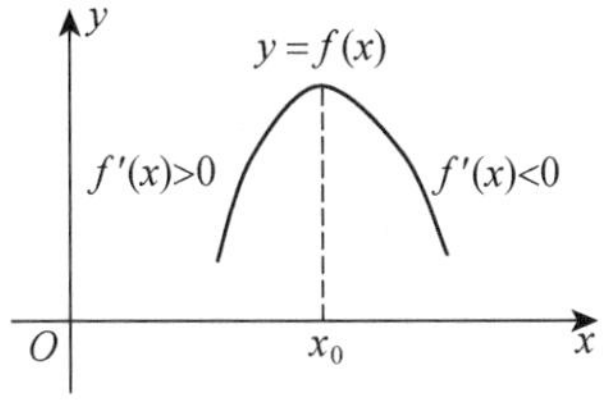

图 4-2

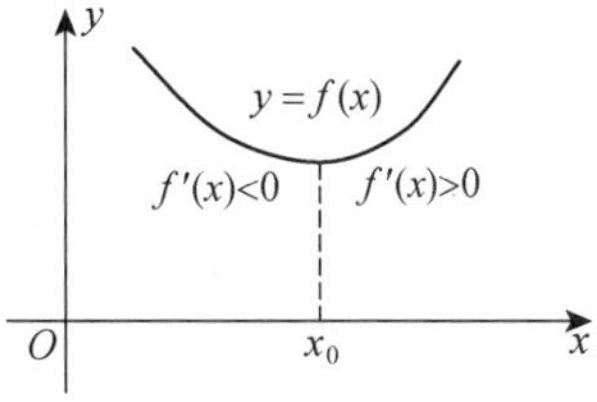

图 4-3

由此我们得到下面的定理：

定理 4.2（极值的第一充分条件）　设函数 $f(x)$ 在点 x_0 处连续，且在点 x_0 的某一邻域 $U(x_0)$（点 x_0 可除外）内具有导数，对于 $x \in \mathring{U}(x_0)$，

(1) 若当 $x < x_0$ 时，$f'(x) > 0$，当 $x > x_0$，$f'(x) < 0$，则 $f(x_0)$ 是函数 $f(x)$ 的极大值；

(2) 若当 $x < x_0$ 时，$f'(x) < 0$，当 $x > x_0$，$f'(x) > 0$，则 $f(x_0)$ 是函数 $f(x)$ 的极小值；

(3) 若在 x_0 两侧，$f'(x)$ 的符号相同，则 $f(x_0)$ 不是 $f(x)$ 的极值.

显然(1)与(2)的证明是类似的. 由于证明极值是比较 x_0 处的函数值与其邻域内的其他点处的函数值，而拉格朗日(Lagrange)中值定理就是讨论函数值之差与自变量之差之间的关系的，因此应用拉格朗日(Lagrange)中值定理可证明.

证　仅证(1). 设 x 为 $\mathring{U}(x_0)$ 内任意一点，根据拉格朗日(Lagrange)中值定理，得

$$f(x)-f(x_0)=f'(\xi)(x-x_0) \quad (\xi \text{ 在 } x \text{ 与 } x_0 \text{ 之间}).$$

由(1)的条件可知：

当 $x < x_0$ 时，$f'(x) > 0$，所以 $f'(\xi)(x-x_0) < 0$，所以 $f(x) < f(x_0)$；当 $x > x_0$，$f'(x) < 0$，所以 $f'(\xi)(x-x_0) < 0$，所以 $f(x) < f(x_0)$.

对于 $\mathring{U}(x_0)$ 内任意一点 x，都有 $f(x) < f(x_0)$. 根据极值的定义，知 $f(x_0)$ 是函数 $f(x)$ 的极大值.

(2)(3)的证明是类似的，学者可自行给出.

定理 4.2 表明：如果在点 x_0 两侧的导数符号相反，x_0 就一定是极值点；如果在点 x_0 两侧的导数符号相同，则 x_0 就一定不是极值点.

根据定理 4.2，如果函数 $f(x)$ 在所讨论的区间内连续，除个别点外处处可导，那么就可以按下列步骤来求 $f(x)$ 在该区间内的极值点和相应的极值：

(1) 求出导数 $f'(x)$.

(2) 求出 $f(x)$ 的全部驻点和不可导点.

(3) 根据定理 4.2 确定这些点是不是极值点；如果是极值点，进一步确定是极大值点还是极小值点.

(4) 求出各极值点处的函数值，就得到函数 $f(x)$ 的全部极值.

例 1 求函数 $f(x)=x^3-3x^2-9x+7$ 的极值.

解 (1) 函数的定义域为 $(-\infty, +\infty)$；

(2) $f'(x)=3x^2-6x-9=3(x+1)(x-3)$，令 $f'(x)=0$，得驻点：$x=-1$，$x=3$；

(3) 用 $x=-1$ 和 $x=3$ 将定义域划分为三个区间：$(-\infty, -1)$、$(-1, 3)$、$(3, +\infty)$，列表确定 $f'(x)$ 的符号、函数的极值点和极值：

表 4-1

x	$(-\infty, -1)$	-1	$(-1, 3)$	3	$(3, +\infty)$
$f'(x)$	+	0	−	0	+
$f(x)$	↗	极大值	↘	极小值	↗

所以，函数的极大值为 $f(-1)=12$，极小值为 $f(3)=-20$.

上述有关极值的充分条件和必要条件都是对可导函数而言的，在此条件下，极值点一定是驻点，因此只要求出函数的驻点，再由定理 4.2 考察各个驻点是否为极值点就行了. 但是，如果函数有不可导点，就不能肯定极值点一定是驻点了，因为在导数不存在的点处，函数也可能取得极值. 请看下例：

例 2 求函数 $f(x)=1-(x-2)^{\frac{2}{3}}$ 的极值.

解 该函数的定义域为 $(-\infty, +\infty)$.

当 $x\neq 2$ 时，$f'(x)=-\dfrac{2}{3}\dfrac{1}{\sqrt[3]{x-2}}$；当 $x=2$ 时，$f'(x)$ 不存在.

当 $x<2$ 时，$f'(x)>0$；当 $x>2$ 时，$f'(x)<0$，又 $f(x)$ 在 $x=2$ 处连续，所以 $x=2$ 是函数 $f(x)$ 的极大值点，极大值为 $f(2)=1$.

以上是利用函数的一阶导数来讨论函数的极值，当函数在驻点处的二阶导数存在且不为零时，也可以利用下面的定理用二阶导数来判断函数在驻点处是取得极大值还是极小值.

定理 4.3（极值的第二充分条件） 设函数 $f(x)$ 在点 x_0 处具有二阶导数，且 $f'(x_0)=0$，$f''(x_0)\neq 0$，则

(1) 当 $f''(x_0)<0$ 时，函数 $f(x)$ 在点 x_0 处取得极大值；

(2) 当 $f''(x_0)>0$ 时，函数 $f(x)$ 在点 x_0 处取得极小值.

证 只证情形(1)，情形(2)的证明是类似的.

由导数的定义及 $f'(x_0)=0$ 和 $f''(x_0)\neq 0$，得

$$f''(x_0)=\lim_{x\to x_0}\frac{f'(x)-f'(x_0)}{x-x_0}=\lim_{x\to x_0}\frac{f'(x)}{x-x_0}<0.$$

根据函数极限的局部保号性定理，对于 $x\in \mathring{U}(x_0)$，有 $\dfrac{f'(x)}{x-x_0}<0$.

因此，当 $x<x_0$ 时，$f'(x)>0$；当 $x>x_0$，$f'(x)<0$.

根据定理 4.2，函数 $f(x)$ 在点 x_0 处取得极大值.

定理 4.3 表明，如果函数 $f(x)$ 在其驻点 x_0 处的二阶导数 $f''(x_0)\neq 0$，则驻点 x_0 一定是函数 $f(x)$ 的极值点.

如果 $f''(x_0)=0$，就不能用定理 4.3 来判断 x_0 是否为极值点. 事实上，当 $f'(x_0)=0$，$f''(x_0)=0$，$f(x)$ 在 x_0 处可能有极大值，也可能有极小值，也可能没有极值.

例如 $f(x)=-x^4$，$g(x)=x^4$，$h(x)=x^3$，这三个函数就分别属于这三种情况. 所以，当函数在驻点处的二阶导数为零时，只能用定理 4.2 来判断，即：由驻点左右两侧一阶导数的符号来判断.

例 3 求函数 $f(x)=(x^2-1)^3+1$ 的极值.

解 $f'(x)=6x(x^2-1)^2$.

令 $f'(x)=0$，得 $x_1=-1$，$x_2=0$，$x_3=1$.

$$f''(x)=6(x^2-1)(5x^2-1).$$

因 $f''(0)=6>0$，所以 $f(x)$ 在 $x=0$ 处取得极小值，极小值为 $f(0)=0$.

又 $f''(-1)=f''(1)=0$，此时定理 4.3 失效，仍用定理 4.2 来判断.

当 $x<-1$ 时，$f'(x)<0$；当 $-1<x<0$ 时，$f'(x)<0$，所以 $f(x)$ 在 $x=-1$ 处没有极值.

同理，$f(x)$ 在 $x=1$ 处没有极值.

二、最大值最小值问题

在实际生活中，我们常常遇到这类问题：在一定条件下，怎么样使“效益最大”“成本最低”“用料最省”等. 这类问题在数学上可归结为求某一函数的最大、最小值问题.

应用极值和最值理论解决最优化问题时，首先要弄清要求最大值或最小值的量，该量与问题中其他量的关系怎样，以要最优化的量为目标，建立目标函数，并确定函数的定义域；其次，应用极值和最值理论求目标函数的最大值或最小值；最后按问题的要求给出结论.

一般地，在闭区间 $[a,b]$ 上连续的函数 $f(x)$ 在 $[a,b]$ 上必有最大值与最小值；在开区间 (a,b) 内连续的函数 $f(x)$ 不一定有最大值与最小值. 例如 $f(x)=\dfrac{1}{x}$ 在 $(0,+\infty)$ 内的图像连续，但无最大值和最小值.

设函数 $f(x)$ 在 $[a,b]$ 上连续，在 (a,b) 内可导，求 $f(x)$ 在 $[a,b]$ 上的最大值与最小值的步骤如下：

(1) 求 $f(x)$ 在 (a,b) 内的极值；

(2) 将 $f(x)$ 的各极值与 $f(a)$，$f(b)$ 比较，其中最大的一个是最大值，最小的一个是最

小值.

例 4 求函数 $f(x)=2x^3+3x^2-12x+14$ 在$[-3,4]$上的最大值与最小值.

解 先求函数的极值点

$$f'(x)=6(x+2)(x-1).$$

解方程 $f'(x)=0$,得:$x_1=-2$, $x_2=1$.

计算 $f(-3)=23$,$f(-2)=34$,$f(1)=7$, $f(4)=142$.

比较得,最大值为 $f(4)=142$,最小值为 $f(1)=7$.

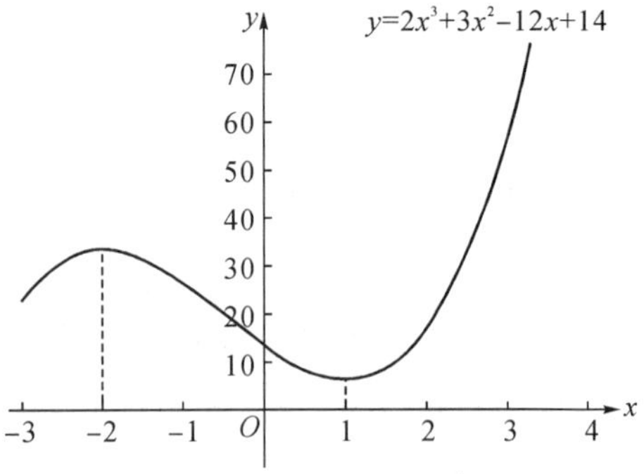

图 4-4

例 5 某房地产公司有 50 套公寓要出租,当租金定为每月 180 元时,公寓会全部租出去. 当租金每月增加 10 元时,就有一套公寓租不出去,而租出去的房子每月需花费 20 元的整修维护费. 试问房租定为多少可获得最大收入?

解 设房租为每月 x 元,租出去的房子有 $50-\left(\dfrac{x-180}{10}\right)$ 套, 每月总收入为

$$R(x)=(x-20)\left(50-\frac{x-180}{10}\right),$$

化简得:

$$R(x)=(x-20)\left(68-\frac{x}{10}\right).$$

对 $R(x)$求导,得:

$$R'(x)=\left(68-\frac{x}{10}\right)+(x-20)\left(-\frac{1}{10}\right)=70-\frac{x}{5},$$

解方程 $R'(x)=0$,得:$x=350$(唯一驻点),

故每月每套租金为 350 元时收入最高.

最大收入为 $R(x)=(350-20)\left(68-\dfrac{350}{10}\right)=10890$(元).

在实际问题中,如果函数 $f(x)$在某区间内有唯一的驻点 x_0,而且从实际问题本身又可知道 $f(x)$在该区间内必定有最大值或最小值, 则 x_0 就是 $f(x)$的最大值点或最小值点.

三、函数图像描绘

中学数学学习了应用描点法描绘一些简单函数的图像. 但是,描点法有缺陷. 因为描点法所选取的点不可能很多,而一些关键性的点(如极值点、拐点等)可能漏掉,曲线的单调性、凸性等一些重要的形态也没有掌握. 因此,用描点法所描绘的函数图像常常与真实的函数图像相差很多. 现在,我们掌握了应用导数讨论函数的单调性、极值性、凸性、拐点等方法,从而就能比较准确地描绘函数的图像. 一般来说,描绘函数的图像可按下列步骤进行:

(1) 确定函数 $y=f(x)$ 的定义域.

(2) 考察函数 $y=f(x)$ 是否具有某些特性(奇偶性、周期性).

(3) 考察函数 $y=f(x)$ 是否有垂直渐近线、斜渐近线(包括水平渐近线);如果有渐近线,将渐近线求出来.

(4) 求出函数 $y=f(x)$ 的单调区间、极值,列表.

(5) 求出函数 $y=f(x)$ 的下凸和上凸的区间和拐点,列表.

(6) 确定一些特殊点,如曲线 $y=f(x)$ 与坐标轴的交点,以及容易计算函数值 $f(x)$的一些点$(x, f(x))$.

在直角坐标系中,首先标明所有关键性点的坐标,画出渐近线,其次按照曲线的性态逐段描绘.

例 6 描绘函数 $f(x)=x^3-x^2-x+1$ 的图像.

解 定义域为$(-\infty, +\infty)$. 无奇偶性与周期性.

令 $f'(x)=0$,解得驻点 $x=-\dfrac{1}{3}$, $x=1$.

代入函数得:极大值点 $f\left(-\dfrac{1}{3}\right)=\dfrac{32}{27}$,极小值点 $f(1)=0$.

令 $f''(x)=0$,解得拐点 $x=\dfrac{1}{3}$.

解得 $f\left(\dfrac{1}{3}\right)=\dfrac{5}{9}$.

将定义域分成四个区间:$\left(-\infty, -\dfrac{1}{3}\right)$, $\left(-\dfrac{1}{3}, \dfrac{1}{3}\right)$, $\left(\dfrac{1}{3}, 1\right)$, $(1, +\infty)$. 列表确定函数升降区间、凹凸区间及极值点与拐点.

列表如下:

表 4-2

	$\left(-\infty, -\frac{1}{3}\right)$	$-\frac{1}{3}$	$\left(-\frac{1}{3}, \frac{1}{3}\right)$	$\frac{1}{3}$	$\left(\frac{1}{3}, 1\right)$	1	$(1, +\infty)$
$f'(x)$	+	0	−	−	−	0	+
$f''(x)$	−	−	−		+	+	+
$f(x)$		极大点		拐点		极小点	

补充计算特殊点 $A(-1, 0)$, $B(0, 1)$, $C\left(\dfrac{3}{2}, \dfrac{5}{8}\right)$.

此函数的图像如图 4-5 所示.

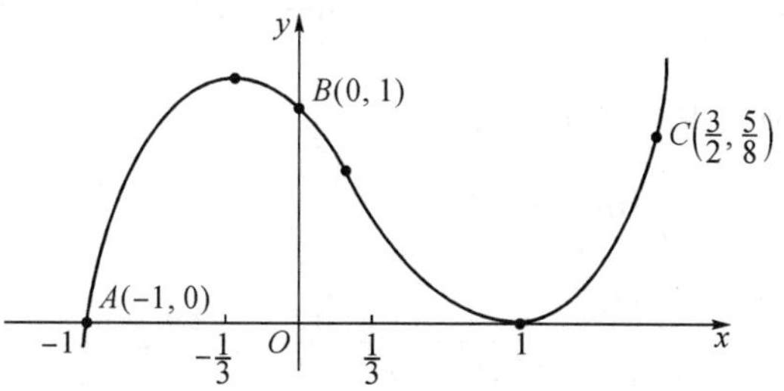

图 4-5

例 7 描绘函数 $f(x)=\dfrac{(x-3)^2}{4(x-1)}$ 的图像.

解 定义域是 $(-\infty,\ -1)\cup(1,\ +\infty)$.

显然有 $\lim\limits_{x\to1^-}f(x)=-\infty$，$\lim\limits_{x\to1^+}f(x)=+\infty$，$\lim\limits_{x\to\infty}\left[f(x)-\dfrac{x-5}{4}\right]=0$，

所以，函数有垂直渐近线 $x=1$ 与斜渐近线 $x-4y=5$.

$$f'(x)=\frac{(x+1)(x-3)}{4(x-1)^2},\quad f(x)''=\frac{2}{(x-1)^3}.$$

令 $f'(x)=0$，解得驻点 $x=-1$ 与 $x=3$，

将定义域分成四个区间：$(-\infty,\ -1)$，$(-1,\ 1)$，$(1,\ 3)$，$(3,\ +\infty)$.

令 $f''(x)=0$ 无解，即没有拐点.

列表如下：

表 4-3

	$(-\infty,\ -1)$	-1	$(-1,\ 1)$	1	$(1,\ 3)$	3	$(3,\ +\infty)$
$f'(x)$	$+$	0	$-$	∞	$-$	0	$+$
$f''(x)$	$-$	$-$	$-$		$+$		$+$
$f(x)$		极大点		渐近线		极小点	

$x=-1$ 是极大点，极大值是 -2；$x=3$ 是极小点，极小值是 0；补充计算特殊点 $f(0)=-\dfrac{9}{4}$，$f(2)=\dfrac{1}{4}$.

此函数的图像如图 4-6 所示.

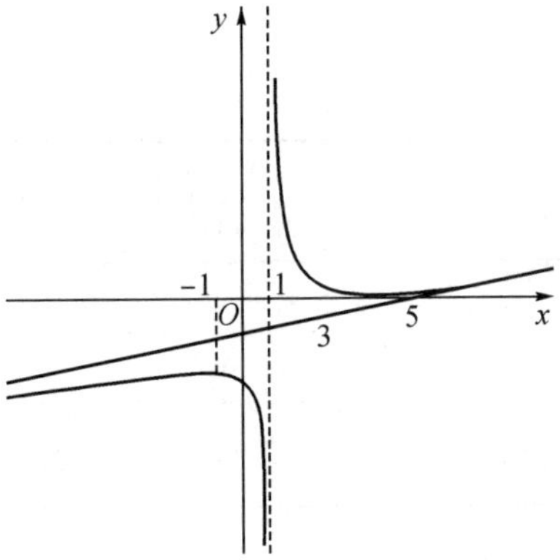

图 4-6

例 8 描绘函数 $y=(1+x)^{\frac{1}{x}}$ 的图像.

解 当 $x>-1$，$x\neq0$ 有定义，且 $y>0$，在该区域有定义，函数 $y=(1+x)^{\frac{1}{x}}$ 在定义域 $(-1,\ 0)\cup(0,\ +\infty)$ 是连续的.

因为 $\lim\limits_{x\to0}=(1+x)^{\frac{1}{x}}=e$，所以 $x=0$ 是可去不连续点. 又

$$\lim_{x\to-1^+}=(1+x)^{\frac{1}{x}}=+\infty,\quad \lim_{x\to+\infty}=(1+x)^{\frac{1}{x}}=1,$$

可知 $y=1$，$x=-1$ 分别是曲线的渐近线.

求函数的一阶导数 $\ln y=\dfrac{1}{x}\ln(1+x)$，

$$\frac{y'}{y}=\frac{1}{x(1+x)}-\frac{\ln(1+x)}{x^2},$$

即

$$y' = y\left[\frac{1}{x(1+x)} - \frac{\ln(1+x)}{x^2}\right], -1 < x < 0,\ 0 < x < +\infty.$$

当 $x > 0$ 时，有不等式

$$\frac{1}{1+x} < \ln(1+x) < x.$$

此不等式当 $-1 < x < 0$ 时也成立. 从而

$$y' = y\left[\frac{1}{x(1+x)} - \frac{\ln(1+x)}{x^2}\right] < y\left[\frac{1}{x(1+x)} - \frac{x}{x^2+x^3}\right] = 0.$$

因此，此函数在定义域内严格递减.

再求二阶导数

$$y'' = y\left\{\left[\frac{1}{x(1+x)} - \frac{\ln(1+x)}{x^2}\right]^2 + \frac{1}{x^3}\left[2\ln(1+x) - \frac{2x+3x^2}{(1+x)^2}\right]\right\}$$

等式右端第一项是正的，再考察函数

$$\varphi(x) = 2\ln(1+x) - \frac{2x+3x^2}{(1+x)^2}.$$

$\varphi'(x) = \dfrac{2x^2}{(1+x)^3} > 0,\ -1 < x < +\infty$，且 $\varphi(0) = 0$，故当 $-1 < x < 0$，$\varphi(x) < 0$，而当 $0 < x < +\infty$ 时，$\varphi(x) > 0$. 因此 $-1 < x < 0$，$0 < x < +\infty$ 时，$\dfrac{1}{x^3}\varphi(x) > 0$，即 $y'' > 0$，故函数是下凸的，且没有拐点.

列表如下：

表 4-4

	$(-1, 0)$	0	$(0, +\infty)$
y'	—	$(0, e)$	—
y''	+	是可去间断点	+
y	↘(下凸)		↘(下凸)

此函数 $y = (1+x)^{\frac{1}{x}}$ 的图像如图 4-7 所示.

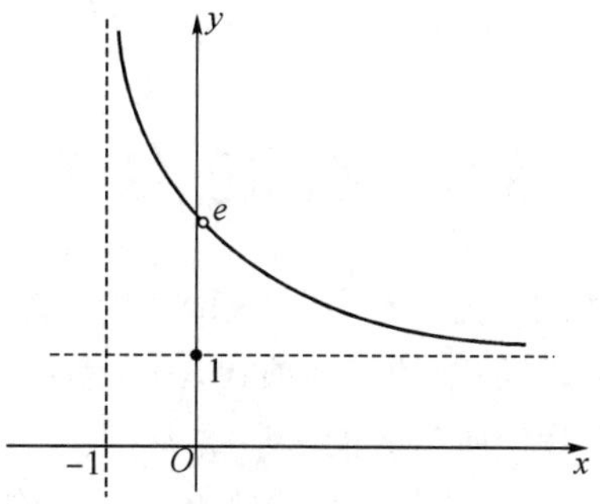

图 4-7

习题 3-4

1. 求下列函数的极值：

(1) $f(x)=x^3-12x$；　　(2) $f(x)=x^2e^{-x}$；

(3) $f(x)=\dfrac{2x}{x^2+1}-2$；　　(4) $f(x)=x+\tan x$；

(5) $f(x)=x^{\frac{1}{x}}$；　　(6) $f(x)=(x-1)\cdot\sqrt[3]{x^2}$；

(7) $f(x)=\sqrt[3]{x^2}(x-5)$；　　(8) $f(x)=|x^2-x-6|$.

2. 求下列函数最值：

(1) $y=\dfrac{x-1}{x+1}$, $0\leqslant x\leqslant 4$；　　(2) $y=|x^2-3x+2|$, $-10\leqslant x\leqslant 10$；

(3) $y=x^2-\dfrac{54}{x}$, $x<0$；　　(4) $y=\dfrac{x}{x^2+1}$, $0\leqslant x<+\infty$.

3. 描绘下列函数的图形：

(1) $y=\dfrac{x}{x^2+1}$；　　(2) $y=x^3+\dfrac{3}{x}$；

(3) $y=1+\dfrac{36x}{(x+3)^2}$.

4. 设某企业每季度生产某种产品 q 个单位时，总成本函数为 $C(q)=aq^3-bq^2+cq$ $(a>0, b>0, c>0)$，试求产量多少时平均成本最小？并求最小平均成本.

5. 某厂生产服装，每天固定开支为 500 元，每件服装还要花销 9 元. 已知需求函数 $p=30-0.2\sqrt{q}$，其中 p 为每件衣服的单价，q 为每天卖出衣服的件数. 假设产量等于销量，问每件衣服以多少价格出售才能获利最大？并求最大利润.

6. 某厂每年需要某种材料 3000千克，该厂对该种原料的消耗是均匀的(即库存量是批量的一半). 已知这种材料每千克库存费为 2 元，每次订货费为 30 元，试求最经济的订货批量和全年订购次数.

7. 一个正圆锥内接于半径为 R 的球，问圆锥的高 h 和底半径 r 各为多少时，其体积最大？

8. 已知 $f(x)=ax^3+bx^2+cx$ $(a\neq 0)$ 在 $x=\pm 1$ 时取得极值，且 $f(1)=-1$.

(1) 试求常数 a, b, c 的值；

(2) 试判断 $x=\pm 1$ 是函数的极小值还是极大值，并说明理由.

9. 已知函数 $y=f(x)$ 对一切 x 满足方程 $xf''(x)+3x[f'(x)]^2=1-e^{-x}$，若 $f(x)$ 在某一点 $x_0\neq 0$ 处有极值，试问它是极大值还是极小值？并证明之.

*§5 泰勒公式

不论在近似计算或理论分析中，我们希望用一个简单的函数来近似一个比较复杂的函数，这将带来很大的方便. 一般来说，最简单的是多项式，因为多项式是关于变量加、减、乘的运算. 但是，怎样从一个函数本身得出我们所需要的多项式呢？

在无穷小比较一节中，我们知道，当 $|x|$ 很小时，有如下近似等式：

$$\sin x \approx x, \quad \cos x \approx 1-\frac{1}{2}x^2, \quad \ln(1+x) \approx x \text{ 等.}$$

这是因为,如果函数 f 在点 x_0 可导,则有

$$f(x)=f(x_0)+f'(x_0)(x-x_0)+o(x-x_0),$$

即在 x_0 附近,用一次多项式 $p_1(x)=f(x_0)+f'(x_0)(x-x_0)$ 逼近函数 $f(x)$ 时,其误差为 $o(x-x_0)$.

然而,这种近似表达式存在不足之处:首先是精度不高,它所产生的误差仅仅是关于 x 的高阶无穷小;其次,用它来作近似计算时,不能具体算出误差的大小. 因此,在很大的场合,往往需要用二次或高于二次的多项式去逼近,并要求误差为 $o(x-x_0)^n$,其中 n 为多项式次数.

为此,我们试找关于$(x-x_0)$的 n 次多项式

$$p_n(x)=a_0+a_1(x-x_0)+\cdots+a_n(x-x_0)^n$$

来近似表达 $f(x)$,要求 $p_n(x)$与 $f(x)$之差是比$(x-x_0)^n$ 高阶的无穷小.

比较 $p_n(x)$与 $f(x)$,假设 $p_n(x)$在 x_0 处的函数值及它的直到 n 阶导数在 x_0 处的值依次与 $f(x_0)$, $f'(x_0)$, $f''(x_0)$, …, $f^{(n)}(x_0)$相等,即:

$$p_n(x_0)=f(x_0),\ p'_n(x_0)=f'(x_0),\ p''_n(x_0)=f''(x_0),\ \cdots,\ p_n^{(n)}(x_0)=f^{(n)}(x_0),$$

比较系数,易得:

$$a_0=p_n(x_0),\ a_1=\frac{p'_n(x_0)}{1!},\ a_2=\frac{p''_n(x_0)}{2!},\ \cdots,\ a_n=\frac{p_n^{(n)}(x_0)}{n!}.$$

将求得系数 a_0, a_1, a_2, …, a_n 代入 $p_n(x)$,得:

$$p_n(x)=f(x_0)+\frac{f'(x_0)}{1!}(x-x_0)+\cdots+\frac{f^{(n)}(x_0)}{n!}(x-x_0)^n+o((x-x_0)^n).$$

一、带有 Lagrange 型余项的 Taylor 公式

定理 5.1(泰勒(Taylor)中值定理)　若函数 f 在$[a, b]$上存在直到 n 阶的连续导函数,在(a, b)内存在 $n+1$ 阶导函数,则对任意给定的 x, $x_0\in[a, b]$,至少存在一点 $\xi\in(x_0, x)$,使得:

$$f(x)=f(x_0)+\frac{f'(x_0)}{1!}(x-x_0)+\cdots+\frac{f^{(n)}(x_0)}{n!}(x-x_0)^n+R_n(x),$$

其中,$R_n(x)=\dfrac{f^{(n+1)}(\xi)}{(n+1)!}(x-x_0)^{n+1}$.

证　记 $R_n(x)=f(x)-p_n(x)$,只需证明 $R_n(x)=\dfrac{f^{(n+1)}(\xi)}{(n+1)!}(x-x_0)^{n+1}$,

记 $Q_n(x)=(x-x_0)^{n+1}$,不妨设 $x_0<x$,则 $R_n(x)$, $Q_n(x)$,在$[x_0, b]$上有直到 n 阶的连续导数,在(x_0, b) 内存在 $n+1$ 阶导数, 又因为

$$R_n(x_0)=R'_n(x_0)=\cdots=R_n^{(n)}(x_0)=0,$$

$$Q_n(x_0)=Q'_n(x_0)=\cdots=R_n^{(n)}(x_0)=0.$$

故在区间$[x_0, x]$上连续运用 Cauchy 中值定理 $n+1$ 次,就有

$$\begin{aligned}\frac{R_n(x)}{Q_n(x)}&=\frac{R_n(x)-R_n(x_0)}{Q_n(x)-Q_n(x_0)}=\frac{R'_n(\xi_1)}{Q'_n(\xi_1)}=\frac{R'_n(\xi)-R'_n(x_0)}{Q'_n(\xi)-Q'_n(x_0)}\\&=\frac{R''_n(\xi_2)}{Q''_n(\xi_2)}=\cdots=\frac{R_n^{(n)}(\xi_n)-R_n^{(n)}(x_0)}{Q_n^{(n)}(\xi_n)-Q_n^{(n)}(x_0)}=\frac{R_n^{(n+1)}(\xi)}{Q_n^{(n+1)}(\xi)},\end{aligned}$$

其中,$x_0<\xi<\xi_n<\xi_{n-1}<\cdots<\xi_1<x$, $R_n^{(n+1)}(\xi)=f^{(n+1)}(\xi)$, $Q_n^{(n+1)}(\xi)=(n+1)!$,从而得到

$$R_n(x)=\frac{f^{(n+1)}(\xi)}{(n+1)!}(x-x_0)^{n+1}, \xi \text{ 介于 } x_0 \text{ 与 } x \text{ 之间}.$$

注 (1) 当 $n=1$ 时,泰勒公式即为拉格朗日公式,所以泰勒定理可以看作拉格朗日定理向高阶导数方向的推广;

(2) 当 $x_0=0$ 时,则变为带拉格朗日型余项的麦克劳林公式(Maclaurin)

$$f(x)=f(0)+\frac{f'(0)}{1!}x+\cdots+\frac{f^{(n)}(0)}{n!}x^n+\frac{f^{(n+1)}(\theta x)}{(n+1)!}x^{n+1}, \theta\in(0, 1).$$

称这种形式的余项 $R_n(x)$为 Lagrange 型余项,并称带有这种形式余项的 Taylor 公式为具拉格朗日(Lagrange)型余项的 Taylor 公式. Lagrange 型余项还可写为

$$R_n(x)=\frac{f^{(n+1)}(a+\theta(x-a))}{(n+1)!}(x-a)^{n+1}, \theta\in(0, 1).$$

$a=0$ 时,称上述 Taylor 公式为麦克劳林公式,此时余项常写为

$$R_n(x)=\frac{1}{(n+1)!}f^{(n+1)}(\theta x)x^{n+1}, 0<\theta<1.$$

在不需要余项的精确表达式时,n 阶泰勒公式还可以有下面形式:

二、带有皮亚诺余项的泰勒公式

定理 5.2 若函数 f 在含有点 x_0 的某个开区间(a, b)内存在直至 n 阶导数,则对任意$x\in(a, b)$,有

$$f(x)=f(x_0)+\frac{f'(x_0)}{1!}(x-x_0)+\cdots+\frac{f^{(n)}(x_0)}{n!}(x-x_0)^n+o((x-x_0)^n).$$

证 设 $R_n(x)=f(x)-p_n(x)$, $G(x)=(x-a)^n$. 应用 L'Hospital 法则 $n-1$ 次,并注意到 $f^{(n)}(a)$ 存在,就有

$$\begin{aligned}\lim_{x\to a}\frac{R_n(x)}{G(x)}&\overset{\frac{0}{0}}{=}\lim_{x\to a}\frac{R_n^{(n-1)}(x)}{G^{(n-1)}(x)}=\lim_{x\to a}\frac{f^{(n-1)}(x)-f^{(n-1)}(a)-f^{(n)}(a)(x-a)}{n(n-1)\cdots 2(x-a)}\\&=\frac{1}{n!}\lim_{x\to a}\left(\frac{f^{(n-1)}(x)-f^{(n-1)}(a)}{x-a}-f^{(n)}(a)\right)=0.\end{aligned}$$

称 $R_n(x)=o((x-x_0)^n)$ 为泰勒公式的皮亚诺(Peano)型余项，相应的麦克劳林公式的皮亚诺型余项为 $R_n(x)=o(x^n)$，并称带有这种形式余项的泰勒公式为具有皮亚诺型余项的Taylor 公式(或 Maclaurin 公式).

注　(1) 满足条件 $f(x)=P_n(x)+0((x-x_0)^n)$ 的 n 次逼近多项式 $p_n(x)$ 是唯一的. 由此可知，当 f 满足定理 5.1 的条件时，满足要求 $f(x)=P_n(x)+o((x-x_0)^n)$ 的多项式 $p_n(x)$ 一定是 f 在 x_0 点的泰勒多项式；

(2) 泰勒公式 $x_0=0$ 的特殊情形——麦克劳林公式为：

$$f(x)=f(0)+\frac{f'(0)}{1!}x+\cdots+\frac{f^{(n)}(0)}{n!}x^n+o(x^n).$$

例 1　写出 $f(x)=\mathrm{e}^x$ 的带有拉格朗日余项的麦克劳林公式.

解　$\mathrm{e}^x=1+\frac{x}{1!}+\frac{x^2}{2!}+\cdots+\frac{x^n}{n!}+\frac{\mathrm{e}^{\theta x}}{(n+1)!}x^{n+1}$，$0<\theta<1$.

例 2　写出 $f(x)=\sin x$ 的带有拉格朗日余项的麦克劳林公式.

解　$\sin x=x-\frac{x^3}{3!}+\frac{x^5}{5!}-\cdots+(-1)^{m-1}\frac{x^{2m-1}}{(2m-1)!}+R_{2m}(x)$，

$$R_{2m}(x)=\frac{x^{2m+1}}{(2m+1)!}\sin(\theta x+\left(m+\frac{1}{2}\right)\pi),\ 0<\theta<1.$$

例 3　求函数 $f(x)=\ln(1+x)$ 的具有皮亚诺型余项的麦克劳林公式.

解　$f^{(n)}(x)=(-1)^{n-1}\frac{(n-1)!}{(1+x)^n}$，$f^{(n)}(0)=(-1)^{n-1}(n-1)!$.

$$\ln(1+x)=x-\frac{x^2}{2}+\frac{x^3}{3}-\cdots+(-1)^{n-1}\frac{x^n}{n}+o(x^n).$$

利用已知的展开式，施行代数运算或变量代换，求新的展开式.

例 4　把函数 $f(x)=\cos^2 x$ 展开成含 x^6 项的具有皮亚诺型余项的麦克劳林公式.

解　由：$\sin x=x-\frac{x^3}{3!}+\frac{x^5}{5!}+\cdots+(-1)^{n-1}\frac{x^{2n-1}}{(2n-1)!}+o(x^{2n-1})$，

求导得：
$$\cos x=1-\frac{x^2}{2!}+\frac{x^4}{4!}+\cdots+(-1)^n\frac{x^{2n}}{(2n)!}+o(x^{2n}),$$

所以
$$\cos x=1-\frac{x^2}{2!}+\frac{x^4}{4!}-\frac{x^6}{6!}+o(x^6),$$

$$\cos 2x=1-2x^2+\frac{4x^4}{3!}-\frac{2^6x^6}{6!}+o(x^6),$$

所以
$$\cos^2 x=\frac{1}{2}(1+\cos 2x)=1-x^2+\frac{2x^4}{3!}-\frac{2^5x^6}{6!}+o(x^6).$$

例 5　先把函数 $f(x)=\frac{1}{1+x}$ 展开成具有皮亚诺型余项的麦克劳林公式.

利用得到的展开式，把函数 $g(x)=\frac{1}{3+5x}$ 在点 $x_0=2$ 展开成具有皮亚诺型余项的泰勒公式.

解 $f^{(n)}=\dfrac{(-1)^n n!}{(1+x)^{n+1}}$，$f^{(n)}(0)=(-1)^n n!$.

$$f(x)=1-x+x^2-x^3+\cdots+(-1)^n x^n+o(x^n);$$

$$g(x)=\frac{1}{3+5x}=\frac{1}{13+5(x-2)}=\frac{1}{13}\frac{1}{1+\dfrac{5(x-2)}{13}}$$

$$=\frac{1}{13}\left(1-\frac{5}{13}(x-2)+\left(\frac{5}{13}\right)^2(x-2)^2-\cdots+(-1)^n\left(\frac{5}{13}\right)^n(x-2)^n\right)+o((x-2)^n).$$

三、常见的麦克劳林公式

1. 带皮亚诺余项的麦克劳林公式

$$e^x=1+x+\frac{x^2}{2!}+\cdots+\frac{x^n}{n!}+o(x^n);$$

$$\sin x=x-\frac{x^3}{3!}+\frac{x^5}{5!}+\cdots+(-1)^{m-1}\frac{x^{2m-1}}{(2m-1)!}+o(x^{2m});$$

$$\cos x=1-\frac{x^2}{2!}+\frac{x^4}{4!}+\cdots+(-1)^m\frac{x^{2m}}{(2m)!}+o(x^{2m+1});$$

$$\ln(1+x)=x-\frac{x^2}{2}+\frac{x^3}{3}+\cdots+(-1)^{n-1}\frac{x^n}{n}+o(x^n);$$

$$(1+x)^\alpha=1+\alpha x+\frac{\alpha(\alpha-1)}{2!}x^2+\cdots+\frac{\alpha(\alpha-1)\cdots(\alpha-n+1)}{n!}+o(x^n);$$

$$\frac{1}{1-x}=1+x+x^2+\cdots+x^n+o(x^n).$$

2. 带拉格朗日型余项的麦克劳林公式

$$e^x=1+x+\frac{x^2}{2!}+\cdots+\frac{x^n}{n!}+\frac{e^{\theta x}}{(n+1)!}x^{n+1},\ x\in\mathbf{R},\ \theta\in(0,1);$$

$$\sin x=x-\frac{x^3}{3!}+\frac{x^5}{5!}+\cdots+(-1)^{m-1}\frac{x^{2m-1}}{(2m-1)!}+(-1)^m\frac{\cos\theta x}{(2m+1)!}x^{2m+1},$$
$$x\in\mathbf{R},\ \theta\in(0,1);$$

$$\cos x=1-\frac{x^2}{2!}+\frac{x^4}{4!}+\cdots+(-1)^m\frac{x^{2m}}{(2m)!}+(-1)^{m+1}\frac{\cos\theta x}{(2m+2)!}x^{2m+2},$$
$$x\in\mathbf{R},\ \theta\in(0,1);$$

$$\ln(1+x)=x-\frac{x^2}{2}+\frac{x^3}{3}+\cdots+(-1)^{n-1}\frac{x^n}{n}+(-1)^n\frac{x^{n+1}}{(n+1)(1+\theta x)^{n+1}},$$
$$x>-1,\ \theta\in(0,1);$$

$$(1+x)^\alpha=1+\alpha x+\frac{\alpha(\alpha-1)}{2!}x^2+\cdots+\frac{\alpha(\alpha-1)\cdots(\alpha-n+1)}{n!}x^n$$
$$+\frac{\alpha(\alpha-1)\cdots(\alpha-n)}{n!}(1+\theta x)^{\alpha-n-1}x^{n+1},\ x>-1,\ \theta\in(0,1);$$

$$\frac{1}{1-x}=1+x+x^2+\cdots+x^n+\frac{x^{n+1}}{(1-\theta x)^{n+2}},\ x<1,\ \theta\in(0,1).$$

四、常见的麦克劳林公式应用

例 6 证明 e 是无理数.

证 把 e^x 展开成具有拉格朗日型余项的麦克劳林公式,有:

$$e=1+1+\frac{1}{2!}+\frac{1}{3!}+\cdots+\frac{1}{n!}+\frac{e^{\xi}}{(n+1)!},\ 0<\xi<1.$$

反设 e 是有理数,即 $e=\frac{p}{q}$(p 和 q 为整数),就有 $n!\ e=$ 整数 $+\frac{e^{\xi}}{n+1}$. 对 $\forall n>q$, $n!\ e=n!\ \cdot\frac{p}{q}$ 也是整数. 于是$\frac{e^{\xi}}{n+1}$等于 $n!\ \cdot\frac{p}{q}$ 减去一个整数,仍为整数. 但由 $0<\xi<1$, $\Rightarrow 0<e^{\xi}<e<3$, 因而当 $n>3$ 时,$\frac{e^{\xi}}{n+1}$ 不可能是整数. 矛盾.

例 7 求 e 精确到 0.000001 的近似值.

解 $e=1+1+\frac{1}{2!}+\frac{1}{3!}+\cdots+\frac{1}{n!}+\frac{e^{\xi}}{(n+1)!},\ 0<\xi<1.$

注意到 $0<\xi<1$, $\Rightarrow 0<e^{\xi}<e<3$, 有 $|R_n(1)|\leqslant\frac{3}{(n+1)!}$. 为使$\frac{3}{(n+1)!}<0.000001$, 只要取 $n\geqslant 9$. 现取 $n=9$, 即得数 e 的精确到 0.000001 的近似值为

$$e\approx 1+1+\frac{1}{2!}+\frac{1}{3!}+\cdots+\frac{1}{9!}\approx 2.718281.$$

例 8 求极限 $\lim\limits_{x\to 0}\frac{a^x+a^{-x}-2}{x^2}\quad(a>0)$.

解 $a^x=e^{x\ln a}=1+x\ln a+\frac{x^2}{2}\ln^2 a+o(x^2)$,

$a^{-x}=1-x\ln a+\frac{x^2}{2}\ln^2 a+o(x^2)$,

$a^x+a^{-x}-2=x^2\ln^2 a+o(x^2)$,

所以
$$\lim_{x\to 0}\frac{a^x+a^{-x}-2}{x^2}=\lim_{x\to 0}\frac{x^2\ln^2 a+o(x^2)}{x^2}=\ln^2 a.$$

例 9 求极限 $\lim\limits_{x\to 0}\frac{1}{x}\left(\frac{1}{x}-\cot x\right)$.

解
$$\begin{aligned}\lim_{x\to 0}\frac{1}{x}\left(\frac{1}{x}-\cot x\right)&=\lim_{x\to 0}\frac{1}{x}\,\frac{\sin x-x\cos x}{x\sin x}\\&=\lim_{x\to 0}\frac{x-\frac{x^3}{3!}+o(x^3)-x\left[1-\frac{x^2}{2!}+o(x^2)\right]}{x^3}\\&=\lim_{x\to 0}\frac{\left(\frac{1}{2!}-\frac{1}{3!}\right)x^3+o(x^3)}{x^3}=\frac{1}{3}.\end{aligned}$$

例 10 设 $f(x)$在$[a,b]$上二阶可导,且 $f'(a)=f'(b)=0$,则存在 $\xi\in(a,b)$,使得

$|f''(\xi)| \geqslant \frac{4}{(b-a)^2}|f(b)-f(a)|$.

证 $\forall x \in (a, b)$,将函数 $f(x)$ 在点 a 与点 b 处泰勒展开:

$$f(x)=f(a)+f'(a)(x-a)+\frac{f''(\xi_1)}{2!}(x-a)^2,\ a<\xi_1<x,$$

$$f(x)=f(b)+f'(b)(x-b)+\frac{f''(\xi_2)}{2!}(x-b)^2,\ x<\xi_2<b.$$

令 $x=\frac{a+b}{2}$,代入得:

$$f\left(\frac{a+b}{2}\right)=f(a)+\frac{f''(\xi_1)}{2!}\frac{(b-a)^2}{4},\ f\left(\frac{a+b}{2}\right)=f(b)+\frac{f''(\xi_2)}{2!}\frac{(b-a)^2}{4},$$

上述二项相减,移项并取绝对值,得

$$|f(b)-f(a)|=\frac{(b-a)^2}{4}\left|\frac{f''(\xi_2)-f''(\xi_1)}{2}\right|$$

$$\leqslant\frac{(b-a)^2}{4}\frac{|f''(\xi_2)|+|f''(\xi_1)|}{2}\leqslant\frac{(b-a)^2}{4}|f''(\xi)|,$$

其中,$|f''(\xi)|=\max\{|f''(\xi_1)|, |f''(\xi_2)|\}$,取 $|f''(\xi)| \geqslant \frac{4}{(b-a)^2}|f(b)-f(a)|$.

习题 3-5

1. 求函数 $f(x)=\sqrt{x}$ 按 $x-1$ 的幂展开的带有皮亚诺余项的 n 阶泰勒公式.
2. 求函数 $f(x)=\ln x$ 按 $x-2$ 的幂展开的带有皮亚诺余项的 n 阶泰勒公式.
3. 求函数 $f(x)=\frac{1}{x}$ 按 $x-1$ 的幂展开的带有皮亚诺余项的 n 阶泰勒公式.
4. 求函数 $f(x)=\tan x$ 的带有皮亚诺余项的 n 阶麦克劳林公式.
5. 求函数 $f(x)=2^x$ 的带有皮亚诺余项的 n 阶麦克劳林公式.
6. 利用泰勒公式求下列函数极限:

(1) $\lim\limits_{x\to 0}\frac{\cos x-e^{-\frac{x^2}{2}}}{x^4}$;　　(2) $\lim\limits_{x\to 0}\frac{e^x-1-x-\frac{x}{2}\sin x}{\sin x-x\cos x}$;

(3) $\lim\limits_{x\to 0}\frac{\sin x-x\cos x}{\sin^3 x}$;　　(4) $\lim\limits_{x\to 0}\frac{x^2+2-2\sqrt{1+x^2}}{x^2(\cos x-e^{x^2})}$.

7. 设 $f(x)$ 在$[a, +\infty)$上二阶可导,且 $f(a)>0$, $f'(a)<0$,对 $x\in(a, +\infty)$, $f''\leqslant 0$,证明:$f(x)=0$ 在$(a, +\infty)$内存在唯一实根.

8. 设 $f(x)$ 在$[0, 1]$上二阶可导,$f(0)=0$, $f(1)=1$,且 $f'(0)=f'(1)=0$,试证在$(0, 1)$内至少存在一点 ξ,使得 $|f''(\xi)|\geqslant 4$.

习题三

1. 选择题

(1) 罗尔定理中的三个条件：$f(x)$在$[a, b]$上连续，在(a, b)内可导，且$f(a)=f(b)$，是$f(x)$在(a, b)内至少存在一点ξ，使$f'(\xi)=0$成立的(　　).

A. 必要条件　　B. 充分条件

C. 充要条件　　D. 既非充分也非必要条件

(2) $f(x)$ 在$(-\infty, +\infty)$ 内可导，且 $\forall x_1, x_2$，当 $x_1 > x_2$ 时，$f(x_1) > f(x_2)$，则(　　).

A. 任意 x，$f'(x) > 0$　　B. 任意 x，$f'(-x) \leqslant 0$

C. $f(-x)$单调递增　　D. $-f(-x)$单调递增

(3) 设函数 $f(x)$在$[0, 1]$上二阶导数大于0，则下列关系式成立的是(　　).

A. $f'(1) > f'(0) > f(1) - f(0)$　　B. $f'(1) > f(1) - f(0) > f'(0)$

C. $f(1) - f(0) > f'(1) > f'(0)$　　D. $f'(1) > f(0) - f(1) > f'(0)$

(4) 设$f(x)$在$(-\infty, +\infty)$内有二阶导数，$f'(x_0)=0$，问$f(x)$还要满足以下哪个条件，则$f(x_0)$必是$f(x)$的最大值？(　　).

A. $x=x_0$ 是 $f(x)$ 的唯一驻点　　B. $x=x_0$ 是 $f(x)$ 的极大值点

C. $f''(x)$在$(-\infty, +\infty)$内恒为负　　D. $f''(x)$不为零

(5) 已知 $f(x)$ 对任意 $y=f(x)$ 满足 $xf''(x)+3x[f'(x)]^2=1-e^{-x}$，若 $f'(x_0)=0$ $(x_0 \neq 0)$，则(　　).

A. $f(x_0)$为 $f(x)$的极大值　　B. $f(x_0)$为 $f(x)$的极小值

C. $(x_0, f(x_0))$为拐点　　D. $f(x_0)$不是极值点，$(x_0, f(x_0))$不是拐点

(6) 若 $f(x)$在 x_0 至少二阶可导，且 $\lim\limits_{x \to x_0} \dfrac{f(x)-f(x_0)}{(x-x_0)^2}=-1$，则函数 $f(x)$在 x_0 处(　　).

A. 取得极大值　　B. 取得极小值

C. 无极值　　D. 不一定有极值

2. 求下列函数的极值点与极值：

(1) $y=x-2\sin x$；　　(2) $y=\ln(x^4-1)$；

(3) $y=\dfrac{(1-x)^3}{(3x-2)^2}$；　　(4) $y=\sqrt{2x-x^2}$；

(5) $y=\dfrac{x^2}{1+x}$；　　(6) $y=x+\sqrt{1-x^2}$.

3. 求下列函数的渐近线：

(1) $y=\dfrac{1}{x-1}+2$；　　(2) $y=\dfrac{x^3}{x^2+2x-3}$；

(3) $y=1+\dfrac{36x}{(x+3)^2}$；　　(4) $f(x)=\dfrac{2(x-2)(x+3)}{x-1}$.

4. 证明多项式 $f(x)=x^4-4x+a$ 在$[0, 1]$上不可能有两个零点.

5. 试证明对函数 $y=px^2+qx+r$ 应用拉格朗日中值定理时求得的点 ξ 总是位于区间的正中间.

6. 证明方程 $1+x+\frac{x^2}{2}+\frac{x^3}{6}=0$ 有且仅有一个实根.

7. 证明下列不得等式：

(1) 当 $x>1$ 时，$e^x>e\cdot x$；

(2) 当 $0<x<\frac{\pi}{2}$ 时，$\sin x+\tan x>2x$；

(3) 当 $0<x<\pi$ 时，$\frac{\sin x}{x}>\cos x$；

(4) 当 $x>0$ 时，$1+x\ln(x+\sqrt{1+x^2})>\sqrt{1+x^2}$.

8. 利用函数的凹凸性，证明不等式

(1) $\frac{e^x+e^y}{2}>e^{\frac{x+y}{2}}\quad(x\neq y)$；

(2) $x\ln x+y\ln y>(x+y)\ln\frac{x+y}{2}\quad(x>0,\ y>0,\ x\neq y)$.

9. 试确定曲线 $y=ax^3+bx^2+cx+d$ 中的 a，b，c，d，使得 $x=-2$ 处曲线有水平切线，$(1,\ -10)$ 为拐点，且点 $(-2,\ 44)$ 在曲线上.

10. 欲用长 6 米的木料加工成一日字形窗框，问它的长和宽分别为多少时才能使窗框的面积最大？最大面积是多少？

11. 设 $f(x)$ 在 $[0,\ a]$ 上连续，在 $(0,\ a)$ 内可导，且 $f(a)=0$，证明存在一点 $\xi\in(0,\ a)$，使 $f(\xi)+\xi f'(\xi)=0$.

12. 设 $0<a<b$，函数 $f(x)$ 在 $[a,\ b]$ 上连续，在 $(a,\ b)$ 内可导，试利用柯西中值定理，证明存在一点 $\xi\in(a,\ b)$，使 $f(b)-f(a)=\xi f'(\xi)\ln\frac{b}{a}$.

第四章

不 定 积 分

在第二章中，我们讨论了如何求一个函数的导函数问题. 本章将讨论它的反问题：要找一个可导函数，使它的导函数等于已知函数. 这是微积分的基本问题之一. 这样的反问题出现在很多实际问题中. 例如，物理问题中，已知加速度求速度，已知速度求路程；经济分析中，已知产品的边际成本求总的成本函数；几何分析中，已知曲线上每一点处的切线斜率求曲线方程等. 本章将从原函数概念入手，介绍不定积分的概念与性质及计算方法等.

§1 不定积分的概念与性质

一、原函数与不定积分的概念

定义 1.1 如果在区间 I 上，可导函数 $F(x)$ 的导函数为 $f(x)$，即对任一 $x \in I$，都有

$$F'(x) = f(x) \text{ 或 } \mathrm{d}F(x) = f(x)\mathrm{d}x,$$

那么函数 $F(x)$ 就称为 $f(x)$ 在区间 I 上的一个原函数.

例如，因 $(\sin x)' = \cos x$，故 $\sin x$ 是 $\cos x$ 的一个原函数.

关于原函数，我们首先要问：一个函数具备什么条件，能保证它的原函数一定存在？这个问题将在下一章讨论，这里先介绍一个结论.

定理 1.1（原函数存在定理） 如果函数 $f(x)$ 在区间 I 上连续，那么在区间 I 上存在可导函数 $F(x)$，使得对任一 $x \in I$，都有

$$F'(x) = f(x).$$

简单地说就是：连续函数一定有原函数.

原函数有多少呢？若 $F(x)$ 为 $f(x)$ 的一个原函数，由于 $(F(x)+C)' = f(x)$（C 为任意常数），则 $F(x)+C$ 也是 $f(x)$ 的原函数. 这说明，如果 $f(x)$ 有一个原函数，那么它就有无限多个原函数.

如果 $F(x)$ 为 $f(x)$ 的一个原函数，那么 $f(x)$ 的其他原函数与 $F(x)$ 有什么关系？设 $G(x)$ 是 $f(x)$ 的另一个原函数，即对任一 $x \in I$，

$$G'(x)=f(x),$$

于是,由拉格朗日中值定理的推论可知,$G(x)$和$F(x)$仅相差一个常数,即$G(x)=F(x)+C$.

为此,我们有如下定义:

定义 1.2 在区间 I 上,函数 $f(x)$的带有任意常数项的原函数称为 $f(x)$在区间 I 上的不定积分,记作

$$\int f(x)\mathrm{d}x,$$

其中,记号$\int$称为积分号, $f(x)$称为被积函数,$f(x)\mathrm{d}x$ 称为被积表达式, x 称为积分变量.

由此可知,如果 $F(x)$是 $f(x)$在区间 I 上的一个原函数,那么 $F(x)+C$ 就是$f(x)$ 的不定积分, 即

$$\int f(x)\mathrm{d}x=F(x)+C.$$

例 1 求$\int x^3\mathrm{d}x$.

解 因为 $\left(\frac{x^4}{4}\right)'=x^3$,所以$\frac{x^4}{4}$ 是 x^3 的一个原函数. 故$\int x^3\mathrm{d}x=\frac{x^4}{4}+C$.

例 2 求$\int \mathrm{e}^x\mathrm{d}x$.

解 因为 $(\mathrm{e}^x)'=\mathrm{e}^x$,所以 e^x 为 e^x 的一个原函数. 故$\int \mathrm{e}^x\mathrm{d}x=\mathrm{e}^x+C$.

例 3 求$\int \frac{1}{x}\mathrm{d}x$.

解 当 $x>0$ 时,$(\ln x)'=\frac{1}{x}$. 又 $x<0$,即当 $-x>0$ 时,有$(\ln(-x))'=\frac{1}{x}$. 故 $\ln x$ 为$\frac{1}{x}$在$(0,+\infty)$上的一个原函数,$\ln(-x)$为$\frac{1}{x}$在$(-\infty,0)$上的一个原函数. 所以当$x\neq 0$时,$\ln|x|$为$\frac{1}{x}$ 的一个原函数. 从而$\int \frac{1}{x}\mathrm{d}x=\ln|x|+C\ (x\neq 0)$.

二、不定积分基本公式

依据不定积分的定义和导数的基本公式,可得到如下不定积分基本公式:

(1) $\int 0\mathrm{d}x=C$;

(2) $\int x^{\alpha}\mathrm{d}x=\frac{1}{\alpha+1}x^{\alpha+1}+C\quad(\alpha\neq -1)$;

(3) $\int \frac{1}{x}\mathrm{d}x=\ln|x|+C\quad(x\neq 0)$;

(4) $\int a^x\mathrm{d}x=\frac{1}{\ln a}a^x+C\quad(a>0,\ a\neq 1)$;

(5) $\int e^x dx = e^x + C$；

(6) $\int \sin x dx = -\cos x + C$；

(7) $\int \cos x dx = \sin x + C$；

(8) $\int \sec^2 x dx = \tan x + C$；

(9) $\int \csc^2 x dx = -\cot x + C$；

(10) $\int \sec x \tan x dx = \sec x + C$；

(11) $\int \csc x \cot x dx = -\csc x + C$；

(12) $\int \frac{1}{\sqrt{1-x^2}} dx = \arcsin x + C = -\arccos x + C$；

(13) $\int \frac{1}{1+x^2} dx = \arctan x + C = -\operatorname{arccot} x + C$.

例 4 求 $\int \sqrt{x} dx$.

解 由基本公式 2，有

$$\int \sqrt{x} dx = \int x^{\frac{1}{2}} dx = \frac{1}{\frac{1}{2}+1} x^{\frac{1}{2}+1} + C = \frac{2}{3} x^{\frac{3}{2}} + C.$$

例 5 已知物体在时刻 t 的运动速度为 t^2，且当 $t=0$ 时，$s=0$. 试求物体运动的运动方程 $s(t)$.

解 由已知条件可知 $v(t)=t^2$，故

$$s(t) = \int v(t) dt = \int t^2 dt = \frac{1}{3} t^3 + C,$$

而 $t=0$，$s=0$，故可得 $C=0$，所以 $s(t)=\frac{1}{3}t^3$.

例 6 设曲线通过点(1，2)，且其上任一点的切线斜率等于这点横坐标的两倍，求此曲线的方程.

解 设所求的曲线方程为 $y=f(x)$，由题设，曲线上任一点的切线斜率为

$$\frac{dy}{dx} = 2x,$$

即 $f(x)$是 $2x$ 的一个原函数. 从而曲线方程为 $f(x)=x^2+C$，又所求曲线通过点(1，2)，故 $C=1$. 于是所求曲线方程为 $y=x^2+1$.

函数 $f(x)$的原函数的图形称为 $f(x)$的**积分曲线**. 本例即是求函数 $2x$ 的通过点(1，2)的那条积分曲线. 显然，这条积分曲线可以由另一条积分曲线(例如 $y=x^2$)经 y 轴方向平移而得.

三、不定积分的性质

从不定积分的定义,即可知下述关系:

(1) $\dfrac{d}{dx}\left[\int f(x)dx\right]=f(x)$ 或 $d\left[\int f(x)dx\right]=f(x)dx$;

(2) $\int F'(x)dx=F(x)+C$ 或 $\int dF(x)=F(x)+C$.

由此可见,微分计算(以记号 d 表示)与求不定积分的运算(简称积分运算,以记号 $\int$ 表示)是互逆的. 当记号 $\int$ 和 d 在一起时,或者抵消,或者抵消后差一个常数.

根据不定积分的定义,可以推出如下两个性质:

性质 1 设函数 $f(x)$ 与 $g(x)$ 的原函数存在,则

$$\int[f(x)\pm g(x)]dx=\int f(x)dx\pm\int g(x)dx.$$

性质 2 设函数 $f(x)$的原函数存在,k 为非零常数,则

$$\int kf(x)dx=k\int f(x)dx.$$

例 7 求多项式函数 $p(x)=a_0x^n+a_1x^{n-1}+\cdots+a_{n-1}x+a_n$ 的不定积分.

解
$$\int p(x)dx=\int(a_0x^n+a_1x^{n-1}+\cdots+a_{n-1}x+a_n)dx$$
$$=\frac{a_0}{n+1}x^{n+1}+\frac{a_1}{n}x^n+\cdots+\frac{a_{n-1}}{2}x^2+a_nx+C.$$

例 8 求下列不定积分:

(1) $\int(e^x-\cos x+3\sqrt{x}-x+2020)dx$;

(2) $\int(1+\sqrt{x})\left(1+\dfrac{1}{\sqrt{x}}\right)dx$;

(3) $\int\dfrac{x^2}{1+x^2}dx$;

(4) $\int\dfrac{1+x+x^2}{3x(1+x^2)}dx$.

解 (1)
$$\int(e^x-\cos x+3\sqrt{x}-x+2020)dx$$
$$=\int e^xdx-\int\cos x\,dx+3\int\sqrt{x}\,dx-\int x\,dx+2020\int 1dx$$
$$=e^x-\sin x+3\cdot\frac{2}{3}x^{\frac{3}{2}}-\frac{x^2}{2}+2020x+C$$
$$=e^x-\sin x+2x\sqrt{x}-\frac{x^2}{2}+2020x+C.$$

(2)
$$\int(1+\sqrt{x})\left(1+\frac{1}{\sqrt{x}}\right)dx=\int\left(2+\sqrt{x}+\frac{1}{\sqrt{x}}\right)dx$$
$$=2x+\frac{2}{3}x^{\frac{3}{2}}+2\sqrt{x}+C=2x+\frac{2}{3}x\sqrt{x}+2\sqrt{x}+C.$$

(3)
$$\int\frac{x^2}{1+x^2}dx=\int\frac{(x^2+1)-1}{1+x^2}dx=\int\left(1-\frac{1}{1+x^2}\right)dx=x-\arctan x+C.$$

(4) $\int \frac{1+x+x^2}{3x(1+x^2)}dx = \int \frac{dx}{3x} + \int \frac{dx}{3(1+x^2)} = \frac{1}{3}\ln|x| + \frac{1}{3}\arctan x + C.$

例 9 求下列不定积分：

(1) $\int \frac{\cos 2x}{\sin^2 x \cos^2 x}dx$； (2) $\int \tan x(\tan x + \sec x)dx$.

解 (1) $\int \frac{\cos 2x}{\sin^2 x\cos^2 x}dx = \int \frac{\cos^2 x - \sin^2 x}{\sin^2 x\cos^2 x}dx$

$$= \int\left(\frac{1}{\sin^2 x} - \frac{1}{\cos^2 x}\right)dx = \int(\csc^2 x - \sec^2 x)dx$$

$$= -\cot x - \tan x + C.$$

(2) $\int \tan x(\tan x + \sec x)dx = \int(\tan^2 x + \tan x\sec x)dx$

$$= \int(\sec^2 x - 1 + \tan x\sec x)dx$$

$$= \tan x - x + \sec x + C.$$

例 10 求下列不定积分：

(1) $\int 5^x e^x dx$； (2) $\int (6^x - 6^{-x})^2 dx$.

解 (1) $\int 5^x e^x dx = \int (5e)^x dx = \frac{(5e)^x}{\ln(5e)} + C = \frac{(5e)^x}{\ln 5 + 1} + C.$

(2) $\int (6^x - 6^{-x})^2 dx = \int\left[36^x - 2 + \left(\frac{1}{36}\right)^x\right]dx = \int 36^x dx - \int 2dx + \int\left(\frac{1}{36}\right)^x dx$

$$= \frac{36^x}{\ln 36} - 2x + \frac{\left(\frac{1}{36}\right)^x}{\ln\frac{1}{36}} + C = \frac{6^{2x}}{2\ln 6} - 2x - \frac{6^{-2x}}{2\ln 6} + C.$$

例 11 设生产 x 个单位产品时的边际成本 $c'(x) = 99x^2 - 4x + 1$，固定成本为 50，求总成本 $c(x)$.

解 总成本 $c(x) = \int c'(x)dx = \int(99x^2 - 4x + 1)dx = 33x^3 - 2x^2 + x + C.$

固定成本为 50，也即 $c(0) = 50$，得 $C = 50$. 所以 $c(x) = 33x^3 - 2x^2 + x + 50.$

习题 4-1

1. 求下列不定积分：

(1) $\int(2 - 3x^2)dx$； (2) $\int\left(3^x + \frac{1}{\sqrt{x}}\right)dx$；

(3) $\int \frac{dx}{x^2\sqrt{x}}$； (4) $\int \sqrt[m]{x^n}\,dx$；

(5) $\int \frac{x^2+1}{\sqrt{x}}dx$； (6) $\int \sqrt{x\sqrt{x\sqrt{x}}}\,dx$；

(7) $\int \frac{e^x(x - e^{-x})}{x}dx$； (8) $\int \frac{3x^4 + 2x^3 + 4x^2 + 2x + 5}{1+x^2}dx$；

(9) $\int \frac{\mathrm{d}h}{\sqrt{2gh}}$（$g$ 是常数）；

(10) $\int (x^2+1)^2 \mathrm{d}x$；

(11) $\int (\sqrt{x}+1)(\sqrt{x^3}-1)\mathrm{d}x$；

(12) $\int \frac{(1-x)^2}{\sqrt{x}}\mathrm{d}x$；

(13) $\int \left(2\mathrm{e}^x+\frac{3}{x}\right)\mathrm{d}x$；

(14) $\int \left(\frac{3}{1+x^2}-\frac{2}{\sqrt{1-x^2}}\right)\mathrm{d}x$；

(15) $\int \mathrm{e}^x\left(1-\frac{\mathrm{e}^{-x}}{\sqrt{x}}\right)\mathrm{d}x$；

(16) $\int 3^x\mathrm{e}^x\mathrm{d}x$；

(17) $\int \frac{2\cdot 3^x-5\cdot 2^x}{3^x}\mathrm{d}x$；

(18) $\int \sec x(\sec x-\tan x)\mathrm{d}x$；

(19) $\int \cos^2\frac{x}{2}\mathrm{d}x$；

(20) $\int \frac{\mathrm{d}x}{1+\cos 2x}$；

(21) $\int \frac{\cos 2x}{\cos x-\sin x}\mathrm{d}x$；

(22) $\int \frac{\cos 2x}{\cos^2 x\sin^2 x}\mathrm{d}x$；

(23) $\int \cot^2 x\,\mathrm{d}x$；

(24) $\int \cos\theta(\tan\theta+\sec\theta)\mathrm{d}\theta$；

(25) $\int \frac{3x^4+2x^2}{x^2+1}\mathrm{d}x$.

2. 一曲线通过点$(\mathrm{e}^2, 3)$，且在任一点处的切线的斜率等于该点横坐标的倒数，求该曲线的方程.

3. 设 $F(x)$是$\frac{\sin x}{x}$的一个原函数，求 $\frac{\mathrm{d}F(\sqrt{x})}{\mathrm{d}x}$.

4. 试证明函数 $\arcsin(2x-1)$，$\arccos(1-2x)$ 和 $2\arctan\sqrt{\frac{x}{1-x}}$ 都是$\frac{1}{\sqrt{x-x^2}}$的原函数.

§2 换元积分法

利用基本积分表与积分的性质，所能计算的不定积分是十分有限的. 因此，有必要进一步寻找不定积分的求法. 本节把复合函数求导法则反过来用于不定积分，利用中间变量的代换，得到复合函数的积分法，称为换元积分法，简称换元法.

一、第一类换元法(凑微分法)

设 $f(u)$具有原函数 $F(u)$，即

$$F'(u)=f(u),\ \int f(u)\mathrm{d}u=F(u)+C.$$

如果 u 是中间变量：$u=\varphi(x)$，且设 $\varphi(x)$可微，那么根据复合函数微分法，有

$$\mathrm{d}F[\varphi(x)]=f[\varphi(x)]\varphi'(x)\mathrm{d}x,$$

从而由不定积分的定义可得

$$\int f[\varphi(x)]\varphi'(x)\mathrm{d}x = F[\varphi(x)] + C = \left[\int f(u)\mathrm{d}u\right]_{u=\varphi(x)}.$$

于是有以下定理：

定理 2.1 设 $f(u)$ 具有原函数 $F(u)$，$u=\varphi(x)$ 可导，则有换元公式

$$\int f[\varphi(x)]\varphi'(x)\mathrm{d}x = \left[\int f(u)\mathrm{d}u\right]_{u=\varphi(x)} = F[\varphi(x)] + C.$$

第一类换元积分法基本思路，可以写成

$$\begin{aligned}\int g(x)\mathrm{d}x &= \int f[\varphi(x)]\varphi'(x)\mathrm{d}x \\ &= \int f[\varphi(x)]\mathrm{d}\varphi(x) \xlongequal{u=\varphi(x)} \int f(u)\mathrm{d}u \\ &= F(u) + C \xlongequal{\text{代回}} F[\varphi(x)] + C.\end{aligned}$$

例 1 计算 $\int \cos 2x\,\mathrm{d}x$.

解 因为 $(2x)'=2$，得 $\mathrm{d}x = \frac{1}{2}\mathrm{d}(2x)$.

$$\begin{aligned}\text{原式} &= \int \cos 2x\,\mathrm{d}x = \int \cos 2x\,\frac{1}{2}\mathrm{d}(2x) \xlongequal{u=2x} \frac{1}{2}\int \cos u\,\mathrm{d}u \\ &= \frac{1}{2}\sin u + C \xlongequal{\text{代回}} \frac{1}{2}\sin 2x + C.\end{aligned}$$

例 2 计算 $\int \frac{(\ln x)^2}{x}\mathrm{d}x$.

解 因为 $(\ln x)' = \frac{1}{x}$，得 $\frac{1}{x}\mathrm{d}x = \mathrm{d}(\ln x)$.

$$\begin{aligned}\text{原式} &= \int \frac{(\ln x)^2}{x}\mathrm{d}x = \int \ln^2 x\,\frac{1}{x}\mathrm{d}x = \int \ln^2 x\,\mathrm{d}(\ln x) \xlongequal{u=\ln x} \int u^2\mathrm{d}u \\ &= \frac{1}{3}u^3 + C \xlongequal{\text{代回}} \frac{1}{3}\ln^3 x + C.\end{aligned}$$

由上述例题可见，积分 $\int f(u)\mathrm{d}u$ 可用基本积分公式较容易求得，才能用第一类换元法. 由于第一类换元法的核心是被积函数凑成微分形式，故第一类换元法通常又称为凑微分法. 在对此法熟悉后，换原变量 u 可以不设出，即可以省略运算过程中的“作变换”和“代换回原自变量 $u=\varphi(x)$”的步骤. 如例 2 中的解题过程可简化为

$$\int \frac{(\ln x)^2}{x}\mathrm{d}x = \int (\ln x)^2(\ln x)'\mathrm{d}x = \int (\ln x)^2\mathrm{d}(\ln x) = \frac{1}{3}\ln^3 x + C.$$

例 3 求不定积分 $\int \frac{1}{x^2}\cos\frac{1}{x}\mathrm{d}x$.

解 $\int \frac{1}{x^2}\cos\frac{1}{x}\mathrm{d}x = -\int \cos\frac{1}{x}\mathrm{d}\left(\frac{1}{x}\right) = -\sin\frac{1}{x} + C.$

例 4 求不定积分$\int x\sqrt{x^2-3}\,\mathrm{d}x$.

解 $$\int x\sqrt{x^2-3}\,\mathrm{d}x=\frac{1}{2}\int\sqrt{x^2-3}\cdot(x^2-3)'\mathrm{d}x=\frac{1}{2}\int(x^2-3)^{\frac{1}{2}}\mathrm{d}(x^2-3)$$
$$=\frac{1}{2}\cdot\frac{2}{3}(x^2-3)^{\frac{3}{2}}+C=\frac{1}{3}(x^2-3)^{\frac{2}{3}}+C.$$

例 5 求不定积分$\int\frac{x+(\arctan x)^2}{1+x^2}\mathrm{d}x$.

解 $$\int\frac{x+(\arctan x)^2}{1+x^2}\mathrm{d}x=\int\frac{x}{1+x^2}\mathrm{d}x+\int\frac{(\arctan x)^2}{1+x^2}\mathrm{d}x$$
$$=\frac{1}{2}\int\frac{1}{1+x^2}\mathrm{d}(1+x^2)+\int(\arctan x)^2\mathrm{d}(\arctan x)$$
$$=\frac{1}{2}\ln(1+x^2)+\frac{1}{3}(\arctan x)^3+C.$$

如果$f(u)$的原函数为$F(u)$，则$\int f(u)\mathrm{d}u=F(u)+C$.

我们经常使用的凑微分有下列情形：

(1) $\int f(ax+b)\mathrm{d}x=\frac{1}{a}\int f(ax+b)\mathrm{d}(ax+b)=\frac{1}{a}F(ax+b)+C\quad(a\neq0)$；

(2) $\int \mathrm{e}^x f(\mathrm{e}^x)\mathrm{d}x=\int f(\mathrm{e}^x)\mathrm{d}\mathrm{e}^x=F(\mathrm{e}^x)+C$；

(3) $\int x^{a-1}f(x^a)\mathrm{d}x=\frac{1}{a}\int f(x^a)\mathrm{d}x^a=\frac{1}{a}F(x^a)+C\quad(a\neq0)$；

(4) $\int\frac{1}{x}f(\ln x)\mathrm{d}x=\int f(\ln x)\mathrm{d}(\ln x)=F(\ln x)+C$；

(5) $\int\cos x f(\sin x)\mathrm{d}x=\int f(\sin x)\mathrm{d}(\sin x)=F(\sin x)+C$；

(6) $\int\sin x f(\cos x)\mathrm{d}x=-\int f(\cos x)\mathrm{d}(\cos x)=-F(\cos x)+C$；

(7) $\int\frac{f(\arctan x)}{1+x^2}\mathrm{d}x=\int f(\arctan x)\mathrm{d}(\arctan x)=F(\arctan x)+C$；

(8) $\int\frac{1}{\sqrt{1-x^2}}f(\arcsin x)\mathrm{d}x=\int f(\arcsin x)\mathrm{d}(\arcsin x)=F(\arcsin x)+C$；

(9) $\int\sec^2 x f(\tan x)\mathrm{d}x=\int f(\tan x)\mathrm{d}(\tan x)=F(\tan x)+C$；

(10) $\int\csc^2 x f(\cot x)\mathrm{d}x=-\int f(\cot x)\mathrm{d}(\cot x)=-F(\cot x)+C$.

有些不定积分，初看不具有导数联系，但是略加变形，便可以写成两个因子的乘积.

例 6 求$\int\tan x\,\mathrm{d}x$.

解 原式$=\int\frac{1}{\cos x}\sin x\,\mathrm{d}x=-\int\frac{1}{\cos x}\mathrm{d}(\cos x)=-\ln|\cos x|+C$，

同理，$$\int\cot x\,\mathrm{d}x=\ln|\sin x|+C.$$

例 7 求$\int \sec x \, dx$.

解 原式$=\int \frac{\sec x(\tan x+\sec x)}{\tan x+\sec x} dx=\int \frac{d(\tan x+\sec x)}{\tan x+\sec x}$

$=\ln|\tan x+\sec x|+C.$

同理，
$$\int \csc x \, dx=\ln|\cot x-\csc x|+C.$$

例 8 求不定积分$\int \frac{1}{a^2+x^2} dx \quad (a \neq 0)$.

解 原式$=\frac{1}{a^2}\int \frac{a}{1+\left(\frac{x}{a}\right)^2} d\left(\frac{x}{a}\right)=\frac{1}{a}\arctan \frac{x}{a}+C \quad (a \neq 0)$,

同理，
$$\int \frac{1}{\sqrt{a^2-x^2}} dx=\arcsin \frac{x}{a}+C \quad (a>0).$$

例 9 求不定积分$\int \frac{1+x}{\sqrt{4-x^2}} dx$.

解 $\int \frac{1+x}{\sqrt{4-x^2}} dx=\int \frac{1}{\sqrt{4-x^2}} dx+\int \frac{x}{\sqrt{4-x^2}} dx$

$=\arcsin \frac{x}{2}+\left(-\frac{1}{2}\right)\int \frac{1}{\sqrt{4-x^2}} d(4-x^2)$

$=\arcsin \frac{x}{2}-\frac{1}{2} \cdot 2\sqrt{4-x^2}+C$

$=\arcsin \frac{x}{2}-\sqrt{4-x^2}+C.$

需注意有时同一个不定积分，用不同的换元法会得到不同结果.

例 10 求不定积分$\int \sin 2x \, dx$.

解法一 $\int \sin 2x \, dx=\frac{1}{2}\int \sin 2x \, d(2x)=-\frac{1}{2}\cos 2x+C.$

解法二 $\int \sin 2x \, dx=\int 2\sin x \cos x \, dx=2\int \sin x \, d(\sin x)=\sin^2 x+C.$

解法三 $\int \sin 2x \, dx=\int 2\sin x \cos x \, dx=-2\int \cos x \, d(\cos x)=-\cos^2 x+C.$

读者可以验证这三个结果是等价的，同时恰恰说明了不定积分的结果形式不唯一.

例 11 求不定积分$\int \frac{3x+1}{x^2+2x+17} dx$.

解 因为$(x^2+2x+17)'=2x+2$，而$3x+1=\frac{3}{2}(2x+2)-2$，

所以 $\int \frac{3x+1}{x^2+2x+17} dx=\int \frac{\frac{3}{2}(2x+2)-2}{x^2+2x+17} dx$

$=\frac{3}{2}\int \frac{2x+2}{x^2+2x+17} dx-2\int \frac{1}{x^2+2x+17} dx$

$$=\frac{3}{2}\ln(x^2+2x+17)-2\int\frac{1}{(x+1)^2+4^2}dx$$
$$=\frac{3}{2}\ln(x^2+2x+17)-\frac{1}{2}\arctan\frac{x+1}{4}+C.$$

注意 一般地,形如$\int\frac{Ax+B}{x^2+px+q}dx$ 的不定积分,可将分子中一次项凑成分母的导数,然后将原积分折成二项.其中第一项等于$\frac{1}{2}\ln|x^2+px+q|$,第二项通过分母配方后,再代用公式$\int\frac{1}{u^2\pm a^2}du$.

例 12 求不定积分$\int\frac{x^2}{(x+2)^3}dx$.

解 令$u=x+2$,则$x=u-2$,$dx=du$. 于是

$$\int\frac{x^2}{(x+2)^3}dx=\int\frac{(u-2)^2}{u^3}du=\int(u^2-4u+4)u^{-3}du$$
$$=\int(u^{-1}-4u^{-2}+4u^{-3})du$$
$$=\ln|u|+4u^{-1}-2u^{-2}+C$$
$$=\ln|x+2|+4(x+2)^{-1}-2(x+2)^{-2}+C.$$

由例 6、例 7、例 8 可得到公式:

(1) $\int\tan x\,dx=-\ln|\cos x|+C$;

(2) $\int\cot x\,dx=\ln|\sin x|+C$;

(3) $\int\sec x\,dx=\ln|\sec x+\tan x|+C$;

(4) $\int\csc x\,dx=\ln|\csc x-\cot x|+C$;

(5) $\int\frac{1}{\sqrt{a^2-x^2}}dx=\arcsin\frac{x}{a}+C\quad(a>0)$;

(6) $\int\frac{1}{a^2+x^2}dx=\frac{1}{a}\arctan\frac{x}{a}+C\quad(a\neq 0)$;

(7) $\int\frac{1}{a^2-x^2}dx=\frac{1}{2a}\ln\left|\frac{a+x}{a-x}\right|+C\quad(a\neq 0)$.

例 13 求不定积分$\int\frac{1}{1+e^x}dx$.

解 $\int\frac{1}{1+e^x}dx=\int\frac{(1+e^x)-e^x}{1+e^x}dx=\int\left(1-\frac{e^x}{1+e^x}\right)dx$

$$=x-\int\frac{1}{1+e^x}d(1+e^x)$$
$$=x-\ln|1+e^x|+C$$
$$=x-\ln(1+e^x)+C.$$

例 14 计算下列积分：

(1) $\int \sin^3 x\,dx$； (2) $\int \tan^3 x\,dx$；

(3) $\int \sin^3 x\cos^4 x\,dx$； (4) $\int \sin^2 x\cos^2 x\,dx$.

解 (1) $\int \sin^3 x\,dx = \int \sin^2 x \cdot \sin x\,dx = -\int (1-\cos^2 x)\,d(\cos x)$

$$= -\left(\cos x - \frac{1}{3}\cos^3 x\right) + C = -\cos x + \frac{1}{3}\cos^3 x + C.$$

(2) $\int \tan^3 x\,dx = \int \tan x \cdot \tan^2 x\,dx = \int \tan x(\sec^2 x - 1)\,dx$

$$= \int \tan x\sec^2 x\,dx - \int \tan x\,dx = \int \tan x\,d(\tan x) - \int \tan x\,dx$$

$$= \frac{1}{2}\tan^2 x + \ln|\cos x| + C.$$

(3) $\int \sin^3 x\cos^4 x\,dx = -\int \sin^2 x\cos^4 x\,d(\cos x)$

$$= -\int (1-\cos^2 x)\cos^4 x\,d(\cos x) = \int (\cos^6 x - \cos^4 x)\,d(\cos x)$$

$$= \frac{1}{7}\cos^7 x - \frac{1}{5}\cos^5 x + C.$$

(4) $\int \sin^2 x\cos^2 x\,dx = \frac{1}{4}\int \sin^2 2x\,dx = \frac{1}{8}\int (1-\cos 4x)\,dx = \frac{1}{8}\left(x - \frac{1}{4}\sin 4x\right) + C.$

由上例可见，用第一类换元法解题的关键是将被积表达式写成 $\int f[\varphi(x)]\varphi'(x)dx$，进而凑成 $\int f[\varphi(x)]d\varphi(x)$ 形式，然后利用积分公式求出原函数 $F[\varphi(x)]+C$.

二、第二类换元法

定理 2.2 对于不定积分 $\int f(x)dx$，若所作变量代换 $x=g(t)$ 单调可导，且 $g'(t)\neq 0$. 又设 $f[g(t)]g'(t)$ 具有原函数 $F(t)$，则有

$$\int f(x)dx = \int f[g(t)]g'(t)dt = F(t) + C = F[g^{-1}(x)] + C.$$

第二类换元积分法的基本思路是：通过适当的变量代换 $x=g(t)$ 把 $\int f(x)dx$ 化为容易求出的不定积分 $\int f[g(t)]g'(t)dt$，然后再把 $t=g^{-1}(x)$ 代入已求出的不定积分.

1. 三角代换

例 15 求 $\int \sqrt{a^2-x^2}\,dx \quad (a>0)$.

解 求这个积分的困难在于有根式 $\sqrt{a^2-x^2}$，但我们可以利用三角公式来化去根式.

设 $x=a\sin t$，$-\frac{\pi}{2}<t<\frac{\pi}{2}$，那么 $\sqrt{a^2-x^2}=\sqrt{a^2-a^2\sin^2 t}=a\cos t$，$dx=a\cos t\,dt$，于

是根式化成了三角式，所求积分化为

$$\int\sqrt{a^2-x^2}\,dx=\int a\cos t\cdot a\cos t\,dt=a^2\int\cos^2 t\,dt.$$

而

$$\int\cos^2 t\,dt=\int\frac{1}{2}(1+\cos 2t)\,dt=\frac{t}{2}+\frac{\sin 2t}{4}+C.$$

从而

$$\int\sqrt{a^2-x^2}\,dx=a^2\left(\frac{t}{2}+\frac{\sin 2t}{4}\right)+C=\frac{a^2}{2}t+\frac{a^2}{2}\sin t\ \cos t+C.$$

由于 $x=a\sin t$，$-\frac{\pi}{2}<t<\frac{\pi}{2}$，所以

$$t=\arcsin\frac{x}{a},$$

$$\cos t=\sqrt{1-\sin^2 t}=\sqrt{1-\left(\frac{x}{a}\right)^2}=\frac{\sqrt{a^2-x^2}}{a},$$

于是所求积分为 $\int\sqrt{a^2-x^2}\,dx=\frac{a^2}{2}\arcsin\frac{x}{a}+\frac{1}{2}x\sqrt{a^2-x^2}+C.$

例 16 求 $\int\frac{dx}{\sqrt{x^2+a^2}}\quad(a>0)$.

解 可以利用三角公式 $1+\tan^2 t=\sec^2 t$ 来化去根式.

设 $x=a\tan t\left(-\frac{\pi}{2}<t<\frac{\pi}{2}\right)$，那么

$$\sqrt{x^2+a^2}=\sqrt{a^2+a^2\tan^2 t}=a\sqrt{1+\tan^2 t}=a\sec t,\ dx=a\sec^2 t\,dt,$$

于是

$$\int\frac{dx}{\sqrt{x^2+a^2}}=\int\frac{a\sec^2 t}{a\sec t}dt=\int\sec t\,dt.$$

利用例 7 的结果，得

$$\int\frac{dx}{\sqrt{x^2+a^2}}=\ln|\sec t+\tan t|+C.$$

为了把 $\sec t$ 及 $\tan t$ 换成 x 的函数，可以根据 $\tan t=\frac{x}{a}$ 做辅助三角形(见图 5-1)，便有 $\sec t=\frac{\sqrt{x^2+a^2}}{a}$，且 $\sec t+\tan t>0$，因此，

$$\int\frac{dx}{\sqrt{x^2+a^2}}=\ln\left(\frac{x}{a}+\frac{\sqrt{x^2+a^2}}{a}\right)+C=\ln(x+\sqrt{x^2+a^2})+C_1,$$

其中 $C_1=C-\ln a$.

例 17 求 $\int\frac{dx}{\sqrt{x^2-a^2}}\quad(a>0)$.

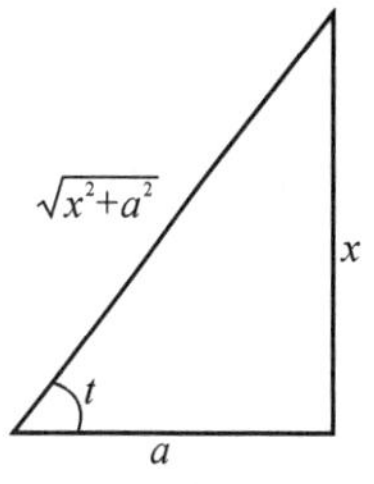

图 5-1

解 可以利用公式 $\sec^2t-1=\tan^2t$ 化去根式. 注意到被积函数的定义域是 $x>a$ 和 $x<-a$ 两个区间，我们在两个区间内分别求不定积分.

当 $x>a$ 时，设 $x=a\sec t\left(0<t<\frac{\pi}{2}\right)$，那么

$$\sqrt{x^2-a^2}=\sqrt{a^2\sec^2t-a^2}=a\sqrt{\sec^2t-1}=a\tan t,$$
$$dx=a\sec t\tan t\,dt,$$

于是

$$\int\frac{dx}{\sqrt{x^2-a^2}}=\int\frac{a\sec t\tan t}{a\tan t}dt=\int\sec t\,dt=\ln(\sec t+\tan t)+C.$$

为了把 $\sec t$ 及 $\tan t$ 换成 x 的函数，我们根据 $\sec t=\frac{x}{a}$ 做辅助三角形(见图 5-2)，得到

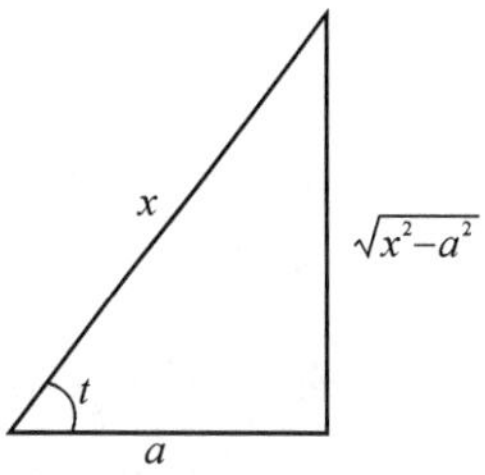

图 5-2

$$\tan t=\frac{\sqrt{x^2-a^2}}{a},$$

因此

$$\int\frac{dx}{\sqrt{x^2-a^2}}=\ln\left(\frac{x}{a}+\frac{\sqrt{x^2-a^2}}{a}\right)+C=\ln(x+\sqrt{x^2-a^2})+C_1,$$

其中，$C_1=C-\ln a$.

当 $x<-a$ 时，令 $x=-u$，那么 $u>a$. 由上段结果，得

$$\begin{aligned}\int\frac{dx}{\sqrt{x^2-a^2}}&=-\int\frac{du}{\sqrt{u^2-a^2}}=-\ln(u+\sqrt{u^2-a^2})+C\\&=-\ln(-x+\sqrt{x^2-a^2})+C\\&=\ln\frac{-x-\sqrt{x^2-a^2}}{a^2}+C\\&=\ln(-x-\sqrt{x^2-a^2})+C_1,\end{aligned}$$

其中，$C_1=C-2\ln a$.

把在 $x>a$ 及 $x<-a$ 内的结果合起来，可写作

$$\int\frac{dx}{\sqrt{x^2-a^2}}=\ln|x+\sqrt{x^2-a^2}|+C.$$

从上面三个例子可以看出：如果被积函数含有 $\sqrt{a^2-x^2}$，可以做代换 $x=a\sin t$ 化去根式；如果被积函数含有 $\sqrt{x^2+a^2}$，可以做代换 $x=a\tan t$ 化去根式；如果被积函数含有

$\sqrt{x^2-a^2}$,可以做代换 $x=\pm a\sec t$ 化去根式. 具体解题时要分析被积函数的具体情况,选取尽可能简洁的代换,不要拘泥于上述的变量代换(如例 9).

2. 根式代换

若被积函数含有 $\sqrt[n]{ax+b}$ 根式,则应设这个根式为 t,并解析出 $x=g(t)$;求出 $f[g(t)]$ 与 $dg(t)=g'(t)dt$,再计算积分$\int f[g(t)]g'(t)dt$,得 $F(t)+C$,将变量代回,即用 $t=g^{-1}(x)$ 把 $F(t)+C$ 变为 $F[g^{-1}(x)]+C$.

例 18 求下列不定积分:

(1) $\int \dfrac{1}{1+\sqrt[3]{1+2x}}dx$;　　(2) $\int \dfrac{1}{\sqrt{x}+\sqrt[3]{x^2}}dx$.

解 (1) 设 $\sqrt[3]{1+2x}=t$, $x=\dfrac{1}{2}(t^3-1)$, $dx=\dfrac{3}{2}t^2dt$, 于是

$$\begin{aligned}\int \frac{1}{1+\sqrt[3]{1+2x}}dx &=\int \frac{1}{1+t}\cdot\frac{3}{2}t^2dt=\frac{3}{2}\int\left(t-1+\frac{1}{1+t}\right)dt\\ &=\frac{3}{2}\left(\frac{t^2}{2}-t+\ln|1+t|\right)+C\\ &=\frac{3}{2}\left(\frac{(\sqrt[3]{1+2x})^2}{2}-\sqrt[3]{1+2x}+\ln|1+\sqrt[3]{1+2x}|\right)+C.\end{aligned}$$

(2) 为了去掉被积函数的根号,去根次数 2 与 3 的最小公倍数为 6,可设 $t=\sqrt[6]{x}$, 则可以把原来的不定积分化为简单有理式的积分.

因为 $x=t^6$, $dx=6t^5dt$, 于是

$$\begin{aligned}\int \frac{1}{\sqrt{x}+\sqrt[3]{x^2}}dx &=\int \frac{1}{t^3+t^4}\cdot 6t^5dt=6\int\frac{t^2}{1+t}dt=6\int\frac{(t^2-1)+1}{1+t}dt\\ &=6\int\left(t-1+\frac{1}{1+t}\right)dt=6\left(\frac{t^2}{2}-t+\ln|1+t|\right)+C\\ &=3\sqrt[3]{x}-6\sqrt[6]{x}+6\ln(1+\sqrt[6]{x})+C.\end{aligned}$$

3. 倒代换

下面我们通过例子介绍一种很有用的代换——倒代换,利用它常可消去被积函数的分母中的变量因子.

例 19 求 $\int \dfrac{\sqrt{a^2-x^2}}{x^4}dx$.

解 设 $x=\dfrac{1}{t}$,那么 $dx=-\dfrac{dt}{t^2}$, 于是

$$原式=\int \frac{\sqrt{a^2-\frac{1}{t^2}}\cdot\left(-\frac{dt}{t^2}\right)}{\frac{1}{t^4}}=-\int (a^2t^2-1)^{\frac{1}{2}}|t|dt,$$

当 $x>0$ 时,有

$$\int \frac{\sqrt{a^2-x^2}}{x^4}\mathrm{d}x = -\frac{1}{2a^2}\int (a^2t^2-1)^{\frac{1}{2}}\mathrm{d}(a^2t^2-1)$$

$$= -\frac{(a^2t^2-1)^{\frac{3}{2}}}{3a^2}+C$$

$$= -\frac{(a^2-x^2)^{\frac{3}{2}}}{3a^2x^3}+C.$$

当 $x<0$ 时，有相同的结果.

由例 15、例 16、例 17，可得到公式：

(8) $\int \sqrt{a^2-x^2}\,\mathrm{d}x = \frac{a^2}{2}\arcsin\frac{x}{a}+\frac{1}{2}x\sqrt{a^2-x^2}+C$；

(9) $\int \frac{\mathrm{d}x}{\sqrt{x^2+a^2}} = \ln(x+\sqrt{x^2+a^2})+C$；

(10) $\int \frac{\mathrm{d}x}{\sqrt{x^2-a^2}} = \ln|x+\sqrt{x^2-a^2}|+C$.

例 20 求 $\int \frac{\mathrm{d}x}{\sqrt{4x^2+9}}$.

解 $\int \frac{\mathrm{d}x}{\sqrt{4x^2+9}} = \int \frac{\mathrm{d}x}{\sqrt{(2x)^2+3^2}} = \frac{1}{2}\int \frac{\mathrm{d}(2x)}{\sqrt{(2x)^2+3^2}}$,

利用公式(9)，便得

$$\int \frac{\mathrm{d}x}{\sqrt{4x^2+9}} = \frac{1}{2}\ln(2x+\sqrt{4x^2+9})+C.$$

习题 4-2

求下列不定积分(其中 a，b 均为常数)：

1. $\int \mathrm{e}^{6t}\mathrm{d}t$.

2. $\int (2-x)^{\frac{5}{2}}\mathrm{d}x$.

3. $\int \frac{\mathrm{d}x}{3-4x}$.

4. $\int \frac{\mathrm{d}x}{\sqrt[3]{2-3x}}$.

5. $\int (\sin ax - \mathrm{e}^{\frac{x}{b}})\mathrm{d}x$.

6. $\int \frac{\sin\sqrt{t}}{\sqrt{t}}\mathrm{d}t$.

7. $\int x\mathrm{e}^{-x^2}\mathrm{d}x$..

8. $\int x\cos(x^2)\mathrm{d}x$.

9. $\int \frac{x}{\sqrt{2-3x^2}}\mathrm{d}x$.

10. $\int \frac{3x^3}{1-x^4}\mathrm{d}x$.

11. $\int \frac{x+1}{x^2+2x+5}\mathrm{d}x$.

12. $\int \cos^2 t\sin t\,\mathrm{d}t$.

13. $\int \frac{\sin x}{\cos^3 x}\mathrm{d}x$.

14. $\int \frac{\sin x+\cos x}{\sqrt[3]{\sin x-\cos x}}\mathrm{d}x$.

15. $\int \tan^{10}x \cdot \sec^2 x\,dx$.

16. $\int \frac{dx}{x\ln x\ln\ln x}$.

17. $\int \frac{dx}{(\arcsin x)^2\sqrt{1-x^2}}$.

18. $\int \frac{10^{2\arccos x}}{\sqrt{1-x^2}}dx$.

19. $\int \tan\sqrt{1+x^2} \cdot \frac{x\,dx}{\sqrt{1+x^2}}$.

20. $\int \frac{\arctan\sqrt{x}}{\sqrt{x}(1+x)}dx$.

21. $\int \frac{1+\ln x}{(x\ln x)^2}dx$.

22. $\int \frac{dx}{\sin x\cos x}$.

23. $\int \frac{dx}{\sin^4 x}$.

24. $\int \cos^2 x\,dx$.

25. $\int \sin 2x\cos 3x\,dx$.

26. $\int \sin 5x\sin 7x\,dx$.

27. $\int \tan^3 x\sec x\,dx$.

28. $\int \frac{dx}{e^{-x}+e^x}$.

29. $\int \frac{1-x}{\sqrt{9-4x^2}}dx$.

30. $\int \frac{x^3}{9+x^2}dx$.

31. $\int \frac{dx}{2x^2-1}$.

32. $\int \frac{dx}{(x+1)(x-2)}$.

33. $\int \frac{x^2dx}{\sqrt{a^2-x^2}}(a>0)$.

34. $\int \frac{dx}{x\sqrt{x^2-1}}$.

35. $\int \frac{dx}{\sqrt{(x^2+1)^3}}$.

36. $\int \frac{dx}{1+\sqrt{2x}}$.

37. $\int \frac{dx}{1+\sqrt[3]{x+1}}$.

38. $\int \frac{\sqrt{x+1}-1}{\sqrt{x+1}+1}dx$.

39. $\int \frac{dx}{\sqrt{x}+\sqrt[4]{x}}$.

40. $\int \sqrt{\frac{1-x}{1+x}}\frac{dx}{x}$.

§3 分部积分法

前面我们在复合函数求导法则的基础上，得到了换元积分法. 现在我们利用两个函数乘积的求导法则，推得另一个求积分的基本方法——分部积分法.

设函数 $u=u(x)$ 及 $v=v(x)$ 具有连续导数，那么两个函数乘积的导数公式为

$$(uv)'=u'v+uv',$$

移项，得

$$uv'=(uv)'-u'v.$$

对这个等式两边求不定积分，得

$$\int uv'dx=uv-\int u'vdx. \tag{1}$$

公式(1)称为分部积分公式. 如果求 $\int uv'dx$ 有困难，而求 $\int u'vdx$ 比较容易时，分部积分公式

就可以发挥作用了.

为简便起见,也可把公式(1)写成下面的形式：

$$\int u\,dv = uv - \int v\,du. \tag{2}$$

现在通过例子说明如何运用这个重要公式.

例 1 求 $\int x\cos x\,dx$.

解 这个积分用换元积分法不易求得结果. 现在试用分部积分法来求它. 但是怎样选取 u 和 dv 呢？如果设 $u=x$，$dv=\cos x\,dx$，那么 $du=dx$，$v=\sin x$，代入分部积分公式(2),得

$$\int x\cos x\,dx = x\sin x - \int \sin x\,dx,$$

而 $\int v\,du = \int \sin x\,dx$ 容易积出，所以

$$\int x\cos x\,dx = x\sin x + \cos x + C.$$

求这个积分时,如果设 $u=\cos x$，$dv=x\,dx$，那么

$$du = -\sin x\,dx,\ v=\frac{x^2}{2}.$$

于是
$$\int x\cos x\,dx = \frac{x^2}{2}\cos x + \int \frac{x^2}{2}\sin x\,dx.$$

上式右端的积分比原积分更不容易求出.

由此可见,如果 u 和 dv 选取不当,就求不出结果,所以应用分部积分法时,恰当选取 u 和 dv 是一个关键. 选取 u 和 dv 一般要考虑下面两点：

(1) v 要容易求得；

(2) $\int v\,du$ 要比 $\int u\,dv$ 容易积出.

例 2 求 $\int x e^x\,dx$.

解 设 $u=x$，$dv=e^x\,dx$，那么 $du=dx$，$v=e^x$，于是

$$\int x e^x\,dx = x e^x - \int e^x\,dx = x e^x - e^x + C = e^x(x-1)+C.$$

运用分部积分公式(2)的形式,如例 1、例 2 的求解过程也可表述为

$$\begin{aligned}\int x\cos x\,dx &= \int x\,d(\sin x) = x\sin x - \int \sin x\,dx\\ &= x\sin x + \cos x + C.\end{aligned}$$

$$\begin{aligned}\int x e^x\,dx &= \int x\,d(e^x) = x e^x - \int e^x\,dx\\ &= x e^x - e^x + C = (x-1)e^x + C.\end{aligned}$$

例 3 求 $\int x^2 e^x dx$.

解 设 $u=x^2$, $dv=e^x dx=d(e^x)$，那么

$$\int x^2 e^x dx=\int x^2 d(e^x)=x^2 e^x-\int e^x d(x^2)=x^2 e^x-2\int x e^x dx.$$

这里 $\int x e^x dx$ 比 $\int x^2 d(e^x)$ 容易积出，因为被积函数中 x 的次数前者比后者降低了一次. 由例 2 可知，对 $\int x e^x dx$ 再使用一次分部积分法就可以了，于是

$$\begin{aligned}\int x^2 e^x dx&=x^2 e^x-2\int x e^x dx=x^2 e^x-2\int x d(e^x)\\&=x^2 e^x-2(x e^x-e^x)+C\\&=e^x(x^2-2x+2)+C.\end{aligned}$$

总结上面三个例子可以知道，如果被积函数是幂函数和正(余)弦函数或幂函数和指数函数的乘积，就可以考虑用分部积分法，并设幂函数为 u. 这样用一次分部积分法就可以使幂函数的幂次降低一次. 这里假定幂指数是正整数.

例 4 求 $\int x\ln x dx$.

解 设 $u=\ln x$, $du=x dx$，那么

$$\begin{aligned}\int x\ln x dx&=\int \ln x d\frac{x^2}{2}=\frac{x^2}{2}\ln x-\int\frac{x^2}{2}d(\ln x)\\&=\frac{x^2}{2}\ln x-\frac{1}{2}\int x dx=\frac{x^2}{2}\ln x-\frac{x^2}{4}+C.\end{aligned}$$

例 5 求 $\int \arccos x dx$.

解 设 $u=\arccos x$, $dv=dx$，那么

$$\begin{aligned}\int\arccos x dx&=x\arccos x-\int x d(\arccos x)\\&=x\arccos x+\int\frac{x}{\sqrt{1-x^2}}dx\\&=x\arccos x-\frac{1}{2}\int\frac{1}{(1-x^2)^{\frac{1}{2}}}d(1-x^2)\\&=x\arccos x-\sqrt{1-x^2}+C.\end{aligned}$$

在分部积分法运用比较熟练后，就不必再写出哪一部分选作 u，哪一部分选作 dv. 只要把被积表达式凑成 $u(x)dv(x)$的形式，便可使用分部积分公式.

例 6 求 $\int x\arctan x dx$.

解 $\int x\arctan x dx=\frac{1}{2}\int\arctan x d(x^2)=\frac{x^2}{2}\arctan x-\frac{1}{2}\int\frac{x^2}{1+x^2}dx$

$$=\frac{x^2}{2}\arctan x-\frac{1}{2}\int\frac{1+x^2-1}{1+x^2}dx=\frac{x^2}{2}\arctan x-\frac{1}{2}\int\left(1-\frac{1}{1+x^2}\right)dx$$
$$=\frac{x^2}{2}\arctan x-\frac{1}{2}(x-\arctan x)+C=\frac{1}{2}(x^2+1)\arctan x-\frac{1}{2}x+C.$$

总结上面三个例子可以知道,如果被积函数是幂函数和对数函数或幂函数和反三角函数的乘积,就可以考虑用分部积分法,并设对数函数或反三角函数为 u.

例 7 求 $\int e^x\sin x\,dx$.

解 $\int e^x\sin x\,dx=\int\sin x\,d(e^x)=e^x\sin x-\int e^x\cos x\,dx$,

等式右端的积分与等式左端的积分是同一类的. 对右端的积分再用一次分部积分法,得

$$\int e^x\sin x\,dx=e^x\sin x-\int\cos x\,d(e^x)$$
$$=e^x\sin x-e^x\cos x-\int e^x\sin x\,dx,$$

由于上式右端的第三项就是所求的积分 $\int e^x\sin x\,dx$,把它移到等号左端去,再两端同除以 2,便得

$$\int e^x\sin x\,dx=\frac{1}{2}e^x(\sin x-\cos x)+C.$$

因上式右端已不包含积分项,所以必须加上任意常数 C.

例 8 求 $\int\sec^3x\,dx$.

解 $\int\sec^3x\,dx=\int\sec x\,d(\tan x)$

$$=\sec x\tan x-\int\sec x\tan^2x\,dx$$
$$=\sec x\tan x-\int\sec x(\sec^2x-1)dx$$
$$=\sec x\tan x-\int\sec^3x\,dx+\int\sec x\,dx$$
$$=\sec x\tan x+\ln|\sec x+\tan x|-\int\sec^3x\,dx.$$

由于上式右端的第三项就是所求的积分 $\int\sec^3x\,dx$,把它移到等号左端去,再两端同除以 2,便得

$$\int\sec^3x\,dx=\frac{1}{2}(\sec x\tan x+\ln|\sec x+\tan x|)+C.$$

例 9 求 $\int\sqrt{x^2+a^2}\,dx$.

解 $\int\sqrt{x^2+a^2}\,dx=x\sqrt{x^2+a^2}-\int x\,d(\sqrt{x^2+a^2})$

$$
\begin{aligned}
&= x\sqrt{x^2+a^2} - \frac{1}{2}\int x \cdot \frac{2x}{\sqrt{x^2+a^2}}\mathrm{d}x \\
&= x\sqrt{x^2+a^2} - \int \frac{(x^2+a^2)-a^2}{\sqrt{x^2+a^2}}\mathrm{d}x \\
&= x\sqrt{x^2+a^2} - \int \sqrt{x^2+a^2}\,\mathrm{d}x + a^2\int \frac{\mathrm{d}x}{\sqrt{x^2+a^2}} \\
&= x\sqrt{x^2+a^2} + a^2\ln(x+\sqrt{x^2+a^2}) - \int \sqrt{x^2+a^2}\,\mathrm{d}x.
\end{aligned}
$$

所以 $\int \sqrt{x^2+a^2}\,\mathrm{d}x = \frac{x}{2}\sqrt{x^2+a^2} + \frac{a^2}{2}\ln(x+\sqrt{x^2+a^2}) + C.$

同样的方法可推出：

$$\int \sqrt{x^2-a^2}\,\mathrm{d}x = \frac{x}{2}\sqrt{x^2-a^2} - \frac{a^2}{2}\ln\left|x+\sqrt{x^2-a^2}\right| + C.$$

在积分的过程中往往兼用换元法与分部积分法，如例 5，下面再来举一个例子.

例 10 求 $\int e^{\sqrt{x}}\,\mathrm{d}x$.

解 令 $\sqrt{x}=t$，则 $x=t^2$，$\mathrm{d}x=2t\,\mathrm{d}t$. 于是

$$\int e^{\sqrt{x}}\,\mathrm{d}x = 2\int t e^t\,\mathrm{d}t.$$

利用例 2 的结果，并用 $t=\sqrt{x}$ 代回，便得所求积分

$$\int e^{\sqrt{x}}\,\mathrm{d}x = 2\int t e^t\,\mathrm{d}t = 2e^t(t-1)+C = 2e^{\sqrt{x}}(\sqrt{x}-1)+C.$$

习题 4-3

求下列不定积分：

1. $\int \ln(x^2+1)\,\mathrm{d}x$.
2. $\int \arctan x\,\mathrm{d}x$.
3. $\int x\sin x\,\mathrm{d}x$.
4. $\int \frac{\ln x}{x^2}\mathrm{d}x$.
5. $\int x^2 e^{-x}\,\mathrm{d}x$.
6. $\int x\tan^2 x\,\mathrm{d}x$.
7. $\int x\ln(x-1)\,\mathrm{d}x$.
8. $\int \cos\ln x\,\mathrm{d}x$.
9. $\int e^{\sqrt[3]{x}}\,\mathrm{d}x$.
10. $\int (\arcsin x)^2\,\mathrm{d}x$.
11. $\int f'(ax+b)\,\mathrm{d}x$.
12. $\int x f''(x)\,\mathrm{d}x$.

§4 有理函数积分

前面介绍了求不定积分的两个基本方法——换元积分法和分部积分法. 下面简要地介绍

有理函数的积分.

两个多项式的商$\frac{P(x)}{Q(x)}$称为有理函数,又称有理分式.我们总假定分子多项式$P(x)$与分母多项式$Q(x)$之间是没有公因式的.当分子多项式$P(x)$的次数小于分母多项式$Q(x)$的次数时,称这有理函数为真分式,否则称为假分式.

利用多项式的除法,总可以将一个假分式化成一个多项式与一个真分式之和的形式,例如有理函数

$$\frac{2x^4+x^2+3}{x^2+1}=2x^2-1+\frac{4}{x^2+1}.$$

对于真分式$\frac{P(x)}{Q(x)}$,如果分母可分解为两个多项式的乘积

$$Q(x)=Q_1(x)Q_2(x),$$

且$Q_1(x)$与$Q_2(x)$没有公因式,那么它可分拆成两个真分式之和

$$\frac{P(x)}{Q(x)}=\frac{P_1(x)}{Q_1(x)}+\frac{P_2(x)}{Q_2(x)},$$

上述步骤称为把真分式化成部分分式之和.如果$Q_1(x)$或$Q_2(x)$还能再分解成两个没有公因式的多项式的乘积,那么就可再分拆成更简单的部分分式.最后,有理函数的分解式中只出现多项式、$\frac{P_1(x)}{(x-a)^k}$、$\frac{P_2(x)}{(x^2+px+q)^l}$三类函数(这里$p^2-4q<0$,$P_1(x)$为小于$k$次的多项式,$P_2(x)$为小于$2l$次的多项式).多项式的积分容易求得,后两类真分式的积分可参看第二节例11和例12.

下面举几个真分式的积分的例子.

例1 求$\int\frac{x+1}{x^2-5x+6}\mathrm{d}x$.

解 被积函数的分母分解成$(x-3)(x-2)$,故可设

$$\frac{x+1}{x^2-5x+6}=\frac{A}{x-3}+\frac{B}{x-2},$$

其中A,B为待定系数.上式两端去分母后,得

$$x+1=A(x-2)+B(x-3),$$

即

$$x+1=(A+B)x-2A-3B.$$

比较上式两端同次幂的系数,即有

$$\begin{cases}A+B=1\\2A+3B=-1\end{cases},$$

从而解得

$$A=4,\ B=-3.$$

于是

$$\int\frac{x+1}{x^2-5x+6}\mathrm{d}x=\int\left(\frac{4}{x-3}-\frac{3}{x-2}\right)\mathrm{d}x$$

$$=4\ln|x-3|-3\ln|x-2|+C.$$

例 2 求 $\int\frac{x+2}{(2x+1)(x^2+x+1)}\mathrm{d}x$.

解 设 $\frac{x+2}{(2x+1)(x^2+x+1)}=\frac{A}{2x+1}+\frac{Bx+C}{x^2+x+1}$,

则
$$x+2=A(x^2+x+1)+(Bx+C)(2x+1),$$
即
$$x+2=(A+2B)x^2+(A+B+2C)x+A+C,$$
有
$$\begin{cases}A+2B=0\\A+B+2C=1,\\A+C=2\end{cases}\quad 解得\begin{cases}A=2\\B=-1.\\C=0\end{cases}$$
于是
$$\int\frac{x+2}{(2x+1)(x^2+x+1)}\mathrm{d}x=\int\left(\frac{2}{2x+1}-\frac{x}{x^2+x+1}\right)\mathrm{d}x$$
$$=\ln|2x+1|-\frac{1}{2}\int\frac{(2x+1)-1}{x^2+x+1}\mathrm{d}x$$
$$=\ln|2x+1|-\frac{1}{2}\int\frac{\mathrm{d}(x^2+x+1)}{x^2+x+1}+\frac{1}{2}\int\frac{\mathrm{d}x}{\left(x+\frac{1}{2}\right)^2+\frac{3}{4}}$$
$$=\ln|2x+1|-\frac{1}{2}\ln(x^2+x+1)+\frac{1}{\sqrt{3}}\arctan\frac{2x+1}{\sqrt{3}}+C.$$

例 3 求 $\int\frac{x-3}{(x-1)(x^2-1)}\mathrm{d}x$.

解 被积函数分母的两个因式 $x-1$ 与 x^2-1 有公因式,故需再分解成 $(x-1)^2(x+1)$. 设

$$\frac{x-3}{(x-1)^2(x+1)}=\frac{Ax+B}{(x-1)^2}+\frac{C}{x+1},$$

则
$$x-3=(Ax+B)(x+1)+C(x-1)^2,$$
有
$$\begin{cases}A+C=0\\A+B-2C=1,\\B+C=-3\end{cases}\quad 解得\begin{cases}A=1\\B=-2.\\C=-1\end{cases}$$
于是
$$\int\frac{x-3}{(x-1)(x^2-1)}\mathrm{d}x=\int\frac{x-3}{(x-1)^2(x+1)}\mathrm{d}x$$
$$=\int\left[\frac{x-2}{(x-1)^2}-\frac{1}{x+1}\right]\mathrm{d}x$$
$$=\int\frac{x-1-1}{(x-1)^2}\mathrm{d}x-\ln|x+1|$$
$$=\ln|x-1|+\frac{1}{x-1}-\ln|x+1|+C.$$

在本章结束之前,我们还要指出:对初等函数来说,在其定义区间上,它的原函数一定存在,但原函数不一定都是初等函数,如

$$\int e^{-x^2}dx, \quad \int \frac{\sin x}{x}dx, \quad \int \frac{dx}{\ln x}, \quad \int \frac{dx}{\sqrt{1+x^4}},$$

它们的原函数都不是初等函数.

习题 4-4

求下列不定积分：

1. $\int \frac{x^3}{x+3}dx$.

2. $\int \frac{2x+3}{x^2+3x-10}dx$.

3. $\int \frac{x+1}{x^2-2x+5}dx$.

4. $\int \frac{dx}{x(x^2+1)}$.

5. $\int \frac{3}{x^3+1}dx$.

6. $\int \frac{x^2+1}{(x+1)^2(x-1)}dx$.

7. $\int \frac{x\,dx}{(x+1)(x+2)(x+3)}$.

8. $\int \frac{x^5+x^4-8}{x^3-x}dx$.

9. $\int \frac{dx}{(x^2+1)(x^2+x)}$.

10. $\int \frac{1}{x^4-1}dx$.

11. $\int \frac{(x+1)^2}{(x^2+1)^2}dx$.

习题四

1. 设 $f(x)$ 的原函数为 $\frac{\sin x}{x}$，试求 $\int xf'(x)dx$.

2. 已知 $f'(\sin^2 x)=\cos 2x+\tan^2 x$，当 $0<x<1$ 时，求 $f(x)$.

3. 设 $f(x)$ 的原函数 $F(x)$ 非负，且 $F(0)=1$，当 $x\geqslant 0$ 时，有 $f(x)F(x)=\sin^2 2x$，试证明：

$$f(x)=\frac{\sin^2(2x)}{\sqrt{x-\frac{1}{4}\sin 4x+1}}.$$

4. 求不定积分 $\int \frac{xe^x}{\sqrt{1+e^x}}dx$.

5. 求不定积分 $\int \frac{x^2}{(2x+1)^{10}}dx$.

6. 求不定积分 $\int \frac{dx}{x^8(1+x^2)}$.

7. 确定系数 A，B，使下式成立：

$$\int \frac{dx}{(a+b\cos x)^2}=\frac{A\sin x}{a+b\cos x}+B\int \frac{dx}{a+b\cos x}.$$

8. 求不定积分$\int \frac{\sin x \cos x}{\sin^4 x + \cos^4 x} dx$.

9. 求不定积分$\int \frac{dx}{x(x^6+4)}$.

10. 求不定积分$\int \sqrt{\frac{a+x}{a-x}} dx \quad (a>0)$.

11. 求不定积分$\int \frac{dx}{x^2\sqrt{x^2-1}}$.

12. 求不定积分$\int \arctan\sqrt{x}\, dx$.

13. 求不定积分$\int \frac{x^{11}}{x^8+3x^4+2} dx$.

14. 求不定积分$\int \frac{x^3 \arccos x}{\sqrt{1-x^2}} dx$.

15. 求不定积分$\int \frac{\cot x}{1+\sin x} dx$.

16. 求不定积分$\int \frac{\sin x \cos x}{\sin x + \cos x} dx$.

第五章

定　积　分

定积分的概念与不定积分有着本质区别. 它作为一种和的极限,来自大量的实际问题,在众多领域中具有广泛的应用. 本章将从实例出发,引出定积分的概念,讨论它的性质,揭示定积分与不定积分的关系,寻求定积分计算方法,并说明它在几何及经济上的应用.

§1　定积分的概念与性质

一、定积分概念引例

1. 曲边梯形的面积

初等数学解决了圆、三角形、矩形、梯形等平面图形的面积问题,而对由任意曲线所围成的一般平面图形的面积计算问题尚未解决,其原因是用初等数学方法解决这类问题相当困难. 下面介绍一种求曲边梯形的面积的方法,有了这种方法就可以解决一般封闭图形面积的问题.

例 1　所谓曲边梯形,是指由连续曲线 $y=f(x)(f(x)\geqslant 0)$, x 轴以及直线 $x=a$, $x=b$ 所围成的图形(见图 1-1). 现计算它的面积 A.

分析　从图中可以看出,当 $y=f(x)$ 在 $[a, b]$ 上为常数时,图形变成矩形,其面积为:

$$\text{面积}=\text{底}\times\text{高}.$$

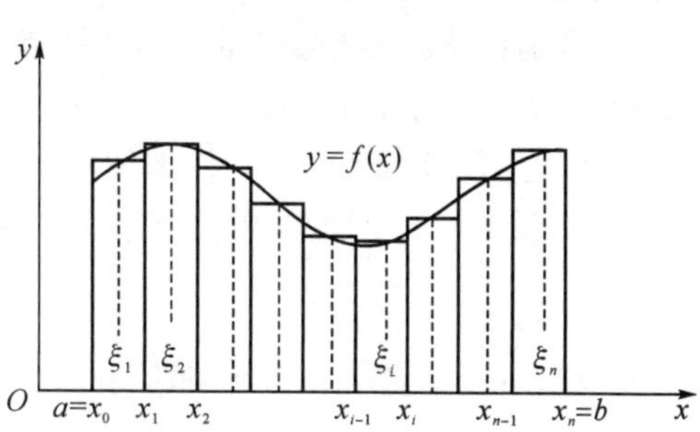

图 1-1

而对于一般的曲边梯形,其高度是变化的,因而不能直接按矩形面积公式来求. 然而,由于 $y=f(x)$ 在区间 $[a, b]$ 上是连续变化的,在很小的一段区间上它的变化量非常小,近似于不变. 因此,通过分割曲边梯形的底边 $[a, b]$,将整个曲边梯形分成若干个小曲边梯形,而每个小曲边梯形的底边长度非常小,并且其面积近似于一个小矩形的面积. 然后,将这些小矩形的面积相加,就是整个曲边梯形面积的近似值. 当然,随着分割的细化,其近似程度也越高. 当无限分割 $[a, b]$,令每个小曲边梯形的底边长度趋于 0,那么整个近似值的极限就是我们要求的曲边梯形的面积. 现将详细过程叙述如下:

(1) 分割:把区间$[a, b]$任意分成 n 份,设分点为 $a=x_0<x_1<x_2<\cdots<x_n=b$,于是每个小曲边梯形的长度为 $\Delta x_i=x_i-x_{i-1}$. 过每个分点做 x 轴的垂线,则可把曲边梯形分成 n 个小曲边梯形,再设每个小曲边梯形面积为 A_i.

(2) 取近似:对于第 i 个小曲边梯形,在其底边 $[x_{i-1}, x_i]$ 上任取一点 ξ_i,并以 $f(\xi_i)$ 为高作矩形,并用该矩形的面积近似替代每个小曲边梯形的面积,即 $A_i \approx f(\xi_i)\cdot\Delta x_i$,其中 $i=1,2,\cdots,n$.

(3) 求和:将所有小矩形的面积求和,即得到原曲边梯形的近似面积

$$A \approx \sum_{i=1}^{n} f(\xi_i)\cdot\Delta x_i.$$

(4) 取极限:无限分割区间 $[a, b]$,使所有小区间的长度趋于 0. 为此,记 $\lambda=\max\{\Delta x_1, \Delta x_2, \cdots, \Delta x_n\}$. 当 λ 趋向于 0 时,$\sum\limits_{i=1}^{n} f(\xi_i)\cdot\Delta x_i$ 的极限就是曲边梯形的面积 A,即

$$A=\lim_{\lambda\to 0}\sum_{i=1}^{n} f(\xi_i)\cdot\Delta x_i.$$

2. 成本问题

例 2 某公司对其产品的变化情况满足如下关系式:

$$f(x)=500-\frac{x}{3}.$$

其中,x 表示该产品的数量;$f(x)$表示当产品数量为 x 时,在增加一个单位产品所增加的成本(即边际函数). 试求当产品从 300 件增加到 900 件时该公司所增加的成本 C.

分析 如同本教材前面章节对边际函数所描述的那样,在经济和商务中遇到的函数自变量往往取正整数,其函数值也是离散型的. 为数学处理方便,下面将其连续化,转化成具有连续导数的函数来处理. 这里,许多结果只能看成近似的,但不影响对实际问题的分析.

(1) 分割:该公司产品产量从 300 件增加到 900 件,将其连续化,把区间$[300, 900]$任意分成 n 份,设分点为 $300=x_0<x_1<x_2<\cdots<x_n=900$.

(2) 取近似:考虑产量从 x_{i-1} 增加到 x_i 时所增加的成本,$f(x_{i-1})$ 作为边际成本在 x_{i-1} 的值表示当产量为 x_{i-1} 时增加单位产量所增加的成本. 当产品数量增加 Δx_i 单位时,所增加的成本为 $f(x_{i-1})\cdot\Delta x_i$.

(3) 求和:当产量从 300 增加到 900 时,所增加的总成本为 $\sum\limits_{i=1}^{n} f(x_{i-1})\cdot\Delta x_i$.

(4) 取极限:为了更精确估计,同样可设 $\lambda=\max\{\Delta x_1, \Delta x_2, \cdots, \Delta x_n\}$,当 λ 趋向于 0 时,所增加的总成本为

$$C=\lim_{\lambda\to 0}\sum_{i=1}^{n} f(\Delta x_{i-1})\cdot\Delta x_i.$$

二、定积分定义

抛开这些问题的具体意义,抓住它们在数量关系上共同的本质与特性加以概括,我们就可

以抽象出下述定积分的定义：

定义 1.1 设函数 $f(x)$在$[a, b]$上有界，在$[a, b]$中任意插入若干个分点

$$a=x_0<x_1<x_2<\cdots<x_n=b,$$

把区间$[a, b]$分成 n 个小区间

$$[x_0, x_1],[x_1, x_2],\cdots,[x_{n-1}, x_n],$$

各个小区间的长度依次为

$$\Delta x_1=x_1-x_0, \Delta x_2=x_2-x_1, \cdots, \Delta x_n=x_n-x_{n-1}.$$

在每个小区间 $[x_{i-1}, x_i]$ 上任取一点 $\xi_i(x_{i-1}\leqslant\xi_i\leqslant x_i)$，作函数值 $f(\xi_i)$ 与小区间长度 Δx_i 的乘积 $f(\xi_i)\Delta x_i(i=1, 2, \cdots, n)$，并作和

$$S=\sum_{i=1}^{n} f(\xi_i)\Delta x_i.$$

记 $\lambda=\max\{\Delta x_1, \Delta x_2, \cdots, \Delta x_n\}$，如果不论对$[a, b]$怎样划分，也不论在小区间$[x_{i-1}, x_i]$上的点 ξ_i 怎样选取，只要当 $\lambda\to 0$ 时，和 S 总趋于确定的极限 I，那么称函数 $f(x)$在区间$[a, b]$上可积，并称这个极限 I 为函数 $f(x)$在区间$[a, b]$上的定积分（简称积分），记作 $\int_a^b f(x)\mathrm{d}x$，即

$$\int_a^b f(x)\mathrm{d}x=I=\lim_{\lambda\to 0}\sum_{i=1}^{n} f(\xi_i)\cdot\Delta x_i,$$

其中，$f(x)$称为被积函数，$f(x)\mathrm{d}x$ 称为被积表达式，x 称为积分变量，a 称为积分下限，b 称为积分上限，$[a, b]$称为积分区间.

根据积分定义，例 1 中的曲边梯形的面积 A 是函数 $f(x)$在区间$[a, b]$上的定积分，即 $A=\int_a^b f(x)\mathrm{d}x$；例 2 中当产量从 300 件增加到 900 件时，所增加的成本为 $C=\int_{300}^{900} f(x)\mathrm{d}x$.

关于定积分，作以下几点说明：

(1) 函数 $f(x)$在区间$[a, b]$上可积是指积分 $\int_a^b f(x)\mathrm{d}x$ 存在，即无论区间如何分割以及 ξ_i 如何选取，$\lim\limits_{\lambda\to 0}\sum\limits_{i=1}^{n} f(\xi_i)\cdot\Delta x_i$ 始终存在.

(2) 定积分表示一个数值，它只与被积函数及积分区间有关，而与积分变量用何字母表示无关，即有

$$\int_a^b f(x)\mathrm{d}x=\int_a^b f(y)\mathrm{d}y=\int_a^b f(t)\mathrm{d}t=\int_a^b f(u)\mathrm{d}u.$$

(3) 在定义中，记号 $\int_a^b f(x)\mathrm{d}x$ 只有当$a<b$ 时才有意义，而当 $a=b$ 或$a>b$ 是没有意义的. 但为以后计算及应用方便起见，规定：

$$\int_a^a f(x)\mathrm{d}x=0, \int_a^b f(x)\mathrm{d}x=-\int_b^a f(x)\mathrm{d}x \quad (a>b).$$

(4) 几何意义：定积分 $\int_a^b f(x)\mathrm{d}x$ 的几何意义为由曲线 $y=f(x)$，x 轴及直线 $x=a$，$x=b$ 所围成的封闭图形在 x 轴上方与下方面积的代数和，其中 x 轴上方面积为正，下方面积为负（见图 1-2）.

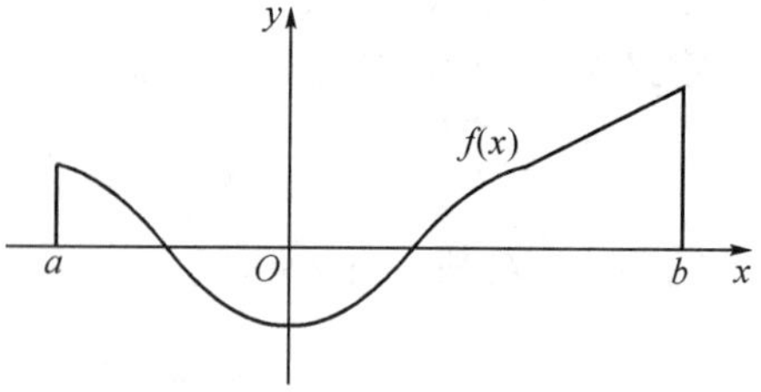

图 1-2

对于定积分，有这样一个重要问题：函数 $f(x)$ 在区间 $[a, b]$ 上满足怎样的条件，$f(x)$ 在 $[a, b]$ 上一定可积？这个问题我们不做深入讨论，而只给出以下两个充分条件：

定理 1.1 设函数 $f(x)$ 在 $[a, b]$ 上连续，则 $f(x)$ 在 $[a, b]$ 上可积.

定理 1.2 设函数 $f(x)$ 在 $[a, b]$ 上有界，且只有有限个间断点，则 $f(x)$ 在 $[a, b]$ 上可积.

最后，举一个按定义计算定积分的例子.

例 3 利用定义计算定积分 $\int_0^1 x^2\mathrm{d}x$.

解 因为被积函数 $f(x)=x^2$ 在区间 $[0, 1]$ 上连续，而连续函数是可积的，所以积分与区间 $[0, 1]$ 的分法及点 ξ_i 的取法无关. 因此，为了便于计算，不妨把区间 $[0, 1]$ 分成 n 等份，分点为 $x_i=\frac{i}{n}$，$i=1, 2, \cdots, n-1$；这样，每个小区间 $[x_{i-1}, x_i]$ 的长度 $\Delta x_i=\frac{1}{n}$，$i=1, 2, \cdots, n$；取 $\xi_i=x_i$，$i=1, 2, \cdots, n$. 于是，得和式

$$\begin{aligned}\sum_{i=1}^{n} f(\xi_i)\cdot\Delta x_i &= \sum_{i=1}^{n}\xi_i^2\Delta x_i=\sum_{i=1}^{n}x_i^2\Delta x_i\\ &=\sum_{i=1}^{n}\left(\frac{i}{n}\right)^2\cdot\frac{1}{n}=\frac{1}{n^3}\sum_{i=1}^{n}i^2\\ &=\frac{1}{n^3}\cdot\frac{1}{6}n(n+1)(2n+1)\\ &=\frac{1}{6}\left(1+\frac{1}{n}\right)\left(2+\frac{1}{n}\right).\end{aligned}$$

当 $\lambda\to 0$ 即 $n\to\infty$ 时，取上式右端的极限. 由定积分的定义，即得所要计算的积分为

$$\int_0^1 x^2\mathrm{d}x=\lim_{\lambda\to 0}\sum_{i=1}^{n}\xi_i^2\Delta x_i=\lim_{n\to\infty}\frac{1}{6}\left(1+\frac{1}{n}\right)\left(2+\frac{1}{n}\right)=\frac{1}{3}.$$

三、定积分基本性质

由定积分的定义与极限运算的法则和性质，可以推出下列定积分的基本性质和积分中值定理（下面所涉及的函数在无说明情况下均表示在讨论区间上可积）：

性质 1 $\int_a^b [f(x)\pm g(x)]\mathrm{d}x=\int_a^b f(x)\mathrm{d}x\pm\int_a^b g(x)\mathrm{d}x$.

对有限个函数 $f_1(x)$，$f_2(x)$，$\cdots$，$f_n(x)$ 亦成立，即

$$\begin{aligned}&\int_a^b [f_1(x)\pm f_2(x)\pm\cdots\pm f_n(x)]\,\mathrm{d}x\\&=\int_a^b f_1(x)\mathrm{d}x\pm\int_a^b f_2(x)\mathrm{d}x\pm\cdots\pm\int_a^b f_n(x)\mathrm{d}x.\end{aligned}$$

性质 2 若 k 为常数,则

$$\int_a^b kf(x)\mathrm{d}x=k\int_a^b f(x)\mathrm{d}x.$$

性质 3(区间可加性)

$$\int_a^b f(x)\mathrm{d}x=\int_a^c f(x)\mathrm{d}x+\int_c^b f(x)\mathrm{d}x.$$

若 $f(x)$连续且 c 介于 a 与 b 之间,即 $a<c<b$ 时,该性质从几何意义看是显然的,当 c 不介于 a 与 b 之间,该性质仍然成立.因为当 $a<b<c$ 时,

$$\int_a^c f(x)\mathrm{d}x=\int_a^b f(x)\mathrm{d}x+\int_b^c f(x)\mathrm{d}x,$$
$$\int_a^b f(x)\mathrm{d}x=\int_a^c f(x)\mathrm{d}x-\int_b^c f(x)\mathrm{d}x.$$

因为
$$\int_b^c f(x)\mathrm{d}x=-\int_c^b f(x)\mathrm{d}x,$$
所以
$$\begin{aligned}\int_a^b f(x)\mathrm{d}x&=\int_a^c f(x)\mathrm{d}x-\left(-\int_c^b f(x)\mathrm{d}x\right)\\&=\int_a^c f(x)\mathrm{d}x+\int_c^b f(x)\mathrm{d}x.\end{aligned}$$

当 $c<a<b$ 时,可类似证明.

性质 4 如果在区间$[a,b]$上,有 $f(x)\leqslant g(x)$,则

$$\int_a^b f(x)\mathrm{d}x\leqslant\int_a^b g(x)\mathrm{d}x\quad(a<b).$$

性质 5(估值定值) 如果函数 $f(x)$在区间$[a,b]$上的最大值与最小值分别为 M 与 m,则

$$m(b-a)\leqslant\int_a^b f(x)\mathrm{d}x\leqslant M(b-a)\quad(a<b),$$

即
$$m\leqslant\frac{\int_a^b f(x)\mathrm{d}x}{b-a}\leqslant M.$$

证 因为 $m\leqslant f(x)\leqslant M$,由性质 4 得

$$\int_a^b m\mathrm{d}x\leqslant\int_a^b f(x)\mathrm{d}x\leqslant\int_a^b M\mathrm{d}x,$$

再由性质 2 和 $\int_a^b \mathrm{d}x=b-a$,即有

$$m(b-a)\leqslant\int_a^b f(x)\mathrm{d}x\leqslant M(b-a).$$

估值定值的几何意义是曲边梯形面积介于以区间$[a, b]$为底、以最小纵坐标为高的矩形面积与以最大纵坐标为高的矩形面积之间. 性质5可用来估计积分值的大致范围. 例如,定积分$\int_1^3 \frac{1}{x}dx$,其被积函数在积分区间$[1, 3]$上是单调减少的,于是有最大值$M=1$、最小值$m=\frac{1}{3}$. 由性质5得,

$$\frac{1}{3}(3-1) \leqslant \int_1^3 \frac{1}{x}dx \leqslant 1(3-1),$$

即
$$\frac{2}{3} \leqslant \int_1^3 \frac{1}{x}dx \leqslant 2.$$

性质6(积分中值定理) 设函数$y=f(x)$在区间$[a, b]$上连续,则在$[a, b]$上至少存在一点$\xi(a \leqslant \xi \leqslant b)$,使

$$\int_a^b f(x)dx = f(\xi)(b-a).$$

证 因为$y=f(x)$在$[a, b]$上连续,由闭区间上连续函数的性质可知,$y=f(x)$在$[a, b]$上必存在最大值M和最小值m. 利用性质5,并将不等式除以$b-a$,得

$$m \leqslant \frac{1}{b-a}\int_a^b f(x)dx \leqslant M.$$

根据闭区间上连续函数的介值定理,在$[a, b]$上至少存在一点ξ,使得

$$f(\xi) = \frac{1}{b-a}\int_a^b f(x)dx.$$

即
$$\int_a^b f(x)dx = f(\xi)(b-a).$$

积分中值定理的几何意义(见图1-3)是在曲边梯形底边上至少存在一点ξ,使得该曲边梯形面积等于同一底边、高为$f(\xi)$的矩形面积. 其中,$f(\xi)=\frac{1}{b-a}\int_a^b f(x)dx$称为函数$y=f(x)$在区间$[a, b]$上的平均值.

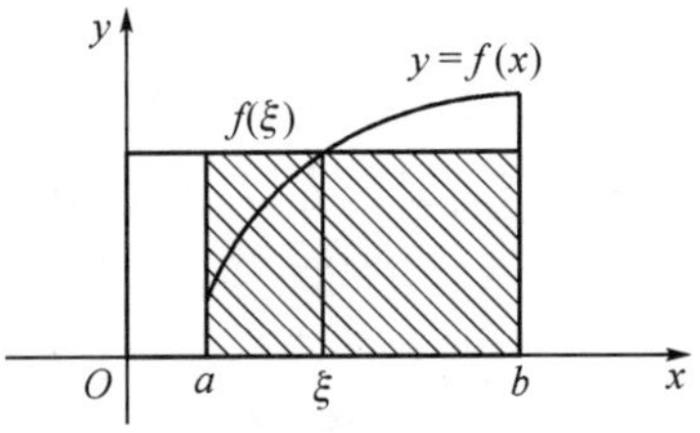

图1-3

习题5-1

1. 利用定积分的几何意义求下列定积分:

(1) $\int_0^2 (x+1)dx$;　　(2) $\int_0^1 \sqrt{1-x^2}\,dx$;

(3) $\int_{-\pi}^{\pi} \sin x\,dx$.

2. 不计算积分,比较下列各组积分值的大小:

(1) $\int_0^1 x\,dx$ 与 $\int_0^1 x^2 dx$;　　(2) $\int_1^2 x\,dx$ 与 $\int_1^2 x^2 dx$;

(3) $\int_1^2 \frac{1}{x}dx$ 与 $\int_1^2 \frac{1}{x^2}dx$;　　(4) $\int_0^{\frac{\pi}{2}} x\,dx$ 与 $\int_0^{\frac{\pi}{2}} \sin x\,dx$;

(5) $\int_0^1 e^x dx$ 与 $\int_0^1 (1+x)dx$；(6) $\int_{-\frac{\pi}{2}}^0 \sin x dx$ 与 $\int_0^{\frac{\pi}{2}} \sin x dx$.

3. 利用定积分性质估计下列积分值：

(1) $\int_0^1 e^x dx$；(2) $\int_1^2 (2x^3 - x^4)dx$；

(3) $\int_4^3 (6x - x^2)dx$；(4) $\int_1^4 e^{x^2-4x} dx$；

(5) $\int_{\frac{\pi}{4}}^{\frac{5\pi}{4}} (1+\sin^2 x)dx$；(6) $\int_0^{\frac{\pi}{2}} \frac{\sin x}{x} dx$.

4. 设 $a < b$，问 a，b 取什么值时，积分 $\int_a^b (2x - x^2)dx$ 取得最大值？

5. 设 $\int_{-1}^1 3f(x)dx = 18$，$\int_{-1}^3 f(x)dx = 4$，$\int_{-1}^3 g(x)dx = 3$，求：

(1) $\int_{-1}^1 f(x)dx$；(2) $\int_1^3 f(x)dx$；

(3) $\int_3^{-1} g(x)dx$；(4) $\int_{-1}^3 \frac{1}{5}[4f(x)+3g(x)]dx$.

§2 微积分基本定理

原函数概念与定积分概念是从两个完全不同的角度引进来的，我们将通过这一节来探讨原函数与定积分或者不定积分与定积分的关系，使定积分计算归结为求原函数的问题，然后得出定积分的计算方法.

一、变限积分与原函数存在定理

我们先介绍积分上限函数.

设函数 $f(x)$ 在区间 $[a, b]$ 上连续，$x \in [a, b]$，由于 $f(x)$ 在区间 $[a, x]$ 上连续. 因此，具有变动积分限的定积分 $\int_a^x f(x)dx$ 存在，且它的值显然与上限 x 有关. 为避免混淆，可将积分变量改为 t，这不影响积分数值. 这时，对区间 $[a, b]$ 上的任一 x，$\int_a^x f(t)dt$ 都有一个确定的值与之对应，所以在 $[a, b]$ 上定义了一个函数，称为积分上限函数，记作 $\Phi(x)$，即

$$\Phi(x) = \int_a^x f(t)dt \quad (a \leqslant x \leqslant b).$$

定理 2.1 如果函数 $f(x)$ 在区间 $[a, b]$ 上连续，则积分上限函数

$$\Phi(x) = \int_a^x f(t)dt$$

在 $[a, b]$ 上可导，且导数为

$$\Phi'(x) = \frac{d}{dx}\int_a^x f(t)dt = f(x) \quad (a \leqslant x \leqslant b),$$

即 $\Phi(x)$ 是 $f(x)$ 在 $[a, b]$ 上的一个原函数.

证 给自变量以增量 Δx,则

$$\begin{aligned}\Delta\Phi &= \Phi(x+\Delta x)-\Phi(x)=\int_a^{x+\Delta x} f(t)\mathrm{d}t-\int_a^x f(t)\mathrm{d}t \\ &= \left(\int_a^x f(t)\mathrm{d}t+\int_x^{x+\Delta x} f(t)\mathrm{d}t\right)-\int_a^x f(t)\mathrm{d}t \\ &= \int_x^{x+\Delta x} f(t)\mathrm{d}t.\end{aligned}$$

由上节性质 6 可知,存在 ξ,使得

$$\int_x^{x+\Delta x} f(t)\mathrm{d}t=f(\xi)\Delta x,$$

这里,ξ 在 x 与 $x+\Delta x$ 之间. 从而

$$\Phi'(x)=\lim_{\Delta x\to 0}\frac{\Delta\Phi}{\Delta x}=\lim_{\xi\to x} f(\xi)=f(x).$$

基于这个定理的重要性,被称为微积分基本定理. 它一方面肯定了闭区间上连续函数的原函数的存在性,从而解决了第四章曾提及的原函数存在问题;另一方面,沟通了导数和定积分这两个从表面看去似不相干的概念之间的联系,初步揭示了定积分与原函数的联系.

积分上限函数是一元可导函数,也是连续函数,因此对积分上限函数可进行极限、微分及有关函数性态的讨论. 现举例说明.

例 1 求下列函数的导数:

(1) $\Phi(x)=\int_0^x t\sin t\,\mathrm{d}t$;

(2) $F(x)=\int_1^{\sin x}(1+t^2)\mathrm{d}t$;

(3) $G(x)=\int_{\sqrt{x}}^{x^2} t^2\arctan t\,\mathrm{d}t$.

解 (1) $\Phi'(x)=\dfrac{\mathrm{d}}{\mathrm{d}t}\int_0^x t\sin t\,\mathrm{d}t=x\sin x$.

(2) 由积分上限函数的定义可知, $F(x)$是以 $\sin x$ 为上限的积分,作为 x 的函数可看成是以 $u=\sin x$ 为中间变量的复合函数.

利用复合函数求导法则,得

$$\begin{aligned}\frac{\mathrm{d}}{\mathrm{d}x}F(x) &= \frac{\mathrm{d}F}{\mathrm{d}u}\cdot\frac{\mathrm{d}u}{\mathrm{d}x}=\frac{\mathrm{d}}{\mathrm{d}u}\int_1^u(1+t^2)\mathrm{d}t\cdot(\sin x)' \\ &= (1+u^2)\cos x=(1+\sin^2 x)\cos x.\end{aligned}$$

熟练以后,可简洁地写成

$$F'(x)=(1+\sin^2 x)\cdot(\sin x)'=\cos x(1+\sin^2 x).$$

一般地,有
$$\frac{\mathrm{d}}{\mathrm{d}x}\int_a^{u(x)} f(t)\mathrm{d}t=f[u(x)]u'(x).$$

(3) 利用区间可加性,得

$$G(x)=\int_{\sqrt{x}}^{0}t^2\arctan t\,dt+\int_{0}^{x^2}t^2\arctan t\,dt$$
$$=\int_{0}^{x^2}t^2\arctan t\,dt-\int_{0}^{\sqrt{x}}t^2\arctan t\,dt,$$

从而

$$G'(x)=\frac{d}{dx}\int_{0}^{x^2}t^2\arctan t\,dt-\frac{d}{dx}\int_{0}^{\sqrt{x}}t^2\arctan t\,dt$$
$$=x^4\arctan x^2\cdot(x^2)'-(\sqrt{x})^2\arctan\sqrt{x}\cdot(\sqrt{x})'$$
$$=2x^5\arctan x^2-\frac{\sqrt{x}}{2}\arctan\sqrt{x}.$$

一般地,有 $$\frac{d}{dx}\int_{s(x)}^{u(x)}f(t)dt=f[u(x)]\cdot u'(x)-f[s(x)]\cdot s'(x).$$

例 2 求极限 $\lim\limits_{x\to\frac{\pi}{2}}\dfrac{\int_{\frac{\pi}{2}}^{x}t^2\sin t\,dt}{\left(x-\frac{\pi}{2}\right)}$.

解 此极限为$\frac{0}{0}$型的不定式,可用洛必达法则来计算.

$$原式=\lim_{x\to\frac{\pi}{2}}\frac{\frac{d}{dx}\int_{\frac{\pi}{2}}^{x}t^2\sin t\,dt}{\left(x-\frac{\pi}{2}\right)'}=\lim_{x\to\frac{\pi}{2}}x^2\sin x=\frac{\pi^2}{4}.$$

二、牛顿—莱布尼兹公式

现在我们根据定理 2.1 证明一个重要定理,它给出了用原函数计算定积分的公式.

定理 2.2 设函数 $F(x)$是连续函数 $f(x)$在区间$[a,b]$上的一个原函数,则

$$\int_a^b f(x)dx=F(b)-F(a).$$

这称为**牛顿—莱布尼兹公式**,它也常写成

$$\int_a^b f(x)dx=F(x)\Big|_a^b \quad 或 \quad \int_a^b f(x)dx=\Big[F(x)\Big]_a^b.$$

证 已知函数 $F(x)$是连续函数 $f(x)$的一个原函数,又由定理 2.1 可知,积分上限函数

$$\Phi(x)=\int_a^x f(t)dt$$

也是 $f(x)$的一个原函数. 于是这两个原函数之差 $F(x)-\Phi(x)$在$[a,b]$上必定是某一个常数 C,即

$$F(x)-\Phi(x)=F(x)-\int_a^x f(t)dt=C\quad(a\leqslant x\leqslant b).$$

将 $x=a$ 代入上式，得 $C=F(a)$，则

$$F(x)-\int_a^x f(t)\mathrm{d}t=F(a).$$

将 $x=b$ 代入上式，得

$$\int_a^b f(x)\mathrm{d}x=F(b)-F(a).$$

这个公式进一步揭示了定积分与被积函数的原函数或不定积分之间的联系. 它表明：一个连续函数在区间$[a,b]$上的定积分等于它的任一原函数在区间$[a,b]$上的增量. 这就给定积分提供了一个有效而简单的计算方法，大大简化了定积分的计算手续.

下面我们来举几个应用牛顿—莱布尼兹公式计算定积分的简单例子.

例 3 计算第一节中的定积分 $\int_0^1 x^2\mathrm{d}x$.

解 由于$\frac{x^3}{3}$是 x^2 的一个原函数，所以按牛顿—莱布尼兹公式，有

$$\int_0^1 x^2\mathrm{d}x=\frac{x^3}{3}\Big|_0^1=\frac{1}{3}-0=\frac{1}{3}.$$

例 4 计算 $\int_{-1}^{\sqrt{3}}\frac{\mathrm{d}x}{1+x^2}$.

解 由于 $\arctan x$ 是$\frac{1}{1+x^2}$的一个原函数，所以

$$\int_{-1}^{\sqrt{3}}\frac{\mathrm{d}x}{1+x^2}=\arctan x\Big|_{-1}^{\sqrt{3}}=\arctan\sqrt{3}-\arctan(-1)=\frac{\pi}{3}-\left(-\frac{\pi}{4}\right)=\frac{7}{12}\pi.$$

例 5 计算 $\int_1^2\left(\frac{1}{x}+\mathrm{e}^x\right)\mathrm{d}x$.

解 $\int_1^2\left(\frac{1}{x}+\mathrm{e}^x\right)\mathrm{d}x=(\ln|x|+\mathrm{e}^x)\Big|_1^2=\ln 2+\mathrm{e}^2-\mathrm{e}.$

例 6 计算 $\int_{-2}^3|x-2|\mathrm{d}x$.

解

$$\begin{aligned}\int_{-2}^3|x-2|\mathrm{d}x&=\int_{-2}^2(2-x)\mathrm{d}x+\int_2^3(x-2)\mathrm{d}x\\&=\left(2x-\frac{x^2}{2}\right)\Big|_{-2}^2+\left(\frac{x^2}{2}-2x\right)\Big|_2^3\\&=\left(2\cdot 2-\frac{2^2}{2}\right)-\left(2\cdot(-2)-\frac{(-2)^2}{2}\right)+\left(\frac{3^2}{2}-2\cdot 3\right)\\&\quad-\left(\frac{2^2}{2}-2\cdot 2\right)\\&=\frac{17}{2}.\end{aligned}$$

由上例可知，带有绝对值的函数可化为分段函数来处理，然后根据区间可加性分段计算.

例 7 计算正弦曲线 $y=\sin x$ 在$[0,\pi]$上与 x 轴所围成的平面图形（见图 2-1）的面积.

解　这图形是曲边梯形的一个特例. 它的面积

$$A=\int_0^{\pi}\sin x\,\mathrm{d}x=(-\cos x)\Big|_0^{\pi}$$
$$=-(-1)-(-1)=2.$$

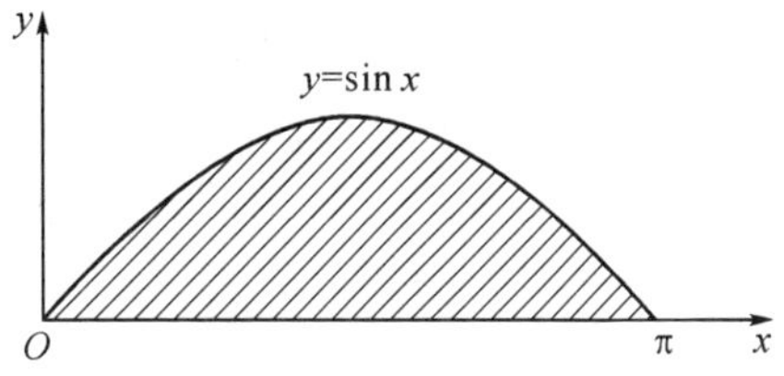

图 2-1

习 题 5-2

1. 试求函数 $y=\int_0^x \sin t\,\mathrm{d}t$ 当 $x=0$ 及 $x=\frac{\pi}{4}$ 时的导数.

2. 求由参数表达式 $x=\int_0^t \sin u\,\mathrm{d}u$，$y=\int_0^t \cos u\,\mathrm{d}u$ 所确定的函数对 x 的导数 $\frac{\mathrm{d}y}{\mathrm{d}x}$.

3. 求由 $\int_0^y \mathrm{e}^t\,\mathrm{d}t+\int_0^x \cos t\,\mathrm{d}t=0$ 所决定的隐函数对 x 的导数 $\frac{\mathrm{d}y}{\mathrm{d}x}$.

4. 求下列函数的导数：

(1) $F(x)=\int_0^x \sqrt{1+t}\,\mathrm{d}t$；　(2) $F(x)=\int_1^{x^2} t\arctan t\,\mathrm{d}t$；

(3) $F(x)=\int_x^{-1} t\mathrm{e}^{-t}\,\mathrm{d}t$；　(4) $F(x)=\int_0^{x^2} \frac{1}{\sqrt{1+t^4}}\mathrm{d}t$；

(5) $F(x)=\int_{x^2}^{x^3} \frac{1}{\sqrt{1+t^4}}\mathrm{d}t$；　(6) $F(x)=\int_0^x (t^3-x^3)\sin t\,\mathrm{d}t$.

5. 若 $f(x)$ 在 $[a, b]$ 上连续，$F(x)=\int_a^x f(t)(x-t)\mathrm{d}t$，证明：

$$F''(x)=f(x).$$

6. 设 $f(x)=\int_2^x \ln t\,\mathrm{d}t$，求 $f^{(n)}(x)$.

7. 当 x 为何值时，函数 $f(x)=\int_0^x t\mathrm{e}^{-t^2}\,\mathrm{d}t$ 有极值？并求此极值.

8. 设 $f(x)$ 为连续函数，且存在常数 a，满足 $\int_a^{x^3} f(t)\mathrm{d}t=x^5+1$，求 $f(x)$ 及常数 a.

9. 求函数 $F(x)=\int_0^x t(t-4)\mathrm{d}t$ 在 $[-1, 5]$ 上的最大值与最小值.

10. 求 c 的值，使 $\lim\limits_{x\to+\infty}\left(\frac{x+c}{x-c}\right)^x=\int_{-\infty}^c t\mathrm{e}^{2t}\,\mathrm{d}t$.

11. 求 c 的值，使 $\int_0^1 (x^2+cx+c)^2\mathrm{d}x$ 最小.

12. 设函数 $f(x)$ 在 $[0, 1]$ 上连续，且 $f(x)<1$，求证：函数 $F(x)=2x-\int_0^x f(t)\mathrm{d}t-1$ 在 $(0, 1)$ 内有且仅有一个零点.

13. 求下列极限：

(1) $\lim\limits_{x\to 0}\frac{\int_0^x \cos^2 t\,\mathrm{d}t}{x}$；　(2) $\lim\limits_{x\to 0}\frac{\int_0^x \arctan t\,\mathrm{d}t}{x^2}$；

(3) $\lim\limits_{x\to 0}\dfrac{1}{x^2}\int_0^x \arcsin t\,dt$；　(4) $\lim\limits_{x\to 0}\dfrac{1}{x}\int_0^x (1-\sin 2t)^{\frac{1}{t}}\,dt$；

(5) $\lim\limits_{x\to \infty}\dfrac{1}{x^4}\int_1^{x^2} \sqrt{1+t^2}\,dt$；　(6) $\lim\limits_{x\to 0}\dfrac{1}{x^2}\int_0^{x^2} \sqrt{1+t^2}\,e^{t-x^2}\,dt$.

14. 计算下列积分：

(1) $\int_0^1 (2x+1)dx$；　(2) $\int_{-1}^1 (x^3-3x^2)dx$；

(3) $\int_{-\frac{1}{2}}^{\frac{1}{2}} \dfrac{1}{\sqrt{1-x^2}}dx$；　(4) $\int_1^{27} \dfrac{dx}{\sqrt[3]{x}}$；

(5) $\int_0^4 \sqrt{x}(1+x)dx$；　(6) $\int_1^4 \dfrac{(\sqrt{x}-1)^2}{\sqrt{x}}dx$；

(7) $\int_0^{\frac{\pi}{4}} \tan^2 x\,dx$；　(8) $\int_0^{\frac{\pi}{2}} \sin^2 \dfrac{x}{2}dx$；

(9) $\int_0^5 \dfrac{x^3}{x^2+1}dx$；　(10) $\int_0^5 \dfrac{2x^2+3x-5}{x+3}dx$；

(11) $\int_0^{\frac{\pi}{2}} \sqrt{1-\sin 2x}\,dx$；　(12) $\int_0^2 |x^2+2x-3|\,dx$；

(13) $\int_0^2 \max\{x, x^2\}dx$；　(14) $\int_0^{2\pi} |\sin x|\,dx$.

§3 定积分的计算

由上节结果可知，计算定积分 $\int_a^b f(x)dx$ 的简便方法是把它转化为求 $f(x)$ 的原函数的增量. 在第四章中，我们用换元积分法和分部积分法求出一些函数的原函数. 因此，在一定条件下，可以用换元积分法和分部积分法来计算定积分. 下面讨论定积分的这两种计算方法.

一、换元积分法

为了说明如何用换元法来计算定积分，首先证明以下定理：

定理 3.1 设函数 $f(x)$ 在区间 $[a, b]$ 上连续，函数 $x=\varphi(t)$ 满足条件：

(1) $\varphi(\alpha)=a, \varphi(\beta)=b$；

(2) $\varphi(t)$ 在 $[\alpha,\beta]$（或 $[\beta,\alpha]$）上具有连续导数，且其值域 $R_\varphi=[a, b]$，则有

$$\int_a^b f(x)dx=\int_\alpha^\beta f[\varphi(t)]\varphi'(t)dt.$$

上式称为定积分的换元积分公式.

证 由假设可知，上式两边的被积函数都是连续的，因此不仅上式两边的定积分都存在，且由定理 2.1 可知，被积函数的原函数也都存在. 所以，(1)式两边的定积分都可应用牛顿—莱布尼茨公式. 设 $F(x)$ 是 $f(x)$ 的一个原函数，则 $\int_a^b f(x)dx=F(b)-F(a)$.

另一方面，记 $\Phi(t)=F[\varphi(t)]$，它是由 $F(x)$ 与 $x=\varphi(t)$ 复合而成的函数. 由复合函数求导法则，得

$$\Phi'(t)=\frac{\mathrm{d}F}{\mathrm{d}x}\frac{\mathrm{d}x}{\mathrm{d}t}=f(x)\varphi'(t)=f[\varphi(t)]\varphi'(t).$$

这表明 $\Phi(t)$ 是 $f[\varphi(t)]\varphi'(t)$ 的一个原函数. 因此有

$$\int_{\alpha}^{\beta}f[\varphi(t)]\varphi'(t)\mathrm{d}t=\Phi(\beta)-\Phi(\alpha).$$

又由 $\Phi(t)=F[\varphi(t)]$ 及 $\varphi(\alpha)=a,\varphi(\beta)=b$ 可知

$$\Phi(\beta)-\Phi(\alpha)=F[\varphi(\beta)]-F[\varphi(\alpha)]=F(b)-F(a).$$

所以

$$\int_{a}^{b}f(x)\mathrm{d}x=F(b)-F(a)=\Phi(\beta)-\Phi(\alpha)=\int_{\alpha}^{\beta}f[\varphi(t)]\varphi'(t)\mathrm{d}t.$$

这就证明了换元公式.

在定积分 $\int_a^b f(x)\mathrm{d}x$ 中的 $\mathrm{d}x$，本来是整个定积分记号中不可分割的一部分，但由上述定理可知，在一定条件下，它确实可以作为微分记号来对待. 这就是说，应用换元公式时，如果把 $\int_a^b f(x)\mathrm{d}x$ 中的 x 换成 $\varphi(t)$，则 $\mathrm{d}x$ 就换成 $\varphi'(t)\mathrm{d}t$，这正好是 $x=\varphi(t)$ 的微分 $\mathrm{d}x$.

应用换元公式时应注意以下两点：

(1) 用 $x=\varphi(t)$ 把原来变量 x 代换成新变量 t 时，积分上下限也要换成相应于新变量 t 的积分上下限；

(2) 求出 $f[\varphi(t)]\varphi'(t)$ 的一个原函数 $\Phi(t)$ 后，不必像计算不定积分那样把 $\Phi(t)$ 变换成原来的变量 x 的函数，而只需把新变量 t 的上、下限分别代入 $\Phi(t)$ 中然后相减就行了.

例 1 计算 $\int_0^a\sqrt{a^2-x^2}\,\mathrm{d}x\quad(a>0)$.

解 设 $x=a\sin t$，则 $\mathrm{d}x=a\cos t\,\mathrm{d}t$，

当 $x=0$ 时，取 $t=0$；当 $x=a$ 时，取 $t=\frac{\pi}{2}$. 于是

$$\begin{aligned}\int_0^a\sqrt{a^2-x^2}\,\mathrm{d}x&=a^2\int_0^{\frac{\pi}{2}}\cos^2t\,\mathrm{d}t=\frac{a^2}{2}\int_0^{\frac{\pi}{2}}(1+\cos 2t)\mathrm{d}t\\&=\frac{a^2}{2}\left[t+\frac{1}{2}\sin 2t\right]_0^{\frac{\pi}{2}}=\frac{\pi a^2}{4}.\end{aligned}$$

注意：此题用定积分的几何意义直接可得该积分为四分之一圆的面积.

换元公式也可反过来使用. 为使用方便起见，把换元公式中左右两边对调位置，同时把 t 改记为 x，而 x 改记为 t，得

$$\int_a^b f[\varphi(x)]\varphi'(x)\mathrm{d}x=\int_{\alpha}^{\beta}f(t)\mathrm{d}t.$$

这样，我们可用 $t=\varphi(x)$ 来引入新变量 t，而 $\alpha=\varphi(a)$，$\beta=\varphi(b)$.

例 2 计算 $\int_0^{\frac{\pi}{2}}\cos^5x\sin x\,\mathrm{d}x$.

解 设 $t=\cos x$，则 $\mathrm{d}t=-\sin x\,\mathrm{d}x$，且当 $x=0$ 时，$t=1$；当 $x=\frac{\pi}{2}$ 时，$t=0$.

于是 $\int_0^{\frac{\pi}{2}}\cos^5 x\sin x\,\mathrm{d}x=-\int_1^0 t^5\,\mathrm{d}t=\int_0^1 t^5\,\mathrm{d}t=\frac{t^6}{6}\Big|_0^1=\frac{1}{6}$.

在例 2 中，如果我们不明显地写出新变量 t，那么定积分的上、下限就不要变更. 现在用这种记法写出计算过程如下：

$$\begin{aligned}\int_0^{\frac{\pi}{2}}\cos^5 x\sin x\,\mathrm{d}x&=-\int_0^{\frac{\pi}{2}}\cos^5 x\,\mathrm{d}(\cos x)\\&=-\frac{\cos^6 x}{6}\Big|_0^{\frac{\pi}{2}}=-\left(0-\frac{1}{6}\right)=\frac{1}{6}.\end{aligned}$$

例 3 计算 $\int_0^4\frac{x+2}{\sqrt{2x+1}}\mathrm{d}x$.

解 设 $\sqrt{2x+1}=t$，则 $x=\frac{t^2-1}{2}$，$\mathrm{d}x=t\,\mathrm{d}t$，且当 $x=0$ 时，$t=1$；当 $x=4$ 时，$t=3$. 于是

$$\begin{aligned}\int_0^4\frac{x+2}{\sqrt{2x+1}}\mathrm{d}x&=\int_1^3\frac{\frac{t^2-1}{2}+2}{t}t\,\mathrm{d}t=\frac{1}{2}\int_1^3(t^2+3)\mathrm{d}t\\&=\frac{1}{2}\left[\frac{t^3}{3}+3t\right]_1^3=\frac{1}{2}\left[\left(\frac{27}{3}+9\right)-\left(\frac{1}{3}+3\right)\right]=\frac{22}{3}.\end{aligned}$$

例 4 计算 $\int_1^{\sqrt{e}}\frac{\mathrm{d}x}{x\sqrt{1-(\ln x)^2}}$.

解 $\int_1^{\sqrt{e}}\frac{\mathrm{d}x}{x\sqrt{1-(\ln x)^2}}=\int_1^{\sqrt{e}}\frac{\mathrm{d}\ln x}{\sqrt{1-(\ln x)^2}}=[\arcsin(\ln x)]\Big|_1^{\sqrt{e}}=\arcsin\frac{1}{2}=\frac{\pi}{6}$.

例 5 设 $f(x)$ 在 $[-a,\ a]$ 上连续，证明：

(1) 当 $f(x)$ 为偶函数时，$\int_{-a}^a f(x)\mathrm{d}x=2\int_0^a f(x)\mathrm{d}x$；

(2) 当 $f(x)$ 为奇函数时，$\int_{-a}^a f(x)\mathrm{d}x=0$.

证 由积分区间可加性，得

$$\int_{-a}^a f(x)\mathrm{d}x=\int_{-a}^0 f(x)\mathrm{d}x+\int_0^a f(x)\mathrm{d}x,$$

而由 $f(x)$ 为偶函数以及定积分的基本性质可知，

$$\int_{-a}^0 f(x)\mathrm{d}x=\int_{-a}^0 f(-x)\mathrm{d}x=-\int_0^{-a} f(-x)\mathrm{d}x=\int_0^{-a} f(-x)\mathrm{d}(-x)=\int_0^a f(t)\mathrm{d}t.$$

再根据定积分与积分变量选取无关，得 $\int_0^a f(t)\mathrm{d}t=\int_0^a f(x)\mathrm{d}x$. 因此，

$$\int_{-a}^a f(x)\mathrm{d}x=\int_{-a}^0 f(x)\mathrm{d}x+\int_0^a f(x)\mathrm{d}x=2\int_0^a f(x)\mathrm{d}x.$$

同理可证(2),读者可自行完成证明.

例 6 若 $f(x)$在$[0, 1]$上连续,证明

(1) $\int_0^{\frac{\pi}{2}} f(\sin x)\mathrm{d}x = \int_0^{\frac{\pi}{2}} f(\cos x)\mathrm{d}x$;

(2) $\int_0^{\pi} x f(\sin x)\mathrm{d}x = \frac{\pi}{2}\int_0^{\pi} f(\sin x)\mathrm{d}x$,由此计算$\int_0^{\pi} \frac{x\sin x}{1+\cos^2 x}\mathrm{d}x$.

证 (1) 设 $x = \frac{\pi}{2} - t$,则 $\mathrm{d}x = -\mathrm{d}t$,且当 $x=0$ 时,$t=\frac{\pi}{2}$;当 $x=\frac{\pi}{2}$ 时,$t=0$. 于是

$$\int_0^{\frac{\pi}{2}} f(\sin x)\mathrm{d}x = -\int_{\frac{\pi}{2}}^0 f\left[\sin\left(\frac{\pi}{2}-t\right)\right]\mathrm{d}t$$

$$= \int_0^{\frac{\pi}{2}} f(\cos t)\mathrm{d}t = \int_0^{\frac{\pi}{2}} f(\cos x)\mathrm{d}x.$$

(2) 设 $x = \pi - t$,则 $\mathrm{d}x = -\mathrm{d}t$,且当 $x=0$ 时,$t=\pi$;当 $x=\pi$ 时,$t=0$.
于是

$$\int_0^{\pi} x f(\sin x)\mathrm{d}x = -\int_{\pi}^0 (\pi - t) f[\sin(\pi - t)]\mathrm{d}t$$

$$= \int_0^{\pi} (\pi - t) f(\sin t)\mathrm{d}t$$

$$= \pi\int_0^{\pi} f(\sin t)\mathrm{d}t - \int_0^{\pi} t f(\sin t)\mathrm{d}t$$

$$= \pi\int_0^{\pi} f(\sin x)\mathrm{d}x - \int_0^{\pi} x f(\sin x)\mathrm{d}x,$$

所以
$$\int_0^{\pi} x f(\sin x)\mathrm{d}x = \frac{\pi}{2}\int_0^{\pi} f(\sin x)\mathrm{d}x.$$

利用上述结论,即得

$$\int_0^{\pi} \frac{x\sin x}{1+\cos^2 x}\mathrm{d}x = \frac{\pi}{2}\int_0^{\pi} \frac{\sin x}{1+\cos^2 x}\mathrm{d}x = -\frac{\pi}{2}\int_0^{\pi} \frac{\mathrm{d}(\cos x)}{1+\cos^2 x}$$

$$= -\frac{\pi}{2}[\arctan(\cos x)]\Big|_0^{\pi}$$

$$= -\frac{\pi}{2}\left(-\frac{\pi}{4} - \frac{\pi}{4}\right) = \frac{\pi^2}{4}.$$

例 7 设 $f(x)$是连续的周期函数,周期为 T,证明

(1) $\int_a^{a+T} f(x)\mathrm{d}x = \int_0^T f(x)\mathrm{d}x$;

(2) $\int_a^{a+nT} f(x)\mathrm{d}x = n\int_0^T f(x)\mathrm{d}x \quad (n \in \mathbf{N})$,由此计算 $\int_0^{n\pi} \sqrt{1+\sin 2x}\,\mathrm{d}x$.

证 (1) 令 $\Phi(a) = \int_a^{a+T} f(x)\mathrm{d}x$,则 $\Phi'(a) = f(a+T) - f(a) = 0$,从而 $\Phi(a)$ 与 a 无关,因此 $\Phi(a) = \Phi(0)$,即$\int_a^{a+T} f(x)\mathrm{d}x = \int_0^T f(x)\mathrm{d}x$.

(2) $\int_a^{a+nT} f(x)\mathrm{d}x = \sum_{k=0}^{n-1}\int_{a+kT}^{a+kT+T} f(x)\mathrm{d}x$,

由(1)可知$\int_{a+kT}^{a+kT+T} f(x)\mathrm{d}x=\int_0^T f(x)\mathrm{d}x$，因此$\int_a^{a+nT} f(x)\mathrm{d}x=n\int_0^T f(x)\mathrm{d}x$.

由于$\sqrt{1+\sin 2x}$是以π为周期的周期函数，利用上述结论，有

$$\begin{aligned}\int_0^{n\pi}\sqrt{1+\sin 2x}\,\mathrm{d}x&=n\int_0^{\pi}\sqrt{1+\sin 2x}\,\mathrm{d}x\\&=n\int_0^{\pi}|\sin x+\cos x|\,\mathrm{d}x\\&=\sqrt{2}n\int_0^{\pi}\left|\sin\left(x+\frac{\pi}{4}\right)\right|\mathrm{d}x\\&=\sqrt{2}n\int_{\frac{\pi}{4}}^{\frac{5\pi}{4}}|\sin t|\,\mathrm{d}t=\sqrt{2}n\int_0^{\pi}|\sin t|\,\mathrm{d}t\\&=\sqrt{2}n\int_0^{\pi}\sin t\,\mathrm{d}t=2\sqrt{2}n.\end{aligned}$$

例 8 设函数$f(x)=\begin{cases}x\mathrm{e}^{-x^2}, & x\geqslant 0\\ \dfrac{1}{1+\cos x}, & -\pi<x<0\end{cases}$，计算$\int_1^4 f(x-2)\mathrm{d}x$.

解 设$x-2=t$，则$\mathrm{d}x=\mathrm{d}t$，且当$x=1$时，$t=-1$；当$x=4$时，$t=2$. 于是

$$\begin{aligned}\int_1^4 f(x-2)\mathrm{d}x&=\int_{-1}^2 f(t)\mathrm{d}t=\int_{-1}^0\frac{\mathrm{d}t}{1+\cos t}+\int_0^2 t\mathrm{e}^{-t^2}\mathrm{d}t\\&=\tan\frac{t}{2}\Big|_{-1}^0-\frac{1}{2}\mathrm{e}^{-t^2}\Big|_0^2\\&=\tan\frac{1}{2}-\frac{1}{2}\mathrm{e}^{-4}+\frac{1}{2}.\end{aligned}$$

二、分部积分法

依据不定积分的分部积分法，可得

$$\begin{aligned}\int_a^b u(x)v'(x)\mathrm{d}x&=\left[\int u(x)v'(x)\mathrm{d}x\right]_a^b\\&=\left[u(x)v(x)-\int v(x)u'(x)\mathrm{d}x\right]_a^b\\&=\left[u(x)v(x)\right]_a^b-\int_a^b v(x)u'(x)\mathrm{d}x,\end{aligned}$$

简记作
$$\int_a^b uv'\mathrm{d}x=\left[uv\right]_a^b-\int_a^b vu'\mathrm{d}x,$$

或
$$\int_a^b u\mathrm{d}v=\left[uv\right]_a^b-\int_a^b v\mathrm{d}u.$$

这就是定积分的分部积分公式. 公式表明原函数已经积出的部分可以先用上、下限代入.

例 9 计算$\int_0^{\frac{1}{2}}\arcsin x\,\mathrm{d}x$.

解 $\int_0^{\frac{1}{2}}\arcsin x\,\mathrm{d}x=\left[x\arcsin x\right]_0^{\frac{1}{2}}-\int_0^{\frac{1}{2}}\frac{x}{\sqrt{1-x^2}}\mathrm{d}x$

$$=\frac{1}{2}\cdot\frac{\pi}{6}+\left[\sqrt{1-x^2}\right]_0^{\frac{1}{2}}=\frac{\pi}{12}+\frac{\sqrt{3}}{2}-1.$$

例 10 计算 $\int_0^1 e^{\sqrt{x}}\,dx$.

解 先用换元法. 令 $\sqrt{x}=t$,则 $x=t^2$, $dx=2t\,dt$, 且当 $x=0$ 时,$t=0$;当 $x=1$ 时,$t=1$.

于是
$$\int_0^1 e^{\sqrt{x}}\,dx=2\int_0^1 te^t\,dt=2\int_0^1 t\,d(e^t)$$
$$=2\left(\left[te^t\right]_0^1-\int_0^1 e^t\,dt\right)=2\left(e-\left[e^t\right]_0^1\right)$$
$$=2[e-(e-1)]=2.$$

例 11 证明定积分公式

$$I_n=\int_0^{\frac{\pi}{2}}\sin^n x\,dx\left(=\int_0^{\frac{\pi}{2}}\cos^n x\,dx\right)$$
$$=\begin{cases}\dfrac{n-1}{n}\cdot\dfrac{n-3}{n-2}\cdots\cdots\dfrac{3}{4}\cdot\dfrac{1}{2}\cdot\dfrac{\pi}{2}, & n\text{ 为正偶数}\\[2ex] \dfrac{n-1}{n}\cdot\dfrac{n-3}{n-2}\cdots\cdots\dfrac{4}{5}\cdot\dfrac{2}{3}, & n\text{ 为大于 1 的正奇数}\end{cases}.$$

证 $I_n=-\int_0^{\frac{\pi}{2}}\sin^{n-1}x\,d(\cos x)$

$$=\left[-\cos x\sin^{n-1}x\right]_0^{\frac{\pi}{2}}+(n-1)\int_0^{\frac{\pi}{2}}\sin^{n-2}x\cos^2 x\,dx.$$

右端第一项等于零;将第二项里的 $\cos^2 x$ 写成 $1-\sin^2 x$,并把积分分成两个,得

$$I_n=(n-1)\int_0^{\frac{\pi}{2}}\sin^{n-2}x\,dx-(n-1)\int_0^{\frac{\pi}{2}}\sin^n x\,dx$$
$$=(n-1)I_{n-2}-(n-1)I_n,$$

由此得
$$I_n=\frac{n-1}{n}I_{n-2}.$$

这个等式叫作积分 I_n 关于下标的递推公式.

如果把 n 换成 $n-2$,则得

$$I_{n-2}=\frac{n-3}{n-2}I_{n-4}.$$

同样依次进行下去,直到 I_n 的下标递减到 0 或 1 为止. 于是,

$$I_{2m}=\frac{2m-1}{2m}\cdot\frac{2m-3}{2m-2}\cdots\cdots\frac{5}{6}\cdot\frac{3}{4}\cdot\frac{1}{2}I_0,$$
$$I_{2m+1}=\frac{2m}{2m+1}\cdot\frac{2m-2}{2m-1}\cdots\cdots\frac{6}{7}\cdot\frac{4}{5}\cdot\frac{2}{3}I_1\quad(m=1,2,\cdots),$$

而
$$I_0=\int_0^{\frac{\pi}{2}}dx=\frac{\pi}{2},\quad I_1=\int_0^{\frac{\pi}{2}}\sin x\,dx=1,$$

因此

$$I_{2m}=\frac{2m-1}{2m}\cdot\frac{2m-3}{2m-2}\cdots\cdots\frac{5}{6}\cdot\frac{3}{4}\cdot\frac{1}{2}\cdot\frac{\pi}{2}$$

$$I_{2m+1}=\frac{2m}{2m+1}\cdot\frac{2m-2}{2m-1}\cdots\cdots\frac{6}{7}\cdot\frac{4}{5}\cdot\frac{2}{3}\quad(m=1,2,\cdots).$$

至于定积分$\int_0^{\frac{\pi}{2}}\cos^n x\,\mathrm{d}x$与$\int_0^{\frac{\pi}{2}}\sin^n x\,\mathrm{d}x$相等，由本节例6(1)即可知，证毕.

习题 5-3

1. 计算下列积分：

(1) $\int_1^2\frac{1}{(3x-1)^2}\mathrm{d}x$；

(2) $\int_0^{3\sqrt{3}}\frac{1}{9+x^2}\mathrm{d}x$；

(3) $\int_{-1}^0(\mathrm{e}^{-x}-\mathrm{e}^x)\mathrm{d}x$；

(4) $\int_1^e\frac{1}{x(1+\ln x)}\mathrm{d}x$；

(5) $\int_0^1\frac{\ln(2x+1)}{2x+1}\mathrm{d}x$；

(6) $\int_0^4\frac{\mathrm{d}t}{1+\sqrt{t}}$；

(7) $\int_1^5\frac{\sqrt{u-1}}{u}\mathrm{d}u$；

(8) $\int_0^2\frac{\mathrm{d}x}{\sqrt{x+1}+\sqrt{(x+1)^3}}$；

(9) $\int_0^{\ln 2}\sqrt{\mathrm{e}^x-1}\,\mathrm{d}x$；

(10) $\int_{\frac{3}{4}}^1\frac{\mathrm{d}x}{\sqrt{1-x}-1}$；

(11) $\int_0^1\sqrt{4-x^2}\,\mathrm{d}x$；

(12) $\int_0^a x^2\sqrt{a^2-x^2}\,\mathrm{d}x\quad(a>0)$；

(13) $\int_0^1\frac{x^2}{(1+x^2)^2}\mathrm{d}x$；

(14) $\int_1^2\frac{\sqrt{x^2-1}}{x}\mathrm{d}x$.

2. 计算下列积分：

(1) $\int_1^e\ln x\,\mathrm{d}x$；

(2) $\int_0^{\frac{\sqrt{3}}{2}}\arccos x\,\mathrm{d}x$；

(3) $\int_0^1 x\mathrm{e}^{-2x}\,\mathrm{d}x$；

(4) $\int_1^4\frac{\ln x}{\sqrt{x}}\mathrm{d}x$；

(5) $\int_0^1 x\arctan x\,\mathrm{d}x$；

(6) $\int_0^{\frac{\pi}{4}}x\cos 2x\,\mathrm{d}x$；

(7) $\int_0^{\frac{\pi}{2}}x\sin x\,\mathrm{d}x$；

(8) $\int_0^{\pi}x^2\cos 2x\,\mathrm{d}x$；

(9) $\int_0^{\pi}(x\sin x)^2\mathrm{d}x$；

(10) $\int_0^{\frac{\pi}{2}}\mathrm{e}^x\sin x\,\mathrm{d}x$；

(11) $\int_0^{\frac{\pi}{2}}\mathrm{e}^{2x}\cos x\,\mathrm{d}x$；

(12) $\int_0^{\frac{\pi^2}{4}}\cos\sqrt{x}\,\mathrm{d}x$.

3. 设$f(x)$是连续函数，证明：

$$\int_0^x f(t)(x-t)\mathrm{d}t=\int_0^x\left[\int_0^t f(x)\mathrm{d}x\right]\mathrm{d}t.$$

4. 设 $f(x)$在 $[a, b]$ 上连续,证明:

$$\int_a^b f(x)\mathrm{d}x = \int_a^b f(a+b-x)\mathrm{d}x.$$

5. 若 $f(t)$是连续的奇函数,证明 $\int_0^x f(t)\mathrm{d}t$ 是偶函数;若 $f(t)$是连续的偶函数,证明 $\int_0^x f(t)\mathrm{d}t$ 是奇函数.

§4 广义积分

前面我们讲的定积分 $\int_a^b f(x)\mathrm{d}x$ 是在下述条件下讨论的:

(1) 积分区间$[a, b]$有限;

(2) 被积分函数 $f(x)$在$[a, b]$上有界.

然而,在实际问题中,常会遇到积分区间为无穷区间或者被积函数在有限积分区间上为无界函数的积分. 因此,有必要将定积分加以推广,引入广义积分的概念.

一、无穷限的广义积分

定义 4.1 设函数 $f(x)$在区间$[a, +\infty)$上连续,取 $u>a$,如果极限

$$\lim_{u\to+\infty}\int_a^u f(x)\mathrm{d}x = J$$

存在,则此极限 J 为函数 $f(x)$在$[a, +\infty)$上的广义积分或反常积分. 记作

$$J = \int_a^{+\infty} f(x)\mathrm{d}x = \lim_{u\to+\infty}\int_a^u f(x)\mathrm{d}x.$$

此时,我们称广义积分 $\int_a^{+\infty} f(x)\mathrm{d}x$ 存在或收敛;如果上述极限不存在,则称$\int_a^{+\infty} f(x)\mathrm{d}x$ 发散.

类似地,可定义函数 $f(x)$在$(-\infty, b]$上的广义积分为:

$$\int_{-\infty}^b f(x)\mathrm{d}x = \lim_{u\to-\infty}\int_u^b f(x)\mathrm{d}x.$$

如果上述极限存在,则称广义积分$\int_{-\infty}^b f(x)\mathrm{d}x$ 收敛;否则称为发散.

也可定义函数 $f(x)$在$(-\infty, +\infty)$上的广义积分. 称 $\int_{-\infty}^{+\infty} f(x)\mathrm{d}x$ 为收敛的,当且仅当广义积分$\int_{-\infty}^c f(x)\mathrm{d}x$ 与$\int_c^{+\infty} f(x)\mathrm{d}x$ 均收敛,且

$$\int_{-\infty}^{+\infty} f(x)\mathrm{d}x = \int_{-\infty}^c f(x)\mathrm{d}x + \int_c^{+\infty} f(x)\mathrm{d}x \quad (c \text{ 为实数}).$$

当$\int_{-\infty}^c f(x)\mathrm{d}x$ 与$\int_c^{+\infty} f(x)\mathrm{d}x$ 中至少有一个发散时,则称广义积分$\int_{-\infty}^{+\infty} f(x)\mathrm{d}x$ 发散.

例 1 设 p 为常数,试讨论 $\int_1^{+\infty}\frac{1}{x^p}\mathrm{d}x$ 的敛散性.

解 当 $p=1$ 时,

$$\int_1^{+\infty}\frac{1}{x}\mathrm{d}x=\lim_{u\to+\infty}\int_1^u\frac{1}{x}\mathrm{d}x=\lim_{u\to+\infty}\ln|x|\Big|_1^u=\lim_{u\to+\infty}\ln|u|-\ln 1=+\infty(\text{不存在}).$$

所以,$\int_1^{+\infty}\frac{1}{x}\mathrm{d}x$ 是发散的.

当 $p\neq 1$ 时,

$$\int_1^{+\infty}\frac{1}{x^p}\mathrm{d}x=\lim_{u\to+\infty}\int_1^u\frac{1}{x^p}\mathrm{d}x=\lim_{u\to+\infty}\frac{1}{-p+1}x^{-p+1}\Big|_1^u$$
$$=\lim_{u\to+\infty}\frac{1}{-p+1}u^{-p+1}-\frac{1}{1-p},$$

因为 $-p+1>0$,即 $p<1$ 时,$\lim_{u\to+\infty}u^{-p+1}=+\infty$.
而 $-p+1<0$,即 $p>1$ 时,$\lim_{u\to+\infty}u^{-p+1}=0$.

所以,当 $p<1$ 时,$\int_1^{+\infty}\frac{1}{x^p}\mathrm{d}x=+\infty$,即$\int_1^{+\infty}\frac{1}{x^p}\mathrm{d}x$ 是发散的.

$p>1$ 时,$\int_1^{+\infty}\frac{1}{x^p}\mathrm{d}x=\frac{1}{p-1}$,即$\int_1^{+\infty}\frac{1}{x^p}\mathrm{d}x$ 是收敛的.

综上所述:当 $p\leqslant 1$ 时,广义积分$\int_1^{+\infty}\frac{1}{x^p}\mathrm{d}x$ 发散;当 $p>1$ 时,广义积分$\int_1^{+\infty}\frac{1}{x^p}\mathrm{d}x$ 收敛,且其值为$\frac{1}{p-1}$.

由无穷区间广义积分的定义,可知无穷区间广义积分的计算一般是在计算定积分$\int_a^b f(x)\mathrm{d}x$ 之后再求极限. 若极限存在,则收敛;若极限不存在,则发散.

另外,为了书写方便,在具体计算中,可以将无穷区间上的广义积分的积分限看作$+\infty$或$-\infty$,即

$$\int_a^{+\infty}f(x)\mathrm{d}x=F(x)\Big|_a^{+\infty}=F(+\infty)-F(a)=\lim_{x\to+\infty}F(x)-F(a),$$
$$\int_{-\infty}^b f(x)\mathrm{d}x=F(x)\Big|_{-\infty}^{+b}=F(b)-F(-\infty)=F(b)-\lim_{x\to-\infty}F(x),$$

其中,$F(x)$为 $f(x)$的一个原函数.

例 2 计算$\int_{-\infty}^{+\infty}\frac{1}{1+x^2}\mathrm{d}x$.

解
$$\int_{-\infty}^{+\infty}\frac{1}{1+x^2}\mathrm{d}x=\arctan x\Big|_{-\infty}^{+\infty}$$
$$=\lim_{x\to+\infty}\arctan x-\lim_{x\to-\infty}\arctan x$$
$$=\frac{\pi}{2}-\left(-\frac{\pi}{2}\right)=\pi.$$

这个广义积分的几何意义是：当 $a\to-\infty$，$b\to+\infty$ 时，虽然图 4-1 中阴影部分向左、右无限延伸，但其面积却有极限值 π. 简单地说，它是位于曲线$\dfrac{1}{1+x^2}$的下方，x 轴上方的图形面积.

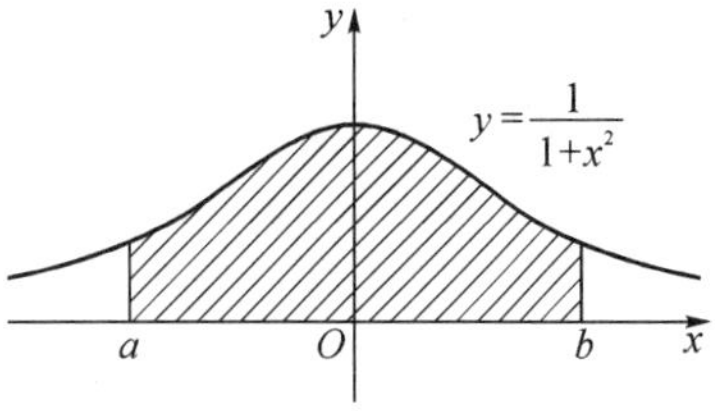

图 4-1

例 3 计算$\int_0^{+\infty} x\mathrm{e}^{-x}\mathrm{d}x$.

解 $\int_0^{+\infty} x\mathrm{e}^{-x}\mathrm{d}x=-\int_0^{+\infty} x\,\mathrm{d}\mathrm{e}^{-x}=-\left(x\mathrm{e}^{-x}\Big|_0^{+\infty}-\int_0^{+\infty}\mathrm{e}^{-x}\mathrm{d}x\right)$

$$=-\lim_{x\to+\infty}x\mathrm{e}^{-x}-\mathrm{e}^{-x}\Big|_0^{+\infty}=0-\lim_{x\to+\infty}x\mathrm{e}^{-x}+1=1.$$

例 4 计算$\int_{-\infty}^{+\infty}\dfrac{\arctan^2 x}{1+x^2}\mathrm{d}x$.

解 $\int_{-\infty}^{+\infty}\dfrac{\arctan^2 x}{1+x^2}\mathrm{d}x=\int_{-\infty}^{0}\dfrac{\arctan^2 x}{1+x^2}\mathrm{d}x+\int_{0}^{+\infty}\dfrac{\arctan^2 x}{1+x^2}\mathrm{d}x$.

而
$$\int_{-\infty}^{0}\frac{\arctan^2 x}{1+x^2}\mathrm{d}x=\frac{1}{3}\arctan^3 x\Big|_{-\infty}^{0}=0-\frac{1}{3}\left(-\frac{\pi}{2}\right)^3=\frac{\pi^3}{24},$$

$$\int_{0}^{+\infty}\frac{\arctan^2 x}{1+x^2}\mathrm{d}x=\frac{1}{3}\arctan^3 x\Big|_{0}^{+\infty}=\frac{1}{3}\left(\frac{\pi}{2}\right)^3-0=\frac{\pi^3}{24},$$

故
$$\int_{-\infty}^{+\infty}\frac{\arctan^2 x}{1+x^2}\mathrm{d}x=\frac{\pi^3}{24}+\frac{\pi^3}{24}=\frac{\pi^3}{12}.$$

二、无界函数的广义积分

现在我们把定积分推广到被积函数为无界函数的情形.

如果函数 $f(x)$在点 a 的任一邻域内都无界，那么点 a 称为函数 $f(x)$的瑕点（也称为无界间断点）. 无界函数的反常积分又称为瑕积分.

定义 4.2 设函数 $f(x)$在区间$(a, b]$上连续，点 a 为 $f(x)$的瑕点. 任取 $\varepsilon>0$，如果极限

$$\lim_{\varepsilon\to0^+}\int_{a+\varepsilon}^{b}f(x)\mathrm{d}x=J$$

存在，那么此极限 J 为函数 $f(x)$在$(a, b]$上的广义积分，记作$\int_a^b f(x)\mathrm{d}x$，即

$$\int_a^b f(x)\mathrm{d}x=\lim_{\varepsilon\to0^+}\int_{a+\varepsilon}^{b}f(x)\mathrm{d}x=J.$$

此时，我们称广义积分$\int_a^b f(x)\mathrm{d}x$ 收敛；如果上述极限不存在，则称广义积分$\int_a^b f(x)\mathrm{d}x$ 发散.

类似地，对于函数 $f(x)$在$[a, b)$上连续，点 b 为 $f(x)$的瑕点的广义积分定义为

$$\int_a^b f(x)\mathrm{d}x=\lim_{\varepsilon\to0^+}\int_{a}^{b-\varepsilon}f(x)\mathrm{d}x.$$

如果上述极限存在,那么称广义积分$\int_a^b f(x)\mathrm{d}x$ 收敛;否则称为发散.

设函数 $f(x)$在区间$[a, b]$上除 $x=c$, $a<c<b$ 外均连续,而点 c 为$f(x)$的瑕点. 如果两个广义积分$\int_a^c f(x)\mathrm{d}x$ 与$\int_c^b f(x)\mathrm{d}x$ 均收敛,那么称$\int_a^b f(x)\mathrm{d}x$ 收敛,且

$$\int_a^b f(x)\mathrm{d}x=\int_a^c f(x)\mathrm{d}x+\int_c^b f(x)\mathrm{d}x.$$

当$\int_a^c f(x)\mathrm{d}x$ 与$\int_c^b f(x)\mathrm{d}x$ 中至少有一个发散时,则称广义积分$\int_a^b f(x)\mathrm{d}x$ 发散.

计算无界函数的反常积分,也可借助牛顿—莱布尼兹公式.

若 $F(x)$ 为 $f(x)$ 的原函数, a 为瑕点,则有

$$\int_a^b f(x)\mathrm{d}x=\lim_{\varepsilon\to 0^+}\int_{a+\varepsilon}^b f(x)\mathrm{d}x=\lim_{\varepsilon\to 0^+}[F(x)]_{a+\varepsilon}^b=F(b)-\lim_{\varepsilon\to 0^+}F(a+\varepsilon).$$

可采用如下简记形式:

$$\int_a^b f(x)\mathrm{d}x=\Big[F(x)\Big]_a^b=F(b)-\lim_{\varepsilon\to 0^+}F(a+\varepsilon).$$

对于 $f(x)$在$[a, b)$上连续, b 为瑕点的反常积分,也有类似的计算公式.

例 5 计算广义积分$\int_2^3\frac{1}{\sqrt{x-2}}\mathrm{d}x$.

解 函数 $f(x)=\frac{1}{\sqrt{x-2}}$ 在区间$(2, 3]$上连续,而$\lim\limits_{x\to 2^+}\frac{1}{\sqrt{x-2}}=+\infty$,所以点 2 为瑕点.任取 $\varepsilon>0$,

$$\begin{aligned}\int_2^3\frac{1}{\sqrt{x-2}}\mathrm{d}x&=\lim_{\varepsilon\to 0^+}\int_{2+\varepsilon}^3\frac{1}{\sqrt{x-2}}\mathrm{d}x=\lim_{\varepsilon\to 0^+}2\sqrt{x-2}\,\Big|_{2+\varepsilon}^3\\&=\lim_{\varepsilon\to 0^+}2\left[\sqrt{3-2}-\sqrt{\varepsilon}\right]=2.\end{aligned}$$

即广义积分$\int_2^3\frac{1}{\sqrt{x-2}}\mathrm{d}x$ 收敛于 2.

例 6 计算广义积分$\int_0^1\ln x\,\mathrm{d}x$.

解 函数 $f(x)=\ln x$ 在区间$(0, 1]$内连续,而$\lim\limits_{x\to 0^+}\ln x=-\infty$,任取 $\varepsilon>0$,

$$\begin{aligned}\int_0^1\ln x\,\mathrm{d}x&=\lim_{\varepsilon\to 0^+}\int_{0+\varepsilon}^1\ln x\,\mathrm{d}x=\lim_{\varepsilon\to 0^+}(x\ln x-x)\Big|_\varepsilon^1\\&=[\ln 1-1]-\lim_{\varepsilon\to 0^+}[\varepsilon\ln\varepsilon-\varepsilon],\end{aligned}$$

其中 $$\lim_{\varepsilon\to 0^+}\varepsilon\ln\varepsilon=0,$$

所以 $$\int_0^1\ln x\,\mathrm{d}x=-1.$$

例 7 证明广义积分$\int_a^b\frac{\mathrm{d}x}{(x-a)^q}$ 当 $0<q<1$ 时收敛;当 $q\geqslant 1$ 时发散.

证 当 $q=1$ 时，

$$\int_a^b \frac{\mathrm{d}x}{(x-a)^q}=\int_a^b \frac{\mathrm{d}x}{(x-a)}=\ln(x-a)\Big|_a^b$$
$$=\ln(b-a)-\lim_{x\to a^+}\ln(x-a)=+\infty.$$

当 $q\neq 1$ 时，

$$\int_a^b \frac{\mathrm{d}x}{(x-a)^q}=\frac{(x-a)^{1-q}}{1-q}\Big|_a^b=\begin{cases}\dfrac{(b-a)^{1-q}}{1-q}, & 0<q<1\\ +\infty, & q>1\end{cases}.$$

因此，当 $0<q<1$ 时，此广义积分收敛，其值是 $\dfrac{(b-a)^{1-q}}{1-q}$；当 $q\geqslant 1$ 时发散.

例 8 考察 $\int_{-1}^1 \dfrac{\mathrm{d}x}{x^3}$.

解 被积函数在区间 $[-1,0)\cup(0,1]$ 内连续，$x=0$ 处为无穷间断点.
利用定义

$$\int_{-1}^1 \frac{\mathrm{d}x}{x^3}=\int_{-1}^0 \frac{\mathrm{d}x}{x^3}+\int_0^1 \frac{\mathrm{d}x}{x^3},$$

其中 $$\int_{-1}^0 \frac{\mathrm{d}x}{x^3}=\lim_{\varepsilon\to 0^-}\int_{-1}^{\varepsilon} \frac{\mathrm{d}x}{x^3}=\lim_{\varepsilon\to 0^-}\left[\left(-\frac{1}{2}\right)\frac{1}{\varepsilon^2}+\frac{1}{2}\right]=-\infty,$$

所以 $\int_{-1}^0 \dfrac{\mathrm{d}x}{x^3}$ 发散，同理 $\int_0^1 \dfrac{\mathrm{d}x}{x^3}$ 也发散. 因此广义积分 $\int_{-1}^1 \dfrac{\mathrm{d}x}{x^3}$ 发散.

注意：如果不注意到 $\int_{-1}^1 \dfrac{\mathrm{d}x}{x^3}$ 的被积函数在 $x=0$ 处为无穷间断点，会发生如下错误：

$$\int_{-1}^1 \frac{\mathrm{d}x}{x^3}=0.$$

三、Γ 函数

定义 4.3 广义积分 $\int_0^{+\infty} x^{\alpha-1}\mathrm{e}^{-x}\mathrm{d}x\ (\alpha>0)$，作为参变量 α 的函数，称为 Γ 函数，记为 $\Gamma(\alpha)$，即

$$\Gamma(\alpha)=\int_0^{+\infty} x^{\alpha-1}\mathrm{e}^{-x}\mathrm{d}x.$$

可以证明 $\alpha>0$ 时，$\Gamma(\alpha)$ 收敛. Γ 函数是概率论中一个重要函数，并有下列性质：

性质 1 $\Gamma(1)=1$.

性质 2 $\Gamma(\alpha+1)=\alpha\Gamma(\alpha)$.

性质 3 n 为自然数，$\Gamma(n+1)=n!$.

性质 4 $\Gamma\left(\dfrac{1}{2}\right)=\sqrt{\pi}$.

下面我们证明之.

证 显然，$\Gamma(1)=\int_0^{+\infty} e^{-x}dx=1$.

由分部积分公式，

$$\Gamma(\alpha+1)=\int_0^{+\infty} x^{\alpha}e^{-x}dx=-\int_0^{+\infty} x^{\alpha}d(e^{-x})=-\left(x^{\alpha}e^{-x}\Big|_0^{+\infty}-\int_0^{+\infty} e^{-x}dx^{\alpha}\right)$$
$$=-x^{\alpha}e^{-x}\Big|_0^{+\infty}+\int_0^{+\infty} e^{-x}\alpha x^{\alpha-1}dx$$
$$=-x^{\alpha}e^{-x}\Big|_0^{+\infty}+\alpha\int_0^{+\infty} e^{-x}x^{\alpha-1}dx,$$

利用洛必达法则，可得

$$x^{\alpha}e^{-x}\Big|_0^{+\infty}=\lim_{x\to+\infty} x^{\alpha}e^{-x}-0=0,$$

所以

$$\Gamma(\alpha+1)=\alpha\int_0^{+\infty} x^{\alpha-1}e^{-x}dx=\alpha\Gamma(\alpha).$$

当 α 为自然数时，性质 3 成立.

性质 4 将在后面章节中证明.

例 9 计算下列积分：

(1) $\int_0^{+\infty} e^{-x^2}dx$； (2) $\int_0^{+\infty} \sqrt{x}\,e^{-2x}dx$.

解 (1) 利用 $\Gamma\left(\frac{1}{2}\right)=\sqrt{\pi}$，即 $\int_0^{+\infty} x^{-\frac{1}{2}}e^{-x}dx=\sqrt{\pi}$. 令 $t=x^{\frac{1}{2}}$，则 $x=t^2$，$dx=2t\,dt$. 得 $\int_0^{+\infty} t^{-1}e^{-t^2}2t\,dt=\sqrt{\pi}$，即 $2\int_0^{+\infty} e^{-t^2}dt=\sqrt{\pi}$，从而 $\int_0^{+\infty} e^{-x^2}dx=\frac{\sqrt{\pi}}{2}$.

(2) 令 $t=2x$，则 $x=\frac{t}{2}$，$dx=\frac{dt}{2}$. 于是

$$\int_0^{+\infty} \sqrt{x}\,e^{-2x}dx=\int_0^{+\infty} \sqrt{\frac{t}{2}}\,e^{-t}\,\frac{dt}{2}=\frac{\sqrt{2}}{4}\int_0^{+\infty} \sqrt{t}\,e^{-t}dt=\frac{\sqrt{2}}{4}\Gamma\left(\frac{3}{2}\right)$$
$$=\frac{\sqrt{2}}{4}\,\frac{1}{2}\Gamma\left(\frac{1}{2}\right)=\frac{1}{8}\sqrt{2\pi}.$$

习题 5-4

1. 求下列广义积分：

(1) $\int_0^{+\infty} e^{-x}dx$； (2) $\int_1^{+\infty} \frac{1}{x^3}dx$；

(3) $\int_0^{+\infty} \cos x\,dx$； (4) $\int_0^{+\infty} x e^{-x}dx$；

(5) $\int_0^1 \frac{dx}{\sqrt{1-x}}$； (6) $\int_0^{+\infty} \frac{x}{1+x^2}dx$；

(7) $\int_{-1}^1 \frac{dx}{\sqrt{1-x^2}}$； (8) $\int_0^1 \frac{x}{\sqrt{1-x^2}}dx$；

(9) $\int_1^e \frac{1}{x\sqrt{1-(\ln x)^2}}dx$；　　(10) $\int_0^2 \frac{1}{\sqrt{(1-x)^2}}dx$.

2. 计算：

(1) $\frac{\Gamma(5)}{2\Gamma(3)}$；　　(2) $\frac{\Gamma(3)\Gamma\left(\frac{5}{2}\right)}{\Gamma\left(\frac{3}{2}\right)}$；

(3) $\frac{\Gamma(7)}{2\Gamma(4)\Gamma(3)}$；　　(4) $\frac{\Gamma(3)\Gamma\left(\frac{3}{2}\right)}{\Gamma\left(\frac{9}{2}\right)}$；

(5) $\int_0^{+\infty} x^4 e^{-x}dx$；　　(6) $\int_0^{+\infty} e^{-\sqrt[3]{x}}dx$.

3. 当 k 为何值时，广义积分 $\int_2^{+\infty}\frac{dx}{x(\ln x)^k}$ 收敛？当 k 为何值时，这广义积分发散？又当 k 为何值时，这广义积分取得最小值？

§5 定积分的应用

一、定积分的元素法

在定积分的应用中，经常采用元素法. 为了说明这种方法，我们先回顾一下本章第一节讨论的曲边梯形的面积问题.

设 $f(x)$ 在区间 $[a, b]$ 上连续且 $f(x)\geqslant 0$，求以曲线 $y=f(x)$ 为曲边、底为 $[a, b]$ 的曲边梯形的面积 A. 把这个面积表示为定积分 $A=\int_a^b f(x)dx$ 的步骤是：

(1) 分割，用任意一组分点把区间 $[a, b]$ 分成长度为 $\Delta x_i(i=1, 2, \cdots, n)$ 的 n 个小区间，相应地把曲边梯形分成 n 个小曲边梯形，第 i 个小曲边梯形的面积设为 ΔA_i，于是有 $A=\sum\limits_{i=1}^{n}\Delta A_i$；

(2) 计算 ΔA_i 的近似值 $\Delta A_i\approx f(\xi_i)\Delta x_i\quad(x_{i-1}\leqslant\xi_i\leqslant x_i)$；

(3) 求和，得 A 的近似值 $A\approx\sum\limits_{i=1}^{n}f(\xi_i)\Delta x_i$；

(4) 求极限，记 $\lambda=\max\{\Delta x_1, \Delta x_2, \cdots, \Delta x_i\}$，得 $A=\lim\limits_{\lambda\to 0}\sum\limits_{i=1}^{n}f(\xi_i)\Delta x_i=\int_a^b f(x)dx$.

在上述问题中我们注意到，所求量(即面积 A)与区间 $[a, b]$ 有关. 如果把区间 $[a, b]$ 分成许多部分区间，则所求量相应地分成许多部分量(即 ΔA_i)，而所求量等于所有部分量之和$\left(\text{即 }A=\sum\limits_{i=1}^{n}\Delta A_i\right)$，这一性质称为所求量对于区间 $[a, b]$ 具有可加性. 此外，以 $f(\xi_i)\Delta x_i$ 近似代替部分量 ΔA_i 时，要求它们只相差一个比 Δx_i 高阶的无穷小，以使和式 $\sum\limits_{i=1}^{n}f(\xi_i)\Delta x_i$ 的极限是 A 的精确值，从而 A 可以表示为定积分：

$$A=\int_a^b f(x)\mathrm{d}x.$$

在引出 A 的积分表达式的四个步骤中，主要的是第二步，这一步是要确定 ΔA_i 的近似值 $f(\xi_i)\Delta x_i$，使得

$$A=\lim_{\lambda\to 0}\sum_{i=1}^{n}f(\xi_i)\Delta x_i=\int_a^b f(x)\mathrm{d}x.$$

在实用上，为了简便起见，省略下标 i，用 ΔA 表示任一小区间 $[x,\ x+\mathrm{d}x]$ 上的小曲边梯形的面积. 从而

$$A=\sum\Delta A.$$

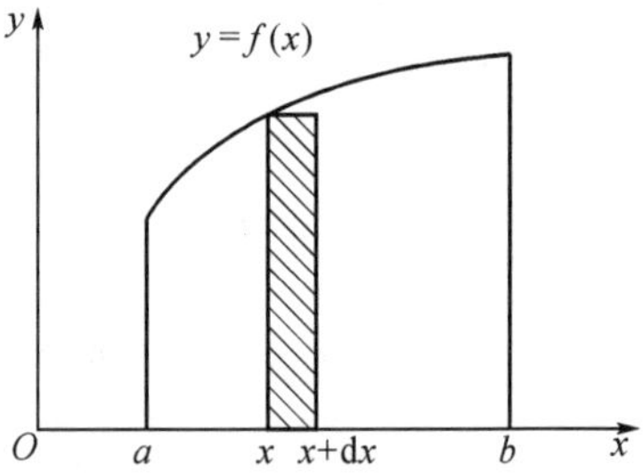

图 5-1

取 $[x,\ x+\mathrm{d}x]$ 的左端点 x 为 ξ，以点 x 处的函数值 $f(x)$ 为高、$\mathrm{d}x$ 为底的矩形的面积 $f(x)\mathrm{d}x$ 为 ΔA 的近似值(如图 5-1 阴影部分所示)，即

$$\Delta A\approx f(x)\mathrm{d}x.$$

上式右端 $f(x)\mathrm{d}x$ 叫作面积元素，记为 $\mathrm{d}A=f(x)\mathrm{d}x$. 于是

$$A\approx\sum f(x)\mathrm{d}x,$$

因此
$$A=\lim_{\lambda\to 0}\sum f(x)\mathrm{d}x=\int_a^b f(x)\mathrm{d}x.$$

一般地，如果某一实际问题中的所求量 U 符合下列条件：

(1) U 是与一个变量 x 的变化区间 $[a,\ b]$ 有关的量；

(2) U 对于区间 $[a,\ b]$ 具有可加性，就是说，如果把区间 $[a,\ b]$ 分成许多部分区间，则 U 相应地分成许多部分量，而 U 等于所有部分量之和；

(3) 部分量 ΔU_i 的近似值可表示为 $f(\xi_i)\Delta x_i$；

那么就可考虑用定积分来表示这个量 U.

通常写出这个量 U 的定积分表达式步骤是：

(1) 根据问题的具体情况，选取一个变量(例如 x)为积分变量，并确定它的变化区间 $[a,\ b]$.

(2) 设想把区间 $[a,\ b]$ 分成 n 个小区间，取其中任一小区间，并记作 $[x,\ x+\mathrm{d}x]$，求出相应于这个小区间的部分量 ΔU 的近似值. 如果 ΔU 能近似地表示为 $[a,\ b]$ 上的一个连续函数在 x 处的值 $f(x)$ 与 $\mathrm{d}x$ 的乘积，就把 $f(x)\mathrm{d}x$ 称为量 U 的元素且记作 $\mathrm{d}U$，即

$$\mathrm{d}U=f(x)\mathrm{d}x.$$

(3) 以所求量 U 的元素 $f(x)\mathrm{d}x$ 为被积表达式，在区间 $[a,\ b]$ 上做定积分，得

$$U=\int_a^b f(x)\mathrm{d}x.$$

这就是所求量 U 的积分表达式.

这个方法通常叫作元素法. 下面我们将应用这个方法来讨论几何、经济中的一些问题.

二、定积分在几何学上的应用

1. 平面图形的面积

由定积分的元素法可知，由曲线 $y=f(x)$ ($f(x)\geqslant 0$) 及直线 $x=a$，$x=b$ ($a<b$) 与 x 轴所围成的曲边梯形的面积 A 是定积分

$$A=\int_a^b f(x)\mathrm{d}x,$$

其中被积表达式 $f(x)\mathrm{d}x$ 就是直角坐标下的面积元素，它表示高为 $f(x)$、底为 $\mathrm{d}x$ 的一个矩形面积.

例 1 计算抛物线 $y^2=2x$ 与直线 $y=x-4$ 所围成的图形的面积.

解 此图形如图 5-2 所示. 为了定出这图形所在的范围，先求出所给抛物线和直线的交点.

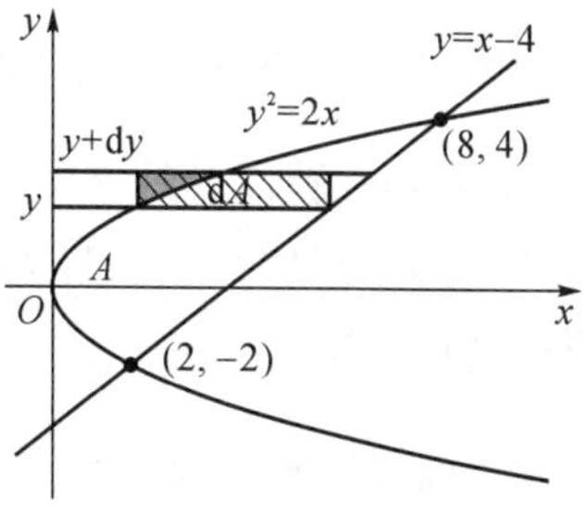

图 5-2

解方程组 $\begin{cases} y^2=2x \\ y=x-4 \end{cases}$，得交点 $(2,-2)$ 和 $(8,4)$，从而知道这图形在直线 $y=-2$ 及 $y=4$ 之间.

现在，选取纵坐标 y 为积分变量，它的变化区间为 $[-2,4]$（读者可以思考一下，取横坐标 x 为积分变量，有什么不方便的地方）. 相应于 $[-2,4]$ 上任一小区间 $[y,y+\mathrm{d}y]$ 的窄条面积近似于底为 $\mathrm{d}y$、高为 $(y+4)-\frac{1}{2}y^2$ 的窄矩形的面积，从而得到面积元素

$$\mathrm{d}A=(y+4-\frac{1}{2}y^2)\mathrm{d}y.$$

以 $\left(y+4-\frac{1}{2}y^2\right)\mathrm{d}y$ 为被积表达式，在闭区间 $[-2,4]$ 上做定积分，便得所求面积为

$$A=\int_{-2}^{4}\left(y+4-\frac{1}{2}y^2\right)\mathrm{d}y=\left[\frac{y^2}{2}+4y-\frac{y^3}{6}\right]_{-2}^{4}=18.$$

由例 1 可以发现，积分变量选得适当，可使计算方便.

2. 体积

(1) 旋转体的体积

旋转体就是由一个平面图形绕这平面内一条直线旋转一周而成的立体. 这直线叫作旋转轴. 圆柱、圆锥、圆台、球体可以分别看成是由矩形绕它的一条边、直角三角形绕它的直角边、直角梯形绕它的直角腰、半圆绕它的直径旋转一周而成的立体，所以它们都是旋转体.

上述旋转体都可以看作是由连续曲线 $y=f(x)$、直线 $x=a$、$x=b$ 及 x 轴所围成的曲边梯形绕 x 轴旋转一周而成的立体，如图 5-3 所示. 现在我们考虑用定积分来计算这种旋转体的体积.

取横坐标 x 为积分变量，它的变化区间为 $[a,b]$. 相应于 $[a,b]$ 上的任一小区间 $[x,x+\mathrm{d}x]$ 的窄曲边梯形绕 x 轴旋转而成的薄片的体积近似于以 $f(x)$ 为底半径、$\mathrm{d}x$ 为高的扁圆柱体的体积

(见图 5-3),即体积元素

$$dV=\pi[f(x)]^2dx.$$

以 $\pi[f(x)]^2dx$ 为被积表达式,在闭区间$[a, b]$上做定积分,便得所求旋转体体积为

$$V=\int_a^b\pi[f(x)]^2dx.$$

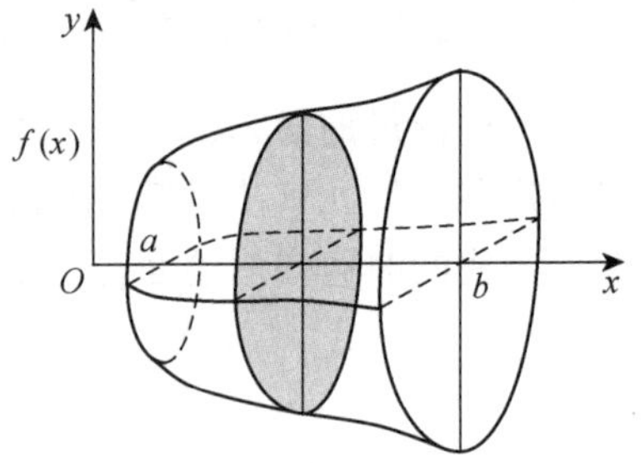

图 5-3

例 2 计算由椭圆 $\frac{x^2}{a^2}+\frac{y^2}{b^2}=1$ 绕 x 轴旋转而成的旋转体(称为旋转椭球体)的体积.

解 绕 x 轴旋转形成的椭球体可看作是由上半椭圆 $y=b\sqrt{1-\frac{x^2}{a^2}}$ 以及 x 轴围成的封闭图形绕 x 轴旋转而成的立体.

取 x 为积分变量,它的变化区间为$[-a, a]$. 旋转椭球体中相应于$[-a, a]$上任一小区间$[x, x+dx]$的薄片的体积,近似于底半径为 $b\sqrt{1-\frac{x^2}{a^2}}$、高为 dx 的扁圆柱体的体积(见图 5-4),即体积元素

$$dV=\pi\left[b\sqrt{1-\frac{x^2}{a^2}}\right]^2dx.$$

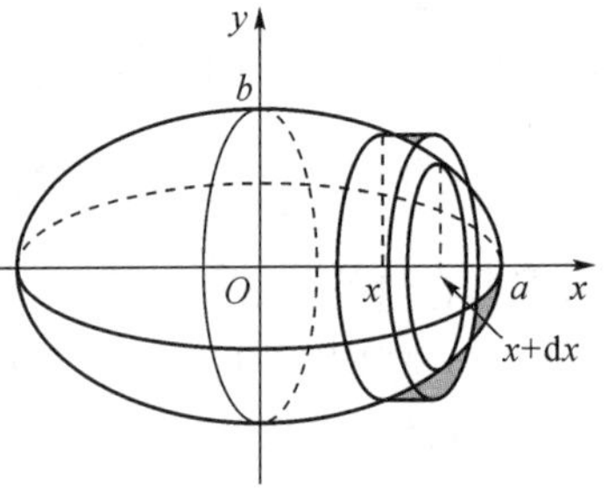

图 5-4

于是,所求旋转椭球体的体积为

$$V=\pi\int_{-a}^{a}\left[b\sqrt{1-\frac{x^2}{a^2}}\right]^2dx=2\pi b^2\int_0^a\left(1-\frac{x^2}{a^2}\right)dx=2\pi b^2\left(x-\frac{x^3}{3a^2}\right)\Big|_0^a=\frac{4}{3}\pi ab^2.$$

当 $a=b$ 时,旋转椭球体就成为半径为 a 的球体,它的体积为$\frac{4}{3}\pi a^3$.

(2) 平行截面面积为已知的立体的体积

从计算旋转体体积的过程可以看出:一个立体不是旋转体,但如果知道该立体上垂直于一定轴的各个截面的面积,那么这个立体的体积也可以用定积分来计算.

如图 5-5 所示,取上述定轴为 x 轴,并设该立体在过点 $x=a$, $x=b$ 且垂直于 x 轴的两个平面之间,以 $A(x)$表示过点 x 且垂直于 x 轴的截面面积. 假定 $A(x)$为 x 的已知的连续函数. 这时,取 x 为积分变量,它的变化区间为$[a, b]$;立体中相应于$[a, b]$上任一小区间$[x, x+dx]$的一薄片的体积,近似于底面积为 $A(x)$、高为 dx 的扁柱体的体积,即体积元素

$$dV=A(x)dx.$$

以 $A(x)dx$ 为被积表达式,在闭区间$[a, b]$上做定积分,便得所求立体的体积

$$V=\int_a^bA(x)dx.$$

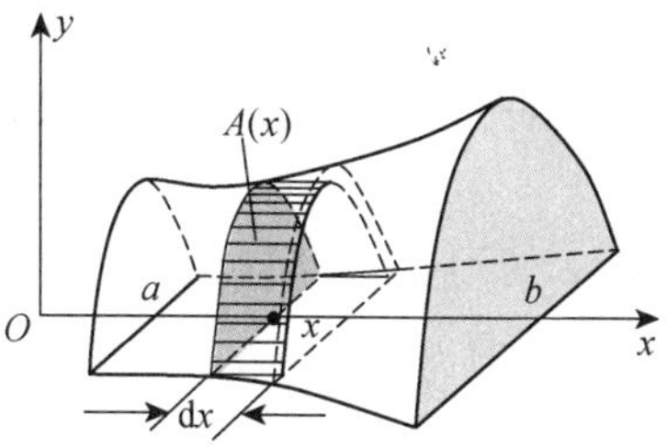

图 5-5

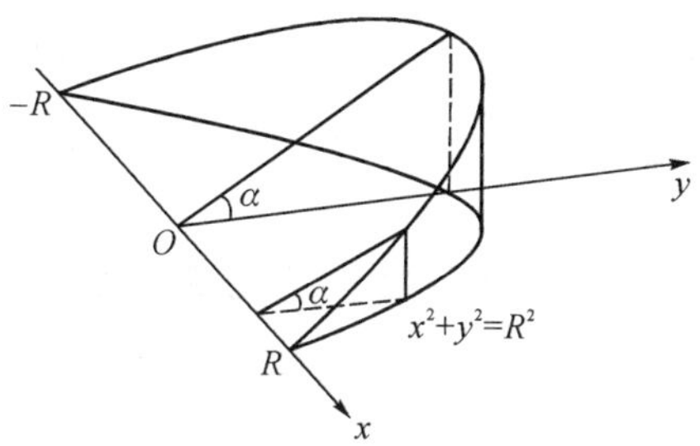

图 5-6

例 3 一平面经过半径为 R 的圆柱体的底圆中心,并与底面交成角 α(见图 5-6). 计算这平面截圆柱体所得立体的体积.

解 取这平面与圆柱体的底面的交线为 x 轴,底面上过圆中心且垂直于 x 轴的直线为 y 轴. 那么,底圆的方程为 $x^2+y^2=R^2$. 立体中过 x 轴上的点 x 且垂直于 x 轴的截面是一个直角三角形. 它的两条直角边的长分别为 y 及 $y\tan\alpha$,即 $\sqrt{R^2-x^2}$ 及 $\sqrt{R^2-x^2}\tan\alpha$. 因而截面积为

$$A(x)=\frac{1}{2}(R^2-x^2)\tan\alpha,$$

于是所求立体体积为

$$V=\int_{-R}^{R}\frac{1}{2}(R^2-x^2)\tan\alpha\,dx=\frac{1}{2}\tan\alpha\left[R^2x-\frac{1}{3}x^3\right]_{-R}^{R}=\frac{2}{3}R^3\tan\alpha.$$

3. 平面曲线的弧长

我们知道,圆的周长可以利用圆的内接正多边形的周长当边数无限增多时的极限来确定. 现在用类似的方法来建立平面的连续曲线弧长的概念,从而用定积分来计算弧长.

设 A、B 是曲线弧的两个端点. 在弧 $\overset{\frown}{AB}$ 上依次任取分点 $A=M_0, M_1, M_2, \cdots, M_{i-1}, M_i, \cdots, M_{n-1}, M_n=B$,并依次连接相邻的分点的一折线(见图 5-7).

当分点的数目无限增加且每个小段 $\overset{\frown}{M_{i-1}M_i}$ 都缩向一点时,如果此折线的长 $\sum\limits_{i=1}^{n}|M_{i-1}M_i|$ 的极限存在,则称此极限为曲线弧 $\overset{\frown}{AB}$ 的弧长,并称此曲线弧 $\overset{\frown}{AB}$ 是可求长的.

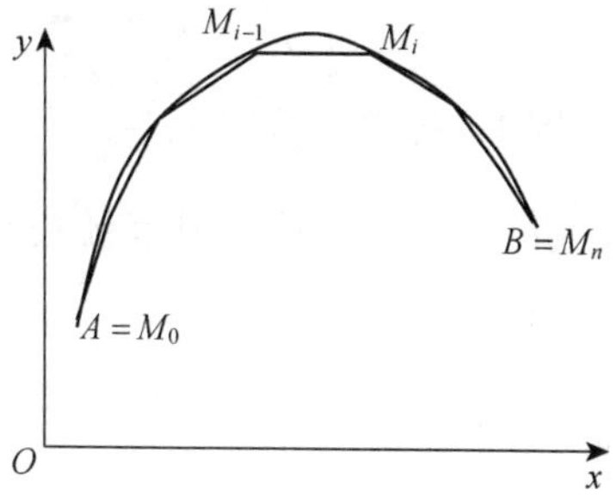

图 5-7

对光滑的曲线弧(当曲线上每一点处都具有切线,且切线随切点的移动而连续运动,这样的曲线称为光滑曲线),有如下结论:

定理 5.1 光滑曲线弧是可求长的.

这个定理我们不加证明. 由于光滑曲线弧是可求长的,故可应用定积分来计算弧长. 下面我们利用定积分的元素法来讨论平面光滑曲线弧长的计算公式.

设曲线弧由参数方程

$$\begin{cases} x=\varphi(t) \\ y=\psi(t) \end{cases} \quad (\alpha \leqslant t \leqslant \beta)$$

给出，其中 $\varphi(t)$、$\psi(t)$在$[\alpha, \beta]$上具有连续导数，且 $\varphi'(t)$、$\psi'(t)$不同时为零. 现在来计算这曲线弧的长度.

取参数 t 为积分变量，它的变化区间为$[\alpha, \beta]$. 相应于$[\alpha, \beta]$上任一小区间 $[t, t+\mathrm{d}t]$ 的小弧段的长度 Δs 近似等于对应的弦的长度 $\sqrt{(\Delta x)^2+(\Delta y)^2}$，因为

$$\Delta x=\varphi(t+\mathrm{d}t)-\varphi(t) \approx \mathrm{d}x=\varphi'(t)\mathrm{d}t,$$
$$\Delta y=\psi(t+\mathrm{d}t)-\psi(t) \approx \mathrm{d}y=\psi'(t)\mathrm{d}t,$$

所以，Δs 的近似值(弧微分)即弧长元素为

$$\begin{aligned} \mathrm{d}s=\sqrt{(\mathrm{d}x)^2+(\mathrm{d}y)^2} &=\sqrt{\varphi'^2(t)(\mathrm{d}t)^2+\psi'^2(t)(\mathrm{d}t)^2} \\ &=\sqrt{\varphi'^2(t)+\psi'^2(t)}\,\mathrm{d}t. \end{aligned}$$

于是所求弧长为

$$s=\int_\alpha^\beta \sqrt{\varphi'^2(t)+\psi'^2(t)}\,\mathrm{d}t.$$

当曲线弧由直角坐标方程

$$y=f(x) \quad (a \leqslant x \leqslant b)$$

给出，其中 $f(x)$在$[a, b]$上具有一阶连续导数，这时曲线弧有参数方程

$$\begin{cases} x=x, \\ y=f(x) \end{cases} \quad (a \leqslant x \leqslant b),$$

从而所求的弧长为

$$s=\int_a^b \sqrt{1+y'^2}\,\mathrm{d}x.$$

例 4 计算曲线 $y=\frac{2}{3}x^{3/2}$ 上相应于 $a \leqslant x \leqslant b$ 的一段弧的长度.

解 因 $y'=x^{1/2}$，从而弧长元素

$$\mathrm{d}s=\sqrt{1+(x^{1/2})^2}\,\mathrm{d}x=\sqrt{1+x}\,\mathrm{d}x.$$

因此，所求弧长为

$$s=\int_a^b \sqrt{1+x}\,\mathrm{d}x=\left[\frac{2}{3}(1+x)^{3/2}\right]_a^b=\frac{2}{3}\left[(1+b)^{3/2}-(1+a)^{3/2}\right].$$

三、定积分在经济学上的应用

1. 由边际函数求总函数

(1) 已知某产品的总成本 $C(Q)$的边际成本为 $C'(Q)=MC$，则该产品产量为 Q 时的总成本为

$$C(Q)=\int_0^Q MC\mathrm{d}Q+C_0,$$

其中,C_0 为固定成本,$\int_0^Q MC\mathrm{d}Q$ 为可变成本.

由上式进一步推得,当产量从 Q_1 变到 Q_2 时,总成本的改变量为

$$\Delta C=\int_{Q_1}^{Q_2} MC\mathrm{d}Q,$$

平均改变量为

$$\overline{\Delta C}=\frac{\Delta C}{\Delta Q}.$$

(2) 若边际收益函数为

$$R'(Q)=MR,$$

则总收益函数可表示为

$$R(Q)=\int_0^Q MR\mathrm{d}Q.$$

(3) 若边际利润函数为

$$L'(Q)=ML=MR-MC,$$

则总利润函数为

$$L(Q)=\int_0^Q (MR-MC)\mathrm{d}Q-C_0,$$

其中,C_0 为固定成本,$\int_0^Q (MR-MC)\mathrm{d}Q$ 为不计固定成本下的利润函数,也称毛利润.

例 5 某工厂生产一种产品,每天产量为 Q(单位:t)时的总成本为 $C(Q)$,已知边际成本为 $MC=\frac{\mathrm{d}C}{\mathrm{d}Q}=100+6Q-0.6Q^2$,试求:产品从 2t 增加到 4t 时的总成本及平均成本.

解 当产量从 2t 增加到 4t 时,总成本的改变量为

$$\Delta C=\int_2^4(100+6Q-0.6Q^2)\mathrm{d}Q=[100Q+3Q^2-0.2Q^3]\Big|_2^4=224.8.$$

此时的平均成本为

$$\overline{\Delta C}=\frac{\Delta C}{\Delta Q}=\frac{224.8}{2}=112.4.$$

例 6 已知某产品的边际成本 $MC=2$(元/件),固定成本为 0,边际收益为 $MR=20-0.02Q$,求:

(1) 产量为多少时利润最大?

(2) 在最大利润产量的基础上,再生产 40 件,利润会发生什么变化?

解 (1) 由条件可知,$ML=MR-MC=20-0.02Q-2=18-0.02Q$,令$\frac{\mathrm{d}L}{\mathrm{d}Q}=ML=0$,

即 $18-0.02Q=0$,解出驻点为 $Q=900$(件).

又 $L''(Q)=\frac{\mathrm{d}ML}{\mathrm{d}Q}=-0.02<0$,因此 $Q=900$ 为 $L(Q)$ 极大值点,即当产量为 900 件时可获得最大利润.

(2) 当产量由 900 增加到 940 时,利润的改变量为

$$\Delta L=\int_{900}^{940}ML\,\mathrm{d}Q=\int_{900}^{940}(18-0.02Q)\mathrm{d}Q=18Q-0.01Q^2\Big|_{900}^{940}=-16(\text{元}).$$

也就是说,产量增加了,利润反而减少了 16 元.

2. 收支流的贴现价值

在现代经济理论中,常常谈到货币的时间价值. 若现有的 A_0 元钱按年利率 r 作连续复利计算,则 t 年后的价值为 $A_0\mathrm{e}^{rt}$ 元. 同样,若 t 年后有 A_0 元钱,其现值即贴现价值为 $A_0\mathrm{e}^{-rt}$.

如果支付或收入不是一次实现,而是在每个时间周期里连续均匀地收入或支出一个固定的数额 A_0,则称此类收入或支出为均匀收支流,A_0 称为收入或支出的流量. 对更一般的收支流,并不要求收入关于时间变化率为常数 A_0,它也可以是时间变量的函数 $f(t)$,这时称为非均匀收支流.

设 r 表示一周期利率(若周期为年,r 就是年利率),t 表示时间,在 t 时刻的收支流为 $f(t)$,在时间间隔$[t,\ t+\Delta t]$内可得收入(或支出)为 $f(t)\Delta t$,而在$[t,\ t+\Delta t]$内,按连续复利计算,收入(或支出)的现值近似地为 $A_0\mathrm{e}^{-rt}\Delta t$. 如果这个收入(或支出)一共延续了 T 年,在时间间隔$[0,\ T]$内的总收入(或支出)的贴现价值 N 可用定积分计算如下:

$$N=\int_0^T f(t)\mathrm{e}^{-rt}\mathrm{d}t.$$

若收支流为流量 A_0 的均匀流,即 $f(t)=A_0$,则得贴现价值为

$$N=\int_0^T A_0\mathrm{e}^{-rt}\mathrm{d}t=-\frac{A_0}{r}\mathrm{e}^{-rt}\Big|_0^T=\frac{A_0}{r}(1-\mathrm{e}^{-rt}).$$

如有一笔投资 I,则这笔投资的纯收入的贴现价值 P 为

$$P=N-I=\frac{A_0}{r}(1-\mathrm{e}^{-rt})-I.$$

当 $P=0$ 时表示收回投资,则收回投资的时间 T 可用下式计算:

$$T=\frac{1}{r}\ln\frac{A_0}{A_0-Ir}.$$

例 7 设某投资公司投资 100 万元建造一个游乐场,在 10 年内获得收入流量 $A_0=20$ 万元/年,设银行利率 $r=0.05$,按连续复利计息,试求:

(1) 这笔投资纯收入的贴现价值 P;

(2) 回收这笔投资所需时间 T.

解 (1) 我们取投资的时刻作为时间基准,则在 10 年内投资总收入的现值为

$$N=\int_0^{10}20\mathrm{e}^{-0.05t}\mathrm{d}t=\frac{20}{0.05}(1-\mathrm{e}^{-0.5})\approx 157.388(\text{万元}),$$

所以投资的纯收入的贴现价值约为

$$P \approx 157.388 - 100 = 57.388(\text{万元}).$$

(2) 回收投资的时间为

$$T = \frac{1}{0.05}\ln\frac{20}{20-100\times 0.05} = \frac{\ln\frac{4}{3}}{0.05} = \frac{2\ln 2-\ln 3}{0.05} \approx 5.57(\text{年}).$$

例 8 设一辆轿车的售价为 14 万元,现某人分期支付购买,准备 20 年付清,按年利率 0.05 连续复利计息,问每年应支付多少元?

解 设某人每年付款数相同,为 A_0 万元,共付 20 年,即 $T=20$,全部付款的总贴现价值 $N=14$ 万元,年利率 $r=0.05$. 于是

$$14 = \frac{A_0}{0.05}(1-\mathrm{e}^{-0.05\times 20}),\quad 0.7 = A_0(1-\mathrm{e}^{-1}),$$

$$A_0 \approx 1.1006(\text{万元}).$$

所以每年应付款约 1.1006 万元.

习题 5-5

1. 求下列各题中平面图形的面积:

(1) 曲线 $y=a-x^2(a>0)$ 与 x 轴所围成的图形;

(2) 曲线 $y=\sqrt{x}$ 和直线 $y=x$ 所围成的图形;

(3) 曲线 $y=x^2+3$ 在区间$[0, 1]$上的曲边梯形;

(4) 在区间 $\left[0,\frac{\pi}{2}\right]$ 上,曲线 $y=\sin x$ 与直线 $x=0$, $y=1$ 所围成的图形;

(5) 曲线 $y=\mathrm{e}^x$ 与 $y=\mathrm{e}^{-x}$ 与直线 $x=1$ 所围成的图形;

(6) 曲线 $y=\frac{1}{x}$ 与直线 $y=x$, $x=2$ 所围成的图形;

(7) 曲线 $y=x^3-4x$ 和直线 $y=0$ 所围成的图形;

(8) 曲线 $y=x^2$ 与直线 $y=2-x^2$ 所围成的图形;

(9) 曲线 $y=3-x^2$ 和直线 $y=2x$ 所围成的图形;

(10) 曲线 $y=\ln x$, y 轴与直线 $y=\ln a$, $y=\ln b$ $(b>a>0)$ 所围成的图形;

(11) 曲线 $y=x^2$, $4y=x^2$ 及直线 $y=1$ 所围成的图形;

(12) 曲线 $y=x^2-8$ 与直线 $2x+y+8=0$, $y=-4$ 所围成的图形.

2. 求通过(0,0),(1, 2)的抛物线,它满足性质:

(1) 它的对称轴平行于 y 轴,且向下凹;

(2) 它与 x 轴所围成的面积最小.

3. 求 c $(c>0)$ 的值,使曲线 $y=x^2$ 与 $y=cx^3$ 所围成的图形面积为$\frac{2}{3}$.

4. 由曲线 $y=1-x^2(0\leqslant x\leqslant 1)$ 与 x 轴, y 轴围成的区域,被曲线 $y=ax^2(a>0)$ 分为面积相等的两部分,求 a 的值.

5. 求下列平面图形分别绕 x 轴、y 轴旋转围成立体的体积:

(1) 曲线 $y=x^3$ 与 $x=y^2$ 所围成的图形;

(2) 在区间 $\left[0,\frac{\pi}{2}\right]$ 上,曲线 $y=\sin x$ 与直线 $x=\frac{\pi}{2}$, $y=0$ 所围成的图形;

(3) 曲线 $y=x^3$ 与直线 $x=2$, $y=0$ 所围成的图形;

(4) 曲线 $y=x^2$ 与 $y^2=8x$ 所围成的图形;

(5) 曲线 $y=\sqrt{x}$ 与直线 $x=1$, $x=4$, $y=0$ 所围成的图形;

(6) 曲线 $y=\ln x$ 与直线 $y=0$, $x=1$, $x=e$ 所围成的图形.

6. 计算曲线 $y=\ln x$ 上相应于 $\sqrt{3}\leqslant x\leqslant\sqrt{8}$ 的一段弧的长度.

7. 计算曲线 $y=\frac{\sqrt{x}}{3}(3-x)$ 上相应于 $1\leqslant x\leqslant 3$ 的一段弧的长度.

8. 计算半立方抛物线 $y^2=\frac{2}{3}(x-1)^3$ 被抛物线 $y^2=\frac{x}{3}$ 截得的一段弧的长度.

9. 已知某产品总产量的变化率是时间 t(单位:年)的函数为

$$f(t)=2t+5,\ t\geqslant 0,$$

求第一个 5 年和第二个 5 年的总产量各为多少?

10. 设某工厂生产某产品的固定成本为 100 万元,生产 x 百台的边际成本 $C_m(x)=2-x$ 万元,边际收益 $R_m(x)=200-4x$ 万元. 求:

(1) 产量为多少百台时,总利润最大?

(2) 在总利润最大的基础上再生产 10 百台,总利润是多少?

11. 某产品需求量 q 是价格 p 的函数,最大需求量为 1000. 已知边际需求为

$$q'(p)=\frac{20}{p+1},$$

试求需求与价格的函数关系.

12. 已知边际成本 $C'(q)=25+30q-9q^2$,固定成本为 55,试求总成本 $C(q)$ 及平均成本.

13. 已知边际收入为 $R'(q)=3-0.2q$,q 为销售量. 求总收入函数 $R(q)$,并确定最高收入的大小.

14. 已知某产品生产 q 单位时,总收益 R 的变化率(边际收益)为

$$R'(q)=200-\frac{q}{100},$$

(1) 求生产 50 单位时的总收益;

(2) 如果生产了 100 单位,求再生产 100 单位时的总收益.

15. 某投资项目的成本为 100 万元,在 10 年中每年可收益 25 万元,投资率为 5%,试求这 10 年中该项目投资的纯收入的贴现值.

习 题 五

1. 设 $f(x)=\int_0^x te^{-t}\mathrm{d}t$,求 $f^{(n)}(0)$.

2. 已知 $f(0)=1$, $f(2)=4$, $f'(2)=2$,求 $\int_0^1 xf''(2x)\mathrm{d}x$.

3. 已知$\int_0^{\pi} f(x)\sin x\,dx+\int_0^{\pi} f''(x)\sin x\,dx=5$,且$f(\pi)=2$,求$f(0)$.

4. 设$f(x)=\dfrac{\int_0^x(\sqrt{1+t^2}-\sqrt{1-t^2})dt}{x^3}$,求$\lim\limits_{x\to 0}f(x)$.

5. 求$\int_{-2}^{2}\min(2,\ x^2)dx$.

6. 计算广义积分$\int_a^{\frac{\pi}{2}}\dfrac{\sin x}{\sqrt{\sin^2 x-\sin^2 a}}dx$.

7. 设$f(x)=\int_1^{x^2}e^{-t^2}dt$,试计算$\int_{-1}^{0}xf(x)dx$.

8. 求$\int_{-\frac{1}{2}}^{\frac{1}{2}}\left[\dfrac{\sin x}{x^{10}+1}+\sqrt{\ln^2(1-x)}\right]dx$.

9. 计算定积分$\int_{-\frac{\pi}{2}}^{\frac{\pi}{2}}\cos x(x+\cos x)^2dx$.

10. 求$f(x)=\int_0^x(1+t)\arctan t\,dt$ 的极小值.

11. 设函数$f(x)$在$[0,\ 1]$上有定义,且单调不增,证明对任何$a\in(0,\ 1)$有下面不等式成立:

$$\int_0^a f(x)dx\geqslant a\int_0^1 f(x)dx.$$

12. 设函数$f(x)$在$[0,\ 1]$上连续,且$\int_0^1 f(x)dx=0$,证明至少存在一点$\xi\in[0,\ 1]$,使$f(1-\xi)=-f(\xi)$成立.

13. 求曲线$y=\ln x$在$(2,\ 6)$内的一条切线,使该切线与直线$x=2$,$x=6$及曲线$y=\ln x$所围成面积最小.

14. 求曲线$y=x^3-3x+2$和它的右极值点处的切线所围成区域的面积.

15. 设曲线$y=ax^2(a>0,\ x\geqslant 0)$与$y=1-x^2$交于点$A$,过坐标原点$O$和点$A$的直线与曲线$y=ax^2$围成平面图形. 问:当$a$为何值时,该图形绕$x$轴旋转一周所得的旋转体体积最大? 最大体积是多少?

16. 设船行一昼夜的总运费由两部分组成,固定部分为a元,变动部分与船航行速度立方成正比. 问:船行速度v(海里/小时)为多少时,船航行单位航程的费用最小?

17. 设某种商品的单价为p时,售出的商品数量Q可以表示成$Q=\dfrac{a}{p+b}-c$,其中a,b,c均为正数,且$a>bc$.

(1) 求p在何范围内变化时,使相应的销售额增加和减少.

(2) 要使销售额最大,商品单价p应取何值? 最大销售额是多少?

18. 设某产品的成本函数$C=aQ^2+bQ+c$,需求函数$Q=\dfrac{1}{e}(d-p)$ $(0\leqslant p\leqslant d)$,其中$p$为价格,$a$,$b$,$c$,$d$,$e$均为正常数,且$d>b$. 求:

(1) 利润最大时的产量及最大利润;

(2) 需求弹性$\eta(p)(\eta(p)>0)$及弹性值为1时的产量.

第六章

多元函数微分学

在前面的章节中,我们讨论了一元函数的微积分. 但是,在很多自然现象与实际问题中往往需要研究一个因变量与多个自变量之间的关系,即多元函数. 本章将在一元函数微分学的基础上,讨论多元函数(主要是二元函数)的微分学.

§1 空间解析几何简介

在平面解析几何中,通过坐标法把平面上的点与一对有次序的数对应起来,把平面上的图形和方程对应起来,从而可以用代数方法来研究几何问题. 空间解析几何也是按照类似的方法建立起来的.

正像平面解析几何的知识对学习一元函数微积分是不可缺少的一样,空间解析几何的知识对学习多元函数也是必要的.

本节先简要介绍空间解析几何的有关内容.

一、空间直角坐标系

在空间任意选取一定点 O, 过点 O 做三条互相垂直的以点 O 为原点的数轴,依次记为 x 轴(横轴)、y 轴(纵轴)、z 轴(竖轴),统称为坐标轴. 它们的顺序按下述右手规则确定: 以右手握住 z 轴,让右手的四个手指从 x 轴正向以 $\frac{\pi}{2}$ 角度转向 y 轴正向时,大拇指的指向就是 z 轴的正向(如图 1-1 所示). 这样就构成了一个空间直角坐标系,如图 1-1 所示点 O 称为坐标原点(或原点),每两条坐标轴确定一个平面,称为坐标平面,由 x 轴与 y 轴确定的平面称为 xOy 面,类似地,有 yOz 面和 zOx 面. 显然,三个坐标平面把空间分为八个部分,称为八个卦限. 含有三个坐标轴正半轴的那个卦限叫作第Ⅰ卦限,第Ⅱ、第Ⅲ、第Ⅳ卦限在 xOy 面的上方,按逆时针方向确定. 第Ⅰ、Ⅱ、Ⅲ、Ⅳ卦限下面的空间部分,分别称为第Ⅴ、Ⅵ、Ⅶ、Ⅷ卦限(见图 1-2).

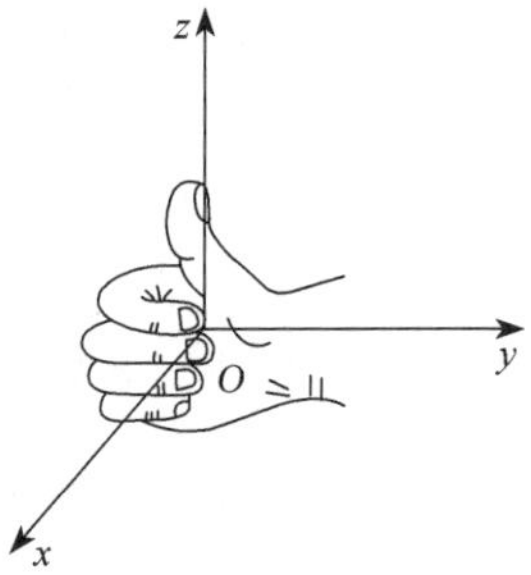

图 1-1

设 M 为空间任意点，过该点分别做垂直于三坐标轴的平面，与坐标轴分别交于 P、Q、R 三点(见图 1-3). 设这三点在 x 轴、y 轴和 z 轴上的坐标分别为 x、y 和 z，则点 M 唯一确定了一个三元有序数组 (x, y, z)；反之，设给定一组三元有序数组 (x, y, z)，在 x 轴、y 轴和 z 轴上分别取点 P、Q、R，使得 $OP=x$，$OQ=y$，$OR=z$，然后过 P、Q、R 三点分别做垂直于 x 轴、y 轴和 z 轴的平面，这三个平面相交于点 M，即由一个三元有序数组 (x, y, z) 唯一地确定了空间的一个点 M. 于是，空间的点 M 和三元有序数组之间建立了一一对应的关系，我们称这个三元有序数组为点 M 的坐标，记为 $M(x, y, z)$，并依次称 x、y 和 z 为点 M 的横坐标、纵坐标和竖坐标.

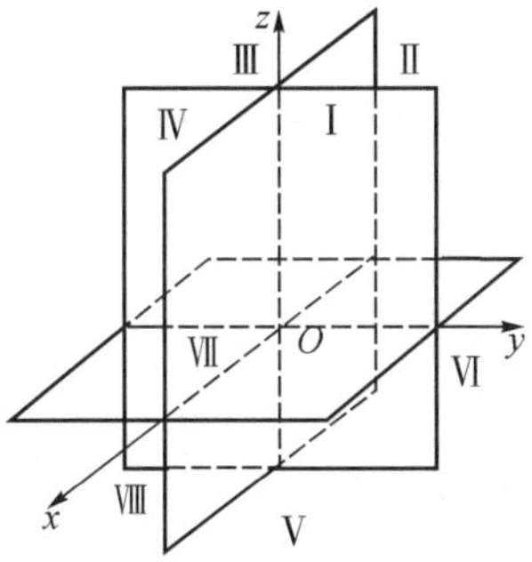

图 1-2

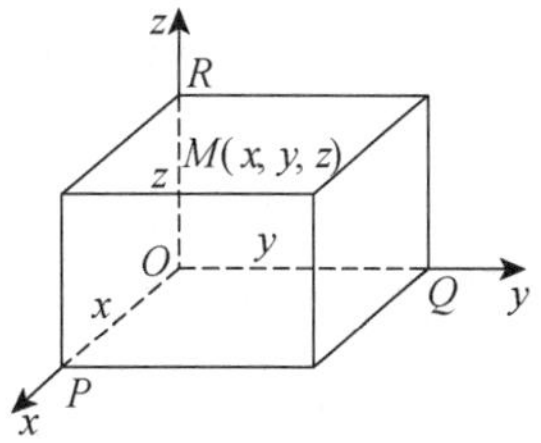

图 1-3

显然，原点 O 的坐标为 $(0, 0, 0)$；x 轴、y 轴和 z 轴上点的坐标分别为 $(x, 0, 0)$、$(0, y, 0)$、$(0, 0, z)$；xOy 面、yOz 面和 zOx 面上点的坐标分别为 $(x, y, 0)$、$(0, y, z)$ 和 $(x, 0, z)$.

设 $M_1(x_1, y_1, z_1)$、$M_2(x_2, y_2, z_2)$ 为空间任意两点，过这两点可做一条空间直线. 称线段 M_1M_2 的长度为空间两点 M_1、M_2 之间的距离，由此得空间任意两点间的距离公式：

$$d=|M_1M_2|=\sqrt{(x_2-x_1)^2+(y_2-y_1)^2+(z_2-z_1)^2}.$$

特别地，点 $M(x, y, z)$ 与坐标原点 $O(0, 0, 0)$ 的距离为

$$d=|OM|=\sqrt{x^2+y^2+z^2}.$$

例 1 求点 $M(2, 1, -1)$ 到 y 轴的距离.

解 过点 M 做 y 轴的垂线，其垂足点 P 的坐标为 $(0, 1, 0)$，所以

$$|MP|=\sqrt{(2-0)^2+(1-1)^2+(-1-0)^2}=\sqrt{5}.$$

例 2 设动点 M 与两定点 $P_1(1, -2, 1)$，$P_2(2, 1, -2)$ 等距离，求动点 M 的轨迹.

解 设动点 $M(x, y, z)$，因为 $|P_1M|=|P_2M|$，所以

$$\sqrt{(x-1)^2+(y+2)^2+(z-1)^2}=\sqrt{(x-2)^2+(y-1)^2+(z+2)^2},$$

由此得点 M 的轨迹为

$$2x+6y-6z-3=0.$$

这是一个空间平面方程.

二、空间曲面及其方程

与在平面解析几何中建立平面曲线与二元方程 $F(x, y)=0$ 的对应关系一样,在空间直角坐标系中可以建立空间曲面与三元方程 $F(x, y, z)=0$ 之间的对应关系.

在空间解析几何中,任何曲面都可看作是空间点的几何轨迹.因此,曲面上的所有点都具有共同的性质,这些点的坐标必须满足一定的条件.在这样的意义下,先建立空间曲面 S 与三元方程

$$F(x, y, z)=0 \tag{1}$$

之间的对应关系.

定义 1.1 如果三元方程 $F(x, y, z)=0$ 与空间曲面 S 有下列关系:

(1) 曲面 S 上任一点的坐标都满足方程(1);

(2) 不在曲面 S 上的点的坐标都不满足方程(1),

那么,方程(1)就称为曲面 S 的方程,而曲面 S 就称为方程(1)的图形(见图 1-4).

这样,可利用方程来研究曲面.关于曲面的讨论,有下列两个基本问题:

(1) 已知一曲面作为点的几何轨迹时,如何建立该曲面的方程;

(2) 已知方程 $F(x, y, z)=0$,研究此方程所表示的曲面形状.

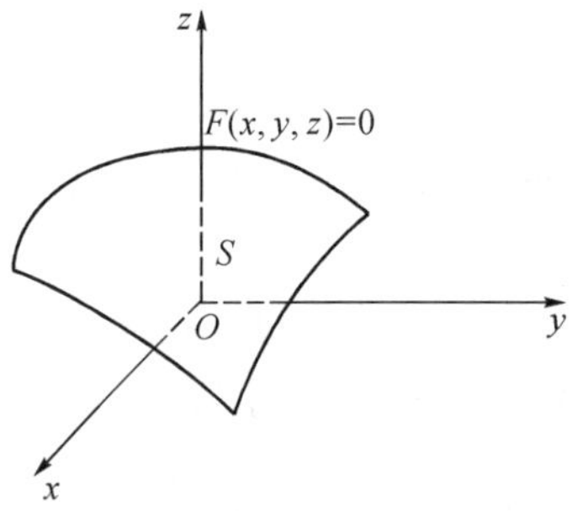

图 1-4

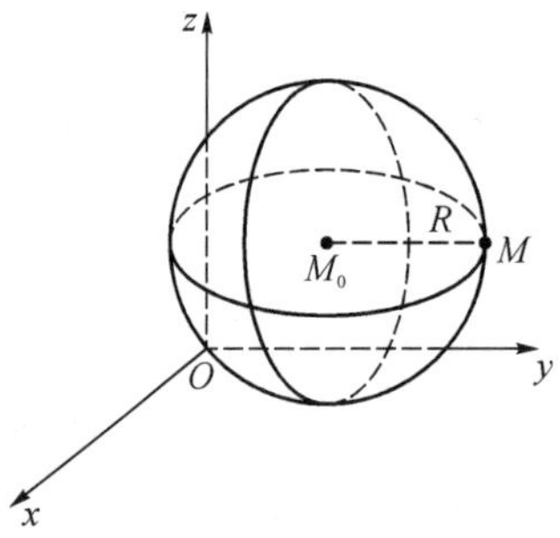

图 1-5

例 3 求球心在点 $M_0(x_0, y_0, z_0)$、半径为 R 的球面方程.

解 设 $M(x, y, z)$ 是球面上任一点(见图 1-5),则有 $|M_0M|=R$,由两点间距离公式得

$$\sqrt{(x-x_0)^2+(y-y_0)^2+(z-z_0)^2}=R,$$

两边平方,得

$$(x-x_0)^2+(y-y_0)^2+(z-z_0)^2=R^2. \tag{2}$$

这就是球面上的点的坐标所满足的方程,而不在球面上的点的坐标都不满足这个方程.所以,方程(2)就是以点 $M_0(x_0, y_0, z_0)$ 为球心、R 为半径的球面方程.

特别地,以原点 $O(0, 0, 0)$ 为球心、R 为半径的球面方程为 $x^2+y^2+z^2=R^2$.

一般地,设有三元二次方程:

$$Ax^2+Ay^2+Az^2+Dx+Ey+Fz+G=0.$$

这个方程的特点是缺 xy, yz, zx 各项，而且平方项系数相同，只要将方程经过配方，就可以化为方程(2)的形式，那么它的图形就是一个球面.

例 4 考察方程 $x^2+y^2=R^2$ 表示怎样的曲面.

解 方程 $x^2+y^2=R^2$ 在 xOy 面上表示圆心在原点 O 、半径为 R 的圆. 在空间直角坐标系中，此方程不含竖坐标 z，即不论空间点的竖坐标 z 怎样，只要它的横坐标 x 和纵坐标 y 能满足方程，那么这些点就在该曲面上. 这就是说，凡是通过 xOy 面内圆 $x^2+y^2=R^2$ 上一点 $M(x, y, 0)$，且平行于 z 轴的直线 l 都在此曲面上，因此，该曲面可以看作是由平行于 z 轴的直线 l 沿 xOy 面上的圆 $x^2+y^2=R^2$ 移动而形成的. 这种曲面叫作圆柱面(见图 1-6)，xOy 面上的圆 $x^2+y^2=R^2$ 叫作它的准线，平行于 z 轴的直线 l 叫作它的母线.

一般地，直线 L 沿定曲线 C 平行移动形成的轨迹叫作柱面，定曲线 C 叫作柱面的准线，动直线 L 叫作柱面的母线.

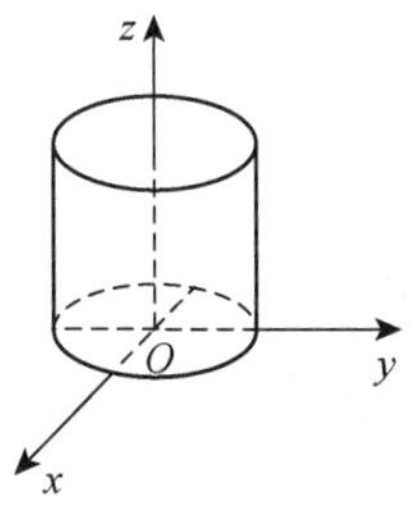

图 1-6

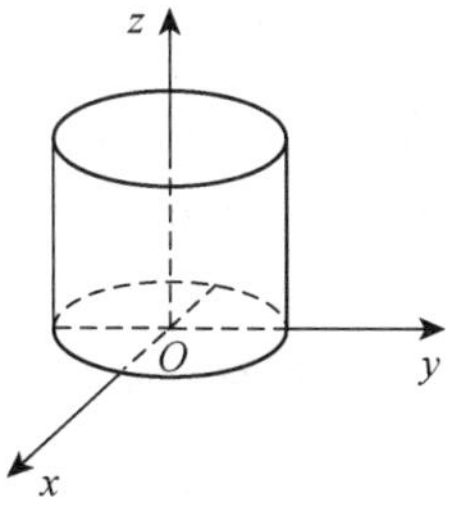

图 1-7

上面我们看到，不含 z 的方程 $x^2+y^2=R^2$ 在空间直角坐标系中表示圆柱面，它的母线平行于 z 轴，它的准线是 xOy 面上的圆 $x^2+y^2=R^2$.

常见的柱面有：椭圆柱面：$\frac{x^2}{a^2}+\frac{y^2}{b^2}=1$(见图 1-7)，双曲柱面：$\frac{y^2}{b^2}-\frac{x^2}{a^2}=1$(见图 1-8)，抛物柱面：$x^2=2py$ (见图 1-9).

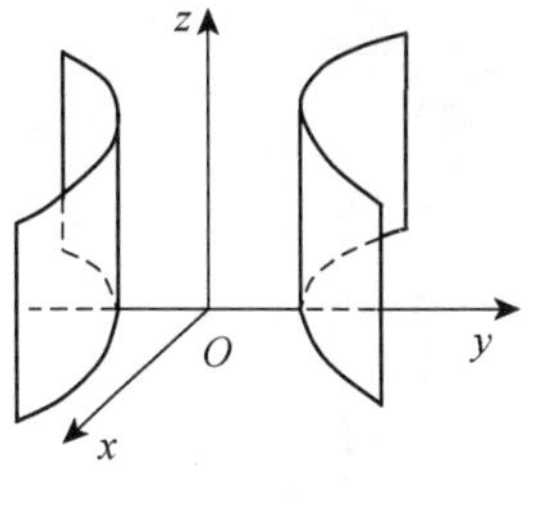

图 1-8

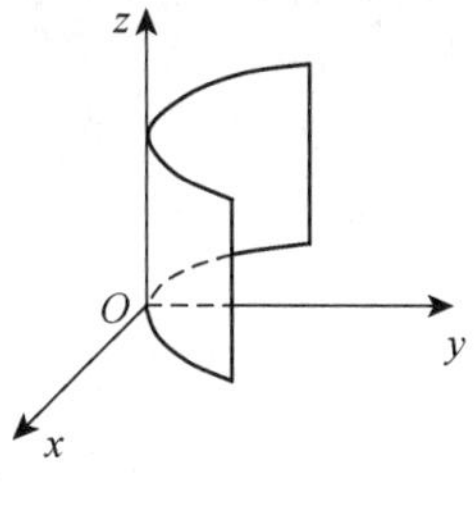

图 1-9

一般地，只含 x、y 而缺 z 的方程 $F(x, y)=0$ 在空间直角坐标系中表示母线平行于 z 轴的柱面，其准线是 xOy 面上的曲线 C：$F(x, y)=0$. 类似可知，只含 x、z 而缺 y 的方程 $G(x, z)=0$ 和只含 y、z 而缺 x 的方程 $H(y, z)=0$ 在空间直角坐标系中表示母线平行于 y 轴和 x 轴的柱面.

一条平面曲线 Γ 绕同一平面内的一条定直线 L 旋转一周所形成的曲面称为旋转曲面. 曲线 Γ 称为旋转曲面的母线，定直线 L 称为旋转曲面的旋转轴，简称轴.

前面讲过的球面、圆柱面等都是旋转曲面.

接下来,我们介绍空间平面.平面是曲面的一种特殊形式,将方程(1)化为三元一次方程:

$$Ax+By+Cz+D=0 \quad (A,B,C\text{ 不全为零}) \tag{3}$$

所对应的图形就是一个平面;反之,任何一个平面都可以用一个三元一次方程表示.我们称方程(3)为平面的一般方程.

现在讨论平面方程(3)的几种特殊情况,也就是当它的某些系数或常数项为零时,平面对坐标系来说具有某种特殊位置的情况.

(1) $D=0$,上式变为 $Ax+By+Cz=0$,此时 $(0,0,0)$ 为方程组的解,因此平面通过原点;反过来,如果平面通过原点,显然有 $D=0$.

(2) A,B,C 中有一个为 0,如 $A=0$,上式就变为 $By+Cz+D=0$.当 $D\neq 0$ 时,x 轴上任意一点都不满足方程,所以 x 轴与平面平行;当 $D=0$ 时,x 轴上每一点都满足方程,这时平面通过 x 轴.反过来,当平面平行 x 轴时,我们有 $D\neq 0$,$A=0$,平面通过 x 轴时,$D=0$,$A=0$.对于其他两种情况可以得出类似的结论.

(3) A,B,C 中有两个为 0 时,可得以下结论:

平面平行于 yOz 坐标面(xOz 坐标面或 xOy 坐标面)当且仅当 $D\neq 0$,$B=C=0$($A=C=0$ 或 $A=B=0$);平面就是 yOz 坐标面(xOz 坐标面或 xOy 坐标面)当且仅当 $D=0$,$B=C=0$($A=C=0$ 或 $A=B=0$).

例 5 设一平面与 x、y、z 轴的交点依次为 $P(a,0,0)$、$Q(0,b,0)$、$R(0,0,c)$,如图 1-10 所示,求这个平面的方程(其中 $a\neq 0$,$b\neq 0$,$c\neq 0$).

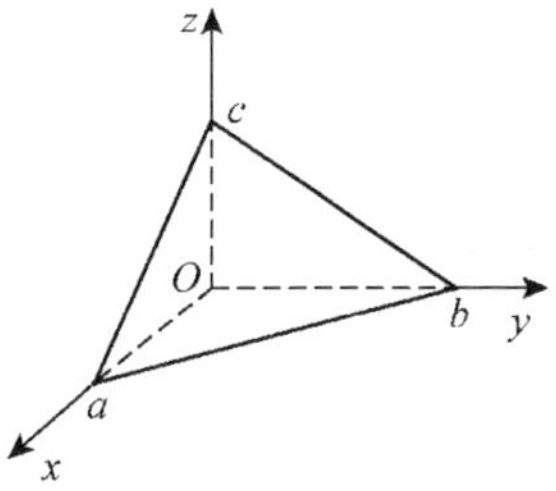

图 1-10

解 设所求平面的方程为:

$$Ax+By+Cz+D=0.$$

因 $P(a,0,0)$、$Q(0,b,0)$、$R(0,0,c)$ 三点都在该平面上,所以,点 P、Q、R 的坐标都满足平面方程,即有

$$\begin{cases} aA+D=0 \\ bB+D=0, \\ cC+D=0 \end{cases}$$

得

$$A=-\frac{D}{a},\ B=-\frac{D}{b},\ C=-\frac{D}{c}.$$

得所求的平面方程为 $\dfrac{x}{a}+\dfrac{y}{b}+\dfrac{z}{c}=1$.

此方程叫作平面的截距式方程,而 a、b、c 依次叫作平面在 x、y、z 轴上的截距.

最后,我们介绍二次曲面.我们把三元二次方程 $F(x,y,z)=0$ 所表示的曲面称为二次曲面.而把平面称为一次曲面.适当选取坐标系,可得到它们的标准方程.下面就它们的标准方程来讨论几种常见的二次曲面的形状.二次曲面有九种,前面我们已经有了三种二次曲面,分别是椭圆柱面、双曲柱面与抛物柱面.

下面我们讨论另外 6 种二次曲面的形状.

1. 椭圆锥面

由方程 $\dfrac{x^2}{a^2}+\dfrac{y^2}{b^2}=z^2$ 所确定的曲面称为椭圆锥面(见图 1-11).

注 当 $a=b$ 时,我们称之为圆锥面,它是旋转曲面.

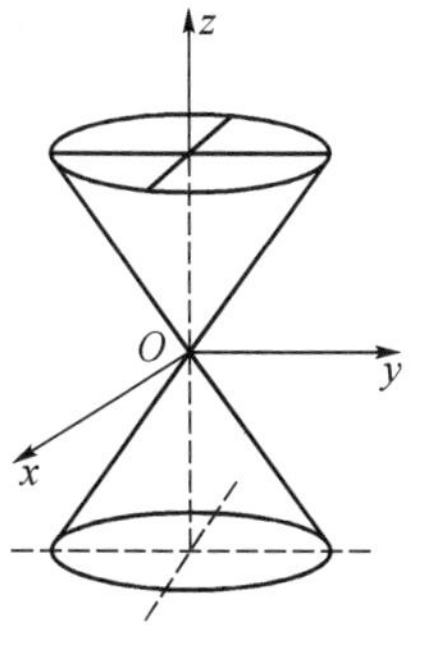

图 1-11

2. 椭球面

由方程

$$\frac{x^2}{a^2}+\frac{y^2}{b^2}+\frac{z^2}{c^2}=1 \quad (a>0,\ b>0,\ c>0)$$

所确定的曲面称为椭球面(见图 1-12), a, b, c 称为椭球面的半轴,此方程称为椭球面的标准方程.

注 当 a, b, c 中两个相等时,我们称之为旋转椭球面,它是旋转曲面;当 a, b, c 都相等时,我们称之为球面.

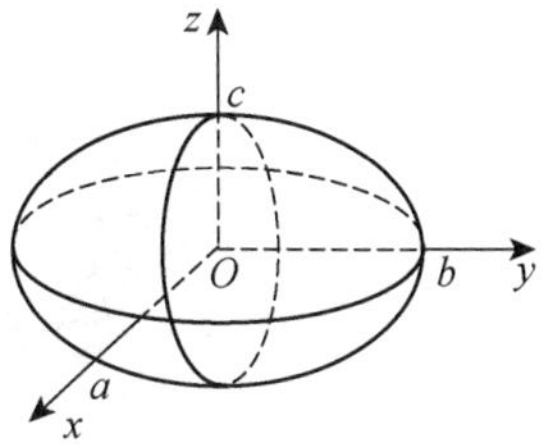

图 1-12

3. 双曲面

由方程

$$\frac{x^2}{a^2}+\frac{y^2}{b^2}-\frac{z^2}{c^2}=1 \quad (a>0,\ b>0,\ c>0)$$

所确定的曲面称为单叶双曲面(见图 1-13).

由方程

$$\frac{x^2}{a^2}+\frac{y^2}{b^2}-\frac{z^2}{c^2}=-1 \quad (a>0,\ b>0,\ c>0)$$

所确定的曲面称为双叶双曲面(见图 1-14).

注 方程 $\dfrac{x^2}{a^2}-\dfrac{y^2}{b^2}+\dfrac{z^2}{c^2}=1$ 和 $-\dfrac{x^2}{a^2}+\dfrac{y^2}{b^2}+\dfrac{z^2}{c^2}=1$ 也都是单叶双曲面.

方程 $\dfrac{x^2}{a^2}-\dfrac{y^2}{b^2}+\dfrac{z^2}{c^2}=-1$ 和 $-\dfrac{x^2}{a^2}+\dfrac{y^2}{b^2}+\dfrac{z^2}{c^2}=-1$ 也都是双叶双曲面.

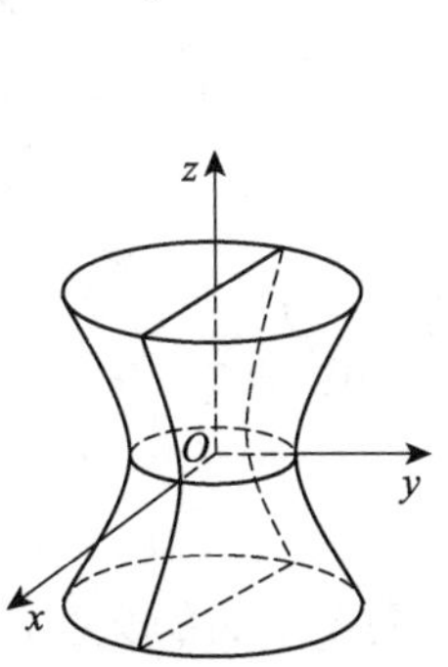

图 1-13

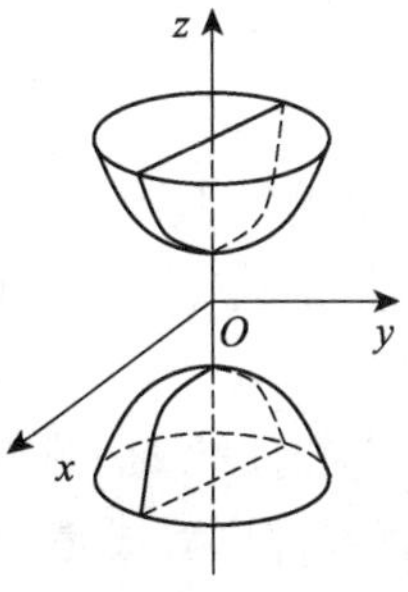

图 1-14

4. 抛物面

由方程

$$z=\frac{x^2}{a^2}+\frac{y^2}{b^2}\quad (a>0,\ b>0)$$

所确定的曲面称为椭圆抛物面(见图 1-15).

由方程

$$z=\frac{x^2}{a^2}-\frac{y^2}{b^2}\quad (a>0,\ b>0)$$

所确定的曲面称为双曲抛物面(见图 1-16). 双曲抛物面的图形形状很像马鞍,因此也称马鞍面.

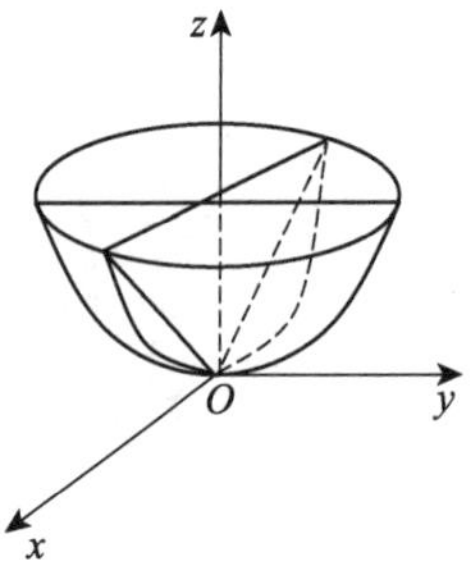

图 1-15

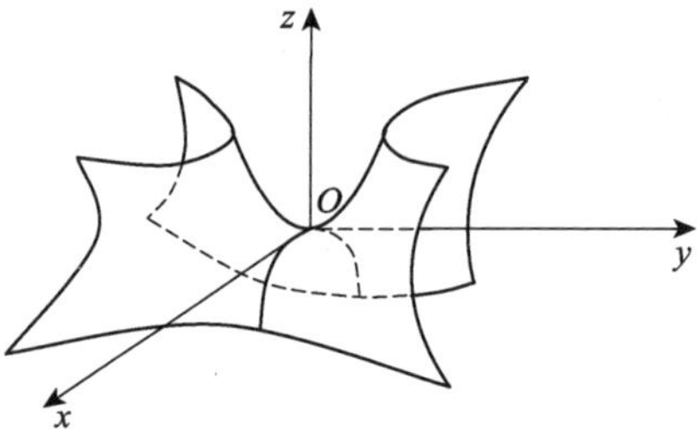

图 1-16

三、空间曲线及其方程

空间曲线可看作两曲面的交线,设

$$F(x,\ y,\ z)=0 \quad 和 \quad G(x,\ y,\ z)=0$$

是两曲面的方程,它们的交线为 C (见图 1-17). 曲线上的任何点的坐标 x, y, z 应同时满足这两个曲面方程,因此,应满足方程组

$$\begin{cases}F(x,\ y,\ z)=0\\G(x,\ y,\ z)=0\end{cases};$$

反过来,如果点 M 不在曲线 C 上,那么它不可能同时在两曲面上. 所以,它的坐标不满足上述方程组. 由上述两点可知: 曲线 C 可由上述方程组表示.

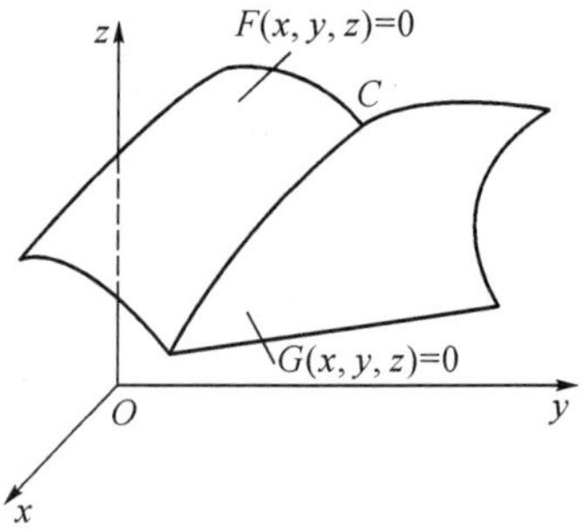

图 1-17

将上述方程组称作空间曲线的一般方程.

例如,空间任一条直线都可看成是通过该直线的两个平面的交线,同时空间两个相交平面确定一条直线,所以将两个平面方程联立起来就代表空间直线的方程.

设两个平面的方程为

$$\Pi_1: A_1x+B_1y+C_1z+D_1=0,$$
$$\Pi_2: A_2x+B_2y+C_2z+D_2=0,$$

则

$$\begin{cases} A_1x+B_1y+C_1z+D_1=0 \\ A_2x+B_2y+C_2z+D_2=0 \end{cases}$$

表示一条直线,其中 A_1, B_1, C_1 与 A_2, B_2, C_2 不成比例(见图 1-18).称上述方程组为直线的一般方程.

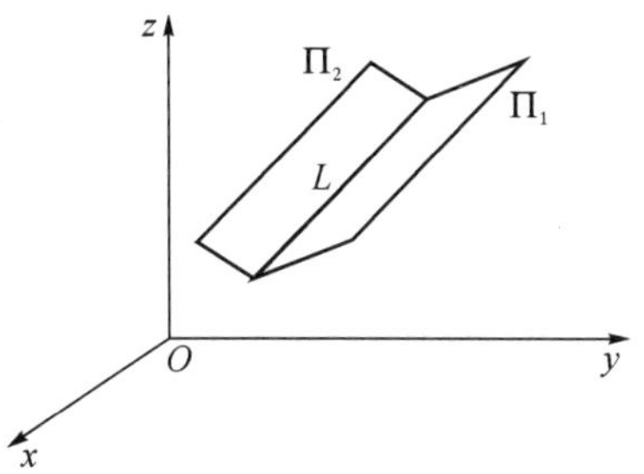

图 1-18

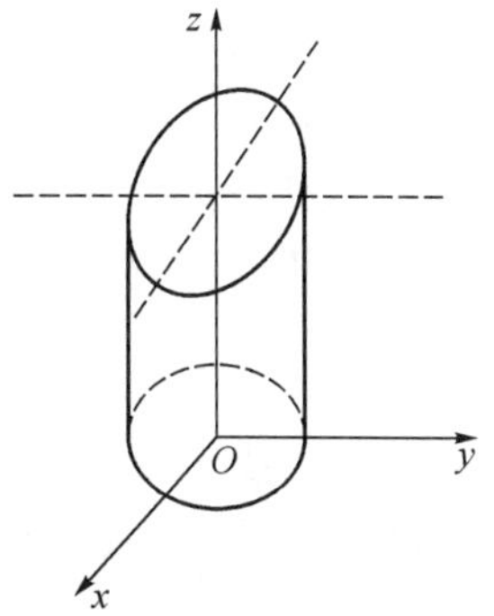

图 1-19

注　空间直线除了用一般方程表示外,还可以用对称式方程与参数方程来表示.

例 6　方程组 $\begin{cases} x^2+y^2=1 \\ 2x+3z=6 \end{cases}$ 表示怎样的曲线?

解　$x^2+y^2=1$ 表示圆柱面,$2x+3z=6$ 表示平面,因此方程组就表示圆柱面与平面的交线,即椭圆,如图 1-19 所示.

最后我们介绍空间曲线在坐标面上的投影.

设空间曲线 C 的一般方程为

$$\begin{cases} F(x, y, z)=0 \\ G(x, y, z)=0 \end{cases}. \tag{4}$$

下面,我们来研究由方程组(4)消去变量 z 之后所得到的方程

$$H(x, y)=0, \tag{5}$$

因方程(5)是由(4)消去 z 后所得,则当坐标 x, y, z 满足方程组(4)时,前两个坐标 x, y 必定满足方程(5),即曲线 C 上的所有点都在由方程(5)表示的曲面上.

而方程(5)表示一个母线平行于 z 轴的柱面,因此此柱面必定包含曲线 C. 以曲线 C 为准线,母线平行于 z 轴的柱面叫作曲线 C 关于 xOy 面的投影柱面.

投影柱面与 xOy 面的交线叫作空间曲线 C 在 xOy 面上的投影曲线,该曲线的方程可表示成

$$\begin{cases} H(x, y)=0 \\ z=0 \end{cases}.$$

同理，消去方程组(4)中的变量 x 或 y，再分别与 $x=0$ 或 $y=0$ 联立，我们便得到了空间曲线 C 在 yOz 面或 zOx 面上的投影的曲线方程：

$$\begin{cases}R(y,z)=0\\x=0\end{cases} \quad 或 \quad \begin{cases}T(x,z)=0\\y=0\end{cases}.$$

例 7 求上半球面 $z=\sqrt{2-x^2-y^2}$ 和锥面 $z=x^2+y^2$ 所围成的空间立体 Ω 在 xOy 面上的投影.

解 上半球面与锥面的交线 C 为

$$\begin{cases}z=\sqrt{2-x^2-y^2}\\z=x^2+y^2\end{cases}.$$

由方程组消去变量 z，有

$$x^2+y^2=1.$$

这是一个母线平行于 z 轴的圆柱面，这恰好是交线 C 关于 xOy 面的投影柱面. 因此交线 C 在 xOy 面上的投影曲线为

$$\begin{cases}x^2+y^2=1\\z=0\end{cases}.$$

这是 xOy 面上的一个圆，它所包围的部分为 $x^2+y^2\leqslant 1$，如图 1-20 所示.

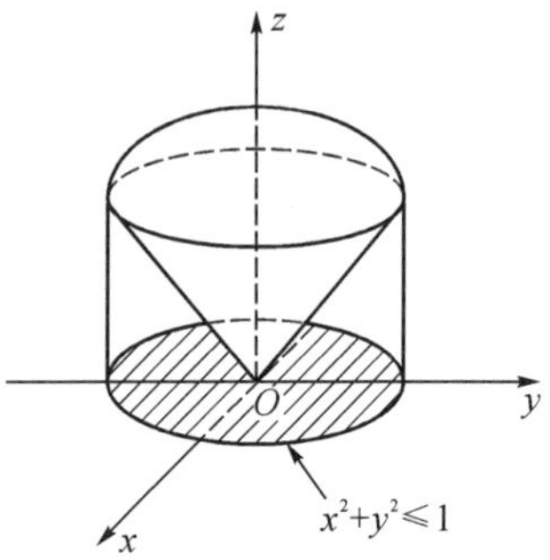

图 1-20

习题 6-1

1. 已知空间两点 $P_1(1,2,-1)$ 和 $P_2(2,0,1)$，求 $|P_1P_2|$.

2. 已知两点 $A(1,3,2)$、$B(2,0,-1)$，求：

(1) $|OA|$，$|AB|$；

(2) A 点关于 xOy 平面对称点的坐标.

3. 已知空间中某一动点 P 到原点的距离等于 3，求动点 P 的运动轨迹的方程.

4. 在坐标面上和坐标轴上的点的坐标各有什么特征？指出下列各点的位置：

$$A(1,-2,0);\quad B(0,4,3);\quad C(3,0,0);\quad D(0,-2,0).$$

5. 求点 $M(4,-3,5)$ 到各坐标轴的距离.

6. 指出下列方程在平面解析几何中和空间解析几何中分别表示什么图形：

(1) $x=2$；

(2) $y=x-1$；

(3) $x^2+y^2=4$；

(4) $x^2-y^2=1$.

7. 试证明以三点 $A(4,1,9)$，$B(10,-1,6)$，$C(2,4,3)$ 为顶点的三角形是等腰直角三角形.

8. 设动点 M 与两定点 $P_1(2,3,1)$，$P_2(4,5,6)$ 等距离，求动点 M 的轨迹.

9. 方程 $x^2+y^2+z^2-2x+4y+2z=0$ 表示什么曲面？

10. 求与坐标原点 O 及点 $(2, 3, 4)$ 的距离之比为 $1:2$ 的点的全体所组成的曲面方程.

11. 求球面 $x^2+y^2+z^2=9$ 与平面 $x+z=1$ 的交线在 xOy 面上的投影的方程.

§2　多元函数的基本概念

一、平面点集

1. 平面点集

一元函数的定义域是实数轴上的点集;二元函数的定义域将是坐标平面上的点集. 因此,在讨论二元函数前,有必要先了解有关平面点集的一些基本概念.

二元有序数组 (x, y) 的全体,即 $R^2=R\times R=\{(x, y)\mid x, y\in R\}$ 就表示坐标平面.

坐标平面上具有某种性质 P 的点的集合,称为平面点集,记作

$$E=\{(x, y)\mid (x, y)\text{ 具有某种性质 } P\}.$$

例如,平面上以原点为圆心、r 为半径的圆内所有点的集合是

$$C=\{(x, y)\mid x^2+y^2<r^2\}.$$

如果以点 P 表示 (x, y),$|OP|$ 表示点 P 到原点 O 的距离,那么集合 C 也可表示成

$$C=\left\{P\,\middle|\,|OP|<r\right\}.$$

现在我们引入 R^2 中邻域的概念.

设 $P_0(x_0, y_0)$ 是 xOy 平面上的一个点,δ 是某一正数,与点 $P_0(x_0, y_0)$ 的距离小于 δ 的点 $P(x, y)$ 的全体,称为点 P_0 的 δ 邻域,记为 $U(P_0, \delta)$,即

$$U(P_0, \delta)=\left\{P\,\middle|\,|PP_0|<\delta\right\},$$

亦即

$$U(P_0, \delta)=\left\{(x, y)\,\middle|\,\sqrt{(x-x_0)^2+(y-y_0)^2}<\delta\right\}.$$

$U(P_0, \delta)$ 在几何上表示以 $P_0(x_0, y_0)$ 为中心、δ 为半径的圆的内部(不含圆周)的点 $P(x, y)$ 的全体.

上述邻域 $U(P_0, \delta)$ 去掉中心 $P_0(x_0, y_0)$ 后,称为 $P_0(x_0, y_0)$ 的去心邻域,记作 $\mathring{U}(P_0, \delta)$,即

$$\mathring{U}(P_0, \delta)=\{P\mid 0<|PP_0|<\delta\}=\left\{(x, y)\,\middle|\,0<\sqrt{(x-x_0)^2+(y-y_0)^2}<\delta\right\}.$$

如果不需要强调邻域的半径 δ,则用 $U(P_0)$ 表示点 P_0 的某个邻域,用 $\mathring{U}(P_0)$ 表示 $P_0(x_0, y_0)$ 的某个去心邻域.

下面用邻域描述平面上的点与点集之间的关系:

设 E 是 xOy 平面上的一个点集,P 是 xOy 平面上的一点,则 P 与 E 的关系有以下三种情形:

(1) 内点：如果存在 P 的某个邻域 $U(P)$，使得 $U(P)\subset E$，则称点 P 为 E 的内点.

(2) 外点：如果存在 P 的某个邻域 $U(P)$，使得 $U(P)\cap E=\varnothing$，则称 P 为 E 的外点.

(3) 边界点：如果在点 P 的任一邻域内既有属于 E 的点，也有不属于 E 的点，则称点 P 为 E 的边界点. E 的边界点的集合称为 E 的边界，记作 ∂E.

例如，点集 $E_1=\{(x,y)\mid 0<x^2+y^2<1\}$，除圆心与圆周上各点之外圆的内部的点都是 E_1 的内点，圆外部的点都是 E_1 的外点，圆心及圆周上的点为 E_1 的边界点(见图 2-1 左)；又如平面点集 $E_2=\{(x,y)\mid x+y\geqslant 1\}$，直线上方的点都是 E_2 的内点，直线下方的点都是 E_2 的外点，直线上的点都是 E_2 的边界点(见图 2-1 右).

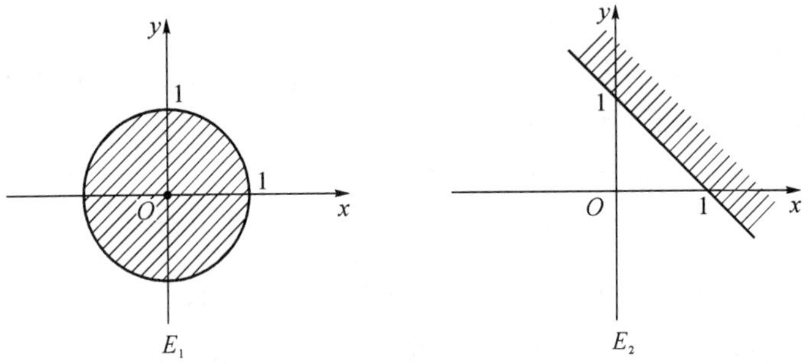

图 2-1

显然，点集 E 的内点一定属于 E；点集 E 的外点一定不属于 E；E 的边界点可能属于 E，也可能不属于 E.

如果点集 E 的每一点都是 E 的内点，则称 E 为开集.

点集 $E_1=\{(x,y)\mid 0<x^2+y^2<1\}$ 是开集，$E_2=\{(x,y)\mid x+y\geqslant 1\}$ 不是开集.

设 E 是点集，如果对于 E 中的任何两点，都可用完全含于 E 的折线连接起来，则称点集 E 是连通集 (见图 2-2 左). 图 2-2 中不是连通的；点集 E_1 和 E_2 都是连通的(见图 2-1)，点集 $E_3=\{(x,y)\mid xy>0\}$ 不是连通的(见图 2-2 右).

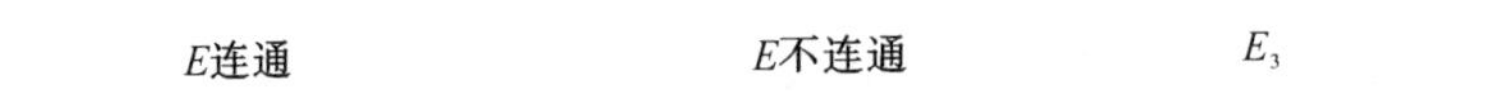

图 2-2

连通的开集称为开区域(或开域).

从几何上看，开区域是连成一片且不包括边界的平面点集，如图 2-1 中的 E_1 是开区域. 开区域是数轴上的开区间这一概念在平面上的推广.

开区域 E 连同它的边界 ∂E 构成的点集，称为闭区域(或闭域).

从几何上看，闭区域是连成一片且包含边界的平面点集. 闭区域是数轴上的闭区间这一概念在平面上的推广，如图 2-1 中的 E_2 及 $E_4=\{(x, y) \mid x^2+y^2 \leqslant 1\}$ 都是闭域，而 $E_5=\{(x, y) \mid 1 \leqslant x^2+y^2<2\}$ 既非闭域，又非开域.

开区域、闭区域或者开域连同其一部分边界点所构成的点集，统称为区域.

如果区域 E 可包含在以原点为中心的某个圆内，即存在正数 r，使 $E \subset U(O, r)$，则称 E 为有界区域；否则，称 E 为无界区域. 例如 E_1 是有界开区域，E_2 是无界闭区域，E_4 是有界闭区域.

***2. n 维空间**

一般地，由 n 元有序实数组 $(x_1, x_2, \cdots, x_n)$ 的全体所构成的集合称为 n **维空间**，记作 R^n，即

$$R^n=\{(x_1, x_2, \cdots, x_n) \mid x_i \in R, i=1, 2, \cdots, n\}.$$

n 元有序数组 $(x_1, x_2, \cdots, x_n)$ 称为 R^n 中的一个点，数 x_i 称为该点的第 i 个坐标.

R^n 中点 $P(x_1, x_2, \cdots, x_n)$ 与点 $Q(y_1, y_2, \cdots, y_n)$ 之间的距离定义为

$$|PQ|=\sqrt{(y_1-x_1)^2+(y_2-x_2)^2+\cdots+(y_n-x_n)^2}.$$

平面点集中的一系列概念，均可推广到 n 维空间中去.

例如，$P_0 \in R^n$，δ 是某一正数，则 $U(P_0, \delta)=\{P \mid |PP_0|<\delta, P \in R^n\}$ 就称为 R^n 中点 P_0 的 δ 邻域. 以邻域为基础，可定义点集的内点、外点、边界点、区域等一系列概念.

二、多元函数的概念

在很多自然现象以及实际问题中，经常遇到多个变量之间的依赖关系.

例如，圆柱体的体积 V 和它的底面半径 r、高 h 之间具有关系

$$V=\pi r^2 h.$$

这里，当 r, h 在集合 $\{(r, h) \mid r>0, h>0\}$ 内取定一对值 (r, h) 时，V 的对应值就随之确定.

从上例可看出，V 与 r, h 之间按一定的对应法则给出，V 随着 r, h 的变化而变化，从中我们可抽象出二元函数的定义.

定义 2.1　设 D 是平面上的一个点集，如果对于每一个点 $P(x, y) \in D$，变量 z 按照一定法则总有唯一确定的值和它对应，那么称 z 是变量 x, y 的二元函数(或点 P 的函数)，记为

$$z=f(x, y) \quad (\text{或 } z=f(P)),$$

其中，点集 D 称为该函数的定义域，x, y 称为自变量，z 称为因变量.

上述定义中，与自变量 x, y 的一对值 (x, y) 相对应的因变量 z 的值，称为 f 在点 (x, y) 处的函数值，记作 $f(x, y)$，即 $z=f(x, y)$. 函数值 $f(x, y)$ 的全体所构成的集合称为函数 f 的值域，记作 $f(D)$，即

$$f(D)=\{z \mid z=f(x, y), (x, y) \in D\}.$$

表示二元函数的记号 f 可任意选取，例如也可以记为 $z=\varphi(x, y)$，$z=z(x, y)$ 等.

类似地，可定义三元函数 $u=f(x, y, z)$，$(x, y, z) \in D$ 以及三元以上的函数. 一般地，把定义 2.1 中的平面点集 D 换成 n 维空间 R^n 中的点集 D，映射 $f: D \to R$ 就称为定义在

D 上的 n 元函数,通常记为

$$u=f(x_1, x_2, \cdots, x_n), (x_1, x_2, \cdots, x_n)\in D$$
$$(\text{或 } u=f(P), P(x_1, x_2, \cdots, x_n)\in D),$$

其中,$x_1, x_2, \cdots, x_n$ 称为自变量,u 称为因变量,点集 D 称为函数的定义域.

当 $n=1$ 时,n 元函数就是一元函数. 当 $n\geqslant 2$ 时,n 元函数统称为多元函数.

关于多元函数的定义域,与一元函数类似. 对一般的用解析式表示的函数,使表达式有意义的自变量的取值范围,就是函数的自然定义域;若函数的自变量具有某种实际意义,则根据它的实际意义来确定其定义域.

例 1 在生产中,设产量 Y 与投入资金 K 和劳动力 L 之间的关系为

$$Y=AK^{\alpha}L^{\beta} \quad (\text{其中 } A, \alpha, \beta \text{ 均为正常数}).$$

这是以 K, L 为自变量的二元函数,在西方经济学中称为生产函数. 该函数的定义域为 $\{(K, L) \mid K>0, L>0\}$.

例 2 求函数 $z=\ln(y-x)+\dfrac{\sqrt{x}}{\sqrt{1-x^2-y^2}}$ 的定义域 D,并画出 D 的图形.

解 要使函数的解析式有意义,必须满足

$$\begin{cases} y-x>0 \\ x\geqslant 0 \\ 1-x^2-y^2>0 \end{cases},$$

即 $D=\{(x, y) \mid x\geqslant 0, x<y, x^2+y^2<1\}$,如图 2-3 中划斜线的部分.

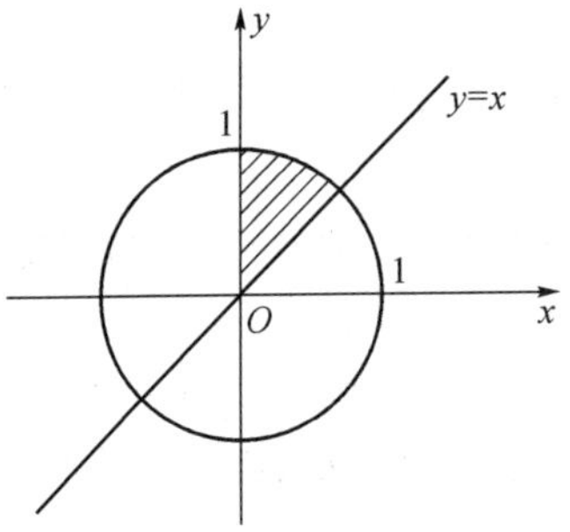

图 2-3

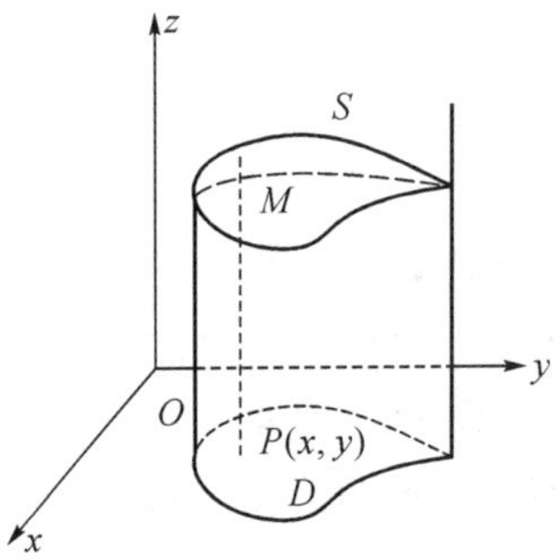

图 2-4

设函数 $z=f(x, y)$ 的定义域为平面点集 D,对于 D 中的任意一点 $P(x, y)$,对应的函数值为 $z(z=f(x, y))$. 这样便得到一个三元有序数组 (x, y, z),相应地在空间 R^3 确定一点 $M(x, y, z)$. 当 (x, y) 取遍 D 上的一切点时,得到一个空间点集

$$S=\{(x, y, z) \mid z=f(x, y), (x, y)\in D\},$$

这个点集称为二元函数 $z=f(x, y)$ 的图形(见图 2-4). 通常我们也说二元函数的图形是一张曲面 S.

而函数的定义域 D 就是曲面 S 在 xOy 平面上的投影区域.

例如，函数 $z=\sqrt{1-x^2-y^2}$ 表示球心在原点、半径为 1 的上半球面，而定义域

$$\{(x, y) \mid x^2+y^2 \leqslant 1\}$$

就是这半个球面在 xOy 平面上的投影.

三、多元函数的极限

二元函数的极限概念是一元函数极限概念的推广. 二元函数的极限可表述为：

定义 2.2 设二元函数 $z=f(x, y)$ 的定义域为 D，点 $P_0(x_0, y_0) \in D$ 或在 D 的边界上. 如果动点 $P(x, y) \in D$ 以任何方式趋于 $P_0(x_0, y_0)$ 时，$f(x, y)$ 总是无限趋于一个常数 A，则称 A 是函数 $f(x, y)$ 当 $P(x, y)$ 趋于 $P_0(x_0, y_0)$ 时的极限，记作

$$\lim_{(x, y)\to(x_0, y_0)} f(x, y)=A \quad \text{或} \quad f(x, y)\to A((x, y)\to(x_0, y_0)),$$

也记作

$$\lim_{P\to P_0} f(P)=A \quad \text{或} \quad f(P)\to A\ (P\to P_0),$$

也常记作

$$\lim_{\substack{x\to x_0\\ y\to y_0}} f(x, y)=A.$$

为了区别一元函数的极限，我们把二元函数的极限叫作二重极限.

与一元函数极限概念类似，下面用 ε-δ 语言来描述这个概念：

定义 2.3 设二元函数 $z=f(x, y)$ 的定义域为 D，点 $P_0(x_0, y_0) \in D$ 或在 D 的边界上. 如果对于任意给定的正数 ε（不论 ε 多小），总存在 $\delta>0$，使得当 $P(x, y) \in D$，且 $0<|P_0P|=\sqrt{(x-x_0)^2+(y-y_0)^2}<\delta$ 时，总有

$$|f(P)-A|<\varepsilon,$$

则称 A 为 $z=f(P)$ 当 $P\to P_0$ 时的(二重)极限.

注 平面上的点 P 趋近于 P_0 的方式是任意的：P 可以从四面八方趋于 P_0，也可以沿曲线或点列趋于 P_0. 定义 2.2 指出：只有当 P 以任何方式趋近于 P_0，相应的 $f(P)$ 都趋近于同一常数 A 时，才称 A 为 $f(P)$ 当 $P\to P_0$ 时的极限. 如果 $P(x, y)$ 以某些特殊方式(如沿某几条直线或几条曲线)趋于 $P_0(x_0, y_0)$ 时，即使函数值 $f(P)$ 趋于同一常数 A，我们也不能由此断定函数的极限存在. 但是反过来，当 P 在 D 内沿不同的路径趋于 P_0 时，$f(P)$ 趋于不同的值，则可以断定函数的极限不存在.

例 3 设 $f(x, y)=(x^2+y^2)\sin\dfrac{1}{x^2+y^2}$，求证：$\lim\limits_{(x, y)\to(0, 0)} f(x, y)=0$.

证明 任给 $\varepsilon>0$，要找定义中的 δ，使得当

$$0<\sqrt{(x-x_0)^2+(y-y_0)^2}=\sqrt{x^2+y^2}<\delta$$

时，有

$$|f(x, y)-0|<\varepsilon$$

成立.

因为 $\left|(x^2+y^2)\sin\dfrac{1}{x^2+y^2}-0\right|\leqslant x^2+y^2$，所以对于任给 $\delta>0$，取 $\delta=\sqrt{\varepsilon}$，则当

$$0<\sqrt{(x-0)^2+(y-0)^2}=\sqrt{x^2+y^2}<\delta$$

时，总有

$$\left|(x^2+y^2)\sin\frac{1}{x^2+y^2}-0\right|<\varepsilon$$

成立.

于是
$$\lim_{(x,y)\to(0,0)}f(x,y)=0.$$

例 4 设 $f(x,y)=\begin{cases}\dfrac{xy}{x^2+y^2}, & x^2+y^2\neq 0\\ 0, & x^2+y^2=0\end{cases}$，判断极限 $\lim\limits_{(x,y)\to(0,0)}f(x,y)$ 是否存在?

解 当 $P(x,y)$ 沿 x 轴趋于 $(0,0)$ 时，有 $y=0$，于是

$$\lim_{\substack{(x,y)\to(0,0)\\ y=0}}f(x,y)=\lim_{x\to 0}\frac{0}{x^2+0^2}=0;$$

当 $P(x,y)$ 沿 y 轴趋于 $(0,0)$ 时，有 $x=0$，于是

$$\lim_{\substack{(x,y)\to(0,0)\\ x=0}}f(x,y)=\lim_{y\to 0}\frac{0}{0^2+y^2}=0.$$

但不能因为 $P(x,y)$ 以上述两种特殊方式趋于 $(0,0)$ 时的极限存在且相等，就断定所考察的二重极限存在.

因为当 $P(x,y)$ 沿直线 $y=kx\ (k\neq 0)$ 趋于 $(0,0)$ 时，有

$$\lim_{\substack{(x,y)\to(0,0)\\ y=kx}}f(x,y)=\lim_{x\to 0}\frac{kx^2}{1+k^2x^2}=\frac{k}{1+k^2},$$

这个极限值随 k 不同而变化，故 $\lim\limits_{(x,y)\to(0,0)}f(x,y)$ 不存在.

例 5 求下列函数的极限：

(1) $\lim\limits_{(x,y)\to(0,0)}\dfrac{2-\sqrt{xy+4}}{xy}$； (2) $\lim\limits_{(x,y)\to(0,0)}\dfrac{xy^2}{x^2+y^2}$；

(3) $\lim\limits_{(x,y)\to(0,0)}\dfrac{\ln(1+xy)}{2xy}$.

解 (1) $\lim\limits_{(x,y)\to(0,0)}\dfrac{2-\sqrt{xy+4}}{xy}=\lim\limits_{(x,y)\to(0,0)}\dfrac{-xy}{xy(2+\sqrt{xy+4})}$

$$=-\lim_{(x,y)\to(0,0)}\frac{1}{2+\sqrt{xy+4}}=-\frac{1}{4}.$$

(2) 当 $x\to 0$，$y\to 0$ 时，$x^2+y^2\neq 0$，有 $x^2+y^2\geqslant 2|xy|$.

这时,函数 $\dfrac{xy}{x^2+y^2}$ 有界,而 y 是当 $x\to0$, $y\to0$ 时的无穷小,根据无穷小量与有界函数的乘积仍为无穷小量,得

$$\lim_{(x,\,y)\to(0,\,0)}\frac{xy^2}{x^2+y^2}=0.$$

(3) $\displaystyle\lim_{(x,\,y)\to(0,\,0)}\frac{\ln(1+xy)}{2xy}=\lim_{(x,\,y)\to(0,\,0)}\frac{xy}{2xy}=\frac{1}{2}.$

从例 5 可看出,求二元函数极限的很多方法与一元函数相同.

四、多元函数的连续性

类似于一元函数的连续性定义,我们用二元函数的极限定义二元函数的连续性.

定义 2.4　设二元函数 $z=f(x,\,y)$ 在区域 D 内有定义,且点 $P_0(x_0,\,y_0)\in D$,如果

$$\lim_{(x,\,y)\to(x_0,\,y_0)}f(x,\,y)=f(x_0,\,y_0),$$

则称函数 $f(x,\,y)$ 在点 $P_0(x_0,\,y_0)$ 处连续, $P_0(x_0,\,y_0)$ 称为 $f(x,\,y)$ 的连续点;否则,称 $f(x,\,y)$ 在 $P_0(x_0,\,y_0)$ 处间断(不连续), $P_0(x_0,\,y_0)$ 称为 $f(x,\,y)$ 的间断点.

注　与一元函数类似,二元函数 $z=f(x,\,y)$ 在点 $P_0(x_0,\,y_0)$ 处连续,必须满足以下三个条件:

① 函数在点 $P_0(x_0,\,y_0)$ 有定义;

② 函数在 $P_0(x_0,\,y_0)$ 处的极限存在;

③ 函数在 $P_0(x_0,\,y_0)$ 处的极限与 $P_0(x_0,\,y_0)$ 处的函数值相等.

只要三条中有一条不满足,函数在 $P_0(x_0,\,y_0)$ 处就不连续.

由例 4 可知, $f(x,\,y)=\begin{cases}\dfrac{xy}{x^2+y^2}, & x^2+y^2\neq0\\ 0, & x^2+y^2=0\end{cases}$ 在 $(0,\,0)$ 处间断.

若 $f(x,\,y)$ 在平面区域 D 内每一点处都连续,则称 $f(x,\,y)$ 在区域 D 内连续,也称 $f(x,\,y)$ 是 D 内的连续函数. 在区域 D 上连续函数的图形是一张既没有"洞"也没有"裂缝"的曲面.

例如,函数

$$f(x,\,y)=\frac{2}{x-y},$$

当 $x-y=0$ 时函数 $f(x,\,y)$ 无定义,所以直线 $y=x$ 上的点都是它的间断点.

因一元函数中关于极限的运算法则对于多元函数仍适用,故二元连续函数经过四则运算后仍为二元连续函数(在商的情形要求分母不为零);二元连续函数的复合函数也是连续函数.

与一元初等函数类似,二元初等函数是可用含 x, y 的一个解析式表示的函数,而这个式子是由常数、x 的基本初等函数、y 的基本初等函数经过有限次四则运算及复合构成的,例如 $\sin(x+y)$, $\dfrac{xy}{x^2+y^2}$, $\arcsin\dfrac{x}{y}$ 等都是二元初等函数. 二元初等函数在其定义区域内处处连

续.定义区域是指包含在定义域内的区域.计算二元初等函数在其定义区域内某一点 $P_0(x_0, y_0)$ 处的极限值,只需求它在该点处的函数值即可.例如,

$$\lim_{\substack{x\to 0\\ y\to 1}}\frac{\sin x+\ln(x+y)+2y}{2x+xy-y^2}=\frac{\sin 0+\ln(0+1)+2\cdot 1}{2\cdot 0+0\cdot 1-1^2}=-2.$$

下面再举几个例子.

例 6 设 $f(x+y, x-y)=\dfrac{x}{2x+y}$,求 $f(x, y)$.

解 设 $\begin{cases}x+y=u\\ x-y=v\end{cases}$,可得 $\begin{cases}x=\dfrac{u+v}{2}\\ y=\dfrac{u-v}{2}\end{cases}$,

则

$$f(u, v)=\frac{u+v}{2}\Big/\left(u+v+\frac{u-v}{2}\right)=\frac{u+v}{3u+v},$$

即

$$f(x, y)=\frac{x+y}{3x+y}.$$

例 7 求 $\displaystyle\lim_{\substack{x\to 0\\ y\to 1}}\frac{\sin^2(x+y-1)}{(2x+2y-2)\cdot\ln(x+y)}$.

解 设 $x+y-1=t$,由 $x\to 0$, $y\to 1$ 得 $t\to 0$,则

$$原式=\lim_{t\to 0}\frac{\sin^2 t}{2t\cdot\ln(t+1)}=\lim_{t\to 0}\frac{t^2}{2t\cdot t}=\frac{1}{2}.$$

与闭区间上一元连续函数的性质类似,有界闭区域上的二元连续函数有如下性质:

性质 1(最值定理) 若 $f(x, y)$ 在有界闭区域 D 上连续,则 $f(x, y)$ 在 D 上必取得最大值与最小值.

推论 若 $f(x, y)$ 在有界闭区域 D 上连续,则 $f(x, y)$ 在 D 上有界.

性质 2(介值定理) 若 $f(x, y)$ 在有界闭区域 D 上连续,M 和 m 分别是 $f(x, y)$ 在 D 上的最大值与最小值,则对于介于 M 与 m 之间的任意一个数 C,至少存在一点 $(x_0, y_0)\in D$,使得 $f(x_0, y_0)=C$.

以上关于二元函数的极限与连续性的概念及有界闭区域上连续函数的性质,可推广至 n 元函数中去.

习题 6-2

1. 判定下列平面点集中哪些是开集、闭集、区域、有界集、无界集?并指出它们的边界:

(1) $\{(x, y)\mid x\neq 0, y\neq 0\}$;　　(2) $\{(x, y)\mid 1<x^2+y^2\leqslant 4\}$;

(3) $\{(x, y)\mid y>x^2\}$;

(4) $\{(x, y)\mid x^2+(y-1)^2\geqslant 1\}\cap\{(x, y)\mid x^2+(y-2)^2\leqslant 4\}$.

2. 已知函数 $f(x, y)=x^2+y^2-xy\tan\dfrac{x}{y}$，试求 $f(tx, ty)$.

3. 试证函数 $F(x, y)=\ln x\cdot\ln y$ 满足关系式

$$F(xy, uv)=F(x, u)+F(x, v)+F(y, u)+F(y, v).$$

4. 已知函数 $f(u, v, w)=u^w+w^{u+v}$，试求 $f(x+y, x-y, xy)$.

5. 求下列各函数的定义域：

(1) $z=\ln(y^2-2x+1)$；　(2) $z=\dfrac{1}{\sqrt{x+y}}+\dfrac{1}{\sqrt{x-y}}$；

(3) $z=\sqrt{x-\sqrt{y}}$；　(4) $z=\ln(y-x)+\dfrac{\sqrt{x}}{\sqrt{1-x^2-y^2}}$；

(5) $u=\sqrt{R^2-x^2-y^2-z^2}+\dfrac{1}{\sqrt{x^2+y^2+z^2-r^2}}\ (R>r>0)$；

(6) $u=\arccos\dfrac{z}{\sqrt{x^2+y^2}}$.

6. 求下列极限：

(1) $\lim\limits_{(x, y)\to(0, 1)}\dfrac{1-xy}{x^2+y^2}$；　(2) $\lim\limits_{(x, y)\to(1, 0)}\dfrac{\ln(x+e^y)}{\sqrt{x^2+y^2}}$；

(3) $\lim\limits_{(x, y)\to(0, 0)}\dfrac{2-\sqrt{xy+4}}{xy}$；　(4) $\lim\limits_{(x, y)\to(0, 0)}\dfrac{xy}{\sqrt{2-e^{xy}}-1}$；

(5) $\lim\limits_{(x, y)\to(2, 0)}\dfrac{\tan(xy)}{y}$；　(6) $\lim\limits_{(x, y)\to(0, 0)}\dfrac{1-\cos(x^2+y^2)}{(x^2+y^2)e^{x^2y^2}}$.

§3　偏导数与全微分

一、多元函数增量

设函数 $z=f(x, y)$ 在点 (x_0, y_0) 的某邻域内有定义，当 x 在 x_0 取增量 Δx $(\Delta x\neq 0)$，而 $y=y_0$ 保持不变时，函数 z 得到一个改变量

$$\Delta_x z=f(x_0+\Delta x, y_0)-f(x_0, y_0),$$

称为函数 $f(x, y)$ 对于 x 的偏增量.

类似地：

$$\Delta_y z=f(x_0, y_0+\Delta y)-f(x_0, y_0),$$

称为函数 $f(x, y)$ 对于 y 的偏增量.

对于自变量分别在 x_0，y_0 取得增量 Δx，Δy，而函数 z 相应的增量

$$\Delta z=f(x_0+\Delta x, y_0+\Delta y)-f(x_0, y_0),$$

称为函数 $z=f(x,y)$ 的全增量.

二、偏导数的定义及其计算法

1. 偏导数的定义

在研究一元函数时,引入导数是为了精确地刻画函数的变化率.对于二元函数同样要研究其变化率,这要比一元函数的问题复杂得多,因为从定义域内某点 (x_0, y_0) 出发,作为自变量的点 (x,y) 可沿不同方向变化.一般来讲,沿不同方向函数的变化率也不同,这里我们着重考虑当 (x,y) 沿着平行于 x 轴、平行于 y 轴方向变化时函数的变化情况.只要 x 在变动,而 y 固定为 y_0,则二元函数 $z=f(x,y)$ 变为一元函数 $z=f(x,y_0)$,它对 x 的导数称为二元函数 $z=f(x,y)$ 对 x 的偏导数.

定义 3.1 设函数 $z=f(x,y)$ 在点 (x_0,y_0) 的某一邻域内有定义,当 y 固定为 y_0,而 x 在 x_0 处有增量 Δx 时,相应地函数有偏增量

$$\Delta_x z=f(x_0+\Delta x, y_0)-f(x_0, y_0),$$

若增量比的极限

$$\lim_{\Delta x\to 0}\frac{\Delta_x z}{\Delta x}=\lim_{\Delta x\to 0}\frac{f(x_0+\Delta x, y_0)-f(x_0, y_0)}{\Delta x}$$

存在,则称此极限值为函数 $z=f(x,y)$ 在点 (x_0,y_0) 处对 x 的偏导数,记为

$$\left.\frac{\partial z}{\partial x}\right|_{\substack{x=x_0\\ y=y_0}},\ \left.\frac{\partial f}{\partial x}\right|_{\substack{x=x_0\\ y=y_0}},\ z_x\Big|_{\substack{x=x_0\\ y=y_0}},\ f_x(x_0, y_0).$$

类似地,函数 $z=f(x,y)$ 在点 (x_0,y_0) 处对 y 的偏导数定义为

$$\left.\frac{\partial z}{\partial y}\right|_{\substack{x=x_0\\ y=y_0}}=\lim_{\Delta y\to 0}\frac{\Delta_y z}{\Delta y}=\lim_{\Delta y\to 0}\frac{f(x_0, y_0+\Delta y)-f(x_0, y_0)}{\Delta y},$$

记作 $\left.\frac{\partial z}{\partial y}\right|_{\substack{x=x_0\\ y=y_0}},\ \left.\frac{\partial f}{\partial y}\right|_{\substack{x=x_0\\ y=y_0}},\ z_y\Big|_{\substack{x=x_0\\ y=y_0}},\ f_y(x_0, y_0).$

若函数 $z=f(x,y)$ 在区域 D 内每一点 (x,y) 处对 x 或对 y 的偏导数都存在,那么这个偏导数就是 x, y 的二元函数,称为函数 $z=f(x,y)$ 对自变量 x 或对 y 的偏导函数,简称偏导数,记作

$$\frac{\partial z}{\partial x}\left(\frac{\partial z}{\partial y}\right),\ \frac{\partial f}{\partial x}\left(\frac{\partial f}{\partial y}\right),\ z_x(z_y),\ f_x(x,y),\ f_y(x,y).$$

偏导数 $f_x(x_0,y_0)$ 就是偏导函数 $f_x(x,y)$ 在点 (x_0,y_0) 处的函数值.

类似地,可定义三元函数的偏导数

$$f_x(x,y,z)=\lim_{\Delta x\to 0}\frac{f(x+\Delta x, y, z)-f(x,y,z)}{\Delta x},$$

$$f_y(x,y,z)=\lim_{\Delta y\to 0}\frac{f(x, y+\Delta y, z)-f(x,y,z)}{\Delta y},$$

$$f_z(x,y,z)=\lim_{\Delta z\to 0}\frac{f(x, y, z+\Delta z)-f(x,y,z)}{\Delta z}.$$

2. 偏导数的计算

从偏导数的定义可以看出,求多元函数偏导数并不需要新的方法,实际上是一元函数的求导问题.

例如,二元函数 $z=f(x, y)$,求偏导数 $\frac{\partial f}{\partial x}$ 时,只要把 y 暂时看作常数而对 x 求导数;求偏导数 $\frac{\partial f}{\partial y}$ 时,只要把 x 暂时看作常数而对 y 求导数.

例 1 设二元函数 $z=f(x, y)=x^2\sin 2y$,求 $\frac{\partial z}{\partial x}$, $\frac{\partial z}{\partial y}$, $f_x\left(1, \frac{\pi}{2}\right)$.

解

$$\frac{\partial z}{\partial x}=2x\sin 2y,$$

$$\frac{\partial z}{\partial y}=2x^2\cos 2y,$$

$$f_x\left(1, \frac{\pi}{2}\right)=2\sin 2\cdot\frac{\pi}{2}=0.$$

例 2 设三元函数 $u=\arctan(x-y)^z$,求偏导数.

解

$$\frac{\partial u}{\partial x}=\frac{z(x-y)^{z-1}}{1+(x-y)^{2z}},$$

$$\frac{\partial u}{\partial y}=\frac{-z(x-y)^{z-1}}{1+(x-y)^{2z}},$$

$$\frac{\partial u}{\partial z}=\frac{(x-y)^z\ln(x-y)}{1+(x-y)^{2z}}.$$

例 3 设 $z=x^y$,求证:$\frac{x}{y}\frac{\partial z}{\partial x}+\frac{1}{\ln x}\frac{\partial z}{\partial y}=2z$.

证明 因为 $\frac{\partial z}{\partial x}=yx^{y-1}$, $\frac{\partial z}{\partial y}=x^y\ln x$,

所以, $$\text{方程左边}=\frac{x}{y}yx^{y-1}+\frac{1}{\ln x}x^y\ln x=x^y+x^y=2x^y=\text{方程右边}.$$

例 4 设函数

$$f(x, y)=\begin{cases}\frac{xy}{x^2+y^2}, & x^2+y^2\neq 0\\ 0, & x^2+y^2=0\end{cases},$$

求 $f_x(0, 0)$, $f_y(0, 0)$.

解 $f_x(0, 0)=\lim\limits_{\Delta x\to 0}\frac{f(\Delta x, 0)-f(0, 0)}{\Delta x}=\lim\limits_{\Delta x\to 0}\frac{0}{\Delta x}=0$,

$$f_y(0, 0)=\lim_{\Delta y\to 0}\frac{f(0, \Delta y)-f(0, 0)}{\Delta y}=\lim_{\Delta y\to 0}\frac{0}{\Delta y}=0.$$

在第二节中已得到此函数在点 $(0, 0)$ 并不连续，但是它的偏导数存在.

注 对于一元函数，函数在可导点上必连续，但是对于多元函数，这个结论不一定成立. 例如，上例中函数在点 $(0, 0)$ 偏导数存在，但在点 $(0, 0)$ 不连续，因为偏导数存在只能保证点 (x, y) 沿平行于 x，y 轴方向趋于 (x_0, y_0) 时，函数 $f(x, y)$ 趋近于 $f(x_0, y_0)$，而不能保证动点 (x, y) 按任何方向趋于 (x_0, y_0) 时，函数 $f(x, y)$ 都趋于 $f(x_0, y_0)$.

3. 偏导数的几何意义

设 $M_0(x_0, y_0, f(x_0, y_0))$ 为曲面 $z=f(x, y)$ 上的一点，过 M_0 做平面 $y=y_0$ 截此曲面得一条曲线，此曲线在平面 $y=y_0$ 上的方程为 $z=f(x, y_0)$，则 $z=f(x, y_0)$ 对 x 的偏导数

$$\frac{\mathrm{d}}{\mathrm{d}x}f(x, y_0)\Big|_{x=x_0}=f_x(x_0, y_0)=\tan\alpha$$

就是曲线在点 M_0 处的切线 M_0T_1 对 x 轴的斜率（即对 x 的变化率）.

同样，偏导数

$$\frac{\mathrm{d}}{\mathrm{d}y}f(x_0, y)\Big|_{y=y_0}=f_y(x_0, y_0)=\tan\beta$$

就是曲线点 M_0 处的切线 M_0T_2 对 y 轴的斜率（即对 y 的变化率），如图 3-1 所示.

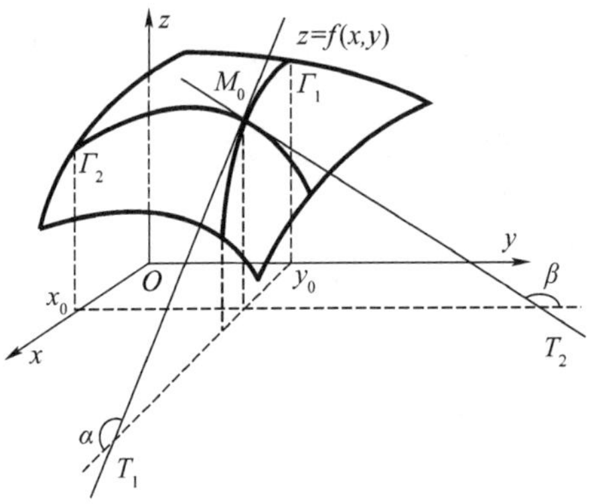

图 3-1

例 5 曲线 $\begin{cases} z=\dfrac{x^2+y^2}{4} \\ y=4 \end{cases}$ 在点 $(2, 4, 5)$ 处的切线对于 x 轴的倾角是多少？

解 因为 $\tan\alpha=\dfrac{\partial z}{\partial x}\Big|_{(2, 4, 5)}=\left(\dfrac{2x}{4}\right)\Big|_{x=2}=\dfrac{x}{2}\Big|_{x=2}=1$，所以 $\alpha=\dfrac{\pi}{4}$.

三、高阶偏导数

定义 3.2 设函数 $z=f(x, y)$ 在区域 D 内具有偏导数

$$\frac{\partial z}{\partial x}=f_x(x, y),\quad \frac{\partial z}{\partial y}=f_y(x, y),$$

那么它们仍是 D 上的二元函数. 若这两个函数的偏导数也存在，则称它们是函数 $z=f(x, y)$ 的二阶偏导数.

按对变量求偏导数的次序不同，有下列四个二阶偏导数：

$$\frac{\partial}{\partial x}\left(\frac{\partial z}{\partial x}\right)=\frac{\partial^2 z}{\partial x^2}=f_{xx}(x,y),\quad \frac{\partial}{\partial y}\left(\frac{\partial z}{\partial x}\right)=\frac{\partial^2 z}{\partial x\,\partial y}=f_{xy}(x,y),$$

$$\frac{\partial}{\partial x}\left(\frac{\partial z}{\partial y}\right)=\frac{\partial^2 z}{\partial y\,\partial x}=f_{yx}(x,y),\quad \frac{\partial}{\partial y}\left(\frac{\partial z}{\partial y}\right)=\frac{\partial^2 z}{\partial y^2}=f_{yy}(x,y),$$

其中，$\dfrac{\partial^2 z}{\partial x\,\partial y}$，$\dfrac{\partial^2 z}{\partial y\,\partial x}$ 称为混合偏导数.

同样可引入三阶、四阶及至 n 阶偏导数，二阶及二阶以上的偏导数称为高阶偏导数.

例 6 求函数 $z=x^2 y\mathrm{e}^y$ 的二阶偏导数.

解

$$\frac{\partial z}{\partial x}=2xy\mathrm{e}^y,\ \frac{\partial^2 z}{\partial x^2}=2y\mathrm{e}^y,\ \frac{\partial^2 z}{\partial x\,\partial y}=2x(\mathrm{e}^y+y\mathrm{e}^y)=2x(1+y)\mathrm{e}^y,$$

$$\frac{\partial z}{\partial y}=x^2(1+y)\mathrm{e}^y,\ \frac{\partial^2 z}{\partial y\,\partial x}=2x(1+y)\mathrm{e}^y,\ \frac{\partial^2 z}{\partial y^2}=x^2(2+y)\mathrm{e}^y.$$

可以看出，该函数的两个二阶混合偏导数相等，即 $\dfrac{\partial^2 z}{\partial x\,\partial y}=\dfrac{\partial^2 z}{\partial y\,\partial x}$.

定理 3.1 如果函数 $z=f(x,y)$ 的两个二阶混合偏导数 $\dfrac{\partial^2 z}{\partial x\,\partial y}$ 及 $\dfrac{\partial^2 z}{\partial y\,\partial x}$ 在区域D 内连续，那么在该区域内这两个二阶混合偏导数必相等. 换言之，二阶混合偏导数在连续条件下与求导的次序无关.

例 7 设函数 $z=f[x+\varphi(y)]$，其中 $f(u)$，$\varphi(y)$ 的二阶导数存在，求 $\dfrac{\partial^2 z}{\partial x^2}$，$\dfrac{\partial^2 z}{\partial y^2}$.

解

$$\frac{\partial z}{\partial x}=f'(u)\frac{\partial u}{\partial x}=f'(u),\quad \frac{\partial^2 z}{\partial x^2}=f''(u),$$

$$\frac{\partial z}{\partial y}=f'(u)\varphi'(y),\quad \frac{\partial^2 z}{\partial y^2}=f''(u)[\varphi'(y)]^2+f'(u)\varphi''(y).$$

例 8 验证函数 $u(x,y)=\ln\sqrt{x^2+y^2}$ 满足方程 $\dfrac{\partial^2 u}{\partial x^2}+\dfrac{\partial^2 u}{\partial y^2}=0$.

证明 因为 $\ln\sqrt{x^2+y^2}=\dfrac{1}{2}\ln(x^2+y^2)$，所以

$$\frac{\partial u}{\partial x}=\frac{x}{x^2+y^2},\quad \frac{\partial u}{\partial y}=\frac{y}{x^2+y^2},$$

$$\frac{\partial^2 u}{\partial x^2}=\frac{(x^2+y^2)-x\cdot 2x}{(x^2+y^2)^2}=\frac{y^2-x^2}{(x^2+y^2)^2},$$

$$\frac{\partial^2 u}{\partial y^2}=\frac{(x^2+y^2)-y\cdot 2y}{(x^2+y^2)^2}=\frac{x^2-y^2}{(x^2+y^2)^2},$$

$$\frac{\partial^2 u}{\partial x^2}+\frac{\partial^2 u}{\partial y^2}=\frac{y^2-x^2}{(x^2+y^2)^2}+\frac{x^2-y^2}{(x^2+y^2)^2}=0.$$

四、全微分的概念与计算

1. 全微分的定义

由上可知，二元函数 $z=f(x,y)$ 对某个自变量的偏导数表示当另一个自变量固定时，因变量相对于该自变量的变化率. 根据一元函数微分学中增量与微分的关系，有

$$\Delta_x z=f(x+\Delta x,y)-f(x,y)\approx f_x(x,y)\Delta x,$$
$$\Delta_y z=f(x,y+\Delta y)-f(x,y)\approx f_y(x,y)\Delta y,$$

其中，$\Delta_x z$，$\Delta_y z$ 称为 $z=f(x,y)$ 对 x 和 y 的偏增量，$f_x(x,y)\Delta x$，$f_y(x,y)\Delta y$ 称为 $z=f(x,y)$ 对 x 和 y 的偏微分.

若多元函数 $z=f(x,y)$ 中自变量 x 和 y 都取得增量时，函数所获得的增量称为全增量，即

$$\Delta z=f(x+\Delta x,y+\Delta y)-f(x,y).$$

定义 3.3 如果函数 $z=f(x,y)$ 在点 (x,y) 的全增量

$$\Delta z=f(x+\Delta x,y+\Delta y)-f(x,y)$$

可表示为

$$\Delta z=A\Delta x+B\Delta y+o(\rho),$$

其中，A，B 是不依赖于 Δx，Δy 而仅与 x，y 有关的量，且 $\rho=\sqrt{(\Delta x)^2+(\Delta y)^2}$，则称函数 $z=f(x,y)$ 在点 (x,y) 处可微分，而 $A\Delta x+B\Delta y$ 称为函数 $z=f(x,y)$ 在点 (x,y) 的全微分，记为 $\mathrm{d}z$，即：

$$\mathrm{d}z=A\Delta x+B\Delta y.$$

如果函数在区域 D 内各点处都可微分，那么称这个函数在区域 D 内可微分.

2. 函数可微的条件

定理 3.2(必要条件) 如果函数 $z=f(x,y)$ 在点 (x,y) 处可微分，则该函数在点 (x,y) 处的偏导数 $\dfrac{\partial z}{\partial x}$，$\dfrac{\partial z}{\partial y}$ 必定存在，且函数 $z=f(x,y)$ 在点 (x,y) 的全微分为

$$\mathrm{d}z=\frac{\partial z}{\partial x}\Delta x+\frac{\partial z}{\partial y}\Delta y.$$

证明 因为函数 $z=f(x,y)$ 在点 (x,y) 处可微，则有 $\Delta z=A\Delta x+B\Delta y+o(\rho)$ 成立. 特别地，当 $\Delta y=0$ 时，上式也成立，此时 $\rho=|\Delta x|$.

所以

$$\Delta_x z=f(x+\Delta x,y)-f(x,y)=A\Delta x+o(|\Delta x|),$$
$$\frac{\partial z}{\partial x}=\lim_{\Delta x\to 0}\frac{\Delta z}{\Delta x}=\lim_{\Delta x\to 0}\frac{f(x+\Delta x,y)-f(x,y)}{\Delta x}=A,$$

从而 $\dfrac{\partial z}{\partial x}$ 存在，且等于 A.

同理，$\frac{\partial z}{\partial y}=B$. 从而 $\mathrm{d}z=\frac{\partial z}{\partial x}\Delta x+\frac{\partial z}{\partial y}\Delta y$.

对于一元函数而言，可导必可微；反之，可微必可导. 但是，对于二元函数来说，由定理 3.2 可知，可微必可导，也必连续（因为 $\lim\limits_{(\Delta x,\ \Delta y)\to(0,\ 0)}\Delta z=0$）；反之，偏导数存在，函数不一定可微分. 这是因为在一元函数中，导数完全能刻画出函数的变化率；但在二元函数中，偏导数 $\frac{\partial z}{\partial x}$，$\frac{\partial z}{\partial y}$ 仅仅是无穷多个方向中在两个方向上确定了函数的变化率，特殊情况不能代替一般情况.

例 9　讨论函数 $f(x,\ y)=\begin{cases}\dfrac{xy}{\sqrt{x^2+y^2}}, & x^2+y^2\neq 0\\ 0, & x^2+y^2=0\end{cases}$ 在点 $(0,\ 0)$ 处的偏导数与全微分.

解　函数在点 $(0,\ 0)$ 处有偏导数

$$f_x(0,\ 0)=\lim_{\Delta x\to 0}\frac{f(0+\Delta x,\ 0)-f(0,\ 0)}{\Delta x}=\lim_{\Delta x\to 0}0=0,$$

同理 $f_y(0,\ 0)=0$，即两偏导数存在.

但

$$\Delta z-[f_x(0,\ 0)\Delta x+f_y(0,\ 0)\Delta y]=\frac{\Delta x\Delta y}{\sqrt{(\Delta x)^2+(\Delta y)^2}},$$

如果考虑点 $P'(\Delta x,\ \Delta y)$ 沿直线 $y=x$ 趋于 $(0,\ 0)$ 时，则

$$\lim_{(\Delta x,\ \Delta y)\to(0,\ 0)}\frac{\dfrac{\Delta x\Delta y}{\sqrt{(\Delta x)^2+(\Delta y)^2}}}{\rho}=\lim_{(\Delta x,\ \Delta y)\to(0,\ 0)}\frac{\Delta x\Delta y}{(\Delta x)^2+(\Delta y)^2}$$

$$\xlongequal{y=x}\lim_{\Delta x\to 0}\frac{(\Delta x)^2}{(\Delta x)^2+(\Delta x)^2}=\frac{1}{2}.$$

这表明，它不能随 $\rho\to 0$ 而趋于 0. 从而当 $\rho\to 0$ 时，$\Delta z-[f_x(0,\ 0)\Delta x+f_y(0,\ 0)\Delta y]$ 不是较 ρ 的高阶无穷小，因此函数在点 $(0,\ 0)$ 处全微分不存在，即在点 $(0,\ 0)$ 处是不可微的. 可见，函数偏导数存在，函数不一定可微分，那么函数满足什么条件才可微分呢？

定理 3.3（充分条件）　如果函数 $z=f(x,\ y)$ 的偏导数 $\frac{\partial z}{\partial x}$，$\frac{\partial z}{\partial y}$ 在点 $(x,\ y)$ 处连续，则函数 $z=f(x,\ y)$ 在该点的全微分存在.

证明　从略.

习惯上，将自变量增量 Δx，Δy 分别记作 $\mathrm{d}x$，$\mathrm{d}y$，称为自变量 x，y 的微分，则函数 $z=f(x,\ y)$ 的全微分可写为

$$\mathrm{d}z=\frac{\partial z}{\partial x}\mathrm{d}x+\frac{\partial z}{\partial y}\mathrm{d}y.$$

以上二元函数微分定义及定理对三元及三元以上的多元函数可完全类似地加以推广. 例如,对三元函数 $u=f(x, y, z)$,有全微分

$$du=\frac{\partial u}{\partial x}dx+\frac{\partial u}{\partial y}dy+\frac{\partial u}{\partial z}dz.$$

由上可知,全微分的计算,只要按求偏导数的方法,求出 $\frac{\partial u}{\partial x}$, $\frac{\partial u}{\partial y}$, $\frac{\partial u}{\partial z}$,将其代入微分公式即可.

例 10 设函数 $z=e^{xy}$,求 $dz\Big|_{\substack{x=2\\y=1}}$.

解 因为 $\frac{\partial z}{\partial x}=ye^{xy}$, $\frac{\partial z}{\partial y}=xe^{xy}$,所以

$$dz\Big|_{\substack{x=2\\y=1}}=(ye^{xy})_{\substack{x=2\\y=1}}dx+(xe^{xy})_{\substack{x=2\\y=1}}dy=e^2dx+2e^2dy.$$

例 11 设函数 $u=\frac{x}{y}e^z$,求全微分 du.

解 因为 $\frac{\partial u}{\partial x}=\frac{1}{y}e^z$, $\frac{\partial u}{\partial y}=-\frac{x}{y^2}e^z$, $\frac{\partial u}{\partial z}=\frac{x}{y}e^z$,所以

$$du=e^z\left(\frac{1}{y}dx-\frac{x}{y^2}dy+\frac{x}{y}dz\right)=\frac{1}{y}e^z\left(dx-\frac{x}{y}dy+x\,dz\right).$$

习题 6-3

1. 求下列函数的偏导数:

(1) $z=x^3y-y^3x$; (2) $s=\frac{u^2+v^2}{uv}$;

(3) $z=\sqrt{\ln(xy)}$; (4) $z=\sin(xy)+\cos^2(xy)$;

(5) $z=\ln\tan\frac{x}{y}$; (6) $z=(1+xy)^y$;

(7) $u=x^{\frac{y}{z}}$; (8) $u=\arctan(x-y)^z$.

2. 设 $z=e^{-\left(\frac{1}{x}+\frac{1}{y}\right)}$,求证: $x^2\frac{\partial z}{\partial x}+y^2\frac{\partial z}{\partial y}=2z$.

3. 设 $f(x, y)=x+(y-1)\arcsin\sqrt{\frac{x}{y}}$,求 $f_x(x, 1)$.

4. 求下列函数的 $\frac{\partial^2 z}{\partial x^2}$, $\frac{\partial^2 z}{\partial y^2}$ 和 $\frac{\partial^2 z}{\partial x\partial y}$:

(1) $z=x^4+y^4-4x^2y^2$;

(2) $z=\arctan\frac{y}{x}$;

(3) $z=y^x$.

5. 设 $f(x, y, z)=xy^2+yz^2+zx^2$，求 $f_{xx}(0, 0, 1)$，$f_{xz}(1, 0, 2)$，$f_{zy}(0, -1, 0)$ 及 $f_{zzx}(2, 0, 1)$.

6. 设 $z=x\ln(xy)$，求 $\dfrac{\partial^3 z}{\partial x^2 \partial y}$ 及 $\dfrac{\partial^3 z}{\partial x \partial y^2}$.

7. 求下列函数的全微分：

(1) $z=xy+\dfrac{x}{y}$；　　(2) $z=e^{\frac{y}{x}}$；

(3) $z=\dfrac{y}{\sqrt{x^2+y^2}}$；　　(4) $u=x^{yz}$.

8. 求函数 $z=\ln(1+x^2+y^2)$ 当 $x=1$，$y=2$ 时的全微分.

9. 求函数 $z=\dfrac{y}{x}$ 当 $x=2$，$y=1$，$\Delta x=0.1$，$\Delta y=-0.2$ 时的全增量和全微分.

10. 求函数 $z=e^{xy}$ 当 $x=1$，$y=1$，$\Delta x=0.15$，$\Delta y=0.1$ 时的全微分.

11. 考虑二元函数 $f(x, y)$ 的下面四条性质：

(1) $f(x, y)$ 在点 (x_0, y_0) 连续；　(2) $f_x(x, y)$、$f_y(x, y)$ 在点 (x_0, y_0) 连续；

(3) $f(x, y)$ 在点 (x_0, y_0) 可微分；　(4) $f_x(x_0, y_0)$、$f_y(x_0, y_0)$ 存在.

若用“$P\Rightarrow Q$”表示可由性质 P 推出性质 Q，则下列四个选项中正确的是(　　).

A. (2)⇒(3)⇒(1)　　B. (3)⇒(2)⇒(1)

C. (3)⇒(4)⇒(1)　　D. (3)⇒(1)⇒(4)

§4　多元复合函数的求导法则

在第二章中，我们学习了一元复合函数的求导法则，现将一元复合函数的求导法则推广到多元复合函数的情形. 按照多元函数的不同复合情形，分三种情形讨论.

一、复合函数的中间变量均为一元函数的情形

定理 4.1　如果函数 $u=\varphi(t)$ 及 $v=\psi(t)$ 都在点 t 可导，且函数 $z=f(u, v)$ 在对应点 (u, v) 具有连续偏导数，则复合函数 $z=f[\varphi(t), \psi(t)]$ 在点 t 可导，且其导数为

$$\frac{dz}{dt}=\frac{\partial z}{\partial u}\frac{du}{dt}+\frac{\partial z}{\partial v}\frac{dv}{dt}. \tag{1}$$

证明　设 t 取得增量 Δt，这时 $u=\varphi(t)$，$v=\psi(t)$ 的对应增量为 Δu，Δv，由此，函数 $z=f(u, v)$ 相应获得增量 Δz，由于函数 $z=f(u, v)$ 可微，所以 Δz 可以表示为

$$\Delta z=\frac{\partial z}{\partial u}\Delta u+\frac{\partial z}{\partial v}\Delta v+o(\rho),$$

其中 $\rho=\sqrt{(\Delta u)^2+(\Delta v)^2}$.

将上式两端同除以 Δt，得

$$\frac{\Delta z}{\Delta t}=\frac{\partial z}{\partial u}\frac{\Delta u}{\Delta t}+\frac{\partial z}{\partial v}\frac{\Delta v}{\Delta t}+\frac{o(\rho)}{\Delta t}.$$

由于 $u=\varphi(t)$, $v=\psi(t)$ 在点 t 可导,所以当 $\Delta t\to 0$ 时, $\Delta u\to 0$, $\Delta v\to 0$, 从而 $\rho\to 0$, 并且有

$$\frac{\Delta u}{\Delta t}\to\frac{\mathrm{d}u}{\mathrm{d}t},\quad \frac{\Delta v}{\Delta t}\to\frac{\mathrm{d}v}{\mathrm{d}t}.$$

于是

$$\lim_{\Delta t\to 0}\left|\frac{o(\rho)}{\Delta t}\right|=\lim_{\Delta t\to 0}\left|\frac{o(\rho)}{\rho}\cdot\frac{\rho}{\Delta t}\right|=\lim_{\Delta t\to 0}\left|\frac{o(\rho)}{\rho}\right|\sqrt{\left(\frac{\Delta u}{\Delta t}\right)^2+\left(\frac{\Delta v}{\Delta t}\right)^2}=0,$$

所以

$$\lim_{\Delta t\to 0}\frac{\Delta z}{\Delta t}=\frac{\partial z}{\partial u}\frac{\mathrm{d}u}{\mathrm{d}t}+\frac{\partial z}{\partial v}\frac{\mathrm{d}v}{\mathrm{d}t}.$$

这就证明了复合函数 $z=f[\varphi(t),\psi(t)]$ 在点 t 可导,且公式成立.

定理 4.1 中的导数 $\frac{\mathrm{d}z}{\mathrm{d}t}$ 称为全导数.

同理,我们可把定理推广到中间变量多于两个的复合函数情形. 例如,若 $z=f(u,v,w)$, $u=\varphi(t)$, $v=\psi(t)$, $w=\omega(t)$ 复合而成的复合函数

$$z=f[\varphi(t),\psi(t),\omega(t)]$$

满足定理条件,则有全导数公式

$$\frac{\mathrm{d}z}{\mathrm{d}t}=\frac{\partial z}{\partial u}\frac{\mathrm{d}u}{\mathrm{d}t}+\frac{\partial z}{\partial v}\frac{\mathrm{d}v}{\mathrm{d}t}+\frac{\partial z}{\partial w}\frac{\mathrm{d}w}{\mathrm{d}t}. \tag{2}$$

公式(1)(2)可借助复合关系图(见图 4-1)来理解和记忆.

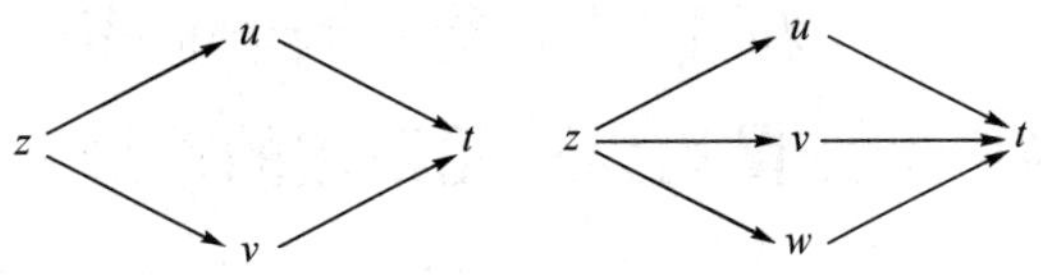

图 4-1

公式(1)(2)称为多元复合函数求导的链式法则.

例 1 设函数 $u=x^y$, 而 $x=\mathrm{e}^t$, $y=\sin t$, 求全导数 $\frac{\mathrm{d}u}{\mathrm{d}t}$.

解 $\frac{\mathrm{d}u}{\mathrm{d}t}=\frac{\partial u}{\partial x}\frac{\mathrm{d}x}{\mathrm{d}t}+\frac{\partial u}{\partial y}\frac{\mathrm{d}y}{\mathrm{d}t}=yx^{y-1}\mathrm{e}^t+x^y\ln x\cos t=\mathrm{e}^{t\sin t}(\sin t+t\cos t)$.

例 2 设 $z=\arctan(xy)$, $x=t$, $y=\mathrm{e}^t$, 求 $\left.\frac{\mathrm{d}z}{\mathrm{d}t}\right|_{t=0}$.

解 由

$$\frac{\mathrm{d}z}{\mathrm{d}t}=\frac{\partial z}{\partial x}\frac{\mathrm{d}x}{\mathrm{d}t}+\frac{\partial z}{\partial y}\frac{\mathrm{d}y}{\mathrm{d}t}=\frac{y}{1+(xy)^2}\cdot 1+\frac{x}{1+(xy)^2}\cdot \mathrm{e}^t,$$

故当 $t=0$ 时，$x=0$，$y=1$，可得 $\left.\frac{\mathrm{d}z}{\mathrm{d}t}\right|_{t=0}=1$.

二、复合函数的中间变量均为多元函数的情形

定理 4.2　若 $u=\varphi(x, y)$ 及 $v=\psi(x, y)$ 在点 (x, y) 具有对 x，y 的偏导数，而函数 $z=f(u, v)$ 在对应点 (u, v) 具有连续偏导数，则复合函数 $z=f[\varphi(x, y), \psi(x, y)]$ 在点 (x, y) 的两个偏导数存在，且有

$$\frac{\partial z}{\partial x}=\frac{\partial z}{\partial u}\frac{\partial u}{\partial x}+\frac{\partial z}{\partial v}\frac{\partial v}{\partial x},$$

$$\frac{\partial z}{\partial y}=\frac{\partial z}{\partial u}\frac{\partial u}{\partial y}+\frac{\partial z}{\partial v}\frac{\partial v}{\partial y}.$$

例 3　设函数 $z=u^v$，而 $u=xy$，$v=x+y$，求 $\frac{\partial z}{\partial x}$ 和 $\frac{\partial z}{\partial y}$.

解　$$\frac{\partial z}{\partial x}=\frac{\partial z}{\partial u}\frac{\partial u}{\partial x}+\frac{\partial z}{\partial v}\frac{\partial v}{\partial x}=vu^{v-1}y+u^v\ln u$$

$$=y(x+y)(xy)^{x+y-1}+(xy)^{x+y}\ln(xy),$$

$$\frac{\partial z}{\partial y}=\frac{\partial z}{\partial u}\frac{\partial u}{\partial y}+\frac{\partial z}{\partial v}\frac{\partial v}{\partial y}=vu^{v-1}x+u^v\ln u$$

$$=x(x+y)(xy)^{x+y-1}+(xy)^{x+y}\ln(xy).$$

类似地，对中间变量多于两个的复合函数情形，有同样的结论. 例如，设函数 $u=\varphi(x, y)$，$v=\psi(x, y)$，$w=\omega(x, y)$ 都在点 (x, y) 有对 x，y 的偏导数，而函数 $z=f(u, v, w)$ 在对应点 (u, v, w) 的偏导数连续，则复合函数

$$z=f[\varphi(x, y), \psi(x, y), \omega(x, y)]$$

在点 (x, y) 的两个偏导数存在，且有

$$\frac{\partial z}{\partial x}=\frac{\partial z}{\partial u}\frac{\partial u}{\partial x}+\frac{\partial z}{\partial v}\frac{\partial v}{\partial x}+\frac{\partial z}{\partial w}\frac{\partial w}{\partial x},$$

$$\frac{\partial z}{\partial y}=\frac{\partial z}{\partial u}\frac{\partial u}{\partial y}+\frac{\partial z}{\partial v}\frac{\partial v}{\partial y}+\frac{\partial z}{\partial w}\frac{\partial w}{\partial y}.$$

三、其他情形

定理 4.3　设函数 $u=\varphi(x, y)$ 具有偏导数，而函数 $z=f(u, x, y)$ 具有连续偏导数，则复合函数 $z=f[\varphi(x, y), x, y]$ 在点 (x, y) 的偏导数存在，且有公式

$$\frac{\partial z}{\partial x}=\frac{\partial f}{\partial u}\frac{\partial u}{\partial x}+\frac{\partial f}{\partial x},$$

$$\frac{\partial z}{\partial y}=\frac{\partial f}{\partial u}\frac{\partial u}{\partial y}+\frac{\partial f}{\partial y}.$$

特别要强调的是，$\frac{\partial z}{\partial x}$ 与 $\frac{\partial f}{\partial x}$ 有很多的区别：$\frac{\partial z}{\partial x}$ 是把复合函数 $f[\varphi(x, y), x, y]$ 中的 y 看成常数，对 x 求偏导；$\frac{\partial f}{\partial x}$ 是把 $f(u, x, y)$ 中的 u，y 看成常数，对 x 求偏导. 前者是复合后对 x 的偏导数，后者是复合前对 x 的偏导数(见图 4-2).

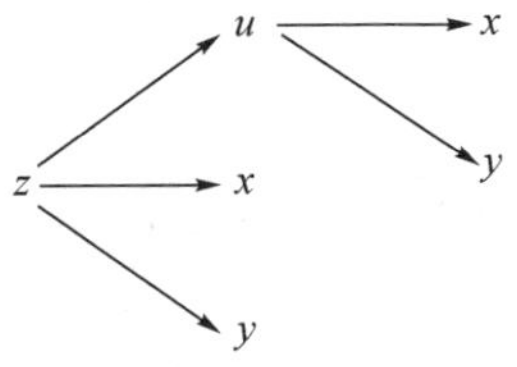

图 4-2

由此可见，多元复合函数微分法的关键在于区分清楚函数结构中哪些是中间变量，哪些是自变量.

对于抽象函数的复合函数的求偏导数问题，如函数 $z=f(x\sin y, e^{xy})$，z 是因变量，x，y 是自变量. 若设中间变量 $u=x\sin y$，$v=e^{xy}$，则在这个函数关系中，中间变量 u，v 与自变量 x，y 的函数关系 f 没有具体给出，这就是"抽象"的意义. 这样的函数求偏导数时，要按复合函数求偏导数公式计算，但是最后结果中，因变量 z 对中间变量 u 和 v 的偏导数只能以"抽象"的形式出现.

例 4 设 $z=f(x\sin y, e^{xy})$，其中 f 具有连续偏导数，求 $\frac{\partial z}{\partial x}$ 和 $\frac{\partial z}{\partial y}$.

解 设 $u=x\sin y$，$v=e^{xy}$，则

$$\frac{\partial z}{\partial x}=\frac{\partial z}{\partial u}\frac{\partial u}{\partial x}+\frac{\partial z}{\partial v}\frac{\partial v}{\partial x}=\sin y f'_u+y e^{xy} f'_v,$$

$$\frac{\partial z}{\partial y}=\frac{\partial z}{\partial u}\frac{\partial u}{\partial y}+\frac{\partial z}{\partial v}\frac{\partial v}{\partial y}=x\cos y f'_u+x e^{xy} f'_v.$$

例 5 设函数 $u=f(x, y, z)=e^{x^2+y^2+z^2}$，而 $z=x^2\sin y$，求 $\frac{\partial u}{\partial x}$ 和 $\frac{\partial u}{\partial y}$.

解
$$\frac{\partial u}{\partial x}=\frac{\partial f}{\partial x}+\frac{\partial f}{\partial z}\frac{\partial z}{\partial x}=2x e^{x^2+y^2+z^2}+2z e^{x^2+y^2+z^2}\cdot 2x\sin y$$
$$=2x(1+2x^2\sin^2 y)e^{x^2+y^2+x^4\sin^2 y},$$

$$\frac{\partial u}{\partial y}=\frac{\partial f}{\partial y}+\frac{\partial f}{\partial z}\frac{\partial z}{\partial y}=2y e^{x^2+y^2+z^2}+2z e^{x^2+y^2+z^2}\cdot x^2\cos y$$
$$=2(y+x^4\sin y\cos y)e^{x^2+y^2+x^4\sin^2 y}.$$

若函数 $z=f(u, v)$，$u=\varphi(x, y)$，$v=\psi(x, y)$ 具有二阶连续偏导数，则复合函数 $z=f[\varphi(x, y), \psi(x, y)]$ 存在二阶偏导数. 为了表达方便起见，引入以下记号：

$$f'_1=\frac{\partial z}{\partial u}, \ f'_2=\frac{\partial z}{\partial v}, \ f''_{11}=\frac{\partial^2 z}{\partial u^2}, \ f''_{12}=\frac{\partial^2 z}{\partial u\partial v}, \ f''_{21}=\frac{\partial^2 z}{\partial v\partial u}, \ f''_{22}=\frac{\partial^2 z}{\partial v^2},$$

这里下标 1 表示对第一个变量 u 求偏导数，下标 2 表示对第二个变量 v 求偏导数.

例 6 设复合函数 $z=f\left(2x+3y, \frac{x}{y}\right)$，其中 $f(u, v)$ 对 u，v 具有二阶连续偏导数，求 $\frac{\partial^2 z}{\partial x\partial y}$.

解　设 $u=2x+3y$，$v=\dfrac{x}{y}$，则

$$\frac{\partial z}{\partial x}=\frac{\partial z}{\partial u}\frac{\partial u}{\partial x}+\frac{\partial z}{\partial v}\frac{\partial v}{\partial x}=2f'_1+\frac{1}{y}f'_2,$$

$$\begin{aligned}\frac{\partial^2 z}{\partial x\partial y}&=\frac{\partial}{\partial y}(2f'_1+\frac{1}{y}f'_2)=2\frac{\partial f'_1}{\partial y}+\frac{\partial}{\partial y}\left(\frac{1}{y}f'_2\right)\\&=2\left(f''_{11}\cdot 3+f''_{12}\left(-\frac{x}{y^2}\right)\right)-\frac{1}{y^2}f'_2+\frac{1}{y}\left(f''_{21}\cdot 3+f''_{22}\left(-\frac{x}{y^2}\right)\right)\\&=6f''_{11}-\frac{x}{y^3}f''_{22}+\frac{3y-2x}{y^2}f''_{12}-\frac{1}{y^2}f'_2.\end{aligned}$$

四、全微分形式不变性

设函数 $z=f(u,v)$ 具有连续偏导数，则全微分为

$$dz=\frac{\partial z}{\partial u}du+\frac{\partial z}{\partial v}dv.$$

若函数 $u=\varphi(x,y)$，$v=\psi(x,y)$ 有连续偏导数，则复合函数 $z=f(\varphi(x,y),\psi(x,y))$ 的全微分为

$$\begin{aligned}dz&=\frac{\partial z}{\partial x}dx+\frac{\partial z}{\partial y}dy\\&=\left(\frac{\partial z}{\partial u}\frac{\partial u}{\partial x}+\frac{\partial z}{\partial v}\frac{\partial v}{\partial x}\right)dx+\left(\frac{\partial z}{\partial u}\frac{\partial u}{\partial y}+\frac{\partial z}{\partial v}\frac{\partial v}{\partial y}\right)dy\\&=\frac{\partial z}{\partial u}\left(\frac{\partial u}{\partial x}dx+\frac{\partial u}{\partial y}dy\right)+\frac{\partial z}{\partial v}\left(\frac{\partial v}{\partial x}dx+\frac{\partial v}{\partial y}dy\right)\\&=\frac{\partial z}{\partial u}du+\frac{\partial z}{\partial v}dv.\end{aligned}$$

可见，无论 z 是自变量 x，y 的函数还是中间变量 u，v 的函数，它的全微分形式是一样的. 这个性质叫全微分形式不变性.

例 7　利用全微分形式不变性求微分 $dz=d(e^u\sin v)$，其中 $u=xy$，$v=x+y$.

解　$dz=d(e^u\sin v)=e^u\sin v\,du+e^u\cos v\,dv$

因　$du=d(xy)=y\,dx+x\,dy$，$dv=d(x+y)=dx+dy$，

故　$dz=e^u\sin v\cdot(y\,dx+x\,dy)+e^u\cos v(dx+dy)$

$$\begin{aligned}&=(e^u\sin v\cdot y+e^u\cos v)dx+(e^u\sin v\cdot x+e^u\cos v)dy\\&=e^{xy}[y\sin(x+y)+\cos(x+y)]dx+e^{xy}[x\sin(x+y)+\cos(x+y)]dy.\end{aligned}$$

若先求出 $\dfrac{\partial z}{\partial x}=e^{xy}[y\sin(x+y)+\cos(x+y)]$，$\dfrac{\partial z}{\partial y}=e^{xy}[x\sin(x+y)+\cos(x+y)]$，代入公式 $dz=\dfrac{\partial z}{\partial x}dx+\dfrac{\partial z}{\partial y}dy$，得到的结果完全一样.

习题6-4

1. 设 $z=u^2+v^2$，而 $u=x+y$，$v=x-y$，求 $\frac{\partial z}{\partial x}$，$\frac{\partial z}{\partial y}$.

2. 设 $z=u^2\ln v$，而 $u=\frac{x}{y}$，$v=3x-2y$，求 $\frac{\partial z}{\partial x}$，$\frac{\partial z}{\partial y}$.

3. 设 $z=\mathrm{e}^{x-2y}$，而 $x=\sin t$，$y=t^3$，求 $\frac{\mathrm{d}z}{\mathrm{d}t}$.

4. 设 $z=\arcsin(x-y)$，而 $x=3t$，$y=4t^3$，求 $\frac{\mathrm{d}z}{\mathrm{d}t}$.

5. 设 $z=\frac{x^2-y}{x+y}$，而 $y=2x-3$，求 $\frac{\mathrm{d}z}{\mathrm{d}x}$.

6. 设 $u=\frac{\mathrm{e}^{ax}(y-z)}{a^2+1}$，而 $y=a\sin x$，$z=\cos x$，求 $\frac{\mathrm{d}u}{\mathrm{d}x}$.

7. 设 $z=\arctan\frac{x}{y}$，而 $x=u+v$，$y=u-v$，验证

$$\frac{\partial z}{\partial u}+\frac{\partial z}{\partial v}=\frac{u-v}{u^2+v^2}.$$

8. 求下列函数的一阶偏导数(其中 f 具有一阶连续偏导数)：

(1) $u=f(x^2-y^2,\ \mathrm{e}^{xy})$；　　(2) $u=f\left(\frac{x}{y},\ \frac{y}{z}\right)$；

(3) $u=f(x,\ xy,\ xyz)$.

9. 设 $z=xy+xF(u)$，而 $u=\frac{y}{x}$，$F(u)$ 为可导函数，证明

$$x\frac{\partial z}{\partial x}+y\frac{\partial z}{\partial y}=z+xy.$$

10. 设 $z=\frac{y}{f(x^2-y^2)}$，其中 $f(u)$ 为可导函数，验证

$$\frac{1}{x}\frac{\partial z}{\partial x}+\frac{1}{y}\frac{\partial z}{\partial y}=\frac{z}{y^2}.$$

11. 设 $z=f(x^2+y^2)$，其中 f 具有二阶导数，求 $\frac{\partial^2 z}{\partial x^2}$，$\frac{\partial^2 z}{\partial x\partial y}$，$\frac{\partial^2 z}{\partial y^2}$.

§5 隐函数的求导公式

一、由二元方程确定的隐函数的情形

由二元函数 $F(x,\ y)=0$ 可确定一个一元的隐函数 $y=f(x)$，将之代入原方程，得到一

个恒等式：

$$F[x, f(x)] \equiv 0,$$

对恒等式两边关于变量 x 求导，左边是多元复合函数，它对变量 x 的导数为

$$\frac{\partial F}{\partial x}+\frac{\partial F}{\partial y}\frac{\mathrm{d}y}{\mathrm{d}x},$$

右边的导数自然为 0，于是有

$$\frac{\partial F}{\partial x}+\frac{\partial F}{\partial y}\frac{\mathrm{d}y}{\mathrm{d}x}=0,$$

解出 $\frac{\mathrm{d}y}{\mathrm{d}x}$，得到隐函数的导数 $\frac{\mathrm{d}y}{\mathrm{d}x}=-\frac{\frac{\partial F}{\partial x}}{\frac{\partial F}{\partial y}}$.

由多元复合函数的求导定理可知，当 $F(x, y)=0$ 在 (x, y) 具有一阶连续偏导数，而 $y=f(x)$ 在 x 可导时，才可求出复合函数 $F[x, f(x)]$ 的导数. 若 $\frac{\partial F}{\partial y}\neq 0$ 时，有 $\frac{\mathrm{d}y}{\mathrm{d}x}=-\frac{\frac{\partial F}{\partial x}}{\frac{\partial F}{\partial y}}$，从而得到下列定理：

定理 5.1(隐函数存在定理 1) 设函数 $F(x, y)$ 满足以下条件：

(1) 在点 $P_0(x_0, y_0)$ 的某一邻域内具有连续的偏导数；

(2) $F(x_0, y_0)=0$；

(3) $F_y(x_0, y_0)\neq 0$，

则方程 $F(x, y)=0$ 在点 (x_0, y_0) 的某一邻域内恒能唯一确定一个连续且具有连续导数的函数 $y=f(x)$，它满足条件 $y_0=f(x_0)$，并有导数公式

$$\frac{\mathrm{d}y}{\mathrm{d}x}=-\frac{F_x}{F_y}.$$

如果函数 $F(x, y)$ 的二阶偏导数连续，我们可以把上式的两端看作 x 的复合函数再一次求导，即得二阶导数公式：

$$\begin{aligned}\frac{\mathrm{d}^2 y}{\mathrm{d}x^2}&=\frac{\partial}{\partial x}\left(-\frac{F_x}{F_y}\right)+\frac{\partial}{\partial y}\left(-\frac{F_x}{F_y}\right)\frac{\mathrm{d}y}{\mathrm{d}x}\\&=-\frac{F_{xx}F_y-F_{yx}F_x}{F_y^2}-\frac{F_{xy}F_y-F_{yy}F_x}{F_y^2}\left(-\frac{F_x}{F_y}\right)\\&=-\frac{F_{xx}F_y^2-2F_{xy}F_xF_y+F_{yy}F_x^2}{F_y^3}.\end{aligned}$$

例 1 方程 $e^y+xy=e$ 确定隐函数,求 $\dfrac{dy}{dx}$.

解 令 $F(x,y)=e^y+xy-e$, 对 x, y 求偏导数,得 $\dfrac{\partial F}{\partial x}=y$, $\dfrac{\partial F}{\partial y}=e^y+x$, 所以有

$$\frac{dy}{dx}=-\frac{F_x}{F_y}=-\frac{y}{e^y+x}.$$

例 2 验证方程 $y=xe^y+1$ 在点 $(0,1)$ 处的某一邻域内能唯一确定一个单值连续且具有连续导数的隐函数 $y=f(x)$, 当 $x=0$ 时 $y=1$, 并求这个函数的一阶与二阶导数在 $x=0$ 的导数值.

解 设函数 $F(x,y)=xe^y-y+1$, 则 $F_x=e^y$, $F_y=xe^y-1$, 显然偏导数连续,且 $F(0,1)=0$, 又 $F_y(0,1)=-1\neq 0$. 因此,由定理 5.1 可知方程 $y=xe^y+1$ 在点 $(0,1)$ 的某邻域内能唯一确定一个连续且具有连续导数的隐函数 $y=f(x)$, 当 $x=0$ 时, $y=1$, 有

$$\frac{dy}{dx}=-\frac{F_x}{F_y}=\frac{e^y}{1-xe^y}=\frac{e^y}{2-y},\qquad \left.\frac{dy}{dx}\right|_{x=0}=e.$$

二阶导数为

$$\frac{d^2y}{dx^2}=\frac{e^y y'(2-y)+e^y y'}{(2-y)^2}=\frac{e^y(3-y)}{(2-y)^2}y'=\frac{e^{2y}(3-y)}{(2-y)^3},$$

$$\left.\frac{d^2y}{dx^2}\right|_{x=0}=\frac{e^2(3-1)}{(2-1)^3}=2e^2.$$

二、由三元方程确定的二元隐函数的偏导数

既然二元方程 $F(x,y)=0$ 可以确定一个一元的隐函数 $y=f(x)$, 那么,三元方程 $F(x,y,z)=0$ 便可确定一个二元的隐函数 $z=f(x,y)$. 下面我们介绍用直接求导法求此函数的偏导数.

对 $F(x,y,z)=0$ 两边关于变量 x 求偏导,并注意 z 是 x, y 的函数,有

$$F_x+F_z\frac{\partial z}{\partial x}=0,$$

解出 $\dfrac{\partial z}{\partial x}$, 得到二元隐函数的偏导数 $\dfrac{\partial z}{\partial x}=-\dfrac{F_x}{F_z}$.

类似地,可得

$$F_y+F_z\frac{\partial z}{\partial y}=0,$$

解得

$$\frac{\partial z}{\partial y}=-\frac{F_y}{F_z}.$$

即得到下面的定理 5.2:

定理 5.2(隐函数存在定理 2) 设函数 $F(x, y, z)$ 满足以下条件：

(1) 在点 $P_0(x_0, y_0, z_0)$ 的某一邻域内具有连续的偏导数；

(2) $F(x_0, y_0, z_0)=0$；

(3) $F_z(x_0, y_0, z_0)\neq 0$，

则方程 $F(x, y, z)=0$ 在点 (x_0, y_0, z_0) 的某一邻域内恒能唯一确定一个连续且具有连续偏导数的函数 $z=f(x, y)$，它满足条件 $z_0=f(x_0, y_0)$，并有偏导数公式

$$\frac{\partial z}{\partial x}=-\frac{F_x}{F_z},\quad \frac{\partial z}{\partial y}=-\frac{F_y}{F_z}.$$

例 3 设方程 $x^2+y^2+z^2-4z=0$，求 $\frac{\partial z}{\partial x}$，$\frac{\partial z}{\partial y}$，$\frac{\partial^2 z}{\partial x\partial y}$.

解 方法 1：设函数 $F(x, y, z)=x^2+y^2+z^2-4z$，则

$$F_x=2x,\quad F_z=2z-4,\quad F_y=2y,$$

于是

$$\frac{\partial z}{\partial x}=-\frac{2x}{2z-4}=\frac{x}{2-z},\quad \frac{\partial z}{\partial y}=-\frac{2y}{2z-4}=\frac{y}{2-z},$$

再将 $\frac{\partial z}{\partial x}=\frac{x}{2-z}$ 对 y 求偏导数，得

$$\frac{\partial^2 z}{\partial x\partial y}=\frac{x\frac{\partial z}{\partial y}}{(2-z)^2}=\frac{x\left(\frac{y}{2-z}\right)}{(2-z)^2}=\frac{xy}{(2-z)^3}.$$

方法 2：方程 $x^2+y^2+z^2-4z=0$ 两边对 x 求偏导，得

$$2x+2z\frac{\partial z}{\partial x}-4\frac{\partial z}{\partial x}=0,$$

解得

$$\frac{\partial z}{\partial x}=-\frac{2x}{2z-4}=\frac{x}{2-z}.$$

同理得

$$\frac{\partial z}{\partial y}=-\frac{2y}{2z-4}=\frac{y}{2-z}.$$

例 4 设方程 $G\left(\frac{x}{z}, \frac{y}{z}\right)=0$ 确定函数 $z=z(x, y)$，且 $G(u, v)$ 偏导数存在，求 $\frac{\partial z}{\partial x}$，$\frac{\partial z}{\partial y}$.

解 令 $F(x, y, z)=G\left(\frac{x}{z}, \frac{y}{z}\right)=G(u, v)$，其中 $u=\frac{x}{z}$，$v=\frac{y}{z}$.

得 $F_x=G_1'\cdot\frac{1}{z}$，$F_y=G_2'\cdot\frac{1}{z}$，$F_z=G_1'\cdot\left(-\frac{x}{z^2}\right)+G_2'\left(-\frac{y}{z^2}\right)=\frac{-1}{z^2}(xG_1'+yG_2')$.

则

$$\frac{\partial z}{\partial x}=-\frac{F_x}{F_z}=\frac{\frac{1}{z}G_1'}{\frac{1}{z^2}(xG_1'+yG_2')}=\frac{zG_1'}{xG_1'+yG_2'},$$

$$\frac{\partial z}{\partial y}=-\frac{F_y}{F_z}=\frac{\frac{1}{z}G_2'}{\frac{1}{z^2}(xG_1'+yG_2')}=\frac{zG_2'}{xG_1'+yG_2'}.$$

也可以用例 3 方法 2 求偏导数.

习题 6-5

1. 设 $\sin y+e^x-xy^2=0$，求 $\frac{dy}{dx}$.

2. 设 $\ln\sqrt{x^2+y^2}=\arctan\frac{y}{x}$，求 $\frac{dy}{dx}$.

3. 设 $x+2y+z-2\sqrt{xyz}=0$，求 $\frac{\partial z}{\partial x}$ 及 $\frac{\partial z}{\partial y}$.

4. 设 $\frac{x}{z}=\ln\frac{z}{y}$，求 $\frac{\partial z}{\partial x}$ 及 $\frac{\partial z}{\partial y}$.

5. 设 $e^z=xyz$，求 $\frac{\partial z}{\partial x}$，$\frac{\partial z}{\partial y}$.

6. 设 $2\sin(x+2y-3z)=x+2y-3z$，证明：$\frac{\partial z}{\partial x}+\frac{\partial z}{\partial y}=1$.

7. 设 $x=x(y,z)$，$y=y(x,z)$，$z=z(x,y)$ 都是由方程 $F(x,y,z)=0$ 确定的具有连续偏导数的函数，证明

$$\frac{\partial x}{\partial y}\cdot\frac{\partial y}{\partial z}\cdot\frac{\partial z}{\partial x}=-1.$$

8. 设 $\Phi(u,v)$ 具有连续偏导数，证明由方程 $\Phi(cx-az,cy-bz)=0$ 确定的函数 $z=f(x,y)$ 满足 $a\frac{\partial z}{\partial x}+b\frac{\partial z}{\partial y}=c$.

§6 多元函数的极值及其求法

在实际问题中，往往遇到多元函数的最大值、最小值问题. 与一元函数类似，多元函数的最大值、最小值与极大值、极小值有密切关系，因此以二元函数为例，先来讨论多元函数的极值问题.

一、多元函数的极值

定义 6.1 设函数 $z=f(x, y)$ 在点 (x_0, y_0) 的某个邻域内有定义,对于该邻域内的任何点 $(x, y)\neq(x_0, y_0)$,若总有 $f(x, y)<f(x_0, y_0)$,则称函数 $z=f(x, y)$ 在点 (x_0, y_0) 处有极大值;若总有 $f(x, y)>f(x_0, y_0)$,则称函数 $z=f(x, y)$ 在点 (x_0, y_0) 处有极小值.

函数的极大值、极小值统称为极值,使函数取得极值的点称为极值点.

例 1 函数 $z=xy$ 在点 $(0, 0)$ 处不取得极值,因为在点 $(0, 0)$ 处的函数值为零,而在点 $(0, 0)$ 的任一邻域内总有使函数值为正的点,也有使函数值为负的点.

例 2 函数 $z=3x^2+4y^2$ 在点 $(0, 0)$ 处有极小值.

因为对任意 $(x, y)\neq(0, 0)$,有 $f(x, y)>f(0, 0)=0$.

从几何上看,点 $(0, 0, 0)$ 是开口朝上的椭圆抛物面 $z=3x^2+4y^2$ 的顶点,曲面在点 $(0, 0, 0)$ 处有切平面 $z=0$,从而得到函数取得极值的必要条件:

定理 6.1(必要条件) 设函数 $z=f(x, y)$ 在点 (x_0, y_0) 具有偏导数,且在点 (x_0, y_0) 处有极值,则它在该点的偏导数必然为零,即

$$f_x(x_0, y_0)=0,\quad f_y(x_0, y_0)=0.$$

证明 不妨设函数 $z=f(x, y)$ 在点 (x_0, y_0) 处有极大值. 依极大值定义,在该点的某邻域内均有

$$f(x, y)<f(x_0, y_0),\quad (x, y)\neq(x_0, y_0)$$

成立.

特别地,取 $y=y_0$ 而 $x\neq x_0$ 的点,$f(x, y_0)<f(x_0, y_0)$ 也成立.

这表明一元函数 $f(x, y_0)$ 在 $x=x_0$ 处取得极大值,因而必有

$$f_x(x_0, y_0)=0.$$

类似可证 $f_y(x_0, y_0)=0$.

从几何上看,若函数 $z=f(x, y)$ 在点 (x_0, y_0) 取得极值 z_0,那么函数所表示的曲面在点 (x_0, y_0, z_0) 处的切平面方程

$$z-z_0=f_x(x_0, y_0)(x-x_0)+f_y(x_0, y_0)(y-y_0)$$

是平行于 xOy 坐标面的平面 $z=z_0$.

类似地有三元及三元以上函数的极值概念,对三元函数也有取得极值的必要条件为

$$f_x(x_0, y_0, z_0)=0,\ f_y(x_0, y_0, z_0)=0,\ f_z(x_0, y_0, z_0)=0.$$

类似一元函数,我们将使 $f_x(x, y)=0$, $f_y(x, y)=0$ 同时成立的点 (x_0, y_0) 称为函数 $z=f(x, y)$ 的驻点.

由定理 6.1 可知,虽然没有完全解决求极值的问题,但它给出一条找极值点的途径,即在偏导数存在的前提下只要解方程组 $\begin{cases}f_x(x, y)=0\\ f_y(x, y)=0\end{cases}$,求得解 (x_1, y_1), (x_2, y_2), …, (x_n, y_n),那么极值点必包含在其中. 但驻点不一定是极值点,如 $(0, 0)$ 点是函数 $z=xy$ 的

驻点,但不是极值点.偏导数不存在的点也可能为极值点.

怎样判别一个驻点是不是极值点呢?下面的定理回答了这个问题:

定理 6.2(充分条件) 设函数 $z=f(x, y)$ 在点 (x_0, y_0) 的某邻域内连续,且有一阶及二阶连续偏导数,$f_x(x_0, y_0)=0$,$f_y(x_0, y_0)=0$,令

$$f_{xx}(x_0, y_0)=A, \quad f_{xy}(x_0, y_0)=B, \quad f_{yy}(x_0, y_0)=C,$$

则

(1) 当 $AC-B^2>0$ 时,函数 $z=f(x, y)$ 在点 (x_0, y_0) 取得极值,且当 $A<0$ 时,有极大值 $f(x_0, y_0)$,当 $A>0$ 时,有极小值 $f(x_0, y_0)$.

(2) 当 $AC-B^2<0$ 时,函数 $z=f(x, y)$ 在点 (x_0, y_0) 没有极值.

(3) 当 $AC-B^2=0$ 时,函数 $z=f(x, y)$ 在点 (x_0, y_0) 可能有极值,也有可能没有极值,需另做讨论.

由定理6.1、定理6.2,我们可以得到:求解具有二阶连续偏导数的函数 $z=f(x, y)$ 的极值的步骤如下:

(1) 解方程组 $\begin{cases} f_x(x, y)=0 \\ f_y(x, y)=0 \end{cases}$,求得一切实数解,即可求得一切驻点 (x_1, y_1),(x_2, y_2),…,(x_n, y_n).

(2) 对于每一个驻点 (x_i, y_i) $(i=1, 2, \cdots, n)$,求出二阶偏导数的值 A,B,C.

(3) 确定 $AC-B^2$ 的符号,按定理6.2的结论判定 $f(x_i, y_i)$ 是不是极值,是极大值还是极小值.

(4) 考察函数 $f(x, y)$ 是否有偏导数不存在的点;若有,加以判别是否为极值点.

例 3 考察 $z=-\sqrt{x^2+y^2}$ 是否有极值.

解 因为 $\dfrac{\partial z}{\partial x}=\dfrac{-x}{\sqrt{x^2+y^2}}$,$\dfrac{\partial z}{\partial y}=\dfrac{-y}{\sqrt{x^2+y^2}}$ 在 $x=0$,$y=0$ 处偏导数不存在,但是对任意点 $(x, y)\neq(0, 0)$,均有 $f(x, y)<f(0, 0)=0$,所以函数在 $(0, 0)$ 点取得极大值.

从上例可知,在考虑函数的极值问题时,除了考虑函数的驻点外,如果有偏导数不存在的点,那么对这些点也应当考虑.

例 4 求函数 $f(x, y)=x^3+y^3-3xy$ 的极值.

解 为求驻点,解联立方程组

$$\begin{cases} f_x(x, y)=3x^2-3y=0 \\ f_y(x, y)=3y^2-3x=0 \end{cases},$$

得到两个驻点为 $(0, 0)$,$(1, 1)$.

再求出二阶偏导函数 $f_{xx}=6x$,$f_{xy}=-3$,$f_{yy}=6y$.

在 $(0, 0)$ 点处有:$A=0$,$B=-3$,$C=0$. 因为

$$AC-B^2=-9<0,$$

所以函数 $f(x, y)$ 在点 $(0, 0)$ 没有极值.

在 $(1, 1)$ 点处有:$A=6$,$B=-3$,$C=6$. 因为

$$AC-B^2=27>0,\text{且} A>0,$$

所以函数 $f(x,y)$ 在点 $(1,1)$ 有极小值 $f(1,1)=-1$.

二、多元函数的最大值与最小值

与一元函数类似,我们也可以利用函数的极值来求多元函数的最大值、最小值.由第二节连续函数的性质可知,若函数 $f(x,y)$ 在有界闭区域 D 上连续,则 $f(x,y)$ 在 D 上必定能取得最大值和最小值.最值点既可能在 D 的内部,也可能在 D 的边界上,因此,我们可以求出函数 $f(x,y)$ 在区域 D 内的全部极值点,以及在 D 边界上的最值点,将这些点的函数值求出,并且互相比较,便得函数在 D 上的最值.

在实际应用问题中,根据问题的性质,知道函数 $f(x,y)$ 的最值一定在区域 D 的内部取得,而函数在 D 内只有一个驻点,那么可以肯定该驻点处的函数值就是函数 $f(x,y)$ 在 D 上的最值.

例 5 某工厂生产 A、B 两种型号的产品,A 型产品的售价为 1000 元/件,B 型产品的售价为 900 元/件,生产 A 型产品 x 件和 B 型产品 y 件的总成本为

$$C(x,y)=40000+200x+300y+3x^2+xy+3y^2,$$

求 A、B 两种产品各生产多少件时,利润最大?

解 设 $L(x,y)$ 为生产 A 型产品 x 件和 B 型产品 y 件时的总利润,则

$$L(x,y)=R(x,y)-C(x,y)=-3x^2-xy-3y^2+800x+600y-40000.$$

由 $\begin{cases}L_x(x,y)=-6x-y+800=0\\L_y(x,y)=-x-6y+600=0\end{cases}$, 解得 $\begin{cases}x=120\\y=80\end{cases}$,

又有

$$A=L_{xx}(120,80)=-6<0,\quad B=L_{xy}(120,80)=-1,\quad C=L_{yy}(120,80)=-6,$$

得

$$AC-B^2=35>0.$$

故函数 $L(x,y)$ 在点 $(120,80)$ 取得最大值,且

$$L_{\max}(x,y)=L(120,80)=32000(\text{元}).$$

三、条件极值与拉格朗日乘数法

前面所讨论的函数极值,对于函数的自变量,除了限制在函数的定义域内以外,并无其他条件.例如,求函数 $z=x^2+y^2$ 的极值.该问题就是求函数在其定义域内的极值,显然函数在 $(0,0)$ 取得极小值;若求函数 $z=x^2+y^2$ 在条件 $x+y=1$ 下的极值,这时自变量受到约束,不能在整个定义域上求极值,而只能在定义域的一部分 $x+y=1$ 的直线上求极值.前者只要求变量在定义域内变化,而没有其他附加条件,称为无条件极值;后者自变量受到条件的约束,称为条件极值.

如何求条件极值? 有时可把条件极值化为无条件极值.如上例从条件中解出 $y=1-x$,

代入 $z=x^2+y^2$ 中，得

$$z=x^2+(1-x)^2=2x^2-2x+1,$$

成为一元函数极值问题，令 $z'_x=4x-2=0$，得 $x=\frac{1}{2}$，求出极值为 $z\left(\frac{1}{2},\frac{1}{2}\right)=\frac{1}{2}$.

但是，在很多情形下，将条件极值化为无条件极值并不这样简单，我们另有一种直接寻求条件极值的方法，可不必先把问题化为无条件极值的问题，这就是下面介绍的拉格朗日乘数法.

1. 利用一元函数取得极值的必要条件

求函数 $z=f(x,y)$ 在条件

$$\varphi(x,y)=0$$

下取得极值的必要条件.

若函数 $z=f(x,y)$ 在 (x_0,y_0) 取得所求的极值，那么首先有

$$\varphi(x_0,y_0)=0.$$

假定在点 (x_0,y_0) 的某一邻域内函数 $z=f(x,y)$ 均有连续的一阶偏导数，且 $\varphi_y(x_0,y_0)\neq 0$. 由隐函数存在定理 1 可知，方程 $\varphi(x,y)=0$ 确定一个连续且具有连续导数的函数 $y=\psi(x)$，将其代入函数 $z=f(x,y)$，得到一个变量 x 的函数

$$z=f(x,\psi(x)).$$

于是，函数 $z=f(x,y)$ 在 (x_0,y_0) 取得所求的极值，相当于一元函数 $z=f(x,\psi(x))$ 在 $x=x_0$ 取得极值. 由一元函数取得极值的必要条件得

$$\left.\frac{\mathrm{d}z}{\mathrm{d}x}\right|_{x=x_0}=f_x(x_0,y_0)+f_y(x_0,y_0)\left.\frac{\mathrm{d}y}{\mathrm{d}x}\right|_{x=x_0}=0,$$

而方程 $\varphi(x,y)=0$ 所确定的隐函数的导数为

$$\left.\frac{\mathrm{d}y}{\mathrm{d}x}\right|_{x=x_0}=-\frac{\varphi_x(x_0,y_0)}{\varphi_y(x_0,y_0)}.$$

将上式代入 $f_x(x_0,y_0)+f_y(x_0,y_0)\left.\frac{\mathrm{d}y}{\mathrm{d}x}\right|_{x=x_0}=0$，得

$$f_x(x_0,y_0)-f_y(x_0,y_0)\frac{\varphi_x(x_0,y_0)}{\varphi_y(x_0,y_0)}=0.$$

因此，函数 $z=f(x,y)$ 在条件 $\varphi(x,y)=0$ 下取得极值的必要条件为

$$\begin{cases}f_x(x_0,y_0)-f_y(x_0,y_0)\dfrac{\varphi_x(x_0,y_0)}{\varphi_y(x_0,y_0)}=0\\ \varphi(x_0,y_0)=0\end{cases}.$$

为了计算方便起见，我们令

$$\frac{f_y(x_0, y_0)}{\varphi_y(x_0, y_0)}=-\lambda,$$

则上述必要条件变为

$$\begin{cases} f_x(x_0, y_0)+\lambda\varphi_x(x_0, y_0)=0 \\ f_y(x_0, y_0)+\lambda\varphi_y(x_0, y_0)=0. \\ \varphi(x_0, y_0)=0 \end{cases}$$

容易看出,上式中前两式的左端正是函数

$$F(x, y)=f(x, y)+\lambda\varphi(x, y)$$

的两个一阶偏导数在 (x_0, y_0) 的值,其中 λ 是一个待定常数. 函数 $F(x, y)$ 称为拉格朗日函数,参数 λ 称为拉格朗日乘子.

由上讨论,我们可以得到求条件极值的方法,我们称为拉格朗日乘数法.

2. 拉格朗日乘数法

求函数 $z=f(x, y)$ 在条件 $\varphi(x, y)=0$ 下可能的极值点.

(1) 构造辅助函数

$$F(x, y)=f(x, y)+\lambda\varphi(x, y) \quad (\lambda \text{ 为常数}).$$

(2) 求函数 F 对 x, 对 y 的偏导数,并使之为零,解方程组

$$\begin{cases} f_x(x, y)+\lambda\varphi_x(x, y)=0 \\ f_y(x, y)+\lambda\varphi_y(x, y)=0, \\ \varphi(x, y)=0 \end{cases}$$

得 x, y, λ, 其中 (x, y) 就是函数在条件 $\varphi(x, y)=0$ 下的可能极值点的坐标.

(3) 如何确定所求点是否为极值点,在实际问题中往往可根据问题本身的性质来判定.

拉格朗日乘数法也可推广到自变量多于两个而条件多于一个的情形. 例如,求函数 $u=f(x, y, z, t)$ 在条件 $\varphi(x, y, z, t)=0$, $\psi(x, y, z, t)=0$ 下的极值点. 先构造拉格朗日函数:

$$F(x, y, z, t)=f(x, y, z, t)+\lambda_1\varphi(x, y, z, t)+\lambda_2\psi(x, y, z, t),$$

其中 λ_1, λ_2 为常数. 求函数 F 对 x, y, z, t 的偏导数,并使之为零,解方程组

$$\begin{cases} f_x+\lambda_1\varphi_x+\lambda_2\psi_x=0 \\ f_y+\lambda_1\varphi_y+\lambda_2\psi_y=0 \\ f_z+\lambda_1\varphi_z+\lambda_2\psi_z=0 \\ f_t+\lambda_1\varphi_t+\lambda_2\psi_t=0 \\ \varphi(x, y, z, t)=0 \\ \psi(x, y, z, t)=0 \end{cases},$$

得 (x, y, z, t) 就是函数 $u=f(x, y, z, t)$ 在条件 $\varphi(x, y, z, t)=0$, $\psi(x, y, z, t)=0$ 下的可能极值点.

至于如何确定所求得的点是否为极值点，在实际问题中往往根据问题本身的性质来判定.

例 6 生产某种产品必须投入两种要素，x_1 和 x_2 分别为两要素的投入量，Q 为产出量. 若生产函数为 $Q=2x_1^{\alpha}x_2^{\beta}$，其中 α，β 为正常数，且 $\alpha+\beta=1$. 假设两种要素的价格分别为 P_1 和 P_2. 试问：当产出量为 12 时，两要素各投入多少可以使得投入总费用最小?

解 依题意，即求总费用 $P_1x_1+P_2x_2$ 在条件 $2x_1^{\alpha}x_2^{\beta}=12$ 下的最小值.

构造拉格朗日函数

$$F(x_1, x_2, \lambda)=P_1x_1+P_2x_2+\lambda(12-2x_1^{\alpha}x_2^{\beta}).$$

$$令\begin{cases}F_{x_1}=P_1-2\lambda\alpha x_1^{\alpha-1}x_2^{\beta}=0\\ F_{x_2}=P_2-2\lambda\beta x_1^{\alpha}x_2^{\beta-1}=0,\\ F_{\lambda}=12-2x_1^{\alpha}x_2^{\beta}=0\end{cases}$$

解得唯一驻点 $x_1=6\left(\dfrac{P_2\alpha}{P_1\beta}\right)^{\beta}$，$x_2=6\left(\dfrac{P_1\beta}{P_2\alpha}\right)^{\alpha}$.

又实际问题一定存在最小值，故最小值必在唯一驻点处取得，即最小费用为

$$6P_1\left(\frac{P_2\alpha}{P_1\beta}\right)^{\beta}+6P_2\left(\frac{P_1\beta}{P_2\alpha}\right)^{\alpha}.$$

例 7 在经济学中有个 Cobb-Douglas 生产函数模型式 $f(x, y)=cx^{a}y^{1-a}$，式中 x 代表劳动力的数量，y 为资本数量(确切地说是 y 个单位资本)，c 与 a $(0<a<1)$ 是常数，由各工厂的具体情形而定. 函数值表示生产量.

现在已知某制造商的 Cobb-Douglas 生产函数是 $f(x, y)=100x^{\frac{3}{4}}y^{\frac{1}{4}}$，每个劳动力与每单位资本的成本分别是 150 元及 250 元. 该制造商的总预算是 50000 元. 问他应该如何分配这笔钱用于雇用劳动力与资本，以使生产量最高?

解 这是一个条件极值问题，求函数 $f(x, y)=100x^{\frac{3}{4}}y^{\frac{1}{4}}$ 在条件 $150x+250y=50000$ 下的最大值.

构造拉格朗日函数

$$F(x, y, \lambda)=100x^{\frac{3}{4}}y^{\frac{1}{4}}+\lambda(50000-150x-250y),$$

由方程组

$$\begin{cases}F_x=75x^{-\frac{1}{4}}y^{\frac{1}{4}}-150\lambda=0\\ F_y=25x^{\frac{3}{4}}y^{-\frac{3}{4}}-250\lambda=0\\ F_{\lambda}=50000-150x+250y=0\end{cases}$$

中的第一个方程解得 $\lambda=\dfrac{1}{2}x^{-\frac{1}{4}}y^{\frac{1}{4}}$，将其代入第二个方程，得

$$25x^{\frac{3}{4}}y^{-\frac{3}{4}}-125x^{-\frac{1}{4}}y^{\frac{1}{4}}=0,$$

在该式两边同乘 $x^{\frac{1}{4}}y^{\frac{3}{4}}$，有 $25x-125y=0$，即 $x=5y$.

将此结果代入方程组的第三个方程，得 $x=250$，$y=50$.

即该制造商应该雇用 250 个劳动力而把其余部分作为资本投入，这时可获得最大产量为

$$f(250, 50)\approx 16719\,(\text{元}).$$

习题 6-6

1. 求函数 $f(x, y)=x^3-4x^2+2xy-y^2$ 的极值.
2. 求函数 $f(x, y)=4(x-y)-x^2-y^2$ 的极值.
3. 求函数 $f(x, y)=(6x-x^2)(4y-y^2)$ 的极值.
4. 求函数 $f(x, y)=e^{2x}(x+y^2+2y)$ 的极值.
5. 求函数 $z=xy$ 在适合附加条件 $x+y=1$ 下的极大值.
6. 从斜边之长为 l 的一切直角三角形中，求有最大周长的直角三角形.
7. 要造一个体积等于定数 k 的长方体无盖水池，应该如何选择水池的尺寸，方可使它的表面积最小.
8. 在平面 xOy 上求一点，使它到 $x=0$，$y=0$ 及 $x+2y-16=0$ 三直线的距离平方之和为最小.
9. 将周长为 $2p$ 的矩形绕它的一边旋转而构成一个圆柱体. 问矩形的边长各为多少时，才可使圆柱体的体积为最大?
10. 求内接于半径为 a 的球且有最大体积的长方体.
11. 抛物面 $z=x^2+y^2$ 被平面 $x+y+z=1$ 截成一椭圆，求这椭圆上的点到原点的距离的最大值与最小值.

习 题 六

1. 求点 $P(a, b, c)$ 关于原点，关于 yOz 平面的对称点.
2. 如果空间 3 点 $A(1, 2, 3)$，$B(-1, 4, 3)$，$C(-1, 2, a)$ 构成等边三角形，求 a 的值.
3. 求二元函数 $z=\ln(x-y)+\sqrt{x^2+y^2-4}+\ln\left(1-\dfrac{x^2}{4}-\dfrac{y^2}{9}\right)$ 的定义域.
4. 求下列函数的偏导数 z_x，z_y：

(1) $z=(\sin x)^y$；　　(2) $z=xf(x+y, xy)$；

(3) $z=f(\sin x, xy^2)$；　　(4) $z=(2x^2y^3)^{x^2+y^2}$；

(5) $z=\int_0^{xy}f(t)\mathrm{d}t$.

5. 求函数 $z=xy+\dfrac{y}{x}$ 的全微分.
6. 求函数 $z=\ln(1+x^2+y^2)$，当 $x=2$，$y=1$，$\Delta x=0.1$，$\Delta y=-0.2$ 时的全微分.
7. 求二元函数的极值：

(1) $f(x, y)=(2ax-x^2)(2by-y^2)$；

(2) $f(x, y)=xy(a-x-y)$.

8. 设函数 $y=y(x)$ 由 $x^3+3x^2y-2y^3=2$ 确定,求 $y(x)$ 的极值.

9. 设 $w=f(u, v)$ 具有二阶连续偏导数,且 $u=x-cy$, $v=x+cy$,其中 c 为非零常数,求 $w_{xx}-\dfrac{1}{c^2}w_{yy}$.

10. 设函数 $z=z(x, y)$ 由方程 $F\left(x+\dfrac{z}{y}, y+\dfrac{z}{x}\right)=0$ 决定,其中 $F(u, v)$ 具有连续偏导数,且 $xF_u+yF_v\neq 0$. 求 $x\dfrac{\partial z}{\partial x}+y\dfrac{\partial z}{\partial y}$.

第七章

二重积分

在第五章我们介绍了定积分的概念. 对于闭区间 $[a, b]$ 上关于连续函数 $y=f(x)$ 的某个量值问题,如果可以通过元素法转化为一个无穷乘积和式的极限,则我们可以通过定积分对其进行计算. 下面我们将定积分概念推广为二重积分.

§1 二重积分的概念与性质

首先我们给出二重积分的概念.

一、二重积分的概念

观察如图 1-1 所示的三个柱体,我们讨论它们的体积.

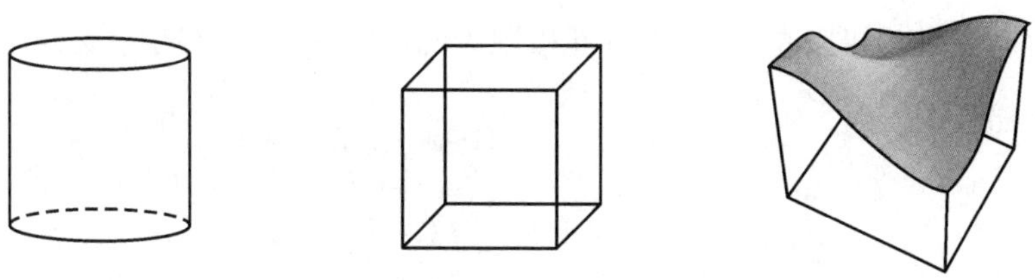

图 1-1

我们看到第一个是圆柱体,第二个是立方体. 它们有共同的特点:顶是平的,即立体的高是不变的. 我们将这一类立体称为平顶柱体. 它们的体积可用公式

$$\text{体积}=\text{底面积}\times\text{高}$$

来定义与计算. 关于第三个立体,它是以曲面 $z=f(x, y)$ 为顶,以区域 D 为底,母线平行于 z 轴的柱体,假设函数 $z=f(x, y)$ 在有界闭区域 D 上连续,且 $f(x, y)\geqslant 0$, $(x, y)\in D$. 我们称此类立体为曲顶柱体. 当 (x, y) 在区域 D 上变动时,高度 $f(x, y)$ 是个变量,因此,我们不能直接用平顶柱体的体积公式来定义与计算它的体积. 我们可以仿照曲边梯形面积的方法来定义曲顶柱体的体积.

(1) 用一组曲线网将区域 D 任意分成 n 个小区域，$\Delta\sigma_1$，$\Delta\sigma_2$，…，$\Delta\sigma_n$，且以 $\Delta\sigma_i$ 表示第 i 个小区域的面积，如图 1-2 所示. 这样就把曲顶柱体分成 n 个小曲顶柱体. 我们用 λ_i 表示 $\Delta\sigma_i$ 内任意两点间距离的最大值，称为该区域的直径. 当这些小闭区域的直径很小时，由于 $f(x, y)$ 是连续函数，我们可以将这些小曲顶柱体近似地看成是平顶柱体.

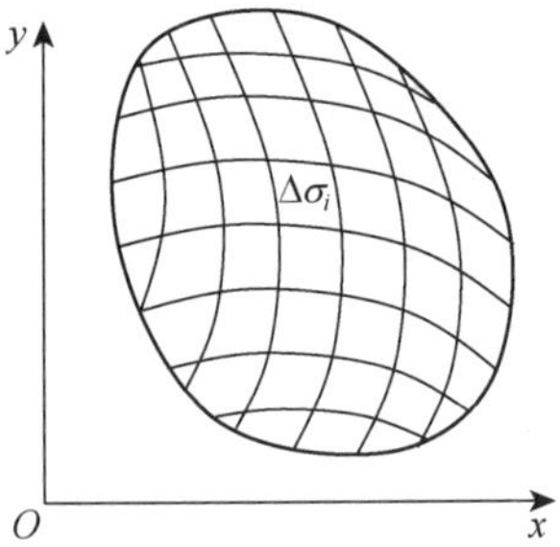

图 1-2

(2) 在每个小区域 $\Delta\sigma_i$ $(i=1, 2, \cdots, n)$ 内，任取一点 (ξ_i, η_i)，以 $f(\xi_i, \eta_i)$ 为高，$\Delta\sigma_i$ 为底的平顶柱体的体积为 $f(\xi_i, \eta_i)\Delta\sigma_i (i=1, 2, \cdots, n)$. 这些平顶柱体的体积之和为

$$V_n=\sum_{i=1}^{n} f(\xi_i, \eta_i)\Delta\sigma_i,$$

则 V_n 是曲顶柱体的体积 V 的一个近似值.

(3) 当分割越来越细时，小区域 $\Delta\sigma_i$ 越来越小，而逐渐收缩接近于一个点时，总和 V_n 就趋于 V. 设 $\lambda=\max\{\lambda_1, \lambda_2, \cdots\lambda_n\}$. 当 $\lambda\to 0$ $(n\to\infty)$ 时，V_n 的极限存在，我们将这个极限自然地定义为曲顶柱体的体积 V，即

$$V=\lim_{\lambda\to 0}\sum_{i=1}^{n} f(\xi_i, \eta_i)\Delta\sigma_i.$$

我们将上述这种和的极限加以抽象，从而给出二重积分的定义.

定义 1.1 设 $f(x, y)$ 是有界闭区域 D 上的有界函数，将闭区域 D 任意分成 n 个小闭区域

$$\Delta\sigma_1, \Delta\sigma_2, \cdots, \Delta\sigma_n,$$

其中 $\Delta\sigma_i$ 表示第 i 个小闭区域，也表示它的面积. 在每个 $\Delta\sigma_i$ 上任取一点 (ξ_i, η_i)，作乘积 $f(\xi_i, \eta_i)\Delta\sigma_i$ $(i=1, 2, \cdots, n)$，并作和 $\sum\limits_{i=1}^{n} f(\xi_i, \eta_i)\Delta\sigma_i$. 如果当各小闭区域的直径中的最大值 λ 趋于零时，这和的极限总存在，则称此极限为函数 $f(x, y)$ 在闭区域 D 上的二重积分，记作 $\iint\limits_D f(x, y)\mathrm{d}\sigma$，即

$$\iint\limits_D f(x, y)\mathrm{d}\sigma=\lim_{\lambda\to 0}\sum_{i=1}^{n} f(\xi_i, \eta_i)\Delta\sigma_i. \tag{1}$$

其中，$f(x, y)$ 称为被积函数，$f(x, y)\mathrm{d}\sigma$ 称为被积表达式，$\mathrm{d}\sigma$ 称为面积元素，x 与 y 称为积分变量，D 称为积分区域，$\sum\limits_{i=1}^{n} f(\xi_i, \eta_i)\Delta\sigma_i$ 称为积分和.

在二重积分的定义中对闭区域 D 的划分是任意的，如果在直角坐标系中用平行于坐标轴的直线网来划分 D，那么除了包含边界点的一些小闭区域外，其余的小闭区域都是矩形区域. 设矩形闭区域 $\Delta\sigma_i$ 的边长为 Δx_j 和 Δy_k，则 $\Delta\sigma_i=\Delta x_j\cdot\Delta y_k$. 因此在直角坐标系中，有时也把面积元素 $\mathrm{d}\sigma$ 记作 $\mathrm{d}x\mathrm{d}y$，而把二重积分记作

$$\iint\limits_D f(x, y)\mathrm{d}x\mathrm{d}y,$$

其中 $\mathrm{d}x\mathrm{d}y$ 称为直角坐标系中的面积元素.

我们要指出的是，当 $f(x,y)$ 在闭区域 D 上连续时，(1)式右端的和的极限必定存在. 也就是说，函数 $f(x,y)$ 在 D 上的二重积分必定存在. 我们总假定函数 $f(x,y)$ 在闭区域 D 上连续，不再每次加以说明.

二重积分的几何意义是：当 $f(x,y)\geqslant 0$ 时，$\iint\limits_D f(x,y)\mathrm{d}\sigma$ 的值就等于以曲面 $z=f(x,y)$ 为顶、以 D 为底、母线平行于 z 轴的曲顶柱体的体积. 如果函数 $f(x,y)$ 是负的，柱体就在 xOy 面的下方，二重积分的绝对值仍等于柱体的体积，但二重积分的值是负的. 如果 $f(x,y)$ 在 D 的若干部分区域上是正的，而在其他的部分区域上是负的，那么 $f(x,y)$ 在 D 上的二重积分就等于 xOy 面上方的柱体体积减去 xOy 面下方的柱体体积所得之差.

二、二重积分的性质

二重积分也有与一元函数定积分相似的性质.

性质 1 设 α,β 为常数，则

$$\iint\limits_D [\alpha f(x,y)+\beta g(x,y)]\,\mathrm{d}\sigma=\alpha\iint\limits_D f(x,y)\mathrm{d}\sigma+\beta\iint\limits_D g(x,y)\mathrm{d}\sigma.$$

性质 2 若区域 $D=D_1\cup D_2$，且 $D_1\cap D_2=\Phi$，则

$$\iint\limits_D f(x,y)\mathrm{d}\sigma=\iint\limits_{D_1} f(x,y)\mathrm{d}\sigma+\iint\limits_{D_2} f(x,y)\mathrm{d}\sigma.$$

这个性质表示二重积分对于积分区域具有可加性. 如果闭区域 D 被有限条曲线分为有限个部分闭区域，则在 D 上的二重积分等于在各部分闭区域上的二重积分的和.

性质 3 如果在 D 上，$f(x,y)=1$，σ 为 D 的面积，则

$$\sigma=\iint\limits_D 1\cdot\mathrm{d}\sigma=\iint\limits_D \mathrm{d}\sigma.$$

这个性质的几何意义是很明显的，因为高为 1 的平顶柱体的体积在数值上就等于柱体的底面积.

性质 4 如果在 D 上，$f(x,y)\leqslant g(x,y)$，则有

$$\iint\limits_D f(x,y)\mathrm{d}\sigma\leqslant\iint\limits_D g(x,y)\mathrm{d}\sigma.$$

特别地，由于 $-|f(x,y)|\leqslant f(x,y)\leqslant|f(x,y)|$，则有

$$\left|\iint\limits_D f(x,y)\mathrm{d}\sigma\right|\leqslant\iint\limits_D |f(x,y)|\,\mathrm{d}\sigma.$$

性质 5 设 M，m 分别是 $f(x,y)$ 在有界闭区域 D 上的最大值和最小值，S_D 是 D 的面积，则有

$$m\cdot S_D\leqslant\iint\limits_D f(x,y)\mathrm{d}\sigma\leqslant M\cdot S_D.$$

上述不等式称为二重积分的估值不等式. 因为 $m\leqslant f(x,y)\leqslant M$，所以由性质 4 得

$$\iint\limits_D m\,d\sigma \leqslant \iint\limits_D f(x, y)\,d\sigma \leqslant \iint\limits_D M\,d\sigma,$$

再应用性质 1 和性质 3,便得此估值不等式.

性质 6(二重积分的中值定理) 设函数 $f(x, y)$ 在有界闭区域 D 上连续, S_D 是 D 的面积,则在 D 上至少存在一点 (ξ, η), 使得

$$\iint\limits_D f(x, y)\,d\sigma = f(\xi, \eta)\cdot S_D.$$

证 显然 $S_D \neq 0$. 把性质 5 中不等式各除以 S_D, 有

$$m \leqslant \frac{1}{S_D}\iint\limits_D f(x, y)\,d\sigma \leqslant M.$$

这就是说,确定数值 $\frac{1}{S_D}\iint\limits_D f(x, y)\,d\sigma$ 是介于函数 $f(x, y)$ 在 D 上的最大值 M 与最小值 m 之间的. 由在有界闭区域上连续函数的介值定理知,在 D 上至少存在一点 (ξ, η), 使得函数在该点的值与这个确定的数值相等,即

$$\frac{1}{S_D}\iint\limits_D f(x, y)\,d\sigma = f(\xi, \eta).$$

上式两端各乘以 S_D, 就得所需要证明的公式.

中值定理的几何意义是: 以 D 为底, $z = f(x, y)$ $(f(x, y)\geqslant 0)$ 为曲顶的曲顶柱体的体积等于一个同底的平顶柱体的体积,这个平顶柱体的高等于函数 $f(x, y)$ 在 D 中某点 (ξ, η) 的函数值 $f(\xi, \eta)$. 所以, $\frac{1}{S_D}\iint\limits_D f(x, y)\,d\sigma$ 又称为函数 $f(x, y)$ 在 D 上的平均值.

例 1 设 D 为中心在原点、以 r 为半径的圆域,求极限

$$\lim_{r\to 0}\frac{1}{\pi r^2}\iint\limits_D e^{x^2-y^2}\cos(x+y)\,dx\,dy.$$

解 根据中值定理,在 D 上至少存在一点 (ξ, η), 使得

$$\iint\limits_D e^{x^2-y^2}\cos(x+y)\,dx\,dy = \pi r^2 e^{\xi^2-\eta^2}\cos(\xi+\eta).$$

当 $r\to 0$ 时, $(\xi, \eta)\to(0, 0)$. 于是

$$\lim_{r\to 0}\frac{1}{\pi r^2}\iint\limits_D e^{x^2-y^2}\cos(x+y)\,dx\,dy = \lim_{(\xi, \eta)\to(0, 0)} e^{\xi^2-\eta^2}\cos(\xi+\eta) = 1.$$

例 2 估计下列积分之值:

$$I = \iint\limits_D \frac{dx\,dy}{100+\cos^2 x+\sin^2 y}, \quad D = \{(x, y) \mid |x|+|y| \leqslant 10\}.$$

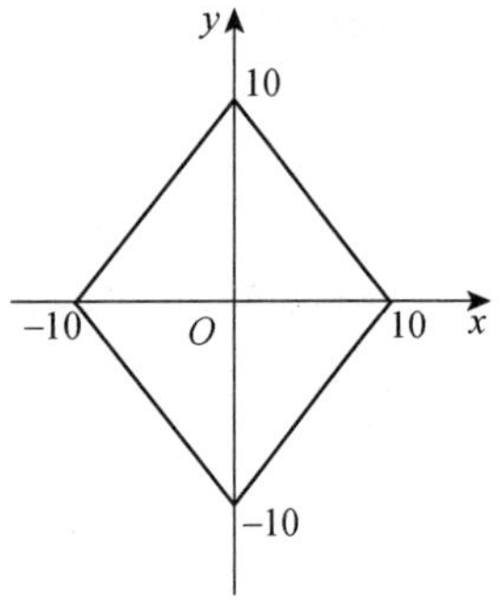

图 1-3

解 积分区域 D 如图 1-3 所示,它的面积 $S_D = (10\sqrt{2})^2 = 200$, 且在 D 上,

$$\frac{1}{102} \leqslant \frac{1}{100+\cos^2 x+\sin^2 y} \leqslant \frac{1}{100},$$

由性质 5,得 $\frac{200}{102} \leqslant I \leqslant \frac{200}{100}$,即 $1.96 \leqslant I \leqslant 2$.

习题 7-1

1. 设 $I_1=\iint\limits_{D_1}(x^2+y^2)^3 \mathrm{d}\sigma$,其中 $D_1=\{(x,y) \mid -1 \leqslant x \leqslant 1,-2 \leqslant y \leqslant 2\}$;又设若 $I_2=\iint\limits_{D_2}(x^2+y^2)^3 \mathrm{d}\sigma$,其中 $D_2=\{(x,y) \mid 0 \leqslant x \leqslant 1,0 \leqslant y \leqslant 2\}$,试利用二重积分的几何意义说明两者之间的关系.

2. 利用二重积分的几何意义说明:

(1) 区域 D 关于 y 轴对称,$f(x,y)$ 为 x 的奇函数,即 $f(-x,y)=-f(x,y)$ 时,有 $\iint\limits_{D} f(x,y) \mathrm{d}\sigma=0$;

(2) 区域 D 关于 y 轴对称,$f(x,y)$ 为 x 的偶函数,即 $f(-x,y)=f(x,y)$ 时,有 $\iint\limits_{D} f(x,y) \mathrm{d}\sigma=2\iint\limits_{D_1} f(x,y) \mathrm{d}\sigma$,其中 D_1 为 D 在 $x \geqslant 0$ 的部分.

并由此计算下列积分的值,其中 $D=\{(x,y) \mid x^2+y^2 \leqslant R^2\}$:

(1) $\iint\limits_{D} x y^4 \mathrm{d}\sigma$;

(2) $\iint\limits_{D} y\sqrt{R^2-x^2-y^2} \mathrm{d}\sigma$;

(3) $\iint\limits_{D} \frac{y^3 \cos x}{1+x^2+y^2} \mathrm{d}\sigma$.

3. 若 $I_1=\iint\limits_{D} \ln^3(x+y) \mathrm{d}\sigma$,$I_2=\iint\limits_{D}(x+y)^3 \mathrm{d}\sigma$,$I_3=\iint\limits_{D} \sin^3(x+y) \mathrm{d}\sigma$,其中 D 是由 $x=0$,$y=0$ 和直线 $x+y=\frac{1}{2}$,$x+y=1$ 围成的区域,则三者的大小关系如何?

4. 根据二重积分的性质,比较下列积分的大小:

(1) $I_1=\iint\limits_{D}(x+y)^2 \mathrm{d}\sigma$,$I_2=\iint\limits_{D}(x+y)^3 \mathrm{d}\sigma$,其中 D 是由 x 轴,y 轴和直线 $x+y=1$ 围成的区域;

(2) $I_1=\iint\limits_{D} \ln(x+y) \mathrm{d}\sigma$,$I_2=\iint\limits_{D}[\ln(x+y)]^3 \mathrm{d}\sigma$,$D=\{(x,y) \mid 3 \leqslant x \leqslant 5,0 \leqslant y \leqslant 1\}$.

5. 根据二重积分的性质,估计下列积分的值:

(1) $I=\iint\limits_{D} x y(x+y+1) \mathrm{d}\sigma$,其中 $D=\{(x,y) \mid 0 \leqslant x \leqslant 1,0 \leqslant y \leqslant 2\}$;

(2) $I=\iint\limits_{D}(\sin x^2+\cos y^2) \mathrm{d}\sigma$,其中 $D=\{(x,y) \mid 0 \leqslant x \leqslant 1,0 \leqslant y \leqslant 1\}$;

(3) $I=\iint\limits_{D}(x^2+4y^2+9) \mathrm{d}\sigma$,其中 $D=\{(x,y) \mid x^2+y^2 \leqslant 4\}$.

6. 设 D 是 (x, y) 平面上的有界闭区域，函数 $f(x, y)$ 在 D 上连续且不变号，又 $\iint\limits_D f(x, y)\mathrm{d}\sigma=0$，试证明在区域 D 上 $f(x, y)=0$.

§2 二重积分的计算

根据二重积分的定义来计算二重积分，对特别简单的被积函数和积分区域来说是可行的，但对一般的函数和区域来说，常常是很困难的. 因此，需要我们探求新的简便可行的计算方法. 本节将介绍把二重积分化为二次积分(即先后计算两次定积分)的方法.

一、利用直角坐标系计算二重积分

下面我们利用二重积分的几何意义讨论 $\iint\limits_D f(x, y)\mathrm{d}\sigma$ 的计算问题，以下假定 $f(x, y)\geqslant 0$. 在直角坐标系中，二重积分的面积元素 $\mathrm{d}\sigma$ 可表示为 $\mathrm{d}x\mathrm{d}y$，即

$$\iint\limits_D f(x, y)\mathrm{d}\sigma=\iint\limits_D f(x, y)\mathrm{d}x\mathrm{d}y.$$

设积分区域 D 可表示为不等式

$$a\leqslant x\leqslant b,\ \varphi_1(x)\leqslant y\leqslant\varphi_2(x).$$

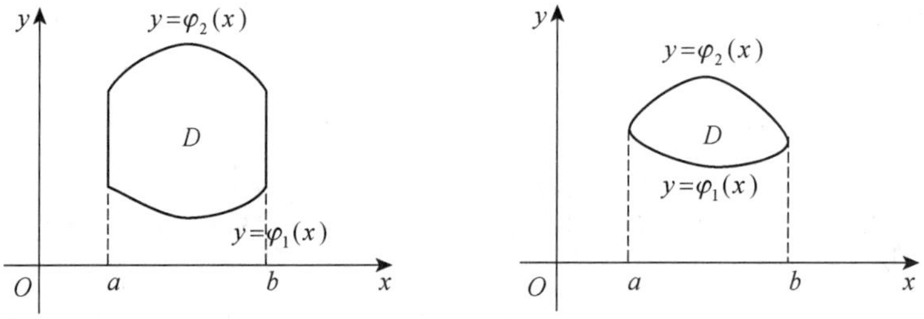

图 2-1

如图 2-1 所示，其中 $\varphi_1(x)$，$\varphi_2(x)$ 在区间 $[a, b]$ 上连续. 这种区域的特点是：若穿过 D 内部的一点与 y 轴平行的直线，则该直线与区域的边界相交不超过两点，我们称为 X 型区域.

按二重积分的几何意义，$\iint\limits_D f(x, y)\mathrm{d}\sigma$ 的值等于以 D 为底、以曲面 $z=f(x, y)$ 为顶的曲顶柱体的体积. 我们可以应用“平行截面面积为已知的立体的体积”的方法计算这个曲顶柱体的体积.

先计算截面积. 为此，在区间 $[a, b]$ 上任意取定一点 x_0，作平行于 yOz 面的平面 $x=x_0$. 这平面截曲顶柱体所得的截面是一个以区间 $[\varphi_1(x_0), \varphi_2(x_0)]$ 为底，曲线 $z=f(x_0, y)$ 为曲边的曲边梯形(见图 2-2 中阴影部分).

所以这截面的面积为

$$A(x_0)=\int_{\varphi_1(x_0)}^{\varphi_2(x_0)} f(x_0,\ y)\mathrm{d}y.$$

一般地，过区间 $[a,\ b]$ 上任一点 x 且平行于 yOz 面的平面截曲顶柱体所得截面的面积为

$$A(x)=\int_{\varphi_1(x)}^{\varphi_2(x)} f(x,\ y)\mathrm{d}y.$$

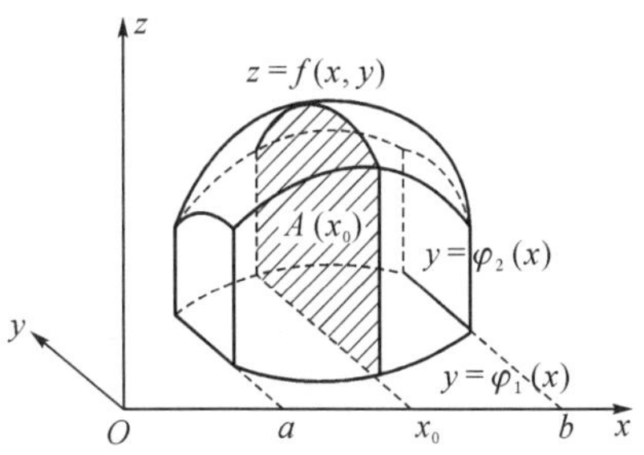

图 2-2

于是，应用计算平行截面面积为已知的立体的体积的方法，得曲顶柱体的体积为

$$V=\int_a^b A(x)\mathrm{d}x=\int_b^a\left[\int_{\varphi_1(x)}^{\varphi_2(x)} f(x,\ y)\mathrm{d}y\right]\mathrm{d}x.$$

这个体积就是所求的二重积分的值，从而有等式

$$\iint\limits_D f(x,\ y)\mathrm{d}\sigma=\int_a^b\left[\int_{\varphi_1(x)}^{\varphi_2(x)} f(x,\ y)\mathrm{d}y\right]\mathrm{d}x. \tag{1}$$

上式右端的积分叫作先对 y 后对 x 的二次积分，即先把 x 看作常数，$f(x,\ y)$ 只看作是 y 的函数，并对 y 计算从 $\varphi_1(x)$ 到 $\varphi_2(x)$ 的定积分，然后把计算结果(是关于 x 的函数)对 x 计算在区间 $[a,\ b]$ 上的定积分. 这个二次积分也可以记作

$$\int_a^b \mathrm{d}x\int_{\varphi_1(x)}^{\varphi_2(x)} f(x,\ y)\mathrm{d}y.$$

因此，(1)式也可写成

$$\iint\limits_D f(x,\ y)\mathrm{d}\sigma=\int_a^b \mathrm{d}x\int_{\varphi_1(x)}^{\varphi_2(x)} f(x,\ y)\mathrm{d}y, \tag{2}$$

这就是把二重积分化为先对 y 后对 x 的二次积分的公式.

在上述讨论中，我们假定 $f(x,\ y)\geqslant 0$，但实际上公式(1)的成立并不受此条件的限制.

类似地，如果积分区域 D 可表示为不等式

$$c\leqslant y\leqslant d,\quad \psi_1(y)\leqslant x\leqslant \psi_2(y).$$

如图 2-3 所示，其中 $\varphi_1(y)$，$\varphi_2(y)$ 在区间 $[c,\ d]$ 上连续，那么就有

$$\iint\limits_D f(x,\ y)\mathrm{d}\sigma=\int_c^d\left[\int_{\psi_1(y)}^{\psi_2(y)} f(x,\ y)\mathrm{d}x\right]\mathrm{d}y. \tag{3}$$

(3)式右端的积分叫作先对 x 再对 y 的二次积分，该积分区域的特点是穿过 D 内部的一点作与 x 轴平行的直线. 则该直线于区域的边界相交不超过两点，我们称为 Y 型区域. 这个二次积分也可以记作

$$\int_c^d \mathrm{d}y\int_{\psi_1(y)}^{\psi_2(y)} f(x,\ y)\mathrm{d}x.$$

因此，(3)式也可写成

$$\iint\limits_D f(x,\ y)\mathrm{d}\sigma=\int_c^d \mathrm{d}y\int_{\psi_1(y)}^{\psi_2(y)} f(x,\ y)\mathrm{d}x. \tag{4}$$

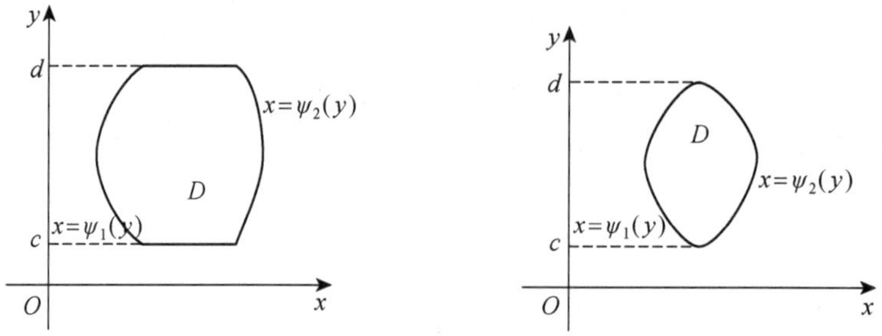

图 2-3

一般地，对于二重积分 $\iint\limits_D f(x, y)\mathrm{d}\sigma$，根据积分区域 D 的特点，若既是 X 型又是 Y 型，则公式(2)(4)均可用，且这两个不同次序的二次积分相等，因为它们都等于同一个二重积分 $\iint\limits_D f(x, y)\mathrm{d}\sigma$；若既不是 X 型又不是 Y 型，则我们要利用分割把区域分成几部分，使每个部分或是 X 型或是 Y 型. 在图 2-4 中，把 D 分成三部分，它们都是 X 型区域，从而在三部分上的二重积分都可应用公式(2)，再根据二重积分的性质 2，它们的和就是在 D 上的二重积分.

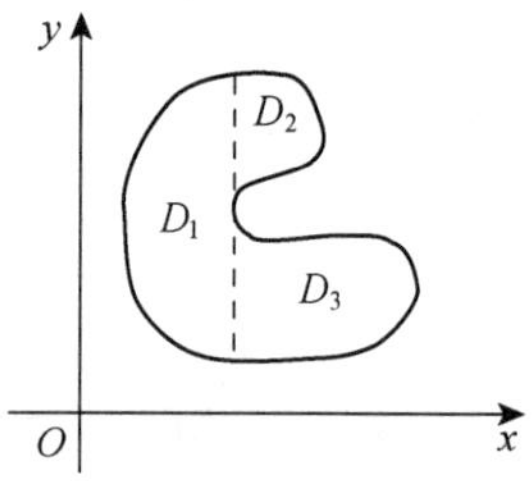

图 2-4

下面我们通过例子具体说明如何将二重积分化为二次积分计算.

例 1 计算 $\iint\limits_D xy\mathrm{d}\sigma$，其中 D 是有直线 $y=1$，$x=2$ 及 $y=x$ 所围成的闭区域.

首先画出积分区域 D（如图 2-5 所示），D 既是 X 型又是 Y 型，因此既可以利用公式(2)也可以利用公式(4)，即有两种解法，如下：

解法一
$$\iint\limits_D xy\mathrm{d}\sigma=\int_1^2\mathrm{d}x\int_1^x xy\mathrm{d}y=\int_1^2\left(\frac{1}{2}xy^2\right)\Big|_1^x\mathrm{d}x$$
$$=\frac{1}{2}\left(\frac{x^4}{4}-\frac{x^2}{2}\right)\Big|_1^2=\frac{9}{8}.$$

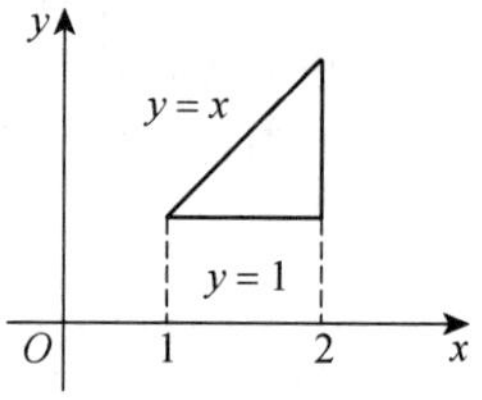

图 2-5

解法二
$$\iint\limits_D xy\mathrm{d}\sigma=\int_1^2\mathrm{d}y\int_y^2 xy\mathrm{d}x=\int_1^2\left(\frac{1}{2}x^2y\right)\Big|_y^2\mathrm{d}y$$
$$=\frac{1}{2}\int_1^2(4y-y^3)\mathrm{d}y$$
$$=\frac{1}{2}\left(2y^2-\frac{y^4}{4}\right)\Big|_1^2=\frac{9}{8}.$$

例 2 计算 $\iint\limits_D xy\mathrm{d}\sigma$，其中 D 是由抛物线 $y^2=x$ 及直线 $y=x-2$ 所围成的闭区域.

分析 首先画出积分区域 D，如图 2-6 所示，D 既是 X 型又是 Y 型的，因此既可以利用公式(2)也可以利用公式(4).

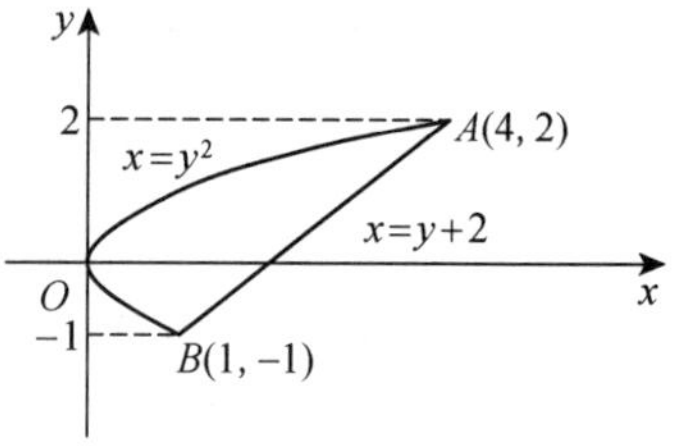

图 2-6

解法一 将它看成 X 型区域，则由于在区间 $[0, 1]$ 及 $[1, 4]$ 上表示 $\varphi_1(x)$ 的式子不同，需要分成两个小区域，我们分别记为 D_1 和 D_2，其中

$$D_1=\{(x, y)\mid -\sqrt{x}\leqslant y\leqslant \sqrt{x}, 0\leqslant x\leqslant 1\},$$
$$D_2=\{(x, y)\mid x-2\leqslant y\leqslant \sqrt{x}, 1\leqslant x\leqslant 4\}.$$

因此，根据二重积分的性质 2，有

$$\begin{aligned}\iint_D xy\,\mathrm{d}\sigma&=\iint_{D_1} xy\,\mathrm{d}\sigma+\iint_{D_2} xy\,\mathrm{d}\sigma=\int_0^1\mathrm{d}x\int_{-\sqrt{x}}^{\sqrt{x}}xy\,\mathrm{d}y+\int_1^4\mathrm{d}x\int_{x-2}^{\sqrt{x}}xy\,\mathrm{d}y\\&=\int_0^1 x\left(\frac{1}{2}y^2\right)\Big|_{-\sqrt{x}}^{\sqrt{x}}\mathrm{d}x+\int_1^4 x\left(\frac{1}{2}y^2\right)\Big|_{x-2}^{\sqrt{x}}\mathrm{d}x\\&=\frac{45}{8}.\end{aligned}$$

解法二 将它看成 Y 型区域，则

$$D=\{(x, y)\mid -1\leqslant y\leqslant 2, y^2\leqslant x\leqslant y+2\},$$

于是

$$\iint_D xy\,\mathrm{d}\sigma=\int_{-1}^2\mathrm{d}y\int_{y^2}^{y+2}xy\,\mathrm{d}x=\int_{-1}^2\frac{x^2}{2}y\Big|_{y^2}^{y+2}\mathrm{d}y=\frac{45}{8}.$$

由此可见，利用公式(2)来计算，需分区域讨论，比较麻烦. 本题更适合用公式(4)计算.

例 3 计算 $\iint_D y\sqrt{1+x^2-y^2}\,\mathrm{d}\sigma$，其中 D 是由直线 $y=x$，$x=-1$ 和 $y=1$ 围成的闭区域.

解 画出积分区域 D（如图 2-7 所示），D 既是 X 型的又是 Y 型的. 若利用公式(2)，得

$$\begin{aligned}\iint_D y\sqrt{1+x^2-y^2}\,\mathrm{d}\sigma&=\int_{-1}^1\mathrm{d}x\int_x^1 y\sqrt{1+x^2-y^2}\,\mathrm{d}y\\&=-\frac{1}{3}\int_{-1}^1(1+x^2-y^2)^{\frac{3}{2}}\Big|_x^1\mathrm{d}x\\&=-\frac{1}{3}\int_{-1}^1(|x|^3-1)\mathrm{d}x\\&=-\frac{2}{3}\int_0^1(x^3-1)\mathrm{d}x=\frac{1}{2}.\end{aligned}$$

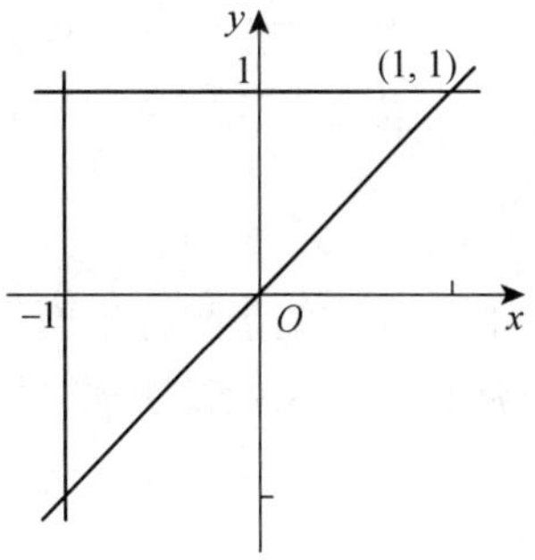

图 2-7

若利用公式(4)，得

$$\iint_D y\sqrt{1+x^2-y^2}\,\mathrm{d}\sigma=\int_{-1}^1\mathrm{d}y\int_{-1}^y y\sqrt{1+x^2-y^2}\,\mathrm{d}x,$$

其中关于 x 的积分计算比较麻烦. 这里用公式(2)计算较为方便.

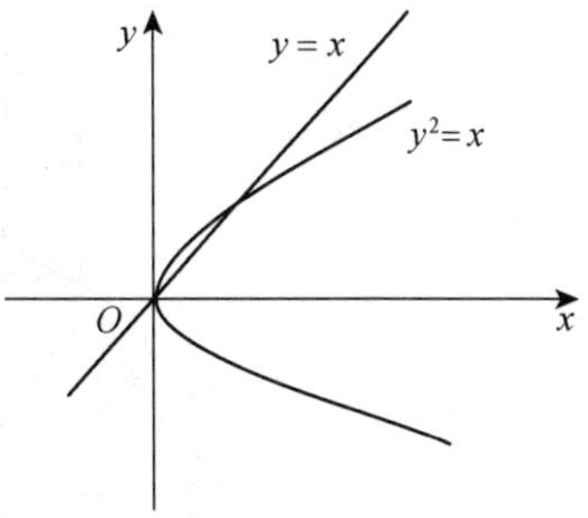

图 2-8

例 4 计算 $\iint_D \frac{\sin y}{y}\mathrm{d}\sigma$，其中 D 是由抛物线 $y^2=x$ 及直线 $y=x$ 所围成的闭区域.

解 首先画出积分区域 D（如图 2-8 所示），D 既是 X 型的，又是 Y 型的.

若将 D 看成 X 型区域，$D=\{(x,y)\mid 0\leqslant x\leqslant 1,\ x\leqslant y\leqslant\sqrt{x}\}$，则

$$\iint_D \frac{\sin y}{y}\mathrm{d}\sigma=\int_0^1\mathrm{d}x\int_x^{\sqrt{x}}\frac{\sin y}{y}\mathrm{d}y.$$

这个关于 y 的积分不易求出原函数，因此计算无法继续下去.

如果将它看成 Y 型区域，$D=\{(x,y)\mid 0\leqslant y\leqslant 1,\ y^2\leqslant x\leqslant y\}$，则

$$\begin{aligned}\iint_D \frac{\sin y}{y}\mathrm{d}x\mathrm{d}y&=\int_0^1\mathrm{d}y\int_{y^2}^{y}\frac{\sin y}{y}\mathrm{d}x=\int_0^1\frac{\sin y}{y}(y-y^2)\mathrm{d}y\\&=-\cos y\Big|_0^1-\int_0^1 y\sin y\mathrm{d}y=1-\cos 1+\int_0^1 y\mathrm{d}\cos y\\&=1-\cos 1+(y\cos y)\Big|_0^1-\int_0^1\cos y\mathrm{d}y=1-\sin 1.\end{aligned}$$

上述几个例子说明，在化二重积分为二次积分时，为了计算方便，需要选择恰当的二次积分的次序. 这时，不仅需要考虑积分区域 D 的形状，还要考虑被积函数 $f(x,y)$ 的特性.

例 5 试证：$\int_0^a\mathrm{d}y\int_0^y \mathrm{e}^{b(x-a)}f(x)\mathrm{d}x=\int_0^a(a-x)\mathrm{e}^{b(x-a)}f(x)\mathrm{d}x$，其中 a，b 均为常数，且 $a>0$.

证 分析：等式左边是个先对 x 再对 y 的二次积分，等式右边是个关于 x 的定积分，而被积函数是关于 x 的函数，所以不妨交换积分次序，即换成先对 y 再对 x 的二次积分，积分区域如图 2-9 所示.

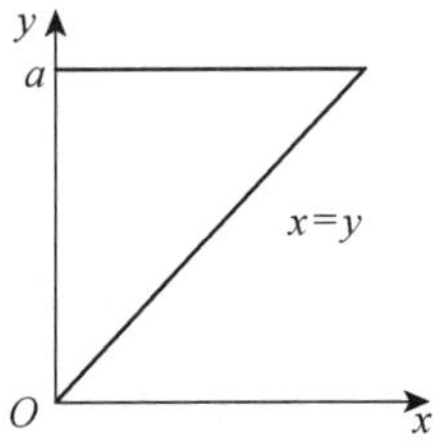

图 2-9

$$\text{等式左边}=\int_0^a\mathrm{d}x\int_x^a \mathrm{e}^{b(x-a)}f(x)\mathrm{d}y=\int_0^a(a-x)\mathrm{e}^{b(x-a)}f(x)\mathrm{d}x.$$

例 6 求两个底圆半径都等于 R 的直交圆柱面所围成的立体的体积.

解 设这两个圆柱面的方程分别为

$$x^2+y^2=R^2 \quad 及 \quad x^2+z^2=R^2.$$

利用立体关于坐标平面的对称性，只要计算它在第一卦限部分（见图 2-10(a)）的体积 V_1，然后再乘以 8 就是所求立体的体积.

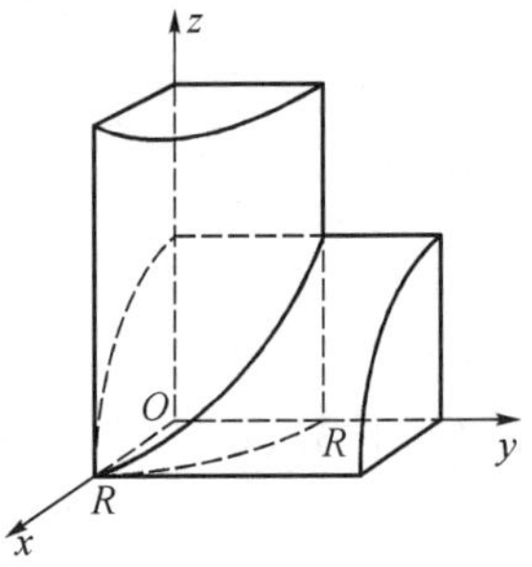

图 2-10(a)

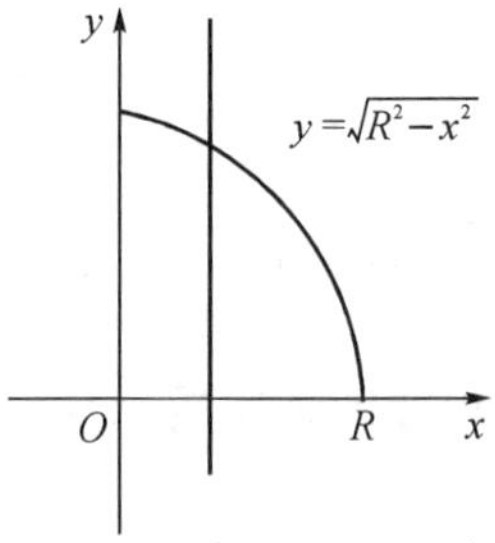

图 2-10(b)

所求立体在第一卦限部分可以看成是一个曲顶柱体，它的底为

$$D=\{(x,y)\mid 0\leqslant x\leqslant R,\ 0\leqslant y\leqslant\sqrt{R^2-x^2}\},$$

如图 2-10(b)所示. 它的顶是柱面 $z=\sqrt{R^2-x^2}$. 于是

$$V_1=\iint_D\sqrt{R^2-x^2}\,\mathrm{d}\sigma.$$

利用公式(2),得

$$V_1=\iint_D\sqrt{R^2-x^2}\,\mathrm{d}\sigma=\int_0^R\mathrm{d}x\int_0^{\sqrt{R^2-x^2}}\sqrt{R^2-x^2}\,\mathrm{d}y$$

$$=\int_0^R\left(\sqrt{R^2-x^2}\,y\right)\Big|_0^{\sqrt{R^2-x^2}}\mathrm{d}x=\int_0^R(R^2-x^2)\,\mathrm{d}x=\frac{2}{3}R^3.$$

从而所求立体的体积为

$$V=8V_1=\frac{16}{3}R^3.$$

二、利用极坐标计算二重积分

有些二重积分,积分区域 D 的边界曲线用极坐标方程表示比较方便,而且被积函数用极坐标变量 r, θ 表示比较简单. 这时,我们可以考虑利用极坐标来计算二重积分 $\iint\limits_D f(x,y)\mathrm{d}\sigma$.

我们知道平面上任意一点的极坐标 (r,θ) 与它的直角坐标 (x,y) 之间的变换公式为

$$x=r\cos\theta,\quad y=r\sin\theta.$$

按二重积分的定义 $\iint\limits_D f(x,y)\mathrm{d}\sigma=\lim\limits_{\lambda\to 0}\sum\limits_{i=1}^{n}f(\varepsilon_i,\eta_i)\Delta\sigma_i$,下面我们来研究这个和的极限在极坐标系中的形式.

假定从极点 O 出发且穿过闭区域 D 内部的射线与 D 的边界曲线相交不多于两点. 我们用以极点为中心的一族同心圆(同一圆上点满足 r 为常数)以及从极点出发的一族射线(同一射线上点满足 θ 为常数),把 D 分成 n 个小闭区域(见图 2-11). 除了包含边界点的一些小闭区域外,小闭区域的面积 $\Delta\sigma_i$ 可计算如下:

$$\Delta\sigma_i=\frac{1}{2}(r_i+\Delta r_i)^2\cdot\Delta\theta_i-\frac{1}{2}r_i^{\,2}\cdot\Delta\theta_i$$

$$=\frac{1}{2}(2r_i+\Delta r_i)\Delta r_i\cdot\Delta\theta_i$$

$$=\frac{r_i+(r_i+\Delta r_i)}{2}\cdot\Delta r_i\cdot\Delta\theta_i$$

$$=\bar{r}_i\cdot\Delta r_i\cdot\Delta\theta_i,$$

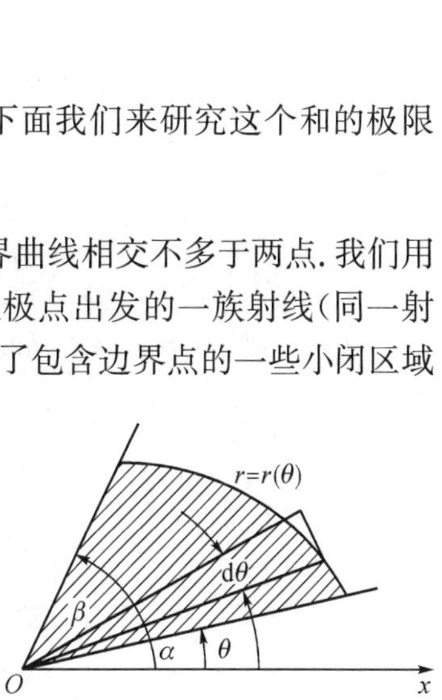

图 2-11

其中 $\bar{r}_i$ 表示相邻两圆弧的半径的平均值. 在这小闭区域内取圆周 $r=\bar{r}_i$ 上的一点 $(\bar{r}_i,\bar{\theta}_i)$,该点的直角坐标设为 ξ_i, η_i, 则由直角坐标与极坐标之间的关系有 $\xi_i=\bar{r}_i\cos\bar{\theta}_i$, $\eta_i=\bar{r}_i\sin\bar{\theta}_i$. 于是

$$\lim_{\lambda\to 0}\sum_{i=1}^{n} f(\xi_i, \eta_i)\Delta\sigma_i=\lim_{\lambda\to 0}\sum_{i=1}^{n} f(\bar{r}_i\cos\bar{\theta}_i, \bar{r}_i\sin\bar{\theta}_i)\bar{r}_i\cdot\Delta r_i\cdot\Delta\theta_i,$$

即

$$\iint_D f(x, y)\mathrm{d}\sigma=\iint_D f(r\cos\theta, r\sin\theta)r\mathrm{d}r\mathrm{d}\theta.$$

这里我们把点 (r, θ) 看作是在同一平面上的点 (x, y) 的极坐标表示，所以上式右端的积分区域仍然记作 D. 由于在直角坐标系中 $\iint_D f(x, y)\mathrm{d}\sigma$ 也常记作 $\iint_D f(x, y)\mathrm{d}x\mathrm{d}y$，所以上式又可写成

$$\iint_D f(x, y)\mathrm{d}x\mathrm{d}y=\iint_D f(r\cos\theta, r\sin\theta)r\mathrm{d}r\mathrm{d}\theta. \tag{5}$$

这就是二重积分的变量从直角坐标变换为极坐标的变换公式，其中 $r\mathrm{d}r\mathrm{d}\theta$ 就是极坐标系中的面积元素.

公式(5)表明，要把二重积分中的变量从直角坐标变换为极坐标，只要把被积函数中的 x，y 分别换成 $r\cos\theta$，$r\sin\theta$，并把直角坐标系中的面积元素 $\mathrm{d}x\mathrm{d}y$ 换成极坐标系中的面积元素 $r\mathrm{d}r\mathrm{d}\theta$ 即可.

同样，在极坐标系下计算二重积分也要将它化为二次积分，我们根据极点与积分区域的关系分三种情况介绍.

(1) 极点 O 在区域 D 之外，如图 2-12 所示，这时区域 D 在 $\theta=\alpha$ 与 $\theta=\beta$ 两条射线之间，这两条射线与区域 D 的边界的交点把区域边界分为两部分，$r=r_1(\theta)$，$r=r_2(\theta)$. 这时区域 D 可以表示为

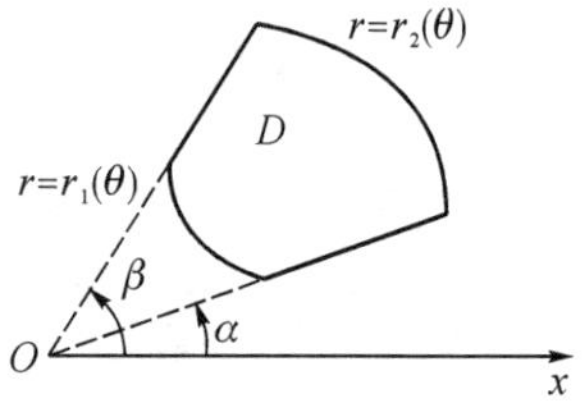

图 2-12

$$D=\{(r, \theta)\mid \alpha\leqslant\theta\leqslant\beta, r_1(\theta)\leqslant r\leqslant r_2(\theta)\},$$

于是

$$\iint_D f(r\cos\theta, r\sin\theta)r\mathrm{d}r\mathrm{d}\theta=\int_{\alpha}^{\beta}\mathrm{d}\theta\int_{r_1(\theta)}^{r_2(\theta)} f(r\cos\theta, r\sin\theta)r\mathrm{d}r.$$

(2) 极点 O 在区域 D 的边界上，如图 2-13 所示，这时 $r_1(\theta)=0$，区域 D 可以表示为 $D=\{(r, \theta)\mid \alpha\leqslant\theta\leqslant\beta, 0\leqslant r\leqslant r(\theta)\}$，于是

$$\iint_D f(r\cos\theta, r\sin\theta)r\mathrm{d}r\mathrm{d}\theta=\int_{\alpha}^{\beta}\mathrm{d}\theta\int_{0}^{r(\theta)} f(r\cos\theta, r\sin\theta)r\mathrm{d}r.$$

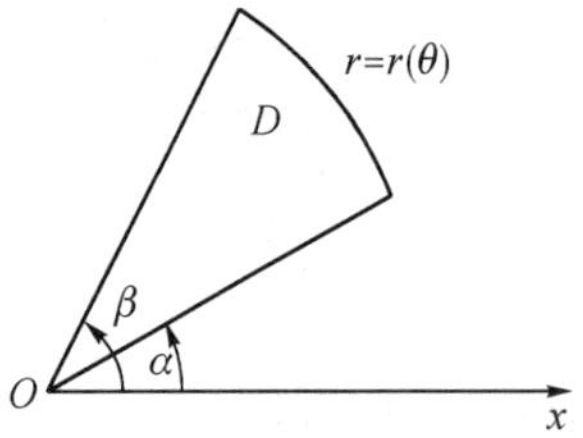

图 2-13

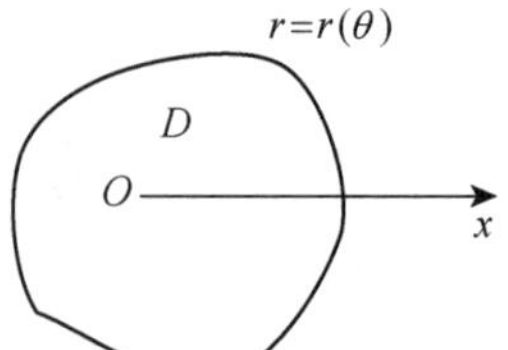

图 2-14

(3) 极点 O 在区域 D 的内部,如图 2-14 所示,这时区域 D 可表示为

$$D=\{(r,\theta)\mid 0\leqslant\theta\leqslant 2\pi,\ 0\leqslant r\leqslant r(\theta)\},$$

于是

$$\iint\limits_{d} f(r\cos\theta,\ r\sin\theta)r\,\mathrm{d}r\,\mathrm{d}\theta=\int_0^{2\pi}\mathrm{d}\theta\int_0^{r(\theta)} f(r\cos\theta,\ r\sin\theta)r\,\mathrm{d}r.$$

例 7　计算二重积分 $\iint\limits_{D}\dfrac{\mathrm{d}x\,\mathrm{d}y}{1+x^2+y^2}$,其中 D 是由 $x^2+y^2\leqslant 1$ 确定的圆域.

解　在极坐标中,积分区域 D 可以表示为

$$D=\{(r,\theta)\mid 0\leqslant\theta\leqslant 2\pi,\ 0\leqslant r\leqslant 1\}.$$

于是

$$\begin{aligned}\iint\limits_{D}\frac{\mathrm{d}x\,\mathrm{d}y}{1+x^2+y^2}&=\iint\limits_{D}\frac{r\,\mathrm{d}r\,\mathrm{d}\theta}{1+r^2}=\int_0^{2\pi}\mathrm{d}\theta\int_0^1\frac{r}{1+r^2}\mathrm{d}r\\&=\frac{1}{2}\int_0^{2\pi}\ln(1+r^2)\Big|_0^1\mathrm{d}\theta=\pi\ln 2.\end{aligned}$$

例 8　计算二重积分 $\iint\limits_{D}\sqrt{x^2+y^2}\,\mathrm{d}\sigma$,其中 D 是圆 $x^2+y^2=2y$ 围成的闭区域.

解　圆 $x^2+y^2=2y$ 的极坐标方程是 $r=2\sin\theta$,如图 2-15 所示,积分区域 D 可以表示为

$$D=\{(r,\theta)\mid 0\leqslant\theta\leqslant\pi,\ 0\leqslant r\leqslant 2\sin\theta\}.$$

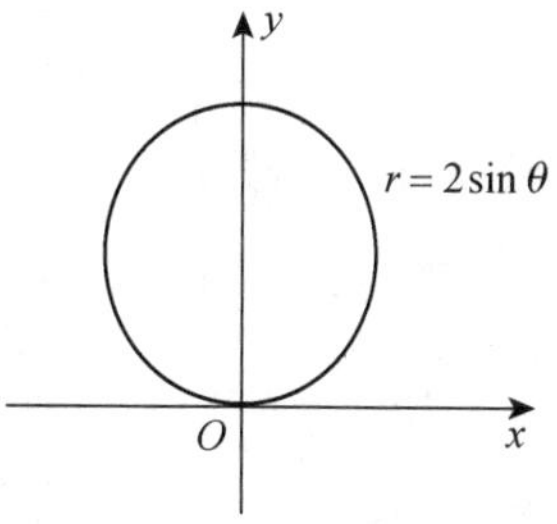

图 2-15

于是

$$\begin{aligned}\iint\limits_{D}\sqrt{x^2+y^2}\,\mathrm{d}\theta&=\iint\limits_{D}r^2\,\mathrm{d}r\,\mathrm{d}\theta=\int_0^{\pi}\mathrm{d}\theta\int_0^{2\sin\theta}r^2\,\mathrm{d}r\\&=\frac{8}{3}\int_0^{\pi}\sin^3\theta\,\mathrm{d}\theta=-\frac{8}{3}\int_0^{\pi}(1-\cos^2\theta)\,\mathrm{d}\cos\theta\\&=-\frac{8}{3}\left(\cos\theta-\frac{1}{3}\cos^3\theta\right)\Big|_0^{\pi}=\frac{32}{9}.\end{aligned}$$

例 9　计算二重积分 $\iint\limits_{D}\mathrm{e}^{-(x^2+y^2)}\,\mathrm{d}x\,\mathrm{d}y$,其中 $D=\{(x,y)\mid x^2+y^2\leqslant R^2\}$.

解　在极坐标中,积分区域 D 可以表示为

$$D=\{(r,\theta)\mid 0\leqslant\theta\leqslant 2\pi,\ 0\leqslant r\leqslant R\}.$$

于是

$$\iint\limits_{D}\mathrm{e}^{-(x^2+y^2)}\,\mathrm{d}x\,\mathrm{d}y=\int_0^{2\pi}\mathrm{d}\theta\int_0^R\mathrm{e}^{-r^2}r\,\mathrm{d}r=2\pi\cdot\left(-\frac{1}{2}\mathrm{e}^{-r^2}\right)\Big|_0^R=\pi(1-\mathrm{e}^{-R^2}).$$

例 10 计算二重积分 $I=\iint\limits_D \frac{1}{\sqrt{(x^2+y^2)^3}}\mathrm{d}\sigma$，其中 D 是直线 $y=x$，$x=2$ 及上半圆周 $y=\sqrt{2x-x^2}$ 所围成的闭区域.

解 画出积分区域 D，如图 2-16 所示，它在极坐标下可表示为

$$D=\left\{(r,\theta)\middle|0\leqslant\theta\leqslant\frac{\pi}{4},\ 2\cos\theta\leqslant r\leqslant\frac{2}{\cos\theta}\right\}.$$

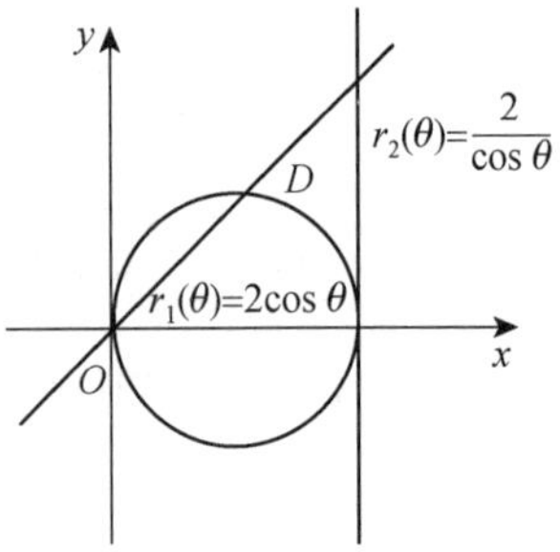

图 2-16

于是

$$\begin{aligned}I&=\int_0^{\frac{\pi}{4}}\mathrm{d}\theta\int_{2\cos\theta}^{\frac{2}{\cos\theta}}\frac{1}{r^3}r\,\mathrm{d}r=-\int_0^{\frac{\pi}{4}}\left(\frac{1}{2}\cos\theta-\frac{1}{2\cos\theta}\right)\mathrm{d}\theta\\&=-\frac{1}{2}(\sin\theta-\ln|\sec\theta+\tan\theta|)\Big|_0^{\frac{\pi}{4}}\\&=-\frac{1}{2}\left[\frac{\sqrt{2}}{2}-\ln(\sqrt{2}+1)\right].\end{aligned}$$

三、广义二重积分

若二元函数的积分区域是无界的，则类似于一元函数，我们可以先在有界区域内积分，然后通过取极限求此积分. 这类积分在概率统计中有广泛的应用.

例 11 计算定积分 $I=\int_{-\infty}^{+\infty}\mathrm{e}^{-x^2}\mathrm{d}x$.

解 本题如果用定积分计算，由于 e^{-x^2} 的原函数不能用初等函数表示，所以算不出来. 我们采用的技巧是先计算二重积分 $\iint\limits_D \mathrm{e}^{-(x^2+y^2)}\mathrm{d}x\mathrm{d}y$，其中区域 D 是整个平面.

一方面，我们利用直角坐标系计算，可将积分区域 D 表示为

$$D=\{(x,y)\,|-\infty<x<+\infty,\ -\infty<y<+\infty\},$$

则 $$\iint\limits_D \mathrm{e}^{-(x^2+y^2)}\mathrm{d}x\mathrm{d}y=\int_{-\infty}^{+\infty}\mathrm{d}x\int_{-\infty}^{+\infty}\mathrm{e}^{-(x^2+y^2)}\mathrm{d}y=\int_{-\infty}^{+\infty}\mathrm{e}^{-x^2}\mathrm{d}x\int_{-\infty}^{+\infty}\mathrm{e}^{-y^2}\mathrm{d}y=I^2.$$

另一方面，我们利用极坐标系进行计算，可将积分区域 D 表示为

$$D=\{(r,\theta)\,|\,0\leqslant\theta\leqslant 2\pi,\ 0\leqslant r\leqslant+\infty\}.$$

于是

$$\iint\limits_D \mathrm{e}^{-(x^2+y^2)}\mathrm{d}x\mathrm{d}y=\int_0^{2\pi}\mathrm{d}\theta\int_0^{+\infty}\mathrm{e}^{-r^2}r\,\mathrm{d}r=-\pi\mathrm{e}^{-r^2}\Big|_0^{+\infty}=\lim_{r\to+\infty}\pi(1-\mathrm{e}^{-R^2})=\pi.$$

综上，我们有 $I^2=\pi$，所以 $I=\sqrt{\pi}$.

习题 7-2

1. 计算下列二重积分：

(1) $\iint\limits_D \sin^2 x\sin^2 y\,d\sigma$，其中 D：$0\leqslant x\leqslant\pi$，$0\leqslant y\leqslant\pi$；

(2) $\iint\limits_D (3x+2y)\,d\sigma$，其中 D 由坐标轴与 $x+y=2$ 围成；

(3) $\iint\limits_D (x^3+3x^2y+y^3)\,d\sigma$，其中 D：$0\leqslant x\leqslant 1$，$0\leqslant y\leqslant 1$；

(4) $\iint\limits_D (x^2-y^2)\,d\sigma$，其中 D：$0\leqslant y\leqslant \sin x$，$0\leqslant x\leqslant\pi$.

2. 画出积分区域并计算下列二重积分：

(1) $\iint\limits_D e^{x+y}\,d\sigma$，其中 D：$|x|+|y|\leqslant 1$；

(2) $\iint\limits_D \dfrac{\sin x}{x}\,d\sigma$，其中 D 由 $y=x$，$y=\dfrac{x}{2}$ 与 $x=2$ 围成；

(3) $\iint\limits_D x^2 e^{-y^2}\,d\sigma$，其中 D 是以 (0, 0)，(1, 1)，(0, 1) 为顶点的三角形区域；

(4) $\iint\limits_D \dfrac{x}{y+1}\,d\sigma$，其中 D 由 $y=x^2+1$，$y=2x$ 与 $x=0$ 围成.

3. 改变下列二次积分的积分次序：

(1) $\int_0^1 dy\int_0^y f(x,y)\,dx$； (2) $\int_1^e dx\int_0^{\ln x} f(x,y)\,dy$；

(3) $\int_{-1}^0 dx\int_{x+1}^{\sqrt{1-x^2}} f(x,y)\,dy$； (4) $\int_0^1 dy\int_{1-y}^{1+y^2} f(x,y)\,dx$；

(5) $\int_0^1 dx\int_0^x f(x,y)\,dy+\int_1^2 dx\int_0^{2-x} f(x,y)\,dy$.

4. 化二重积分 $I=\iint\limits_D f(x,y)\,d\sigma$ 为二次积分(分别列出对两个变量先后次序不同的两个二次积分)，其中区域 D 为：

(1) 由曲线 $y=\ln x$ 与直线 $x=2$ 及 x 轴围成；

(2) 由 y 轴与半圆 $x=\sqrt{a^2-y^2}$ 围成.

5. 求证：$\int_0^1 dy\int_0^{\sqrt{y}} e^y f(x)\,dx=\int_0^1 (e-e^{x^2})f(x)\,dx$.

6. 如果在区域 $D=\{(x,y)\mid a\leqslant x\leqslant b,\ c\leqslant y\leqslant d\}$ 上，$f(x,y)=f_1(x)\cdot f_2(y)$，证明：$\iint\limits_D f(x,y)\,d\sigma=\int_a^b f_1(x)\,dx\cdot\int_c^d f_2(y)\,dy$.

7. 把积分 $\iint\limits_D f(x,y)\,dx\,dy$ 化为极坐标形式的二次积分，其中区域 D 为：

(1) $x^2+y^2\leqslant 9$； (2) $1\leqslant x^2+y^2\leqslant 4$；

(3) $x^2+y^2\leqslant 2x$.

8. 化下列二次积分为极坐标形式的二次积分：

(1) $\int_0^a dy\int_0^{\sqrt{a^2-y^2}} f(x,y)\,dx$； (2) $\int_0^2 dx\int_x^{\sqrt{3}x} f(x,y)\,dy$；

(3) $\int_0^1 dx\int_{1-x}^{\sqrt{1-x^2}} f(x, y)dy$.

9. 利用极坐标计算下列二重积分：

(1) $\iint\limits_D e^{x^2+y^2}d\sigma$，其中 D 是由 $x^2+y^2=9$ 围成的闭区域；

(2) $\iint\limits_D (x^2+y^2)d\sigma$，其中 D 由 x 轴与 $x^2+y^2=2ax$ 围成的上半部分闭区域；

(3) $\iint\limits_D \ln(1+x^2+y^2)d\sigma$，其中 D 是由坐标轴和圆周 $x^2+y^2=4$ 围成的第一象限内的闭区域；

(4) $\iint\limits_D \sin\sqrt{x^2+y^2}\,d\sigma$，其中 D 是由 $x^2+y^2=\pi^2$，$x^2+y^2=4\pi^2$，$y=x$，$y=2x$ 围成的在第一象限内的闭区域.

10. 选用适当的坐标计算下列各题：

(1) $\iint\limits_D (x^2+y^2)^{-\frac{1}{2}}d\sigma$，其中 D 是由 $y=x^2$，$y=x$ 围成的闭区域；

(2) $\iint\limits_D \frac{x^2}{y^2}d\sigma$，$D$ 是由 $x=2$，$y=x$，$xy=1$ 围成的闭区域；

(3) $\iint\limits_D \frac{x+y}{x^2+y^2}d\sigma$，其中 D：$x^2+y^2\leqslant 1$，$x+y\geqslant 1$；

(4) $\iint\limits_D \sqrt{\frac{1-x^2-y^2}{1+x^2+y^2}}d\sigma$，其中 D 是由坐标轴和圆周 $x^2+y^2=1$ 围成的第一象限内的闭区域.

11. 讨论并计算下列广义二重积分：

(1) $\iint\limits_D \frac{d\sigma}{x^p y^q}$，其中 $D=\{(x, y)\mid xy\geqslant 1, x\geqslant 1\}$；

(2) $\iint\limits_D \frac{d\sigma}{(x^2+y^2)^p}$，其中 $D=\{(x, y)\mid x^2+y^2\geqslant 1\}$.

§3 二重积分换元法

在上一节我们介绍了二重积分在直角坐标系和极坐标系下的计算. 事实上我们可以将极坐标下二重积分的计算方法看作直角坐标系下二重积分计算经换元得到的. 本节介绍二重积分一般换元法.

定理 3.1 设函数 $f(x, y)$ 在 xOy 平面上的闭区域 D 上连续，变换 T：$\begin{cases} x=x(u, v) \\ y=y(u, v) \end{cases}$，

将 uOv 平面上的闭区域 D' 变为 xOy 平面上的 D，且满足

(1) $x(u, v)$，$y(u, v)$ 在 D' 上具有一阶连续偏导数；

(2) 在 D' 上，$J(u,v)=\dfrac{\partial(x,y)}{\partial(u,v)}=\begin{vmatrix}\dfrac{\partial x}{\partial u} & \dfrac{\partial x}{\partial v}\\ \dfrac{\partial y}{\partial u} & \dfrac{\partial y}{\partial v}\end{vmatrix}=\dfrac{\partial x}{\partial u}\dfrac{\partial y}{\partial v}-\dfrac{\partial x}{\partial v}\dfrac{\partial y}{\partial u}\neq 0$；

(3) 变换 $T:D'\to D$ 是一对一的，

则有
$$\iint_D f(x,y)\mathrm{d}x\,\mathrm{d}y=\iint_{D'} f[x(u,v),y(u,v)]\,|J(u,v)|\,\mathrm{d}u\,\mathrm{d}v.$$
此公式称为二重积分的换元公式.

注　其中 $J(u,v)$ 称为 x,y 关于变量 u,v 的雅可比行列式. $J(u,v)$ 只在 D' 内个别点上或一条线上为零，而在其他点上不为零，换元公式仍成立.

例 1　计算 $\iint\limits_D xy\,\mathrm{d}x\,\mathrm{d}y$，其中 D 由 $y^2=x$，$y^2=2x$，$xy=2$，$xy=3$ 围成.

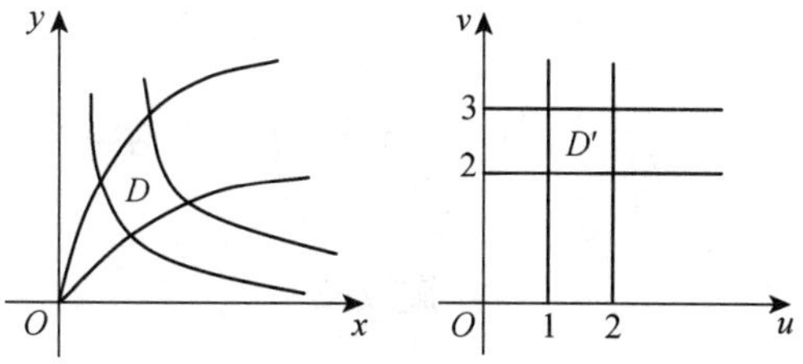

图 3-1

解　令 $\begin{cases}u=\dfrac{y^2}{x}\\ v=xy\end{cases}$，则 $\begin{cases}x=u^{-\frac{1}{3}}v^{\frac{2}{3}}\\ y=(uv)^{\frac{1}{3}}\end{cases}$，在这变换下，$D$ 的边界

$y^2=x$，$y^2=2x$，$xy=2$，$xy=3$ 依次与 $u=1$，$u=2$，$v=2$，$v=3$ 对应，

$D\longleftrightarrow D'=\{(u,v)\mid 1\leqslant u\leqslant 2,\ 2\leqslant v\leqslant 3\}$，

$$J(u,v)=\frac{\partial(x,y)}{\partial(u,v)}=\frac{1}{\dfrac{\partial(u,v)}{\partial(x,y)}}=\frac{1}{\begin{vmatrix}-\dfrac{y^2}{x^2} & \dfrac{2y}{x}\\ y & x\end{vmatrix}}=\frac{1}{-\dfrac{3y^2}{x}}=-\frac{1}{3u},$$

$$\iint_D xy\,\mathrm{d}x\,\mathrm{d}y=\iint_{D'} v\cdot\left|-\frac{1}{3}u^{-1}\right|\mathrm{d}u\,\mathrm{d}v=\frac{1}{3}\int_1^2\frac{1}{u}\mathrm{d}u\int_2^3 v\,\mathrm{d}v=\frac{1}{3}\ln 2\cdot\frac{1}{2}v^2\Big|_2^3=\frac{5}{6}\ln 2.$$

在变换为极坐标 $\begin{cases}x=\rho\cos\varphi\\ y=\rho\sin\varphi\end{cases}$ 下，$J(\rho,\varphi)=\dfrac{\partial(x,y)}{\partial(\rho,\varphi)}=\begin{vmatrix}\cos\varphi & -\rho\sin\varphi\\ \sin\varphi & \rho\cos\varphi\end{vmatrix}=\rho$，

按二重积分的换元公式，便得极坐标中的二重积分：
$$\iint_D f(x,y)\mathrm{d}x\,\mathrm{d}y=\iint_{D'} f(\rho\cos\theta,\rho\sin\theta)\rho\,\mathrm{d}\rho\,\mathrm{d}\theta.$$

这里 D' 是 D 在 $\rho O\varphi$ 平面上对应的区域. 在上节内所证的相同公式上用的是 D 而不是 D'，因

为在那里把 (ρ, φ) 看作 同一平面上点 (x, y) 的极坐标，故积分区域仍记 为 D.

例 2 计算 $\iint\limits_D \sqrt{1-\frac{x^2}{a^2}-\frac{y^2}{b^2}}\,\mathrm{d}x\,\mathrm{d}y$，其中 D 为椭圆 $\frac{x^2}{a^2}+\frac{y^2}{b^2}=1$ 围成的区域.

解 做广义极坐标变换：$\begin{cases} x=a\rho\cos\theta \\ y=b\rho\sin\theta \end{cases}$，在此变换下与 xOy 平面上的闭区域

$$D=\left\{(x, y)\,\middle|\,\frac{x^2}{a^2}+\frac{y^2}{b^2}\leqslant 1\right\}$$

对应的 $\rho O\varphi$ 平面上的闭区域 $D'=\left\{(\rho, \varphi)\,\middle|\,0\leqslant\rho\leqslant 1,\ 0\leqslant\varphi\leqslant 2\pi\right\}$，

$$J(\rho, \varphi)=\frac{\partial(x, y)}{\partial(\rho, \theta)}=\begin{vmatrix} a\cos\theta & -a\rho\sin\theta \\ b\sin\theta & b\rho\cos\theta \end{vmatrix}=ab\rho,$$

$$\iint\limits_D \sqrt{1-\frac{x^2}{a^2}-\frac{y^2}{b^2}}\,\mathrm{d}x\,\mathrm{d}y=\iint\limits_{D'}\sqrt{1-\rho^2}\,ab\rho\,\mathrm{d}\rho\,\mathrm{d}\varphi=\frac{2}{3}\pi ab.$$

习 题 7-3

1. 换元法计算 $\iint\limits_D (x-y)^2\sin^2(x+y)\,\mathrm{d}x\,\mathrm{d}y$，其中 D 是以 $(\pi, 0)$，$(2\pi, \pi)$，$(\pi, 2\pi)$，$(0, \pi)$ 为顶点的平行四边形闭区域.

2. 换元法计算 $\iint\limits_D x^2y^2\,\mathrm{d}x\,\mathrm{d}y$，其中 D 是由 $xy=1$，$xy=2$，$y=x$ 和 $y=4x$ 围成的第一象限内的闭区域.

3. 换元法计算 $\iint\limits_D \mathrm{e}^{\frac{y}{x+y}}\,\mathrm{d}x\,\mathrm{d}y$，其中 D 是以 x 轴，y 轴和 $x+y=1$ 围成的闭区域.

4. 换元法计算 $\iint\limits_D \left(\frac{x^2}{a^2}+\frac{y^2}{b^2}\right)\mathrm{d}x\,\mathrm{d}y$，其中 $D=\left\{(x, y)\,\middle|\,\frac{x^2}{a^2}+\frac{y^2}{b^2}\leqslant 1\right\}$.

§4 二重积分的应用

本节介绍二重积分在几何和经济中的应用.

一、重积分在几何上的应用

1. 求几何体的体积

根据二重积分的几何意义，当 $f(x, y)\geqslant 0$ 时，$\iint\limits_D f(x, y)\,\mathrm{d}\sigma$ 的值等于以曲面 $z=f(x, y)$ 为顶、以 D 为底、母线平行于 z 轴的曲顶柱体的体积. 特别地，当被积函数 $f(x, y)=1$ 时，二重积分的值是平面区域的面积，即 $S_D=\iint\limits_D \mathrm{d}\sigma$. 我们可以利用二重积分的几何意义来计算立体的

体积.

设空间有一立体,它的上、下顶面分别是曲面 $z=f_2(x, y)$, $z=f_1(x, y)$,它的侧面是以 xOy 平面上的闭区域 D 的边界曲线为准线而母线平行于 z 轴的柱面. 设在区域 D 上, $f_1(x, y)\geqslant 0$, $f_2(x, y)\geqslant 0$,且 $f_1(x, y)$, $f_2(x, y)$ 为连续函数,我们来求该立体的体积 V.

显然,该立体的体积 V 等于区域 D 上以曲面 $z=f_2(x, y)$ 为顶的曲顶柱体体积减去 D 上以曲面 $z=f_1(x, y)$ 为顶的曲顶柱体体积,即

$$V=V_2-V_1=\iint_D f_2(x, y)\mathrm{d}\sigma-\iint_D f_1(x, y)\mathrm{d}\sigma$$
$$=\iint_D[f_2(x, y)-f_1(x, y)]\mathrm{d}\sigma.$$

例 1 已知 xOy 平面第一象限内的区域 D 是由直线 $x=0$, $y=2$ 和抛物线 $y=\dfrac{x^2}{2}$ 围成的.

(1) 求区域 D 的面积 S_D;

(2) 求以曲面 $z=f(x, y)=xy$ 为顶、以 D 为底的曲顶柱体的体积 V.

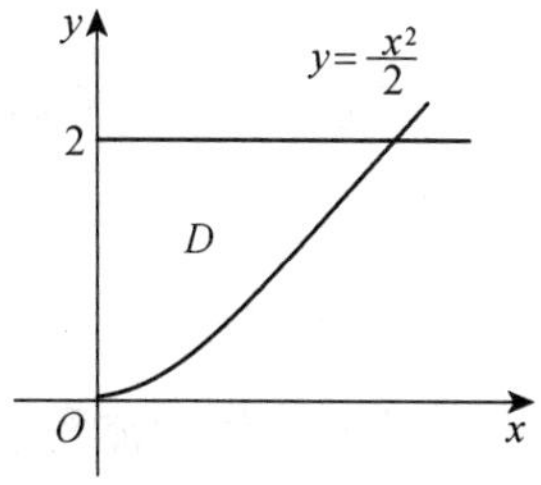

图 4-1

解 (1) 画出区域 D 的图形,如图 4-1 所示,它可表示为

$$D=\left\{(x, y)\mid 0\leqslant x\leqslant 2, \frac{x^2}{2}\leqslant y\leqslant 2\right\}.$$

于是

$$S_D=\iint_D\mathrm{d}\sigma=\iint_D\mathrm{d}x\,\mathrm{d}y=\int_0^2\mathrm{d}x\int_{\frac{x^2}{2}}^2\mathrm{d}y=\int_0^2\left(2-\frac{x^2}{2}\right)\mathrm{d}x=\frac{8}{3}.$$

(2) 根据二重积分的几何意义,可得

$$V=\iint_D xy\,\mathrm{d}x\,\mathrm{d}y=\int_0^2\mathrm{d}x\int_{\frac{x^2}{2}}^2 xy\,\mathrm{d}y=\frac{1}{2}\int_0^2(xy^2)\Big|_{\frac{x^2}{2}}^2\mathrm{d}x$$
$$=\frac{1}{2}\int_0^2 x\left(4-\frac{x^4}{4}\right)\mathrm{d}x=\frac{8}{3}.$$

例 2 求曲面 $z=4-x^2-y^2$ 与平面 $z=0$ 所围成立体的体积 V.

解 $z=4-x^2-y^2$ 为开口朝下的旋转抛物面, $z=0$ 为 xOy 平面,它们所围成的立体是以由 $x^2+y^2\leqslant 4$ 确定的圆域为底、以曲面 $z=4-x^2-y^2$ 为顶的曲顶柱体.

在极坐标中,该积分区域 D 可以表示为

$$D=\{(r, \theta)\mid 0\leqslant\theta\leqslant 2\pi, 0\leqslant r\leqslant 2\}.$$

于是,该立体的体积为

$$V=\iint_D f(x,y)\mathrm{d}\sigma=\iint_D(4-x^2-y^2)\mathrm{d}\sigma$$
$$=\iint_D(4-r^2)r\,\mathrm{d}r\,\mathrm{d}\theta=\int_0^{2\pi}\mathrm{d}\theta\int_0^2(4r-r^3)\mathrm{d}r=8\pi.$$

例 3 求曲面 $z=4-x^2-y^2$ 与曲面 $z=x^2+y^2$ 围成立体的体积 V.

解 这两个曲面围成的立体的体积可用公式(6)求出,其中

$$f_2(x,y)=4-x^2-y^2,\quad f_1(x,y)=x^2+y^2,$$

积分区域 D 则由这两个曲面的交线 C 在 xOy 平面上的投影曲线 L 所围成. 曲线 C 的方程是

$$\begin{cases}z=4-x^2-y^2\\z=x^2+y^2\end{cases}.$$

所以在 xOy 平面上的区域 D 为中心在原点、以 $\sqrt{2}$ 为半径的圆域,它在极坐标下可表示为

$$D=\{(r,\theta)\mid 0\leqslant\theta\leqslant 2\pi,\ 0\leqslant r\leqslant\sqrt{2}\}.$$

于是所求立体的体积为

$$V=\iint_D[f_2(x,y)-f_1(x,y)]\mathrm{d}\sigma=\iint_D[4-x^2-y^2-(x^2+y^2)]\mathrm{d}\sigma$$
$$=2\iint_D[2-(x^2+y^2)]\mathrm{d}\sigma=2\iint_D(2-r^2)r\,\mathrm{d}r\,\mathrm{d}\theta$$
$$=2\int_0^{2\pi}\mathrm{d}\theta\int_0^{\sqrt{2}}(2r-r^3)\mathrm{d}r=2\int_0^{2\pi}\left(r^2-\frac{r^4}{4}\right)\Bigg|_0^{\sqrt{2}}\mathrm{d}\theta$$
$$=2\int_0^{2\pi}\mathrm{d}\theta=4\pi.$$

2. 求曲面面积

(1) 设曲面 S 的方程为

$$z=f(x,y),$$

它在 xOy 面上的投影区域为 D, 如图 4-2 所示. 设 $f(x,y)$ 偏导连续. 下面我们用元素法来考虑计算曲面 S 的面积.

取任意小区域 $\mathrm{d}\sigma\subset D$, 其面积仍记 $\mathrm{d}\sigma$, 点 $(x,y)\in\mathrm{d}\sigma$, Σ 为 S 上过 $M(x,y,f(x,y))$ 的切平面,以 $\mathrm{d}\sigma$ 边界为准线,母线平行于 z 轴的小柱面,截曲面 S 为 $\mathrm{d}S$, 其面积仍记为 $\mathrm{d}S$, 截切平面为 $\mathrm{d}A$, 其面积仍为 $\mathrm{d}A$, 则 $\mathrm{d}A\approx\mathrm{d}S$, 因为 $\mathrm{d}\sigma$ 为 $\mathrm{d}A$ 在 xOy 面上的投影,所以 $\mathrm{d}\sigma=\mathrm{d}A\cdot\cos\gamma$,

$$\cos\gamma=\frac{1}{\sqrt{1+f_x^2+f_y^2}}.$$

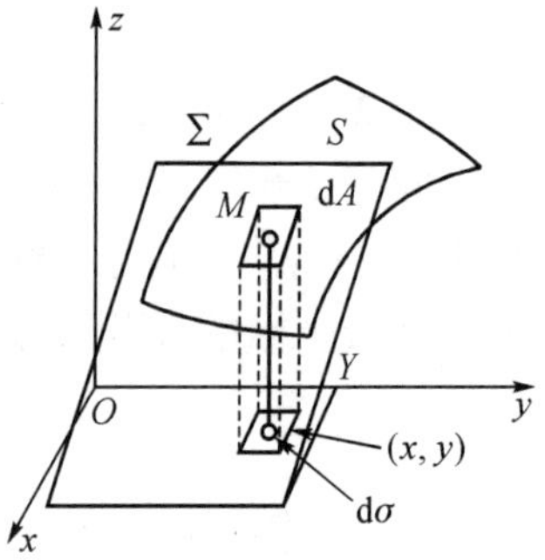

图 4-2

$dA=\sqrt{1+f_x^2+f_y^2}\,d\sigma$ 称为曲面 S 的面积元素，

$$A=\iint_D \sqrt{1+f_x^2+f_y^2}\,d\sigma.$$

即曲面面积公式为：

$$A=\iint_{D_{xy}} \sqrt{1+\left(\frac{\partial z}{\partial x}\right)^2+\left(\frac{\partial z}{\partial y}\right)^2}\,dx\,dy.$$

(2) 设曲面的方程为：$x=g(y,z)$，$(y,z)\in D_{yz}$，曲面面积公式为：

$$A=\iint_{D_{yz}} \sqrt{1+\left(\frac{\partial x}{\partial y}\right)^2+\left(\frac{\partial x}{\partial z}\right)^2}\,dy\,dz.$$

(3) 设曲面的方程为：$y=h(z,x)$，$(z,x)\in D_{zx}$，曲面面积公式为：

$$A=\iint_{D_{zx}} \sqrt{1+\left(\frac{\partial y}{\partial z}\right)^2+\left(\frac{\partial y}{\partial x}\right)^2}\,dz\,dx.$$

例 4 求由曲面 $x^2+y^2=az$ 和 $z=2a-\sqrt{x^2+y^2}$ $(a>0)$ 所围立体的表面积.

解 解方程组 $\begin{cases}x^2+y^2=az\\ z=2a-\sqrt{x^2+y^2}\end{cases}$，得两曲面的交线为圆周 $\begin{cases}x^2+y^2=a^2\\ z=a\end{cases}$ 在 xOy 平面上的投影域为 D_{xy}：$x^2+y^2\leqslant a^2$，由 $z=\frac{1}{a}(x^2+y^2)$ 得到 $z_x=\frac{2x}{a}$，$z_y=\frac{2y}{a}$，于是

$$\sqrt{1+z_x^2+z_y^2}=\sqrt{1+\left(\frac{2x}{a}\right)^2+\left(\frac{2y}{a}\right)^2}=\frac{1}{a}\sqrt{a^2+4x^2+4y^2}.$$

由 $z=2a-\sqrt{x^2+y^2}$，得到 $\sqrt{1+z_x^2+z_y^2}=\sqrt{2}$，故

$$\begin{aligned}S&=\iint_{D_{xy}}\frac{1}{a}\sqrt{a^2+4x^2+4y^2}\,dx\,dy+\iint_{D_{xy}}\sqrt{2}\,dx\,dy\\&=\int_0^{2\pi}d\theta\int_0^a\frac{1}{a}\sqrt{a^2+4r^2}\cdot r\,dr+\sqrt{2}\pi a^2\\&=\frac{\pi a^2}{6}(6\sqrt{2}+5\sqrt{5}-1).\end{aligned}$$

3. 质心

下面我们利用重积分讨论平面薄片的质心.

设 xOy 平面上有 n 个质点，它们分别位于 (x_1,y_1)，(x_2,y_2)，…，(x_n,y_n) 处，质量分别为 m_1，m_2，…，m_n. 由力学原理知道，该质点系的重心的坐标为

$$\bar{x}=\frac{M_y}{M}=\frac{\sum_{i=1}^n m_i x_i}{\sum_{i=1}^n m_i},\quad \bar{y}=\frac{M_x}{M}=\frac{\sum_{i=1}^n m_i y_i}{\sum_{i=1}^n m_i},$$

其中，$M=\sum_{i=1}^{n}m_i$ 为该质点系的总质量，$M_x=\sum_{i=1}^{n}m_iy_i$，$M_y=\sum_{i=1}^{n}m_ix_i$ 分别为该质点系对 x 轴和 y 轴的静矩.

设有一平面薄片，占有 xOy 面上的闭区间 D，在点 (x, y) 处的面密度为 $\rho(x, y)$，假定 $\rho(x, y)$ 在 D 上连续，由元素法，我们可以得到平面薄片的质心：

$$\bar{x}=\frac{\iint\limits_D x\rho(x, y)\mathrm{d}\sigma}{\iint\limits_D \rho(x, y)\mathrm{d}\sigma},\quad \bar{y}=\frac{\iint\limits_D y\rho(x, y)\mathrm{d}\sigma}{\iint\limits_D \rho(x, y)\mathrm{d}\sigma}.$$

当薄片是均匀的，质心称为形心，这时，

$$\bar{x}=\frac{1}{A}\iint\limits_D x\,\mathrm{d}\sigma,\quad \bar{y}=\frac{1}{A}\iint\limits_D y\,\mathrm{d}\sigma,$$

其中 $A=\iint\limits_D \mathrm{d}\sigma$ 为闭区域 D 的面积.

例 5 设平面薄板由 $\begin{cases}x=a(t-\sin t)\\ y=a(1-\cos t)\end{cases}$，$0\leqslant t\leqslant 2\pi$ 与 x 轴围成，它的面密度 $\mu=1$，求形心坐标.

解 如图 4-3 所示，先求区域 D 的面积 A.

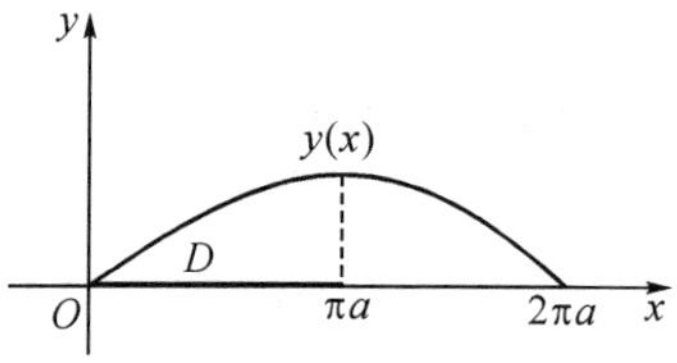

图 4-3

$\because 0\leqslant t\leqslant 2\pi$,

$\therefore 0\leqslant x\leqslant 2\pi a$,

$$A=\int_0^{2\pi a}y(x)\mathrm{d}x=\int_0^{2\pi}a(1-\cos t)\mathrm{d}[a(t-\sin t)]$$
$$=\int_0^{2\pi}a^2(1-\cos t)^2\mathrm{d}t=3\pi a^2.$$

由于区域关于直线 $x=\pi a$ 对称，所以形心在 $x=\pi a$ 上，即 $\bar{x}=\pi a$，

$$\bar{y}=\frac{1}{A}\iint\limits_D y\,\mathrm{d}x\,\mathrm{d}y=\frac{1}{A}\int_0^{2\pi a}\mathrm{d}x\int_0^{y(x)}y\,\mathrm{d}y$$
$$=\frac{1}{6\pi a^2}\int_0^{2\pi a}[y(x)]^2\mathrm{d}x$$
$$=\frac{a}{6\pi}\int_0^{2\pi}[1-\cos t]^3\mathrm{d}t=\frac{5a}{6}.$$

所求形心坐标为 $\left(\pi a, \frac{5}{6}a\right)$.

二、重积分在经济上的应用

例 6 某城市受地理限制呈三角形分布，斜边临一条河. 由于交通关系，城市发展不太均衡，这一点可从税收状况反映出来，若以两直角边为坐标轴建立直角坐标系，则位于 x 轴和 y

轴的城市长度各为 16km 和 12km，且税收情况与地理位置的关系大体为

$$R(x, y)=20x+10y(\text{万元}/\text{km}^2),$$

试计算该市总的税收收入.

解 总的税收收入可用二重积分 $\iint\limits_D R(x, y)\mathrm{d}x\mathrm{d}y$ 来表示，其中积分区域 D 由 x 轴、y 轴及直线 $\frac{x}{16}+\frac{y}{12}=1$ 围成，可以表示为

$$D=\left\{(x, y) \mid 0\leqslant x\leqslant 16, 0\leqslant y\leqslant 12-\frac{3}{4}x\right\},$$

于是所求总税收收入为

$$\begin{aligned}\iint\limits_D R(x, y)\mathrm{d}x\mathrm{d}y&=\int_0^{16}\mathrm{d}x\int_0^{12-\frac{3}{4}x}(20x+10y)\mathrm{d}y\\&=\int_0^{16}\left(720+150x-\frac{195}{16}x^2\right)\mathrm{d}x\\&=14080.\end{aligned}$$

故该市总税收收入为 14080 万元.

例 7 （平均利润）设公司销售商品Ⅰ x 个单位，商品Ⅱ y 个单位的利润由下式确定，

$$P(x, y)=-(x-200)^2-(y-100)^2+5000.$$

现已知一周销售商品Ⅰ在 150 至 200 之间变化，一周销售商品Ⅱ在 80 至 100 之间变化，试求销售这两种商品一周的平均利润.

分析 题中的利润函数是二元函数，类似于定积分求平均值的方法，先求出二元函数在相应的平面区域上的二重积分，再除以积分区域的面积即可得到二元函数在平面区域上的平均值.

解 因为 x, y 的变化范围是 D：$150\leqslant x\leqslant 200, 80\leqslant y\leqslant 100$，这个区域 D 的面积是

$$S_D=50\times 20=1000.$$

于是这家公司销售这两种商品一周的平均利润为

$$\begin{aligned}\frac{1}{S_D}\iint\limits_D P(x, y)\mathrm{d}\sigma&=\frac{1}{1000}\iint\limits_D[-(x-200)^2-(y-100)^2+5000]\mathrm{d}\sigma\\&=\frac{1}{1000}\int_{150}^{200}\mathrm{d}x\int_{80}^{100}[-(x-200)^2-(y-100)^2+5000]\mathrm{d}y\\&=\frac{1}{1000}\int_{150}^{200}\left[-20(x-200)^2+\frac{292000}{3}\right]\mathrm{d}x\\&=\frac{1}{3000}[-20(x-200)^3+292000x]\Big|_{150}^{200}\\&=\frac{12100}{3}.\end{aligned}$$

习题7-4

1. 计算以 xOy 面上的圆周 $x^2+y^2=ax$ 围成的闭区域为底、以曲面 $z=x^2+y^2$ 为顶的曲顶柱体体积.

2. 求由平面 $y=0$, $y=kx(k>0)$, $z=0$ 及球心在原点、半径为 R 的上半球面所围成的在第 I 卦限内的立体的体积.

3. 求球面 $x^2+y^2+z^2=a^2$ 含在圆柱面 $x^2+y^2=ax$ 内的那部分面积.

4. 求锥面 $z=\sqrt{x^2+y^2}$ 被柱面 $z^2=2x$ 所割下部分的曲面面积.

5. 求底面圆半径相等的两个直交圆柱面 $x^2+y^2=R^2$ 及 $x^2+z^2=R^2$ 所围立体的表面积.

6. 设平面薄片所占的闭区域 D 由抛物线 $y=x^2$ 及直线 $y=x$ 所围成,它在点 (x,y) 处的面密度 $\mu(x,y)=x^2y$,求该薄片的质心.

7. 设有一等腰直角三角形薄片,腰长为 a;各点处的面密度等于该点到直角顶点的距离的平方,求这薄片的质心.

8. 某水池呈圆形,半径为5m,以中心为坐标原点,距中心距离为 r 处的水深为 $\dfrac{5}{1+r^2}$m,试求该水池的蓄水量.

9. 为了修建高速公路,要在一个山坡上辟出一条长500m、宽20m的通道.据测量,以出发点一侧为原点,往另一侧方向为 x 轴 $(0\leqslant x\leqslant 20)$,往公路延伸方向为 y 轴 $(0\leqslant y\leqslant 500)$,且山坡的高度为:$z=10\left(\sin\dfrac{\pi}{20}x+\sin\dfrac{\pi}{500}y\right)$,试计算所需挖掉的土方量.

习 题 七

1. 选择以下各题中给出的四个结论中一个正确的结论:

(1) 设 $D=\{(x,y)\mid -a\leqslant x\leqslant a, x\leqslant y\leqslant a\}$, $D_1=\{(x,y)\mid 0\leqslant x\leqslant a, x\leqslant y\leqslant a\}$,则 $\iint\limits_D(xy+\cos x\sin y)\mathrm{d}x\mathrm{d}y=$________;

A. $2\iint\limits_{D_1}\cos x\sin y\mathrm{d}x\mathrm{d}y$　　B. $2\iint\limits_{D_1}xy\mathrm{d}x\mathrm{d}y$

C. $4\iint\limits_{D_1}(xy+\cos x\sin y)\mathrm{d}x\mathrm{d}y$　　D. 0

(2) 设 $f(x)$ 为连续函数,$F(t)=\int_1^t\mathrm{d}y\int_y^t f(x)\mathrm{d}x$,则 $F'(2)=$________.

A. $2f(2)$　　B. $f(2)$　　C. $-f(2)$　　D. 0

2. 计算下列二重积分:

(1) $\iint\limits_D\dfrac{x^2}{y^2}\mathrm{d}x\mathrm{d}y$,其中 D 是由 $xy=2$, $y=1+x^2$ 及 $x=2$ 围成的区域;

(2) $\iint\limits_D 6x^2y^2\mathrm{d}x\mathrm{d}y$,其中 D 是由 $y=x$, $y=-x$ 及 $y=2-x^2$ 围成的在 x 轴上方的区域;

(3) $\iint\limits_D \frac{y^3}{x}\mathrm{d}\sigma$，其中 D：$x^2+y^2\leqslant 1$，$0\leqslant y\leqslant \sqrt{\frac{3}{2}x}$；

(4) $\iint\limits_D \frac{\mathrm{d}\sigma}{\sqrt{2a-x}}$ $(a>0)$，其中 D 是由圆心在点 (a,a)、半径为 a 且与坐标轴相切的圆周的较短一段弧和坐标轴围成的区域.

3. 改变下列二次积分的积分次序：

(1) $\int_0^{2\pi}\mathrm{d}x\int_0^{\sin x} f(x,y)\mathrm{d}y$；　(2) $\int_0^{2a}\mathrm{d}x\int_{\sqrt{2ax-x^2}}^{\sqrt{2ax}} f(x,y)\mathrm{d}y$ $(a>0)$.

4. 计算下列二次积分：

(1) $\int_0^1\mathrm{d}x\int_x^{\sqrt{x}} \frac{\sin y}{y}\mathrm{d}y$；　(2) $\int_{\frac{1}{4}}^{\frac{1}{2}}\mathrm{d}y\int_{\frac{1}{2}}^{\sqrt{y}} \mathrm{e}^{\frac{y}{x}}\mathrm{d}x+\int_{\frac{1}{2}}^{1}\mathrm{d}y\int_{y}^{\sqrt{y}} \mathrm{e}^{\frac{y}{x}}\mathrm{d}x$.

5. 计算 $I=\iint\limits_{x^2+y^2\leqslant a^2}(x^2+2\sin x+3y+4)\mathrm{d}\sigma$.

6. 计算 $\iint\limits_D \sqrt{x^2+y^2}\,\mathrm{d}\sigma$，其中区域 D 由 $y=x$，$x=a$ $(a>0)$ 及 x 轴围成.

7. 计算 $\iint\limits_D xy\,\mathrm{d}\sigma$，其中 D 是由曲线 $y=\sqrt{1-x^2}$，$x^2+(y-1)^2=1$ 与 y 轴围成的在右上方的区域部分.

8. 选用适当的坐标计算下列各题：

(1) $\iint\limits_D (x^2+y^2)\mathrm{d}\sigma$，其中 D 是由直线 $y=x$，$y=x+a$，$y=a$，$y=3a$ $(a>0)$ 围成的闭区域；

(2) $\iint\limits_D (x+y)\mathrm{d}\sigma$，其中区域 D：$x^2+y^2-2Rx\leqslant 0$；

(3) $\iint\limits_D \mathrm{e}^{\frac{y}{x+y}}\mathrm{d}x\mathrm{d}y$，其中 D 是由 $x=0$，$y=0$ 及 $x+y=1$ 围成的平面区域.

9. 计算 $I=\iint\limits_D f(x,y)\mathrm{d}\sigma$，其中 $f(x,y)=\begin{cases}\mathrm{e}^{-(x+y)}, & x>0,\ y>0\\ 0, & \text{其他}\end{cases}$，$D$ 由 $x+y=a$，$x+y=b$，$y=0$ 和 $y=b+a$ 围成 $(b>a>0)$.

10. 计算 $I=\iint\limits_D (|x^2+y^2-2x|)\mathrm{d}x\mathrm{d}y$，其中 D：$x^2+y^2\leqslant 4$.

11. 计算 $I=\iint\limits_D \sqrt{1-\sin^2(x+y)}\,\mathrm{d}x\mathrm{d}y$，其中 D 是由直线 $y=x$，$y=0$，$x=\frac{\pi}{2}$ 围成.

12. 设 $f(x)\in C[a,b]$，$f(x)>0$，证明：$\int_a^b f(x)\mathrm{d}x\int_a^b \frac{\mathrm{d}x}{f(x)}\geqslant (b-a)^2$.

13. 计算下列曲线所围成的第一象限的面积：

(1) $y=\sin x$，$y=\cos x$，$x=0$；　(2) $y=x^2$，$y=4x-x^2$.

14. 设 $f(x)$ 在 $[0,1]$ 上连续，并设 $\int_0^1 f(x)\mathrm{d}x=A$，求 $\int_0^1\mathrm{d}x\int_x^1 f(x)f(y)\mathrm{d}y$.

15. 证明 $\int_a^b\mathrm{d}x\int_a^x (x-y)^{n-2}f(y)\mathrm{d}y=\frac{1}{n-1}\int_a^b (b-y)^{n-1}f(y)\mathrm{d}y$.

16. 设 $f(x)$ 在区间 $[a, b]$ 上连续,证明:$\left[\int_a^b f(x)\mathrm{d}x\right]^2 \leqslant (b-a)\int_a^b f^2(x)\mathrm{d}x$.

17. 计算 $I=\int_{-\infty}^{+\infty}\int_{-\infty}^{+\infty}\min\{x, y\}\,\mathrm{e}^{-x^2-y^2}\,\mathrm{d}x\,\mathrm{d}y$.

18. 设 $f(t)$ 连续,证明:

$$\iint_D f(x-y)\mathrm{d}\sigma=\int_{-A}^{A} f(t)(A-|t|)\mathrm{d}t,$$

其中,$D=\left\{(x, y)\,\middle|\,|x|\leqslant\frac{A}{2}, |y|\leqslant\frac{A}{2}\right\}$.

第八章

无穷级数

本章主要介绍无穷级数的有关内容.无穷级数是高等数学的一个重要组成部分,主要研究无穷个数或者函数的和的性质.它在表示函数、研究函数性质及进行数值计算时均有着非常重要的应用.

§1 常数项级数的概念和性质

一、常数项级数的概念

定义 1.1 给定一个无穷实数列 $\{u_n\}$:

$$u_1, u_2, \cdots, u_n, \cdots,$$

则由这数列构成的表达式

$$u_1 + u_2 + \cdots + u_n + \cdots$$

叫作常数项无穷级数，简称常数项级数，记为 $\sum_{n=1}^{\infty} u_n$，即

$$\sum_{n=1}^{\infty} u_n = u_1 + u_2 + u_3 + \cdots + u_n + \cdots,$$

其中第 n 项 u_n 叫作级数的一般项(或通项).

级数 $\sum_{n=1}^{\infty} u_n$ 的前 n 项和

$$s_n = \sum_{i=1}^{n} u_i = u_1 + u_2 + u_3 + \cdots + u_n$$

称为级数 $\sum_{n=1}^{\infty} u_n$ 的前 n 项部分和.前 n 项部分和构成的数列

$$\{s_n\}: s_1, s_2, \cdots s_n, \cdots$$

称为前 n 项部分和数列.

定义 1.2 如果级数 $\sum\limits_{n=1}^{\infty}u_n$ 的部分和数列 $\{s_n\}$ 收敛,即

$$\lim_{n\to\infty}s_n=s\ (s\ \text{为一实数}),$$

则称无穷级数 $\sum\limits_{n=1}^{\infty}u_n$ 收敛,并称 s 为级数 $\sum\limits_{n=1}^{\infty}u_n$ 的和,并写成

$$s=\sum_{n=1}^{\infty}u_n=u_1+u_2+u_3+\cdots+u_n+\cdots;$$

如果 $\{s_n\}$ 发散,则称无穷级数 $\sum\limits_{n=1}^{\infty}u_n$ 发散.

当级数 $\sum\limits_{n=1}^{\infty}u_n$ 收敛时,其部分和 s_n 是级数 $\sum\limits_{n=1}^{\infty}u_n$ 的和 s 的近似值,它们之间的差

$$r_n=s-s_n$$

称为级数 $\sum\limits_{n=1}^{\infty}u_n$ 的余项. s_n 和 s 之间的误差可由 $|r_n|$ 去衡量,因 $\lim\limits_{n\to\infty}s_n=s$,故 $\lim\limits_{n\to\infty}|r_n|=0$.

例 1 讨论等比级数(几何级数)

$$\sum_{n=0}^{\infty}aq^n=a+aq+aq^2+\cdots+aq^n+\cdots\quad(a\neq0)$$

的敛散性.

解 如果 $q\neq1$,则部分和

$$s_n=a+aq+aq^2+\cdots+aq^{n-1}=\frac{a-aq^n}{1-q}=\frac{a}{1-q}-\frac{aq^n}{1-q}.$$

当 $|q|<1$ 时,因为 $\lim\limits_{n\to\infty}s_n=\dfrac{a}{1-q}$,所以此时级数 $\sum\limits_{n=0}^{\infty}aq^n$ 收敛,其和为 $\dfrac{a}{1-q}$.

当 $|q|>1$ 时,因为 $\lim\limits_{n\to\infty}s_n$ 不存在,所以此时级数 $\sum\limits_{n=0}^{\infty}aq^n$ 发散.

当 $q=1$ 时,因为 $\lim\limits_{n\to\infty}s_n$ 不存在,因此此时级数 $\sum\limits_{n=0}^{\infty}aq^n$ 发散;

当 $q=-1$ 时,级数 $\sum\limits_{n=0}^{\infty}aq^n$ 成为

$$a-a+a-a+\cdots,$$

因为 $\lim\limits_{n\to\infty}s_n$ 不存在,因此此时级数 $\sum\limits_{n=0}^{\infty}aq^n$ 发散.

综上所述,如果 $|q|<1$,则级数 $\sum\limits_{n=0}^{\infty}aq^n$ 收敛,其和为 $\dfrac{a}{1-q}$;如果 $|q|\geqslant1$,则级数 $\sum\limits_{n=0}^{\infty}aq^n$ 发散.

例 2 证明级数 $\sum_{n=1}^{\infty} n = 1+2+3+\cdots+n+\cdots$ 是发散的.

证 此级数的部分和为

$$s_n = 1+2+3+\cdots+n = \frac{n(n+1)}{2}.$$

显然，$\lim_{n\to\infty} s_n = \infty$，因此该级数是发散的.

例 3 判别无穷级数 $\sum_{n=1}^{\infty} \frac{1}{n(n+1)} = \frac{1}{1\cdot 2} + \frac{1}{2\cdot 3} + \frac{1}{3\cdot 4} + \cdots + \frac{1}{n(n+1)} + \cdots$ 的收敛性.

解 该级数一般项可表示为

$$u_n = \frac{1}{n(n+1)} = \frac{1}{n} - \frac{1}{n+1},$$

由于

$$\begin{aligned} s_n &= \frac{1}{1\cdot 2} + \frac{1}{2\cdot 3} + \frac{1}{3\cdot 4} + \cdots + \frac{1}{n(n+1)} \\ &= \left(1-\frac{1}{2}\right) + \left(\frac{1}{2}-\frac{1}{3}\right) + \cdots + \left(\frac{1}{n}-\frac{1}{n+1}\right) = 1 - \frac{1}{n+1}, \end{aligned}$$

从而

$$\lim_{n\to\infty} s_n = \lim_{n\to\infty}\left(1-\frac{1}{n+1}\right) = 1,$$

所以该级数收敛，其和是 1.

以上几个例题，都是先将部分和 s_n 的表达式算出，然后讨论 $\lim_{n\to\infty} s_n$ 是否存在，从而判断级数的敛散性. 然而对绝大多数级数来说，s_n 的表达式难以计算，而且实际问题中往往只需知道一个级数是收敛还是发散，并不奢望对每个级数都求出其和，因此我们有必要研究某些直接从一般项 u_n 的形式就可以判断 $\sum_{n=1}^{\infty} u_n$ 敛散性的简明法则. 为此，先对级数的基本性质展开一些讨论.

二、收敛级数的基本性质

性质 1 如果级数 $\sum_{n=1}^{\infty} u_n$ 收敛于和 s，k 为任意常数，则级数 $\sum_{n=1}^{\infty} ku_n$ 也收敛，且其和为 ks.

证 设 $\sum_{n=1}^{\infty} u_n$ 与 $\sum_{n=1}^{\infty} ku_n$ 的部分和分别为 s_n 与 σ_n，则

$$\lim_{n\to\infty} \sigma_n = \lim_{n\to\infty} (ku_1 + ku_2 + \cdots + ku_n) = k \lim_{n\to\infty} (u_1 + u_2 + \cdots + u_n) = k \lim_{n\to\infty} s_n = ks.$$

所以级数 $\sum_{n=1}^{\infty} ku_n$ 收敛，且和为 ks.

性质 2 如果级数 $\sum_{n=1}^{\infty} u_n$，$\sum_{n=1}^{\infty} v_n$ 分别收敛于和 s，σ，则级数 $\sum_{n=1}^{\infty} (u_n \pm v_n)$ 也收敛，且其和

为 $s\pm\sigma$.

证 设 $\sum\limits_{n=1}^{\infty}u_n$, $\sum\limits_{n=1}^{\infty}v_n$, $\sum\limits_{n=1}^{\infty}(u_n\pm v_n)$ 的部分和分别为 s_n, σ_n, τ_n,则

$$\begin{aligned}\lim_{n\to\infty}\tau_n &= \lim_{n\to\infty}[(u_1\pm v_1)+(u_2\pm v_2)+\cdots+(u_n\pm v_n)]\\ &=\lim_{n\to\infty}[(u_1+u_2+\cdots+u_n)\pm(v_1+v_2+\cdots+v_n)]\\ &=\lim_{n\to\infty}(s_n\pm\sigma_n)=s\pm\sigma.\end{aligned}$$

所以级数 $\sum\limits_{n=1}^{\infty}(u_n\pm v_n)$ 收敛,且和为 $s\pm\sigma$.

性质 3 在级数中去掉、加上或改变有限项,不会改变级数的收敛性.

比如,级数 $\sum\limits_{n=1}^{\infty}u_n=\dfrac{1}{1\cdot 2}+\dfrac{1}{2\cdot 3}+\dfrac{1}{3\cdot 4}+\cdots+\dfrac{1}{n(n+1)}+\cdots$ 是收敛的,级数 $10000+\sum\limits_{n=1}^{\infty}u_n$ 是收敛的,级数 $\sum\limits_{n=3}^{\infty}u_n$ 也是收敛的.

性质 4 设级数 $\sum\limits_{n=1}^{\infty}u_n$ 收敛,其和为 s,则保持级数原有顺序对其任意加括号后所成的级数仍收敛,且其和不变.

注 如果加括号后所成的级数收敛,则不能断定去括号后原来的级数也收敛.例如,级数 $(1-1)+(1-1)+\cdots$ 收敛于 0,级数 $1-1+1-1+\cdots$ 却是发散的.

推论 如果保持原有顺序添加括号后所成的级数发散,则原来级数也发散.

性质 5(级数收敛的必要条件) 如果 $\sum\limits_{n=1}^{\infty}u_n$ 收敛,则它的一般项 u_n 趋于零,即 $\lim\limits_{n\to\infty}u_n=0$.

证 设级数 $\sum\limits_{n=1}^{\infty}u_n$ 的部分和为 s_n,且 $\lim\limits_{n\to\infty}s_n=s$,则

$$\lim_{n\to\infty}u_n=\lim_{n\to\infty}(s_n-s_{n-1})=\lim_{n\to\infty}s_n-\lim_{n\to\infty}s_{n-1}=s-s=0.$$

注 性质 5 只是级数收敛的必要条件,而不是充分条件,即一般项趋于零的级数不一定收敛.但可以用性质 5 的逆否命题来判断一个级数的发散.

推论 若 $\lim\limits_{n\to\infty}u_n\neq 0$,则级数 $\sum\limits_{n=1}^{\infty}u_n$ 发散.

由此结论,我们马上可知级数 $\sum\limits_{n=1}^{\infty}\sqrt[n]{a}\ (a>0)$, $\sum\limits_{n=1}^{\infty}\left(1-\dfrac{1}{n}\right)$, $\sum\limits_{n=1}^{\infty}\left(1+\dfrac{1}{n}\right)^n$, $\sum\limits_{n=1}^{\infty}(-1)^n$ 是发散的.

应当注意,尽管有些级数的一般项趋向于零,但仍是发散的.

例 4 证明调和级数

$$\sum_{n=1}^{\infty}\frac{1}{n}=1+\frac{1}{2}+\frac{1}{3}+\cdots+\frac{1}{n}+\cdots \text{是发散的.}$$

证 假若级数 $\sum\limits_{n=1}^{\infty}\dfrac{1}{n}$ 收敛且其和为 s, s_n 是它的前 n 项部分和.

显然有 $\lim\limits_{n\to\infty}s_n=s$ 及 $\lim\limits_{n\to\infty}s_{2n}=s$. 于是 $\lim\limits_{n\to\infty}(s_{2n}-s_n)=0$.

但另一方面,

$$s_{2n}-s_n=\frac{1}{n+1}+\frac{1}{n+2}+\cdots+\frac{1}{2n}>\frac{1}{2n}+\frac{1}{2n}+\cdots+\frac{1}{2n}=\frac{1}{2},$$

故 $\lim\limits_{n\to\infty}(s_{2n}-s_n)\neq 0$, 矛盾. 这说明级数 $\sum\limits_{n=1}^{\infty}\frac{1}{n}$ 必定发散.

习题 8-1

1. 写出下列级数的前五项:

(1) $\sum\limits_{n=1}^{\infty}\frac{1+n}{1+n^2}$; (2) $\sum\limits_{n=1}^{\infty}\frac{1\cdot 3\cdots(2n-1)}{2\cdot 4\cdots 2n}$;

(3) $\sum\limits_{n=1}^{\infty}\frac{(-1)^{n-1}}{3^n}$; (4) $\sum\limits_{n=1}^{\infty}\frac{n!}{n^n}$.

2. 写出下列级数的一般项:

(1) $\frac{2}{1}-\frac{3}{2}+\frac{4}{3}-\frac{5}{4}+\frac{6}{5}-\frac{7}{6}+\cdots$;

(2) $-\frac{3}{1}+\frac{4}{4}-\frac{5}{9}+\frac{6}{16}-\frac{7}{25}+\frac{8}{36}+\cdots$;

(3) $\frac{\sqrt{x}}{2}+\frac{x}{2\cdot 4}+\frac{x\sqrt{x}}{2\cdot 4\cdot 6}+\frac{x^2}{2\cdot 4\cdot 6\cdot 8}+\cdots$;

(4) $\frac{a^2}{3}-\frac{a^3}{5}+\frac{a^4}{7}-\frac{a^5}{9}+\cdots$.

3. 用定义判定下列级数的敛散性:

(1) $\sum\limits_{n=1}^{\infty}(\sqrt{n+2}-2\sqrt{n+1}+\sqrt{n})$;

(2) $\frac{1}{1\cdot 6}+\frac{1}{6\cdot 11}+\frac{1}{11\cdot 16}+\cdots+\frac{1}{(5n-4)(5n+1)}+\cdots$.

4. 判定下列级数的敛散性:

(1) $-\frac{8}{9}+\frac{8^2}{9^2}-\frac{8^3}{9^3}+\cdots+(-1)^n\frac{8^n}{9^n}+\cdots$;

(2) $\frac{1}{3}+\frac{1}{6}+\frac{1}{9}+\frac{1}{12}+\cdots+\frac{1}{3n}+\cdots$;

(3) $\sum\limits_{n=1}^{\infty}\frac{3n^n}{(1+n)^n}$; (4) $\sum\limits_{n=1}^{\infty}n^2\left(1-\cos\frac{1}{n}\right)$;

(5) $\sum\limits_{n=1}^{\infty}\left(\frac{\ln^n 2}{2^n}+\frac{1}{3^n}\right)$.

5. 求收敛几何级数的和 s 与部分和 s_n 之差 $(s-s_n)$.

6. 求级数 $\sum\limits_{n=1}^{\infty}\frac{1}{n(n+1)(n+2)}$ 的和.

§2 常数项级数的审敛法

一般的常数项级数,它的各项可以是正数、负数或者零. 现在我们先讨论各项都是非负的级数——正项级数. 这种级数特别重要,以后将看到许多级数的敛散性问题可归结为正项级数的收敛性问题.

一、正项级数及其审敛法

定义 2.1 若级数 $\sum_{n=1}^{\infty} u_n$ 的各项均非负,即 $u_n \geqslant 0$,则称该级数为正项级数.

设级数

$$\sum_{n=1}^{\infty} u_n = u_1 + u_2 + u_3 + \cdots + u_n + \cdots \tag{1}$$

是一个正项级数,它的部分和为 s_n. 显然,数列 $\{s_n\}$ 是一个单调递增数列. 如果数列 $\{s_n\}$ 有界,根据单调有界的数列必有极限的准则,级数(1)必收敛于 s. 反之,如果正项级数(1)收敛于 s,即 $\lim\limits_{n\to\infty} s_n = s$,根据有极限的数列是有界数列的性质可知,数列 $\{s_n\}$ 有界. 因此,我们得到如下重要结论:

定理 2.1 正项级数 $\sum_{n=1}^{\infty} u_n$ 收敛的充分必要条件是它的部分和数列 $\{s_n\}$ 有界.

由定理 2.1 可知,如果正项级数 $\sum_{n=1}^{\infty} u_n$ 发散,则它的部分和数列 $s_n \to \infty$ $(n \to \infty)$.

由此,可得关于正项级数的一个基本的审敛法.

定理 2.2(比较审敛法) 设 $\sum_{n=1}^{\infty} u_n$ 和 $\sum_{n=1}^{\infty} v_n$ 都是正项级数,且 $u_n \leqslant v_n (n=1, 2, \cdots)$. 若级数 $\sum_{n=1}^{\infty} v_n$ 收敛,则级数 $\sum_{n=1}^{\infty} u_n$ 收敛;反之,若级数 $\sum_{n=1}^{\infty} u_n$ 发散,则级数 $\sum_{n=1}^{\infty} v_n$ 发散.

证 设级数 $\sum_{n=1}^{\infty} v_n$ 收敛于和 σ,则级数 $\sum_{n=1}^{\infty} u_n$ 的部分和

$$s_n = u_1 + u_2 + \cdots + u_n \leqslant v_1 + v_2 + \cdots + v_n \leqslant \sigma \quad (n=1, 2, \cdots),$$

即部分和数列 $\{s_n\}$ 有界,由定理 2.1 知级数 $\sum_{n=1}^{\infty} u_n$ 收敛.

反之,设级数 $\sum_{n=1}^{\infty} u_n$ 发散,则级数 $\sum_{n=1}^{\infty} v_n$ 必发散. 因为若级数 $\sum_{n=1}^{\infty} v_n$ 收敛,由上已证明的结论,将有级数 $\sum_{n=1}^{\infty} u_n$ 也收敛. 与假设矛盾.

推论 设 $\sum_{n=1}^{\infty} u_n$ 和 $\sum_{n=1}^{\infty} v_n$ 都是正项级数,如果级数 $\sum_{n=1}^{\infty} v_n$ 收敛,且存在自然数 N,使当 $n \geqslant N$ 时,有 $u_n \leqslant k v_n (k > 0)$ 成立,则级数 $\sum_{n=1}^{\infty} u_n$ 收敛;如果级数 $\sum_{n=1}^{\infty} v_n$ 发散,且当 $n \geqslant N$

时，有 $u_n \geqslant kv_n(k>0)$ 成立，则级数 $\sum\limits_{n=1}^{\infty} u_n$ 发散.

例 1 讨论 p-级数

$$\sum_{n=1}^{\infty} \frac{1}{n^p}=1+\frac{1}{2^p}+\frac{1}{3^p}+\frac{1}{4^p}+\cdots+\frac{1}{n^p}+\cdots$$

的收敛性，其中常数 $p>0$.

解 设 $p \leqslant 1$，这时 $\frac{1}{n^p} \geqslant \frac{1}{n}$，而调和级数 $\sum\limits_{n=1}^{\infty} \frac{1}{n}$ 发散. 由比较审敛法知，当 $p \leqslant 1$ 时，级数 $\sum\limits_{n=1}^{\infty} \frac{1}{n^p}$ 发散.

设 $p>1$，且 $n-1 \leqslant x \leqslant n$ 时，有

$$\frac{1}{n^p}=\int_{n-1}^{n} \frac{1}{n^p} \mathrm{d}x \leqslant \int_{n-1}^{n} \frac{1}{x^p} \mathrm{d}x=\frac{1}{p-1}\left[\frac{1}{(n-1)^{p-1}}-\frac{1}{n^{p-1}}\right] \quad (n=2,\ 3,\cdots).$$

对于级数 $\sum\limits_{n=2}^{\infty}\left[\frac{1}{(n-1)^{p-1}}-\frac{1}{n^{p-1}}\right]$，其部分和

$$s_n=\left[1-\frac{1}{2^{p-1}}\right]+\left[\frac{1}{2^{p-1}}-\frac{1}{3^{p-1}}\right]+\cdots+\left[\frac{1}{n^{p-1}}-\frac{1}{(n+1)^{p-1}}\right]=1-\frac{1}{(n+1)^{p-1}}.$$

因为 $\lim\limits_{n \to \infty} s_n=\lim\limits_{n \to \infty}\left[1-\frac{1}{(n+1)^{p-1}}\right]=1$.

所以级数 $\sum\limits_{n=2}^{\infty}\left[\frac{1}{(n-1)^{p-1}}-\frac{1}{n^{p-1}}\right]$ 收敛. 从而根据比较审敛法的推论，可知级数 $\sum\limits_{n=1}^{\infty} \frac{1}{n^p}$ 当 $p>1$ 时收敛.

综上所述，p-级数 $\sum\limits_{n=1}^{\infty} \frac{1}{n^p}$ 当 $p>1$ 时收敛，当 $p \leqslant 1$ 时发散.

例 2 证明级数 $\sum\limits_{n=1}^{\infty} \frac{1}{\sqrt{n(n+1)}}$ 是发散的.

证 因为 $\frac{1}{\sqrt{n(n+1)}}>\frac{1}{\sqrt{(n+1)^2}}=\frac{1}{n+1}$，

而级数 $\sum\limits_{n=1}^{\infty} \frac{1}{n+1}=\frac{1}{2}+\frac{1}{3}+\cdots+\frac{1}{n+1}+\cdots$ 是发散的，

根据比较审敛法，可知所给级数也是发散的.

实际应用中，使用比较审敛法的极限形式更方便.

定理 2.3（比较审敛法的极限形式） 设 $\sum\limits_{n=1}^{\infty} u_n$ 和 $\sum\limits_{n=1}^{\infty} v_n$ 都是正项级数，$v_n \neq 0$，且 $\lim\limits_{n \to \infty} \frac{u_n}{v_n}=l$，则

(1) 当 $0<l<+\infty$ 时,级数 $\sum\limits_{n=1}^{\infty}v_n$ 与 $\sum\limits_{n=1}^{\infty}u_n$ 同时收敛或同时发散.

(2) 当 $l=0$ 时,若级数 $\sum\limits_{n=1}^{\infty}v_n$ 收敛,则级数 $\sum\limits_{n=1}^{\infty}u_n$ 收敛;若 $\sum\limits_{n=1}^{\infty}u_n$ 发散,则 $\sum\limits_{n=1}^{\infty}v_n$ 发散.

(3) 当 $l=+\infty$ 时,若级数 $\sum\limits_{n=1}^{\infty}v_n$ 发散,则级数 $\sum\limits_{n=1}^{\infty}u_n$ 发散;若 $\sum\limits_{n=1}^{\infty}u_n$ 收敛,则 $\sum\limits_{n=1}^{\infty}v_n$ 收敛.

例 3 判别级数 $\sum\limits_{n=1}^{\infty}\sin\frac{1}{n}$ 的收敛性.

解 因为 $\lim\limits_{n\to\infty}\dfrac{\sin\frac{1}{n}}{\frac{1}{n}}=1$, 而级数 $\sum\limits_{n=1}^{\infty}\frac{1}{n}$ 发散,

根据比较审敛法的极限形式,级数 $\sum\limits_{n=1}^{\infty}\sin\frac{1}{n}$ 发散.

例 4 判别级数 $\sum\limits_{n=1}^{\infty}\ln\left(1+\frac{1}{n^2}\right)$ 的收敛性.

解 因为 $\lim\limits_{n\to\infty}\dfrac{\ln\left(1+\frac{1}{n^2}\right)}{\frac{1}{n^2}}=1$, 而级数 $\sum\limits_{n=1}^{\infty}\frac{1}{n^2}$ 收敛,

根据比较审敛法的极限形式,级数 $\sum\limits_{n=1}^{\infty}\ln\left(1+\frac{1}{n^2}\right)$ 收敛.

定理 2.4(比值审敛法、达朗贝尔判别法) 设 $\sum\limits_{n=1}^{\infty}u_n$ 为正项级数, 对任意 $n\geqslant 1$, 有 $\lim\limits_{n\to\infty}\frac{u_{n+1}}{u_n}=\rho$, 则

(1) 当 $0\leqslant\rho<1$ 时,级数 $\sum\limits_{n=1}^{\infty}u_n$ 收敛;

(2) 当 $\rho>1$ 时,级数 $\sum\limits_{n=1}^{\infty}u_n$ 发散;

(3) 当 $\rho=1$ 时,级数 $\sum\limits_{n=1}^{\infty}u_n$ 可能收敛也可能发散.

例 5 证明级数 $1+\frac{1}{1}+\frac{1}{1\cdot 2}+\frac{1}{1\cdot 2\cdot 3}+\cdots+\frac{1}{1\cdot 2\cdot 3\cdots(n-1)}+\cdots$ 是收敛的.

解 因为 $\lim\limits_{n\to\infty}\frac{u_{n+1}}{u_n}=\lim\limits_{n\to\infty}\frac{1\cdot 2\cdot 3\cdots(n-1)}{1\cdot 2\cdot 3\cdots n}=\lim\limits_{n\to\infty}\frac{1}{n}=0<1$, 根据比值审敛法,可知所给级数收敛.

例 6 判别级数 $\frac{1}{10}+\frac{1\cdot 2}{10^2}+\frac{1\cdot 2\cdot 3}{10^3}+\cdots+\frac{n\,!}{10^n}+\cdots$ 的收敛性.

解 因为 $\lim\limits_{n\to\infty}\frac{u_{n+1}}{u_n}=\lim\limits_{n\to\infty}\frac{(n+1)!}{10^{n+1}}\cdot\frac{10^n}{n\,!}=\lim\limits_{n\to\infty}\frac{n+1}{10}=\infty$,

根据比值审敛法,可知所给级数发散.

例 7 判别级数 $\sum_{n=1}^{\infty}\frac{1}{(2n-1)\cdot 2n}$ 的收敛性.

解 $\lim_{n\to\infty}\frac{u_{n+1}}{u_n}=\lim_{n\to\infty}\frac{(2n-1)\cdot 2n}{(2n+1)\cdot(2n+2)}=1.$

这时 $\rho=1$，比值审敛法失效，必须用其他方法来判别级数的收敛性.

因为 $\frac{1}{(2n-1)\cdot 2n}<\frac{1}{n^2}$，而级数 $\sum_{n=1}^{\infty}\frac{1}{n^2}$ 收敛,因此由比较审敛法可知所给级数收敛.

定理 2.5(根值审敛法、柯西判别法) 设 $\sum_{n=1}^{\infty}u_n$ 是正项级数,且 $\lim_{n\to\infty}\sqrt[n]{u_n}=\rho$，则

(1) 当 $0\leqslant\rho<1$ 时,级数 $\sum_{n=1}^{\infty}u_n$ 收敛;

(2) 当 $\rho>1$ 时,级数 $\sum_{n=1}^{\infty}u_n$ 发散;

(3) 当 $\rho=1$ 时,级数 $\sum_{n=1}^{\infty}u_n$ 可能收敛也可能发散.

例 8 证明级数 $1+\frac{1}{2^2}+\frac{1}{3^3}+\cdots+\frac{1}{n^n}+\cdots$ 是收敛的,并估计以级数的部分和 s_n 近似代替和 s 所产生的误差.

解 因为 $\lim_{n\to\infty}\sqrt[n]{u_n}=\lim_{n\to\infty}\sqrt[n]{\frac{1}{n^n}}=\lim_{n\to\infty}\frac{1}{n}=0$，所以根据根值审敛法,可知所给级数收敛.

以该级数的部分和 s_n 近似代替和 s 所产生的误差为

$$\begin{aligned}|r_n|&=\frac{1}{(n+1)^{n+1}}+\frac{1}{(n+2)^{n+2}}+\frac{1}{(n+3)^{n+3}}+\cdots\\&<\frac{1}{(n+1)^{n+1}}+\frac{1}{(n+1)^{n+2}}+\frac{1}{(n+1)^{n+3}}+\cdots+\\&=\frac{1}{n(n+1)^n}.\end{aligned}$$

例 9 判定级数 $\sum_{n=1}^{\infty}\frac{2+(-1)^n}{2^n}$ 的收敛性.

解 因为

$$\lim_{n\to\infty}\sqrt[n]{u_n}=\lim_{n\to\infty}\frac{1}{2}\sqrt[n]{2+(-1)^n}=\frac{1}{2},$$

所以根据根值审敛法,知所给级数收敛.

定理 2.6(极限审敛法) 设 $\sum_{n=1}^{\infty}u_n$ 为正项级数,

(1) 当 $\lim_{n\to\infty}nu_n=l>0$(包括 $\lim_{n\to\infty}nu_n=+\infty$) 时,则级数 $\sum_{n=1}^{\infty}u_n$ 发散;

(2) 当 $p>1$，而 $\lim\limits_{n\to\infty} n^p u_n = l\ (0\leqslant l<+\infty)$ 时，则级数 $\sum\limits_{n=1}^{\infty} u_n$ 收敛.

例 10 判定级数 $\sum\limits_{n=1}^{\infty}\ln\left(1+\dfrac{1}{n^2}\right)$ 的收敛性.

解 因为 $\ln\left(1+\dfrac{1}{n^2}\right)\sim\dfrac{1}{n^2}(n\to\infty)$，故

$$\lim_{n\to\infty} n^2 u_n=\lim_{n\to\infty} n^2\ln\left(1+\frac{1}{n^2}\right)=\lim_{n\to\infty} n^2\cdot\frac{1}{n^2}=1,$$

根据极限审敛法，知所给级数收敛.

例 11 判定级数 $\sum\limits_{n=1}^{\infty}\sqrt{n+1}\left(1-\cos\dfrac{\pi}{n}\right)$ 的收敛性.

解 因为

$$\lim_{n\to\infty} n^{\frac{3}{2}} u_n=\lim_{n\to\infty} n^{\frac{3}{2}}\sqrt{n+1}\left(1-\cos\frac{\pi}{n}\right)=\lim_{n\to\infty} n^2\sqrt{\frac{n+1}{n}}\cdot\frac{1}{2}\left(\frac{\pi}{n}\right)^2=\frac{1}{2}\pi^2,$$

根据极限审敛法，知所给级数收敛.

定理 2.7(积分审敛法) 设 $\sum\limits_{n=1}^{\infty} u_n$ 为正项级数，$f(x)$ 是 $[1,+\infty)$ 上的单调递减连续函数，且对任意自然数 $n\geqslant 1$，有

$$f(n)=u_n,$$

则级数 $\sum\limits_{n=1}^{\infty} u_n$ 收敛的充分必要条件是广义积分 $\int_1^{+\infty} f(x)\mathrm{d}x$ 收敛.

例 12 判定级数 $\sum\limits_{n=2}^{\infty}\dfrac{1}{n\ln n}$ 的收敛性.

解 设 $f(x)=\dfrac{1}{x\ln x}$，$x\in[2,+\infty)$，

在此定义区间中，$f(x)$ 单调递减连续，且 $f(n)=\dfrac{1}{n\ln n}=u_n$，$n=2,3,\cdots$，

由于 $\int_2^{+\infty}\dfrac{1}{x\ln x}\mathrm{d}x=\ln|\ln x|\Big|_2^{+\infty}=+\infty-\ln\ln 2=+\infty$，

即广义积分 $\int_2^{+\infty}\dfrac{1}{x\ln x}\mathrm{d}x$ 发散，所以原级数 $\sum\limits_{n=2}^{\infty}\dfrac{1}{n\ln n}$ 发散.

二、交错级数及其审敛法

定义 2.2 常数项级数的各项依次正负相间，就称该级数为交错级数. 它的一般形式如下：

$$\sum_{n=1}^{\infty}(-1)^{n-1}u_n\text{，其中 } u_n>0.$$

例如，$\sum_{n=1}^{\infty}(-1)^{n-1}\frac{1}{n}$ 是交错级数，但 $\sum_{n=1}^{\infty}(-1)^{n-1}\frac{1-\cos n\pi}{n}$ 不是交错级数.

下面给出关于交错级数的一个审敛法：

定理 2.8(莱布尼茨定理) 如果交错级数 $\sum_{n=1}^{\infty}(-1)^{n-1}u_n$ 满足条件：

(1) $u_n \geqslant u_{n+1}$, $n=1, 2, \cdots$;

(2) $\lim\limits_{n\to\infty}u_n=0$,

则级数收敛，且其和 $s\leqslant u_1$，其余项满足 $|r_n|\leqslant u_{n+1}$.

例 13 证明级数 $\sum_{n=1}^{\infty}(-1)^{n-1}\frac{1}{n}$ 收敛，并估计其和及余项.

证 这是一个交错级数，而且该级数满足

(1) $u_n=\frac{1}{n}>\frac{1}{n+1}=u_{n+1}\quad(n=1, 2, \cdots)$;

(2) $\lim\limits_{n\to\infty}u_n=\lim\limits_{n\to\infty}\frac{1}{n}=0$,

由莱布尼茨定理，该级数是收敛的，且其和 $s<u_1=1$，余项 $|r_n|\leqslant u_{n+1}=\frac{1}{n+1}$.

三、绝对收敛与条件收敛

现在我们讨论一般的级数

$$\sum_{n=1}^{\infty}u_n=u_1+u_2+\cdots+u_n+\cdots,$$

它的各项为任意实数.

定义 2.3 若级数 $\sum_{n=1}^{\infty}u_n$ 各项的绝对值所构成的级数 $\sum_{n=1}^{\infty}|u_n|$ 收敛，则称级数 $\sum_{n=1}^{\infty}u_n$ 绝对收敛；若级数 $\sum_{n=1}^{\infty}u_n$ 收敛，而级数 $\sum_{n=1}^{\infty}|u_n|$ 发散，则称级数 $\sum_{n=1}^{\infty}u_n$ 条件收敛.

例 14 级数 $\sum_{n=1}^{\infty}(-1)^{n-1}\frac{1}{n^2}$ 是绝对收敛的，而级数 $\sum_{n=1}^{\infty}(-1)^{n-1}\frac{1}{n}$ 是条件收敛的.

定理 2.9 如果级数 $\sum_{n=1}^{\infty}u_n$ 绝对收敛，则级数 $\sum_{n=1}^{\infty}u_n$ 必定收敛.

注 如果级数 $\sum_{n=1}^{\infty}|u_n|$ 发散，我们不能断定级数 $\sum_{n=1}^{\infty}u_n$ 也发散. 但是，如果我们用比值法或根值法判定级数 $\sum_{n=1}^{\infty}|u_n|$ 发散，则我们可以断定级数 $\sum_{n=1}^{\infty}u_n$ 必定发散. 这是因为，此时 $|u_n|$ 不趋向于零，从而 u_n 也不趋向于零，因此级数 $\sum_{n=1}^{\infty}u_n$ 也是发散的.

例 15 判别级数 $\sum_{n=1}^{\infty}\frac{\sin na}{n^2}$ 的收敛性.

解 因为 $\left|\dfrac{\sin na}{n^2}\right| \leqslant \dfrac{1}{n^2}$，而级数 $\sum\limits_{n=1}^{\infty}\dfrac{1}{n^2}$ 是收敛的，所以级数 $\sum\limits_{n=1}^{\infty}\left|\dfrac{\sin na}{n^2}\right|$ 收敛，从而级数 $\sum\limits_{n=1}^{\infty}\dfrac{\sin na}{n^2}$ 绝对收敛.

例 16 判别级数 $\sum\limits_{n=1}^{\infty}(-1)^n\dfrac{1}{2^n}\left(1+\dfrac{1}{n}\right)^{n^2}$ 的收敛性.

解 由 $|u_n|=\dfrac{1}{2^n}\left(1+\dfrac{1}{n}\right)^{n^2}$，有 $\lim\limits_{n\to\infty}\sqrt[n]{|u_n|}=\dfrac{1}{2}\lim\limits_{n\to\infty}\left(1+\dfrac{1}{n}\right)^n=\dfrac{e}{2}>1$，可知 $\lim\limits_{n\to\infty}u_n\neq 0$，因此级数 $\sum\limits_{n=1}^{\infty}(-1)^n\dfrac{1}{2^n}\left(1+\dfrac{1}{n}\right)^{n^2}$ 发散.

习题 8-2

1. 用比较判别法判别下列级数的敛散性：

(1) $\sum\limits_{n=1}^{\infty}\dfrac{1+n}{1+n^2}$；　　(2) $\sum\limits_{n=1}^{\infty}\dfrac{1}{1+n^2}$；

(3) $\sum\limits_{n=1}^{\infty}\dfrac{1}{(n+1)(n+4)}$；　　(4) $\sum\limits_{n=1}^{\infty}\dfrac{1}{n\sqrt{n+1}}$；

(5) $\sum\limits_{n=1}^{\infty}\sin\dfrac{\pi}{2^n}$；　　(6) $\sum\limits_{n=1}^{\infty}\dfrac{1}{na+b}\ (a>0,\ b>0)$；

(7) $\sum\limits_{n=1}^{\infty}\dfrac{1}{\sqrt{n}}\sin\dfrac{2}{\sqrt{n}}$；　　(8) $\sum\limits_{n=1}^{\infty}\dfrac{1}{1+a^n}\ (a>0)$.

2. 用比值判别法判别下列级数的敛散性：

(1) $\sum\limits_{n=1}^{\infty}\dfrac{3^n}{n\cdot 2^n}$；　　(2) $\dfrac{1}{2}+\dfrac{3}{2^2}+\dfrac{5}{2^3}+\dfrac{7}{2^4}+\cdots$；

(3) $\sum\limits_{n=1}^{\infty}\dfrac{1}{2^{2n-1}\cdot(2n-1)}$；　　(4) $1+\dfrac{5}{2!}+\dfrac{5^2}{3!}+\dfrac{5^3}{4!}+\cdots$；

(5) $\dfrac{2}{1\cdot 2}+\dfrac{2^2}{2\cdot 3}+\dfrac{2^3}{3\cdot 4}+\dfrac{2^4}{4\cdot 5}+\cdots$；　　(6) $\sum\limits_{n=1}^{\infty}\dfrac{a^n}{n^k}\ (a>0)$；

(7) $\sum\limits_{n=1}^{\infty}\dfrac{4^n}{5^n-3^n}$；　　(8) $\sum\limits_{n=1}^{\infty}n\left(\dfrac{3}{5}\right)^n$.

3. 用根式判别法判别下列级数的敛散性：

(1) $1+\dfrac{5}{2!}+\dfrac{5^2}{3!}+\dfrac{5^3}{4!}+\cdots$；　　(2) $\sum\limits_{n=1}^{\infty}\dfrac{1}{[\ln(n+1)]^n}$；

(3) $\sum\limits_{n=1}^{\infty}\left(\dfrac{n}{3n-1}\right)^{2n-1}$；　　(4) $\sum\limits_{n=1}^{\infty}\dfrac{3^n}{\left(\dfrac{n+1}{n}\right)^{n^2}}$；

(5) $\sum_{n=1}^{\infty}\left(\frac{3n^2}{n^2+1}\right)^n$；　　(6) $\sum_{n=1}^{\infty}\frac{3^n}{1+e^n}$.

4. 判别级数 $\sum_{n=1}^{\infty}\left(\frac{b}{a_n}\right)^n$ 敛散性，其中 $a_n \to a\ (n\to\infty)$，且 a_n, b, a 均为正数.

5. 判定下列交错级数的敛散性：

(1) $\sum_{n=1}^{\infty}(-1)^n\sqrt{\frac{n}{3n+1}}$；　　(2) $\sum_{n=1}^{\infty}(-1)^{n-1}\sin\frac{1}{n}$.

6. 判定下列级数是否收敛？如果是收敛的，是绝对收敛还是条件收敛？

(1) $1-\frac{1}{3^2}+\frac{1}{5^2}-\frac{1}{7^2}+\cdots$；　　(2) $\sum_{n=1}^{\infty}(-1)^n\frac{n}{2^n}$；

(3) $\sum_{n=1}^{\infty}\frac{1}{n}\sin\frac{n\pi}{2}$；　　(4) $\sum_{n=1}^{\infty}(-1)^n\left(1-\cos\frac{1}{n}\right)$；

(5) $\sum_{n=1}^{\infty}(-1)^n\frac{n}{2n+1}$；　　(6) $\sum_{n=1}^{\infty}(-1)^n\ln\left(\frac{n+1}{n}\right)$.

§3 幂级数

一、函数项级数的概念

前面讨论的是数项级数，它的每一项都是常数，当级数的通项是在某一区间 I 上的函数时，就称为函数项级数，即

$$\sum_{n=1}^{\infty}u_n(x)=u_1(x)+u_2(x)+\cdots+u_n(x)+\cdots,$$

其中 $u_n(x)$, $n=1, 2, \cdots$ 是定义在区间 I 上的函数.

定义 3.1 对于区间 I 内的一定点 x_0，若常数项级数 $\sum_{n=1}^{\infty}u_n(x_0)$ 收敛，则称点 x_0 是函数项级数 $\sum_{n=1}^{\infty}u_n(x)$ 的收敛点；若常数项级数 $\sum_{n=1}^{\infty}u_n(x_0)$ 发散，则称点 x_0 是函数项级数 $\sum_{n=1}^{\infty}u_n(x)$ 的发散点. 函数项级数 $\sum_{n=1}^{\infty}u_n(x)$ 的所有收敛点的全体称为它的收敛域，记为 D. 所有发散点的全体称为它的发散域.

在函数项级数 $\sum_{n=1}^{\infty}u_n(x)$ 的收敛域 D 上，常数项级数 $\sum_{n=1}^{\infty}u(x)$的和是关于 x 的函数.

定义 3.2 称 $s(x)=\sum_{n=1}^{\infty}u_n(x)$，$x\in D$ 为函数项级数$\sum_{n=1}^{\infty}u_n(x)$ 的和函数.

定义 3.3 称 $s_n(x)=u_1(x)+u_2(x)+\cdots+u_n(x)$为函数项级数 $\sum_{n=1}^{\infty}u_n(x)$ 的前 n 项的部分和.

显然,在收敛域上有 $\lim\limits_{n\to\infty}s_n(x)=s(x)$. 函数项级数 $\sum\limits_{n=1}^{\infty}u_n(x)$ 的和函数 $s(x)$ 与部分和 $s_n(x)$ 的差 $r_n(x)=s(x)-s_n(x)$ 叫作函数项级数 $\sum\limits_{n=1}^{\infty}u_n(x)$ 的余项. 在函数项级数 $\sum\limits_{n=1}^{\infty}u_n(x)$ 的收敛域上有 $\lim\limits_{n\to\infty}r_n(x)=0$.

例如,幂级数 $\sum\limits_{n=1}^{\infty}x^{n-1}=1+x+x^2+\cdots+x^n+\cdots$ 可以看成是公比为 x 的几何级数. 当 $|x|<1$ 时,该级数是收敛的;当 $|x|\geqslant 1$ 时,该级数是发散的. 因此,该级数的收敛域为 $(-1,1)$,在收敛域内有和函数 $\dfrac{1}{1-x}=1+x+x^2+x^3+\cdots+x^n+\cdots$.

二、幂级数及其收敛域

我们不讨论一般的函数项级数,而是就 $u_n(x)$ 为 $a_n(x-x_0)^n$ 的情形,即下面要定义的幂级数来展开讨论. 幂级数在函数逼近理论及数值计算中有广泛的应用.

定义 3.4 形如

$$\sum_{n=0}^{\infty}a_n(x-x_0)^n=a_0+a_1(x-x_0)+\cdots+a_n(x-x_0)^n+\cdots \tag{1}$$

的级数称为 $(x-x_0)$ 的幂级数,其中 x_0 为实常数, $a_0, a_1, a_2, \cdots, a_n, \cdots$ 也均为实常数,称为幂级数的系数.

注 当 $x_0=0$ 时,幂级数的一般形式(1)就称为

$$\sum_{n=0}^{\infty}a_n(x-x_0)^n=a_0+a_1x+\cdots+a_nx^n+\cdots, \tag{2}$$

式(2)称为 x 的幂级数. 因为只要令 $t=x-x_0$,就可把式(1)化为式(2),所以不失一般性,我们讨论幂级数(2)的收敛性问题.

定理 3.1(阿贝尔定理) 若幂级数 $\sum\limits_{n=0}^{\infty}a_nx^n$ 在 $x=x_0(\neq 0)$ 处收敛,则对满足不等式 $|x|<|x_0|$ 的任何 x,该幂级数绝对收敛. 反之,若幂级数 $\sum\limits_{n=0}^{\infty}a_nx^n$ 在 $x=x_0$ 处发散,则对满足不等式 $|x|>|x_0|$ 的任何 x,该幂级数发散.

定理 3.1 告诉我们,如果幂级数在 $x=x_0$ 处收敛,则它在开区间 $(-|x_0|, |x_0|)$ 内都收敛,且绝对收敛;如果幂级数在 $x=x_0$ 处发散,则它在区间 $(-\infty, -|x_0|)$ 和 $(|x_0|, +\infty)$ 上都发散. 这表明,幂级数的收敛域一定是一个包含 $x=0$ 的连续区间,且除了端点外,这个区间是关于原点对称的. 从而,我们得到如下重要推论:

推论 如果幂级数 $\sum\limits_{n=0}^{\infty}a_nx^n$ 不是仅在 $x=0$ 一点收敛,也不是在 $(-\infty, +\infty)$ 上都收敛,则必存在一个完全确定的正数 R,使得

(1) 当 $|x|<R$ 时,幂级数绝对收敛;

(2) 当 $|x|>R$ 时,幂级数发散;

(3) 当 $|x|=R$ 时,幂级数可能收敛,也可能发散.

正数 R 通常叫作幂级数 $\sum_{n=0}^{\infty} a_n x^n$ 的收敛半径. 开区间 $(-R, R)$ 叫作幂级数 $\sum_{n=0}^{\infty} a_n x^n$ 的收敛区间. 再由幂级数在 $x=\pm R$ 处的敛散性就可以决定它的收敛域. 幂级数 $\sum_{n=0}^{\infty} a_n x^n$ 的收敛域为 $(-R, R)$，$[-R, R)$，$(-R, R]$，$[-R, R]$ 四种形式之一.

注　若幂级数 $\sum_{n=0}^{\infty} a_n x^n$ 仅在 $x=0$ 处收敛，此时收敛域中只有一点 $x=0$，规定此时幂级数的收敛半径 $R=0$，若幂级数 $\sum_{n=0}^{\infty} a_n x^n$ 对一切 x 都收敛，则规定收敛半径 $R=+\infty$，收敛域为 $(-\infty, +\infty)$.

关于幂级数收敛半径的求法，有如下定理：

定理 3.2　如果幂级数 $\sum_{n=0}^{\infty} a_n x^n (a_n \neq 0)$ 相邻两项的系数满足

$$\lim_{n\to\infty}\left|\frac{a_{n+1}}{a_n}\right|=\rho,$$

则该幂级数的收敛半径

$$R=\begin{cases} +\infty & \rho=0 \\ \dfrac{1}{\rho} & \rho\neq 0 \\ 0 & \rho=+\infty \end{cases}.$$

证　考察幂级数的各项绝对值所构成的级数 $\sum_{n=0}^{\infty} |a_n x^n|$，因为

$$\lim_{n\to\infty}\left|\frac{a_{n+1}x^{n+1}}{a_n x^n}\right|=\lim_{n\to\infty}\left|\frac{a_{n+1}}{a_n}\right|\cdot|x|=\rho|x|.$$

所以由正项级数比值审敛法，可知：

(1) 若 $0<\rho<+\infty$，则当 $\rho|x|<1$ 时，幂级数 $\sum_{n=0}^{\infty} a_n x^n$ 绝对收敛；当 $\rho|x|>1$ 时，幂级数 $\sum_{n=0}^{\infty} a_n x^n$ 发散，所以幂级数 $\sum_{n=0}^{\infty} a_n x^n$ 的收敛半径 $R=\dfrac{1}{\rho}$.

(2) 若 $\rho=0$，则对任何 $x\neq 0$，有 $\rho|x|=0<1$，幂级数 $\sum_{n=0}^{\infty} a_n x^n$ 在 $(-\infty, +\infty)$ 绝对收敛，所以幂级数 $\sum_{n=0}^{\infty} a_n x^n$ 的收敛半径 $R=+\infty$.

(3) 若 $\rho=+\infty$，则对除 $x=0$ 外的其他一切 x，$\rho|x|=+\infty>1$，幂级数 $\sum_{n=0}^{\infty} a_n x^n$ 都发散，所以幂级数 $\sum_{n=0}^{\infty} a_n x^n$ 的收敛半径 $R=0$.

例 1　求幂级数

$$\sum_{n=1}^{\infty}(-1)^{n-1}\frac{x^n}{n}=x-\frac{x^2}{2}+\frac{x^3}{3}-\cdots+(-1)^{n-1}\frac{x^n}{n}+\cdots$$

的收敛半径与收敛域.

解 因为 $\rho=\lim\limits_{n\to\infty}\left|\frac{a_{n+1}}{a_n}\right|=\lim\limits_{n\to\infty}\frac{\frac{1}{n+1}}{\frac{1}{n}}=1$，所以收敛半径为 $R=\frac{1}{\rho}=1.$

当 $x=1$ 时，幂级数成为 $\sum\limits_{n=1}^{\infty}(-1)^{n-1}\frac{1}{n}$，是收敛的；

当 $x=-1$ 时，幂级数成为 $\sum\limits_{n=1}^{\infty}\left(-\frac{1}{n}\right)$，是发散的.

因此，该幂级数的收敛域为 $(-1,\ 1]$.

例 2 求幂级数 $\sum\limits_{n=0}^{\infty}\frac{1}{n!}x^n=1+x+\frac{1}{2!}x^2+\frac{1}{3!}x^3+\cdots+\frac{1}{n!}x^n+\cdots$ 的收敛域.

解 因为 $\rho=\lim\limits_{n\to\infty}\left|\frac{a_{n+1}}{a_n}\right|=\lim\limits_{n\to\infty}\frac{\frac{1}{(n+1)!}}{\frac{1}{n!}}=\lim\limits_{n\to\infty}\frac{n!}{(n+1)!}=0$，

所以收敛半径为 $R=+\infty$，从而收敛域为 $(-\infty,\ +\infty)$.

例 3 求幂级数 $\sum\limits_{n=0}^{\infty}n!\ x^n$ 的收敛半径.

解 因为 $\rho=\lim\limits_{n\to\infty}\left|\frac{a_{n+1}}{a_n}\right|=\lim\limits_{n\to\infty}\frac{(n+1)!}{n!}=+\infty$，所以收敛半径为 $R=0$，即级数仅在 $x=0$ 处收敛.

例 4 求幂级数 $\sum\limits_{n=0}^{\infty}\frac{(2n)!}{(n!)^2}x^{2n}$ 的收敛半径.

解 由于该级数缺少奇次幂的项，定理 3.2 不适用. 我们可直接根据比值审敛法来求收敛半径.

幂级数的一般项记为 $u_n(x)=\frac{(2n)!}{(n!)^2}x^{2n}$. 且 $\lim\limits_{n\to\infty}\left|\frac{u_{n+1}(x)}{u_n(x)}\right|=4|x|^2$，

于是当 $4|x|^2<1$ 即 $|x|<\frac{1}{2}$ 时，原级数绝对收敛；当 $4|x|^2>1$ 即 $|x|>\frac{1}{2}$ 时，原级数发散，所以收敛半径为 $R=\frac{1}{2}$.

例 5 求幂级数 $\sum\limits_{n=1}^{\infty}\frac{(x-1)^n}{2^n n}$ 的收敛域.

解 令 $t=x-1$，原级数变为 $\sum\limits_{n=1}^{\infty}\frac{t^n}{2^n n}$. 因为 $\rho=\lim\limits_{n\to\infty}\left|\frac{a_{n+1}}{a_n}\right|=\frac{2^n\cdot n}{2^{n+1}\cdot(n+1)}=\frac{1}{2}$，所以收敛半径 $R=2$，收敛区间 $t\in(-2,\ 2)$.

当 $t=2$ 时，原级数化为 $\sum\limits_{n=1}^{\infty}\frac{1}{n}$，该级数发散；当 $t=-2$ 时，原级数化为 $\sum\limits_{n=1}^{\infty}\frac{(-1)^n}{n}$，该级数收敛. 因此级数 $\sum\limits_{n=1}^{\infty}\frac{t^n}{2^n n}$ 的收敛域为 $t\in[-2,2)$. 所以原级数的收敛域为 $x\in[-1,3)$.

三、幂级数的性质及运算

设幂级数 $\sum\limits_{n=0}^{\infty}a_nx^n$ 及 $\sum\limits_{n=0}^{\infty}b_nx^n$ 分别在区间 $(-R_1,R_1)$ 及 $(-R_2,R_2)$ 内收敛，且 $R'=\min\{R_1,R_2\}$，则有如下运算法则：

(1) 加减法：$\sum\limits_{n=0}^{\infty}a_nx^n\pm\sum\limits_{n=0}^{\infty}b_nx^n=\sum\limits_{n=0}^{\infty}(a_n\pm b_n)x^n$，$x\in(-R',R')$；

(2) 乘法：$\left(\sum\limits_{n=0}^{\infty}a_nx^n\right)\cdot\left(\sum\limits_{n=0}^{\infty}b_nx^n\right)=\sum\limits_{n=0}^{\infty}(a_nb_0+a_{n-1}b_1+\cdots+a_0b_n)x^n$，$x\in(-R',R')$.

设幂级数 $\sum\limits_{n=0}^{\infty}a_nx^n$ 在收敛域 D 上的和函数为 $s(x)$，则有如下性质：

性质 1 幂级数 $\sum\limits_{n=0}^{\infty}a_nx^n$ 的和函数 $s(x)$ 在其收敛域 D 上连续.

性质 2 幂级数 $\sum\limits_{n=0}^{\infty}a_nx^n$ 的和函数 $s(x)$ 在其收敛域 D 上可积，并且有逐项积分公式

$$\int_0^x s(x)\mathrm{d}x=\int_0^x\left(\sum_{n=0}^{\infty}a_nx^n\right)\mathrm{d}x=\sum_{n=0}^{\infty}\int_0^x a_nx^n\mathrm{d}x=\sum_{n=0}^{\infty}\frac{a_n}{n+1}x^{n+1},x\in D,$$

逐项积分后所得到的幂级数和原幂级数有相同的收敛半径.

性质 3 幂级数 $\sum\limits_{n=0}^{\infty}a_nx^n$ 的和函数 $s(x)$ 在其收敛区间 $(-R,R)$ 内可导，并且有逐项求导公式

$$s'(x)=\left(\sum_{n=0}^{\infty}a_nx^n\right)'=\sum_{n=0}^{\infty}(a_nx^n)'=\sum_{n=1}^{\infty}na_nx^{n-1},x\in(-R,R),$$

逐项求导后所得到的幂级数和原幂级数有相同的收敛半径.

注 经过逐项可导或逐项积分后，所得的幂级数的收敛半径虽然不变，端点的敛散性却会有所变化，故需另做判断.

利用已知的一些幂级数的和函数以及幂级数可以逐项求导和逐项积分的运算规则，我们可以求出一些幂级数的和函数.

例 6 求幂级数 $\sum\limits_{n=0}^{\infty}\frac{1}{n+1}x^n$ 的和函数.

解 求得幂级数 $\sum\limits_{n=0}^{\infty}\frac{1}{n+1}x^n$ 的收敛域为 $[-1,1)$.

设幂级数 $\sum\limits_{n=0}^{\infty}\frac{1}{n+1}x^n$ 的和函数为 $s(x)$，即 $s(x)=\sum\limits_{n=0}^{\infty}\frac{1}{n+1}x^n$，$x\in[-1,1)$. 显然，

$$s(0)=1.$$

在 $xs(x)=\sum\limits_{n=0}^{\infty}\frac{1}{n+1}x^{n+1}$ 的两边求导，得

$$[xs(x)]'=\sum_{n=0}^{\infty}\left(\frac{1}{n+1}x^{n+1}\right)'=\sum_{n=0}^{\infty}x^n=\frac{1}{1-x}.$$

对上式从 0 到 x 积分，得

$$xs(x)=\int_0^x\frac{1}{1-x}\mathrm{d}x=-\ln(1-x).$$

于是，当 $x\neq 0$ 时，有 $s(x)=-\frac{1}{x}\ln(1-x)$，从而

$$s(x)=\begin{cases}-\frac{1}{x}\ln(1-x) & -1\leqslant x<0 \text{ 或 } 0<x<1\\ 1 & x=0\end{cases}.$$

由幂级数的和函数的连续性可知，这里和函数 $s(x)$ 在 $x=0$ 是连续的，我们不难验证：

$$\lim_{x\to 0}s(x)=\lim_{x\to 0}\left[-\frac{1}{x}\ln(1-x)\right]=\lim_{x\to 0}\left(-\frac{-1}{1-x}\right)=1=s(0).$$

注意：幂级数 $\sum\limits_{n=0}^{\infty}x^n$ 在 $x=-1$ 发散，而 $\sum\limits_{n=0}^{\infty}\frac{1}{n+1}x^n$ 在 $x=-1$ 收敛.

例 7 求级数 $\sum\limits_{n=0}^{\infty}\frac{(-1)^n}{n+1}$ 的和.

解 考虑幂级数 $\sum\limits_{n=0}^{\infty}\frac{1}{n+1}x^n$，该级数在 $[-1,1)$ 上收敛，设其和函数为 $s(x)$，则

$$s(-1)=\sum_{n=0}^{\infty}\frac{(-1)^n}{n+1}.$$

在例 6 中已得到 $s(x)=-\frac{1}{x}\ln(1-x)$，于是 $s(-1)=\ln 2$，即 $\sum\limits_{n=0}^{\infty}\frac{(-1)^n}{n+1}=\ln 2$.

习题 8-3

1. 求下列幂级数的收敛域：

(1) $\sum\limits_{n=1}^{\infty}(-1)^{n-1}\frac{x^n}{n^2}$；　　(2) $\sum\limits_{n=1}^{\infty}\frac{x^n}{n\cdot 3^n}$；

(3) $\sum\limits_{n=1}^{\infty}\frac{x^n}{2\cdot 4\cdot\cdots(2n)}$；　　(4) $\sum\limits_{n=1}^{\infty}\frac{2^n}{1+n^2}x^n$；

(5) $\sum\limits_{n=1}^{\infty}(-1)^n\frac{x^n}{5^n\sqrt{n+1}}$；　　(6) $\sum\limits_{n=1}^{\infty}\frac{\ln(n+1)}{n+1}x^{n+1}$；

(7) $\sum_{n=1}^{\infty}\frac{(x-2)^n}{n^2}$；　　(8) $\sum_{n=1}^{\infty}\frac{(x-5)^n}{\sqrt{n}}$；

(9) $\sum_{n=1}^{\infty}(-1)^n\frac{x^{2n+1}}{2n-1}$.

2. 求下列幂级数的收敛半径：

(1) $\sum_{n=1}^{\infty}\frac{(n+1)^n}{n!}x^n$；　　(2) $\sum_{n=1}^{\infty}\frac{(-1)^n}{\sqrt[n]{n!}}x^n$.

3. 求下列幂级数的和函数：

(1) $\sum_{n=1}^{\infty}nx^{n-1}$；　　(2) $\sum_{n=1}^{\infty}\frac{x^n}{n(n+1)}$；

(3) $\sum_{n=1}^{\infty}(-1)^{n-1}\frac{x^{2n-1}}{2n-1}$.

4. 求幂级数 $\sum_{n=1}^{\infty}\frac{(-1)^{n-1}}{n}x^{2n-1}$ 的和函数，并求数项级数 $\sum_{n=1}^{\infty}\frac{(-1)^{n-1}}{n3^n}$ 的和.

5. 试求极限 $\lim_{n\to\infty}\left(\frac{1}{a}+\frac{2}{a^2}+\frac{3}{a^3}+\cdots+\frac{n}{a^n}\right)$，其中 $a>1$.

§4 函数展开成幂级数

一、泰勒级数

前面我们讨论了幂级数的和函数的性质. 下面讨论相反的问题，即给定函数 $f(x)$，能否找到一个幂级数，该幂级数在某区间内收敛，且其和函数恰好就是给定的函数 $f(x)$. 如果能找到这样的幂级数，我们就说，函数 $f(x)$ 在该区间内能展开成幂级数，而该幂级数在收敛区间内就表达了函数 $f(x)$.

定义 4.1 若函数 $f(x)$ 在点 x_0 的某邻域内具有 $n+1$ 阶导数，则在该邻域内的任意一点 x，有

$$f(x)=f(x_0)+f'(x_0)(x-x_0)+\frac{f''(x_0)}{2!}(x-x_0)^2+\cdots+\frac{f^{(n)}(x_0)}{n!}(x-x_0)^n+R_n(x),\tag{1}$$

其中 $R_n(x)=\frac{f^{(n+1)}(\xi)}{(n+1)!}(x-x_0)^{n+1}$（$\xi$ 介于 x 与 x_0 之间）.

式(1)称为 $f(x)$ 在 $x=x_0$ 处的 n 阶泰勒公式，$R_n(x)$ 称为泰勒公式的余项，而

$$P_n(x)=f(x_0)+f'(x_0)(x-x_0)+\frac{f''(x_0)}{2!}(x-x_0)^2+\cdots+\frac{f^{(n)}(x_0)}{n!}(x-x_0)^n\tag{2}$$

称为 $f(x)$ 在 $x=x_0$ 处的 n 阶泰勒多项式. 当 $n\to\infty$ 时，$f(x)$ 在 $x=x_0$ 处的 n 阶泰勒多项式(2)就化为幂级数

$$\sum_{n=0}^{\infty}\frac{f^{(n)}(x_0)}{n!}(x-x_0)^n=f(x_0)+f'(x_0)(x-x_0)+\frac{f''(x_0)}{2!}(x-x_0)^2+\cdots+\frac{f^{(n)}(x_0)}{n!}(x-x_0)^n+\cdots \tag{3}$$

幂级数(3)称为函数 $f(x)$ 在 $x=x_0$ 处的泰勒级数. 显然，当 $x=x_0$ 时，$f(x)$ 的泰勒级数收敛于 $f(x_0)$.

$f(x)$ 在 $x_0=0$ 处的泰勒级数

$$\sum_{n=0}^{\infty}\frac{f^{(n)}(0)}{n!}x^n=f(0)+f'(0)x+\frac{f''(0)}{2!}x^2+\cdots+\frac{f^{(n)}(0)}{n!}x^n+\cdots$$

称为 $f(x)$ 的麦克劳林级数.

当 $f(x)$ 在点 x_0 的某一邻域具有任意阶导数时，$f(x)$ 在点 x_0 处总可以写出对应的泰勒级数，但该级数是否收敛？若收敛，是否一定以 $f(x)$ 为和函数？为此，我们不加证明地给出如下定理：

定理 4.1 设函数 $f(x)$ 在点 x_0 的某一邻域 $U(x_0,\delta)$ 内具有任意阶导数，则 $f(x)$ 在该邻域 $U(x_0,\delta)$ 内能展开成泰勒级数的充分必要条件是 $f(x)$ 的泰勒公式(1)中的余项 $R_n(x)$ 满足：

$$\lim_{n\to\infty}R_n(x)=0 \quad (x\in U(x_0,\delta)).$$

注意 函数的麦克劳林级数是 x 的幂级数，如果 $f(x)$ 能展开成 x 的幂级数，那么这种展开式是唯一的，它一定等于 $f(x)$ 的麦克劳林级数. 但是，反过来如果 $f(x)$ 的麦克劳林级数在点 $x_0=0$ 的某邻域内收敛，却不一定收敛于 $f(x)$. 因此，如果 $f(x)$ 在点 $x_0=0$ 处具有各阶导数，则 $f(x)$ 的麦克劳林级数虽然能写出来，但这个级数是否在某个区间内收敛，以及是否收敛于 $f(x)$ 却需要进一步考察.

二、函数展开成幂级数

把一个给定函数 $f(x)$ 展开成 x 的幂级数，一般有直接展开法和间接展开法两种方法.

1. 直接展开法

按下列步骤把给定函数 $f(x)$ 展开成 x 的幂级数的方法叫直接展开法：

(1) 计算 $f(x)$ 的各阶导数及其在 $x=0$ 处的导数值：$f^{(n)}(x)$ 和 $f^{(n)}(0)$.

(2) 写出麦克劳林级数 $\sum\limits_{n=0}^{\infty}\frac{f^{(n)}(x_0)}{n!}x^n$，并求出收敛半径 R.

(3) 考察在收敛区间 $f(x)$ 内，余项的极限 $\lim\limits_{n\to\infty}R_n(x)=0$ 是否成立；如果成立，则 $f(x)$ 在 $(-R,R)$ 内有展开式

$$f(x)=f(0)+f'(0)x+\frac{f''(0)}{2!}x^2+\cdots+\frac{f^{(n)}(0)}{n!}x^n+\cdots,x\in(-R,R).$$

例 1 将函数 $f(x)=e^x$ 展开成 x 的幂级数.

解 因为 $f^{(n)}(x)=e^x$，因此 $f^{(n)}(0)=1$，$n=1,2,\cdots$. 于是得级数

$$\sum_{n=0}^{\infty}\frac{x^n}{n!}=1+x+\frac{1}{2!}x^2+\cdots\frac{1}{n!}x^n+\cdots,$$

它的收敛半径 $R=+\infty$.

对于任何有限的数 x，ξ（ξ 介于 0 与 x 之间），有

$$|R_n(x)|=\left|\frac{e^{\xi}}{(n+1)!}x^{n+1}\right|<e^{|\xi|}\cdot\frac{|x|^{n+1}}{(n+1)!},$$

由于 $e^{|\xi|}$ 有限，且 $\dfrac{|x|^{n+1}}{(n+1)!}$ 是收敛级数 $\sum\limits_{n=0}^{\infty}\dfrac{|x|^{n+1}}{(n+1)!}$ 的一般项，$\lim\limits_{n\to\infty}\dfrac{|x|^{n+1}}{(n+1)!}=0$，所以 $\lim\limits_{n\to\infty}|R_n(x)|=0$，从而有展开式

$$e^x=1+x+\frac{1}{2!}x^2+\cdots+\frac{1}{n!}x^n+\cdots\quad(-\infty<x<+\infty).$$

例 2 将函数 $f(x)=\sin x$ 展开成 x 的幂级数.

解 因为 $f^{(n)}(x)=\sin\left(x+n\cdot\dfrac{\pi}{2}\right)$，$n=1,2,\cdots$，于是得级数

$$x-\frac{x^3}{3!}+\frac{x^5}{5!}-\cdots+(-1)^{n-1}\frac{x^{2n-1}}{(2n-1)!}+\cdots,$$

它的收敛半径为 $R=+\infty$.

对于任何有限的数 x，ξ（ξ 介于 0 与 x 之间），有

$$|R_n(x)|=\left|\frac{\sin\left[\xi+\frac{(n+1)\pi}{2}\right]}{(n+1)!}x^{n+1}\right|\leqslant\frac{|x|^{n+1}}{(n+1)!}\to 0\quad(n\to\infty).$$

因此得展开式

$$\sin x=x-\frac{x^3}{3!}+\frac{x^5}{5!}-\cdots+(-1)^{n-1}\frac{x^{2n-1}}{(2n-1)!}+\cdots\quad(-\infty<x<+\infty).$$

我们还可以证明

$$(1+x)^{\alpha}=1+\alpha x+\frac{\alpha(\alpha-1)}{2!}x^2+\cdots+\frac{\alpha(\alpha-1)\cdots(\alpha-n+1)}{n!}x^n+\cdots\quad(-1<x<1).$$

2. 间接展开法

利用已知函数展开式，通过幂级数运算法则、性质、变量替换等方法，求出未知函数的展开式，称间接展开法.

例 3 将函数 $f(x)=\cos x$ 展开成 x 的幂级数.

解 已知

$$\sin x = x - \frac{x^3}{3!} + \frac{x^5}{5!} - \cdots + (-1)^{n-1}\frac{x^{2n-1}}{(2n-1)!} + \cdots \quad (-\infty < x < +\infty).$$

对上式两边求导，得

$$\cos x = 1 - \frac{x^2}{2!} + \frac{x^4}{4!} - \cdots + (-1)^n\frac{x^{2n}}{(2n)!} + \cdots \quad (-\infty < x < +\infty).$$

例 4 将函数 $f(x)=\frac{1}{1+x^2}$ 展开成 x 的幂级数.

解 因为 $\frac{1}{1-x}=1+x+x^2+\cdots+x^n+\cdots \quad (-1<x<1)$，

把 x 换成 $-x^2$，得

$$\frac{1}{1+x^2}=1-x^2+x^4-\cdots+(-1)^n x^{2n}+\cdots \quad (-1<x<1).$$

注 收敛半径的确定：由 $-1<-x^2<1$，得 $-1<x<1$.

例 5 将函数 $f(x)=\ln(1+x)$ 展开成 x 的幂级数.

解 因为 $f'(x)=\frac{1}{1+x}$，而 $\frac{1}{1+x}$ 是收敛的等比级数 $\sum_{n=0}^{\infty}(-1)^n x^n \quad (-1<x<1)$ 的和函数：

$$\frac{1}{1+x}=1-x+x^2-x^3+\cdots+(-1)^n x^n+\cdots.$$

所以将上式从 0 到 x 逐项积分，得

$$\ln(1+x)=x-\frac{x^2}{2}+\frac{x^3}{3}-\frac{x^4}{4}+\cdots+(-1)^n\frac{x^{n+1}}{n+1}+\cdots \quad (-1<x<1).$$

上述展开式对 $x=1$ 也成立，这是因为上式右端的幂级数当 $x=1$ 时收敛，而 $\ln(1+x)$ 在 $x=1$ 处有定义且连续.

所以，$\ln(1+x)=x-\frac{x^2}{2}+\frac{x^3}{3}-\frac{x^4}{4}+\cdots+(-1)^n\frac{x^{n+1}}{n+1}+\cdots \quad (-1<x\leqslant 1).$

例 6 将函数 $f(x)=\frac{1}{x^2+4x+3}$ 展开成 $(x-1)$ 的幂级数.

解 因为

$$\begin{aligned} f(x)&=\frac{1}{x^2+4x+3}=\frac{1}{(x+1)(x+3)}=\frac{1}{2(1+x)}-\frac{1}{2(3+x)} \\ &=\frac{1}{4\left(1+\frac{x-1}{2}\right)}-\frac{1}{8\left(1+\frac{x-1}{4}\right)} \\ &=\frac{1}{4}\sum_{n=0}^{\infty}(-1)^n\frac{(x-1)^n}{2^n}-\frac{1}{8}\sum_{n=0}^{\infty}(-1)^n\frac{(x-1)^n}{4^n} \end{aligned}$$

$$=\sum_{n=0}^{\infty}(-1)^n\left(\frac{1}{2^{n+2}}-\frac{1}{2^{2n+3}}\right)(x-1)^n \quad (-1<x<3).$$

常用展开式有：

$$\frac{1}{1-x}=1+x+x^2+\cdots+x^n+\cdots \quad (-1<x<1),$$

$$e^x=1+x+\frac{1}{2!}x^2+\cdots+\frac{1}{n!}x^n+\cdots \quad (-\infty<x<+\infty),$$

$$\sin x=x-\frac{x^3}{3!}+\frac{x^5}{5!}-\cdots+(-1)^{n-1}\frac{x^{2n-1}}{(2n-1)!}+\cdots \quad (-\infty<x<+\infty),$$

$$\cos x=1-\frac{x^2}{2!}+\frac{x^4}{4!}-\cdots+(-1)^n\frac{x^{2n}}{(2n)!}+\cdots \quad (-\infty<x<+\infty),$$

$$\ln(1+x)=x-\frac{x^2}{2}+\frac{x^3}{3}-\frac{x^4}{4}+\cdots+(-1)^n\frac{x^{n+1}}{n+1}+\cdots \quad (-1<x\leqslant 1),$$

$$(1+x)^\alpha=1+\alpha x+\frac{\alpha(\alpha-1)}{2!}x^2+\cdots+\frac{\alpha(\alpha-1)\cdots(\alpha-n+1)}{n!}x^n+\cdots \quad (-1<x<1).$$

三、函数的幂级数展开式的应用

函数的幂级数展开式可用于某些函数的近似计算，即在展开式的收敛域内，利用这个级数按精确度要求计算出函数值的近似值.

例 7 计算 $\sqrt[5]{240}$ 的近似值，要求误差不超过 0.0001.

解 因为 $\sqrt[5]{240}=\sqrt[5]{243-3}=3\left(1-\frac{1}{3^4}\right)^{\frac{1}{5}}$，

所以在 $(1+x)^\alpha$ 展开式中取 $\alpha=\frac{1}{5}$，$x=-\frac{1}{3^4}$，即得

$$\sqrt[5]{240}=3\left(1-\frac{1}{5}\cdot\frac{1}{3^4}-\frac{1\cdot 4}{5^2\cdot 2!}\cdot\frac{1}{3^8}-\frac{1\cdot 4\cdot 9}{5^3\cdot 3!}\cdot\frac{1}{3^{12}}-\cdots\right).$$

这个级数收敛很快. 取前两项的和作为 $\sqrt[5]{240}$ 的近似值，其误差(也叫作截断误差)为

$$\begin{aligned}|r_2|&=3\left(\frac{1\cdot 4}{5^2\cdot 2!}\cdot\frac{1}{3^8}+\frac{1\cdot 4\cdot 9}{5^3\cdot 3!}\cdot\frac{1}{3^{12}}+\frac{1\cdot 4\cdot 9\cdot 14}{5^4\cdot 4!}\cdot\frac{1}{3^{16}}+\cdots\right)\\&<3\cdot\frac{1\cdot 4}{5^2\cdot 2!}\cdot\frac{1}{3^8}\left[1+\frac{1}{81}+\left(\frac{1}{81}\right)^2+\cdots\right]\\&=\frac{6}{25}\cdot\frac{1}{3^8}\cdot\frac{1}{1-\frac{1}{81}}=\frac{1}{25\cdot 27\cdot 40}<\frac{1}{20000}.\end{aligned}$$

于是取近似式为 $\sqrt[5]{240} \approx 3\left(1-\frac{1}{5}\cdot\frac{1}{3^4}\right)$，

为了使“四舍五入”引起的误差(叫作舍入误差)与截断误差之和不超过 10^{-4}，计算时应取五位小数，然后四舍五入. 因此最后得

$$\sqrt[5]{240} \approx 2.9926.$$

例 8 利用 $\sin x \approx x - \frac{1}{3!}x^3$ 求 $\sin 9^\circ$ 的近似值，并估计误差.

解 首先把角度化成弧度，

$$9^\circ = \frac{\pi}{180} \times 9(\text{弧度}) = \frac{\pi}{20}(\text{弧度}),$$

从而 $\quad \sin\frac{\pi}{20} \approx \frac{\pi}{20} - \frac{1}{3!}\left(\frac{\pi}{20}\right)^3.$

其次，估计这个近似值的精确度. 在 $\sin x$ 的幂级数展开式中令 $x=\frac{\pi}{20}$，得

$$\sin\frac{\pi}{20} = \frac{\pi}{20} - \frac{1}{3!}\left(\frac{\pi}{20}\right)^3 + \frac{1}{5!}\left(\frac{\pi}{20}\right)^5 - \frac{1}{7!}\left(\frac{\pi}{20}\right)^7 + \cdots.$$

等式右端是一个收敛的交错级数，且各项的绝对值单调减少. 取它的前两项之和作为 $\sin\frac{\pi}{20}$ 的近似值，误差为

$$|r_2| \leqslant \frac{1}{5!}\left(\frac{\pi}{20}\right)^5 < \frac{1}{120}\cdot(0.2)^5 < \frac{1}{300000}.$$

因此取 $\quad \frac{\pi}{20} \approx 0.157080, \left(\frac{\pi}{20}\right)^3 \approx 0.003876,$

于是得 $\quad \sin 9^\circ \approx 0.15643$. 这时误差不超过 10^{-5}.

例 9 计算积分 $\int_0^1 \frac{\sin x}{x}\mathrm{d}x$ 的近似值，要求误差不超过 0.0001.

解 由于 $\lim\limits_{x\to 0}\frac{\sin x}{x}=1$，因此所给积分不是广义积分. 如果定义被积函数在 $x=0$ 处的值为 1，则它在积分区间 $[0, 1]$ 上连续.

展开被积函数，有

$$\frac{\sin x}{x} = 1 - \frac{x^2}{3!} + \frac{x^4}{5!} - \frac{x^6}{7!} + \cdots \quad (-\infty < x < +\infty).$$

在区间 $[0, 1]$ 上逐项积分，得

$$\int_0^1 \frac{\sin x}{x}\mathrm{d}x = 1 - \frac{1}{3\cdot 3!} + \frac{1}{5\cdot 5!} - \frac{1}{7\cdot 7!} + \cdots.$$

因为第四项

$$\frac{1}{7\cdot 7!}<\frac{1}{30000},$$

所以取前三项的和作为积分的近似值：

$$\int_0^1 \frac{\sin x}{x}\mathrm{d}x \approx 1-\frac{1}{3\cdot 3!}+\frac{1}{5\cdot 5!}=0.9461.$$

习题 8-4

1. 将下列函数展开成为 x 的幂级数，并求其成立区间：

(1) $f(x)=\ln(a+x)$，$a>0$；　　(2) $f(x)=a^x$；

(3) $f(x)=\mathrm{e}^{-x^2}$；　　(4) $f(x)=\sin^2 x$；

(5) $f(x)=\dfrac{x}{x^2-2x-3}$.

2. 将函数 $f(x)=\sin\dfrac{\pi}{2}x$ 展开成为 $x+2$ 的幂级数.

3. 将函数 $f(x)=\dfrac{1}{1+x}$ 展开成为 $x-3$ 的幂级数.

4. 将函数 $f(x)=\dfrac{\mathrm{d}}{\mathrm{d}x}\left(\dfrac{\mathrm{e}^x-1}{x}\right)$ 展开成为 x 的幂级数.

5. 利用函数幂级数展开求下列各数的近似值：

(1) $\sqrt[9]{522}$（精确到 0.00001）；　　(2) $\cos 2^\circ$（精确到 0.0001）.

6. 利用被积函数的幂级数展开式求定积分 $\displaystyle\int_0^{0.5}\frac{1}{1+x^4}\mathrm{d}x$ 的近似值（精确到 0.0001）.

习 题 八

1. 填空题：

(1) 对级数 $\sum\limits_{n=1}^{\infty}u_n$，$\lim\limits_{n\to\infty}u_n=0$ 是它收敛的________条件，不是它收敛的________条件；

(2) 部分和数列 $\{S_n\}$ 有界是正项级数 $\sum\limits_{n=1}^{\infty}u_n$ 收敛的________条件；

(3) 若级数 $\sum\limits_{n=1}^{\infty}u_n$ 绝对收敛，则级数 $\sum\limits_{n=1}^{\infty}u_n$ 必定________；若级数 $\sum\limits_{n=1}^{\infty}u_n$ 条件收敛，则级数 $\sum\limits_{n=1}^{\infty}|u_n|$ 必定________.

(4) 若级数 $\sum\limits_{n=1}^{\infty}u_n$ 的部分和序列 $\{S_n\}$ 为 $\left\{\dfrac{2n}{n+1}\right\}$，则 $u_n=$________，$\sum\limits_{n=1}^{\infty}u_n=$________.

(5) 若级数 $\sum_{n=1}^{\infty}\frac{(-1)^n+a}{n}$ 收敛,则 a 的取值为________.

(6) 设幂级数 $\sum_{n=0}^{\infty}a_nx^n$ 的收敛区间为 $(-3,3)$,则幂级数 $\sum_{n=0}^{\infty}na_n(x-1)^{n-1}$ 的收敛区间为________.

2. 选择题:

(1) 设 a 为常数,则级数 $\sum_{n=1}^{\infty}\left(\frac{\sin na}{n^2}-\frac{1}{\sqrt{n}}\right)$(   ).

A. 绝对收敛　　B. 条件收敛　　C. 发散　　D. 收敛性取决于 a 的值

(2) 若级数 $\sum_{n=1}^{\infty}(u_{2n-1}+u_{2n})$ 收敛,则(   ).

A. $\sum_{n=1}^{\infty}u_n$ 必收敛　　B. $\sum_{n=1}^{\infty}u_n$ 未必收敛

C. $\lim_{n\to\infty}u_n=0$　　D. $\sum_{n=1}^{\infty}u_n$ 发散

(3) 设 $0\leqslant a_n<\frac{1}{n}$ $(n=1,2,\cdots)$,则下列级数中肯定收敛的是(   ).

A. $\sum_{n=1}^{\infty}a_n$　　B. $\sum_{n=1}^{\infty}(-1)^na_n$　　C. $\sum_{n=1}^{\infty}\sqrt{a_n}$　　D. $\sum_{n=1}^{\infty}(-1)^na_n^2$

3. 求级数 $\sum_{n=1}^{\infty}\frac{1}{\sqrt{n(n+1)}(\sqrt{n}+\sqrt{n+1})}$ 的和.

4. 求级数 $\frac{1}{3}+\frac{3}{3^2}+\frac{5}{3^3}+\cdots+\frac{2n-1}{3^n}+\cdots$ 之和.

5. 已知 $\lim_{n\to\infty}nu_n=0$,级数 $\sum_{n=1}^{\infty}(n+1)(u_{n+1}-u_n)$ 收敛,证明级数 $\sum_{n=1}^{\infty}u_n$ 也收敛.

6. 判断下列级数的收敛性:

(1) $\sum_{n=1}^{\infty}(\sqrt[n]{a}-1)$ $(a\geqslant 1)$;　　(2) $\sum_{n=1}^{\infty}\frac{2^n\cdot n!}{n^n}$;

(3) $\sum_{n=1}^{\infty}n\tan\frac{\pi}{2^{n+1}}$;　　(4) $\sum_{n=1}^{\infty}\frac{(n!)^2}{2n^2}$;

(5) $\sum_{n=1}^{\infty}\frac{[(n+1)!]^n}{2!\,4!\cdots(2n)!}$;　　(6) $\sum_{n=1}^{\infty}\frac{n^2}{\left(n+\frac{1}{n}\right)^n}$.

7. 证明:$\lim_{n\to\infty}\frac{n^n}{(n!)^2}=0$.

8. 求极限 $\lim_{n\to\infty}\frac{(a+1)(2a+1)\cdots(na+1)}{(b+1)(2b+1)\cdots(nb+1)}$,$b>a>0$.

9. 讨论级数 $\sum_{n=1}^{\infty}\frac{\sqrt{n+2}-\sqrt{n-2}}{n^a}$ 的收敛性.

10. 设数列 $S_1=1, S_2, S_3, \cdots$ 由公式 $2S_{n+1}=S_n+\sqrt{S_n^2+u_n}$ 确定，其中 u_n 是正项级数 $\sum_{n=1}^{\infty}u_n$ 的一般项，且 $u_n>0$，证明：级数 $\sum_{n=1}^{\infty}u_n$ 收敛的充分必要条件是数列 $\{S_n\}$ 也收敛.

11. 判别下列级数的收敛性；若收敛，是条件收敛还是绝对收敛？

(1) $\sum_{n=1}^{\infty}\dfrac{(-1)^{n-1}}{\ln(1+n)}$；　　(2) $\sum_{n=1}^{\infty}(-1)^{n+1}\dfrac{2^{n^2}}{n!}$；

(3) $\sum_{n=1}^{\infty}(-1)^{n+1}\dfrac{(n+1)^n}{2n^{n+1}}$.

12. 设 $|a_n|\leqslant 1\ (n=1, 2, 3, \cdots)$，$|a_n-a_{n-1}|\leqslant\dfrac{1}{4}|a_{n-1}^2-a_{n-2}^2|\ (n=3, 4, 5, \cdots)$，证明：

(1) 级数 $\sum_{n=2}^{\infty}(a_n-a_{n-1})$ 绝对收敛；　　(2) 数列 $\{a_n\}$ 收敛.

13. 设 $f(x)$ 在 $x=0$ 的某一邻域具有二阶连续导数，且 $\lim\limits_{x\to 0}\dfrac{f(x)}{x}=0$，试证明：级数 $\sum_{n=1}^{\infty}\sqrt{n}f\left(\dfrac{1}{n}\right)$ 绝对收敛.

14. 求下列幂级数的收敛区间：

(1) $\sum_{n=1}^{\infty}n!\left(\dfrac{x}{n}\right)^n$；　　(2) $\sum_{n=1}^{\infty}\dfrac{n}{2^n}x^{2n}$；

(3) $\sum_{n=1}^{\infty}(-1)^n\dfrac{(x-2)^{2n+1}}{2n+1}$.

15. 求下列幂级数的和函数：

(1) $\sum_{n=1}^{\infty}\dfrac{x^{4n+1}}{4n+1}$；　　(2) $\sum_{n=0}^{\infty}\dfrac{n^2+1}{2^n n!}x^n$.

16. 将函数 $x\arctan x-\ln\sqrt{1+x^2}$ 展开成麦克劳林级数.

17. 将函数 $\dfrac{1}{(2-x)^2}$ 展开成 x 的幂级数.

18. 将函数 $f(x)=\dfrac{1}{x^2+3x+2}$ 展开成 $x+4$ 的幂级数.

19. 将函数 $f(x)=\ln(1+x+x^2+x^3)$ 展开成 x 的幂级数.

20. 用幂级数求下列极限：

(1) $\lim\limits_{x\to 0}\dfrac{\sin x-\tan x}{x^3}$；　　(2) $\lim\limits_{x\to 0}\left(\dfrac{1}{\sin x}-\dfrac{1}{x}\right)$.

21. 求级数 $\sum_{n=1}^{\infty}(n+1)(x-1)^n$ 的收敛域及和函数.

22. 利用幂级数求数项级数 $\sum_{n=0}^{\infty}\dfrac{1}{2^n}\cdot\dfrac{2n+1}{n!}$ 的和.

*23. 利用函数的幂级数展开式求 $\sqrt{e}$ 的近似值(精确到 0.001).

*24. 利用被积函数的幂级数展开式求定积分 $\int_0^{0.5}\frac{\arctan x}{x}\mathrm{d}x$ 的近似值(精确到 0.0001).

*25. 已知 $\sum_{n=1}^{\infty}\frac{1}{n^2}=\frac{\pi^2}{6}$，求积分 $\int_0^1\frac{\ln x}{1+x}\mathrm{d}x$.

26. 已知级数 $\sum_{n=1}^{\infty}a_n^2$ 收敛，且 $a_n>0$，证明 $\sum_{n=1}^{\infty}\frac{a_n}{n}$ 也收敛.

27. 证明：若 $\lim_{n\to\infty}(n^{2n\sin\frac{1}{n}}\cdot a_n)=1$，则级数 $\sum_{n=1}^{\infty}a_n$ 收敛.

28. 求极限 $\lim_{n\to\infty}\frac{1}{n}\sum_{k=1}^{n}\frac{1}{3^k}\left(1+\frac{1}{k}\right)^{k^2}$.

29. 设函数 $f(x)=\begin{cases}\frac{\sin x}{x}, & x\neq 0\\ 1, & x=0\end{cases}$，求 $f^{(n)}(0)$，$n=1,2,\cdots$.

30. 把边长为 $2b$ 的等边三角形"正放"，如下图所示，"倒放"等边三角形从原来的三角形中挖去，从原来三角形中挖去的面积之和形成一个无穷级数.

(1) 求这个无穷级数.

(2) 求这个无穷级数的和，从而求出从原来三角形中挖去的总面积.

(3) 原来三角形的每个点是否都被挖去了？为什么？

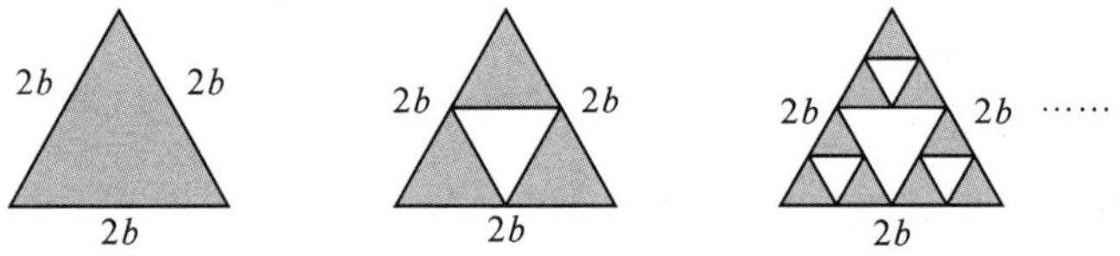

第九章

常微分方程

函数是客观事物的内部联系在数量方面的反映，利用函数关系又可对客观事物的规律性进行研究. 因此，如何寻找出所需要的函数关系，在实践中具有重要意义. 在许多问题中，往往不能直接找出所需要的函数关系，但是根据问题所提供的情况，有时可以列出含有要找的函数及其导数的关系式. 这样的关系就是所谓的微分方程. 微分方程建立以后，对它进行研究，找出未知函数来，这就是解微分方程.

§1 微分方程的基本概念

一、引例

例 1 一曲线通过点 $(1, 2)$，且在该曲线上任一点 $M(x, y)$ 处的切线斜率为 $2x$，求该曲线的方程.

解 设所求曲线的方程为 $y=y(x)$. 根据导数的几何意义，可知未知函数 $y=y(x)$ 应满足关系式

$$\frac{\mathrm{d}y}{\mathrm{d}x}=2x. \tag{1}$$

此外，曲线 $y=y(x)$ 过点 $(1, 2)$，即满足：

$$y\big|_{x=1}=2. \tag{2}$$

把(1)式分离为 $\mathrm{d}y=2x\,\mathrm{d}x$，两端积分，得

$$y=\int 2x\,\mathrm{d}x, \quad 即 \quad y=x^2+C, \tag{3}$$

其中 C 是任意常数. 由于曲线过点 $(1, 2)$，把条件(2)代入(3)式，得 $C=1$.

因此，所求曲线方程为：

$$y=x^2+1. \tag{4}$$

例 2 设本金(初始货币额)为 A_0，连续复利率为 r，试求 t 年后的本利和.

解 设 $A(t)$ 表示在时间 t 的本利和，则当时间从 t 变化到 $t+\Delta t$ (Δt 为微小改变量)时，本利和的改变量为

$$\Delta A = A(t+\Delta t) - A(t) \approx r \cdot A(t) \cdot \Delta t.$$

将上式两边都除以 Δt ($\Delta t \neq 0$)，并令 $\Delta t \to 0$，取极限(若 $A(t)$ 可导)，就得到关系式

$$\frac{\mathrm{d}A(t)}{\mathrm{d}t} = r \cdot A(t), \tag{5}$$

且 $A(t)$ 满足条件

$$A(t)\big|_{t=0} = A_0. \tag{6}$$

把(5)式分离为 $\dfrac{\mathrm{d}A}{A} = r\mathrm{d}t$，得 $\ln A = rt + C_1$，即

$$A(t) = \mathrm{e}^{rt+c_1} = \mathrm{e}^{C_1}\mathrm{e}^{rt} = C\mathrm{e}^{rt}. \tag{7}$$

把(6)式代入(7)式，得 $C = A_0$. 于是，本金 A_0 在连续复利 t 年后的本利和为

$$A(t) = A_0\mathrm{e}^{rt}. \tag{8}$$

二、微分方程的一般概念

定义 1.1 凡是表示未知函数、未知函数的导数(或微分)与自变量之间关系的方程，称为微分方程. 若未知函数是一元函数的微分方程，叫常微分方程. 若未知函数是多元函数的微分方程，叫偏微分方程.

注 在一个微分方程中，自变量和未知函数可以不出现，但未知函数的导数(或微分)必须出现；否则，就不是微分方程. 本章我们主要讨论常微分方程.

上述两个例题中的关系式(1)与(5)均是常微分方程，而 $\dfrac{\partial u}{\partial t} = \dfrac{\partial^2 u}{\partial x^2}$ 与 $\dfrac{\partial v}{\partial t} + \dfrac{1}{2}\sigma^2 s^2 \dfrac{\partial^2 v}{\partial s^2} + rs\dfrac{\partial v}{\partial s} - rv = 0$ 都是偏微分方程.

定义 1.2 微分方程中所出现的未知函数的最高阶导数的阶数，称为微分方程的阶.

例如，(1)式与(5)式是一阶微分方程，$y'' + y + x = 0$ 是二阶微分方程，$y^{(4)} - 4y''' + 10y'' - 12y' + 5y = \sin 2x$ 是四阶微分方程. 一般地，n 阶微分方程可表示为：

$$F(x, y, y', y'', \cdots, y^{(n)}) = 0. \tag{9}$$

(9)式一定含有 $y^{(n)}$，其中 y 是关于 x 的未知函数 $y = y(x)$. 有时候也将微分方程写成 $y^{(n)}$ 关于自变量 x，y，及 y'，$\cdots$，$y^{(n-1)}$ 的显式函数的形式：

$$y^{(n)} = f(x, y, y', y'', \cdots, y^{(n-1)}).$$

定义 1.3 设函数 $y = \varphi(x)$ 在区间 I 上有 n 阶连续导数，若在区间 I 上有

$$F(x, \varphi(x), \varphi'(x), \cdots, \varphi^{(n)}(x)) \equiv 0,$$

则称函数 $y=\varphi(x)$ 是微分方程(9)在区间 I 上的解.

例如,(3)式、(4)式都是方程(1)的解.

定义 1.4 若微分方程的解中含有任意常数,且所含独立的任意常数的个数与微分方程的阶数相同,则称此解为微分方程的通解.

例如,(3)式、(7)式分别是微分方程(1)(5)的通解.

由于微分方程通解中含有任意常数,要完全、确定地反映某一事物客观变化的规律,就必须确定这些常数.为此要根据问题的实际情况,给出确定这些常数的条件,这种用于确定通解中任意常数的条件,称为微分方程的初始条件.如(6)式就是方程(5)的初始条件.

通常,一阶微分方程用来确定任意常数的条件是:

$$y|_{x=x_0}=y_0.$$

二阶微分方程用来确定任意常数的条件是:

$$y|_{x=x_0}=y_0,\quad y'|_{x=x_0}=y'_0.$$

n 阶微分方程用来确定任意常数的条件是:

$$y|_{x=x_0}=y_0,\ y'|_{x=x_0}=y'_0,\ \cdots,\ y^{(n-1)}|_{x=x_0}=y_0^{(n-1)}.$$

微分方程满足一定条件,相应的初始条件问题称为初值问题.一般形式为:

$$\begin{cases}F(x,\ y,\ y',\ y'',\ \cdots,\ y^{(n)})=0\\ y|_{x=x_0}=y_0,\ y'|_{x=x_0}=y'_0,\ \cdots,\ y^{(n-1)}|_{x=x_0}=y_0^{(n-1)}.\end{cases}$$

定义 1.5 确定了通解中的任意常数以后得到的解称为微分方程的特解,即不含任意常数的解.

微分方程的解的图形称为微分方程的积分曲线,微分方程的通解是以任意常数为参数的一簇积分曲线,称为积分曲线簇.

例 3 验证函数 $x=C_1\cos kt+C_2\sin kt$ 是微分方程 $\frac{\mathrm{d}^2x}{\mathrm{d}t^2}+k^2x=0$ 的解,其中 C_1, C_2 是任意常数.

解 求所给函数的导数,得

$$\frac{\mathrm{d}x}{\mathrm{d}t}=-kC_1\sin kt+kC_2\cos kt,$$

$$\frac{\mathrm{d}^2x}{\mathrm{d}t^2}=-k^2C_1\cos kt-k^2C_2\sin kt=-k^2(C_1\cos kt+C_2\sin kt).$$

将 $\frac{\mathrm{d}^2x}{\mathrm{d}t^2}$ 及 x 的表达式代入所给方程,得

$$-k^2(C_1\cos kt+C_2\sin kt)+k^2(C_1\cos kt+C_2\sin kt)\equiv 0.$$

这表明函数 $x=C_1\cos kt+C_2\sin kt$ 满足方程 $\frac{\mathrm{d}^2x}{\mathrm{d}t^2}+k^2x=0$,因此所给函数是所给方程的解.

例 4 已知函数 $x=C_1\cos kt+C_2\sin kt$ $(k\neq 0)$ 是微分方程 $\dfrac{d^2x}{dt^2}+k^2x=0$ 的通解，求满足初始条件 $x|_{t=0}=A$，$x'|_{t=0}=0$ 的特解.

解 由条件 $x|_{t=0}=A$ 及 $x=C_1\cos kt+C_2\sin kt$，得 $C_1=A$，

再由条件 $x'|_{t=0}=0$ 及 $x'(t)=-kC_1\sin kt+kC_2\cos kt$，得 $C_2=0$.

把 C_1，C_2 的值代入 $x=C_1\cos kt+C_2\sin kt$，得

$$x=A\cos kt.$$

习题 9-1

1. 指出下列微分方程的阶数：

(1) $x(y')^2-4yy'+3xy=0$；　(2) $xy''+2y'+x^2y=0$；

(3) $xy'''+5y''+2y=0$；　(4) $(7x-6y)dx+(x+y)dy=0$.

2. 指出下列各题中的函数是否为所给微分方程的解：

(1) $xy'=2y$，$y=5x^2$；

(2) $y''+\omega^2y=0$，$y=C_1\cos\omega x+C_2\sin\omega x$；

(3) $y''+\dfrac{2}{x}y'+\dfrac{2y}{x^2}=0$，$y=C_1x+C_2x^2$；

(4) $y''-(\lambda_1+\lambda_2)y'+\lambda_1\lambda_2y=0$，$y=C_1e^{\lambda_1x}+C_2e^{\lambda_2x}$.

3. 验证由方程 $y=\ln(xy)$ 确定的函数为方程 $(xy-x)y''+xy'^2+yy'-2y'=0$ 的解.

4. 设 $y=Cx+\dfrac{1}{C}$ (C 是任意常数)是方程 $xy''-yy'+1=0$ 的通解. 求满足初始条件 $y|_{x=0}=2$ 的特解.

5. 设函数 $y=(1+x)^2u(x)$ 是方程 $y'-\dfrac{2}{x+1}=(x+1)^3$ 的通解，求 $u(x)$.

§2 一阶微分方程

本节我们讨论一些特殊一阶微分方程的具体解法. 一阶微分方程的一般形式为 $F(x,y,y')=0$. 在一定条件下，上式可表示为

$$y'=f(x,y).$$

一、可分离变量的微分方程

形如

$$\frac{dy}{dx}=f(x)\cdot g(y)\quad (\text{或 } g(y)\cdot dy=f(x)\cdot dx)$$

的微分方程称为可分离变量的微分方程，即能把微分方程写成一端只含 y 的函数和 dy，另一

端只含 x 的函数和 $\mathrm{d}x$.

可分离变量的微分方程的解法:

第一步,分离变量,将方程写成 $g(y)\cdot \mathrm{d}y=f(x)\cdot \mathrm{d}x$ 的形式;

第二步,两端积分,得 $\int g(y)\mathrm{d}y=\int f(x)\mathrm{d}x$,设积分后得 $G(y)=F(x)+C$;

第三步,求出由 $G(y)=F(x)+C$ 确定的函数 $y=\Phi(x)$ 或 $x=\Psi(y)$,则 $G(y)=F(x)+C$, $y=\Phi(x)$ 或 $x=\Psi(y)$ 都是方程的通解,其中 $G(y)=F(x)+C$ 称为隐式(通)解.

例 1 求微分方程 $\dfrac{\mathrm{d}y}{\mathrm{d}x}=2xy$ 的通解.

解 此方程为可分离变量方程,分离变量后得

$$\frac{1}{y}\mathrm{d}y=2x\,\mathrm{d}x,$$

两边积分得

$$\int \frac{1}{y}\mathrm{d}y=\int 2x\,\mathrm{d}x,$$

即

$$\ln|y|=x^2+C_1,$$

从而

$$y=\pm \mathrm{e}^{x^2+C_1}=\pm \mathrm{e}^{C_1}\mathrm{e}^{x^2}.$$

因为 $\pm \mathrm{e}^{C_1}$ 仍是任意常数,把它记作 C,便得所给方程的通解

$$y=C\mathrm{e}^{x^2}.$$

例 2 设降落伞从跳伞塔下落后,所受空气阻力与速度成正比,并设降落伞离开跳伞塔时速度为零.求降落伞下落速度与时间的函数关系.

解 设降落伞下落速度为 $v(t)$.降落伞所受外力为 $F=mg-kv$ (k 为比例系数).根据牛顿第二运动定律 $F=ma$,得函数 $v(t)$ 应满足的方程为

$$m\frac{\mathrm{d}v}{\mathrm{d}t}=mg-kv,$$

初始条件为

$$v|_{t=0}=0.$$

方程分离变量,得

$$\frac{\mathrm{d}v}{mg-kv}=\frac{\mathrm{d}t}{m},$$

两边积分,得 $\int \dfrac{\mathrm{d}v}{mg-kv}=\int \dfrac{\mathrm{d}t}{m}$,

$$-\frac{1}{k}\ln(mg-kv)=\frac{t}{m}+C_1,$$

即
$$v=\frac{mg}{k}+Ce^{-\frac{k}{m}t}\quad\left(C=-\frac{e^{-kC_1}}{k}\right),$$

将初始条件 $v|_{t=0}=0$ 代入通解,得 $C=-\frac{mg}{k}$,

于是降落伞下落速度与时间的函数关系为 $v=\frac{mg}{k}(1-e^{-\frac{k}{m}t})$.

例 3 求微分方程 $\frac{dy}{dx}=1+x+y^2+xy^2$ 的通解.

解 方程可化为
$$\frac{dy}{dx}=(1+x)(1+y^2),$$
分离变量得
$$\frac{1}{1+y^2}dy=(1+x)dx,$$
两边积分得
$$\int\frac{1}{1+y^2}dy=\int(1+x)dx,$$
即
$$\arctan y=\frac{1}{2}x^2+x+C.$$
于是原方程的通解为 $y=\tan\left(\frac{1}{2}x^2+x+C\right)$.

二、齐次微分方程

我们遇到的许多方程不是可分离变量的微分方程,但可以根据方程的特点,把所给的方程转化为可分离变量的方程.下面介绍的齐次方程就是一种可化为分离变量的方程.

如果一阶微分方程 $\frac{dy}{dx}=f(x,y)$ 中的函数 $f(x,y)$ 可写成 $\frac{y}{x}$ 的函数,即 $f(x,y)=\varphi\left(\frac{y}{x}\right)$,则称 $\frac{dy}{dx}=\varphi\left(\frac{y}{x}\right)$ 为齐次方程.

齐次方程的解法:

在齐次方程 $\frac{dy}{dx}=\varphi\left(\frac{y}{x}\right)$ 中,令 $u=\frac{y}{x}$,即 $y=ux$,有
$$u+x\frac{du}{dx}=\varphi(u),$$
分离变量,得
$$\frac{du}{\varphi(u)-u}=\frac{dx}{x}.$$
两端积分,得

$$\int \frac{\mathrm{d}u}{\varphi(u)-u}=\int \frac{\mathrm{d}x}{x}.$$

求出积分后，再用 $\frac{y}{x}$ 代替 u，便得所给齐次方程的通解.

例 4 求微分方程 $y^2+x^2\frac{\mathrm{d}y}{\mathrm{d}x}=xy\frac{\mathrm{d}y}{\mathrm{d}x}$ 的通解.

解 原方程可写成

$$\frac{\mathrm{d}y}{\mathrm{d}x}=\frac{y^2}{xy-x^2}=\frac{\left(\frac{y}{x}\right)^2}{\frac{y}{x}-1},$$

因此原方程是齐次方程. 令 $\frac{y}{x}=u$，则 $y=ux$，$\frac{\mathrm{d}y}{\mathrm{d}x}=u+x\frac{\mathrm{d}u}{\mathrm{d}x}$.

于是原方程变为

$$u+x\frac{\mathrm{d}u}{\mathrm{d}x}=\frac{u^2}{u-1},$$

即

$$x\frac{\mathrm{d}u}{\mathrm{d}x}=\frac{u}{u-1}.$$

分离变量，得

$$\left(1-\frac{1}{u}\right)\mathrm{d}u=\frac{\mathrm{d}x}{x}.$$

两边积分，得 $u-\ln|u|+C=\ln|x|$，即，$\ln|xu|=u+C$.
则所给方程的通解为

$$\ln|y|=\frac{y}{x}+C.$$

例 5 求微分方程 $(x^2+y^2)\mathrm{d}x-xy\mathrm{d}y=0$ 的通解.

解 原方程可写为

$$\frac{\mathrm{d}y}{\mathrm{d}x}=\frac{x^2+y^2}{xy}=\frac{1+\left(\frac{y}{x}\right)^2}{\frac{y}{x}},$$

令 $u=\frac{y}{x}$，得 $y=ux$，$\frac{\mathrm{d}y}{\mathrm{d}x}=u+x\frac{\mathrm{d}u}{\mathrm{d}x}$.

于是原方程变为 $$u+x\frac{\mathrm{d}u}{\mathrm{d}x}=\frac{1+u^2}{u}=\frac{1}{u}+u.$$

即

$$x\frac{\mathrm{d}u}{\mathrm{d}x}=\frac{1}{u},$$

分离变量，得

$$u\mathrm{d}u=\frac{1}{x}\mathrm{d}x,$$

两边积分，得

$$\frac{u^2}{2}=\ln x+\ln C_1,$$

所以原方程的解为：$y^2=x^2\ln(Cx^2)$.

例 6 求微分方程 $x\frac{\mathrm{d}y}{\mathrm{d}x}=y\ln\frac{y}{x}$ 的通解.

解 原方程可写为

$$\frac{\mathrm{d}y}{\mathrm{d}x}=\frac{y}{x}\ln\frac{y}{x}.$$

令 $u=\frac{y}{x}$，得 $y=ux$，$\frac{\mathrm{d}y}{\mathrm{d}x}=u+x\frac{\mathrm{d}u}{\mathrm{d}x}$.

于是原方程变为

$$u+x\frac{\mathrm{d}u}{\mathrm{d}x}=u\ln u.$$

分离变量，得

$$\frac{\mathrm{d}u}{u(\ln u-1)}=\frac{1}{x}\mathrm{d}x,$$

两边积分，得

$$\ln(\ln u-1)=\ln x+\ln C,$$

即

$$\ln u-1=Cx.$$

所以原方程的解为：$y=x\mathrm{e}^{Cx+1}$.

三、一阶线性微分方程

形如

$$\frac{\mathrm{d}y}{\mathrm{d}x}+p(x)y=Q(x) \tag{1}$$

的微分方程称为一阶线性微分方程. 线性是指未知函数及其导数都是一次幂的. 这里 $P(x)$ 和 $Q(x)$ 为已知连续函数.

若 $Q(x)\equiv 0$，则方程(1)称为一阶线性齐次微分方程；否则，方程(1)称为一阶线性非齐次微分方程.

一阶线性齐次微分方程的解法：

一阶线性齐次微分方程 $\frac{\mathrm{d}y}{\mathrm{d}x}+P(x)y=0$ 是变量可分离方程. 分离变量后得

$$\frac{\mathrm{d}y}{y}=-P(x)\mathrm{d}x,$$

两边积分，得

$$\ln|y|=-\int P(x)\mathrm{d}x+C_1,$$

或
$$y=C\mathrm{e}^{-\int P(x)\mathrm{d}x}\quad (C=\pm\mathrm{e}^{C_1}).\tag{2}$$

例 7 求方程 $(x-2)\dfrac{\mathrm{d}y}{\mathrm{d}x}=y$ 的通解.

解 该方程为一阶线性齐次微分方程，分离变量得

$$\frac{\mathrm{d}y}{y}=\frac{\mathrm{d}x}{x-2},$$

两边积分得

$$\ln|y|=\ln|x-2|+\ln C,$$

所以原方程的通解为

$$y=C(x-2).$$

一阶线性非齐次微分方程的解法：

我们利用一阶线性齐次微分方程的通解(2)来求一阶线性非齐次微分方程(1)的通解，即把方程(2)中的任意常数 C 换成未知函数 $u(x)$，把

$$y=u(x)\mathrm{e}^{-\int P(x)\mathrm{d}x}$$

假设成非齐次线性方程的通解. 代入方程(1)，求得

$$u'(x)\mathrm{e}^{-\int P(x)\mathrm{d}x}-u(x)\mathrm{e}^{-\int P(x)\mathrm{d}x}P(x)+P(x)u(x)\mathrm{e}^{-\int P(x)\mathrm{d}x}=Q(x),$$

化简得
$$u'(x)=Q(x)\mathrm{e}^{\int P(x)\mathrm{d}x},$$

$$u(x)=\int Q(x)\mathrm{e}^{\int P(x)\mathrm{d}x}\mathrm{d}x+C,$$

于是方程(1)的通解为

$$y=\mathrm{e}^{-\int P(x)\mathrm{d}x}\left[\int Q(x)\mathrm{e}^{\int P(x)\mathrm{d}x}\mathrm{d}x+C\right],$$

或
$$y=C\mathrm{e}^{-\int P(x)\mathrm{d}x}+\mathrm{e}^{-\int P(x)\mathrm{d}x}\int Q(x)\mathrm{e}^{\int P(x)\mathrm{d}x}\mathrm{d}x.\tag{3}$$

因此，非齐次线性方程的通解等于对应的齐次线性方程通解与非齐次线性方程的一个特解之和.

(3)式可作为一阶线性非齐次微分方程的求解公式. 上述求解公式的推导过程称为常数变异法，以后求解此类方程只需把(3)当作一个公式套用即可.

例 8 求方程 $\dfrac{\mathrm{d}y}{\mathrm{d}x}-\dfrac{2y}{x+1}=(x+1)^{\frac{5}{2}}$ 的通解.

解法一 这是一个非齐次线性方程.

先求对应的齐次线性方程 $\frac{\mathrm{d}y}{\mathrm{d}x}-\frac{2y}{x+1}=0$ 的通解.

分离变量得

$$\frac{\mathrm{d}y}{y}=\frac{2\mathrm{d}x}{x+1},$$

两边积分得

$$\ln y=2\ln(x+1)+\ln C,$$

齐次线性方程的通解为

$$y=C(x+1)^2.$$

用常数变易法.把 C 换成未知函数 $u(x)$，即令 $y=u(x)\cdot(x+1)^2$，代入所给非齐次线性方程，得

$$u'\cdot(x+1)^2+2u\cdot(x+1)-\frac{2}{x+1}u\cdot(x+1)^2=(x+1)^{\frac{5}{2}},$$

$$u'=(x+1)^{\frac{1}{2}},$$

两边积分，得

$$u=\frac{2}{3}(x+1)^{\frac{3}{2}}+C.$$

再把上式代入 $y=u(x)\cdot(x+1)^2$，即得所求方程的通解为

$$y=(x+1)^2\left[\frac{2}{3}(x+1)^{\frac{3}{2}}+C\right].$$

解法二 本方程是一阶线性非齐次微分方程，可用(3)式来求解，

$$P(x)=-\frac{2}{x+1},\quad Q(x)=(x+1)^{\frac{5}{2}}.$$

得

$$\begin{aligned}y&=\mathrm{e}^{-\int p(x)\mathrm{d}x}\left(\int Q(x)\mathrm{e}^{\int p(x)\mathrm{d}x}\mathrm{d}x+C\right)\\&=\mathrm{e}^{-\int-\frac{2}{x+1}\mathrm{d}x}\left(\int Q(x+1)^{\frac{5}{2}}\mathrm{e}^{\int-\frac{2}{x+1}\mathrm{d}x}\mathrm{d}x+C\right)\\&=\mathrm{e}^{\ln(x+1)^2}\left(\int(x+1)^{\frac{5}{2}}\mathrm{e}^{-\ln(x+1)^2}+C\right)\\&=(x+1)^2\left[\frac{2}{3}(x+1)^{\frac{3}{2}}+C\right].\end{aligned}$$

例 9 求方程 $2\frac{\mathrm{d}y}{\mathrm{d}x}=\frac{1}{3x+2y}$ 的通解.

解 本方程并不是一个一阶线性微分方程，经过适当的变形后，可变为一个以 x 为函数 y 为自变量的一阶线性微分方程.

原方程化为

$$\frac{\mathrm{d}x}{\mathrm{d}y}=2(3x+2y),$$

即
$$\frac{dx}{dy}-6x=4y,$$

$$P(y)=-6,\ Q(y)=4y,$$

代入(3)式,得

$$x=e^{-\int p(y)dy}\left(\int Q(y)e^{\int p(y)dy}dy+C\right)=e^{-\int -6dy}\left(\int 4ye^{\int -6dy}+C\right)$$
$$=e^{6y}\left(\int 4ye^{-6y}dy+C\right)=e^{6y}\left(-\frac{2}{3}ye^{-6y}-\frac{1}{9}e^{-6y}+C\right)$$
$$=-\frac{2}{3}y-\frac{1}{9}+Ce^{6y}.$$

四、伯努利方程

形如

$$\frac{dy}{dx}+P(x)y=Q(x)y^n\quad(n\neq 0,1)\tag{4}$$

的微分方程，称为伯努利方程. 这里 $P(x)$ 和 $Q(x)$ 为已知连续函数.

伯努利方程的解法:

以 y^n 同除方程(4)的两边,得

$$y^{-n}\frac{dy}{dx}+P(x)y^{1-n}=Q(x).$$

令 $z=y^{1-n}$，得一阶线性方程

$$\frac{dz}{dx}+(1-n)P(x)z=(1-n)Q(x).$$

因此,可用上节方法求解.

例 10 求方程 $\frac{dy}{dx}+\frac{y}{x}=a\cdot y^2\cdot\ln x$ 的通解.

解 以 y^2 除方程的两端,得

$$y^{-2}\frac{dy}{dx}+\frac{1}{x}y^{-1}=a\ln x,$$

即 $$-\frac{d(y^{-1})}{dx}+\frac{1}{x}y^{-1}=a\ln x,$$

令 $z=y^{-1}$，则上述方程成为

$$\frac{dz}{dx}-\frac{1}{x}z=-a\ln x.$$

这是一个关于 z 的一阶线性非齐次微分方程,它的通解为

$$z=x\left[C-\frac{a}{2}(\ln x)^2\right].$$

以 y^{-1} 代 z，得所求方程的通解为

$$yx\left[C-\frac{a}{2}(\ln x)^2\right]=1.$$

求解伯努利方程，我们是利用变量替换化为线性微分方程处理的. 类似经过变量代换，某些方程可以化为变量可分离的方程，或化为已知其求解方法的方程，就可利用已知方法求解.

例 11 解方程 $\frac{dy}{dx}=\frac{1}{x+y}$.

解 若把所给方程变形为

$$\frac{dx}{dy}=x+y,$$

即为一阶线性方程，则按一阶线性方程的解法可求得通解.

这里还可以用变量代换来解所给方程.

令 $x+y=u$，则原方程化为

$$\frac{du}{dx}-1=\frac{1}{u},$$

即

$$\frac{du}{dx}=\frac{u+1}{u}.$$

分离变量，得

$$\frac{u}{u+1}du=dx,$$

两端积分得

$$u-\ln|u+1|=x-\ln|C|.$$

以 $x+y=u$ 代入上式，得

$$y-\ln|x+y+1|=-\ln|C|，或 x=Ce^y-y-1.$$

习题 9-2

1. 求下列微分方程的通解：

(1) $xy'-y\ln y=0$；

(2) $x(y^2-1)dx+y(x^2-1)dy=0$；

(3) $\tan x\frac{dy}{dx}=1+y$；

(4) $x\,dy+dx=e^y dx$.

2. 求下列齐次方程的通解：

(1) $xy'-y-\sqrt{y^2-x^2}=0$；

(2) $x\frac{dy}{dx}=y\ln\frac{y}{x}$；

(3) $\left(x+y\cos\frac{y}{x}\right)dx-x\cos\frac{y}{x}dy=0$；

(4) $(1+2e^{\frac{x}{y}})dx+2e^{\frac{x}{y}}\left(1-\frac{x}{y}\right)dy=0$.

3. 求下列微分方程的解：

(1) $\frac{dy}{dx}+2xy=4x$；　(2) $\frac{dy}{dx}-\frac{1}{x}y=2x^2$；

(3) $(y^2-6x)y'+2y=0$；　(4) $y\,dx+(1+y)x\,dy=e^y dy$；

(5) $\frac{dy}{dx}=\frac{1}{x\cos y+\sin 2y}$；　(6) $y'+f'(x)y=f(x)f'(x)$.

4. 求下列微分方程满足初始条件的特解：

(1) $\frac{dy}{dx}+3y=8$，$y|_{x=0}=2$；　(2) $\frac{dy}{dx}-y\tan x=\sec x$，$y|_{x=0}=0$.

*5. 求下列伯努利方程的通解：

(1) $y'-3xy=xy^2$；　(2) $\frac{dy}{dx}+\frac{1}{3}y=\frac{1}{3}(1-2x)y^4$.

6. 设连续函数 $y(x)$ 满足方程 $y(x)=\int_0^x y(t)dt+e^x$，求 $y(x)$.

§3　可降阶的高阶微分方程

我们把二阶和二阶以上的微分方程统称为高阶微分方程. 此类方程没有一般的解法，但对某些特殊类型的高阶微分方程，可以通过适当的变量代换，降低其阶数，把高阶方程化为较低阶的方程来求解. 这种方法统称为降阶法. 本节将介绍三种容易降阶的高阶微分方程的求解方法.

一、$y^{(n)}(x)=f(x)$型的微分方程

微分方程

$$y^{(n)}(x)=f(x) \tag{1}$$

的右端是仅含有自变量 x 的连续函数 $f(x)$. 容易看出，只要把 $y^{(n-1)}$ 作为新的未知函数，那么(1)式就是新未知函数的一阶微分方程. 两边积分，就得到一个 $n-1$ 阶的微分方程

$$y^{(n-1)}=\int f(x)dx+C_1,$$

同理可得

$$y^{(n-2)}=\int\left[\int f(x)dx+C_1\right]dx+C_2,$$

以此类推，接连积分 n 次，便得方程(1)的含有 n 个任意独立常数的通解.

例 1　求微分方程 $y'''=e^{2x}+\cos x$ 的通解.

解　对所给方程接连积分三次，得

$$y''=\frac{1}{2}e^{2x}+\sin x+C,$$

$$y'=\frac{1}{4}e^{2x}-\cos x+Cx+C_2,$$

$$y=\frac{1}{8}e^{2x}-\sin x+C_1x^2+C_2x+C_3\quad\left(C_1=\frac{C}{2}\right),$$

因此,所给方程的通解为

$$y=\frac{1}{8}e^{2x}-\sin x+C_1x^2+C_2x+C_3.$$

例 2 求方程 $xy^{(4)}-y^{(3)}=0$ 的通解.

解 设 $y'''=P(x)$,代入题设方程,得

$$xP'-P=0(P\neq 0),$$

解线性方程,得 $P=C_1x$ (C_1 为任意常数),即 $y'''=C_1x$,

两端积分,得 $y''=\frac{1}{2}C_1x^2+C_2$, $y'=\frac{C_1}{6}x^3+C_2x+C_3$,

再积分,得到所求题设方程的通解为

$$y=\frac{C_1}{24}x^4+\frac{C_2}{2}x^2+C_3x+C_4,\text{其中 } C_i(i=1,2,3,4)\text{ 为任意常数.}$$

进一步通解可改写为

$$y=d_1x^4+d_2x^2+d_3x+d_4.\text{ 其中 } d_i(i=1,2,3,4)\text{ 为任意常数.}$$

二、$y''=f(x,y')$ 型的微分方程

微分方程

$$y''=f(x,y') \tag{2}$$

的右端不显含未知函数 y.

若令 $y'=p(x)$,则 $y''=p'=\frac{dp}{dx}$,方程(2)化为

$$\frac{dp}{dx}=f(x,p).$$

这是关于未知函数 p 的一阶微分方程.令方程 $\frac{dp}{dx}=f(x,p)$ 的通解为

$$p=\varphi(x,C_1),$$

则原方程的通解为

$$y=\int\varphi(x,C_1)dx+C_2.$$

例 3 求方程 $(1+x^2)\frac{d^2y}{dx^2}-2x\frac{dy}{dx}=0$ 的通解.

解 这是一个不显含未知函数 y 的方程.

令 $\frac{dy}{dx}=p(x)$,则 $\frac{d^2y}{dx^2}=\frac{dp}{dx}$,于是题设方程降阶为 $(1+x^2)\frac{dp}{dx}-2px=0$,即

$$\frac{\mathrm{d}p}{p}=\frac{2x}{1+x^2}\mathrm{d}x.$$

两边积分，得 $\ln|p|=\ln(1+x^2)+\ln|C_1|$，

即

$$p=C_1(1+x^2) \quad 或 \quad \frac{\mathrm{d}y}{\mathrm{d}x}=C_1(1+x^2).$$

再积分，得原方程的通解

$$y=C_1\left(x+\frac{x^3}{3}\right)+C_2.$$

例 4 求微分方程

$$(1+x^2)y''=2xy',\ y|_{x=0}=1,\ y'|_{x=0}=3$$

的特解.

解 这是一个不显含未知函数 y 的方程.

设 $y'=p$，代入方程并分离变量后，有 $\dfrac{\mathrm{d}p}{p}=\dfrac{2x}{1+x^2}\mathrm{d}x$.

两端积分，得 $\ln|p|=\ln(1+x^2)+C$，

即

$$p=y'=C_1(1+x^2) \quad (C_1=\pm e^C).$$

由条件 $y'|_{x=0}=3$，得 $C_1=3$，所以 $y'=3(1+x^2)$.

两端再积分，得

$$y=x^3+3x+C_2.$$

又由条件 $y|_{x=0}=1$，得 $C_2=1$，

于是所求的特解为

$$y=x^3+3x+1.$$

三、$y''=f(y,y')$型的微分方程

微分方程

$$y''=f(y,y') \tag{3}$$

右端不显含自变量 x.

若把 y 暂时看作自变量，并作变换 $y'=p(y)$，于是，由复合函数的求导法则，有

$$y''=\frac{\mathrm{d}p}{\mathrm{d}x}=\frac{\mathrm{d}p}{\mathrm{d}y}\cdot\frac{\mathrm{d}y}{\mathrm{d}x}=p\frac{\mathrm{d}p}{\mathrm{d}y}.$$

则原方程化为

$$p\frac{\mathrm{d}p}{\mathrm{d}y}=f(y,p).$$

这是一个关于变量 y，p 的一阶微分方程. 令其通解为

$$y'=p=\varphi(y, C_1),$$

这是可分离变量的方程,对其积分即得到方程(3)的通解

$$\int\frac{\mathrm{d}y}{\varphi(y, C_1)}=x+C_2.$$

例 5 求方程 $yy''-y'^2=0$ 的通解.

解 这是一个不显含自变量 x 的方程.

设 $y'=p(y)$，则 $y''=p\frac{\mathrm{d}p}{\mathrm{d}y}$，

代入原方程,得
$$y\cdot p\frac{\mathrm{d}p}{\mathrm{d}y}-p^2=0,$$

即
$$p\left(y\cdot\frac{\mathrm{d}p}{\mathrm{d}y}-p\right)=0.$$

由 $y\cdot\frac{\mathrm{d}p}{\mathrm{d}y}-p=0$，可得 $p=C_1y$，所以 $\frac{\mathrm{d}y}{\mathrm{d}x}=C_1y$，

所以原方程通解为

$$y=C_2\mathrm{e}^{C_1x}.$$

例 6 求微分方程 $yy''=2(y'^2-y')$ 满足初始条件 $y(0)=1$，$y'(0)=2$ 的特解.

解 这是一个不显含自变量 x 的方程.

令 $y'=p$，由 $y''=p\frac{\mathrm{d}p}{\mathrm{d}y}$，代入方程并化简,得

$$y\frac{\mathrm{d}p}{\mathrm{d}y}=2(p-1).$$

上式为可分离变量的一阶微分方程，解得 $p=y'=Cy^2+1$，

再分离变量,得 $\frac{\mathrm{d}y}{Cy^2+1}=\mathrm{d}x$，

由初始条件 $y(0)=1$，$y'(0)=2$，得 $C=1$，

从而得

$$\frac{\mathrm{d}y}{1+y^2}=\mathrm{d}x,$$

两边积分，得 $\arctan y=x+C_1$ 或 $y=\tan(x+C_1)$，

由 $y(0)=1$，得 $C_1=\arctan 1=\frac{\pi}{4}$，

从而所求特解为

$$y=\tan\left(x+\frac{\pi}{4}\right).$$

习题9-3

1. 求下列微分方程的通解：

(1) $y'''=x+\sin x$；　　(2) $y''=xe^x$；

(3) $y''=1+y'^2$；　　(4) $y''=y'+x$；

(5) $xy''+y'=0$；　　(6) $y^3y''-1=0$.

2. 求下列各微分方程满足所给初始条件的特解：

(1) $y^3y''+1=0, y|_{x=1}=1, y'|_{x=1}=0$；

(2) $y'''=e^{ax}, y|_{x=1}=y'|_{x=1}=y''|_{x=1}=0$；

(3) $y''=e^{2y}, y|_{x=0}=y'|_{x=0}=0$；

(4) $y''=3\sqrt{y}, y|_{x=0}=1, y'|_{x=0}=2$.

3. 求 $xy''=y'+x^2$ 经过点(1, 0)且在此点的切线与直线 $y=3x-3$ 垂直的曲线.

§4 二阶线性微分方程解的结构

在 n 阶微分方程 $F(x, y, y', \cdots, y^{(n)})=0$ 中,若未知函数 y 及其各阶导数 $y', y'', \cdots, y^{(n)}$ 都是一次的,则称此方程为 **n 阶线性微分方程**.其一般形式为

$$y^{(n)}+a_1(x)y^{(n-1)}+\cdots+a_n(x)y=f(x), \tag{1}$$

其中 $a_1(x), a_2(x), \cdots, a_n(x), f(x)$ 是区间 I 上的连续函数.若 $f(x)\equiv 0$,则称方程(1)为 **n 阶线性齐次微分方程**;否则,称方程(1)为 **n 阶线性非齐次微分方程**.

本节主要讨论二阶线性非齐次微分方程

$$y''+p(x)y'+q(x)y=f(x) \tag{2}$$

及二阶线性齐次微分方程

$$y''+p(x)y'+q(x)y=0 \tag{3}$$

的有关理论及解法,所得结论可以相应推广到 n 阶线性微分方程.

下面我们讨论二阶线性微分方程解的结构.

定理 4.1(解的叠加原理) 如果函数 $y_1(x), y_2(x)$ 是齐次方程(3)的两个解,则

$$y=C_1y_1(x)+C_2y_2(x)$$

也是方程(3)的解,其中 C_1, C_2 是任意常数.

注 尽管 $y=C_1y_1(x)+C_2y_2(x)$ 是方程(3)的解,又有两个任意常数,但它不一定是方程(3)的通解.

例如,$y_1=\sin 2x$, $y_2=3\sin x\cos x$ 都是方程 $y''+4y=0$ 的解,但

$$C_1y_1(x)+C_2y_2(x)=C_3\sin 2x,$$

其中 $C_3=C_1+\frac{3}{2}C_2$. 因此, $C_1y_1(x)+C_2y_2(x)$ 中实际只含有一个任意常数,它并不是方程 $y''+4y=0$ 的通解.

要判断 $y=C_1y_1(x)+C_2y_2(x)$ 在什么情况下是方程(3)的通解,需要引入线性相关与线性无关的概念.

定义 4.1 设 $y_1(x),\ y_2(x),\ \cdots,\ y_n(x)$ 是定义在区间 I 上的函数,如果存在不全为零的常数 $k_1,\ k_2,\ \cdots,\ k_n$,使得 $k_1y_1+k_2y_2+\cdots+k_ny_n\equiv 0$,则称 $y_1(x),\ y_2(x),\ \cdots,\ y_n(x)$ 在区间 I 上线性相关;否则,称 $y_1(x),\ y_2(x),\ \cdots,\ y_n(x)$ 在区间 I 上线性无关.

定理 4.2 设 $y_1(x),\ y_2(x)$ 是定义在区间 I 上的函数,则 $y_1(x),\ y_2(x)$ 线性无关的充要条件是 $\frac{y_1(x)}{y_2(x)}$ 不恒为常数.

例如,当 $x\in(-\infty,+\infty)$ 时, e^x, e^{2x} 线性无关; x, x^2 线性无关; x, $2x$ 线性相关.

有了函数线性无关的概念,我们就有如下关于二阶线性齐次微分方程的通解结构定理:

定理 4.3 设 $y_1(x),\ y_2(x)$ 是齐次方程(3)的两个线性无关的特解,则其通解为 $y=C_1y_1(x)+C_2y_2(x)$($C_1,\ C_2$ 为任意常数).

例如,方程 $y''+y=0$ 是二阶线性齐次微分方程. 容易验证, $y_1=\sin x$, $y_2=\cos x$ 都是所给方程的解,且 $\frac{y_2}{y_1}=\frac{\cos x}{\sin x}=\cot x\neq$ 常数,即它们是线性无关的. 因此,方程 $y''+y=0$ 的通解为 $y=C_1\sin x+C_2\cos x$.

定理 4.4 设 y^* 是方程(2)的一个特解,而 Y 是其对应的齐次方程(3)的通解,则

$$y=Y+y^*$$

是二阶线性非齐次微分方程(2)的通解.

例如,方程 $y''+y=x^2$ 是二阶线性非齐次微分方程. 已知 $Y=C_1\sin x+C_2\cos x$ 是对应齐次方程 $y''+y=0$ 的通解;容易验证 $y^*=x^2-2$ 是所给方程的一个特解. 因此,

$$y=C_1\sin x+C_2\cos x+x^2-2$$

是所给方程的通解.

定理 4.5 设 y_1^* 与 y_2^* 分别是方程

$$y''+p(x)y'+q(x)y=f_1(x)$$

与

$$y''+p(x)y'+q(x)y=f_2(x)$$

的特解,则 $y_1^*+y_2^*$ 是方程

$$y''+p(x)y'+q(x)y=f_1(x)+f_2(x)$$

的特解.

习题 9-4

1. 判断下列各组函数是否线性相关:

(1) x^2, x^3; (2) $\cos 3x$, $\sin 3x$;

(3) $\tan x$, $e^3 \cdot \sec x \cdot \sin x$; (4) e^{ax}, $e^{bx} (a \neq b)$.

2. 验证 $y_1 = \cos\omega x$, $y_2 = \sin\omega x$ 都是方程 $y'' + \omega^2 y = 0$ 的解,并写出该方程的通解.

3. 验证 $y_1 = e^{x^2}$, $y_2 = x e^{x^2}$ 都是方程 $y'' - 4xy' + (4x^2 - 2)y = 0$ 的解,并写出该方程的通解.

4. 已知 $y_1 = 3$, $y_2 = 3 + x^2$, $y_3 = 3 + x^2 + e^x$ 都是微分方程

$$(x^2 - 2x)y'' - (x^2 - 2)y' + (2x - 2)y = 6x - 6$$

的解,求此方程的通解.

5. 验证 $y = C_1 e^{C_2 - 3x} - 1$ 是 $y'' - 9y = 9$ 的解. 说明它不是通解,其中 C_1, C_2 是两个任意常数.

§5 二阶常系数线性微分方程

一、二阶线性常系数齐次微分方程

由定理 4.3 知道,要求二阶线性齐次微分方程 $y'' + p(x)y' + q(x)y = 0$ 的通解,只需求出它的两个线性无关的特解 y_1, y_2. 一般来说,没有普遍适用的方法能求出 y_1, y_2,但对于线性常系数齐次微分方程,却能比较方便地求出它的两个线性无关的特解.

形如

$$y'' + py' + qy = 0 \tag{1}$$

的方程称为二阶线性常系数齐次微分方程,其中 p, q 为常数. 方程(1)把二阶线性齐次方程 $y'' + p(x)y' + q(x)y = 0$ 中 y', y 的系数 $p(x)$, $q(x)$ 看作常数 p, q 的特殊情形.

先来分析方程(1)可能具有什么形式的特解,从方程的形式上看,它的特点是 y'', y' 与 y 各乘以常数因子后相加等于零,如果能找到一个函数 y,使得 y'', y' 与 y 之间只相差一个常数,这样的函数就有可能是方程(1)的特解. 易知在初等函数中,函数 e^{rx} 符合上述要求,于是,令 $y = e^{rx}$ 来尝试求解,其中 r 为待定常数.

将 $y = e^{rx}$, $y' = re^{rx}$, $y'' = r^2 e^{rx}$ 代入方程(1),得

$$e^{rx}(r^2 + pr + q) = 0,$$

即

$$r^2 + pr + q = 0. \tag{2}$$

由此可见,如果 r 是方程(2)的根,则 $y = e^{rx}$ 就是方程(1)的特解. 这样,齐次方程(1)的求解问题就转化为代数方程(2)的求根问题.

方程(2)称为微分方程(1)的特征方程,并称特征方程的两个根 r_1, r_2 为特征根. 根据初等代数的知识,特征根有三种可能的情况. 下面分别讨论:

1. 特征方程有两个不相等的实根

特征根为 $r_{1,2} = \dfrac{-p \pm \sqrt{p^2 - 4q}}{2}$ $(p^2 - 4q > 0)$,方程(1)的两个特解为 $y_1 = e^{r_1 x}$,

$y_2 = e^{r_2 x}$，且线性无关，从而方程(1)的通解为

$$y = C_1 e^{r_1 x} + C_2 e^{r_2 x}.$$

2. 特征方程有两个相等的实根

特征根为 $r_{1,2} = -\frac{p}{2}$ $(p^2 - 4q = 0)$，这样只能得到方程(1)的一个特解 $y_1 = e^{r_1 x}$. 因此，我们还要设法找出另一个特解，并使 y_2 与 y_1 线性无关，即 $\frac{y_2}{y_1} \neq$ 常数. 为此设

$$\frac{y_2}{e^{r_1 x}} = u \quad \text{即} \quad y_2 = u e^{r_1 x},$$

其中 $u = u(x)$ 为待定函数. 将 $y_2 = u e^{r_1 x}$，$y_2' = e^{r_1 x}(u' + r_1 u)$，$y_2'' = e^{r_1 x}(u'' + 2r_1 u' + r_1^2 u)$ 代入方程(1)，得

$$e^{r_1 x}[u'' + (2r_1 + p)u' + (r_1^2 + pr_1 + q)] = 0,$$

因为 $e^{r_1 x} \neq 0$，$2r_1 + p = 0$，$r_1^2 + pr_1 + q = 0$，所以

$$u'' = 0,$$

积分，得　$u = C_1 x + C_2$.

为简便起见，取 $u = x$，得 $y_2 = x e^{r_1 x}$，从而方程(1)通解为

$$y = (C_1 + C_2 x) e^{r_1 x}.$$

3. 特征方程有一对共轭复根

特征根为 $r_{1,2} = \frac{-p \pm \sqrt{4q - p^2}\, i}{2} = \alpha \pm \beta i$ $(p^2 - 4q < 0)$，方程(1)的两个复数形式的特解为 $y_1 = e^{r_1 x}$，$y_2 = e^{r_2 x}$. 应用欧拉公式 $e^{i\theta} = \cos\theta + i\sin\theta$，得

$$y_1 = e^{\alpha x}(\cos\beta x + i\sin\beta x), \quad y_2 = e^{\alpha x}(\cos\beta x - i\sin\beta x).$$

令

$$\bar{y}_1 = \frac{1}{2}(y_1 + y_2) = e^{\alpha x}\cos\beta x, \quad \bar{y}_2 = \frac{1}{2i}(y_1 - y_2) = e^{\alpha x}\sin\beta x,$$

根据定理 4.3，$\bar{y}_1$，$\bar{y}_2$ 也是方程(1)的特解，且线性无关，故方程(1)的通解为

$$y = e^{\alpha x}(C_1 \cos\beta x + C_2 \sin\beta x).$$

综上所述，要求二阶常系数线性齐次微分方程(1)的通解，只需先求出其特征方程(2)的根，再根据根的情况便可确定其通解. 现列表总结如下：

特征方程 $r^2+pr+q=0$ 的根	微分方程 $y''+py'+qy=0$ 的通解
有两个不相等的实根：r_1，r_2	$y=C_1e^{r_1x}+C_2e^{r_2x}$
有两个相等的实根：$r_1=r_2$	$y=(C_1+C_2x)e^{r_1x}$
有一对共轭复根：$r_{1,2}=\alpha\pm i\beta$	$y=(C_1\cos\beta x+C_2\sin\beta x)e^{\alpha x}$

例 1　求微分方程 $y''+2y'-3y=0$ 的通解.

解　原方程的特征方程为

$$r^2+2r-3=0,$$

解得特征根为 $r_1=-3$，$r_2=1$. 所以，原方程的通解为

$$y=C_1e^{-3x}+C_2e^x.$$

例 2　求微分方程 $y''+4y'+4y=0$ 的通解.

解　原方程的特征方程为

$$r^2+4r+4=0,$$

解得特征根为 $r_1=r_2=-2$. 所以,原方程的通解为

$$y=(C_1+C_2x)e^{-2x}.$$

例 3　求微分方程 $y''+2y'+5y=0$ 的通解.

解　原方程的特征方程为

$$r^2+2r+5=0,$$

解得特征根为 $r_{1,2}=-1\pm 2i$. 所以，原方程的通解为

$$y=(C_1\cos 2x+C_2\sin 2x)e^{-x}.$$

二、二阶线性常系数非齐次微分方程

二阶线性常系数非齐次微分方程的一般形式为

$$y''+py'+qy=f(x), \tag{3}$$

其中 p，q 为常数，$f(x)\neq 0$.

由线性非齐次方程通解结构的定理 4.4 可知,方程(3)的通解等于对应的齐次方程(1)的通解与非齐次方程本身的一个特解之和. 上一节讨论了齐次方程(1)通解的求法，现在只需讨论如何求出非齐次方程(3)的一个特解 y^*.

本节只介绍当方程(3)中的 $f(x)$ 取两种常见形式时求 y^* 的方法. 这种方法的特点是不用积分就可求出 y^* 来,该方法叫作**待定系数法**. $f(x)$ 的两种形式是：

(1) $f(x)=e^{\lambda x}P_m(x)$，其中 λ 为常数，$P_m(x)$ 是关于 x 的一个 m 次多项式：

$$P_m(x)=a_mx^m+a_{m-1}x^{m-1}+\cdots+a_1x+a_0;$$

(2) $f(x)=e^{\lambda x}[P_l(x)\cos\omega x+P_n(x)\sin\omega x]$，其中 λ，ω 为常数，$P_l(x)$，$P_n(x)$ 分别是关于 x 的 l 次、n 次多项式.

下面分别介绍 $f(x)$ 为上述两种形式时 y^* 的求法.

1. $f(x)=e^{\lambda x}P_m(x)$ 型的解法

由于方程(3)的右端 $f(x)$ 是多项式 $P_m(x)$ 与指数函数 $e^{\lambda x}$ 的乘积，而多项式与指数函数乘积的导数仍然是多项式与指数函数的乘积，因此，我们推测方程(3)的特解可能为 $y^*=Q(x)e^{\lambda x}$（其中 $Q(x)$ 是某个多项式）. 把 y^* 及其导数代入方程(3)，然后考虑能否选取适当的多项式 $Q(x)$，使 $y^*=Q(x)e^{\lambda x}$ 满足方程(3). 为此，将

$$y^*=Q(x)e^{\lambda x},$$
$$y^{*\prime}=[\lambda Q(x)+Q'(x)]e^{\lambda x},$$
$$y^{*\prime\prime}=[\lambda^2Q(x)+2\lambda Q'(x)+Q''(x)]e^{\lambda x}$$

代入方程(3)并消去 $e^{\lambda x}$，得

$$Q''(x)+(2\lambda+p)Q'(x)+(\lambda^2+p\lambda+q)Q(x)=P_m(x). \tag{4}$$

以下分三种不同的情形，分别讨论函数 $Q(x)$ 的确定方法：

(1) 若 λ 不是对应齐次方程式(1)的特征方程 $r^2+pr+q=0$ 的根，即 $\lambda^2+p\lambda+q\neq 0$，要使式(4)的两端恒等，可令 $Q(x)$ 为另一个 m 次多项式 $Q_m(x)$：

$$Q_m(x)=b_0+b_1x+b_2x^2+\cdots+b_mx^m,$$

代入(4)式，并比较两端关于 x 同次幂的系数，就得到关于未知数 b_0，b_1，…，b_m 的 $m+1$ 个方程. 联立解方程组可以确定出 $b_i(i=0,1,\cdots,m)$，从而得到所求方程的特解为

$$y^*=Q_m(x)e^{\lambda x}.$$

(2) 若 λ 是对应齐次方程式(1)的特征方程 $r^2+pr+q=0$ 的单根，即 $\lambda^2+p\lambda+q=0$，$2\lambda+p\neq 0$，要使式(4)成立，则 $Q'(x)$ 必须是 m 次多项式函数，于是令

$$Q(x)=xQ_m(x),$$

并用同样的方法确定 $Q_m(x)$ 的系数 $b_i(i=0,1,\cdots,m)$.

(3) 若 λ 是对应齐次方程式(1)的特征方程 $r^2+pr+q=0$ 的重根，即 $\lambda^2+p\lambda+q=0$，$2\lambda+p=0$. 要使(4)式成立，则 $Q''(x)$ 必须是一个 m 次多项式，可令

$$Q(x)=x^2Q_m(x).$$

用同样的方法确定 $Q_m(x)$ 的系数.

综上所述，若方程式(3)中的 $f(x)=P_m(x)e^{\lambda x}$，则它的特解为

$$y^*=x^kQ_m(x)e^{\lambda x},$$

其中，$Q_m(x)$ 是与 $P_m(x)$ 同次的多项式，k 按 λ 不是特征方程的根，是特征方程的单根或是特征方程的重根依次取 0，1 或 2.

例 4 求方程 $y''+2y'=3e^{-2x}$ 的一个特解.

解 $f(x)$ 是 $p_m(x)e^{\lambda x}$ 型，且 $P_m(x)=3$，$\lambda=-2$.

对应齐次方程的特征方程为

$$r^2+2r=0,$$

特征根为　$r_1=0,\ r_2=-2.$

$\lambda=-2$ 是特征方程的单根.

令 $y^*=xb_0\mathrm{e}^{-2x}$，代入原方程解得 $b_0=-\dfrac{3}{2}$，故所求特解为

$$y^*=-\frac{3}{2}x\mathrm{e}^{-2x}.$$

例 5　求方程 $y''-2y'+y=(x-1)\mathrm{e}^x$ 的通解.

解　先求对应齐次方程 $y''-2y'+y=0$ 的通解.

特征方程为　$r^2-2r+1=0,$

解得特征根　$r_1=r_2=1,$

对应齐次方程的通解为　$Y=(C_1+C_2x)\mathrm{e}^x.$

再求所给方程的特解

$$\lambda=1,\quad P_m(x)=x-1,$$

由于 $\lambda=1$ 是特征方程的二重根，所以令

$$y^*=x^2(ax+b)\mathrm{e}^x,$$

把它代入所给方程，并约去 e^x，得

$$6ax+2b=x-1,$$

比较系数，得

$$a=\frac{1}{6},\ b=-\frac{1}{2},$$

于是　$$y^*=x^2\left(\frac{x}{6}-\frac{1}{2}\right)\mathrm{e}^x,$$

所给方程的通解为　$y=Y+y^*=\left(C_1+C_2x-\dfrac{1}{2}x^2+\dfrac{1}{6}x^3\right)\mathrm{e}^x.$

2. $f(x)=\mathrm{e}^{\lambda x}[P_l(x)\cos\omega x+P_n(x)\sin\omega x]$ 型的解法

对于这种形式的特解，我们不准备做深入讨论，仅给出结论，并通过例子加以说明.

如果 $f(x)=\mathrm{e}^{\lambda x}[P_l(x)\cos\omega x+P_n(x)\sin\omega x]$，则方程(3)的特解可设为

$$y^*=x^k\mathrm{e}^{\lambda x}[R_m^{(1)}(x)\cos\omega x+R_m^{(2)}(x)\sin\omega x],$$

其中 $R_m^{(1)}(x)$，$R_m^{(2)}(x)$ 是 m 次多项式，$m=\max\{l,n\}$，而 k 按 $\lambda+i\omega$（或 $\lambda-i\omega$）不是特征方程的根或是特征方程的单根依次取 0、1.

例 6　求方程 $y''-2y'-3y=4\sin x$ 的一个特解.

解　先求对应齐次方程 $y''-2y'-3y=0$ 的通解.

特征方程为　$r^2-2r-3=0,$

解得特征根　$r_1=-1,\ r_2=3,$

又 $\omega=1$，故 $\pm\omega i=\pm i$ 不是特征方程为 $r^2+2r-3=0$ 的根，$k=0$.
因此原方程的特解形式为

$$y^*=a\cos x+b\sin x,$$

于是

$$y^{*\prime}=-a\sin x+b\cos x,$$
$$y^{*\prime\prime}=-a\cos x-b\sin x.$$

将 y^*，$y^{*\prime}$，$y^{*\prime\prime}$ 代入原方程，得

$$\begin{cases}-4a+2b=0\\-2a-4b=4\end{cases},$$

解得

$$a=-\frac{2}{5},\ b=-\frac{4}{5},$$

原方程的特解为：

$$y^*=-\frac{2}{5}\cos x-\frac{4}{5}\sin x.$$

例 7 求方程 $y''-2y'-3y=e^x+\sin x$ 的通解.

解 先求对应的齐次方程的通解.
对应的齐次方程的特征方程为 $r^2-2r-3=0$，
解得，特征根 $r_1=-1$，$r_2=3$.
所以对应齐次方程的通解为

$$Y=C_1e^{-x}+C_2e^{3x}.$$

再求非齐次方程的一个特解 y^*.

由于 $f(x)=e^x+\sin x$，根据定理 4.5，分别求出方程对应的右端项为 $f_1(x)=e^x$，$f_2(x)=\sin x$ 的特解 y_1^*、y_2^*，则 $y^*=y_1^*+y_2^*$ 是原方程的一个特解.

由于 $\lambda=1$，$\pm\omega i=\pm i$ 均不是特征方程的根，故特解为

$$y^*=y_1^*+y_2^*=ae^x+(b\cos x+c\sin x).$$

代入原方程，得

$$-4ae^x-(4b+2c)\cos x+(2b-4c)\sin x=e^x\sin x.$$

比较系数，得

$$-4a=1,\quad 4b+2c=0,\quad 2b-4c=1,$$

解得

$$a=-\frac{1}{4},\quad b=\frac{1}{10},\quad c=-\frac{1}{5}.$$

于是所给方程的一个特解为

$$y^*=-\frac{1}{4}e^x+\frac{1}{10}\cos x-\frac{1}{5}\sin x.$$

所以所求方程的通解为

$$y=Y+y^*=C_1e^{-x}+C_2e^{3x}-\frac{1}{4}e^x+\frac{1}{10}\cos x-\frac{1}{5}\sin x.$$

习题9-5

1. 求下列微分方程的通解：

(1) $y''+5y'+6y=0$；　(2) $16y''-24y'+9y=0$；

(3) $y''+7y'+12y=0$；　(4) $y''-12y'+36y=0$；

(5) $y''+y'+y=0$；　(6) $y''+\mu y'=0$.

2. 求下列微分方程满足所给初值条件的特解：

(1) $4y''+4y'+y=0$，$y|_{x=0}=2$，$y'|_{x=0}=0$；

(3) $y''+4y'+29y=0$，$y|_{x=0}=0$，$y'|_{x=0}=15$.

3. 验证：

(1) $y=C_1e^x+C_2e^{2x}+\frac{1}{12}e^{5x}$ (C_1，C_2 是任意常数) 是方程 $y''-3y'+2y=e^{5x}$ 的通解；

(2) $y=C_1\cos 3x+C_2\sin 3x+\frac{1}{32}(4x\cos x+\sin x)$ (C_1，C_2 是任意常数) 是方程 $y''+9y=x\cos x$ 的通解.

4. 求下列微分方程的通解：

(1) $y''+y'+2y=x^2-3$；　(2) $y''+y'=2x^2e^x$；

(3) $y''-6y'+9y=e^x\cos x$；　(4) $y''+y'=e^x+\cos x$.

5. 设二阶常系数线性微分方程 $y''+\alpha y'+\beta y=\gamma e^x$ 的一个特解为

$$y=e^{2x}+(1+x)e^x,$$

试确定 α，β，γ，并求该方程的通解.

习 题 九

1. 填空题：

(1) $xy'''+2x^2y'^2+x^3y=x^4+1$ 是________阶微分方程.

(2) 一阶线性微分方程 $y'+P(x)y=Q(x)$ 的通解为________.

(3) 与积分方程 $y=\int_{x_0}^{x}f(x,y)\mathrm{d}x$ 等价的微分方程初值问题是____________.

(4) 已知 $y=1$，$y=x$，$y=x^2$ 是某二阶非齐次线性微分方程的三个解，则该方程的通解为____________.

(5) 以 $y=C_1e^{2x}+C_2e^{3x}$ (C_1，C_2 为任意常数) 为通解的微分方程为________.

2. 求下列微分方程的通解：

(1) $(xy^2+x)\mathrm{d}x+(y-x^2y)\mathrm{d}y=0$；　(2) $(e^{x+y}-e^x)\mathrm{d}x+(e^{x+y}+e^y)\mathrm{d}y=0$；

(3) $\frac{\mathrm{d}y}{\mathrm{d}x}=-\frac{4x+3y}{x+y}$；　(4) $(1+2e^{\frac{x}{y}})\mathrm{d}x+2e^{\frac{x}{y}}\left(1-\frac{x}{y}\right)\mathrm{d}y=0$；

(5) $y'=\frac{y}{2x}+\frac{1}{2y}\tan\frac{y^2}{x}$；　　(6) $\frac{\mathrm{d}y}{\mathrm{d}x}=\frac{1}{x^2+y^2+2xy}$.

3. 求下列初值问题：

(1) $\cos y\mathrm{d}x+(1+\mathrm{e}^{-x})\sin y\mathrm{d}y=0$，$y|_{x=0}=\frac{\pi}{4}$.

(2) $(x^2+2xy-y^2)\mathrm{d}x+(y^2+2xy-x^2)\mathrm{d}y=0$，$y|_{x=1}=1$.

4. 已知函数 $y(x)$ 满足微分方程 $xy'=y\ln\frac{y}{x}$，且在 $x=1$ 时，$y=\mathrm{e}^2$，则当 $x=-1$ 时，$y=$(　　).

A. -1；　　B. 0；　　C. 1；　　D. e^{-1}.

5. 求方程 $y'=2\left(\frac{y+2}{x+y-1}\right)^2$ 的通解.

6. 求方程 $2x^4y\frac{\mathrm{d}y}{\mathrm{d}x}+y^4=4x^6$ 的通解.

7. 若曲线 $y=f(x)$ $(f(x)\geqslant 0)$ 以 $[0, x]$ 为底围成曲边梯形，其面积与纵坐标 y 的 4 次幂成正比，已知 $f(0)=0$，$f(1)=1$，求此曲线方程.

8. 设某商品的需求量 D 和供给量 s 各自对价格 p 的函数为 $D(p)=\frac{a}{p^2}$，$s(p)=bp$，且 p 是时间 t 的函数并满足方程 $\frac{\mathrm{d}p}{\mathrm{d}t}=k[D(p)-s(p)]$ (a，b，k 为正常数)，求：

(1) 在需求量与供给量相等时的均衡价格 p_e；

(2) 当 $t=0$，$p=1$ 时的价格函数 $p(t)$；

(3) $\lim\limits_{t\to\infty}p(t)$.

9. 求下列微分方程的通解：

(1) $xy'\ln x+y=ax(\ln x+1)$；　　(2) $x\mathrm{d}y-[y+xy^3(1+\ln x)]\mathrm{d}x=0$；

(3) $(1+x)y'-ny=(x+1)^{n+1}x\sin(x^2)$；　　(4) $\frac{\mathrm{d}y}{\mathrm{d}x}=\frac{x}{2(\ln y-x)}$；

(5) $xy'+2y=3x^3y^{4/3}$.

10. 求下列微分方程满足初始条件的特解：

(1) $\frac{\mathrm{d}y}{\mathrm{d}x}+y\cot x=5\mathrm{e}^{\cos x}$，$y|_{x=\frac{\pi}{2}}=-4$；

(2) $xy'+(1-x)y=\mathrm{e}^{2x}$ $(0<x<+\infty)$，$\lim\limits_{t\to 0^+}y(x)=1$.

11. 已知一曲线通过点 $(e, 1)$，且在曲线上任一点 (x, y) 处的法线的斜率等于 $\frac{-x\ln x}{x+y\ln x}$，求该曲线的方程.

12. 求下列微分方程的通解：

(1) $y''=1+y'^2$；　　(2) $y''=\frac{1}{\sqrt{y}}$；

(3) $y''=\dfrac{1+y'^2}{2y}$；　　(4) $x^2y''=(y')^2+2xy'$.

13. 求下列微分方程满足所给初始条件的特解：

(1) $y''-3y'-4y=0$，$y|_{x=0}=0$，$y'|_{x=0}=-5$；

(2) $y''-4y'+13y=0$，$y|_{x=0}=0$，$y'|_{x=0}=3$.

14. 求下列微分方程的通解：

(1) $2y''+5y'=5x^2-2x-1$；　　(2) $y''+3y'+2y=3x\mathrm{e}^{-x}$；

(3) $y''-2y'+5y=\mathrm{e}^x\sin 2x$；　　(4) $y''-y=\sin^2 x$；

(5) $y''+4y=\dfrac{1}{2}(x+\cos 2x)$.

15. 求微分方程 $y''-2y'+y=x\mathrm{e}^x-\mathrm{e}^x$ 满足初始条件 $y(1)=y'(1)=1$ 的特解.

16. 求以 $(x+C)^2+y^2=1$（C 为任意常数）为通解的微分方程.

17. 设方程 $y''+p(x)y'+q(x)y=f(x)$ 的三个解为

$$y_1=x,\ y_2=\mathrm{e}^x,\ y_3=\mathrm{e}^{2x},$$

求此方程满足初始条件 $y(0)=1$，$y'(0)=3$ 的解.

18. 设 $x>-1$ 时，可微函数 $f(x)$ 满足条件

$$f'(x)+f(x)-\frac{1}{x+1}\int_0^x f(x)\mathrm{d}x=0,$$

且 $f(0)=1$，试证当 $x\geqslant 0$ 时，有 $\mathrm{e}^{-x}\leqslant f(x)\leqslant 1$.

19. 设 $f(x)$ 可微，对任意实数 a，b 满足 $f(a+b)=\mathrm{e}^a f(b)+\mathrm{e}^b f(a)$，又 $f'(0)=\mathrm{e}$，试求 $f(x)$.

20. 设可导函数 $\varphi(x)$ 满足

$$\varphi(x)\cos x+2\int_0^x \varphi(t)\sin t\,\mathrm{d}t=x+1,$$

21. 设光滑曲线 $y=\varphi(x)$ 过原点，且当 $x>0$ 时 $\varphi(x)>0$，对应于 $[0,x]$ 一段曲线的弧长为 e^x-1，求 $\varphi(x)$.

部分习题答案

第一章　函数、极限与连续

习题 1-1

1. (1) $\left[\frac{a}{3}, +\infty\right)$;　(2) $(-\infty, -1) \cup (-1, 1) \cup (1, +\infty)$;

(3) $[-1, 0) \cup (0, 1]$;　(4) $(-2, 2)$;

(5) $[0, +\infty)$;　(6) $R \backslash \left\{\left(k+\frac{1}{2}\right)\pi - 2 \mid k \in Z\right\}$;

(7) $[2, 4]$;　(8) $(-\infty, 0) \cup (0, 3]$;

(9) $(-1, +\infty)$;　(10) $(-\infty, 0) \cup (0, +\infty)$.

2. (1) $[-1, 1]$;　(2) $\bigcup\limits_{n \in Z} [2n\pi, (2n+1)\pi]$.

(3) $[-a, 1-a]$;

(4) 若 $a \in \left(0, \frac{1}{2}\right]$，则 $D=[a, 1-a]$；若 $a > \frac{1}{2}$，则 $D=\varnothing$.

3. (1) $y=\sqrt{u}$, $u=\ln v$, $v=1+x^2$;

(2) $y=2^u$, $u=v^2$, $v=\sin\omega$, $\omega=\frac{1}{x}$;

(3) $y=\sin u$, $u=\lg v$, $v=x^2+1$.

4. $f[g(x)]=\begin{cases} 1, & x<0 \\ 0, & x=0 \\ -1, & x>0 \end{cases}$, $g[f(x)]=\begin{cases} e, & |x|<1 \\ 1, & |x|=1 \\ e^{-1}, & |x|>1 \end{cases}$.

5. (1) $f(x)=-2x+\frac{1}{1-x}$, $x \in (0, \sin^2 1)$;

(2) $f(x)=\frac{c}{a^2-b^2}\left(\frac{a}{x}-bx\right)$.

6. (1) $f(2)=2a$; $f(5)=5a$;　(2) $a=0$.

7. $f[f(x)]=\frac{(1-x^2)^2}{x^2(x^2-2)}$, $f\left[\frac{1}{f(x)}\right]=\frac{1}{x^2(2-x^2)}$.

8. $f[\varphi(x)]=\begin{cases} 0, & x<0 \\ x^2, & x \geqslant 0 \end{cases}$.

9. $f[f(x)]=f(x)$, $g[g(x)]=0$, $f[g(x)]=0$, $g[f(x)]=g(x)$.

10. 略

习题 1-2

1. (1) 0;　(2) 0;　(3) 不存在;　(4) 不存在;　(5) 1;
   (6) 不存在;　(7) 1;　(8) 不存在.
2. 只有(4)正确,其余都不正确.
3. (1) 对;　(2) 不对;　(3) 对;　(4) 不对.

4—5. 略.

习题 1-3

1. (1) 0;　(2) -1;　(3) 不存在,因为 $f(0^+) \neq f(0^-)$.
2. (1) 错;　(2) 对;　(3) 错;　(4) 错;　(5) 对;
   (6) 对.

3—4. 略.

5. $f(3^-)=3$, $f(3^+)=8$.

习题 1-4

1. 略.
2. (1) 0;　(2) 0.
3. $y=x\cos x$ 在 $(-\infty, +\infty)$ 上无界,但当 $x\to\infty$ 时,此函数不是无穷大.
4. 水平渐近线 $y=0$,铅直渐近线 $x=-\sqrt{2}$, $x=\sqrt{2}$.

习题 1-5

1. (1) $a=0$, $b=6$;　(2) $a=1$, $b=-1$;　(3) $a=2$, $b=-2$.
2. (1) $\frac{3}{4}$;　(2) $\frac{1}{5}$;　(3) $\frac{4}{3}$;　(4) 1;　(5) 1;
   (6) $\frac{1}{2}$.
3. (1) 0;　(2) $\frac{1}{2}$;　(3) $2x$;　(4) 2;　(5) $\frac{1}{2}$;
   (6) 0;　(7) $-\frac{\sqrt{2}}{4}$;　(8) -1;　(9) $\frac{m}{n}$;　(10) $\frac{2}{3}$;
   (11) 6;　(12) $\frac{1}{2}$.
4. (1) 对,因为,假若 $\lim\limits_{x\to x_0}[f(x)+g(x)]$ 存在,
   则 $\lim\limits_{x\to x_0} g(x)=\lim\limits_{x\to\infty}[f(x)+g(x)]-\lim\limits_{x\to\infty} f(x)$ 也存在,与已知条件矛盾.
   (2) 错,例如 $f(x)=\mathrm{sgn}x$, $f(x)=-\mathrm{sgn}x$ 当 $x\to 0$ 时的极限都不存在,
   但 $f(x)+g(x)\equiv 0$ 当 $x\to 0$ 时的极限存在.

(3) 错,例如 $f(x)=x$, $\lim\limits_{x\to 0}f(x)=0$, $g(x)=\sin\dfrac{1}{x}$, $\lim\limits_{x\to 0}g(x)$ 不存在,

但 $\lim\limits_{x\to 0}[f(x)\cdot g(x)]=\lim\limits_{x\to 0}\left(x\sin\dfrac{1}{x}\right)=0$.

习题 1-6

1. (1) $\dfrac{2}{5}$;　(2) $\dfrac{1}{2}$;　(3) 2;　(4) x;　(5) 0;

   (6) $\dfrac{1}{2}$;　(7) $\cos a$;　(8) $\dfrac{\sqrt{3}}{3}$;　(9) $\dfrac{2}{\pi}$.

2. (1) e^{-1};　(2) e^{-1};　(3) e^{-2};　(4) 1;　(5) 1;

   (6) e^{3};　(7) $\dfrac{2}{3}$;　(8) 2.

3. 略.

习题 1-7

1. (1) 等价无穷小; (2) 同阶无穷小; (3) 高阶无穷小; (4) 高阶无穷小;
   (5) 等价无穷小; (6) 同阶无穷小.

2. 略.

3. (1) 1;　(2) 2;　(3) $-\dfrac{2}{5}$;　(4) $\dfrac{1}{2}$;　(5) $\dfrac{1}{2}$;

   (6) $\dfrac{m^2}{2}$.

习题 1-8

1. (1) $x=-1$ 间断点; (2) 无间断点.

2. (1) $a=1$;　(2) $a=2$, $b=-\dfrac{3}{2}$.

3. (1) $x=1$ 为可去间断点, $x=2$ 为第二类间断点;
   (2) $x=1$ 为第一类间断点.

4. (1) $f(x)=\begin{cases} x, & x<0, \\ x^2, & x>0, \end{cases}$ $x=0$ 为第一类可去间断点.

   (2) $f(x)=\begin{cases} x, & |x|<1, \\ 0, & |x|=1, \\ -x, & |x|>1. \end{cases}$ $x=1$ 和 $x=-1$ 为第一类间断点.

5. (1) 1;　(2) 0;　(3) $\sqrt{e}$;　(4) e^{3};　(5) $e^{\frac{-3}{2}}$;

   (6) $\dfrac{1}{2}$.

6. (1) 错,例如 $\varphi(x)=\operatorname{sgn}x$, $f(x)=e^x$, $\varphi[f(x)]\equiv 1$ 在 R 上处处连续;

(2) 错,例如 $\varphi(x)=\begin{cases}1, & x\in Q,\\ -1, & x\in Q^c,\end{cases}$ $[\varphi(x)]^2\equiv 1$ 在 R 上处处连续;

(3) 对,例如 $\varphi(x)$ 同(2), $f(x)=|x|+1$, $f[\varphi(x)]\equiv 2$ 在 R 上处处连续;

(4) 对,因为,若 $F(x)=\dfrac{\varphi(x)}{f(x)}$ 在 R 上连续,则 $\varphi(x)=F(x)f(x)$ 也在 R 上连续,与已知条件矛盾.

7—9. 略.

10. 提示: $m\leqslant\dfrac{f(x_1)+f(x_2)+\cdots+f(x_n)}{n}\leqslant M$,其中 m、M 分别为 $f(x)$ 在 $[x_1, x_n]$ 上的最小值及最大值.

习题一

1. (1) 必要,充分; (2) 必要,充分; (3) 必要,充分; (4) 充分必要.

2. (1) $-\dfrac{2}{5}$; (2) $\dfrac{1}{2}$; (3) 1; (4) 0; (5) 0;

(6) $\dfrac{1}{2}$; (7) e^{-1}; (8) 4; (9) e^{-1}; (10) $\dfrac{1}{4}$.

3. (1) $a=b=1$; (2) $a=1$, $b=-\dfrac{1}{2}$; (3) $a=6$, $b=-7$.

4. (1) ∞; (2) $\dfrac{1}{2}$; (3) e^2; (4) $\dfrac{1}{2}$; (5) $\sqrt[3]{abc}$;

(6) 1.

5. (1) $x=0$ 是可去间断点,补充 $f(0)=\dfrac{1}{2}$;

(2) $x=0$ 是无穷间断点, $x=1$ 是可去间断点,补充 $f(1)=\dfrac{-\pi}{2}$;

(3) $x=0$ 是可去间断点,补充 $f(0)=\dfrac{2}{3}$, $x=k\pi(k=\pm1, \pm2, \cdots)$ 是无穷间断点;

(4) $x=0$ 是可去间断点,补充 $f(0)=0$;

(5) $x=0$ 是第一类跳跃间断点;

(6) $x=1$ 是第一类跳跃间断点;

(7) $x=0$ 是第一类跳跃间断点;

(8) $x=1$ 是第二类间断点, $x=0$ 是第一类间断点.

6. (1) $a=0$; (2) $a=1$.

7. (1) $x=0$ 是第二类无穷间断点; (2) $x=1$ 是第一类跳跃间断点.

8—9. 略.

第二章 导数与微分

习题 2-1

1. (1) B; (2) A.

2. 全部正确.

3. (1) $-\dfrac{1}{2}f'(x_0)$; (2) $3f'(x_0)$; (3) $f'(0)$; (4) $(\alpha-\beta)f'(x_0)$.

4. -1.

5. (1) 在 $x=0$ 处连续,不可导; (2) 在 $x=0$ 处连续但不可导;
   (3) 在 $x=0$ 处连续,不可导; (4) 在 $x=0$ 处连续且可导.

6. $f'(1)=2$.

7. $a=0$, $1b=1$.

8. 切线方程为:$\dfrac{\sqrt{3}}{2}x+y-\dfrac{1}{2}\left(1+\dfrac{\sqrt{3}}{3}\pi\right)=0$,

   法线方程为:$\dfrac{2\sqrt{3}}{3}x-y+\dfrac{1}{2}-\dfrac{2\sqrt{3}}{9}\pi=0$.

9. $x-y+1=0$.

10. $a=2$, $b=-1$.

11. $f'_+(0)=0$, $f'_-(0)=-1$, $f'(0)$ 不存在.

习题 2-2

1. (1) $y'\big|_{x=\frac{\pi}{6}}=\dfrac{\sqrt{3}+1}{2}$, $y'\big|_{x=\frac{\pi}{4}}=\sqrt{2}$;

   (2) $\dfrac{\sqrt{2}}{4}\left(1+\dfrac{\pi}{2}\right)$;

   (3) $f'(0)=\dfrac{3}{25}$, $f'(2)=\dfrac{17}{15}$.

2. $y=-x-5$ 或 $y=-x-1$.

3. (1) $9(3x+5)^2$; (2) $-4\cos(2-4x)$;

   (3) $-6x^2e^{-2x^3}$; (4) $\dfrac{-2x}{a^2-x^2}$;

   (5) $-\sin2x$; (6) $\dfrac{x}{\sqrt{a^2+x^2}}$;

   (7) $-2x\csc^2x^2$; (8) $\dfrac{e^x}{1+e^{2x}}$;

   (9) $\dfrac{2\arcsin x}{\sqrt{1-x^2}}$; (10) $\cot x$.

4. (1) $\dfrac{-2\arccos\dfrac{x}{2}}{\sqrt{4-x^2}}$; (2) $-\csc x$;

(3) $\dfrac{\ln x}{x\sqrt{1+\ln^2 x}}$; (4) $\dfrac{-e^{\operatorname{arccot}\sqrt{x}}}{2\sqrt{x}(1+x)}$;

(5) $n\sin^{n-1}x\cos^{n-1}x\cos 2x$; (6) $\dfrac{1}{1+x^2}$;

(7) $-\dfrac{2}{3}\dfrac{\sin 2x}{(1+\cos 2x)^{\frac{2}{3}}}$; (8) $\dfrac{6}{x}(\ln x^2)^2$;

(9) $-2\csc 2x\cot 2x\sin(2\csc 2x)$; (10) $\dfrac{2x\cos(x^2)\sin x-2\cos x\sin x^2}{\sin^3 x}$;

(11) $\dfrac{1}{x\ln x}$; (12) $\dfrac{2}{e^x+e^{-x}}$.

5. (1) $2xf'(x^2)$; (2) $\sin 2x\,[f'(\sin^2 x)-f'(\cos^2 x)]$.

6. $\dfrac{f(x)f'(x)+g(x)g'(x)}{\sqrt{f^2(x)+g^2(x)}}$.

7. (1) $e^{-x}(-x^2+4x-5)$; (2) $\sin 2x\sin(x^2)+2x\sin^2 x\cos(x^2)$;

(3) $\dfrac{4}{4+x^2}\arctan\dfrac{x}{2}$; (4) $\dfrac{1-n\ln x}{x^{n+1}}$;

(5) $\dfrac{4}{e^{2t}+e^{-2t}+2}$ 或 $\dfrac{1}{ch^2 t}$; (6) $\dfrac{1}{x^2}\tan\dfrac{1}{x}$;

(7) $\dfrac{1}{x^2}\sin\dfrac{2}{x}\cdot e^{-\sin^2\frac{1}{x}}$; (8) $\dfrac{2\sqrt{x}+1}{4\sqrt{x}\sqrt{x+\sqrt{x}}}$;

(9) $\arcsin\dfrac{x}{2}$; (10) $y'=\begin{cases}\dfrac{2}{1+t^2}, & t^2<1\\ -\dfrac{2}{1+t^2}, & t^2>1\end{cases}$.

习题 2-3

1. 略.

2. (1) $4-\dfrac{1}{x^2}$; (2) $4e^{2x-1}$;

(3) $-2\sin x-x\cos x$; (4) $-2e^{-t}\cos t$;

(5) $-\dfrac{a^2}{(a^2-x^2)^{3/2}}$; (6) $-\dfrac{2(1+x^2)}{(1-x^2)^2}$;

(7) $2\sec^2 x\tan x$; (8) $\dfrac{6x(2x^3-1)}{(x^3+1)^3}$;

(9) $2\arctan x+\frac{2x}{1+x^2}$；　　(10) $\frac{e^x(x^2-2x+2)}{x^3}$；

(11) $2xe^{x^2}(3+2x^2)$；　　(12) $-\frac{x}{(1+x^2)^{3/2}}$.

3. $f'''(2)=207360$.

4. 略.

5. (1) $2f'(x^2)+4x^2f''(x^2)$；　　(2) $\frac{f''(x)f(x)-[f'(x)]^2}{[f(x)]^2}$.

6. (1) $(-1)^n\frac{n!\,a^n}{(ax+b)^{n+1}}$；　　(2) $(-1)^{n+1}\frac{n!}{5}\left[\frac{1}{(x+2)^{n+1}}-\frac{1}{(x-3)^{n+1}}\right]$；

(3) $2^{n-1}\cos\left(2x+\frac{n\pi}{2}\right)$；　　(4) $(-1)^n\frac{(n-2)!}{x^{n-1}}\ (n\geqslant 2)$；

(5) $e^x(x+n)$；　　(6) $n!$.

7. (1) $-4e^x\cos x$；　　(2) $2^{50}\left(-x^2\sin 2x+50x\cos 2x+\frac{1225}{2}\sin 2x\right)$.

习题 2-4

1. (1) $\frac{y}{y-x}$；　　(2) $\frac{ay-x^2}{y^2-ax}$；　　(3) $\frac{e^{x+y}-y}{x-e^{x+y}}$；

(4) $-\frac{e^y}{1+xe^y}$；　　(5) $\frac{\ln y-\frac{y}{x}}{\ln x-\frac{x}{y}}$.

2. 切线方程：$x+2y-4=0$，法线方程：$4x-2y-1=0$.

3. (1) $-\frac{1}{y^3}$；　　(2) $-\frac{b^4}{a^2y^3}$；

(3) $-2\csc^2(x+y)\cot^3(x+y)$；　　(4) $\frac{e^{2y}(3-y)}{(2-y)^3}$.

4. (1) $\left(\frac{x}{1+x}\right)^x\left(\ln\frac{x}{1+x}+\frac{1}{1+x}\right)$；

(2) $\frac{1}{5}\sqrt[5]{\frac{x-5}{\sqrt[5]{x^2+2}}}\left[\frac{1}{x-5}-\frac{2x}{5(x^2+2)}\right]$；

(3) $\frac{\sqrt{x+2}(3-x)^4}{(x+1)^5}\left[\frac{1}{2(x+2)}-\frac{4}{3-x}-\frac{5}{x+1}\right]$；

(4) $\frac{1}{2}\sqrt{x\sin x\sqrt{1-e^x}}\left[\frac{1}{x}+\cot x-\frac{e^x}{2(1-e^x)}\right]$.

5. (1) $\frac{3b}{2a}t$；　　(2) $\frac{\cos\theta-\theta\sin\theta}{1-\sin\theta-\theta\cos\theta}$.

6. (1) 切线方程为 $2\sqrt{2}x+y-2=0$，法线方程为 $\sqrt{2}x-4y-1=0$；

(2) 切线方程为 $4x+3y-12a=0$，法线方程为 $3x-4y+6a=0$.

7. (1) $\dfrac{1+t^2}{4t}$；　　(2) $\dfrac{1}{f''(t)}$.

习题 2-5

1. $\Delta y=0.531$，$dy=0.5$，$\Delta y=-0.0497$，$dy=-0.05$.

2. (1) $\left(-\dfrac{1}{x^2}+\dfrac{\sqrt{x}}{x}\right)dx$；　　(2) $(\sin 2x+2x\cos 2x)dx$；

(3) $(x^2+1)^{-\frac{3}{2}}dx$；　　(4) $\dfrac{2\ln(1-x)}{x-1}dx$；

(5) $2x(1+x)e^{2x}dx$；　　(6) $e^{-x}[\sin(3-x)-\cos(3-x)]dx$；

(7) $dy=\begin{cases}\dfrac{dx}{\sqrt{1-x^2}}, & -1<x<0\\ -\dfrac{dx}{\sqrt{1-x^2}}, & 0<x<1\end{cases}$；　　(8) $8x\tan(1+2x^2)\sec^2(1+2x^2)dx$；

(9) $-\dfrac{2x}{1+x^4}dx$；　　(10) $A\omega\cos(\omega t+\varphi)dt$.

3. (1) $2x+C$；　　(2) $\dfrac{3}{2}x^2+C$；

(3) $\sin t+C$；　　(4) $-\dfrac{1}{\omega}\cos\omega x+C$；

(5) $\ln(1+x)+C$；　　(6) $-\dfrac{1}{2}e^{-2x}+C$；

(7) $2\sqrt{x}+C$；　　(8) $\dfrac{1}{3}\tan 3x+C$.

4. $dy=-\dfrac{e^y}{1+xe^y}dx$.

5. (1) 1.0349；　(2) $60°2'$；　(3) 0.002；　(4) 10.0067.

6. 表面积增加精确值：1.64π，近似值：1.6π.

体积增加精确值：$\dfrac{1261}{750}\pi$，近似值：1.6π.

习题二

1. (1) 充分,必要；　(2) 充分必要；　(3) 充分必要.

2. B.

3. (1) $f(a)-2a$；　(2) $-4\sqrt{a}$；　(3) 6.

4. (1) 2020!；　　(2) $(-1)^{n-1}(n-1)!$.

5. (1) $f'_-(0)=f'_+(0)=f'(0)=1$；

(2) $f'_-(0)=1$，$f'_+(0)=0$，$f'(0)$ 不存在.

6. 在 $x=0$ 处连续，不可导.

7. (1) $\dfrac{\cos x}{|\cos x|}$；　(2) $\dfrac{1}{1+x^2}$；

(3) $\sin x\cdot\ln\tan x$；　(4) $\dfrac{e^x}{\sqrt{1+e^{2x}}}$；

(5) $x^{\frac{1}{x}-2}(1-\ln x)$.

8. (1) $2\cos 2x-8x\sin 2x-4x^2\cos 2x$；　(2) $-\dfrac{1}{2(1-x)^2}-\dfrac{1-x^2}{(1+x^2)^2}$.

9. (1) $\dfrac{dy}{dx}=-\tan\theta,\ \dfrac{d^2y}{dx^2}=\dfrac{1}{3a}\sec^4\theta\csc\theta$；

(2) $\dfrac{dy}{dx}=\dfrac{1}{t},\ \dfrac{d^2y}{dx^2}=-\dfrac{1+t^2}{t^3}$.

10. -2.

11. (1) $f^{(n)}(x)=\dfrac{(-1)^n\cdot n!}{4}\left[\dfrac{1}{(x-1)^{n+1}}-\dfrac{1}{(x+3)^{n+1}}\right]$；

(2) $f^{(n)}(x)=a^n(x^2+x)\cos\left(ax+\dfrac{n\pi}{2}\right)+na^{n-1}(2x+1)\cos\left(ax+\dfrac{(n-1)\pi}{2}\right)$

$+n(n-1)a^{n-2}\cos\left(ax+\dfrac{(n-2)\pi}{2}\right)$；

(3) $f^{(n)}(0)=\begin{cases}0, & \text{当 } n \text{ 为偶数时}\\ (-1)^{\frac{n-1}{2}}\cdot(n-1)!, & \text{当 } n \text{ 为奇数时}\end{cases}$.

第三章　微分中值定理与导数的应用

习题 3-1

1. (1) 0；　(2) $\dfrac{\pi}{4}$；　(3) $\sqrt[3]{\dfrac{15}{4}}$.

2. 略.

3. 略.

4. 略.

5. 3 个.

6. 略.

习题 3-2

1. (1) 2；　(2) 1；　(3) $\dfrac{5}{9}$；　(4) $-\dfrac{5}{4}$；　(5) $-\dfrac{1}{2}$；

(6) $-\dfrac{1}{2}$；　(7) $\dfrac{1}{6}$；　(8) 2；　(9) $\dfrac{1}{4}$；　(10) 1；

(11) ∞；　(12) $+\infty$；　(13) $-\frac{1}{2}$；　(14) e^3；　(15) 1；

(16) 1.

2. 略.
3. 连续.

习题 3-3

1. 单调增加.
2. (1) $(-\infty, 1)$ 和 $(2, +\infty)$ 内单调增加,在 $(1, 2)$ 内单调减少；
   (2) $(-\infty, 0)$ 和 $(1, +\infty)$ 内单调增加,在 $(0, 1)$ 内单调减少；
   (3) $(-\infty, -1)$ 和 $(1, +\infty)$ 内单调增加,在 $(-1, 1)$ 内单调减少；
   (4) $\left(-1, \frac{\sqrt{3}-1}{2}\right)$ 内单调减少,在 $\left(\frac{\sqrt{3}-1}{2}, +\infty\right)$ 内单调增加；
   (5) $(-\infty, -1)$ 和 $(0, +\infty)$ 内单调增加,在 $(-1, 0)$ 内单调减少；
   (6) $\left(-\infty, \frac{1}{5}\right)$，$(1, +\infty)$ 内单调增加,在 $\left(\frac{1}{5}, 1\right)$ 内单调减少.
3. 略.
4. 略.
5. (1) 拐点：$(0, 1)$ 和 $\left(\frac{2}{3}, \frac{11}{27}\right)$，凹区间：$(-\infty, 0)$、$\left(\frac{2}{3}, +\infty\right)$，凸区间：$\left(0, \frac{2}{3}\right)$；
   (2) 拐点：$(9, 4)$，凹区间：$(9, +\infty)$，凸区间：$(-\infty, 9)$；
   (3) 拐点：$(-2, -2e^{-2})$，凹区间：$(-2, +\infty)$，凸区间：$(-\infty, -2)$；
   (4) 无拐点,凹区间：$(-1, +\infty)$；
   (5) 拐点：$\left(-\sqrt{3}, -\frac{\sqrt{3}}{2}\right)$、$(0, 0)$ 和 $\left(\sqrt{3}, \frac{\sqrt{3}}{2}\right)$，凹区间：$(-\sqrt{3}, 0)$ 和 $(\sqrt{3}, +\infty)$，凸区间：$(-\infty, -\sqrt{3})$ 和 $(0, \sqrt{3})$；
   (6) 拐点：$\left(\frac{1}{2}, e^{\arctan\frac{1}{2}}\right)$，凹区间：$\left(-\infty, \frac{1}{2}\right)$，凸区间：$\left(\frac{1}{2}, +\infty\right)$.
6. 证明：略.
7. $a=1$、$b=6$.
8. $a=1$，$b=-3$，$c=-24$，$d=16$.

习题 3-4

1. (1) 极大值 $f(-2)=16$，极小值 $f(2)=-16$；
   (2) 极小值 $f(0)=0$，极大值 $f(2)=4e^{-2}$；
   (3) 极小值 $f(-1)=-3$，极大值 $f(1)=-1$；
   (4) 无极值；
   (5) 极大值 $f(e)=e^{\frac{1}{e}}$；

(6) 极大值 $y(0)=0$，极小值 $y\left(\frac{2}{5}\right)=-\frac{3}{5}\sqrt[3]{\frac{4}{25}}$；

(7) 极大值 $f(0)=0$，极小值 $f(2)=-3\sqrt[3]{4}$；

(8) 极大值 $f\left(\frac{1}{2}\right)=\frac{25}{4}$，极小值 $f(-2)=f(3)=0$.

2. (1) 最大值为 $M=y(4)=\frac{4-1}{4+1}=\frac{3}{5}$，最小值为 $m=y(0)=\frac{0-1}{0+1}=-1$；

(2) 最大值为 $M=y(-10)=132$，最小值为 $m=0$；

(3) 没有最大值，最小值为 $m=y(-3)=27$；

(4) 最大值为 $M=y(1)=\frac{1}{2}$，最小值为 $m=y(0)=0$.

3. 略.

4. 当 $q=\frac{b}{2a}$ 时，最小平均成本为 $\bar{C}\left(\frac{b}{2a}\right)=a\left(\frac{b}{2a}\right)^2-b\left(\frac{b}{2a}\right)+c=\frac{4ac-b^2}{4a}$.

5. 单价为 16 元时获利最大，最大利润为 33800 元.

6. 最经济的订货批量为 300kg，这时相应的订购次数为 10 次.

7. 当 $r=\frac{2\sqrt{2}}{3}R$，$h=\frac{4}{3}R$ 时体积最大.

8. (1) $a=\frac{1}{2}$，$b=0$，$c=-\frac{3}{2}$；

(2) 极大值 $f(-1)=1$，极小值 $f(1)=-1$.

9. 略.

习题 3-5

1—5. 略.

6. (1) $-\frac{1}{12}$；　(2) $\frac{1}{2}$；　(3) $\frac{1}{3}$；　(4) $-\frac{1}{6}$.

7. 略.

8. 略.

习题三

1. (1) B；　(2) D；　(3) B；　(4) C；　(5) B；　(6) A.

2—11. 略.

第四章　不定积分

习题 4-1

1. (1) $2x-x^3+C$；　(2) $\frac{3^x}{\ln 3}+2\sqrt{x}+C$；

(3) $-\frac{2}{3}x^{-\frac{3}{2}}+C$；

(4) $\frac{m}{m+n}x^{\frac{m+n}{m}}+C$；

(5) $\frac{2}{5}x^{\frac{5}{2}}+2x^{\frac{1}{2}}+C$；

(6) $\frac{8}{15}x^{\frac{15}{8}}+C$；

(7) $e^x-\ln|x|+C$；

(8) $x^3+x^2+x+4\arctan x+C$；

(9) $\sqrt{\frac{2h}{g}}+C$；

(10) $\frac{x^5}{5}+\frac{2}{3}x^3+x+C$；

(11) $\frac{x^3}{3}+\frac{2}{5}x^{\frac{5}{2}}-\frac{2}{3}x^{\frac{3}{2}}-x+C$；

(12) $2\sqrt{x}-\frac{4}{3}x^{\frac{3}{2}}+\frac{2}{5}x^{\frac{5}{2}}+C$；

(13) $2e^x+3\ln|x|+C$；

(14) $3\arctan x-2\arcsin x+C$；

(15) $e^x-2\sqrt{x}+C$；

(16) $\frac{3^x e^x}{\ln 3+1}+C$；

(17) $2x-\frac{5\left(\frac{2}{3}\right)^x}{\ln 2-\ln 3}+C$；

(18) $\tan x-\sec x+C$；

(19) $\frac{x+\sin x}{2}+C$；

(20) $\frac{1}{2}\tan x+C$；

(21) $\sin x-\cos x+C$；

(22) $-(\cot x+\tan x)+C$；

(23) $-\cot x-x+C$；

(24) $-\cos\theta+\theta+C$；

(25) $x^3-x+\arctan x+C$.

2. $y=\ln x+1$.

3. $\frac{\sin\sqrt{x}}{2x}$.

4. 略.

习题 4-2

1. $\frac{1}{6}e^{6t}+C$.

2. $-\frac{2}{7}(2-x)^{\frac{7}{2}}+C$.

3. $-\frac{1}{4}\ln|3-4x|+C$.

4. $-\frac{1}{2}(2-3x)^{\frac{2}{3}}+C$.

5. $-\frac{1}{a}\cos ax-be^{\frac{x}{b}}+C$.

6. $-2\cos\sqrt{t}+C$.

7. $-\frac{1}{2}e^{-x^2}+C$.

8. $\frac{1}{2}\sin(x^2)+C$.

9. $-\frac{1}{3}(2-3x^2)^{\frac{1}{2}}+C$.

10. $-\frac{3}{4}\ln|1-x^4|+C$.

11. $\frac{1}{2}\ln(x^2+2x+5)+C$.

12. $-\frac{1}{3}\cos^3 t+C$.

13. $\frac{1}{2\cos^2 x}+C$.

14. $\frac{3}{2}\sqrt[3]{(\sin x-\cos x)^2}+C$.

15. $\frac{1}{11}\tan^{11}x+C$.

16. $\ln|\ln\ln x|+C$.

17. $-\frac{1}{\arcsin x}+C$.

18. $-\frac{10^{2\arccos x}}{2\ln 10}+C$.

19. $-\ln\left|\cos\sqrt{1+x^2}\right|+C$.

20. $(\arctan\sqrt{x})^2+C$.

21. $-\frac{1}{x\ln x}+C$.

22. $\ln|\tan x|+C$.

23. $-\left(\frac{1}{3}\cot^3 x+\cot x\right)+C$.

24. $\frac{1}{2}x+\frac{1}{4}\sin 2x+C$.

25. $\frac{1}{2}\cos x-\frac{1}{10}\cos 5x+C$.

26. $\frac{1}{4}\sin 2x-\frac{1}{24}\sin 12x+C$.

27. $\frac{1}{3}\sec^3 x-\sec x+C$.

28. $\arctan e^x+C$.

29. $\frac{1}{2}\arcsin\frac{2x}{3}+\frac{1}{4}\sqrt{9-4x^2}+C$.

30. $\frac{x^2}{2}-\frac{9}{2}\ln(x^2+9)+C$.

31. $\frac{1}{2\sqrt{2}}\ln\left|\frac{\sqrt{2}x-1}{\sqrt{2}x+1}\right|+C$.

32. $\frac{1}{3}\ln\left|\frac{x-2}{x+1}\right|+C$.

33. $\frac{a^2}{2}\left(\arcsin\frac{x}{a}-\frac{x}{a^2}\sqrt{a^2-x^2}\right)+C$.

34. $\arccos\frac{1}{|x|}+C$.

35. $\frac{x}{\sqrt{1+x^2}}+C$.

36. $\sqrt{2x}-\ln(1+\sqrt{2x})+C$.

37. $\frac{3}{2}\sqrt[3]{(1+x)^2}-3\sqrt[3]{x+1}+3\ln\left|1+\sqrt[3]{1+x}\right|+C$.

38. $x-4\sqrt{x+1}+4\ln(\sqrt{1+x}+1)+C$.

39. $2\sqrt{x}-4\sqrt[4]{x}+4\ln(\sqrt[4]{x}+1)+C$.

40. $\ln\left|\frac{\sqrt{1-x}-\sqrt{1+x}}{\sqrt{1-x}+\sqrt{1+x}}\right|+2\arctan\sqrt{\frac{1-x}{1+x}}+C$ 或 $\ln\frac{1-\sqrt{1-x^2}}{|x|}-\arcsin x+C$.

习题 4-3

1. $x\ln(x^2+1)-2x+2\arctan x+C$.

2. $x\arctan x-\frac{1}{2}\ln(1+x^2)+C$.

3. $-x\cos x+\sin x+C$.

4. $-\frac{1}{x}(\ln x+1)+C$.

5. $-e^{-x}(x^2+2x+2)+C$.

6. $x\tan x-\frac{1}{2}x^2+\ln|\cos x|+C$.

7. $\frac{1}{2}x^2\ln|x-1|-\frac{1}{4}x^2-\frac{1}{2}x-\frac{1}{2}\ln|x-1|+C$.

8. $\frac{1}{2}(x\cos(\ln x)+x\sin(\ln x))+C$.

9. $3e^{\sqrt[3]{x}}(\sqrt[3]{x^2}-2\sqrt[3]{x}+2)+C$.

10. $x(\arcsin x)^2+2\sqrt{1-x^2}\arcsin x-2x+C$.

11. $\frac{f(ax+b)}{a}+C$.

12. $xf'(x)-f(x)+C$.

习题 4-4

1. $\frac{1}{3}x^3-\frac{3}{2}x^2+9x-27\ln|x+3|+C$.

2. $\ln|x-2|+\ln|x+5|+C$.

3. $\frac{1}{2}\ln(x^2-2x+5)+\arctan\frac{x-1}{2}+C$.

4. $\ln|x|-\frac{1}{2}\ln(x^2+1)+C$.

5. $\ln|x+1|-\frac{1}{2}\ln(x^2-x+1)+\sqrt{3}\arctan\frac{2x-1}{\sqrt{3}}+C$.

6. $\frac{1}{x+1}+\frac{1}{2}\ln|x^2-1|+C$.

7. $2\ln|x+2|-\frac{1}{2}\ln|x+1|-\frac{3}{2}\ln|x+3|+C$.

8. $\frac{1}{3}x^3+\frac{1}{2}x^2+x+8\ln|x|-4\ln|x+1|-3\ln|x-1|+C$.

9. $\ln|x|-\frac{1}{2}\ln|x+1|-\frac{1}{4}\ln(x^2+1)-\frac{1}{2}\arctan x+C$.

10. $\frac{1}{4}\ln\left|\frac{x-1}{x+1}\right|-\frac{1}{2}\arctan x+C$.

11. $\arctan x-\frac{1}{x^2+1}+C$.

习题四

1. $\cos x-\frac{2\sin x}{x}+C$.

2. $f(x)=-x^2-\ln(1-x)+C$.

3. 由于 $F'(x)=f(x)$，于是 $F'(x)F(x)=\sin^2 2x$.

两边积分得 $\int F(x)F'(x)\mathrm{d}x=\int\frac{1-\cos 4x}{2}\mathrm{d}x$，则有 $\frac{1}{2}F^2(x)=\frac{1}{2}x-\frac{1}{8}\sin 4x+C$.

由 $F(0)=1$ 可得 $C=\frac{1}{2}$. 再由 $F(x)$ 非负(性)可知 $F(x)=\sqrt{x-\frac{1}{4}\sin 4x+1}$.

因此由已知条件立即可得 $f(x)=\frac{\sin^2(2x)}{\sqrt{x-\frac{1}{4}\sin 4x+1}}$.

4. $2x\sqrt{1+e^x}-4\sqrt{1+e^x}-4\ln\left|\sqrt{1+e^x}-1\right|+2x+C$.

5. $\frac{1}{8}\left[-\frac{1}{7}(2x+1)^{-7}+\frac{1}{4}(2x+1)^{-8}-\frac{1}{9}(2x+1)^{-9}\right]+C$.

6. $-\frac{1}{7x^7}+\frac{1}{5x^5}-\frac{1}{3x^3}+\frac{1}{x}-\arctan\frac{1}{x}+C$.

7. 当 $a\neq b$ 时，$A=-\frac{b}{a^2-b^2}$，$B=\frac{a}{a^2-b^2}$；当 $a=b$ 时，A，B 无解.

8. $-\frac{1}{2}\arctan\cos 2x+C$.

9. $\frac{1}{4}\ln|x|-\frac{1}{24}\ln(x^6+4)+C$.

10. $a\arcsin\frac{x}{a}-\sqrt{a^2-x^2}+C$.

11. $\frac{\sqrt{x^2-1}}{x}+C$.

12. $(x+1)\arctan\sqrt{x}-\sqrt{x}+C$.

13. $\frac{x^4}{4}+\ln\frac{\sqrt[4]{x^4+1}}{x^4+2}+C$.

14. $-\frac{1}{3}\sqrt{1-x^2}(x^2+2)\arccos x-\frac{1}{9}x(x^2+6)+C$.

15. $-\ln|\csc x+1|+C$.

16. $\frac{1}{2}(\sin x-\cos x)-\frac{1}{2\sqrt{2}}\ln\left|\frac{\tan\left(\frac{x}{2}\right)-1+\sqrt{2}}{\tan\left(\frac{x}{2}\right)-1-\sqrt{2}}\right|+C$.

第五章　定积分

习题 5-1

1. (1) 4;　(2) $\frac{\pi}{4}$;　(3) 0.

2. (1) $\int_0^1 x\,dx > \int_0^1 x^2\,dx$;　(2) $\int_1^2 x\,dx < \int_1^2 x^2\,dx$;

(3) $\int_1^2 \frac{1}{x}dx > \int_1^2 \frac{1}{x^2}dx$;　(4) $\int_0^{\frac{\pi}{2}} x\,dx > \int_0^{\frac{\pi}{2}} \sin x\,dx$;

(5) $\int_0^1 e^x\,dx > \int_0^1 (1+x)\,dx$;　(6) $\int_{-\frac{\pi}{2}}^0 \sin x\,dx < \int_0^{\frac{\pi}{2}} \sin x\,dx$.

3. (1) $[1, e]$;　(2) $\left[0, \frac{27}{16}\right]$;　(3) $[-9, -8]$;

(4) $[3e^{-4}, 3]$;　(5) $[\pi, 2\pi]$;　(6) $\left[1, \frac{\pi}{2}\right]$.

4. $a=0$, $b=2$.

5. (1) 6;　(2) -2;　(3) -3;　(4) 5.

习题 5-2

1. 0, $\frac{\sqrt{2}}{2}$.

2. $\cot t$.

3. $-\frac{\cos x}{e^y}$.

4. (1) $\sqrt{1+x}$;　(2) $2x^3\arctan x^2$;　(3) $-xe^{-x}$;　(4) $\frac{2x}{\sqrt{1+x^8}}$;

(5) $\frac{3x^2}{\sqrt{1+x^{12}}} - \frac{2x}{\sqrt{1+x^8}}$;　(6) $-3x^2\int_0^x \sin t\,dt = 3x^2(\cos x - 1)$.

5. 略.

6. $f^{(n)}(x) = \begin{cases} \ln x, & n=1 \\ (-1)^{n-2}(n-2)!\ x^{-n+1} & n>1 \end{cases}$.

7. $x=0$ 时有极小值 $f(0)=0$.

8. $f(x)=\frac{5}{3}x^{\frac{2}{3}}$, $a=-1$.

9. 最大值为 0,最小值为 $-\frac{32}{3}$.

10. $c=\frac{5}{2}$.

11. $c=-\frac{1}{4}$.

12. 提示:由单调性及零值定理得.

13. (1) 1;　(2) $\frac{1}{2}$;　(3) $\frac{1}{2}$;　(4) e^{-2};　(5) $\frac{1}{2}$;
(6) 1.

14. (1) 2;　(2) -2;　(3) $\frac{\pi}{3}$;　(4) 12;　(5) $\frac{272}{15}$;
(6) $\frac{2}{3}$;　(7) $1-\frac{\pi}{4}$;　(8) $\frac{\pi}{4}-\frac{1}{2}$;　(9) $\frac{1}{2}(25-\ln 26)$;
(10) $10+12\ln 2-4\ln 3$;　(11) $2(\sqrt{2}-1)$;　(12) 4;　(13) $\frac{17}{6}$;
(14) 4.

习题 5-3

1. (1) $\frac{1}{10}$;　(2) $\frac{\pi}{9}$;　(3) $-2+e+\frac{1}{e}$;　(4) $\ln 2$;
(5) $\frac{1}{4}\ln^2 3$;　(6) $4-2\ln 3$;　(7) $4-2\arctan 2$;　(8) $\frac{\pi}{6}$;
(9) $2-\frac{\pi}{2}$;　(10) $1-2\ln 2$;　(11) $\frac{\sqrt{3}}{2}+\frac{\pi}{3}$;　(12) $\frac{\pi}{16}a^4$;
(13) $\frac{1}{4}\left(\frac{\pi}{2}-1\right)$;　(14) $\sqrt{3}-\frac{\pi}{3}$.

2. (1) 1;　(2) $\frac{6+\sqrt{3}\pi}{12}$;　(3) $\frac{1}{4}-\frac{3}{4}e^{-2}$;　(4) $4(\ln 4-1)$;
(5) $\frac{\pi}{4}-\frac{1}{2}$;　(6) $\frac{1}{2}\left(\frac{\pi}{4}-\frac{1}{2}\right)$;　(7) 1;　(8) $\frac{\pi}{2}$;
(9) $\frac{\pi^3}{6}-\frac{\pi}{4}$;　(10) $\frac{1}{2}(e^{\frac{\pi}{2}}+1)$;　(11) $\frac{1}{5}(e^{\pi}-2)$;　(12) $\pi-2$.

3—5. 略.

习题 5-4

1. (1) 1;　(2) $\frac{1}{2}$;　(3) 发散;　(4) 1;　(5) 2;
(6) 发散;　(7) π;　(8) 1;　(9) $\frac{\pi}{2}$;　(10) 发散.

2. (1) 6;　(2) 3;　(3) 30;　(4) $\frac{16}{105}$;　(5) 24;　(6) 6.

3. 当 $k>1$ 时收敛于 $\frac{1}{(k-1)(\ln 2)^{k-1}}$;当 $k\leqslant 1$ 时发散;当 $k=1-\frac{1}{\ln\ln 2}$ 时取得最小值.

习题 5-5

1. (1) $\frac{4}{3}a^{\frac{3}{2}}$；　(2) $\frac{1}{6}$；　(3) $\frac{10}{3}$；　(4) $\frac{\pi}{2}-1$；

(5) $e+\frac{1}{e}-2$；　(6) $\frac{3}{2}-\ln 2$；　(7) 8；　(8) $\frac{8}{3}$；

(9) $\frac{32}{3}$；　(10) $b-a$；　(11) $\frac{4}{3}$；　(12) $\frac{28}{3}$.

2. $y=-4x^2+6x$.

3. $\frac{1}{2}$.

4. 3.

5. (1) $V_x=\frac{5\pi}{14}$, $V_y=\frac{2\pi}{5}$；　(2) $V_x=\frac{\pi^2}{4}$, $V_y=2\pi$；

(3) $V_x=\frac{128}{7}\pi$, $V_y=\frac{64}{5}\pi$；　(4) $V_x=\frac{48}{5}\pi$, $V_y=\frac{24}{5}\pi$；

(5) $V_x=7.5\pi$, $V_y=24.8\pi$；　(6) $V_x=\pi(e-2)$, $V_y=\frac{\pi}{2}(e^2+1)$.

6. $1+\frac{1}{2}\ln\frac{3}{2}$.

7. $2\sqrt{3}-\frac{4}{3}$.

8. $\frac{8}{9}\left[\left(\frac{5}{2}\right)^{\frac{3}{2}}-1\right]$.

9. 50100.

10. (1) 66 百台；　(2) 6 284 万元.

11. $q(p)=20\ln(p+1)+1000$.

12. $C(q)=25q+15q^2-3q^3+55$，$\bar{C}(q)=25+15q-3q^2+\frac{55}{q}$.

13. $R(q)=3q-0.1q^2$，当 $q=15$ 时收入最高为 22.5.

14. (1) 9987.5；　(2) 19850.

15. $400-\frac{500}{\sqrt{e}}\approx 96.73$(万元).

习题五

1. $(-1)^n(n-1)$.

2. $\frac{1}{4}$.

3. $f(0)=3$.

4. $\dfrac{1}{3}$.

5. $8-\dfrac{8}{3}\sqrt{2}$.

6. $\dfrac{\pi}{2}\cdot\dfrac{|\cos a|}{\cos a}$.

7. $\dfrac{1}{4}\left(1-\dfrac{1}{e}\right)$.

8. $\dfrac{3}{2}\ln\dfrac{3}{2}+\dfrac{1}{2}\ln\dfrac{1}{2}$（提示：先利用被积函数的奇偶性，然后利用分部积分）.

9. $\dfrac{\pi^2}{2}-\dfrac{8}{3}$.

10. 极小值为 $f(0)=0$.

11. 提示：可设 $F(x)=\int_0^x f(t)\mathrm{d}t-x\int_0^1 f(t)\mathrm{d}t$，然后证 $F'(x)\leqslant 0$.

12. 提示：对积分 $\int_0^1 f(1-x)\mathrm{d}x$ 作变换 $1-x=t$ 后得到 $\int_0^1[f(1-x)+f(x)]\mathrm{d}x=0$，然后由积分中值定理即可得证.

13. $y=\dfrac{x}{4}+(2\ln 2-1)$.

14. 面积为 $6\dfrac{3}{4}$.

15. $a=4$，$V_x=\dfrac{32\sqrt{5}\pi}{1875}$.

16. 设总费用 $f(v)=a+kv^3$，一昼夜行程 $s=24v$，单位行程费用

$M(v)=\dfrac{a+kv^3}{s}=\dfrac{a+kv^3}{24v}$，由 $M'(v)=0$，得 $v_0=\sqrt[3]{\dfrac{a}{2k}}$，$M''(v_0)>0$.

17. (1) 当 $0<p<\sqrt{\dfrac{ab}{c}}-b$ 时，$R'(p)>0$ 销售量随 p 增加而增加；

当 $\sqrt{\dfrac{ab}{c}}-b<p<\dfrac{a}{c}-b$ 时，$R'(p)<0$，销售量随 p 增加而减少.

(2) 当 $p=\sqrt{\dfrac{ab}{c}}-b$ 时，销售量 R 最大 $R_{\max}=(\sqrt{a}-\sqrt{bc})^2$.

18. (1) $Q=\dfrac{d-b}{2(e+a)}$，$L_{\max}=\dfrac{(d-b)^2}{4(e+a)}-c$；　(2) $\eta(p)=\dfrac{p}{d-p}$，$Q=\dfrac{d}{2e}$.

第六章　多元函数微分学

习题 6-1

1. 3.

2. (1) $\sqrt{14}$；$\sqrt{19}$；　(2) $(1, 3, -2)$.

3. $x^2+y^2+z^2=9$.

4. A 在 xOy 面上；　B 在 yOz 面上；　C 在 x 轴上；　D 在 y 轴上.

5. M 到 x 轴的距离为 $\sqrt{34}$；M 到 y 轴的距离为 $\sqrt{41}$；M 到 z 轴的距离为 5.

6. 略.

7. 略.

8. $4x+4y+10z-63=0$.

9. 以点 $(1, -2, -1)$ 为球心，半径等于 $\sqrt{6}$ 的球面.

10. $\left(x+\frac{2}{3}\right)^2+(y+1)^2+\left(z+\frac{4}{3}\right)^2=\frac{116}{9}$.

11. $\begin{cases}2x^2-2x+y^2=8\\ z=0\end{cases}$.

习题 6-2

1. (1) 开集，无界集，边界：$\{(x, y) \mid x=0 \text{ 或 } y=0\}$；

   (2) 既非开集，又非闭集，区域，有界集，边界：

   $\{(x, y) \mid x^2+y^2=1\} \cup \{(x, y) \mid x^2+y^2=4\}$；

   (3) 开集，区域，无界集，边界：$\{(x, y) \mid y=x^2\}$；

   (4) 闭集，区域，有界集，

   边界：$\{(x, y) \mid x^2+(y-1)^2=1\} \cup \{(x, y) \mid x^2+(y-2)^2=4\}$.

2. $t^2 f(x, y)$.

3. 略.

4. $(x+y)^{xy}+(xy)^{2x}$.

5. (1) $\{(x, y) \mid y^2-2x+1>0\}$；

   (2) $\{(x, y) \mid x+y>0, x-y>0\}$；

   (3) $\{(x, y) \mid x \geqslant 0, y \geqslant 0, x^2 \geqslant y\}$；

   (4) $\{(x, y) \mid y-x>0, x \geqslant 0, x^2+y^2<1\}$；

   (5) $\{(x, y, z) \mid r^2<x^2+y^2+z^2 \leqslant R^2\}$；

   (6) $\{(x, y, z) \mid x^2+y^2-z^2 \geqslant 0, x^2+y^2 \neq 0\}$.

6. (1) 1；　(2) ln2；　(3) $-\frac{1}{4}$；　(4) -2；　(5) 2；　(6) 0.

习题 6-3

1. (1) $\frac{\partial z}{\partial x}=3x^2y-y^3$，$\frac{\partial z}{\partial y}=x^3-3xy^2$；

   (2) $\frac{\partial s}{\partial u}=\frac{1}{v}-\frac{v}{u^2}$，$\frac{\partial s}{\partial v}=\frac{1}{u}-\frac{u}{v^2}$；

   (3) $\frac{\partial z}{\partial x}=\frac{1}{2x\sqrt{\ln(xy)}}$，$\frac{\partial z}{\partial y}=\frac{1}{2y\sqrt{\ln(xy)}}$；

(4) $\frac{\partial z}{\partial x}=y\left[\cos(xy)-\sin(2xy)\right]$，$\frac{\partial z}{\partial y}=x\left[\cos(xy)-\sin(2xy)\right]$；

(5) $\frac{\partial z}{\partial x}=\frac{2}{y}\csc\frac{2x}{y}$，$\frac{\partial z}{\partial y}=-\frac{2x}{y^2}\csc\frac{2x}{y}$；

(6) $\frac{\partial z}{\partial x}=y^2(1+xy)^{y-1}$，$\frac{\partial z}{\partial y}=(1+xy)^y\left[\ln(1+xy)+\frac{xy}{1+xy}\right]$；

(7) $\frac{\partial u}{\partial x}=\frac{y}{z}x^{\frac{y}{z}-1}$，$\frac{\partial u}{\partial y}=\frac{1}{z}x^{\frac{y}{z}}\ln x$，$\frac{\partial u}{\partial z}=-\frac{y}{z^2}x^{\frac{y}{z}}\ln x$；

(8) $\frac{\partial u}{\partial x}=\frac{z(x-y)^{z-1}}{1+(x-y)^{2z}}$，$\frac{\partial u}{\partial y}=-\frac{z(x-y)^{z-1}}{1+(x-y)^{2z}}$，$\frac{\partial u}{\partial z}=\frac{(x-y)^z\ln(x-y)}{1+(x-y)^{2z}}$.

2. 略.

3. $f_x(x,1)=1$.

4. (1) $\frac{\partial^2 z}{\partial x^2}=12x^2-8y^2$，$\frac{\partial^2 z}{\partial y^2}=12y^2-8x^2$，$\frac{\partial^2 z}{\partial x\partial y}=-16xy$；

(2) $\frac{\partial^2 z}{\partial x^2}=\frac{2xy}{(x^2+y^2)^2}$，$\frac{\partial^2 z}{\partial y^2}=-\frac{2xy}{(x^2+y^2)^2}$，$\frac{\partial^2 z}{\partial x\partial y}=\frac{y^2-x^2}{(x^2+y^2)^2}$；

(3) $\frac{\partial^2 z}{\partial x^2}=y^x\ln^2 y$，$\frac{\partial^2 z}{\partial y^2}=x(x-1)y^{x-2}$，$\frac{\partial^2 z}{\partial x\partial y}=y^{x-1}(1+x\ln y)$.

5. $f_{xx}(0,0,1)=2$，$f_{xz}(1,0,2)=2$，$f_{yz}(0,-1,0)=0$，$f_{zzx}(2,0,1)=0$.

6. $\frac{\partial^3 z}{\partial x^2\partial y}=0$，$\frac{\partial^3 z}{\partial x\partial y^2}=-\frac{1}{y^2}$.

7. (1) $\left(y+\frac{1}{y}\right)dx+x\left(1-\frac{1}{y^2}\right)dy$；　(2) $-\frac{1}{x}e^{\frac{y}{x}}\left(\frac{y}{x}dx-dy\right)$；

(3) $-\frac{x}{(x^2+y^2)^{3/2}}(y\,dx-x\,dy)$；　(4) $yzx^{yz-1}dx+zx^{yz}\cdot\ln x\,dy+yx^{yz}\cdot\ln x\,dz$.

8. $\frac{1}{3}dx+\frac{2}{3}dy$.

9. $\Delta z=-0.119$，$dz=-0.125$.

10. $0.25e$

11. A.

习题 6-4

1. $\frac{\partial z}{\partial x}=4x$，$\frac{\partial z}{\partial y}=4y$.

2. $\frac{\partial z}{\partial x}=\frac{2x}{y^2}\ln(3x-2y)+\frac{3x^2}{(3x-2y)y^2}$，

$\frac{\partial z}{\partial y}=-\frac{2x^2}{y^3}\ln(3x-2y)-\frac{2x^2}{(3x-2y)y^2}$.

3. $e^{\sin t-2t^3}(\cos t-6t^2)$.

4. $\dfrac{3(1-4t^2)}{\sqrt{1-(3t-4t^3)^2}}$.

5. $\dfrac{dz}{dx}=\dfrac{x^2-2x-1}{3(x-1)^2}$.

6. $e^{ax}\sin x$.

7. 略.

8. (1) $\dfrac{\partial u}{\partial x}=2xf'_1+ye^{xy}f'_2$, $\dfrac{\partial u}{\partial y}=-2yf'_1+xe^{xy}f'_2$;

(2) $\dfrac{\partial u}{\partial x}=\dfrac{1}{y}f'_1$, $\dfrac{\partial u}{\partial y}=-\dfrac{x}{y^2}f'_1+\dfrac{1}{z}f'_2$, $\dfrac{\partial u}{\partial z}=-\dfrac{y}{z^2}f'_2$;

(3) $\dfrac{\partial u}{\partial x}=f'_1+yf'_2+yzf'_3$, $\dfrac{\partial u}{\partial y}=xf'_2+xzf'_3$, $\dfrac{\partial u}{\partial z}=xyf'_3$.

9—10. 略.

11. $\dfrac{\partial^2 z}{\partial x^2}=2f'+4x^2f''$, $\dfrac{\partial^2 z}{\partial x\partial y}=4xyf''$, $\dfrac{\partial^2 z}{\partial y^2}=2f'+4y^2f''$.

习题 6-5

1. $\dfrac{y^2-e^x}{\cos y-2xy}$.

2. $\dfrac{x+y}{x-y}$.

3. $\dfrac{\partial z}{\partial x}=\dfrac{yz-\sqrt{xyz}}{\sqrt{xyz}-xy}$, $\dfrac{\partial z}{\partial y}=\dfrac{xz-2\sqrt{xyz}}{\sqrt{xyz}-xy}$.

4. $\dfrac{\partial z}{\partial x}=\dfrac{z}{x+z}$, $\dfrac{\partial z}{\partial y}=\dfrac{z^2}{y(x+z)}$.

5. $\dfrac{\partial z}{\partial x}=\dfrac{yz}{e^z-xy}$, $\dfrac{\partial z}{\partial y}=\dfrac{xz}{e^z-xy}$.

6—8. 略.

习题 6-6

1. 极大值：$f(0,0)=0$.

2. 极大值：$f(2,-2)=8$.

3. 极大值：$f(3,2)=36$.

4. 极小值：$f\left(\dfrac{1}{2},-1\right)=-\dfrac{e}{2}$.

5. 极大值：$z\left(\dfrac{1}{2},\dfrac{1}{2}\right)=\dfrac{1}{4}$.

6. 当两边都是 $\dfrac{l}{\sqrt{2}}$ 时，可得最大周长.

7. 当长、宽都是 $\sqrt[3]{2k}$，而高为 $\frac{1}{2}\sqrt[3]{2k}$ 时，表面积最小.

8. $\left(\frac{8}{5}, \frac{16}{5}\right)$.

9. 当矩形的边长为 $\frac{2p}{3}$ 及 $\frac{p}{3}$ 时，绕短边旋转所得的圆柱体体积最大.

10. 当长、宽、高都是 $\frac{2a}{\sqrt{3}}$ 时，可得最大的体积.

11. 最大值为 $\sqrt{9+5\sqrt{3}}$，最小值为 $\sqrt{9-5\sqrt{3}}$.

习题六

1. P 点关于原点的对称点是 $(-a, -b, -c)$，P 点关于 yOz 的对称点是 $(-a, b, c)$.
2. $a=1$ 或 $a=5$.
3. $D(Z)=\left\{(x, y) \mid x>y \text{ 且 } x^2+y^2 \geqslant 4 \text{ 且 } \frac{x^2}{4}+\frac{y^2}{9}<1\right\}$.
4. (1) $z_x=y\cos x(\sin x)^{y-1}$, $z_y=(\sin x)^y\ln(\sin x)$;
   (2) 设 $x+y=u$, $xy=v$，则 $z_x=f(u, v)+xf_u+xyf_v$, $z_y=xf_u+x^2f_v$;
   (3) 设 $\sin x=u$, $xy^2=v$，则 $z_x=f_u\cdot\cos x+f_v\cdot y^2$, $z_y=f_v\cdot 2xy$;
   (4) $z_x=(2x^2y^3)^{x^2+y^2}\cdot\left(2x\ln(2x^2y^3)+\frac{2x^2+2y^2}{x}\right)$,
   $z_y=(2x^2y^3)^{x^2+y^2}\cdot\left(2y\ln(2x^2y^3)+\frac{3x^2+3y^2}{y}\right)$;
   (5) $z_x=y\cdot f(xy)$, $z_y=x\cdot f(xy)$.
5. $dz=\left(y-\frac{y}{x^2}\right)dx+\left(x+\frac{1}{x}\right)dy$.
6. 0.
7. (1) $f_{\max}(a, b)=a^2b^2$;
   (2) $f\left(\frac{a}{3}, \frac{a}{3}\right)=\frac{a^3}{27}$, $a>0$，极大值，$a<0$，极小值，$a=0$，非极值.
8. $y(0)=-1$ 为极大值，$y(-2)=1$ 为极小值.
9. $4f''_{12}$.
10. $z-xy$.

第七章 二重积分

习题 7-1

1. $I_1=4I_2$.
2. (1) 0;　　(2) 0;　　(3) 0.
3. $I_1\leqslant I_3\leqslant I_2$.

4. (1) $I_1 \geqslant I_2$；　(2) $I_1 \leqslant I_2$.

5. (1) $0 \leqslant I \leqslant 16$；　(2) $\cos 1 \leqslant I \leqslant \sin 1 + 1$；(3) $36\pi \leqslant I \leqslant 100\pi$.

6. 略.

习题 7-2

1. (1) $\dfrac{\pi^2}{4}$；　(2) $\dfrac{20}{3}$；　(3) 1；　(4) $\pi^2 - \dfrac{40}{9}$.

2. (1) $e - e^{-1}$；　(2) $\dfrac{1}{2}(1-\cos 2)$；

(3) $\dfrac{1}{6} - \dfrac{1}{3e}$；　(4) $\dfrac{9}{8}\ln 3 - \ln 2 - \dfrac{1}{2}$.

3. (1) $\int_0^1 dx \int_x^1 f(x, y)dy$；　(2) $\int_0^1 dy \int_{e^y}^{e} f(x, y)dx$；

(3) $\int_0^1 dy \int_{-\sqrt{1-y^2}}^{y-1} f(x, y)dx$；

(4) $\int_0^1 dx \int_{1-x}^{1} f(x, y)dy + \int_1^2 dx \int_{\sqrt{x-1}}^{1} f(x, y)dy$；

(5) $\int_0^1 dy \int_y^{2-y} f(x, y)dx$.

4. (1) $\int_1^2 dx \int_0^{\ln x} f(x, y)dy$ 或者 $\int_0^{\ln 2} dy \int_{e^y}^{2} f(x, y)dx$；

(2) $\int_0^a dx \int_{-\sqrt{a^2-x^2}}^{\sqrt{a^2-x^2}} f(x, y)dy$ 或者 $\int_{-a}^{a} dy \int_0^{\sqrt{a^2-y^2}} f(x, y)dx$；

5. 略.

6. 略.

7. (1) $\int_0^{2\pi} d\theta \int_0^3 f(r\cos\theta, r\sin\theta) r dr$；

(2) $\int_0^{2\pi} d\theta \int_1^2 f(r\cos\theta, r\sin\theta) r dr$；

(3) $\int_{-\frac{\pi}{2}}^{\frac{\pi}{2}} d\theta \int_0^{2\cos\theta} f(r\cos\theta, r\sin\theta) r dr$.

8. (1) $\int_0^{\frac{\pi}{2}} d\theta \int_0^a f(r\cos\theta, r\sin\theta) r dr$；

(2) $\int_{\frac{\pi}{4}}^{\frac{\pi}{3}} d\theta \int_0^{\frac{2}{\cos\theta}} f(r\cos\theta, r\sin\theta) r dr$；

(3) $\int_0^{\frac{\pi}{2}} d\theta \int_{(\cos\theta+\sin\theta)^{-1}}^{1} f(r\cos\theta, r\sin\theta) r dr$.

9. (1) $\pi(e^9 - 1)$；　(2) $\dfrac{3}{4}\pi a^4$；

(3) $\dfrac{\pi}{4}(5\ln 5 - 4)$；　(4) $-3\pi\left(\arctan 2 - \dfrac{\pi}{4}\right)$.

10. (1) $\sqrt{2}-1$; (2) $\frac{9}{4}$;

(3) $2-\frac{\pi}{2}$; (4) $\frac{\pi}{8}(\pi-2)$.

11. (1) $p>q>1$ 时收敛于 $\frac{1}{(p-q)(q-1)}$，其他情况发散；

(2) $p>1$ 时收敛于 $\frac{\pi}{p-1}$，$p\leqslant 1$ 发散.

习题 7-3

1. $\frac{\pi^4}{3}$.

2. $\frac{7}{3}\ln 2$.

3. $\frac{e-1}{2}$.

4. $\frac{1}{2}\pi ab$.

习题 7-4

1. $\frac{3}{32}\pi a^4$.

2. $\frac{1}{3}R^3 ac\tan k$.

3. $2a^2(\pi-2)$.

4. $\sqrt{2}\pi$.

5. $16R^2$.

6. $\bar{x}=\frac{35}{48}$，$\bar{y}=\frac{35}{54}$.

7. $\bar{x}=\frac{2}{5}a$，$\bar{y}=\frac{2}{5}a$.

8. 51.2m^3.

9. 127324m^3.

习题七

1. (1) A; (2) B.

2. (1) $\frac{7}{8}+\arctan 2-\frac{\pi}{4}$; (2) $\frac{1066}{315}$;

(3) $\frac{1}{4}\ln 2-\frac{15}{256}$; (4) $\left(2\sqrt{2}-\frac{8}{3}\right)a^{\frac{3}{2}}$.

3. (1) $\int_{-1}^{0}\mathrm{d}y\int_{\pi-\arcsin y}^{2\pi+\arcsin y}f(x, y)\mathrm{d}x+\int_{0}^{1}\mathrm{d}y\int_{\arcsin y}^{\pi-\arcsin y}f(x, y)\mathrm{d}x$.

(2) $\int_{0}^{a}\mathrm{d}y\int_{\frac{y^2}{2a}}^{a-\sqrt{a^2-y^2}}f(x, y)\mathrm{d}x+\int_{a}^{2a}\mathrm{d}y\int_{\frac{y^2}{2a}}^{2a}f(x, y)\mathrm{d}x+\int_{0}^{a}\mathrm{d}y\int_{a+\sqrt{a^2-y^2}}^{2a}f(x, y)\mathrm{d}x$.

4. (1) $1-\sin 1$； (2) $\frac{1}{2}\left(\frac{3}{4}\mathrm{e}-\mathrm{e}^{\frac{1}{2}}\right)$.

5. $\frac{\pi}{4}a^4+4\pi a^2$.

6. $\frac{1}{6}a^3\left[\sqrt{2}+\ln(1+\sqrt{2})\right]$.

7. $\frac{9}{16}$.

8. (1) $14a^4$； (2) πR^3； (3) $\frac{1}{2}(e-1)$.

9. $a\mathrm{e}^{-a}-b\mathrm{e}^{-b}+\mathrm{e}^{-a}-\mathrm{e}^{-b}$.

10. 9π.

11. $\frac{\pi}{2}-1$.

12. 略.

13. (1) $\sqrt{2}-1$； (2) $\frac{8}{3}$.

14. $A^2/2$.

15. 略.

16. 略.

17. $-\sqrt{\frac{\pi}{2}}$.

18. 略.

第八章 无穷级数

习题 8-1

1. (1) $\frac{1+1}{1+1^2}+\frac{1+2}{1+2^2}+\frac{1+3}{1+3^2}+\frac{1+4}{1+4^2}+\frac{1+5}{1+5^2}+\cdots$；

(2) $\frac{1}{2}+\frac{1\cdot 3}{2\cdot 4}+\frac{1\cdot 3\cdot 5}{2\cdot 4\cdot 6}+\frac{1\cdot 3\cdot 5\cdot 7}{2\cdot 4\cdot 6\cdot 8}+\frac{1\cdot 3\cdot 5\cdot 7\cdot 9}{2\cdot 4\cdot 6\cdot 8\cdot 10}+\cdots$；

(3) $\frac{1}{3}-\frac{1}{3^2}+\frac{1}{3^3}-\frac{1}{3^4}+\frac{1}{3^5}+\cdots$；

(4) $\frac{1}{1}+\frac{2!}{2^2}+\frac{3!}{3^3}+\frac{4!}{4^4}+\frac{5!}{5^5}\cdots$.

2. (1) $(-1)^{n-1}\dfrac{n+1}{n}$； (2) $(-1)^{n}\dfrac{n+2}{n^2}$；

(3) $\dfrac{x^{\frac{n}{2}}}{2\cdot 4\cdot 6\cdot\cdots(2n)}$； (4) $(-1)^{n-1}\dfrac{a^{n+1}}{2n+1}$.

3. (1) 收敛； (2) 收敛.

4. (1) 收敛； (2) 发散； (3) 发散； (4) 发散； (5) 收敛.

5. $s-s_n=\dfrac{aq^n}{1-q}$.

6. $\dfrac{1}{4}$.

习题 8-2

1. (1) 发散； (2) 收敛； (3) 收敛； (4) 收敛；
   (5) 收敛； (6) 发散； (7) 发散； (8) $a>1$ 时收敛，$a\leqslant 1$ 时发散.

2. (1) 发散； (2) 收敛； (3) 收敛； (4) 收敛； (5) 发散；
   (6) $a>1$ 时发散，$a<1$ 时收敛，$a=1$ 时若 $k>1$ 则收敛，若 $k\leqslant 1$ 则发散；
   (7) 发散； (8) 收敛.

3. (1) 收敛； (2) 收敛； (3) 收敛； (4) 发散； (5) 发散；
   (6) 发散.

4. 判别级数 $\sum\limits_{n=1}^{\infty}\left(\dfrac{b}{a_n}\right)^n$ 敛散性，其中 $a_n\to a\,(n\to\infty)$，且 a_n，b，α 均为正数.

5. (1) 发散； (2) 收敛.

6. (1) 绝对收敛； (2) 绝对收敛； (3) 条件收敛； (4) 绝对收敛；
   (5) 发散； (6) 条件收敛.

习题 8-3

1. (1) $[-1,1]$； (2) $[-3,3)$； (3) $(-\infty,+\infty)$；
   (4) $\left[-\dfrac{1}{2},\dfrac{1}{2}\right]$； (5) $(-5,5]$； (6) $[-1,1)$；
   (7) $[1,3]$； (8) $[4,6)$； (9) $[-1,1]$.

2. (1) $R=\mathrm{e}^{-1}$； (2) $R=1$.

3. (1) $S(x)=\dfrac{1}{(1-x)^2}$，$-1<x<1$；

   (2) $S(x)=\begin{cases}1+\left(\dfrac{1}{x}-1\right)\ln(1-x) & x\in[-1,0)\cup(0,1)\\ 0 & x=0\\ 1 & x=1\end{cases}$；

   (3) $S(x)=\arctan x$，$-1\leqslant x\leqslant 1$.

4. $S(x)=\begin{cases}\dfrac{\ln(1+x^2)}{x}, & x\neq 0 \text{ 且 } |x|\leqslant 1 \\ 0, & x=0\end{cases}$, $\ln\dfrac{4}{3}$.

5. $\dfrac{a}{(a-1)^2}$.

习题 8-4

1. (1) $\ln(a+x)=\ln a+\sum\limits_{n=1}^{\infty}(-1)^{n-1}\dfrac{1}{n}\left(\dfrac{x}{a}\right)^n$, $(-a, a]$;

(2) $a^x=\sum\limits_{n=0}^{\infty}\dfrac{(x\ln a)^n}{n!}$, $(-\infty, +\infty)$;

(3) $e^{-x^2}=\sum\limits_{n=0}^{\infty}\dfrac{(-1)^n}{n!}x^{2n}$, $(-\infty, +\infty)$;

(4) $\sin^2 x=\sum\limits_{n=1}^{\infty}(-1)^{n+1}\dfrac{2^{2n-1}}{(2n)!}x^{2n}$, $(-\infty, +\infty)$;

(5) $\dfrac{x}{x^2-2x-3}=-\dfrac{1}{4}\sum\limits_{n=0}^{\infty}\left[\dfrac{1}{3^n}+(-1)^{n-1}\right]x^n$, $(-1, 1)$.

2. 将函数 $\sin\dfrac{\pi}{2}x=\sum\limits_{n=0}^{\infty}\dfrac{(-1)^{n+1}}{(2n+1)!}\left(\dfrac{\pi}{2}\right)^{2n+1}(x+2)^{2n+1}$, $(-\infty, +\infty)$.

3. $\dfrac{1}{1+x}=\sum\limits_{n=0}^{\infty}\dfrac{(-1)^n}{4^{n+1}}(x-3)^n$, $(-1, 7)$.

4. 将函数 $\dfrac{d}{dx}\left(\dfrac{e^x-1}{x}\right)=\sum\limits_{n=1}^{\infty}\dfrac{n}{(n+1)!}x^{n-1}$, $(-\infty, +\infty)$ 且 $x\neq 0$.

5. (1) 2.00430;　　(2) 0.9994.

6. 0.4940.

习题八

1. (1) 必要,充分;　(2) 充分必要;　(3) 收敛,发散.　(4) $\dfrac{2}{n(n+1)}$, 2;

(5) 0;　(6) $(-2, 4)$.

2. (1) C;　(2) B;　(3) D.

3. 1.

4. 1.

5. 略.

6. (1) 发散;　(2) 收敛;　(3) 收敛;　(4) 发散;

(5) 收敛;　(6) 收敛.

7. 略.

8. 0.

9. $a>\dfrac{1}{2}$ 时收敛, $a\leqslant\dfrac{1}{2}$ 时发散.

10. 略.

11. (1) 条件收敛；　(2) 发散；　(3) 条件收敛.

12. 略.

13. 略.

14. (1) $(-e, e)$；　(2) $(-\sqrt{2}, \sqrt{2})$；(3) $[1, 3]$.

15. (1) $\frac{1}{2}\arctan x - x + \frac{1}{4}\ln\frac{1+x}{1-x}(|x|<1)$；

(2) $\left(\frac{x^2}{4}+\frac{x}{2}+1\right)e^{\frac{x}{2}}, -\infty < x < +\infty$.

16. $\sum\limits_{n=0}^{\infty}(-1)^n \frac{x^{2n+2}}{(2n+1)(2n+2)}, -1 \leqslant x \leqslant 1$.

17. $-\sum\limits_{n=1}^{\infty}\frac{nx^{n-1}}{2^{n+1}}, |x|<2$.

18. $\sum\limits_{n=1}^{\infty}\left(\frac{1}{2^{n+1}}-\frac{1}{3^{n+1}}\right)(x+4)^n, x \in (-6, -2)$.

19. $-\sum\limits_{n=1}^{\infty}\frac{x^{4n}}{n}+\sum\limits_{n=1}^{\infty}\frac{x^n}{n}, -1<x<1$.

20. (1) $-\frac{1}{2}$；　(2) 0.

21. 收敛域为 $0<x<2$；$s(x)=-\frac{(x-1)(x-3)}{(2-x)^2}$.

22. $2e^{\frac{1}{2}}$.

*23. 1.648.

*24. 0.4874.

*25. $-\frac{\pi^2}{12}$.

26. 略.

27. 略.

28. 0.

29. $f^{(n)}(0)\begin{cases} 0, & n=2m-1 \\ \frac{(-1)^m}{2m+1}, & n=2m \end{cases}, m=1, 2, \cdots$.

30. (1) $\frac{\sqrt{3}}{4}b^2\sum\limits_{n=0}^{\infty}\left(\frac{3}{4}\right)^n$(2) $\sqrt{3}b^2$；　(3) 否.

第九章　常微分方程

习题 9-1

1. (1) 一阶；　(2) 二阶；　(3) 三阶；　(4) 一阶.

2. (1) 是；　(2) 是；　(3) 不是；　(4) 是.

3. 略.

4. $y^{*}=\frac{1}{2}x+2$.

5. $u(x)=\frac{(1+x)^{2}}{4}+\frac{\ln(1+x)^{2}}{(1+x)^{2}}+\frac{C}{(1+x)^{2}}$.

习题 9-2

1. (1) $y=e^{Cx}$；　(2) $(y^{2}-1)(x^{2}-1)=C$；

(3) $y=C\sin x-1$；　(4) $e^{-y}=1-Cx$.

2. (1) $y+\sqrt{y^{2}-x^{2}}=Cx^{2}$；　(2) $\ln\frac{y}{x}=Cx+1$；

(3) $\sin\frac{y}{x}=\ln|Cx|$；　(4) $x+2ye^{\frac{x}{y}}=C$.

3. (1) $y=2+Ce^{-x^{2}}$；　(2) $y=x^{3}+Cx$；

(3) $x=Cy^{3}+\frac{1}{2}y^{2}$；　(4) $x=\frac{Ce^{-y}}{y}+\frac{e^{y}}{2y}$；

(5) $x=-2\sin y-2+Ce^{\sin y}$；　(6) $y=f(x)-1+Ce^{-f(x)}$.

4. (1) $y=\frac{2}{3}(4-e^{-3x})$；　(2) $y=\frac{x}{\cos x}$.

*5. (1) $\frac{3}{2}x^{2}+\ln\left|1+\frac{3}{y}\right|=C$；　(2) $\frac{1}{y^{3}}=Ce^{x}-1-2x$.

6. $y(x)=\frac{1}{2}e^{x}+Ce^{-x}$.

习题 9-3

1. (1) $y=\frac{x^{4}}{24}+\cos x+C_{1}x^{2}+C_{2}x+C_{3}$；　(2) $y=xe^{x}-2e^{x}+C_{1}x+C_{2}$；

(3) $y=-\ln|\cos(x+C_{1})|+C_{2}$；　(4) $y=C_{1}e^{x}-\frac{x^{2}}{2}-x+C_{2}$；

(5) $y=C_{1}\ln|x|+C_{2}$；　(6) $C_{1}y^{2}-1=(C_{1}x+C_{2})^{2}$.

2. (1) $y=\sqrt{2x-x^{2}}$；

(2) $y=\frac{1}{a^{3}}e^{ax}-\frac{e^{a}}{2a}x^{2}+\frac{e^{a}}{a^{2}}(a-1)x+\frac{e^{a}}{2a^{3}}2a-a^{2}-2)$；

(3) $y=\ln\sec x$；

(4) $y=\left(\frac{1}{2}x+1\right)^{4}$.

2. $y=\frac{1}{3}x^{3}-\frac{2}{3}x^{2}+\frac{1}{3}$.

习题 9-4

1. (1) 线性无关； (2) 线性无关； (3) 线性相关； (4) 线性无关.
2. $y=C_1\cos\omega x+C_2\sin\omega x$.
3. $y=(C_1+C_2x)e^{x^2}$.
4. $y=C_1e^x+C_2x^2$(答案不唯一).
5. 略.

习题 9-5

1. (1) $y=C_1e^{-2x}+C_2e^{-3x}$； (2) $y=(C_1+C_2x)e^{\frac{3}{4}x}$；
   (3) $y=C_1e^{-3x}+C_2e^{-4x}$； (4) $y=(C_1+C_2x)e^{6x}$；
   (5) $y=e^{-\frac{1}{2}x}(C_1\cos\frac{\sqrt{3}}{2}x+C_2\sin\frac{\sqrt{3}}{2}x)$；
   (6) 当 $\mu>0$ 时，$y=C_1\cos\sqrt{\mu}x+C_2\sin\sqrt{\mu}x$，当 $\mu=0$ 时，$y=C_1+C_2x$，当 $\mu<0$ 时，$y=C_1e^{\sqrt{-\mu}x}+C_2e^{-\sqrt{-\mu}x}$.
2. (1) $y=(2+x)e^{-\frac{x}{2}}$； (2) $y=2e^{-2x}\sin 5x$.
3. 略.
4. (1) $y=e^{-\frac{1}{2}x}\left(C_1\cos\frac{\sqrt{7}}{2}x+C_2\sin\frac{\sqrt{7}}{2}x\right)+\frac{1}{2}x^2-\frac{1}{2}x-\frac{7}{4}$；
   (2) $y=C_1+C_2e^{-x}+e^x\left(x^2-3x+\frac{7}{2}\right)$；
   (3) $y=(C_1+C_2x)e^{3x}+\left(\frac{3}{25}\cos x-\frac{4}{25}\sin x\right)e^x$；
   (4) $y=C_1\cos x+C^2\sin x+\frac{e^x}{2}+\frac{x}{2}\sin x$.
5. $\alpha=2$，$\beta=1$，$\gamma=-1$，通解 $y=C_1e^{2x}+C_2e^x+xe^x$.

习题九

1. (1) 3； (2) $y=e^{-\int P(x)dx}\left(\int Q(x)e^{\int P(x)dx}dx+C\right)$；
   (3) $y'=f(x,y)$，$y|_{x=x_0}=0$； (4) $y=C_1(x-1)+C_2(x^2-1)+1$；
   (5) $y''-5y'+6y=0$.
2. (1) $1+y^2=C(x^2-1)$； (2) $(e^x+1)(1-e^y)=C$；
   (3) $\ln[C(y+2x)]+\frac{x}{y+2x}=0$； (4) $x+2ye^{x/y}=C$；
   (5) $\sin\frac{y^2}{x}=Cx$； (6) $y=\arctan(x+y)+C$.

3. (1) $(1+e^x)\sec y=2\sqrt{2}$; (2) $x^2+y^2=x+y$.

4. A.

5. $y=Ce^{-2\arctan\frac{y+2}{x-3}}-2$.

6. $y^2=(4+Cx^5)x^3/(Cx^5-1)$, $y^2=x^3$.

7. $y^3=x$.

8. (1) $\sqrt[3]{\dfrac{a}{b}}$; (2) $\left[\dfrac{a}{b}+\left(1-\dfrac{a}{b}\right)e^{-3bkt}\right]^{1/3}$; (3) $\left(\dfrac{a}{b}\right)^{1/3}$.

9. (1) $y=ax+\dfrac{C}{\ln x}$; (2) $\dfrac{x^2}{y^2}=C-\dfrac{2}{3}x^3\left(\ln x+\dfrac{2}{3}\right)$

(3) $y=\left(-\dfrac{1}{2}\cos x^2+\widetilde{C}\right)(x+1)^n$; (4) $x=\ln y+Cy^{-2}-\dfrac{1}{2}$;

(5) $y^{-\frac{1}{3}}=-\dfrac{3}{7}x^3+C_1x^{\frac{2}{3}}$.

10. (1) $y\sin x+5e^{\cos x}=1$; (2) $y=\dfrac{e^x}{x}(e^x-1)$.

11. $y=x(\ln\ln x+e^{-1})$.

12. (1) $y=-\ln|\cos(x+C_1)|+C_2$;

(2) $x=C_2\pm\left[\dfrac{2}{3}(\sqrt{y}+C_1)^{3/2}-2C_1\sqrt{\sqrt{y}+C_1}\right]$;

(3) $\dfrac{2}{C_1}\sqrt{C_1y-1}=\pm x+C_2$;

(4) $y=-\dfrac{1}{2}(x+\widetilde{C}_1)^2-\widetilde{C}_1^2\ln|x-\widetilde{C}_1|+C_2$.

13. (1) $y=e^{-x}-e^{4x}$; (2) $y=e^{2x}\sin 3x$.

14. (1) $y=C_1+C_2e^{-\frac{5}{2}x}+\dfrac{1}{3}x^3-\dfrac{3}{5}x^2+\dfrac{7}{25}x$;

(2) $y=C_1e^{-x}+C_2e^{-2x}+\left(\dfrac{3}{2}x^2-3x\right)e^{-x}$;

(3) $y=e^x(C_1\cos 2x+C_2\sin 2x)-\dfrac{1}{4}xe^x\cos 2x$;

(4) $y=C_1e^x+C_2e^{-x}-\dfrac{1}{2}+\dfrac{1}{10}\cos 2x$;

(5) $y=C_1\cos 2x+C_2\sin 2x+\dfrac{1}{8}x+\dfrac{1}{8}x\sin 2x$.

15. $y=\left[\left(\dfrac{1}{e}-\dfrac{1}{6}\right)+\dfrac{1}{2}x\right]e^x+\dfrac{x^3}{6}e^x-\dfrac{x^2}{2}e^x$.

16. $y^2(1+y'2)=1$.

17. $y=2e^{2x}-e^x$.

18. 略.

19. $f(x)=x\mathrm{e}^{x+1}$.

20. $\varphi(x)=\cos x+\sin x$.

21. $\varphi(x)=\sqrt{\mathrm{e}^{2x}-1}-\arctan\sqrt{\mathrm{e}^{2x}-1}$.

本书由上海财经大学浙江学院发展基金资助出版

高等院校经济数学系列教材

高等数学

习题集

（第二版）

沈炳良　邹晓光　晁海洲　郭巧玲　编

上海财经大学出版社
SHANGHAI UNIVERSITY OF FINANCE & ECONOMICS PRESS

目录

第一章

函数、极限与连续

Ⅰ 教学基本要求

1. 理解映射与函数的概念，掌握函数的表示方法，并会建立简单应用问题中的函数关系式.

2. 了解函数的奇偶性、单调性、周期性和有界性.

3. 理解复合函数及分段函数的概念，了解反函数及隐函数的概念.

4. 掌握基本初等函数的性质及其图形.

5. 理解极限的概念，理解函数左极限与右极限的概念，以及极限存在与左、右极限之间的关系.

6. 掌握极限的性质及四则运算法则.

7. 了解极限存在的两个准则，并会利用它们求极限，掌握利用两个重要极限求极限的方法.

8. 理解无穷小、无穷大的概念，掌握无穷小的比较方法，会用等价无穷小求极限.

9. 理解函数连续性的概念(含左连续与右连续)，会判别函数间断点的类型.

10. 了解连续函数的性质和初等函数的连续性，了解闭区间上连续函数的性质(有界性、最大值和最小值定理、介值定理)，并会应用这些性质.

Ⅱ 本章知识要点

一、函数基本概念

1. 基本概念

定义 1(邻域) 设 a, $\delta \in R$, $\delta > 0$, 数集 $\{x \mid |x-a| < \delta,\ x \in R\}$，即实数轴上和 a

点的距离小于 δ 的点的全体,称为点 **a 的 δ 邻域**,记作 $U(a,\delta)$,点 a 与数 δ 分别称为这邻域的中心和半径. 有时用 $U(a)$ 表示点 a 的一个泛指的邻域,即: $U(a,\delta)=(a-\delta,a+\delta)$.

实数集 $\{x \mid 0<|x-a|<\delta, x\in R\}$,称为点 a 的**去心邻域**,记作 $\mathring{U}(a,\delta)$. 即:

$$\mathring{U}(a,\delta)=(a-\delta,a)\cup(a,a+\delta).$$

定义 2(映射) 设 A, B 是两个非空的集合,若对 A 中的每个元素 x,按照某种确定的法则 f,在 B 中有唯一的一个元素 y 与之对应,则称 f 是从 A 到 B 的一个**映射**,记作 $f: A\to B$,称 y 为 x 在映射 f 下的像,x 称为 y 在映射 f 下的原像. 集合 A 称为映射 f 的定义域,A 中所有元素 x 的像 y 的全体所构成的集合称为 f 的值域,记作 R_f 或 $f(A)$,即:

$$R_f=f(A)=\{y \mid y=f(x), x\in A\}.$$

定义 3(复合映射) 设有映射 $g: A\to B$, $f: B\to C$,于是对 $x\in A$,有

$$x\xrightarrow{g}u=g(x)\xrightarrow{f}y=f(u)=f[g(x)]\in C.$$

这样,对每个 $x\in A$,经过 $u\in B$,有唯一的 $y\in C$ 与之对应,因此,又产生了一个从 A 到 C 的新映射,记作 $f\circ g: A\to C$,即 $(f\circ g)(x)=f[g(x)]$, $x\in A$,称 $f\circ g$ 为 f 与 g 的**复合映射**.

定义 4(逆映射) 设有映射 $f: A\to B$, $B=f(A)$,若存在一个映射 $g: B\to A$,对每个 $y\in B$,通过 g,有唯一的 $x\in A$ 与之对应,且满足关系 $f(x)=y$,则称 g 是 f 的**逆映射**,记作 $g=f^{-1}$.

若映射 $f: A\to B$ 是一一映射,则 f 必存在一个从 B 到 A 的逆映射 f^{-1}.

定义 5(函数) 如果当变量 x 在其变化范围 D 内任意取定一个数值时,变量 y 按照一定的法则 f 总有确定的数值与之对应,则称 y 是 x 的函数,记为 $y=f(x)$. 通常 x 称为自变量,y 称为因变量,变量 x 的变化范围 D 称为函数的定义域,记为 D_f,即 $D_f=D$. 函数值 $f(x)$ 的全体所构成的集合称为函数的值域,记为 R_f 或 $f(D)$,即: $R_f=\{y \mid y=f(x), x\in D\}$.

2. 函数特性

定义 6(有界性) 设函数 $f(x)$ 的定义域为 D_f,数集 $X\subseteq D_f$,若存在某个常数 K_1(或 K_2),使得对任一 $x\in X$,都有

$$f(x)\leqslant K_1 \quad (\text{或 } f(x)\geqslant K_2),$$

则称函数 $f(x)$ 在 X 上有上界(或有下界),常数 K_1(或 K_2)称为 $f(x)$ 在 X 上的一个上界(或下界),否则,称 $f(x)$ 在 X 上无上界(或无下界).

定义 7(单调性) 如果函数 $f(x)$ 在区间 (a,b) 内随着 x 增大而增大,即:对于 (a,b) 内任意两点 x_1 及 x_2,当 $x_1<x_2$ 时,有 $f(x_1)<f(x_2)$,则称函数 $f(x)$ 在区间 (a,b) 内是单调增加的.

如果函数 $f(x)$ 在区间 (a,b) 内随着 x 增大而减小,即:对于 (a,b) 内任意两点 x_1 及 x_2,当 $x_1<x_2$ 时,有 $f(x_1)>f(x_2)$,则称函数 $f(x)$ 在区间 (a,b) 内是单调减小的.

定义 8(奇偶性) 如果函数 $f(x)$ 对于定义域内的任意 x 都满足 $f(-x)=f(x)$,则 $f(x)$ 叫作偶函数;如果函数 $f(x)$ 对于定义域内的任意 x 都满足 $f(-x)=-f(x)$,则

$f(x)$ 叫作奇函数.

偶函数的图形关于 y 轴对称,奇函数的图形关于原点对称.

定义 9(周期性)　对于函数 $f(x)$,若存在一个不为零的数 T,使得关系式 $f(x+T)=f(x)$ 对于定义域内任何 x 值都成立,则 $f(x)$ 叫作周期函数,T 是 $f(x)$ 的周期.

3. 一元实函数

定义 10(复合函数)　设函数 $y=f(u)$ 的定义域为 D_f,值域为 R_f;而函数 $u=g(x)$ 的定义域为 D_g,值域为 $R_g \subseteq D_f$,则对任意 $x \in D_g$,通过 $u=g(x)$ 有唯一的 $u \in R_g \subseteq D_f$ 与 x 对应,再通过 $y=f(u)$ 又有唯一的 $y \in R_f$ 与 u 对应. 这样,对任意 $x \in D_g$,通过 u,有唯一的 $y \in R_f$ 与之对应. 因此 y 是 x 的函数,称这个函数为 $y=f(u)$ 与 $u=g(x)$ 的**复合函数**,记作

$$y=(f \circ g)(x)=f[g(x)],\ x \in D_g,$$

u 称为中间变量.

定义 11(反函数)　设 A,B 为实数集,映射 f: $A \to B$ 的逆映射 f^{-1} 称为 $y=f(x)$ 的反函数,即:若对每个 $y \in B$,有唯一的 $x \in A$,使 $y=f(x)$,则称 x 也是 y 的函数,记作 f^{-1},即 $x=f^{-1}(y)$,并称它为函数 $y=f(x)$ 的**反函数**,而 $y=f(x)$ 也称为反函数 $x=f^{-1}(y)$ 的直接函数.

定义 12　基本初等函数包括:

常数函数:$y=c$;

幂函数:$y=x^{\alpha}$,$\alpha \in R$;

指数函数:$y=a^x$;$a>0$ 且 $a \neq 1$;

对数函数:$y=\log_a x$,$a>0$ 且 $a \neq 1$,特别当 $a=e$ 时,记为 $y=\ln x$;

三角函数:如 $y=\sin x$,$y=\cos x$,$y=\tan x$,$y=\cot x$,

$$y=\sec x=\frac{1}{\cos x},\quad y=\csc x=\frac{1}{\sin x};$$

反三角函数:$y=\arcsin x$,$y=\arccos x$,$y=\arctan x$,$y=\operatorname{arccos} x$.

由基本初等函数,经过有限次四则运算及有限次复合而成的,并且能用一个解析式表示的函数,称为**初等函数**.

二、数列极限

1. 数列极限定义

定义 13(数列极限)　一般地,对于数列 x_1,x_2,…,x_n,… 来说,若存在任意给定的正数 ε(不论其多么小),总存在正整数 N,使得对于 $n>N$ 时的一切 x_n 不等式 $|x_n-a|<\varepsilon$ 都成立,那么就称常数 a 是数列 $\{x_n\}$ 的极限,或者称数列 $\{x_n\}$ 收敛于 a.

记作:$\lim\limits_{n\to\infty} x_n=a$ 或 $x_n \to a\ (n \to \infty)$.

2. 收敛数列性质

性质 1(极限的唯一性)　如果数列 $\{x_n\}$ 收敛,那么它的极限唯一.

性质 2(收敛数列的有界性)　如果数列 $\{x_n\}$ 收敛,那么数列 $\{x_n\}$ 一定有界.

性质 3(收敛数列的保号性) 若 $\lim\limits_{n\to\infty} x_n = a$，$a>0$(或 $a<0$)，则 $\exists N>0$，当 $n>N$ 时，$x_n>0$(或 $x_n<0$).

性质 4(收敛数列与其子列的关系) 如果数列 $\{x_n\}$ 收敛 a，那么它的任一子列也收敛，且极限也是 a.

三、函数极限

1. 函数极限定义

定义 14(函数极限 1) $f(x)$当 x 大于某一正数时有定义，如果存在常数 A，对任意给定的正数 ε，总存在正数 X，使得当 $x>X$ 时，不等式

$$|f(x)-A|<\varepsilon$$

都成立，则称 A 是函数 $f(x)$在 $x\to+\infty$ 时的极限，记作

$$\lim_{x\to+\infty} f(x)=A.$$

定义 15(函数极限 2) 设函数 $y=f(x)$ 在某点 x_0 的某个去心邻域内有定义，且存在常数 A，对于任意给定的正数 ε (不论其多么小)，总存在正数 δ，当 $0<|x-x_0|<\delta$ 时，$|f(x)-A|<\varepsilon$，则称函数 $y=f(x)$ 当 $x\to x_0$ 时存在极限，且极限为 A，记为：

$$\lim_{x\to x_0} f(x)=A \quad 或者 \quad f(x)\to A(x\to x_0).$$

定义 16(函数左右极限) 在 $\lim\limits_{x\to x_0} f(x)=A$ 的定义中，把 $0<|x-x_0|<\delta$ 改成 $x_0-\delta<x<x_0$，那么 A 就叫作函数 $f(x)$ 当 $x\to x_0$ 时的左极限，记作：

$$\lim_{x\to x_0^-} f(x)=A \quad 或者 \quad f(x_0^-)=A.$$

类似地，在 $\lim\limits_{x\to x_0} f(x)=A$ 的定义中，把 $0<|x-x_0|<\delta$ 改成 $x_0<x<x_0+\delta$，那么 A 就叫作函数 $f(x)$ 当 $x\to x_0$ 时的右极限，记作：

$$\lim_{x\to x_0^+} f(x)=A \quad 或者 \quad f(x_0^+)=A.$$

左、右极限统称为函数 $f(x)$ 的单侧极限.

2. 函数极限性质

性质 5(函数极限的唯一性) 如果 $\lim\limits_{x\to x_0} f(x)$ 存在，则它的极限必唯一.

性质 6(函数极限的局部有界性) 如果 $\lim\limits_{x\to x_0} f(x)=A$，则在 x_0 的某去心邻域内，函数 $f(x)$ 有界.

性质 7(函数极限的局部保号性) 如果 $\lim\limits_{x\to x_0} f(x)=A$，且 $A>0$(或 $A<0$)，则存在 x_0 的某去心邻域，在此去心邻域内有 $f(x)>0$(或 $f(x)<0$).

性质 8(函数极限与数列极限的关系) $\lim\limits_{x\to x_0} f(x)=A$ 的充要条件是对任意的数列 $\{x_n\}$，$x_n\in D_f(x_n\neq x_0)$，当 $x_n\to x_0(n\to\infty)$ 时，都有 $\lim\limits_{n\to\infty} f(x_n)=A$，这里 A 可为有限数或为∞.

四、无穷大、无穷小

1. 无穷大、无穷小定义

定义 17(无穷小)　若函数 $f(x)$ 当 $x \to x_0$(或 $x \to \infty$)时的极限为零,则称函数 $f(x)$ 为当 $x \to x_0$(或 $x \to \infty$)时的无穷小,常用 α, β, γ 等表示.

定义 18(无穷大)　若 $\forall M > 0$(无论它多么大),总 $\exists \delta > 0$(或 $\exists X > 0$),当 $x \in \mathring{U}(x_0, \delta)$(或 $|x| > X$)时,$|f(x)| > M$ 恒成立,则称 $f(x)$ 当 $x \to x_0$ 或 $x \to \infty$ 时是一个无穷大.

2. 无穷小性质

性质 9(极限与无穷小量之间的关系)　函数 $f(x)$ 以 A 为极限的充分必要条件是:$f(x)$ 可以表示为 A 与一个无穷小 α 之和.

性质 10　在某极限过程中,若 $f(x)$ 为无穷大,则 $\dfrac{1}{f(x)}$ 为无穷小;反之,若 $f(x)$ 为无穷小,且 $f(x) \neq 0$,则 $\dfrac{1}{f(x)}$ 为无穷大.

3. 无穷小比较

(1) 设 $\alpha(x)$, $\beta(x)$ 是同一极限过程中的两个无穷小量:

$$\lim\alpha(x) = 0,\quad \lim\beta(x) = 0.$$

若 $\lim \dfrac{\alpha(x)}{\beta(x)} = 0$,则称 $\alpha(x)$ 为 $\beta(x)$ 的高阶无穷小,记为 $\alpha(x) = o(\beta(x))$;

若 $\lim \dfrac{\alpha(x)}{\beta(x)} = \infty$,则称 $\alpha(x)$ 为 $\beta(x)$ 的低阶无穷小,记为 $\beta(x) = o(\alpha(x))$;

若 $\lim \dfrac{\alpha(x)}{\beta(x)} = A\ (A \neq 0)$,则称 $\alpha(x)$ 是 $\beta(x)$ 的同阶无穷小,记为 $\beta(x) = O(\alpha(x))$;

特别地,当 $A = 1$ 时,则称 $\alpha(x)$ 与 $\beta(x)$ 是等价无穷小,记为 $\alpha(x) \sim \beta(x)$.

(2) 设 α, β 是等价无穷小量的充分必要条件为 $\beta = \alpha + o(\alpha)$,即:

$$\alpha \sim \beta \Leftrightarrow \beta = \alpha + o(\alpha).$$

(3) 常用的等价无穷小量包括:

当 $x \to 0$ 时,有

$\sin x \sim x$,	$\tan x \sim x$,	$\arcsin x \sim x$,
$\arctan x \sim x$,	$1 - \cos x \sim \dfrac{1}{2}x^2$,	$e^x - 1 \sim x$,
$\ln(1 + x) \sim x$,	$\sqrt{1+x} - 1 \sim \dfrac{x}{2}$,	$(1 + x)^\alpha - 1 \sim \alpha x\ (\alpha \in R)$.

五、函数极限求解

1. 函数极限四则运算

若 $\lim f(x) = A$, $\lim g(x) = B$,则

(1) $\lim[f(x)\pm g(x)]=\lim f(x)\pm\lim g(x)=A\pm B$；

(2) $\lim[f(x)g(x)]=\lim f(x)\lim g(x)=A\cdot B$；

(3) $\lim\dfrac{f(x)}{g(x)}=\dfrac{\lim f(x)}{\lim g(x)}=\dfrac{A}{B}$ $(B\neq 0)$.

2. 复合函数的极限运算法则

设 $y=f[g(x)]$ 是由函数 $y=f(u)$ 及 $u=g(x)$ 复合而成的函数，$f[g(x)]$ 在点 x_0 的某去心邻域内有定义，若 $\lim\limits_{x\to x_0}g(x)=u_0$，$\lim\limits_{u\to u_0}f(u)=A$，且存在 $\delta_0>0$，当 $x\in\mathring{U}(x_0,\delta_0)$ 时，有 $g(x)\neq u_0$，则

$$\lim_{x\to x_0}f[g(x)]=\lim_{u\to u_0}f(u)=A.$$

3. 极限存在准则

(1) 夹逼准则Ⅰ

如果数列 $\{x_n\}$、$\{y_n\}$ 及 $\{z_n\}$ 满足下列条件：

① $y_n\leqslant x_n\leqslant z_n(n=1,2,3\cdots)$；

② $\lim\limits_{n\to\infty}y_n=a$，$\lim\limits_{n\to\infty}z_n=a$，

那么数列 $\{x_n\}$ 的极限存在，且 $\lim\limits_{n\to\infty}x_n=a$.

(2) 单调有界准则Ⅱ

单调有界数列必有极限.

4. 两个重要极限

$$\lim_{x\to 0}\frac{\sin x}{x}=1;$$

$$\lim_{x\to\infty}\left(1+\frac{1}{x}\right)^x=e.$$

六、函数连续性

1. 连续函数定义

定义 19（函数连续） 设函数 $y=f(x)$ 在点 x_0 的某个邻域内有定义，若 $\lim\limits_{x\to x_0}f(x)=f(x_0)$，则称函数 $f(x)$ 在点 x_0 处连续.

2. 函数间断点

定义 20（间断点） 若 x_0 是 $f(x)$ 的间断点，但左、右极限 $f(x_0^-)$，$f(x_0^+)$ 都存在，那么 x_0 称为函数 $f(x)$ 的**第一类间断点**. 不是第一类间断点的任何间断点，称为**第二类间断点**.

3. 连续函数性质

(1) 连续函数的四则运算

设函数 $f(x)$ 和 $g(x)$ 都在点 x_0 处连续，则

① $f(x)\pm g(x)$ 在点 x_0 处连续；

② $f(x)\cdot g(x)$ 在点 x_0 处连续；

③ $\dfrac{f(x)}{g(x)}$ 在点 x_0 处连续 $(g(x_0)\neq 0)$.

(2) 反函数与复合函数的连续性

设函数 $y=f(x)$ 在区间 I_x 上单调增加(或单调减少)且连续,那么它的反函数 $x=f^{-1}(y)$ 也在对应的区间 $I_y=\{y \mid y=f(x),\ x\in I_x\}$ 上单调增加(或单调减少)且连续.

设函数 $y=f[\varphi(x)]$ 是由函数 $y=f(u)$, $u=\varphi(x)$ 复合而成的复合函数, $U(x_0)\subseteq D_{f\cdot g}$. 如果 $u=\varphi(x)$ 在点 x_0 连续,又 $y=f(u)$ 在相应点 $u_0=\varphi(x_0)$ 处连续,则 $y=f[\varphi(x)]$ 在点 x_0 处连续.

(3) 初等函数的连续性

初等函数在其定义区间内也是连续的.

(4) 闭区间上连续函数的性质

定理 1(最大值最小值定理)　若函数 $f(x)$ 在闭区间 $[a,b]$ 上连续,则函数 $f(x)$ 在 $[a,b]$ 上一定能取到最大值和最小值.

定理 2(有界性定理)　闭区间上的连续函数一定是该区间上的有界函数.

定理 3(零点定理)　设函数 $f(x)$ 在闭区间 $[a,b]$ 上连续,且 $f(a)$ 与 $f(b)$ 异号(即 $f(a)\cdot f(b)<0$),那么在开区间 (a,b) 内至少有一点 ξ $(a<\xi<b)$,使 $f(\xi)=0$.

定理 4(介值定理)　设函数 $f(x)$ 在闭区间 $[a,b]$ 上连续,那么它在 $[a,b]$ 上能取到介于其最大值 M 与最小值 m 之间的任何值.

Ⅲ　典型例题讲解

一、求函数解析式

例 1　设 $f(x)=\begin{cases} x+1, & |x|\leqslant 1 \\ 0, & |x|>1 \end{cases}$, $g(x)=\begin{cases} x, & |x|\leqslant 2 \\ 2-x, & |x|>2 \end{cases}$,求 $f[g(x)]$.

解　$f[g(x)]=\begin{cases} g(x)+1, & |g(x)|\leqslant 1 \\ 0, & |g(x)|>1 \end{cases}$,

(1) 当 $|x|\leqslant 2$, $|g(x)|=|x|\leqslant 1$,即: $|x|\leqslant 1$ 时, $f[g(x)]=x+1$;

(2) 当 $|x|>2$, $|g(x)|=|2-x|\leqslant 1$,即: $2<x\leqslant 3$ 时, $f[g(x)]=2-x+1=3-x$;

(3) 当 $|x|\leqslant 2$, $|g(x)|=|x|>1$,即: $-2\leqslant x<-1$ 或 $1<x\leqslant 2$ 时, $f[g(x)]=0$;

(4) 当 $|x|>2$, $|g(x)|=|2-x|>1$,即: $x>3$ 或 $x<-2$ 时, $f[g(x)]=0$;

$$\therefore f[g(x)]=\begin{cases} 0, & x<-2 \\ 0, & -2\leqslant x<-1 \\ x+1, & -1\leqslant x\leqslant 1 \\ 0, & 1<x\leqslant 2 \\ 3-x, & 2<x\leqslant 3 \\ 0, & 3<x \end{cases}.$$

二、用定义证明极限

例 2　用定义证明 $\lim\limits_{n\to\infty}\dfrac{2n^2+3}{n^2+2n}=2$.

证 要使 $\left|\dfrac{2n^2+3}{n^2+2n}-2\right|<\varepsilon$ 成立，因为

$$\left|\frac{2n^2+3}{n^2+2n}-2\right|=\left|\frac{4n-3}{n^2+2n}\right|<\frac{4n}{n^2}=\frac{4}{n},$$

所以只要 $\dfrac{4}{n}<\varepsilon$ 即可，

即 $n>\dfrac{4}{\varepsilon}$，取 $N=\left[\dfrac{4}{\varepsilon}\right]$. 有

$$\forall\varepsilon>0,\ \exists N=\left[\frac{4}{\varepsilon}\right]，当 n>N 时，\left|\frac{2n^2+3}{n^2+2n}-2\right|<\frac{4}{n}<\varepsilon 成立.$$

因此，$\lim\limits_{n\to\infty}\dfrac{2n^2+3}{n^2+2n}=2$.

例 3 用定义证明 $\lim\limits_{x\to1}\dfrac{x^2-x}{3x^2+2x-5}=\dfrac{1}{8}$.

证 $\forall\varepsilon>0$，要找正数 δ，使当 $0<|x-1|<\delta$ 时，$\left|\dfrac{x^2-x}{3x^2+2x-5}-\dfrac{1}{8}\right|<\varepsilon$ 成立.

因为 $\left|\dfrac{x^2-x}{3x^2+2x-5}-\dfrac{1}{8}\right|=\left|\dfrac{5(x-1)^2}{8(3x^2+2x-5)}\right|=\left|\dfrac{5(x-1)}{8(3x+5)}\right|$，限制 $|x-1|<1$，有 $0<x<2$，那么

$$\left|\frac{x^2-x}{3x^2+2x-5}-\frac{1}{8}\right|=\left|\frac{5(x-1)}{8(3x+5)}\right|<\frac{5}{8}\cdot\frac{|x-1|}{5}=\frac{|x-1|}{8}.$$

所以可取 $\delta=\min(8\varepsilon,1)$，即有

$\forall\varepsilon>0$，当 $0<|x-1|<\delta$ 时，$\left|\dfrac{x^2-x}{3x^2+2x-5}-\dfrac{1}{8}\right|<\varepsilon$ 成立，因此

$$\lim_{x\to1}\frac{x^2-x}{3x^2+2x-5}=\frac{1}{8}.$$

三、利用极限存在准则求极限

例 4 求：(1) $\lim\limits_{n\to\infty}\dfrac{1}{n}(1+\sqrt[n]{2}+\cdots+\sqrt[n]{n})$；

(2) $\lim\limits_{n\to\infty}\left(\dfrac{1}{\sqrt{n^2+1}}+\dfrac{1}{\sqrt{n^2+2}}+\cdots+\dfrac{1}{\sqrt{n^2+n}}\right)$.

解 (1) 因为 $\dfrac{1}{n}(1+1+\cdots+1)<\dfrac{1}{n}(1+\sqrt[n]{2}+\cdots+\sqrt[n]{n})<\dfrac{1}{n}\cdot(\sqrt[n]{n}+\sqrt[n]{n}+\cdots+\sqrt[n]{n})$，

即 $1<\dfrac{1}{n}(1+\sqrt[n]{2}+\cdots+\sqrt[n]{n})<\sqrt[n]{n}$.

而 $\lim\limits_{n\to\infty}\sqrt[n]{n}=1$，所以

$$\lim_{n\to\infty}\frac{1}{n}(1+\sqrt[n]{2}+\cdots+\sqrt[n]{n})=1.$$

（2）因为 $\dfrac{n}{\sqrt{n^2+n}}<\dfrac{1}{\sqrt{n^2+1}}+\dfrac{1}{\sqrt{n^2+2}}+\cdots+\dfrac{1}{\sqrt{n^2+n}}<\dfrac{n}{\sqrt{n^2+1}}<1$，

而 $\lim\limits_{n\to\infty}\dfrac{n}{\sqrt{n^2+n}}=1$，所以

$$\lim_{n\to\infty}\frac{1}{n}\left(\frac{1}{\sqrt{n^2+1}}+\frac{1}{\sqrt{n^2+2}}+\cdots+\frac{1}{\sqrt{n^2+n}}\right)=1.$$

例 5　已知 $x_1>0$，$x_{n+1}=2+\dfrac{3}{x_n}$，$n=1,2,\cdots$，证明 $\{x_n\}$ 极限存在并求之.

解　由已知得，对任意的 n，有 $x_{n+1}=2+\dfrac{3}{x_n}>2$.

又因为

$$0<|x_{n+1}-3|=\left|\frac{3-x_n}{x_n}\right|<\frac{1}{2}|3-x_n|<\frac{1}{2^2}|3-x_{n-1}|<\cdots<\frac{1}{2^n}|3-x_1|,$$

而 $|3-x_1|$ 是常数，所以 $\lim\limits_{n\to\infty}\dfrac{1}{2^n}|3-x_1|=0$.

由夹逼准则，$\lim\limits_{n\to\infty}|x_{n+1}-3|=0$，从而 $\{x_n\}$ 极限存在，且 $\lim\limits_{n\to\infty}x_n=3$.

四、利用两个重要极限求相关极限

例 6　求极限 $\lim\limits_{n\to+\infty}\cos\dfrac{x}{2}\cos\dfrac{x}{2^2}\cdots\cos\dfrac{x}{2^n}$ $(x\neq 0)$.

解

$$\lim_{n\to+\infty}\cos\frac{x}{2}\cos\frac{x}{2^2}\cdots\cos\frac{x}{2^n}=\lim_{n\to+\infty}\frac{\cos\frac{x}{2}\cos\frac{x}{2^2}\cdots\cos\frac{x}{2^n}\sin\frac{x}{2^n}}{\sin\frac{x}{2^n}}$$

$$=\lim_{n\to+\infty}\frac{\frac{1}{2^n}\sin x}{\sin\frac{x}{2^n}}$$

$$=\lim_{n\to+\infty}\frac{\frac{x}{2^n}}{\sin\frac{x}{2^n}}\cdot\frac{\sin x}{x}$$

$$=\frac{\sin x}{x}.$$

例 7 计算 $\lim\limits_{n\to\infty}\left(\cos\frac{\pi}{n}\right)^{n^2}$.

解 $\lim\limits_{n\to\infty}\left(\cos\frac{\pi}{n}\right)^{n^2}=\lim\limits_{n\to\infty}\left[1+\left(\cos\frac{\pi}{n}-1\right)\right]^{n^2}$

$$=\lim_{n\to\infty}\left[1+\left(\cos\frac{\pi}{n}-1\right)\right]^{\frac{1}{\cos\frac{\pi}{n}-1}\cdot n^2\left(\cos\frac{\pi}{n}-1\right)}$$

因为 $\lim\limits_{n\to\infty}n^2\left(\cos\frac{\pi}{n}-1\right)=-\lim\limits_{n\to\infty}\frac{2\left(\sin\frac{\pi}{2n}\right)^2}{\frac{1}{n^2}}=-\frac{\pi^2}{2}\left(\frac{\sin\frac{\pi}{2n}}{\frac{\pi}{2n}}\right)^2=-\frac{\pi^2}{2}$,

所以,
$$\lim_{n\to\infty}\left(\cos\frac{\pi}{n}\right)^{n^2}=e^{-\frac{\pi^2}{2}}$$

例 8 已知 $\lim\limits_{x\to\infty}\left(\frac{x+a}{x-a}\right)^{2x}=\frac{1}{e}$,求常数 a.

解 $\lim\limits_{x\to\infty}\left(\frac{x+a}{x-a}\right)^{2x}=\lim\limits_{x\to\infty}\left[1+\frac{2a}{x-a}\right]^{\frac{x-a}{2a}\cdot\frac{4ax}{x-a}}=e^{4a}$,

由 $e^{4a}=\frac{1}{e}$ 得 $a=-\frac{1}{4}$.

例 9 求函数极限 $\lim\limits_{x\to0}\frac{\sqrt{1+\tan x}-\sqrt{1+\sin x}}{x^2-x\ln(1+x)}$.

解 恒等变形:分子分母同乘 $\sqrt{1+\tan x}+\sqrt{1+\sin x}$,得

$$\lim_{x\to0}\frac{\sqrt{1+\tan x}-\sqrt{1+\sin x}}{x^2-x\ln(1+x)}=\lim_{x\to0}\frac{\tan x-\sin x}{x[x-\ln(1+x)]}\cdot\frac{1}{\sqrt{1+\tan x}+\sqrt{1+\sin x}}$$

$$=\lim_{x\to0}\frac{\tan x(1-\cos x)}{x[x-\ln(1+x)]}\cdot\lim_{x\to0}\frac{1}{\sqrt{1+\tan x}+\sqrt{1+\sin x}}$$

$$=\frac{1}{2}\lim_{x\to0}\frac{1-\cos x}{x-\ln(1+x)}=\frac{1}{2}\lim_{x\to0}\frac{\sin x}{1-\frac{1}{1+x}}$$

$$=\frac{1}{2}\lim_{x\to0}\frac{\sin x}{x}(1+x)=\frac{1}{2}.$$

五、利用等价无穷小求极限

例 10 计算极限 $w=\lim\limits_{x\to0}\frac{e^{x^2}-\sqrt{\cos x}}{x^2}$.

解 先作恒等变形,并作当 $x\to 0$ 时等价无穷小代换 $e^{x^2}-1\sim x^2$,然后结合极限四则运算法则与洛必达法则,即得

$$w=\lim_{x\to 0}\frac{e^{x^2}-1+1-\sqrt{\cos x}}{x^2}=\lim_{x\to 0}\frac{e^{x^2}-1}{x^2}+\lim_{x\to 0}\frac{1-\cos x}{x^2(1+\sqrt{\cos x})}$$

$$=\lim_{x\to 0}\frac{x^2}{x^2}+\frac{1}{2}\lim_{x\to 0}\frac{1-\cos x}{x^2}=1+\frac{1}{4}=\frac{5}{4}.$$

例 11 求 $\lim\limits_{x\to 0}\dfrac{\sqrt{1+\tan x}-\sqrt{1+\sin x}}{x\ln(1+x)-x^2}$.

解

$$\lim_{x\to 0}\frac{\sqrt{1+\tan x}-\sqrt{1+\sin x}}{x\ln(1+x)-x^2}=\lim_{x\to 0}\frac{\tan x-\sin x}{[\sqrt{1+\tan x}+\sqrt{1+\sin x}]\,[x\ln(1+x)-x^2]}$$

$$=\lim_{x\to 0}\frac{1}{(\sqrt{1+\tan x}+\sqrt{1+\sin x})\cos x}\cdot\lim_{x\to 0}\frac{\sin x(1-\cos x)}{x[\ln(1+x)-x]}$$

$$=\frac{1}{2}\cdot\lim_{x\to 0}\frac{x\cdot\frac{1}{2}x^2}{x\cdot[\ln(1+x)-x]}=\frac{1}{4}\lim_{x\to 0}\frac{x^2}{\ln(1+x)-x}$$

$$=\frac{1}{4}\lim_{x\to 0}\frac{2x}{\dfrac{1}{1+x}-1}=\frac{-1}{2}\lim_{x\to 0}(1+x)=-\frac{1}{2}.$$

例 12 求 $\lim\limits_{x\to 0}\dfrac{(1+x)^{\frac{1}{x}}-(1+2x)^{\frac{1}{2x}}}{\sin x}$.

解 $$\lim_{x\to 0}\frac{(1+x)^{\frac{1}{x}}-(1+2x)^{\frac{1}{2x}}}{\sin x}=\lim_{x\to 0}\frac{e^{\frac{\ln(1+x)}{x}}-e^{\frac{\ln(1+2x)}{2x}}}{x}$$

$$=e\left[\lim_{x\to 0}\frac{e^{\frac{\ln(1+x)}{x}-1}-1}{x}-\lim_{x\to 0}\frac{e^{\frac{\ln(1+2x)}{2x}-1}-1}{x}\right]$$

$$=e\left[\lim_{x\to 0}\frac{\ln(1+x)-x}{x^2}-\lim_{x\to 0}\frac{\ln(1+2x)-2x}{2x^2}\right]$$

$$=e\left[\lim_{x\to 0}\frac{\dfrac{1}{1+x}-1}{2x}-\lim_{x\to 0}\frac{\dfrac{2}{1+2x}-2}{4x}\right]$$

$$=e\left[-\frac{1}{2}-(-1)\right]=\frac{e}{2}.$$

例 13 已知 $\lim\limits_{x\to\infty}[(x^5+7x^4+3)^a-x]=b\neq 0$,求 a, b 的值.

解 $$\lim_{x\to\infty}[(x^5+7x^4+3)^a-x]=\lim_{x\to\infty}\left[x^{5a}\left(1+\frac{7}{x}+\frac{3}{x^5}\right)^a-x\right]$$

$$=\lim_{x\to\infty} x\cdot\left[x^{5a-1}\left(1+\frac{7}{x}+\frac{3}{x^5}\right)^a-1\right]=b\neq 0.$$

所以 $5a-1=0$，得 $a=\dfrac{1}{5}$，从而有

$$b=\lim_{x\to\infty} x\cdot\left[\left(1+\frac{7}{x}+\frac{3}{x^5}\right)^{\frac{1}{5}}-1\right]=\lim_{x\to\infty} x\cdot\frac{1}{5}\left(\frac{7}{x}+\frac{3}{x^5}\right)=\frac{7}{5}.$$

即得：$a=\dfrac{1}{5}$，$b=\dfrac{7}{5}$.

例 14 求函数极限 $w=\lim\limits_{x\to 0}\left[\dfrac{1}{\ln(x+\sqrt{1+x^2})}-\dfrac{1}{\ln(1+x)}\right]$.

解 属$\infty-\infty$型，先通分化成$\dfrac{0}{0}$型未定式，则有 $w=\lim\limits_{x\to 0}\dfrac{\ln(1+x)-\ln(x+\sqrt{1+x^2})}{\ln(x+\sqrt{1+x^2})\ln(1+x)}$.
直接用洛必达法则比较麻烦，若注意到

$$\left[\ln(x+\sqrt{1+x^2})\right]'=\frac{1}{\sqrt{1+x^2}},$$

从而 $\lim\limits_{x\to 0}\dfrac{\ln(x+\sqrt{1+x^2})}{x}=\lim\limits_{x\to 0}\dfrac{1}{\sqrt{1+x^2}}=1$,

这表明 $\ln(x+\sqrt{1+x^2})\sim x\ (x\to 0)$，因此对分母先作等价无穷小因子替换，再用洛必达法则，并利用 $\ln(1+x)\sim x\ (x\to 0)$，就有

$$w=\lim_{x\to 0}\frac{\ln(1+x)-\ln(x+\sqrt{1+x^2})}{x^2}=\lim_{x\to 0}\frac{\dfrac{1}{1+x}-\dfrac{1}{\sqrt{1+x^2}}}{2x}$$

$$=\lim_{x\to 0}\frac{1}{2}\frac{1}{(1+x)\sqrt{1+x^2}}\cdot\lim_{x\to 0}\frac{\sqrt{1+x^2}-(1+x)}{x}$$

$$=\frac{1}{2}\lim_{x\to 0}\left(\frac{\sqrt{1+x^2}-1}{x}-1\right)$$

$$=\frac{1}{2}\left(\lim_{x\to 0}\frac{\frac{1}{2}x^2}{x}-1\right)=-\frac{1}{2}.$$

六、利用函数极限求数列极限(归结原理)

例 15 求数列极限 $\lim\limits_{n\to\infty} n\left[e\left(1+\dfrac{1}{n}\right)^{-n}-1\right]$.

解 先用等价无穷小因子替换：

$$e\left(1+\frac{1}{n}\right)^{-n}-1\sim\ln\left[1+e\left(1+\frac{1}{n}\right)^{-n}-1\right]=1-n\ln\left(1+\frac{1}{n}\right),$$

于是

记
$$I=\lim_{x\to\infty}x_n=\lim_{x\to\infty}\frac{1-\dfrac{\ln\left(1+\dfrac{1}{n}\right)}{\dfrac{1}{n}}}{\dfrac{1}{n}},$$

现把它转化为函数极限后再用洛必达法则，即得

$$I=\lim_{t\to0^+}\frac{1-\dfrac{\ln(1+t)}{t}}{t}=\lim_{t\to0^+}\frac{t-\ln(1+t)}{t^2}=\lim_{t\to0^+}\frac{1-\dfrac{1}{1+t}}{2t}=\frac{1}{2}.$$

例 16 求 $\lim\limits_{n\to\infty}\left[\left(n^3-n^2+\dfrac{n}{2}\right)e^{\frac{1}{n}}-\sqrt{1+n^6}\right]$.

解 将数列的极限化为函数的极限来求，所以先考察极限

$$\lim_{x\to+\infty}\left[\left(x^3-x^2+\frac{x}{2}\right)e^{\frac{1}{x}}-\sqrt{1+x^6}\right].$$

设 $t=\dfrac{1}{x}$，当 $x\to+\infty$，$t\to0^+$ 有

$$\lim_{x\to+\infty}\left[\left(x^3-x^2+\frac{x}{2}\right)e^{\frac{1}{x}}-\sqrt{1+x^6}\right]=\lim_{t\to0^+}\frac{\left(1-t+\dfrac{1}{2}t^2\right)e^t-\sqrt{1+t^6}}{t^3}$$

$$=\lim_{t\to0^+}\frac{(-1+t)e^t+\left(1-t+\dfrac{1}{2}t^2\right)e^t-\dfrac{6t^5}{2\sqrt{1+t^6}}}{3t^2}$$

$$=\lim_{t\to0^+}\frac{\dfrac{1}{2}e^t-\dfrac{3t^3}{\sqrt{1+t^6}}}{3}=\frac{1}{6}.$$

所以，由归结原理知

$$\lim_{n\to\infty}\left[\left(n^3-n^2+\frac{n}{2}\right)e^{\frac{1}{n}}-\sqrt{1+n^6}\right]=\frac{1}{6}.$$

七、函数连续与间断

例 17 设 $f(x)=\lim\limits_{n\to+\infty}\dfrac{x^{2n-1}+ax^2+bx}{x^{2n}+1}$ 为连续函数，求 a，b 的值.

解 因为 $f(x)=\lim\limits_{n\to+\infty}\dfrac{x^{2n-1}+ax^2+bx}{x^{2n}+1}=\begin{cases}ax^2+bx, & |x|<1\\ \dfrac{1}{x}, & |x|>1\\ \dfrac{a+b+1}{2}, & x=1\\ \dfrac{a-b-1}{2}, & x=-1\end{cases}$ 为连续函数,所以有

$$\lim_{x\to1}f(x)=f(1)=\frac{a+b+1}{2},$$

$$\lim_{x\to-1}f(x)=f(-1)=\frac{a-b-1}{2},$$

即 $\begin{cases}a+b=1\\a-b=-1\end{cases}$,解得 $a=0$, $b=1$.

例 18 试确定 a 和 b 的值,使 $f(x)=\dfrac{e^x-b}{(x-a)(x-1)}$ 有无穷间断点 $a=0$,有可去间断点 $x=1$.

解 为使 $a=0$ 为 $f(x)$ 的无穷间断点,必须有 $\lim\limits_{x\to0}\dfrac{e^x-b}{(x-a)(x-1)}=\dfrac{1-b}{a}=\infty$,因而 $a=0$, $b\neq1$.

将 $a=0$ 代入上面极限式,为使 $x=1$ 是 $f(x)$ 的可去间断点,必须有

$$\lim_{x\to1}\frac{e^x-b}{x(x-1)}=\lim_{x\to1}\frac{e^x-b}{x-1}=c\ (c\text{ 有常数}).$$

因 $\lim\limits_{x\to1}(x-1)=0$,故必须有 $\lim\limits_{x\to1}(e^x-b)=0$, $b=e$.

综合即得 $a=0$, $b=e$.

例 19 设 $f(x)=\begin{cases}(\tan x)^{\ln(1-x)}, & 0<x<1\\ a, & x=0\end{cases}$,试确定常数 a,使 $f(x)$ 在 $x=0$ 处右连续.

解 由题意 $a=\lim\limits_{x\to0^+}f(x)=\lim\limits_{x\to0^+}(\tan x)^{\ln(1-x)}=e^{\lim\limits_{x\to0^+}\ln(1-x)\cdot\ln(\tan x)}$

利用当 $x\to0^+$ 时的等价无穷小关系 $\ln(1-x)\sim-x$,可得

$$\lim_{x\to0^+}\ln(1-x)\cdot\ln(\tan x)=-\lim_{x\to0^+}x\cdot\ln(\tan x)=-\lim_{x\to0^+}\frac{\ln(\tan x)}{\dfrac{1}{x}}$$

$$=\lim_{x\to0^+}\frac{\dfrac{1}{\tan x}\cdot\dfrac{1}{\cos^2x}}{\dfrac{1}{x^2}}=\lim_{x\to0^+}\frac{x^2}{\sin x\cos x}$$

$$=\lim_{x\to0^+}x\cdot\lim_{x\to0^+}\frac{1}{\cos x}\cdot\lim_{x\to0^+}\frac{x}{\sin x}$$
$$=0\cdot1\cdot1=0.$$

所以 $a=e^0=1$.

例 20 设函数 $f(x)$ 在 $(0,1)$ 上有定义,且函数 $e^xf(x)$ 与函数 $e^{-f(x)}$ 在 $[0,1]$ 上都是单调增加,求证: $f(x)$ 在 $(0,1)$ 上连续.

证 只要证明 $\forall x_0\in(0,1)$ 处 f 连续. 可以考察在 x_0 处既为左连续又为右连续.

对 $x\in(0,1)$,当 $x_0<x<1$ 时,由 $e^xf(x)$ 和 $e^{-f(x)}$ 的单调性知

$$e^{x_0}f(x_0)\leqslant e^xf(x),\text{ 即 } e^{x_0-x}f(x_0)\leqslant f(x).$$

$$e^{-f(x_0)}\leqslant e^{-f(x)},\text{ 即有 } f(x_0)\geqslant f(x).$$

从而得:
$$e^{x_0-x}f(x_0)\leqslant f(x)\leqslant f(x_0).$$

因为

$$\lim_{x\to x_0^+}f(x_0)=\lim_{x\to x_0^+}e^{x_0-x}f(x_0)=f(x_0),$$

由夹逼性质知

$$\lim_{x\to x_0^+}f(x)=f(x_0).$$

同理可得 $(0<x<x_0$ 时)

$$\lim_{x\to x_0^-}f(x)=f(x_0).$$

因此 $f(x)$ 在 $\forall x_0\in(0,1)$ 处连续,即 $f(x)$ 在 $(0,1)$ 上连续.

Ⅳ 补充习题

一、填空题

1. $\lim\limits_{x\to0}\dfrac{e^{x^2}-1}{x\ln(1+2x)}=$________.

2. 设 $\sqrt[3]{2+x^2}-\sqrt[3]{2}\sim ax^b(x\to0)$,则 $a=$________, $b=$________.

3. $\lim\limits_{x\to0}\dfrac{\sin x-\tan x}{x^2\arcsin x}=$________.

4. 设 $\lim\limits_{x\to0}\dfrac{\ln[1+f(x)]}{x^2}=2$,则 $\lim\limits_{x\to0}\dfrac{f(x)}{x^2}=$________.

5. 设 $\lim\limits_{x\to a}\dfrac{f(x)-b}{x-a}=A$,则 $\lim\limits_{x\to a}\dfrac{e^{f(x)}-e^a}{x-a}=$________.

6. $\lim\limits_{n\to\infty}(a^n+b^n+c^n)^{\frac{1}{n}}=$________ $(a>0,\ b>0,\ c>0)$.

7. $\lim\limits_{n\to\infty}\left[1+x^n+\left(\dfrac{x^2}{2}\right)^n\right]^{\frac{1}{n}}=$________ $(x\geqslant 0)$.

8. $\lim\limits_{x\to 0}\left(\dfrac{1}{x^2}-\dfrac{1}{x\tan x}\right)=$________.

9. 设 $f(x)=\begin{cases}\dfrac{\sin 2x+e^{2ax}-1}{x}, & x\neq 0\\ a, & x=0\end{cases}$ 在点 $x=0$ 处连续，则 $a=$________.

10. (2017)若函数 $f(x)=\begin{cases}\dfrac{1-\cos\sqrt{x}}{ax}, & x>0\\ b, & x\leqslant 0\end{cases}$ 在 $x=0$ 处连续，则 $ab=$________.

11. (2019) $\lim\limits_{n\to\infty}\left(\dfrac{1}{1\cdot 2}+\dfrac{1}{2\cdot 3}+\cdots+\dfrac{1}{n(n+1)}\right)^n=$______________.

二、解答题

1. 求下列极限：

(1) $\lim\limits_{x\to\infty}\dfrac{(2x-1)^{2\,000}(3x+2)^{10}}{(5x+2)^{2\,010}}$；

(2) $\lim\limits_{x\to+\infty}\dfrac{\ln(x^2+3x+1)}{\ln(x^{10}+1)}$；

(3) $\lim\limits_{x\to 0}\cos\dfrac{x}{2}\cos\dfrac{x}{2^2}\cdots\cos\dfrac{x}{2^n}\ (x\neq 0)$；

(4) $\lim\limits_{x\to 0}\left(\dfrac{a^x+b^x}{2}\right)^{\frac{1}{x}}\ (a>0,\ b>0)$；

(5) $\lim\limits_{x\to\infty}\left(\cos\dfrac{1}{x}\right)^{x^2}$；

(6) $\lim\limits_{x\to 0}(2\sin x+\cos x)^{\frac{1}{x}}$；

(7) $\lim\limits_{x\to 0}\dfrac{\ln(e^x+x^2)-x}{\ln(3x^2+e^{3x})-3x}$；

(8) $\lim\limits_{n\to\infty}\sin\sqrt{n^2+1}\,\pi$；

(9) $\lim\limits_{n\to\infty}\left(\dfrac{1}{1\times 3}+\dfrac{1}{3\times 5}+\cdots+\dfrac{1}{(2n-1)(2n+1)}\right)$；

(10) $\lim\limits_{x\to 0}(1+\sin x^2)^{\frac{1}{1-\cos x}}$；

(11) $\lim\limits_{x\to 0}\left(\dfrac{1+\tan x}{1+\sin x}\right)^{\frac{1}{x^3}}$；

(12) $\lim\limits_{x\to 0}\dfrac{\sqrt{1+\tan x}-\sqrt{1+\sin x}}{x(1-\cos x)}$；

(13) $\lim\limits_{x\to 0^+}\left(\dfrac{1}{\sqrt{x}}\right)^{\tan x}$；

(14) $\lim\limits_{x\to-\infty}x\left(\sqrt{x^2+100}+x\right)$；

(15) $\lim\limits_{x\to\infty}\left[(x+2)e^{\frac{1}{x}}-x\right]$；

(16) $\lim\limits_{x\to 0}\dfrac{(1+2x)^{\frac{1}{x^2}}}{e^{\frac{2}{x}}}$；

(17) $\lim\limits_{x\to\infty}\left[x-x^2\ln\left(1+\dfrac{1}{x}\right)\right]$；

(18) $\lim\limits_{x\to 0}\dfrac{1}{x^3}\left[\left(\dfrac{3+2\cos x}{5}\right)^x-1\right]$；

(19) $\lim\limits_{n\to\infty}n^2\left(\arctan\dfrac{1}{n}-\arctan\dfrac{1}{n+1}\right)$；

(20) $\lim\limits_{x\to\infty} x\left[\sin\left(\ln\left(1+\dfrac{3}{x}\right)\right)-\sin\left(\ln\left(1+\dfrac{1}{x}\right)\right)\right]$.

2. 判别函数 $f(x)=\ln(x+\sqrt{x^2+1})$ 的奇偶性,并求其反函数.

3. 证明数列 $\sqrt{3}$, $\sqrt{3+\sqrt{3}}$, …, $\sqrt{3+\sqrt{3+\cdots+\sqrt{3}}}$ 极限存在,并求其极限.

4. 设 $x_1=1$, $x_{n+1}+\sqrt{1-x_n}=0$, 证明数列 $\{x_n\}$ 收敛,并求 $\lim\limits_{n\to\infty}x_n$.

5. 已知 $x_0>0$, $x_n=\dfrac{1}{2}\left(x_{n-1}+\dfrac{a}{x_{n-1}}\right)$ $(a>0)$, 证明: $\lim\limits_{n\to\infty}x_n$ 存在并求 $\lim\limits_{n\to\infty}x_n$.

6. 讨论下列函数的连续性并判断间断点的类型:

(1) $f(x)=(1+x)\arctan\dfrac{1}{1-x^2}$;

(2) $f(x)=\lim\limits_{n\to\infty}\left(\dfrac{x^{2n}-1}{x^{2n}+1}-x\right)$;

(3) $f(x)=e^{\frac{1}{x^2}}\arctan\dfrac{x^2+x-1}{(x+1)(x-2)}$;

(4) $f(x)=\begin{cases}\dfrac{1}{1-e^{x/(1-x)}} & x\neq 1\\ 0 & x\neq 1\end{cases}$.

7. (2015)设函数 $f(x)=x+a\ln(1+x)+bx\sin x$, $g(x)=kx^3$, 若 $f(x)$ 与 $g(x)$ 在 $x\to 0$ 是等价无穷小,求 a, b, k 的值.

8. 设 $\lim\limits_{x\to 0}\dfrac{(1+\sin 2x^2)^{\frac{1}{x^2}}-e^2}{x^n}=a\neq 0$, 求 n 及 a 的值.

9. (2018)已知实数 a, b 满足 $\lim\limits_{x\to+\infty}[(ax+b)e^{\frac{1}{x}}-x]=2$, 求 a, b 的值.

10. 求极限 $\lim\limits_{n\to\infty}\left(\dfrac{1}{n^2+1}+\dfrac{2}{n^2+2}+\cdots+\dfrac{n}{n^2+n}\right)$.

11. 证明:方程 $x=a\sin x+b$ ($a>0$, $b>0$ 为常数)至少有一个正根不超过 $a+b$.

12. 求证: $e^x+e^{-x}+2\cos x=5$ 恰有两个根.

13. 若对任意 x_1, $x_2\in(0,+\infty)$, 有 $f(x_1x_2)=f(x_1)+f(x_2)$, 且 $f(x)$ 在 $x=1$ 处连续. 证明:对一切 $x\in(0,+\infty)$, $f(x)$ 连续.

14. 设 $f(x)$ 在 $[a,b]$ 上连续且 $f(a)>a$, $f(b)<b$, 则必 $\exists\xi\in(a,b)$ 使 $f(\xi)=\xi$.

15. 设 a_1, a_2, …, a_n 为常数, $f(x)=a_1\ln(1+x)+a_2\ln(1+2x)+\cdots+a_n\ln(1+nx)$, 且 $|f(x)|\leqslant|x|$, 证明: $|a_1+2a_2+\cdots+na_n|\leqslant 1$.

16. 设 $f(x)\in C[a,b]$, $x_i\in[a,b]$ $(1\leqslant i\leqslant n)$, $k_i>0$ $(1\leqslant i\leqslant n)$ 且 $k_1+k_2+\cdots+k_n=1$, 证明:存在 $\xi\in[a,b]$, 使得 $f(\xi)=k_1f(x_1)+\cdots+k_nf(x_n)$.

第二章

导数与微分

Ⅰ 教学基本要求

1. 理解导数的概念,会利用导数定义求导数.了解导数的几何意义(切线的斜率)和经济意义(边际).

2. 掌握基本初等函数的导数公式,掌握导数的四则运算法则,掌握复合函数求导法则;掌握反函数和隐函数求导法,掌握对数求导法.

3. 了解高阶导数的概念,会求简单函数的高阶导数.

4. 理解微分的概念以及一阶微分形式的不变性,会求函数的微分;理解可导、连续、可微三者之间的关系.

5. 了解导数在经济中的应用.

Ⅱ 本章知识要点

一、导数基本概念

1. 导数定义

定义 1(导数) 设函数 $y=f(x)$ 在点 x_0 的某一邻域内有定义,当自变量 x 在 x_0 处有增量 Δx ($x_0+\Delta x$ 也在该邻域内)时,相应地函数有增量 $\Delta y=f(x_0+\Delta x)-f(x_0)$,若 Δy 与 Δx 之比当 $\Delta x\to 0$ 时极限存在,则称函数 $y=f(x)$ 在点 x_0 处可导,这个极限值为 $y=f(x)$ 在 x_0 处的导数.记为:$f'(x_0)$,即

$$f'(x_0)=\lim_{\Delta x\to 0}\frac{\Delta y}{\Delta x}=\lim_{\Delta x\to 0}\frac{f(x_0+\Delta x)-f(x_0)}{\Delta x},$$

还可记为：$y'\Big|_{x=x_0}$，$\dfrac{dy}{dx}\Big|_{x=x_0}$ 或 $\dfrac{df(x)}{dx}\Big|_{x=x_0}$.

反之，若 $\lim\limits_{\Delta x\to 0}\dfrac{f(x_0+\Delta x)-f(x_0)}{\Delta x}$ 极限不存在，称函数 $y=f(x)$ 在点 x_0 处不可导.

定义 2(左右导数)　设函数 $y=f(x)$ 在点 x_0 的某一邻域内有定义，若

$$\lim_{\Delta x\to 0^-}\frac{f(x_0+\Delta x)-f(x_0)}{\Delta x} \quad 及 \quad \lim_{\Delta x\to 0^+}\frac{f(x_0+\Delta x)-f(x_0)}{\Delta x}$$

极限存在，则称函数 $f(x)$ 在点 x_0 处的左导数和右导数存在，记为 $f'_-(x_0)$ 和 $f'_+(x_0)$，即：

$$f'_-(x_0)=\lim_{\Delta x\to 0^-}\frac{f(x_0+\Delta x)-f(x_0)}{\Delta x},\quad f'_+(x_0)=\lim_{\Delta x\to 0^+}\frac{f(x_0+\Delta x)-f(x_0)}{\Delta x}.$$

函数 $f(x)$ 在点 x_0 处可导 $\Leftrightarrow f'_-(x_0)$，$f'_+(x_0)$ 存在，且 $f'_-(x_0)=f'_+(x_0)$.

2. 导数几何意义

函数 $y=f(x)$ 在 x_0 处的导数 $f'(x_0)$ 在几何上表示曲线 $y=f(x)$ 在点 $M(x_0, y_0)$ 处的切线的斜率，即：

切线方程为

$$y-y_0=f'(x_0)(x-x_0),$$

法线方程为

$$y-y_0=-\frac{1}{f'(x_0)}(x-x_0)\ (f'(x_0)\neq 0).$$

二、函数求导法则和基本公式

1. 数和基本初等函数的求导公式

(1) $(c)'=0$；

(2) $(x^{\mu})'=\mu x^{\mu-1}$；

(3) $(\sin x)'=\cos x$；

(4) $(\cos x)'=-\sin x$；

(5) $(\tan x)'=\sec^2 x$；

(6) $(\cot x)'=-\csc^2 x$；

(7) $(\sec x)'=\sec x\cdot\tan x$；

(8) $(\csc x)'=-\csc x\cdot\cot x$；

(9) $(a^x)'=a^x\ln a$；

(10) $(e^x)'=e^x$；

(11) $(\log_a x)'=\dfrac{1}{x\ln a}$；

(12) $(\ln x)'=\dfrac{1}{x}$；

(13) $(\arcsin x)'=\dfrac{1}{\sqrt{1-x^2}}$；

(14) $(\arccos x)'=-\dfrac{1}{\sqrt{1-x^2}}$；

(15) $(\arctan x)'=\dfrac{1}{1+x^2}$；

(16) $(\text{arccot}\, x)'=-\dfrac{1}{1+x^2}$.

2. 四则运算

设函数 $u=u(x)$ 和 $v=v(x)$ 在点 x 处可导，则它们的和、差、积、商(分母不为零)在点 x 处也可导，且

(1) $[u(x)\pm v(x)]'=u(x)'\pm v(x)'$；

(2) $[u(x)v(x)]'=u(x)'v(x)+u(x)v(x)'$，特别地 $(Cu)'=Cu'$ (C 为常数)；

(3) $\left[\dfrac{u(x)}{v(x)}\right]'=\dfrac{u(x)'v(x)-u(x)v(x)'}{v(x)^2}\ (v(x)\neq 0)$，

特别地，$\left(\dfrac{1}{v(x)}\right)'=-\dfrac{v(x)'}{v(x)^2}$.

3. 反函数求导法则

设函数 $x=f(y)$ 在区间 I_y 内单调、可导且 $f'(y)\neq 0$，则它的反函数 $y=f^{-1}(x)$ 在 $I_x=f(I_y)$ 内也可导，且

$$[f^{-1}(x)]'=\frac{1}{f'(y)}\quad \text{或}\quad \frac{\mathrm{d}y}{\mathrm{d}x}=\frac{1}{\dfrac{\mathrm{d}x}{\mathrm{d}y}}.$$

4. 复合函数的求导法则

设函数 $u=\varphi(x)$ 在 x 点可导，函数 $y=f(u)$ 在相应的 u 点可导，则复合函数 $y=f[\varphi(x)]$ 在 x 点可导，且其导数为

$$\frac{\mathrm{d}y}{\mathrm{d}x}=\frac{\mathrm{d}y}{\mathrm{d}u}\cdot\frac{\mathrm{d}u}{\mathrm{d}x}\quad \text{或}\quad \frac{\mathrm{d}y}{\mathrm{d}x}=f'(u)\cdot\varphi'(x).$$

三、函数求导

1. 高阶导数

定义 3(高阶导数) 如果函数 $y=f(x)$ 的导数 $f'(x)$ 在点 x 处可导，即

$$(f'(x))'=\lim_{\Delta x\to 0}\frac{f'(x+\Delta x)-f'(x)}{\Delta x}$$

存在，则称 $(f'(x))'$ 为函数 $f(x)$ 在点 x 处的二阶导数，记为

$$y'',\ f''(x),\ \frac{\mathrm{d}^2y}{\mathrm{d}x^2}\quad \text{或}\quad \frac{\mathrm{d}^2f(x)}{\mathrm{d}x^2}.$$

类似地，二阶导数的导数称为三阶导数，记为

$$y''',\ f'''(x),\ \frac{\mathrm{d}^3y}{\mathrm{d}x^3}\quad \text{或}\quad \frac{\mathrm{d}^3f(x)}{\mathrm{d}x^3}.$$

一般地，$f(x)$ 的 $n-1$ 阶导数的导数称为 $f(x)$ 的 n 阶导数，记为

$$y^{(n)},\ f^{(n)}(x),\ \frac{\mathrm{d}^ny}{\mathrm{d}x^n}\quad \text{或}\quad \frac{\mathrm{d}^nf(x)}{\mathrm{d}x^n}.$$

2. 莱布尼兹(Leibniz)公式

$$(uv)^{(n)}=u^{(n)}v^{(0)}+C_n^1u^{(n-1)}v^{(1)}+C_n^2u^{(n-2)}v^{(2)}+\cdots+C_n^ku^{(n-k)}v^{(k)}+\cdots+u^{(o)}v^{(n)}$$

$$=\sum_{K=0}^{n} C_n^k u^{(n-k)} v^{(k)}.$$

3. 隐函数的导数

方程两边对 x 求导，得到一个关于 y' 的方程，然后从中解出 y' 即可.

4. 参数方程求导

参数方程

$$\begin{cases} x=\varphi(t) \\ y=\psi(t) \end{cases}, t\text{ 为参数}, \frac{\mathrm{d}y}{\mathrm{d}x}=\frac{\mathrm{d}y}{\mathrm{d}t}\cdot\frac{\mathrm{d}t}{\mathrm{d}x}=\frac{\mathrm{d}y}{\mathrm{d}t}\cdot\frac{1}{\frac{\mathrm{d}x}{\mathrm{d}t}}=\frac{\psi'(t)}{\varphi'(t)}.$$

四、函数微分

1. 微分定义

定义 4(微分) 设函数 $y=f(x)$ 在某区间内有定义，$x_0+\Delta x$ 及 x_0 在这区间内，如果函数的增量

$$\Delta y=f(x_0+\Delta x)-f(x_0)$$

可表示为

$$\Delta y=A\Delta x+o(\Delta x),$$

其中 A 是不依赖于 Δx 的常数，而 $o(\Delta x)$ 是比 Δx 高阶的无穷小，那么称函数 $y=f(x)$ 在点 x_0 是可微的，而 $A\Delta x$ 叫作函数 $y=f(x)$ 在点 x_0 相应于自变量增量 Δx 的微分，记作 $\mathrm{d}y$，即

$$\mathrm{d}y=A\Delta x.$$

2. 连续、可导、可微三者的关系

(1) 函数 $y=f(x)$ 在 $x=x_0$ 点可导，那么在该点必连续；

(2) 函数 $f(x)$ 在点 x_0 处连续，则 $f(x)$ 在点 x_0 处不一定可导；

(3) 函数 $f(x)$ 在点 x_0 可微的充分必要条件是函数 $f(x)$ 在点 x_0 可导.

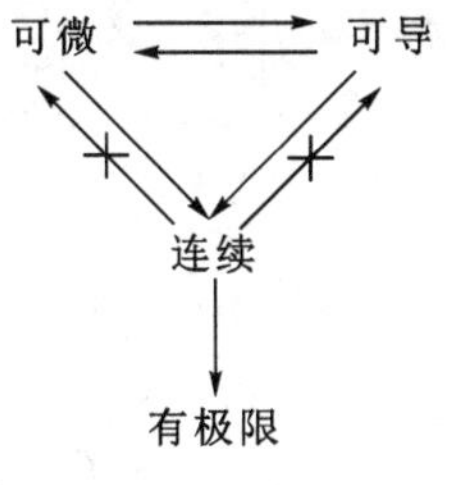

Ⅲ 典型例题讲解

一、利用导数定义求极限

例 1 设 $f'(x)$ 存在，求极限 $\lim\limits_{\Delta x\to 0}\dfrac{f(x+a\Delta x)-f(x-b\Delta x)}{\Delta x}$，其中 a，b 为非零常数.

解 按导数定义,将原式改写为

$$\text{原式}=\lim_{\Delta x\to 0}\left[\frac{f(x+a\Delta x)-f(x)}{a\Delta x}a-\frac{f(x-b\Delta x)-f(x)}{-b\Delta x}(-b)\right]$$

$$=a\lim_{t\to 0}\frac{f(x+t)-f(x)}{t}+b\lim_{s\to 0}\frac{f(x+s)-f(x)}{s}\quad\begin{pmatrix}t=a\Delta x\\ s=-b\Delta x\end{pmatrix}$$

$$=af'(x)+bf'(x)=(a+b)f'(x).$$

例 2 设 f 在 x_0 处可导,且 $f(x_0)=a$, $f'(x_0)=b$,求下列极限:

(1) $\displaystyle\lim_{\Delta x\to 0}\frac{f(x_0+k_1\Delta x)-f(x_0-k_2\Delta x)}{\Delta x}$;

(2) $\displaystyle\lim_{x\to x_0}\frac{xf(x_0)-x_0f(x)}{x-x_0}$;

(3) $\displaystyle\lim_{n\to\infty}\left(\frac{f\left(x_0+\frac{1}{n}\right)}{f(x_0)}\right)^n$, $f(x_0)\neq 0$.

解 (1) 由导数的定义得:

$$\lim_{\Delta x\to 0}\frac{f(x_0+k_1\Delta x)-f(x_0-k_2\Delta x)}{\Delta x}$$

$$=\lim_{\Delta x\to 0}\frac{f(x_0+k_1\Delta x)-f(x_0)}{k_1\Delta x}\cdot k_1+\lim_{\Delta x\to 0}\frac{f(x_0-k_2\Delta x)-f(x_0)}{-k_2\Delta x}\cdot k_2$$

$$=k_1f'(x_0)+k_2f'(x_0)=b(k_1+k_2).$$

(2) $\displaystyle\lim_{x\to x_0}\frac{xf(x_0)-x_0f(x)}{x-x_0}$

$$=\lim_{x\to x_0}\frac{xf(x_0)-x_0f(x_0)+x_0f(x_0)-x_0f(x)}{x-x_0}$$

$$=\lim_{x\to x_0}\left[f(x_0)-\frac{f(x)-f(x_0)}{x-x_0}\cdot x_0\right]$$

$$=f(x_0)-x_0f'(x_0)=a-x_0b.$$

(3) 令 $t=\dfrac{1}{n}$,则有:

$$\lim_{t\to 0}\left(\frac{f(x_0+t)}{f(x_0)}\right)^{\frac{1}{t}}=\lim_{t\to 0}\left[1+\frac{f(x_0+t)-f(x_0)}{f(x_0)}\right]^{\frac{1}{t}}$$

$$=\lim_{t\to 0}\left[1+\frac{f(x_0+t)-f(x_0)}{f(x_0)}\right]^{\frac{f(x_0)}{f(x_0+t)-f(x_0)}\cdot\frac{f(x_0+t)-f(x_0)}{t}\cdot\frac{1}{f(x_0)}}$$

$$=\mathrm{e}^{\frac{f'(x_0)}{f(x_0)}}=\mathrm{e}^{\frac{b}{a}}.$$

例 3 设 $\displaystyle\lim_{x\to a}\frac{f(x)-b}{x-a}=A$,则 $\displaystyle\lim_{x\to a}\frac{\sin f(x)-\sin b}{x-a}=$________.

解 补充定义 $f(a)=b$，则有

$$f'(a)=\lim_{x\to a}\frac{f(x)-f(a)}{x-a}=\lim_{x\to a}\frac{f(x)-b}{x-a}=A.$$

于是 $$\lim_{x\to a}\frac{\sin f(x)-\sin b}{x-a}=\lim_{x\to a}\frac{\sin f(x)-\sin f(a)}{x-a}=[\sin f(x)]'|_{x=a}$$

$$=\cos f(a)\cdot f'(a)=A\cos b.$$

例 4 设 $f(x)$ 在 $x=a$ 可导，且 $f(a)=1$，$f'(a)=3$，求数列极限 $\lim\limits_{n\to\infty}\left[f\left(a+\frac{1}{n}\right)\right]^{\frac{\frac{1}{n}}{1-\cos\frac{1}{n}}}$.

分析 这是指数型数列极限，先转化成

$$f\left(a+\frac{1}{n}\right)^{\frac{\frac{1}{n}}{1-\cos\frac{1}{n}}}=e^{\frac{\frac{1}{n}}{1-\cos\frac{1}{n}}\ln f\left(a+\frac{1}{n}\right)}$$

其指数是 $\frac{0}{0}$ 型数列极限，用等价无穷小因子替换，由数列极限与函数极限的关系及导数定义求解.

解 $$\lim_{n\to\infty}\left[\frac{\frac{1}{n}}{1-\cos\frac{1}{n}}\ln f\left(a+\frac{1}{n}\right)\right]=\lim_{n\to\infty}\frac{\frac{1}{n}}{\frac{1}{2n^2}}\left[\ln f\left(a+\frac{1}{n}\right)-\ln f(a)\right]$$

$$=2\lim_{n\to\infty}\frac{\ln f\left(a+\frac{1}{n}\right)-\ln f(a)}{\frac{1}{n}}$$

$$=2[\ln f(x)]'\Big|_{x=a}=2\frac{f'(a)}{f(a)}$$

$$=2\cdot\frac{3}{1}=6,$$

因此原式 $=e^6$.

例 5 设 $f(x)$ 在 $x=0$ 的某邻域内二阶可导，且 $\lim\limits_{x\to 0}\left(\frac{\sin 3x}{x^3}+\frac{f(x)}{x^2}\right)=0$，求 $f(0)$，$f'(0)$，$f''(0)$ 及 $\lim\limits_{x\to 0}\frac{f(x)+3}{x^2}$.

解 $$\lim_{x\to 0}\left(\frac{\sin 3x}{x^3}+\frac{f(x)}{x^2}\right)=\lim_{x\to 0}\frac{\sin 3x+xf(x)}{x^3}$$

$$=\lim_{x\to 0}\frac{\frac{\sin 3x}{x}+f(x)}{x^2}=0.$$

所以 $\lim\limits_{x\to0}\left(\dfrac{\sin3x}{x}+f(x)\right)=0$. $f(x)$ 在 $x=0$ 的某邻域内二阶可导,所以 $f(x)$, $f'(x)$ 在 $x=0$ 连续. 所以 $f(0)=-3$.

因为
$$\lim_{x\to0}\frac{\dfrac{\sin3x}{x}+f(x)}{x^2}=0,$$

即
$$\lim_{x\to0}\frac{\dfrac{\sin3x}{x}-3+f(x)+3}{x^2}=0,$$

所以
$$\begin{aligned}\lim_{x\to0}\frac{f(x)+3}{x^2}&=\lim_{x\to0}\frac{3-\dfrac{\sin3x}{x}}{x^2}\\&=\lim_{x\to0}\frac{3x-\sin3x}{x^3}=\lim_{x\to0}\frac{3-3\cos3x}{3x^2}\\&=\lim_{x\to0}\frac{3\sin3x}{2x}=\frac{9}{2}.\end{aligned}$$

有
$$\begin{aligned}f'(0)&=\lim_{x\to0}\frac{f(x)-f(0)}{x-0}=\lim_{x\to0}\frac{f(x)+3}{x}\\&=\lim_{x\to0}x\cdot\frac{f(x)+3}{x^2}=0\times\frac{9}{2}=0.\end{aligned}$$

由 $\lim\limits_{x\to0}\dfrac{f(x)+3}{x^2}=\dfrac{9}{2}$,将 $f(x)$ 泰勒展开,得

$$\lim_{x\to0}\frac{f(0)+f'(x)x+\dfrac{1}{2!}f''(0)x^2+o(x^2)+3}{x^2}=\frac{9}{2},$$

所以 $\dfrac{1}{2!}f''(0)=\dfrac{9}{2}$,于是 $f''(0)=9$.

二、导数求解

例 6 求下列函数的导数 y':

(1) $y=\arctan e^{x^2}$; (2) $y=\sqrt[3]{x^2}\sin x$.

解 (1) $y'=\dfrac{1}{1+e^{2x^2}}(e^{x^2})'=\dfrac{1}{1+e^{2x^2}}e^{x^2}(x^2)'=\dfrac{2xe^{x^2}}{1+e^{2x^2}}$.

(2) 当 $x\neq0$ 时,由求导法则得 $f'(x)=\dfrac{2}{3\sqrt[3]{x}}\sin x+\sqrt[3]{x^2}\cos x$;当 $x=0$ 时,由导数定义即得

$$f'(0)=\lim_{x\to 0}\frac{f(x)-f(0)}{x-0}=\lim_{x\to 0}\sqrt[3]{x^2}\ \frac{\sin x}{x}=0,$$

所以 $f'(x)=\begin{cases}\dfrac{2}{3\sqrt[3]{x}}\sin x+\sqrt[3]{x^2}\cos x, & x\neq 0\\ 0, & x=0\end{cases}.$

例 7 若 $y=f(x)$ 存在反函数,且 $y'\neq 0$, y'' 存在,则 $\dfrac{\mathrm{d}^2x}{\mathrm{d}y^2}=$______.

解 设 $y=f(x)$ 的反函数是 $x=\varphi(y)$,则反函数的导数可由复合函数求导法则求出:

$$\frac{\mathrm{d}}{\mathrm{d}y}(y)=\frac{\mathrm{d}f(x)}{\mathrm{d}y}=f'(x)\cdot\frac{\mathrm{d}x}{\mathrm{d}y}\Leftrightarrow 1=f'(x)\cdot\frac{\mathrm{d}x}{\mathrm{d}y}.$$

因此 $$\frac{\mathrm{d}x}{\mathrm{d}y}=\frac{1}{f'(x)}=\frac{1}{y'},\ \frac{\mathrm{d}x}{\mathrm{d}y}=\frac{1}{f'(x)}=\frac{1}{y'},$$

$$\frac{\mathrm{d}^2x}{\mathrm{d}y^2}=\frac{\mathrm{d}}{\mathrm{d}y}\left(\frac{1}{y'}\right)=\frac{\mathrm{d}}{\mathrm{d}x}\left(\frac{1}{y'}\right)\frac{\mathrm{d}x}{\mathrm{d}y}=-\frac{y''}{y'^2}\cdot\frac{1}{y'}=-\frac{y''}{y'^3}.$$

例 8 设函数 $y=(x-a_1)^{a_1}(x-a_2)^{a_2}\cdots(x-a_n)^{a_n}$,求 y'.

解 两边取对数 $\ln y=a_1\ln(x-a_1)+a_2\ln(x-a_2)+\cdots+a_n\ln(x-a_n)$,

方程的两边对 x 求导 $\dfrac{1}{y}y'=\dfrac{a_1}{x-a_1}+\dfrac{a_2}{x-a_2}+\cdots+\dfrac{a_n}{x-a_n}$,则

$$y'=y\left(\frac{a_1}{x-a_1}+\frac{a_2}{x-a_2}+\cdots+\frac{a_n}{x-a_n}\right)=\left(\prod_{i=1}^{n}(x-a_i)^{a_i}\right)\left(\sum_{i=1}^{n}\frac{a_i}{x-a_i}\right).$$

例 9 设函数 $y=f(x+y)$,其中 f 具有二阶导数,且 $f'\neq 1$,求 $\dfrac{\mathrm{d}^2y}{\mathrm{d}x^2}$.

解 $y=y(x)$ 由方程 $f(x+y)-y=0$ 确定,f 为抽象函数,若把 $f(x+y)$ 看成 $f(u)$, $u=x+y$, $y=y(x)$,则变成复合函数和隐函数的求导问题. 注意 $f(x+y)$ 及其导函数 $f'(x+y)$ 均是 x 的复合函数.

将 $y=f(x+y)$ 两边对 x 求导,并注意 y 是 x 的函数,f 是关于 x 的复合函数,有

$$y'=f'\cdot(1+y'),\text{ 即 } y'=\frac{f'}{1-f'}.$$

又由 $y'=(1+y')f'$ 再对 x 求导,并注意 y' 是 x 的函数,仍然是关于 x 的复合函数,有

$$y''=(1+y')'f'+(1+y')(f')'=y''f'+(1+y')f''\cdot(1+y')=y''f'+(1+y')^2f'',$$

将 $y'=\dfrac{f'}{1-f'}$ 代入并解出 y'',即得 $y'=\dfrac{f'}{1-f'}y''=\dfrac{(1+y')^2f''}{1-f'}=\dfrac{f''}{(1-f')^3}$.

或直接由 $y'=\dfrac{f'}{1-f'}$,再对 x 求导,同样可求得 $y''=\dfrac{f''}{(1-f')^3}$.

例 10 设 $f(x)=\begin{cases}\dfrac{\pi}{4}+\dfrac{x-1}{2}, & x>1\\ \arctan x, & |x|\leqslant 1\\ -\dfrac{\pi}{4}+\dfrac{x-1}{2}, & x<-1\end{cases}$，求 $f'(1)$ 与 $f'(-1)$.

解 由题设知 $f(1+0)=\dfrac{\pi}{4}=f(1)$，$f(-1-0)=-\dfrac{\pi}{4}=f(-1)$，故 $f(x)$ 又可以写成

$$f(x)=\begin{cases}\dfrac{\pi}{4}+\dfrac{x-1}{2}, & x\geqslant 1\\ \arctan x, & |x|\leqslant 1,\\ -\dfrac{\pi}{4}+\dfrac{x-1}{2}, & x\leqslant -1\end{cases}$$

所以 $f'_+(1)=\left(\dfrac{\pi}{4}+\dfrac{x-1}{2}\right)'\Big|_{x=1}=\dfrac{1}{2}$，$f'_-(1)=(\arctan x)'|_{x=1}=\dfrac{1}{1+x^2}\Big|_{x=1}=\dfrac{1}{2}$，

$$f'_+(-1)=(\arctan x)'|_{x=-1}=\frac{1}{1+x^2}\Big|_{x=-1}=\frac{1}{2},$$

$$f'_-(-1)=\left(-\frac{\pi}{4}+\frac{x-1}{2}\right)'\Big|_{x=-1}=\frac{1}{2}.$$

因此
$$f'(1)=f'(-1)=\frac{1}{2}.$$

例 11 求下列函数的 n 阶导数公式：

(1) $f(x)=\dfrac{x}{2x^2-3x+1}$；　　(2) $f(x)=(x^2+x)\cos ax$，$a>0$.

解 (1) 直接求导会很烦琐且找不到规律，所以对 $f(x)$ 进行变形，

$$f(x)=\frac{x}{2x^2-3x+1}=\frac{x}{(2x-1)(x-1)}=\frac{(2x-1)-(x-1)}{(2x-1)(x-1)}$$
$$=\frac{1}{x-1}-\frac{1}{2x-1},$$

故
$$f^{(n)}(x)=\left(\frac{1}{x-1}\right)^{(n)}-\left(\frac{1}{2x-1}\right)^{(n)}=\frac{(-1)^n n!}{(x-1)^{n+1}}-\frac{(-1)^n 2^n n!}{(2x-1)^{n+1}}$$
$$=(-1)^n n!\left[\frac{1}{(x-1)^{n+1}}-\frac{2^n}{(2x-1)^{n+1}}\right],\ (n\geqslant 1).$$

(2) 对低阶的多项式与某容易求得高阶导数的函数相乘的函数求 n 阶导数，可利用莱布尼兹公式.

$$f^{(n)}(x)=\sum_{k=0}^{n}\binom{n}{k}(x^2+x)^{(k)}\cdot(\cos ax)^{(n-k)}$$

$$=(x^2+x)(\cos ax)^{(n)}+n(2x+1)(\cos ax)^{(n-1)}+\frac{n(n-1)}{2}\cdot 2(\cos ax)^{(n-2)}$$

$$=a^n(x^2+x)\cos\left(ax+\frac{n\pi}{2}\right)+na^{(n-1)}(2x+1)\cos\left(ax+\frac{(n-1)\pi}{2}\right)$$

$$+n(n-1)a^{n-2}\cos\left(ax+\frac{(n-2)\pi}{2}\right).$$

例 12 (2006)设函数 $f(x)$ 在 $x=2$ 的某邻域内可导,且 $f'(x)=\mathrm{e}^{f(x)}$, $f(2)=1$, 求 $f'''(2)$.

解 由题设知, $f'(x)=\mathrm{e}^{f(x)}$,两边对 x 求导,得

$$f''(x)=\mathrm{e}^{f(x)}f'(x)=\mathrm{e}^{2f(x)},$$

两边再对 x 求导,得 $f'''(x)=2\mathrm{e}^{2f(x)}f'(x)=2\mathrm{e}^{3f(x)}$,又 $f(2)=1$,

故 $f'''(2)=2\mathrm{e}^{3f(2)}=2\mathrm{e}^3$.

例 13 设 $u=f[\varphi(x)+y^2]$,其中 x, y 满足方程 $y+\mathrm{e}^y=x$,且 $f(x)$, $\varphi(x)$ 均二阶可导,试求 $\frac{\mathrm{d}u}{\mathrm{d}x}$, $\frac{\mathrm{d}^2u}{\mathrm{d}x^2}$.

解 $\frac{\mathrm{d}u}{\mathrm{d}x}=f'[\varphi(x)+y^2]\cdot\left(\varphi'(x)+2y\cdot\frac{\mathrm{d}y}{\mathrm{d}x}\right)$.

再对方程 $y+\mathrm{e}^y=x$ 两边对 x 求导,得

$$\frac{\mathrm{d}y}{\mathrm{d}x}+\mathrm{e}^y\cdot\frac{\mathrm{d}y}{\mathrm{d}x}=1.$$

解得 $\frac{\mathrm{d}y}{\mathrm{d}x}=\frac{1}{1+\mathrm{e}^y}$,代入得

$$\frac{\mathrm{d}u}{\mathrm{d}x}=f'[\varphi(x)+y^2]\cdot\left(\varphi'(x)+\frac{2y}{1+\mathrm{e}^y}\right).$$

然而

$$\frac{\mathrm{d}^2u}{\mathrm{d}x^2}=f''[\varphi(x)+y^2]\cdot\left(\varphi'(x)+\frac{2y}{1+\mathrm{e}^y}\right)^2+f'[\varphi(x)+y^2]\cdot\left[\varphi''(x)+2\cdot\frac{\frac{\mathrm{d}y}{\mathrm{d}x}\cdot(1+\mathrm{e}^y)-y\cdot\mathrm{e}^y\cdot\frac{\mathrm{d}y}{\mathrm{d}x}}{(1+\mathrm{e}^y)^2}\right]$$

$$=f''[\varphi(x)+y^2]\cdot\left(\varphi'(x)+\frac{2y}{1+\mathrm{e}^y}\right)^2+f'[\varphi(x)+y^2]\cdot\left[\varphi''(x)+\frac{2}{(1+\mathrm{e}^y)^2}-\frac{2y\mathrm{e}^y}{(1+\mathrm{e}^y)^3}\right].$$

三、函数连续、可导、可微

例 14 设 $f(x)=\begin{cases}\dfrac{\ln(1+x)}{x}, & x>0\\ ax+b, & x\leqslant 0\end{cases}$ 可导,求常数 a, b 的值.

解 由题设知 f 在 $x=0$ 处连续,有 $\lim\limits_{x\to 0^+} f(x)=\lim\limits_{x\to 0^+}\dfrac{\ln(1+x)}{x}=1$.

$\lim\limits_{x\to 0^-} f(x)=\lim\limits_{x\to 0^-}(ax+b)=b$, 所以 $b=1$.

又由 f 在 $x=0$ 处的可导性,知

$$f'_+(0)=\lim_{x\to 0^+}\frac{\dfrac{\ln(x+1)}{x}-1}{x}=\lim_{x\to 0^+}\frac{\ln(1+x)-x}{x^2}=-\frac{1}{2},$$

$$f'_-(0)=\lim_{x\to 0^-}\frac{(ax+1)-1}{x}=a, \text{因此 } a=-\frac{1}{2}.$$

例 15 设函数 $f(x)=\begin{cases}x^2, & x\leqslant\dfrac{1}{2}\\ ax+b, & x>\dfrac{1}{2}\end{cases}$, 适当选择 a, b 的值,使得 $f(x)$ 在 $x=\dfrac{1}{2}$ 处可导.

解 因为可导一定连续,则

$$f\left(\frac{1}{2}+0\right)=\lim_{x\to\frac{1}{2}}(ax+b)=\frac{1}{2}a+b,\ f\left(\frac{1}{2}-0\right)=\lim_{x\to\frac{1}{2}}x^2=\frac{1}{4},$$

所以

$$\frac{1}{2}a+b=\frac{1}{4},\ b=\frac{1}{4}-\frac{1}{2}a,$$

由可导知

$$f'_+\left(\frac{1}{2}\right)=\lim_{x\to\frac{1}{2}}\frac{ax+b-\dfrac{1}{4}}{x-\dfrac{1}{2}}=\lim_{x\to\frac{1}{2}}\frac{ax+\dfrac{1}{4}-\dfrac{1}{2}a-\dfrac{1}{4}}{x-\dfrac{1}{2}}$$

$$=\lim_{x\to\frac{1}{2}}\frac{a\left(x-\dfrac{1}{2}\right)}{x-\dfrac{1}{2}}=a,$$

$$f'_-\left(\frac{1}{2}\right)=\lim_{x\to\frac{1}{2}}\frac{x^2-\dfrac{1}{4}}{x-\dfrac{1}{2}}=1,$$

所以 $$a=1,\ b=-\frac{1}{4}.$$

即当 $a=1,\ b=-\frac{1}{4}$ 时，函数 $f(x)$ 在 $x=\frac{1}{2}$ 处可导.

例 16 问 a 取何值时，函数 $f(x)=\begin{cases} x^a\sin\dfrac{1}{x}, & x>0 \\ 0, & x\leqslant 0 \end{cases}$ 在 $(-\infty,+\infty)$ 上：

(1) 连续；

(2) 可导；

(3) 一阶导数连续？

解 (1) 显然要使 $f(x)$ 在 $(-\infty,+\infty)$ 上连续，只要考察 $x=0$ 点即可，也就是要求 $\lim\limits_{x\to 0}x^a\sin\dfrac{1}{x}=0$. 所以有 $a>0$，即当 $a>0$ 时，$f(x)$ 在 $(-\infty,+\infty)$ 上连续.

(2) 显然当 $x>0$ 时，$f(x)$ 可导，且

$$f'(x)=ax^{a-1}\sin\frac{1}{x}-x^{a-2}\cos\frac{1}{x}.$$

当 $x<0$，$f(x)$ 亦可导，且 $f'(x)=0$.

所以只要考察 $x=0$ 点的可导性，由导数定义知

$$f'_-(0)=\lim_{\Delta x\to 0^-}\frac{0-0}{\Delta x}=0.$$

$$f'_+(0)=\lim_{\Delta x\to 0^+}\frac{(\Delta x)^a\sin\dfrac{1}{\Delta x}-0}{\Delta x}=\lim_{\Delta x\to 0^+}(\Delta x)^{a-1}\sin\frac{1}{\Delta x}.$$

因此，要在 $x=0$ 点可导，须有 $\lim\limits_{\Delta x\to 0^+}(\Delta x)^{a-1}\sin\dfrac{1}{\Delta x}=0$.

即要求 $a>1$，即当 $a>1$ 时，$f(x)$ 在 $(-\infty,+\infty)$ 上可导.

(3) 由(2)知，当 $a>1$ 时，有

$$f'(x)=\begin{cases} ax^{a-1}\sin\dfrac{1}{x}-x^{a-2}\cos\dfrac{1}{x}, & x>0 \\ 0, & x=0 \\ 0, & x<0 \end{cases},$$

所以，要使 $f'(x)$ 连续，只需考察在 $x=0$ 点的连续性，即要求

$$\lim_{x\to 0}\left(ax^{a-1}\sin\frac{1}{x}-x^{a-2}\cos\frac{1}{x}\right)=0.$$

易得此时应满足 $a>2$，即当 $a>2$ 时，$f'(x)$ 在 $(-\infty,+\infty)$ 上连续.

例 17 设函数 $f(x)$ 在 $[a,b]$ 上连续，且满足 $f(a)=f(b)=0$，$f'_+(a)\cdot f'_-(b)>0$，证明：$f(x)$ 在 (a,b) 内至少存在一点 c，使得 $f(c)=0$.

证 因为 $f'_+(a)\cdot f'_-(b)>0$，不妨设 $f'_+(a)>0$，$f'_-(b)>0$，

$$f'_+(a)=\lim_{x\to+a}\frac{f(x)-f(a)}{x-a}=\lim_{x\to+a}\frac{f(x)}{x-a}>0,$$

则存在 $\delta_1>0$，当 $x_1\in(a,a+\delta_1)$ 时，$\dfrac{f(x_1)}{x_1-a}>0$，又因为 $x_1>a$，所以 $f(x_1)>0$，

同理可知存在 $\delta_2>0$，当 $x_2\in(b-\delta_2,b)$ 时，$\dfrac{f(x_2)}{x_2-b}>0$，又因为 $x_2<b$，所以 $f(x_2)<0$，

取适当小的 δ_1，δ_2，使得 $a+\delta_1<b-\delta_2$，则 $x_1<x_2$.

因为 $f(x)$ 在 $[a,b]$ 上连续，则 $f(x)$ 在 $[x_1,x_2]$ 上连续，且 $f(x_1)>0$，$f(x_2)<0$，由零点存在定理知在 (a,b) 内至少存在一点 c，使得 $f(c)=0$.

Ⅳ 补充习题

一、填空题

1. 若 $f'(x_0)$ 存在，则 $\lim\limits_{\Delta x\to0}\dfrac{f(x_0-\Delta x)-f(x_0)}{\Delta x}=$________；

$$\lim_{h\to0}\frac{f(x_0+h)-f(x_0-h)}{h}=\underline{\qquad\qquad}.$$

2. 设 $f'(x_0)=-2$，则 $\lim\limits_{x\to0}\dfrac{x}{f(x_0-2x)-f(x_{0)})}=$________________.

3. 曲线 $y=\cos x$ 上点 $\left(\dfrac{\pi}{3},\dfrac{1}{2}\right)$ 处的切线方程为____________，法线方程为________.

4. 函数在点 x_0 处连续是在该点 x_0 处可导的________条件，函数在点 x_0 处可微是在该点 x_0 处可导的________条件，函数在点 x_0 处可导是在该点 x_0 处连续的________条件.

5. 曲线 $y=x^2-2x+8$ 上点________处的切线平行于 x 轴，点________处的切线与 x 轴正向的交角为 $\dfrac{\pi}{4}$.

6. 设函数 $y=f(x)$ 由方程 $e^{2x+y}-\cos(xy)=e-1$ 所确定，则曲线 $y=f(x)$ 在点 $(0,1)$ 处的法线方程为________________.

7. (2018)曲线 $y=x^2+2\ln x$ 在其拐点处的切线方程为________________.

8. (2017)设生产某产品的平均成本 $\bar{C}(Q)=1+e^{-Q}$，其中产量为 Q，则边际成本为________.

9. (2017)已知函数 $f(x)=\dfrac{1}{1+x^2}$，则 $f'''(0)=$________________.

10. (2016)设函数 $f(x)=\arctan x-\dfrac{x}{1+ax^2}$，且 $f'''(0)=1$，则 $a=$____________.

11. (2007)曲线 $\begin{cases} x=\cos t+\cos^2 t \\ y=1+\sin t \end{cases}$ 上对应于 $t=\dfrac{\pi}{4}$ 的点处的法线斜率为____________.

二、解答题

1. 设 $f'(x_0)$ 存在,

(1) 求 $\lim\limits_{h\to 0}\dfrac{f(x_0+ah)-f(x_0)}{h}$;

(2) $\lim\limits_{h\to 0}\dfrac{f(x_0+ah)-f(x_0+bh)}{h}$ $(ab\neq 0)$.

2. 设 $f(x)$ 在 $x=2$ 处连续,且 $\lim\limits_{x\to 2}\dfrac{f(x)}{x^2-4}=1$, 求 $f'(2)$.

3. (2011)设 $f(x)=\lim\limits_{t\to 0}x(1+3t)^{\frac{x}{t}}$, 求 $f'(x)$.

4. (2011)求曲线 $\tan\left(x+y+\dfrac{\pi}{4}\right)=e^y$ 在点 (0, 0) 处的切线方程.

5. 设对任意的 x, $y\in(-\infty, +\infty)$, 有 $f(x+y)=f(x)f(y)$, 且 $f'(0)=1$, 证明 $f(x)$ 处处可导.

6. 设 $y=f(x)$ 与 $y=\ln(1+2x)$ 在坐标原点处相切,求 $\lim\limits_{n\to\infty}nf\left(\dfrac{1}{n}\right)$.

7. 设 $f(x)$ 在 $x=a$ 处可导,且 $f(a)\neq 0$, 求 $\lim\limits_{n\to\infty}\left[\dfrac{f\left(a+\dfrac{1}{n}\right)}{f(a)}\right]^n$.

8. 求下列函数的导数:

(1) $y=e^x\ln(1+2x^2)+\tan(1+e^{2x})+\ln\pi$;

(2) $y=x^{2x}+\sin^2 2x+e^{\sin\frac{1}{x}}$;

(3) 设 $x^y=y^x$, 求 $\dfrac{dy}{dx}$;

(4) $\tan(x+y)+3x^2y-2x=5$, 求 $\dfrac{dy}{dx}$;

(5) 设 $e^{xy}+\tan(xy)=y$, 求 $\left.\dfrac{dy}{dx}\right|_{x=0}$;

(6) 设 $\begin{cases} x=1+t^2 \\ y=\arctan t \end{cases}$, 求 $\dfrac{d^2y}{dx^2}$;

(7) 设 $\begin{cases} x=t-\ln(1+t) \\ y=t^3+t^2 \end{cases}$, 求 $\dfrac{d^2y}{dx^2}$.

9. (1) 设 $f(x)=\begin{cases} x^2\sin\dfrac{1}{x}+\sin x, & x>0 \\ \ln(1+x), & x\leqslant 0 \end{cases}$, 讨论函数 $f(x)$ 在 $x=0$ 处的连续性和可导性.

(2) 设 $f(x)=\begin{cases} \sin x+2a\mathrm{e}^{x}, & x<0 \\ 9\arctan x+2b(x-1)^{3}, & x\geqslant 0 \end{cases}$ 在 $x=0$ 处可导,求常数 a, b.

(3) 设 $f(x)=\begin{cases} \dfrac{g(x)-\sin x-1}{x}, & x<0 \\ ax+b, & x\geqslant 0 \end{cases}$,其中 $g(0)=1$, $g'(0)=g''(0)=2$,且 $f(x)$ 在 $x=0$ 处可导,求 a, b.

10. 求下列函数的高阶导数:

(1) 设 $f(x)=\ln(3+2x)$,求 $f^{(n)}(x)$; (2) 设 $f(x)=\dfrac{1}{x^{2}-5x+6}$,求 $f^{(n)}(x)$;

(3) 设 $f(x)=\dfrac{x-3}{x^{2}-2x-8}$,求 $f^{(n)}(x)$; (4) 设 $f(x)=\mathrm{e}^{x}\sin x$,求 $f^{(n)}(x)$.

(5) 设 $f(x)=(x-1)(x+2)(x-3)\cdots(x+100)$,求 $f'(1)$ 及 $f^{(101)}(x)$.

11. (2004) 设函数 $f(x)$ 在 $(-\infty,+\infty)$ 上有定义,在区间 $[0,2]$ 上,$f(x)=x(x^{2}-4)$,若对任意的 x 都满足 $f(x)=kf(x+2)$,其中 k 为常数.

(1) 写出 $f(x)$ 在 $[-2,0]$ 上的表达式;

(2) 问 k 为何值时,$f(x)$ 在 $x=0$ 处可导?

12. (2007) 已知函数 $f(u)$ 具有二阶导数,且 $f'(0)=1$,函数 $y=y(x)$ 由方程 $y-x\mathrm{e}^{y-1}=1$ 确定,设 $z=f(\ln y-\sin x)$,求 $\left.\dfrac{\mathrm{d}z}{\mathrm{d}x}\right|_{x=0}$, $\left.\dfrac{\mathrm{d}^{2}z}{\mathrm{d}x^{2}}\right|_{x=0}$.

13. (2010)设函数 $y=f(x)$ 由参数方程 $\begin{cases} x=2t+t^{2} \\ y=\psi(t) \end{cases}$, $t>-1$ 确定,其中 $\psi(t)$ 具有二阶导数,且 $\psi(1)=\dfrac{5}{2}$, $\psi'(1)=6$,已知 $\dfrac{\mathrm{d}^{2}y}{\mathrm{d}x^{2}}=\dfrac{3}{4(1+t)}$,求函数 $\psi(t)$.

第三章

微分中值定理与导数的应用

Ⅰ　教学基本要求

1. 理解并掌握罗尔定理、拉格朗日中值定理，能用罗尔定理、拉格朗日中值定理证明一些简单的命题或不等式，了解柯西中值定理；

2. 熟练掌握洛必达法则，并能用洛必达法则求未定式极限；

3. 掌握用导数判断函数的单调性和凹凸性；会求函数图形的拐点以及水平、铅直和斜渐近线，会描绘函数的图形；

4. 理解函数的极值概念，学会求解函数极值，进而求解函数最大值和最小值，并了解其简单应用；

*5. 了解泰勒公式及其应用.

Ⅱ　本章知识要点

一、中值定理

1. 罗尔定理

如果函数 $y=f(x)$ 在闭区间 $[a,b]$ 上连续，在开区间 (a,b) 内可导，且有 $f(a)=f(b)$，那么在 (a,b) 内至少存在一点 ξ，使得 $f'(\xi)=0$.

2. 拉格朗日中值定理

如果函数 $f(x)$ 在闭区间 $[a,b]$ 上连续，在开区间 (a,b) 内可导，则在 (a,b) 内至少有一点 ξ，使得等式 $f(b)-f(a)=f'(\xi)(b-a)$ 成立.

3. 柯西中值定理

如果函数 $f(x)$ 及 $F(x)$ 在闭区间 $[a,b]$ 上连续，在开区间 (a,b) 内可导，且 $F'(x)$ 在 (a,b)

内的每一点处均不为零,那么在 (a,b) 内至少有一点 ξ,使等式 $\dfrac{f(b)-f(a)}{F(b)-F(a)}=\dfrac{f'(\xi)}{F'(\xi)}$ 成立.

二、洛必达法则

定理 1 设函数 $f(x)$, $F(x)$ 满足下列条件:

(1) $\lim\limits_{x\to x_0}f(x)=0$, $\lim\limits_{x\to x_0}F(x)=0$;

(2) $f(x)$ 与 $F(x)$ 在 x_0 的某一去心邻域内可导,且 $F'(x)\neq 0$;

(3) $\lim\limits_{x\to x_0}\dfrac{f'(x)}{F'(x)}$ 存在(或为无穷大),

则
$$\lim_{x\to x_0}\frac{f(x)}{F(x)}=\lim_{x\to x_0}\frac{f'(x)}{F'(x)}.$$

定理 2 设函数 $f(x)$, $F(x)$ 满足下列条件:

(1) $\lim\limits_{x\to x_0}f(x)=\infty$, $\lim\limits_{x\to x_0}F(x)=\infty$;

(2) $f(x)$ 与 $F(x)$ 在 x_0 的某一去心邻域内可导,且 $F'(x)\neq 0$;

(3) $\lim\limits_{x\to x_0}\dfrac{f'(x)}{F'(x)}$ 存在(或为无穷大),

则
$$\lim_{x\to x_0}\frac{f(x)}{F(x)}=\lim_{x\to x_0}\frac{f'(x)}{F'(x)}.$$

其他不定式计算方法有:

1. "0 · ∞"型

设 $\lim\limits_{x\to a}f(x)=0$, $\lim\limits_{x\to a}g(x)=\infty$, 则 $\lim\limits_{x\to a}f(x)\cdot g(x)$ 就构成了"$0\cdot\infty$"型不定式,它可以做如下转化:

$$\lim_{x\to a}f(x)\cdot g(x)=\lim_{x\to a}\frac{f(x)}{\dfrac{1}{g(x)}}\left(\frac{0}{0}\text{型}\right)$$

或

$$\lim_{x\to a}f(x)\cdot g(x)=\lim_{x\to a}\frac{g(x)}{\dfrac{1}{f(x)}}\left(\frac{\infty}{\infty}\text{型}\right).$$

2. "∞−∞"型

这种形式的不定型可以通过通分等手段转化为 $\dfrac{0}{0}$ 型或 $\dfrac{\infty}{\infty}$ 型.

3. "0^0, 1^∞, ∞^0"型

可以通过如下转化:

$$\lim_{x\to a}[f(x)]^{g(x)}=\lim_{x\to a}\mathrm{e}^{\ln[f(x)]^{g(x)}}=\lim_{x\to a}\mathrm{e}^{g(x)\ln f(x)}=\mathrm{e}^{\lim\limits_{x\to a}g(x)\ln f(x)}.$$

三、函数单调性、凹凸性

定理 3 设函数 $y=f(x)$ 在 $[a,b]$ 上连续,在 (a,b) 内可导.

(1) 如果在 (a, b) 内 $f'(x)>0$，那么函数 $y=f(x)$ 在 $[a, b]$ 上单调增加；

(2) 如果在 (a, b) 内 $f'(x)<0$，那么函数 $y=f(x)$ 在 $[a, b]$ 上单调减少.

定义 1(凹凸性)　设函数 $f(x)$ 在区间 I 内连续，如果曲线上任一点的切线都位于该曲线的下方，则称曲线 $f(x)$ 在 I 上是凹的(或下凸的)；如果曲线上任一点的切线都位于该曲线的上方，则称曲线 $f(x)$ 在 I 上是凸的(或上凹的).

定理 4　设函数 $f(x)$ 在区间 $[a, b]$ 上连续，在 (a, b) 内具有一阶和二阶导数，则

(1) 若在 (a, b) 内，$f''(x)>0$，则曲线 $f(x)$ 在 $[a, b]$ 上是凹的；

(2) 若在 (a, b) 内，$f''(x)<0$，则曲线 $f(x)$ 在 $[a, b]$ 上是凸的.

四、函数极值与最值

定义 2(函数极值)　设函数 $f(x)$ 在点 x_0 的某一邻域 $U(x_0)$ 内有定义，如果对于去心邻域 $\mathring{U}(x_0)$ 内的任一 x，都有 $f(x)<f(x_0)$ (或 $f(x)>f(x_0)$)，则称函数值 $f(x_0)$ 是函数 $f(x)$ 的一个极大值(或极小值).

定理 5(极值的必要条件)　设函数 $f(x)$ 在 x_0 处可导，且在 x_0 处取得极值，则一定有 $f'(x_0)=0$.

定理 6(极值的第一充分条件)　设函数 $f(x)$ 在点 x_0 处连续，且在点 x_0 的某一邻域 $U(x_0)$ (点 x_0 可除外)内具有导数，对于 $x\in\mathring{U}(x_0)$，

(1) 若当 $x<x_0$ 时，$f'(x)>0$，当 $x>x_0$，$f'(x)<0$，则 $f(x_0)$ 是函数 $f(x)$ 的极大值；

(2) 若当 $x<x_0$ 时，$f'(x)<0$，当 $x>x_0$，$f'(x)>0$，则 $f(x_0)$ 是函数 $f(x)$ 的极小值；

(3) 若在 x_0 两侧，$f'(x)$ 的符号相同，则 $f(x_0)$ 不是 $f(x)$ 的极值.

定理 7(极值的第二充分条件)　设函数 $f(x)$ 在点 x_0 处具有二阶导数，且 $f'(x_0)=0$，$f''(x_0)\neq 0$，则

(1) 当 $f''(x_0)<0$ 时，函数 $f(x)$ 在点 x_0 处取得极大值；

(2) 当 $f''(x_0)>0$ 时，函数 $f(x)$ 在点 x_0 处取得极小值.

五、曲线的渐近线

设函数 $y=f(x)$ 在 D 内有定义，则函数的渐近线为：

1. 水平渐近线

若 $\lim\limits_{x\to\infty}f(x)=A$ ($\lim\limits_{x\to-\infty}f(x)=A$ 或 $\lim\limits_{x\to+\infty}f(x)=A$)，则直线 $y=A$ 为曲线 $y=f(x)$ 的水平渐近线.

2. 垂直渐近线

若 $\lim\limits_{x\to x_0}f(x)=\infty$ ($\lim\limits_{x\to x_0^-}f(x)=\infty$ 或 $\lim\limits_{x\to x_0^+}f(x)=\infty$)，则直线 $x=x_0$ 为曲线 $y=f(x)$ 的垂直渐近线.

3. 斜渐近线

若 $\lim\limits_{x\to\infty}[f(x)-(ax+b)]=0$ $(a\neq 0)$($\lim\limits_{x\to-\infty}[f(x)-(ax+b)]=0$ 或 $\lim\limits_{x\to+\infty}[f(x)-(ax+b)]=0$)，则直线 $y=ax+b$ 为曲线 $y=f(x)$ 的垂直渐近线.

六、泰勒定理

定理 8(泰勒(Taylor)中值定理) 若函数 f 在 $[a, b]$ 上存在直到 n 阶的连续导函数，在 (a, b) 内存在 $n+1$ 阶导函数，则对任意给定的 $x, x_0 \in [a, b]$，至少存在一点 $\xi \in (x_0, x)$，使得：

$$f(x)=f(x_0)+\frac{f'(x_0)}{1!}(x-x_0)+\cdots+\frac{f^{(n)}(x_0)}{n!}(x-x_0)^n+R_n(x),$$

其中 $$R_n(x)=\frac{f^{(n+1)}(\xi)}{(n+1)!}(x-x_0)^{n+1}.$$

定理 9 若函数 f 在含有点 x_0 的某个开区间 (a, b) 内存在直至 n 阶导数，则对任意 $x \in (a, b)$，有

$$f(x)=f(x_0)+\frac{f'(x_0)}{1!}(x-x_0)+\cdots+\frac{f^{(n)}(x_0)}{n!}(x-x_0)^n+o((x-x_0)^n).$$

常用的泰勒公式(麦克劳林公式)有：

$$e^x=1+x+\frac{x^2}{2!}+\cdots+\frac{x^n}{n!}+\frac{e^{\theta x}}{(n+1)!}x^{n+1},\ x\in R,\ \theta\in(0, 1);$$

$$\sin x=x-\frac{x^3}{3!}+\frac{x^5}{5!}+\cdots+(-1)^{m-1}\frac{x^{2m-1}}{(2m-1)!}+(-1)^m\frac{\cos\theta x}{(2m+1)!}x^{2m+1},\quad x\in R,\ \theta\in(0, 1);$$

$$\cos x=1-\frac{x^2}{2!}+\frac{x^4}{4!}+\cdots+(-1)^m\frac{x^{2m}}{(2m)!}+(-1)^{m+1}\frac{\cos\theta x}{(2m+2)!}x^{2m+2},\quad x\in R,\ \theta\in(0, 1);$$

$$\ln(1+x)=x-\frac{x^2}{2}+\frac{x^3}{3}+\cdots+(-1)^{n-1}\frac{x^n}{n}+(-1)^n\frac{x^{n+1}}{(n+1)(1+\theta x)^{n+1}},\quad x>-1,\ \theta\in(0, 1);$$

$$(1+x)^\alpha=1+\alpha x+\frac{\alpha(\alpha-1)}{2!}x^2+\cdots+\frac{\alpha(\alpha-1)\cdots(\alpha-n+1)}{n!}x^n+\frac{\alpha(\alpha-1)\cdots(\alpha-n)}{n!}(1+\theta x)^{\alpha-n-1}x^{n+1},\ x>-1,\ \theta\in(0, 1);$$

$$\frac{1}{1-x}=1+x+x^2+\cdots+x^n+\frac{x^{n+1}}{(1-\theta x)^{n+2}},\ x<1,\ \theta\in(0, 1).$$

Ⅲ 典型例题讲解

一、利用洛必达法则求函数极限

例 1 求 $\lim\limits_{x\to\infty}\left(\sin\dfrac{2}{x}+\cos\dfrac{1}{x}\right)^{x}$.

解 设 $y=\lim\limits_{x\to\infty}\left(\sin\dfrac{2}{x}+\cos\dfrac{1}{x}\right)^{x}$，则 $\ln y=x\ln\left(\sin\dfrac{2}{x}+\cos\dfrac{1}{x}\right)$.
令 $\dfrac{1}{x}=t$，当 $x\to\infty$，$t\to 0$，所以有

$$\lim_{x\to\infty}\ln y=\lim_{t\to 0}\frac{\ln(\sin 2t+\cos t)}{t}=\lim_{t\to 0}\frac{2\cos 2t-\sin t}{\sin 2t+\cos t}=2,$$

因此

$$\lim_{x\to\infty}\left(\sin\frac{2}{x}+\cos\frac{1}{x}\right)^{x}=\lim_{x\to\infty}y=\mathrm{e}^{2}.$$

例 2 求 $\lim\limits_{x\to 0}\dfrac{(1+x)^{\frac{1}{x}}-e}{x}$.

解
$$\begin{aligned}\lim_{x\to 0}\frac{(1+x)^{\frac{1}{x}}-e}{x}&=\lim_{x\to 0}\frac{\frac{1}{x}(1+x)^{\frac{1}{x}-1}+(1+x)^{\frac{1}{x}}\ln(1+x)\cdot\left(-\frac{1}{x^{2}}\right)}{1}\\&=\lim_{x\to 0}(1+x)^{\frac{1}{x}}\cdot\lim_{x\to 0}\frac{x-(1+x)\ln(1+x)}{x^{2}(1+x)}\\&=e\cdot\lim_{x\to 0}\frac{-\ln(1+x)}{2x+3x^{2}}\\&=e\cdot\lim_{x\to 0}\frac{-1}{(1+x)(2+6x)}=-\frac{e}{2}.\end{aligned}$$

例 3 计算极限 $\lim\limits_{x\to+\infty}x^{2}\left[\left(1-\dfrac{1}{x}\right)\mathrm{e}^{\frac{1}{x}}-\left(1+\dfrac{1}{x^{2}}\right)^{\frac{1}{2}}\right]$.

解 属 $\infty\cdot 0$ 型，先作变量替换并转化成 $\dfrac{0}{0}$ 型，然后用洛必达法则.

$$\begin{aligned}\lim_{x\to+\infty}x^{2}\left[\left(1-\frac{1}{x}\right)\mathrm{e}^{\frac{1}{x}}-\left(1+\frac{1}{x^{2}}\right)^{\frac{1}{2}}\right]&\xlongequal{t=\frac{1}{x}}\lim_{t\to 0^{+}}\frac{(1-t)\mathrm{e}^{t}-(1+t^{2})^{\frac{1}{2}}}{t^{2}}\\&=\lim_{t\to 0^{+}}\frac{-\mathrm{e}^{t}+(1-t)\mathrm{e}^{t}-t(1+t^{2})^{-\frac{1}{2}}}{2t}\\&=\lim_{t\to 0^{+}}\frac{1}{2}\left[\mathrm{e}^{t}+(1+t^{2})^{-\frac{1}{2}}\right]=-1.\end{aligned}$$

例 4 (2006)设 $f(x,y)=\dfrac{y}{1+xy}-\dfrac{1-y\sin\dfrac{\pi x}{y}}{\arctan x}$，$x>0$，$y>0$，求

(1) $g(x)=\lim\limits_{y\to+\infty}f(x,y)$；　　(2) $\lim\limits_{x\to0^+}g(x)$.

解 (1) $g(x)=\lim\limits_{y\to+\infty}f(x,y)=\lim\limits_{y\to\infty}\left(\dfrac{y}{1+xy}-\dfrac{1-y\sin\dfrac{\pi x}{y}}{\arctan x}\right)$

$$=\lim_{y\to\infty}\left(\frac{1}{\dfrac{1}{y}+x}-\frac{1-\dfrac{\sin\dfrac{\pi x}{y}}{\dfrac{1}{y}}}{\arctan x}\right)=\frac{1}{x}-\frac{1-\pi x}{\arctan x}.$$

(2) $\lim\limits_{x\to0^+}g(x)=\lim\limits_{x\to0^+}\left(\dfrac{1}{x}-\dfrac{1-\pi x}{\arctan x}\right)=\lim\limits_{x\to0^+}\dfrac{\arctan x-x+\pi x^2}{x\arctan x}$（通分）

$$=\lim_{x\to0^+}\frac{\arctan x-x+\pi x^2}{x^2}=\lim_{x\to0^+}\frac{\dfrac{1}{1+x^2}-1+2\pi x}{2x}$$

$$=\lim_{x\to0^+}\frac{-x^2+2\pi x(1+x^2)}{2x}=\pi.$$

二、利用函数单调性求解问题

例 5 证明 $(1+x)\ln^2(1+x)<x^2$，$x\in(0,1)$.

证 不等式等价于 $\dfrac{x}{\sqrt{1+x}}-\ln(1+x)>0$，

现设

$$f(x)=\frac{x}{\sqrt{1+x}}-\ln(1+x),\ x\in(0,1).$$

可得 $f(0)=0$，又有

$$f'(x)=\frac{(\sqrt{x+1}-1)^2}{2(1+x)\sqrt{1+x}}>0,\ x\in(0,1),$$

所以 $f(x)$ 在 $(0,1)$ 上严格单调增加,因此当 $0<x<1$ 时，$f(x)>f(0)=0$，即

$$\frac{x}{\sqrt{1+x}}-\ln(1+x)>0,\ x\in(0,1).$$

从而得证.

例 6 (2012)证明：$x\ln\frac{1+x}{1-x}+\cos x\geqslant 1+\frac{x^2}{2}, -1<x<1$.

证 令 $f(x)=x\ln\frac{1+x}{1-x}+\cos x-1-\frac{x^2}{2}$，可得

$$f'(x)=\ln\frac{1+x}{1-x}+x\,\frac{1+x}{1-x}\cdot\frac{2}{(1-x)^2}-\sin x-x$$
$$=\ln\frac{1+x}{1-x}+\frac{2x}{1-x^2}-\sin x-x$$
$$=\ln\frac{1+x}{1-x}+\frac{1+x^2}{1-x^2}\cdot x-\sin x.$$

当 $0<x<1$ 时，有 $\ln\frac{1+x}{1-x}\geqslant 0$，$\frac{1+x^2}{1-x^2}>1$，

所以
$$\frac{1+x^2}{1-x^2}\cdot x-\sin x\geqslant 0,$$

故 $f'(x)\geqslant 0$，而 $f(0)=0$，即得 $x\ln\frac{1+x}{1-x}+\cos x-1-\frac{x^2}{2}\geqslant 0$.

所以
$$x\ln\frac{1+x}{1-x}+\cos x\geqslant\frac{x^2}{2}+1.$$

当 $-1<x<0$，有 $\ln\frac{1+x}{1-x}\leqslant 0$，$\frac{1+x^2}{1-x^2}>1$，

所以
$$\frac{1+x^2}{1-x^2}\cdot x-\sin x\leqslant 0,$$

故 $f'(x)\geqslant 0$，即得 $x\ln\frac{1+x}{1-x}+\cos x-1-\frac{x^2}{2}\geqslant 0$.

可知，$x\ln\frac{1+x}{1-x}+\cos x\geqslant 1+\frac{x^2}{2}, -1<x<1$.

例 7 (2011)证明方程 $4\arctan x-x+\frac{4\pi}{3}-\sqrt{3}=0$ 恰有两个实根.

证 设 $f(x)=4\arctan x-x+\frac{4\pi}{3}-\sqrt{3}$，

则
$$f'(x)=\frac{4}{1+x^2}-1=\frac{(\sqrt{3}-x)(\sqrt{3}+x)}{1+x^2},$$

令 $f'(x)=0$，解得驻点 $x_1=\sqrt{3}$，$x_2=-\sqrt{3}$.

所以，当 $x<-\sqrt{3}$ 时，$f'(x)<0$，故 $f(x)$ 单调递减；当 $-\sqrt{3}<x<\sqrt{3}$ 时，$f'(x)>0$，故 $f(x)$ 单调递增；当 $x>\sqrt{3}$ 时，$f'(x)<0$，故 $f(x)$ 单调递减.

又当 $x \in (-\infty, -\sqrt{3}) \cup (-\sqrt{3}, \sqrt{3})$ 时 $f(x) > 0$，且 $f(-\sqrt{3}) = 0$，故 $x \in (-\infty, \sqrt{3})$ 时只有一个零点.

又 $f(\sqrt{3}) = \dfrac{8\pi}{3} - 2\sqrt{3} > 0$，$\lim\limits_{x \to +\infty} f(x) = \lim\limits_{x \to +\infty} \left(4\arctan x - x + \dfrac{4\pi}{3} - \sqrt{3}\right) = -\infty < 0$，由零点定理可知，存在 $x_0 \in (\sqrt{3}, +\infty)$，使 $f(x_0) = 0$；

所以，方程 $4\arctan x - x + \dfrac{4\pi}{3} - \sqrt{3} = 0$ 恰有两实根.

例 8 证明：当 $0 < a < b < \pi$ 时，$b\sin b + 2\cos b + \pi b > a\sin a + 2\cos a + \pi a$.

证 令 $f(x) = x\sin x + 2\cos x + \pi x - a\sin a - 2\cos a - \pi a$，$0 < a \leqslant x \leqslant b < \pi$，则 $f'(x) = \sin x + x\cos x - 2\sin x + \pi = x\cos x - \sin x + \pi$，且 $f'(\pi) = 0$.
又 $f''(x) = \cos x - x\sin x - \cos x = -x\sin x < 0$，$0 < x < \pi$ 时，$x\sin x > 0$，
故当 $0 < a \leqslant x \leqslant b < \pi$ 时，$f'(x)$ 单调减少，即 $f'(x) > f'(\pi) = 0$，则 $f(x)$ 单调增加，于是 $f(b) > f(a) = 0$，即

$$b\sin b + 2\cos b + \pi b > a\sin a + 2\cos a + \pi a.$$

例 9 (2017)已知方程 $\dfrac{1}{\ln(1+x)} - \dfrac{1}{x} = k$ 在区间 $(0, 1)$ 内有实根，确定常数 k 的取值范围.

解 设 $f(x) = \dfrac{1}{\ln(1+x)} - \dfrac{1}{x}$，$x \in (0, 1)$，则

$$f'(x) = -\frac{1}{(1+x)\ln^2(1+x)} + \frac{1}{x^2} = \frac{(1+x)\ln^2(1+x) - x^2}{x^2(1+x)\ln^2(1+x)}.$$

令 $g(x) = (1+x)\ln^2(1+x) - x^2$，则 $g(0) = 0$，$g(1) = 2\ln^2 2 - 1$，
$g'(x) = \ln^2(1+x) - 2\ln(1+x) - 2x$，$g'(0) = 0$
$g''(x) = \dfrac{2(\ln(1+x) - x)}{1+x} < 0$，$x \in (0, 1)$，所以 $g'(x)$ 在 $(0, 1)$ 上单调减少，

由于 $g'(0) = 0$，所以当 $x \in (0, 1)$ 时，$g'(x) < g'(0) = 0$，也就是 $g(x)g'(x)$ 在 $(0, 1)$ 上单调减少，当 $x \in (0, 1)$ 时，$g(x) < g(0) = 0$. 进一步得到，当 $x \in (0, 1)$ 时，$f'(x) < 0$，也就是 $f(x)$ 在 $(0, 1)$ 上单调减少.

$$\lim_{x \to 0^+} f(x) = \lim_{x \to 0^+} \left(\frac{1}{\ln(1+x)} - \frac{1}{x}\right) = \lim_{x \to 0^+} \frac{x - \ln(1+x)}{x\ln(1+x)} = \frac{1}{2},$$

$$f(1) = \frac{1}{\ln 2} - 1,$$

所以得到

$$\frac{1}{\ln 2} - 1 < k < \frac{1}{2}.$$

三、利用中值定理证明

例 10 设不恒为常数的函数 $f(x)$ 在闭区间 $[a, b]$ 上连续，在开区间 (a, b) 内可导，

且 $f(a)=f(b)$，证明在 (a,b) 内至少存在一点 ξ，使得 $f'(\xi)>0$.

证　因为 $f(a)=f(b)$，且 $f(x)$ 不恒为常数，故至少存在一点 $c\in(a,b)$，使得 $f(c)\neq f(a)$.

(1) 若 $f(c)>f(a)$，则至少 $\exists\xi\in(a,c)$ 使 $f(c)-f(a)=f'(\xi)(c-a)$，

即 $f'(\xi)=\dfrac{f(c)-f(a)}{c-a}>0$.

(2) 若 $f(c)<f(a)=f(b)$，则至少 $\exists\xi\in(c,b)$，使 $f'(\xi)=\dfrac{f(b)-f(c)}{b-c}>0$.

另证　用反证法. 假设在 (a,b) 内有 $f'(x)\leqslant 0$，则 $f(x)$ 单调减少，所以 $\forall x\in(a,b)$，

$$f(a)\leqslant f(x)\leqslant f(b).$$

而 $f(a)=f(b)$，因此 $f(x)\equiv f(a)$，这与 $f(x)$ 不恒为常数矛盾，于是至少存在一点 $\xi\in(a,b)$，使 $f'(\xi)>0$.

例 11　设函数 $f(x)$ 在 $[a,b]$ 上连续，在 (a,b) 内具有二阶导数，且 $f(a)=f(b)=0$，$f(c)<0$，$a<c<b$. 证明：至少存在一点 $\xi\in(a,b)$，使 $f''(\xi)>0$.

分析　证明在某区间内存在一点 ξ 使得 $f'(\xi)=0$，常考虑利用罗尔定理，而证明在某区间内存在一点 ξ 使得 $f'(\xi)>0$，常考虑利用拉格朗日中值定理.

证　由于 $a<c<b$，由已知条件可知 $f(x)$ 在 $[a,c]$ 与 $[c,b]$ 上都满足拉格朗日中值定理的条件，故存在点 $\xi_1\in(a,c)$，点 $\xi_2\in(c,b)$，使

$$f(c)-f(a)=f'(\xi_1)(c-a),\ \xi_1\in(a,c);$$
$$f(b)-f(c)=f'(\xi_2)(b-c),\ \xi_2\in(c,b).$$

由于 $f(a)=f(b)=0$，于是有

$$f(c)=f'(\xi_1)(c-a), \quad ①$$

$$-f(c)=f'(\xi_2)(b-c). \quad ②$$

由于 $c-a>0$，$b-c>0$，$f(c)<0$，因此由式①②可知

$$f'(\xi_1)<0,\ f'(\xi_2)>0.$$

由已知条件知 $f'(x)$ 在 $[\xi_1,\xi_2]$ 上满足拉格朗日中值定理的条件，故存在 $\xi\in(\xi_1,\xi_2)\subset(a,b)$，使

$$f''(\xi)=\frac{f'(\xi_2)-f'(\xi_1)}{\xi_2-\xi_1}>0.$$

例 12　设函数 $f(x)$ 在 $[a,b]$ 上连续，在 (a,b) 内可导，且 $f(a)=f(b)=0$，求证：

(1) 存在 $\xi\in(a,b)$，使 $f(\xi)+\xi f'(\xi)=0$；

(2) 存在 $\eta\in(a,b)$，使 $\eta f(\eta)+f'(\eta)=0$.

证　对此类结果的证明，往往是构造一个函数并对其使用罗尔定理.

(1) 设 $\varphi(x)=xf(x)$，则 $\varphi(x)$ 在 $[a,b]$ 上连续，在 (a,b) 内可导，且 $\varphi(a)=\varphi(b)=0$，由罗尔定理得，存在 $\xi\in(a,b)$，使 $\varphi'(\xi)=0$，即 $f(\xi)+\xi f'(\xi)=0$.

(2) 设 $F(x)=e^{\frac{\eta^2}{2}}f(x)$，则 $F(x)$ 在 $[a,b]$ 上连续，在 (a,b) 内可导，且 $F(a)=F(b)=0$. 由罗尔定理得,存在 $\eta\in(a,b)$，使 $F'(\eta)=e^{\frac{\eta^2}{2}}f'(\eta)+e^{\frac{\eta^2}{2}}\cdot\eta\cdot f(\eta)=0$，即 $\eta f(\eta)+f'(\eta)=0$.

四、求函数渐近线

例 13 求曲线 $y=\dfrac{1}{x(x-1)}+\ln(1+e^x)$ 的渐近线.

解 (1) 先求垂直渐近线.

间断点为 $x=0$ 与 $x=1$，因 $\lim\limits_{x\to0}y=\infty$，$\lim\limits_{x\to1}y=\infty$，所以 $x=0$，$x=1$ 分别是该曲线的垂直渐近线.

(2) 再求水平渐近线. 由于

$$\lim_{x\to+\infty}\left[\frac{1}{x(x-1)}+\ln(1+e^x)\right]=+\infty,$$

所以沿 $x\to+\infty$ 方向无水平渐近线. 又

$$\lim_{x\to-\infty}\left[\frac{1}{x(x-1)}+\ln(1+e^x)\right]=0,$$

所以沿 $x\to-\infty$ 方向有水平渐近线 $y=0$.

(3) 最后求斜渐近线. 由于

$$a=\lim_{x\to+\infty}\frac{y}{x}=\lim_{x\to+\infty}\left[\frac{1}{x^2(x-1)}+\frac{1}{x}\ln(1+e^x)\right]$$

$$=0+\lim_{x\to+\infty}\frac{1}{x}\ln e^x(1+e^{-x})=\lim_{x\to+\infty}\left[1+\frac{1}{x}\ln(1+e^{-x})\right]=1,$$

$$b=\lim_{x\to+\infty}(y-x)=\lim_{x\to+\infty}\left[\frac{1}{x(x-1)}+\ln(1+e^x)-x\right]=0+\lim_{x\to+\infty}\ln\frac{1+e^x}{e^x}=0.$$

所以沿 $x\to+\infty$ 方向有一条斜渐近线 $y=x$.

因沿 $x\to-\infty$ 方向有水平渐近线,当然就没有斜渐近线.

综合得,函数共有四条渐近线：垂直渐近线 $x=0$，$x=1$；水平渐近线 $y=0$；斜渐近线 $y=x$.

五、函数极值、最值问题

例 14 设函数 $f(x)$ 满足 $3f(x)+4x^2f\left(-\dfrac{1}{x}\right)+\dfrac{7}{x}=0$，求函数 $f(x)$ 的极大值和极小值.

解 令 $t=-\dfrac{1}{x}$，代入方程得

$$3f\left(-\frac{1}{t}\right)+\frac{4}{t^2}f(t)-7t=0,$$

所以有
$$\begin{cases}3f(x)+4x^2f\left(-\dfrac{1}{x}\right)+\dfrac{7}{x}=0\\4f(x)+3x^2f\left(-\dfrac{1}{x}\right)-7x^3=0\end{cases}.$$

解得：$f(x)=4x^3+\dfrac{3}{x}$，因此有

$$f'(x)=12x^2+\frac{3}{x^2}=0,$$

得驻点：$x=\pm\dfrac{\sqrt{2}}{2}$，而 $f''\left(\dfrac{\sqrt{2}}{2}\right)=24\sqrt{2}>0$，$f''\left(-\dfrac{\sqrt{2}}{2}\right)=-24\sqrt{2}<0$，

所以，$f(x)$ 在 $x=\dfrac{\sqrt{2}}{2}$ 取得极小值 $f\left(\dfrac{\sqrt{2}}{2}\right)=4\sqrt{2}$.

$f(x)$ 在 $x=-\dfrac{\sqrt{2}}{2}$ 取得极大值 $f\left(-\dfrac{\sqrt{2}}{2}\right)=-4\sqrt{2}$.

例 15 在椭圆 $\dfrac{x^2}{a^2}+\dfrac{y^2}{b^2}=1$ 内嵌入有最大面积的四边平行于椭圆轴的矩形，求该矩形最大的面积.

解 设椭圆内接矩形在第一象限中的顶点为 $M(x,y)$，则矩形的面积为

$$S(x)=4xy=\frac{4b}{a}x\sqrt{a^2-x^2}\ (0\leqslant x\leqslant a).$$

下面求 $S(x)$ 在 $[0,a]$ 上的最大值. 先求 $S'(x)$，

$$S'(x)=\frac{4b}{a}\left(\sqrt{a^2-x^2}-\frac{x^2}{\sqrt{a^2-x^2}}\right)=\frac{4b}{a}\frac{a^2-2x^2}{\sqrt{a^2-x^2}}.$$

令 $S'(x)=0$ 解得，因 $x=\dfrac{a}{\sqrt{2}}$，$S(0)=S(a)=0$，$S\left(\dfrac{a}{\sqrt{2}}\right)=2ab$，所以 $S(x)$ 在 $[0,a]$ 的最大值即为内接矩形最大面积，为 $2ab$.

*六、利用泰勒公式(带皮亚诺余项)求极限

例 16 已知函数 $f(x)$ 在 $x=0$ 的某邻域内有连续导数，且 $\lim\limits_{x\to 0}\left(\dfrac{\sin x}{x^2}+\dfrac{f(x)}{x}\right)=2$，试求 $f(0)$ 及 $f'(0)$.

解 因为 $f(x)=f(0)+f'(0)x+o(x)$，$x\to 0$，且 $\sin x=x+o(x^2)$.
代入题中等式，得：

$$2=\lim_{x\to 0}\frac{x+o(x^2)+x[f(0)+f'(0)x+o(x)]}{x^2}$$

$$=\lim_{x\to 0}\frac{1+f(0)+f'(0)x}{x}=\lim_{x\to 0}\frac{1+f(0)}{x}+f'(0).$$

所以有：$1+f(0)=0$，得 $f(0)=-1$，从而得 $f'(0)=2$.

例 17 已知 $\lim\limits_{x\to 0}\dfrac{(1+x)^{\frac{1}{x}}-(A+Bx+Cx^2)}{x^3}=D\neq 0$. 求常数 A，B，C，D.

解 因为 $(1+x)^{\frac{1}{x}}=\mathrm{e}^{\frac{\ln(1+x)}{x}}$，

由泰勒公式知 $\ln(1+x)=x-\dfrac{x^2}{2}+\dfrac{x^3}{3}-\dfrac{x^4}{4}+o(x^4)$，$x\to 0$.

$$\mathrm{e}^x=1+x+\frac{x^2}{2!}+\frac{x^3}{3!}+o(x^3),\ x\to 0.$$

可得 $(1+x)^{\frac{1}{x}}=\mathrm{e}^{1-\frac{x}{2}+\frac{x^2}{3}-\frac{x^3}{4}+o(x^3)}=e\cdot\mathrm{e}^{-\frac{x}{2}+\frac{x^2}{3}-\frac{x^3}{4}+o(x^3)}$

$$=e\left[1+\left(-\frac{x}{2}+\frac{x^2}{3}-\frac{x^3}{4}\right)+\frac{1}{2!}\left(-\frac{x}{2}+\frac{x^2}{3}-\frac{x^3}{4}\right)^2\right.$$

$$\left.+\frac{1}{3!}\left(-\frac{x}{2}+\frac{x^2}{3}-\frac{x^3}{4}\right)^3+o(x^3)\right]$$

$$=e\left[1-\frac{1}{2}x+\frac{1}{2}\,\frac{1}{4}x^2-\frac{2}{4}\,\frac{1}{8}x^3+o(x^3)\right].$$

所以有：$\lim\limits_{x\to 0}\dfrac{(e-A)+\left(-\dfrac{e}{2}-B\right)x+\left(\dfrac{11e}{24}-C\right)x^2-\dfrac{21}{48}x^3+o(x^3)}{x^3}=D.$

因此得 $\begin{cases}e-A=0\\ -\dfrac{e}{2}-B=0\\ \dfrac{11e}{24}-C=0\\ -\dfrac{21}{48}=D\end{cases}$，即 $\begin{cases}A=e\\ B=-\dfrac{e}{2}\\ C=\dfrac{11e}{24}\\ D=-\dfrac{21}{48}\end{cases}$.

例 18 已知极限 $\lim\limits_{x\to o}\left[\mathrm{e}^x+\dfrac{ax^2+bx}{x-1}\right]^{\frac{1}{x^2}}=1$，求常数 a，b 的值.

解 由条件知 $\lim\limits_{x\to o}\dfrac{\ln\left[1+\left(\mathrm{e}^x+\dfrac{ax^2+bx}{x-1}-1\right)\right]}{x^2}=0$，所以

$$\mathrm{e}^x+\frac{ax^2+bx}{x-1}=1+o(x^2),\ x\to 0.$$

而
$$e^x+\frac{ax^2+bx}{x-1}=\sum_{n=0}^{\infty}\frac{x^n}{n!}+(ax^2+bx)\cdot\sum_{n=0}^{\infty}x^n$$
$$=1+(b+1)x+\left(\frac{1}{2}+a+b\right)x^2+o(x^2),\ x\to 0.$$

因此有 $b+1=0$，$\frac{1}{2}+a+b=0$，于是 $a=\frac{1}{2}$，$b=-1$.

七、利用泰勒公式证明结论

例 19　设 $f(x)$ 在 $[0,1]$ 上二阶导数存在，且 $|f(x)|\leqslant a$，$|f''(x)|\leqslant b$，试证在 $(0,1)$ 内有 $|f'(x)|\leqslant 2a+\frac{b}{2}$.

证　f 在 $\forall x\in(0,1)$ 处的泰勒公式为
$$f(t)=f(x)+f'(x)(t-x)+\frac{f''(\xi)}{2}(t-x)^2,\ \xi\text{ 介于 }x\text{ 与 }t\text{ 之间}.$$

所以有：
$$f(0)=f(x)-f'(x)\cdot x+\frac{f''(\xi_1)}{2}x^2,\ \xi_1\text{ 介于 }0\text{ 与 }x\text{ 之间},$$
$$f(1)=f(x)+f'(x)(1-x)+\frac{f''(\xi_2)}{2}(1-x)^2,\ \xi_2\text{ 介于 }1\text{ 与 }x\text{ 之间}.$$

两式相减，得
$$f(1)-f(0)=f'(x)+\frac{f''(\xi_2)}{2}(1-x)^2-\frac{f''(\xi_1)}{2}x^2,$$
$$|f'(x)|\leqslant|f(1)|+|f(0)|+\frac{|f''(\xi_2)|}{2}(1-x)^2-\frac{|f''(\xi_1)|}{2}x^2$$
$$\leqslant 2a+\frac{b}{2}[(1-x)^2+x^2],$$

而在 $(0,1)$ 内，$0<(1-x)^2+x^2<1$，于是有
$$|f'(x)|\leqslant 2a+\frac{b}{2}.$$

Ⅳ　补充习题

一、填空题

1. 已知函数 $f(x)=ax^2-4x+1$ 在 $x=2$ 处取得极值，则常数 $a=$________.

2. 设 $\lim\limits_{x\to x_0}\dfrac{f(x)}{g(x)}$ 为未定型,则 $\lim\limits_{x\to x_0}\dfrac{f'(x)}{g'(x)}$ 存在是 $\lim\limits_{x\to x_0}\dfrac{f(x)}{g(x)}$ 也存在的________条件.

3. 函数 $y=x\arctan x$ 的凹区间为________________.

4. 当 $x=$________时,函数 $y=x\cdot 2^x$ 取得极小值.

5. (2010)设函数 $f(x)$, $g(x)$ 具有二阶导数,且 $g''(x)<0$. 若 $g(x_0)=a$ 是 $g(x)$ 的极值,则 $f[g(x)]$ 在 x_0 取极大值的一个充分条件是______________.

6. (2010)若曲线 $y=x^3+ax^2+bx+1$ 有拐点 $(-1,0)$,则 $b=$______________.

7. 曲线 $y=(x-1)^2(x-3)^2$ 的拐点个数为________________.

8. (2008)函数 $f(x)=(x-5)x^{\frac{2}{3}}$ 的拐点为________________.

9. (2012)曲线 $y=\dfrac{x^2+x}{x^2-1}$ 渐近线的条数为________________.

10. (2011)曲线 $y=x(x-1)(x-2)^2(x-3)^3(x-4)^4$ 的拐点是________________.

二、解答题

1. 计算下列函数极限:

(1) $\lim\limits_{x\to 0}\dfrac{e^x-e^{\sin x}}{x-\tan x}$;

(2) $\lim\limits_{n\to\infty}\dfrac{\arctan\dfrac{1}{n}-\arctan\dfrac{1}{n+1}}{\dfrac{1}{n}-\dfrac{1}{n+1}}$;

(3) $\lim\limits_{x\to 0}\dfrac{x-\ln(1+x)}{x\tan x}$;

(4) $\lim\limits_{x\to 0}\left(\dfrac{1}{\ln(1+x)}-\dfrac{1}{x}\right)$;

(5) 求 $\lim\limits_{x\to\frac{\pi}{6}}\dfrac{1-2\sin x}{\cos 3x}$;

(6) $\lim\limits_{x\to 0}(1+x^2)^{\frac{1}{x}}$;

(7) 求 $\lim\limits_{x\to+\infty}\left(\dfrac{\pi}{2}-\arctan x\right)^{\frac{1}{\ln x}}$;

(8) $\lim\limits_{x\to 1}\dfrac{(x^{3x-2}-x)\sin 2(x-1)}{(x-1)^3}$;

(9) $\lim\limits_{x\to 0}\dfrac{(1+x)^{\frac{1}{x}}-e}{x}$.

2. 求函数 $y=2e^x+e^{-x}$ 的极值.

3. 研究函数 $f(x)=|x|e^{-|x-1|}$ 的极值.

4. 求函数 $y=\dfrac{\ln^2 x}{x}$ 的单调区间与极值.

5. 证明下列不等式:

(1) 若 $x\neq 0$,证明 $e^x>1+x$;

(2) 设 $x>0$,证明 $x-\dfrac{x^2}{2}<\ln(1+x)<x$.

6. 当 a 为何值时,$y=a\sin x+\dfrac{1}{3}\sin 3x$ 在 $x=\dfrac{\pi}{3}$ 处有极值? 求此极值,并说明是极大值还是极小值.

7. 函数 $y=ax^3+bx^2+cx+d\ (a>0)$ 的系数满足什么关系时，这个函数没有极值？

8. 试证 $y=x\sin x$ 的拐点在曲线 $y^2=\dfrac{4x^2}{4+x^2}$ 上.

9. 试证明曲线 $y=\dfrac{x-1}{x^2+1}$ 有三个拐点位于同一直线上.

10. 试决定 $y=k(x^2-3)^2$ 中 k 的值，使曲线的拐点处的法线通过原点.

11. 试证当 $a+b+1>0$ 时，$f(x)=\dfrac{x^2+ax+b}{x-1}$ 取得极值.

12. 求由 y 轴上的一个给定点 $(0,b)$ 到抛物线 $x^2=4y$ 上的点的最短距离.

13. 设 $f(x)$ 在 $[0,1]$ 上可导，且 $0<f(x)<1$，对于任何 $x\in(0,1)$，都有 $f'(x)\neq 1$，试证：在 $(0,1)$ 内，有且仅有一个数 x，使 $f(x)=x$.

14. 设 $f(x)$ 在 $[1,2]$ 上具有二阶导数 $f''(x)$，且 $f(2)=f(1)=0$，如果 $F(x)=(x-1)f(x)$，证明至少存在一点 $\xi\in(1,2)$，使 $F''(\xi)=0$.

15. 设 $f(x)$ 在 $[a,b]$ 上连续，在 (a,b) 内二阶可导且 $f(a)=f(b)=0$，且存在点 $c\in(a,b)$，使得 $f(c)>0$，试证至少存在一点 $\xi\in(a,b)$，使得 $f''(\xi)<0$.

16. 设函数 $f(x)$ 二次可微，有 $f''(x)>0$，$f(0)=0$，证明函数 $F(x)=\begin{cases}\dfrac{f(x)}{x}, & x\neq 0\\ f(0), & x=0\end{cases}$ 是单调增函数.

17. 若 $f(x)$ 在 $[a,b]$ 上有二阶导数 $f''(x)$，且 $f'(a)=f'(b)=0$，试证在 (a,b) 内至少存在一点 ξ，满足 $|f''(\xi)|\geqslant\dfrac{4}{(b-a)^2}|f(b)-f(a)|$.

18. 设 $f(x)$ 在 $[0,1]$ 上具有二阶导数，且 $f(0)=f(1)=0$，$\min\limits_{0<x<1}f(x)=-1$，证明：存在一点 $\xi\in(0,1)$，使 $f''(\xi)\geqslant 8$.

19. 已知 $f(x)=\begin{cases}x^{2x}, & x>0\\ x\mathrm{e}^x+1, & x\leqslant 0\end{cases}$，求 $f'(x)$，并求 $f(x)$ 的极值.

20. (2003)设函数 $f(x)$ 在 $[0,3]$ 上连续，在 $(0,3)$ 内可导，且 $f(0)+f(1)+f(2)=3$，$f(3)=1$，证必存在 $\xi\in(0,3)$，使 $f'(\xi)=0$.

第四章

不定积分

Ⅰ　教学基本要求

1. 理解原函数与不定积分的概念，理解两者的关系，理解不定积分与导数的关系；掌握不定积分的几何意义与基本性质.

2. 理解与掌握不定积分的基本公式，掌握不定积分的基本运算，熟练地用直接积分法、第一类换元积分法(凑微分法)、第二换元积分法、分部积分法求不定积分.

3. 了解不定积分在经济问题中的应用.

Ⅱ　本章知识要点

一、不定积分的概念与性质

1. 不定积分的概念

(1) 原函数的概念

如果在区间 I 上，可导函数 $F(x)$ 的导函数为 $f(x)$，即对任一 $x \in I$，都有

$$F'(x)=f(x) \text{ 或 } \mathrm{d}F(x)=f(x)\mathrm{d}x,$$

那么函数 $F(x)$ 就称为 $f(x)$ 在区间 I 上的一个原函数.

(2) 原函数存在定理

如果函数 $f(x)$ 在区间 I 上连续，那么在区间 I 上存在可导函数 $F(x)$，使得对任一 $x \in I$，都有

$$F'(x)=f(x).$$

简单地说就是：连续函数一定有原函数.

(3) 原函数之间的关系

如果 $F(x)$ 为 $f(x)$ 的一个原函数，那么 $F(x)+C$（C 为任意常数）为 $f(x)$ 的所有原函数.

(4) 不定积分的概念

在区间 I 上，函数 $f(x)$ 的带有任意常数项的原函数称为 $f(x)$ 在区间 I 上的不定积分，记作

$$\int f(x)\mathrm{d}x.$$

其中记号 $\int$ 称为积分号，$f(x)$ 称为被积函数，$f(x)\mathrm{d}x$ 称为被积表达式，x 称为积分变量.

(5) 不定积分与原函数的关系

$f(x)$ 的不定积分是其原函数的全体.

2. 不定积分基本公式

依据不定积分定义和导数基本公式，可得到如下不定积分基本公式：

(1) $\int 0\mathrm{d}x=C$；

(2) $\int x^{\alpha}\mathrm{d}x=\frac{1}{\alpha+1}x^{\alpha+1}+C\ (\alpha\neq-1)$；

(3) $\int \frac{1}{x}\mathrm{d}x=\ln|x|+C\ (x\neq 0)$；

(4) $\int a^{x}\mathrm{d}x=\frac{1}{\ln a}a^{x}+C\ (a>0,\ a\neq 1)$；

(5) $\int \mathrm{e}^{x}\mathrm{d}x=\mathrm{e}^{x}+C$；

(6) $\int \sin x\,\mathrm{d}x=-\cos x+C$；

(7) $\int \cos x\,\mathrm{d}x=\sin x+C$；

(8) $\int \sec^{2}x\,\mathrm{d}x=\tan x+C$；

(9) $\int \csc^{2}x\,\mathrm{d}x=-\cot x+C$；

(10) $\int \sec x\tan x\,\mathrm{d}x=\sec x+C$；

(11) $\int \csc x\cot x\,\mathrm{d}x=-\csc x+C$；

(12) $\int \frac{1}{\sqrt{1-x^{2}}}\mathrm{d}x=\arcsin x+C=-\arccos x+C$；

(13) $\int \frac{1}{1+x^{2}}\mathrm{d}x=\arctan x+C=-\mathrm{arccot}\,x+C$.

3. 不定积分的性质

(1) 积分与微分(导数)的关系

① $\dfrac{\mathrm{d}}{\mathrm{d}x}\left[\int f(x)\mathrm{d}x\right]=f(x)$ 或 $\mathrm{d}\left[\int f(x)\mathrm{d}x\right]=f(x)\mathrm{d}x$；

② $\int F'(x)\mathrm{d}x=F(x)+C$ 或 $\int \mathrm{d}F(x)=F(x)+C$.

(2) 不定积分的线性运算

性质 1 设函数 $f(x)$ 与 $g(x)$ 的原函数存在，则

$$\int[f(x)\pm g(x)]\mathrm{d}x=\int f(x)\mathrm{d}x\pm\int g(x)\mathrm{d}x.$$

性质 2 设函数 $f(x)$ 的原函数存在，k 为非零常数，则

$$\int kf(x)\mathrm{d}x=k\int f(x)\mathrm{d}x.$$

二、换元积分法

1. 第一类换元法(凑微分法)

定理 1 设 $f(u)$ 具有原函数 $F(u)$，$u=\varphi(x)$ 可导，则有换元公式

$$\int f[\varphi(x)]\varphi'(x)\mathrm{d}x=\left[\int f(u)\mathrm{d}u\right]_{u=\varphi(x)}=F[\varphi(x)]+C.$$

其基本思路可以写成

$$\begin{aligned}\int g(x)\mathrm{d}x&=\int f[\varphi(x)]\varphi'(x)\mathrm{d}x\\&=\int f[\varphi(x)]\mathrm{d}\varphi(x)\xlongequal{u=\varphi(x)}\int f(u)\mathrm{d}u\\&=F(u)+C\xlongequal{\text{代回}}F[\varphi(x)]+C.\end{aligned}$$

经常使用的凑微分有下列情形：

(1) $\int f(ax+b)\mathrm{d}x=\dfrac{1}{a}\int f(ax+b)\mathrm{d}(ax+b)=\dfrac{1}{a}F(ax+b)+C\ (a\neq 0)$；

(2) $\int \mathrm{e}^x f(\mathrm{e}^x)\mathrm{d}x=\int f(\mathrm{e}^x)\mathrm{d}\mathrm{e}^x=F(\mathrm{e}^x)+C$；

(3) $\int x^{a-1}f(x^a)\mathrm{d}x=\dfrac{1}{a}\int f(x^a)\mathrm{d}x^a=\dfrac{1}{a}F(x^a)+C\quad(a\neq 0)$；

(4) $\int \dfrac{1}{x}f(\ln x)\mathrm{d}x=\int f(\ln x)\mathrm{d}(\ln x)=F(\ln x)+C$；

(5) $\int \cos x f(\sin x)\mathrm{d}x=\int f(\sin x)\mathrm{d}(\sin x)=F(\sin x)+C$；

(6) $\int \sin x f(\cos x)\mathrm{d}x=-\int f(\cos x)\mathrm{d}(\cos x)=-F(\cos x)+C$；

(7) $\int \dfrac{f(\arctan x)}{1+x^2}\mathrm{d}x=\int f(\arctan x)\mathrm{d}(\arctan x)=F(\arctan x)+C$；

(8) $\int \dfrac{1}{\sqrt{1-x^2}}f(\arcsin x)\mathrm{d}x=\int f(\arcsin x)\mathrm{d}(\arcsin x)=F(\arcsin x)+C$；

(9) $\int \sec^2 x f(\tan x)\mathrm{d}x = \int f(\tan x)\mathrm{d}(\tan x) = F(\tan x) + C$;

(10) $\int \csc^2 x f(\cot x)\mathrm{d}x = -\int f(\cot x)\mathrm{d}(\cot x) = -F(\cot x) + C$.

2. 第二类换元法

定理 2 对于不定积分 $\int f(x)\mathrm{d}x$，若所作变量代换 $x = g(t)$ 单调可导，且 $g'(t) \neq 0$. 又设 $f[g(t)]g'(t)$ 具有原函数 $F(t)$，则有

$$\int f(x)\mathrm{d}x = \int f[g(t)]g'(t)\mathrm{d}t = F(t) + C = F[g^{-1}(x)] + C.$$

其基本思路是：通过适当的变量代换 $x = g(t)$ 把 $\int f(x)\mathrm{d}x$ 化为容易求出的不定积分 $\int f[g(t)]g'(t)\mathrm{d}t$，然后再把 $t = g^{-1}(x)$ 代入已求出的不定积分.

第二类换元法包括三角代换、根式代换及倒代换等.

(1) 三角代换

如果被积函数含有 $\sqrt{a^2 - x^2}$，可以做代换 $x = a\sin t$ 化去根式；如果被积函数含有 $\sqrt{x^2 + a^2}$，可以做代换 $x = a\tan t$ 化去根式；如果被积函数含有 $\sqrt{x^2 - a^2}$，可以做代换 $x = \pm a\sec t$ 化去根式. 但解题时要分析被积函数的具体情况，选取尽可能简洁的代换，不要拘泥于上述的变量代换.

(2) 根式代换

若被积函数含有 $\sqrt[n]{ax + b}$ 根式，则应设这个根式为 t，并解析出 $x = g(t)$；求出 $f[g(t)]$ 与 $\mathrm{d}g(t) = g'(t)\mathrm{d}t$，再计算积分 $\int f[g(t)]g'(t)\mathrm{d}t$，得 $F(t) + C$，将变量代回，即用 $t = g^{-1}(x)$ 把 $F(t) + C$ 变为 $F[g^{-1}(x)] + C$.

(3) 倒代换

若被积函数的分母比分子复杂，可令 $x = \frac{1}{t}$，它常可消去被积函数的分母中的变量因子.

3. 常见的不定积分公式

(1) $\int \tan x\,\mathrm{d}x = -\ln|\cos x| + C$;

(2) $\int \cot x\,\mathrm{d}x = \ln|\sin x| + C$;

(3) $\int \sec x\,\mathrm{d}x = \ln|\sec x + \tan x| + C$;

(4) $\int \csc x\,\mathrm{d}x = \ln|\csc x - \cot x| + C$;

(5) $\int \frac{1}{\sqrt{a^2 - x^2}}\mathrm{d}x = \arctan\frac{x}{a} + C \quad (a > 0)$;

(6) $\int \frac{1}{a^2 + x^2}\mathrm{d}x = \frac{1}{a}\arcsin\frac{x}{a} + C \quad (a \neq 0)$;

(7) $\int \frac{1}{a^2-x^2}\mathrm{d}x=\frac{1}{2a}\ln\left|\frac{a+x}{a-x}\right|+C \quad (a\neq 0)$；

(8) $\int \sqrt{a^2-x^2}\,\mathrm{d}x=\frac{a^2}{2}\arcsin\frac{x}{a}+\frac{1}{2}x\sqrt{a^2-x^2}+C$；

(9) $\int \frac{\mathrm{d}x}{\sqrt{x^2+a^2}}=\ln(x+\sqrt{x^2+a^2})+C$；

(10) $\int \frac{\mathrm{d}x}{\sqrt{x^2-a^2}}=\ln|x+\sqrt{x^2-a^2}|+C.$

三、分部积分法

设函数 $u=u(x)$ 及 $v=v(x)$ 具有连续导数，则

$$\int uv'\mathrm{d}x=uv-\int u'v\mathrm{d}x \quad 或 \quad \int u\mathrm{d}v=uv-\int v\mathrm{d}u. \tag{1}$$

公式(1)称为分部积分公式.

恰当选取 u 和 $\mathrm{d}v$ 是分部积分法的一个关键. 选取 u 和 $\mathrm{d}v$ 一般要考虑下面两点：

(1) v 要容易求得；

(2) $\int v\mathrm{d}u$ 要比 $\int u\mathrm{d}v$ 容易积出.

四、有理函数的积分

两个多项式的商 $\frac{P(x)}{Q(x)}$ 称为有理函数，又称有理分式. 我们总假定分子多项式 $P(x)$ 与分母多项式 $Q(x)$ 之间是没有公因式的. 当分子多项式 $P(x)$ 的次数小于分母多项式 $Q(x)$ 的次数时，称这有理函数为真分式，否则称为假分式.

利用多项式的除法，总可以将一个假分式化成一个多项式与一个真分式之和的形式.

对于真分式 $\frac{P(x)}{Q(x)}$，如果分母可分解为两个多项式的乘积

$$Q(x)=Q_1(x)Q_2(x),$$

且 $Q_1(x)$ 与 $Q_2(x)$ 没有公因式，那么它可分拆成两个真分式之和

$$\frac{P(x)}{Q(x)}=\frac{P_1(x)}{Q_1(x)}+\frac{P_2(x)}{Q_2(x)}.$$

上述步骤称为把真分式化成部分分式之和. 如果 $Q_1(x)$ 或 $Q_2(x)$ 还能再分解成两个没有公因式的多项式的乘积，那么就可再分拆成更简单的部分分式. 最后，有理函数的分解式中只出现多项式、$\frac{P_1(x)}{(x-a)^k}$、$\frac{P_2(x)}{(x^2+px+q)^l}$ 三类函数(这里 $p^2-4q<0$，$P_1(x)$ 为小于 k 次的多项式，$P_2(x)$ 为小于 $2l$ 次的多项式). 多项式的积分易求，而后两类真分式的积分可用凑微分法求得.

Ⅲ　典型例题讲解

例 1　若 $\int f'(x^2)\,\mathrm{d}x = x^5 + C$，求 $f(x)$.

解题思路　等式两边求导得 $f'(x)$，再求不定积分可求得 $f(x)$.

解　由 $\int f'(x^2)\,\mathrm{d}x = x^5 + C$，得 $f'(x^2) = 5x^4$.

令 $x^2 = t$，则 $f'(t) = 5t^2$，从而 $f(x) = \int 5x^2\,\mathrm{d}x = \frac{5}{3}x^3 + C$.

例 2　求不定积分 $\int \frac{2^x \cdot 3^x}{9^x - 4^x}\,\mathrm{d}x$.

解

$$\int \frac{2^x \cdot 3^x}{9^x - 4^x}\,\mathrm{d}x = \int \frac{\left(\frac{3}{2}\right)^x}{\left(\frac{3}{2}\right)^{2x} - 1}\,\mathrm{d}x = \frac{1}{\ln\frac{3}{2}}\int \frac{\mathrm{d}\left[\left(\frac{3}{2}\right)^x\right]}{\left[\left(\frac{3}{2}\right)^x\right]^2 - 1}$$

$$= \frac{1}{2(\ln 3 - \ln 2)}\ln\left|\frac{\left(\frac{3}{2}\right)^x - 1}{\left(\frac{3}{2}\right)^x + 1}\right| + C$$

$$= \frac{1}{2(\ln 3 - \ln 2)}\ln\left|\frac{3^x - 2^x}{3^x + 2^x}\right| + C.$$

评注　本题利用了 $\left(\frac{3}{2}\right)^x \cdot \ln\frac{3}{2}\,\mathrm{d}x = \mathrm{d}\left[\left(\frac{3}{2}\right)^x\right]$.

例 3　求 $\int \frac{1}{x^2}\sqrt[3]{\frac{(x-1)^2}{x^2}}\,\mathrm{d}x$.

解题思路　可看出 $\sqrt[3]{\frac{(x-1)^2}{x^2}} = \sqrt[3]{\left(1-\frac{1}{x}\right)^2}$，利用 $\frac{1}{x^2}\mathrm{d}x = -\mathrm{d}\left(\frac{1}{x}\right) = \mathrm{d}\left(1-\frac{1}{x}\right)$.

解

$$\int \frac{1}{x^2}\sqrt[3]{\frac{(x-1)^2}{x^2}}\,\mathrm{d}x = -\int \sqrt[3]{\left(1-\frac{1}{x}\right)^2}\,\mathrm{d}\left(\frac{1}{x}\right) = \int \sqrt[3]{\left(1-\frac{1}{x}\right)^2}\,\mathrm{d}\left(1-\frac{1}{x}\right)$$

$$= \frac{3}{5}\left(1-\frac{1}{x}\right)^{\frac{5}{3}} + C.$$

例 4　求 $\int \frac{x^5}{\sqrt[3]{1+x^3}}\,\mathrm{d}x$.

解

$$\int \frac{x^5}{\sqrt[3]{1+x^3}}\,\mathrm{d}x = \frac{1}{3}\int \frac{x^3\,\mathrm{d}(x^3)}{\sqrt[3]{1+x^3}} = \frac{1}{3}\int \frac{(x^3+1-1)\,\mathrm{d}(1+x^3)}{\sqrt[3]{1+x^3}}$$

$$\xlongequal{1+x^3=t}\frac{1}{3}\int\left(t^{\frac{2}{3}}-t^{-\frac{1}{3}}\right)dt$$
$$=\frac{1}{3}\left(\frac{3}{5}t^{\frac{5}{3}}-\frac{3}{2}t^{\frac{2}{3}}\right)+C$$
$$=\frac{1}{5}(1+x^3)^{\frac{5}{3}}-\frac{1}{2}(1+x^3)^{\frac{2}{3}}+C.$$

例 5 求$\int\frac{dx}{\cos x\cdot\sqrt{\sin x}}$.

解 $\int\frac{dx}{\cos x\cdot\sqrt{\sin x}}=\int\frac{\cos x\,dx}{(1-\sin^2 x)\sqrt{\sin x}}=2\int\frac{d(\sqrt{\sin x})}{1-(\sqrt{\sin x})^4}\xlongequal{\sqrt{\sin x}=t}2\int\frac{dt}{1-t^4}$

$$=\int\left(\frac{1}{1+t^2}+\frac{1}{1-t^2}\right)dt=\arctan t+\frac{1}{2}\ln\left|\frac{1+t}{1-t}\right|+C$$
$$=\arctan\sqrt{\sin x}+\frac{1}{2}\ln\frac{1+\sqrt{\sin x}}{1-\sqrt{\sin x}}+C.$$

例 6 求$\int\frac{dx}{\sqrt{x(4-x)}}$.

解 1 $\int\frac{dx}{\sqrt{x(4-x)}}=\int\frac{2d(\sqrt{x})}{\sqrt{4-x}}=2\arcsin\frac{\sqrt{x}}{2}+C.$

解 2 $\int\frac{dx}{\sqrt{x(4-x)}}=\int\frac{dx}{\sqrt{4x-x^2}}=\int\frac{dx}{\sqrt{4-(x-2)^2}}=\arcsin\frac{x-2}{2}+C.$

解 3 令$\sqrt{\frac{4-x}{x}}=t$，则$x=\frac{4}{1+t^2}$，$dx=-\frac{8t}{(1+t^2)^2}dt$，于是

$$\int\frac{dx}{\sqrt{x(4-x)}}=\int\frac{1}{\frac{4}{1+t^2}\cdot t}\cdot\left(-\frac{8t}{(1+t^2)^2}\right)dt=-\int\frac{2}{1+t^2}dt$$
$$=-2\arctan t+C=-2\arctan\sqrt{\frac{4-x}{x}}+C.$$

评注 同一个不定积分，计算方法可能有若干种，结果的形式可能不一样，但它们最多相差一个常数项.

例 7 求$\int\frac{1}{1+e^x}dx$.

解 $\int\frac{1}{1+e^x}dx=\int\frac{e^x}{e^x(e^x+1)}dx=\int\left(\frac{1}{e^x}-\frac{1}{e^x+1}\right)de^x=x-\ln(e^x+1)+C.$

评注 指数函数 e^x 有很好的特性，本题被积函数分子、分母同乘以 e^x，变性后再积分，这种技巧有时候能够取得意想不到的效果.

例 8 $\int \frac{\sqrt{a^2-x^2}}{x^4}dx\ (a>0)$.

解题思路 被积函数 $f(x)$ 中含有根号 $\sqrt{a^2-x^2}$，应作变换：$x=a\sin t$.

解 令 $x=a\sin t$，$t\in\left(-\frac{\pi}{2},\frac{\pi}{2}\right)$，则 $dx=a\cos t\,dt$，

$$\int\frac{\sqrt{a^2-x^2}}{x^4}dx=\int\frac{a\cos t}{a^4\sin^4 t}\cdot a\cos t\,dt=\frac{1}{a^2}\int\cot^2 t\cdot\csc^2 t\,dt=-\frac{\cos^3 t}{3a^2}+C$$
$$=-\frac{(a^2-x^2)\sqrt{a^2-x^2}}{3a^2x^3}+C.$$

评注 本题还可作变量代换 $x=\frac{1}{t}$，需注意的是在最后结果中，回代 $\cot t$ 时，不要用代数的方法计算，而应用直角三角形来计算.

例 9 求 $I=\int\frac{x^3}{(1+x^2)^{\frac{3}{2}}}dx$.

解题思路 被积函数 $f(x)$ 中含有 $\sqrt{1+x^2}$，可作变换 $x=\tan t$.

解 令 $x=\tan t$，则

$$I=\int\frac{\tan^3 t}{\sec^3 t}\cdot\sec^2 t\,dt=\int\frac{\sin^3 t}{\cos^2 t}dt=-\int\frac{1-\cos^2 t}{\cos^2 t}d(\cos t)$$
$$=\int\left(1-\frac{1}{\cos^2 t}\right)d(\cos t)=\cos t+\frac{1}{\cos t}+C$$
$$=\frac{1}{\sqrt{1+x^2}}+\sqrt{1+x^2}+C.$$

评注 若被积函数中含有 $\sqrt{x^2+2x+2}=\sqrt{(x+1)^2+1}$，可作代换 $x+1=\tan t$，其他情形类似.

例 10 求 $\int\frac{1}{x^2\sqrt{x^2-4}}dx$.

解题思路 被积函数 $f(x)$ 中含有根号 $\sqrt{x^2-4}$，应作变换：$x=2\sec t$.

解 当 $x>2$ 时，令 $x=2\sec t$，$t\in\left(0,\frac{\pi}{2}\right)$，则 $dx=2\sec t\tan t\,dt$，

$$\int\frac{1}{x^2\sqrt{x^2-4}}dx=\int\frac{1}{4\sec^2 t\cdot 2\tan t}\cdot 2\sec t\tan t\,dt=\frac{1}{4}\int\cos t\,dt$$
$$=\frac{\sin t}{4}+C_1=\frac{\sqrt{x^2-4}}{4x}+C_1.$$

当 $x<-2$ 时，令 $x=-t$，则

$$\int \frac{1}{x^2\sqrt{x^2-4}}\mathrm{d}x = -\int \frac{1}{t^2\sqrt{t^2-4}}\mathrm{d}t = -\frac{\sqrt{t^2-4}}{4t} - C_2 = \frac{\sqrt{x^2-4}}{4x} - C_2.$$

最后可统一表示为

$$\int \frac{1}{x^2\sqrt{x^2-4}}\mathrm{d}x = \frac{\sqrt{x^2-4}}{4x} + C.$$

评注 实际上，只需作 $x = 2\sec t\left(t \in \left(0, \frac{\pi}{2}\right) \cup \left(\pi, \frac{3}{2}\pi\right)\right)$ 即可，不需要对 x 进行讨论.

例 11 求 $\int x \ln \frac{1+x}{1-x}\mathrm{d}x$.

解题思路 本题可理解为被积函数为多项式乘以对数函数，用分部积分法.

解
$$\begin{aligned}\int x \ln \frac{1+x}{1-x}\mathrm{d}x &= \frac{1}{2}\int \ln \frac{1+x}{1-x}\mathrm{d}x^2 \\ &= \frac{1}{2}x^2 \ln \frac{1+x}{1-x} - \frac{1}{2}\int x^2 \cdot \frac{2}{1-x^2}\mathrm{d}x \\ &= \frac{1}{2}x^2 \ln \frac{1+x}{1-x} + \int \left(1 + \frac{1}{x^2-1}\right)\mathrm{d}x \\ &= \frac{1}{2}x^2 \ln \frac{1+x}{1-x} + x - \frac{1}{2}\ln \frac{1+x}{1-x} + C.\end{aligned}$$

例 12 求 $\int \frac{x \ln x}{(1+x^2)^2}\mathrm{d}x$.

解题思路 本题被积函数为有理函数乘以对数函数，为了去掉对数函数，用分部积分法，选取 $u(x) = \ln x$.

解
$$\begin{aligned}\int \frac{x\ln x}{(1+x^2)^2}\mathrm{d}x &= -\frac{1}{2}\int \ln x\, \mathrm{d}\frac{1}{1+x^2} = -\frac{1}{2}\left[\frac{1}{1+x^2}\ln x - \int \frac{1}{x(1+x^2)}\mathrm{d}x\right] \\ &= -\frac{1}{2}\frac{1}{1+x^2}\ln x + \frac{1}{2}\int \left(\frac{1}{x} - \frac{x}{1+x^2}\right)\mathrm{d}x \\ &= -\frac{1}{2}\frac{1}{1+x^2}\ln x + \frac{1}{2}\ln x - \frac{1}{4}\ln(1+x^2) + C.\end{aligned}$$

例 13 求 $I = \int \frac{x\mathrm{e}^x}{\sqrt{\mathrm{e}^x - 1}}\mathrm{d}x$.

解题思路 虽然被积函数含的根式中有 e^x，为了消去根号也可作变换 $t = \sqrt{\mathrm{e}^x - 1}$.

解 令 $\sqrt{\mathrm{e}^x - 1} = t$，即 $x = \ln(1+t^2)$，从而

$$I = \int \frac{x\mathrm{e}^x}{\sqrt{\mathrm{e}^x - 1}}\mathrm{d}x = \int \frac{(1+t^2)\ln(1+t^2)}{t} \cdot \frac{2t}{1+t^2}\mathrm{d}t = 2\int \ln(1+t^2)\,\mathrm{d}t$$

$$=2t\ln(1+t^2)-4\int\frac{t^2}{1+t^2}dt=2t\ln(1+t^2)-4t+4\arctan t+C$$

$$=2x\sqrt{e^x-1}-4\sqrt{e^x-1}+4\arctan\sqrt{e^x-1}+C.$$

例 14 求$\int x\arccos\frac{1}{x}dx$ $(x>0)$.

解题思路 本题被积函数为多项式乘以反余弦函数,为了去掉反余弦函数,使用分部积分法,选取$u(x)=\arccos\frac{1}{x}$.

解 $$\int x\arccos\frac{1}{x}dx=\frac{1}{2}\left[\arccos\frac{1}{x}\cdot x^2-\int\left[-\frac{1}{\sqrt{1-\left(\frac{1}{x}\right)^2}}\right]\left(-\frac{1}{x^2}\right)\cdot x^2dx\right]$$

$$=\frac{1}{2}\left[x^2\arccos\frac{1}{x}-\int\frac{x}{\sqrt{x^2-1}}dx\right]$$

$$=\frac{x^2}{2}\arccos\frac{1}{x}-\frac{1}{4}\int\frac{1}{\sqrt{x^2-1}}d(x^2-1)$$

$$=\frac{x^2}{2}\arccos\frac{1}{x}-\frac{1}{2}\sqrt{x^2-1}+C.$$

例 15 求$\int\frac{xe^{\arctan x}}{(1+x^2)^{\frac{3}{2}}}dx$.

解 用分部积分法

$$\int\frac{xe^{\arctan x}}{(1+x^2)^{\frac{3}{2}}}dx=\int\frac{x}{\sqrt{1+x^2}}de^{\arctan x}$$

$$=\frac{xe^{\arctan x}}{\sqrt{1+x^2}}-\int\frac{e^{\arctan x}}{(1+x^2)^{\frac{3}{2}}}dx$$

$$=\frac{xe^{\arctan x}}{\sqrt{1+x^2}}-\int\frac{1}{\sqrt{1+x^2}}de^{\arctan x}$$

$$=\frac{xe^{\arctan x}}{\sqrt{1+x^2}}-\frac{e^{\arctan x}}{\sqrt{1+x^2}}-\int\frac{xe^{\arctan x}}{(1+x^2)^{\frac{3}{2}}}dx.$$

移项整理,得$\int\frac{xe^{\arctan x}}{(1+x^2)^{\frac{3}{2}}}dx=\frac{(x-1)e^{\arctan x}}{2\sqrt{1+x^2}}+C$.

评注 1. 被积函数含有根号$\sqrt{1+x^2}$,典型的应做代换:$x=\tan t$,或被积函数含有反三角函数$\arctan x$,同样可考虑做变换:$\arctan x=t$,即$x=\tan t$. 此法留作练习.

2. 本题计算过程中,用了循环积分法:为了求不定积分I,经过一系列的运算,没有直接求出I,而是得到了关于I的方程,解方程求出I. 类似的例子如:求不定积分$I=\int e^x\sin x\,dx$.

例 16 设 $f(x)=\begin{cases}\sin 2x, & x\leqslant 0\\ \ln(2x+1), & x>0\end{cases}$，求 $\int f(x)\mathrm{d}x$.

解 当 $x\leqslant 0$ 时，$\int f(x)\mathrm{d}x=\int \sin 2x\,\mathrm{d}x=-\dfrac{1}{2}\cos 2x+C$.

当 $x>0$ 时，
$$\begin{aligned}\int f(x)\mathrm{d}x&=\int \ln(2x+1)\,\mathrm{d}x=x\ln(2x+1)-\int\frac{2x}{2x+1}\mathrm{d}x\\&=x\ln(2x+1)-\int\mathrm{d}x+\int\frac{\mathrm{d}x}{2x+1}\\&=x\ln(2x+1)-x+\frac{1}{2}\ln(2x+1)+C_1.\end{aligned}$$

由 $\int f(x)\mathrm{d}x$ 在点 $x=0$ 可导，故一定连续，得 $C_1=-\dfrac{1}{2}+C$. 所以

$$\int f(x)\mathrm{d}x=\begin{cases}-\dfrac{1}{2}\cos 2x+C, & x\leqslant 0\\ x\ln(2x+1)-x+\dfrac{1}{2}\ln(2x+1)-\dfrac{1}{2}+C, & x>0\end{cases}.$$

评注 由于 $f(x)$ 在 $(-\infty,+\infty)$ 上连续，可求变限积分 $\int_0^x f(t)\mathrm{d}t$，进而得到不定积分 $\int f(x)\mathrm{d}x=\int_0^x f(t)\mathrm{d}t+C$.

例 17 求 $I=\int\dfrac{\mathrm{d}x}{x^4(1+x^2)}$.

解
$$\begin{aligned}I&=\int\frac{1+x^2-x^2}{x^4(1+x^2)}\mathrm{d}x=\int\left(\frac{1}{x^4}-\frac{1}{x^2(1+x^2)}\right)\mathrm{d}x\\&=\int\left(\frac{1}{x^4}-\frac{1}{x^2}+\frac{1}{1+x^2}\right)\mathrm{d}x=-\frac{1}{3}x^{-3}+\frac{1}{x}+\arctan x+C.\end{aligned}$$

例 18 求 $\int\dfrac{1}{x+x^9}\mathrm{d}x$.

解 1 $\displaystyle\int\frac{\mathrm{d}x}{x(1+x^8)}=\int\left(\frac{1}{x}-\frac{x^7}{1+x^8}\right)\mathrm{d}x=\ln|x|-\frac{1}{8}\ln(1+x^8)+C.$

解 2
$$\begin{aligned}\int\frac{\mathrm{d}x}{x(1+x^8)}&=\int\frac{x^7}{x^8(1+x^8)}\mathrm{d}x=\frac{1}{8}\int\frac{\mathrm{d}x^8}{x^8(1+x^8)}\\&=\frac{1}{8}\int\left(\frac{1}{x^8}-\frac{1}{1+x^8}\right)\mathrm{d}x^8=\frac{1}{8}[\ln x^8-\ln(1+x^8)]+C\\&=\frac{1}{8}\ln\frac{x^8}{1+x^8}+C.\end{aligned}$$

解 3 $\int \frac{1}{x+x^{9}}dx=\int \frac{dx}{x^{9}\left(1+\frac{1}{x^{8}}\right)}=-\frac{1}{8}\int \frac{dx^{-8}}{1+x^{-8}}=-\frac{1}{8}\ln(1+x^{-8})+C.$

例 19 求 $\int \frac{3x^{2}-x+4}{x^{3}-x^{2}+2x-2}dx.$

解 $x^{3}-x^{2}+2x-2=(x-1)(x^{2}+2).$

令
$$\frac{3x^{2}-x+4}{x^{3}-x^{2}+2x-2}=\frac{A}{x-1}+\frac{Bx+C}{x^{2}+2},$$
得 $A=2$，$B=1$，$C=0$.

所以
$$\begin{aligned}\int \frac{3x^{2}-x+4}{x^{3}-x^{2}+2x-2}dx&=\int \frac{2}{x-1}dx+\int \frac{x}{x^{2}+2}dx\\&=2\ln|x-1|+\frac{1}{2}\ln(x^{2}+2)+C.\end{aligned}$$

评注 此题利用待定系数法，把被积函数变为部分分式的和. 此方法仅作参考.

例 20 求 $\int \frac{dx}{1+\sin x}.$

解 1 $\int \frac{dx}{1+\sin x}=\int \frac{1-\sin x}{\cos^{2}x}dx=\int \frac{1}{\cos^{2}x}dx-\int \frac{\sin x}{\cos^{2}x}dx=\tan x-\frac{1}{\cos x}+C$

解 2
$$\begin{aligned}\int \frac{dx}{1+\sin x}&=\int \frac{dx}{1+\cos\left(\frac{\pi}{2}-x\right)}\\&=\int \frac{dx}{1+\cos\left(x-\frac{\pi}{2}\right)}=\int \frac{dx}{2\cos^{2}\frac{2x-\pi}{4}}\\&=\tan\left(\frac{x}{2}-\frac{\pi}{4}\right)+C.\end{aligned}$$

解 3 令 $\tan\frac{x}{2}=t$，$\sin x=\frac{2t}{1+t^{2}}$，$dx=\frac{2dt}{1+t^{2}}$，则
$$\begin{aligned}\int \frac{dx}{1+\sin x}&=\int \frac{2dt}{(1+t^{2})\left(1+\frac{2t}{1+t^{2}}\right)}=2\int \frac{dt}{(1+t^{2})}\\&=-\frac{2}{1+t}+C=\frac{-2}{1+\tan\frac{x}{2}}+C.\end{aligned}$$

例 21 求 $I=\int \frac{dx}{\sin x\cos^{4}x}.$

解题思路 此题用万能代换可求解，但鉴于被积函数的特点，变形分子 $1=\sin^2x+\cos^2x$.

解 1 $$I=\int\frac{\sin^2x+\cos^2x}{\sin x\cos^4x}\mathrm{d}x=\int\frac{\sin x}{\cos^4x}\mathrm{d}x+\int\frac{\sin^2x+\cos^2x}{\sin x\cos^2x}\mathrm{d}x$$
$$=-\int\frac{\mathrm{d}\cos x}{\cos^4x}-\int\frac{\mathrm{d}\cos x}{\cos^2x}+\int\frac{\mathrm{d}x}{\sin x}$$
$$=\frac{1}{3\cos^3x}+\frac{1}{\cos x}+\ln|\csc x-\cot x|+C.$$

解 2 $$I=\int\frac{\sin x}{(1-\cos^2x)\cos^4x}\mathrm{d}x=\int\frac{\mathrm{d}(\cos x)}{(\cos^2x-1)\cdot\cos^4x}\xlongequal{u=\cos x}\int\frac{\mathrm{d}u}{(u^2-1)u^4}$$
$$=\int\left(\frac{1}{u^2\cdot(u^2-1)}-\frac{1}{u^4}\right)\mathrm{d}u=\int\left(\frac{1}{(u^2-1)}-\frac{1}{u^2}\right)\mathrm{d}u+\frac{1}{3}\cdot\frac{1}{u^3}+C$$
$$=\frac{1}{2}\ln\left|\frac{u-1}{u+1}\right|+\frac{1}{u}+\frac{1}{3}\cdot\frac{1}{u^3}+C$$
$$=\frac{1}{2}\ln\frac{1-\cos x}{1+\cos x}+\frac{1}{\cos x}+\frac{1}{3}\cdot\frac{1}{\cos^3x}+C.$$

评注 在涉及三角有理函数的不定积分中，时刻注意诸如 $1=\sin^2x+\cos^2x$ 及 $\cos^2x=1-\sin^2x$，$\sin^2x=1-\cos^2x$ 等一些三角变形，此类题目较灵活，需在平时积累. 有些三角函数的题目，不对被积函数作巧妙变换，难以求解.

例 22 求 $\displaystyle\int\frac{1+\sin x+\cos x}{1+\sin^2x}\mathrm{d}x$.

解 $$\int\frac{1+\sin x+\cos x}{1+\sin^2x}\mathrm{d}x$$
$$=\int\frac{\mathrm{d}x}{2-\cos^2x}-\int\frac{\mathrm{d}(\cos x)}{2-\cos^2x}+\int\frac{\mathrm{d}(\sin x)}{1+\sin^2x}$$
$$=\int\frac{\mathrm{d}x}{\cos^2x(2\sec^2x-1)}-\frac{1}{2\sqrt{2}}\ln\frac{\sqrt{2}+\cos x}{\sqrt{2}-\cos x}+\arctan(\sin x)$$
$$=\int\frac{\mathrm{d}(\tan x)}{1+2\tan^2x}-\frac{1}{2\sqrt{2}}\ln\frac{\sqrt{2}+\cos x}{\sqrt{2}-\cos x}+\arctan(\sin x)$$
$$=\frac{1}{\sqrt{2}}\arctan(\sqrt{2}\tan x)-\frac{1}{2\sqrt{2}}\ln\frac{\sqrt{2}+\cos x}{\sqrt{2}-\cos x}+\arctan(\sin x)+C.$$

例 23 计算不定积分 $\displaystyle\int\ln\left(1+\sqrt{\frac{1+x}{x}}\right)\mathrm{d}x\ (x>0)$.

解题思路 作代换 $\sqrt{\dfrac{x+1}{x}}=t$，再用分部积分法.

解 令 $\sqrt{\dfrac{x+1}{x}}=t$，得 $x=\dfrac{1}{t^2-1}$.

$$\int \ln\left(1+\sqrt{\frac{1+x}{x}}\right)dx=\int \ln(1+t)\,d\left(\frac{1}{t^2-1}\right)$$

$$=\frac{\ln(1+t)}{t^2-1}-\int \frac{1}{t^2-1}\cdot\frac{1}{t+1}dt$$

$$=\frac{\ln(1+t)}{t^2-1}-\int\left[\frac{1}{4(t-1)}-\frac{1}{4(t+1)}-\frac{1}{2(t+1)^2}\right]dt$$

$$=\frac{\ln(1+t)}{t^2-1}+\frac{1}{4}\ln\left|\frac{t+1}{t-1}\right|-\frac{1}{2(t+1)}+C$$

$$=x\ln\left(1+\sqrt{\frac{x+1}{x}}\right)+\frac{1}{2}\ln(\sqrt{x+1}+\sqrt{x})-\frac{1}{2}\sqrt{x}(\sqrt{x+1}-\sqrt{x})+C.$$

关于不定积分的计算，方法灵活多样，比如下一个例子，可用递推公式来计算.

例 24　求 $I_n=\int \tan^n x\,dx$ 的递推公式.

解　$I_n=\int \tan^{n-2}x(\sec^2x-1)dx=\int \tan^{n-2}x\sec^2x\,dx-\int\tan^{n-2}x\,dx$

$$=\int\tan^{n-2}x\,d\tan x-I_{n-2}=\frac{1}{n-1}\tan^{n-1}x-I_{n-2}.$$

评注　得到上述的递推公式，分 n 的奇偶性，可求得不定积分 I_n.

例 25　求 $\int\frac{1}{1+\sin x+\cos x}dx$.

解题思路　利用万能公式，作代换 $u=\tan\frac{x}{2}$，转化为有理函数的积分再进行计算.

解　令 $u=\tan\frac{x}{2}$，则 $\cos x=\frac{1-u^2}{1+u^2}$，$\sin x=\frac{2u}{1+u^2}$，$dx=\frac{2}{1+u^2}du$.

$$\text{原积分}=\int\frac{1}{1+\frac{2u}{1+u^2}+\frac{1-u^2}{1+u^2}}\cdot\frac{2}{1+u^2}du=\int\frac{1}{1+u}du$$

$$=\ln|1+u|+C=\ln\left|1+\tan\frac{x}{2}\right|+C.$$

评注　三角函数有理式 $R(\sin x,\cos x)$ 是由 $\sin x$，$\cos x$ 及常数作为运算单元，经有限次的“+，−，×，÷”得到的函数. 它的积分使用万能代换 $t=\tan\frac{x}{2}$ 都可化为有理函数的积分，如本例. 万能代换对于此类积分尽管具有普遍性，但有时解题过程过于烦琐. 对于某些特殊情况可不使用万能代换，如例 21 与例 22.

例 26　求 $I=\int\sqrt{a^2+x^2}\,dx$.

解　$I=x\sqrt{a^2+x^2}-\int\frac{x^2}{\sqrt{a^2+x^2}}dx=x\sqrt{a^2+x^2}-\int\frac{(x^2+a^2)-a^2}{\sqrt{a^2+x^2}}dx$

$$=x\sqrt{a^2+x^2}-\int\sqrt{a^2+x^2}\,dx+a^2\int\frac{dx}{\sqrt{a^2+x^2}}$$

$$=x\sqrt{a^2+x^2}-I+a^2\ln(x+\sqrt{a^2+x^2}).$$

解方程可得 $$I=\frac{x}{2}\sqrt{a^2+x^2}+\frac{a^2}{2}\ln(x+\sqrt{a^2+x^2})+C.$$

评注 类似可得 $\int\sqrt{x^2-a^2}\,dx=\frac{x}{2}\sqrt{x^2-a^2}-\frac{a^2}{2}\ln\left|x+\sqrt{x^2-a^2}\right|+C.$

例 27 求 $\int\frac{3\sin x+4\cos x}{2\sin x+\cos x}dx$.

解 令

$$\begin{aligned}3\sin x+4\cos x&=a(2\sin x+\cos x)+b(2\sin x+\cos x)'\\&=a(2\sin x+\cos x)+b(2\cos x-\sin x)\\&=(2a-b)\sin x+(a+2b)\cos x,\end{aligned}$$

由于上面等式是恒等式,因此上式两边 $\sin x$ 和 $\cos x$ 的系数对应相等,得

$$2a-b=3,\ a+2b=4.$$

求解此线性方程组,得 $a=2$, $b=1$. 故有

$$\begin{aligned}\text{原积分}&=\int\frac{2(2\sin x+\cos x)+(2\cos x-\sin x)}{2\sin x+\cos x}dx\\&=\int 2dx+\int\frac{d(2\sin x+\cos x)}{2\sin x+\cos x}\\&=2x+\ln|2\sin x+\cos x|+C.\end{aligned}$$

评注 本题提供的方法是处理形如 $\int\frac{A\sin x+B\cos x}{C\sin x+D\cos x}dx$ 的不定积分的一般方法,其中 A, B, C, D 均为非零常数.

例 28 设 $f(x)$ 可导,且 $\int x^3f'(x)dx=x^2\cos x-4x\sin x-6\cos x+C$,求 $f(x)$.

解 等式两端 x 求导数可得

$$x^3f'(x)=2\sin x-2x\cos x-x^2\sin x,$$

故

$$f'(x)=\frac{2\sin x}{x^3}-\frac{2\cos x}{x^2}-\frac{\sin x}{x}.$$

由分部积分可得

$$\begin{aligned}f(x)&=\int\frac{2\sin x}{x^3}dx-\int\frac{2\cos x}{x^2}dx-\int\frac{\sin x}{x}dx\\&=-\frac{\sin x}{x^2}-\int\frac{\cos x}{x^2}dx-\int\frac{\sin x}{x}dx\end{aligned}$$

$$= -\frac{\sin x}{x^2} - \left(-\frac{\cos x}{x} - \int \frac{\sin x}{x}\mathrm{d}x\right) - \int \frac{\sin x}{x}\mathrm{d}x$$

$$= -\frac{\sin x}{x^2} + \frac{\cos x}{x} + C.$$

评注 $\int \frac{\sin x}{x}\mathrm{d}x$ 是积不出来的，但在使用分部积分的过程中它被"抵消"了.

Ⅳ 补充习题

求下列不定积分(其中 a，b 为常数)：

1. $\int \frac{\mathrm{d}x}{\mathrm{e}^x - \mathrm{e}^{-x}}$.

2. $\int \frac{x}{(1-x)^3}\mathrm{d}x$.

3. $\int \frac{x^2}{a^6 - x^6}\mathrm{d}x\ (a > 0)$.

4. $\int \frac{1+\cos x}{x+\sin x}\mathrm{d}x$.

5. $\int \frac{\ln\ln x}{x}\mathrm{d}x$.

6. $\int \frac{\sin x\cos x}{1+\sin^4 x}\mathrm{d}x$.

7. $\int \tan^4 x\,\mathrm{d}x$.

8. $\int \sin x\sin 2x\sin 3x\,\mathrm{d}x$.

9. $\int \frac{\mathrm{d}x}{\sqrt{x(1+x)}}$.

10. $\int x\cos^2 x\,\mathrm{d}x$.

11. $\int \mathrm{e}^{ax}\cos bx\,\mathrm{d}x$.

12. $\int \frac{\mathrm{d}x}{\sqrt{1+\mathrm{e}^x}}$.

13. $\int \frac{\mathrm{d}x}{x^4\sqrt{1+x^2}}$.

14. $\int \sqrt{x}\sin\sqrt{x}\,\mathrm{d}x$.

15. $\int \ln(1+x^2)\,\mathrm{d}x$.

16. $\int \frac{\sin^2 x}{\cos^3 x}\mathrm{d}x$.

17. $\int \frac{\mathrm{d}x}{(a^2-x^2)^{\frac{5}{2}}}$.

18. $\int \frac{\sqrt{1+\cos x}}{\sin x}\mathrm{d}x$.

19. $\int \frac{x^3}{(1+x^8)}\mathrm{d}x$.

20. $\int \frac{\mathrm{d}x}{(2+\cos x)\sin x}$.

21. $\int \frac{\mathrm{d}x}{16-x^4}$.

22. $\int \frac{\sin x}{1+\sin x}\mathrm{d}x$.

23. $\int \frac{x+\sin x}{1+\cos x}\mathrm{d}x$.

24. $\int \mathrm{e}^{\sin x}\frac{x\cos^3 x - \sin x}{\cos^2 x}\mathrm{d}x$.

25. $\int \frac{\sqrt[3]{x}}{x(\sqrt{x}+\sqrt[3]{x})}\mathrm{d}x$.

26. $\int \frac{\mathrm{d}x}{(1+\mathrm{e}^x)^2}$.

27. $\int \frac{e^{3x}+e^{x}}{e^{4x}-e^{2x}+1}dx$.

28. $\int \frac{xe^{x}}{(e^{x}+1)}dx$.

29. $\int \ln^{2}(x+\sqrt{1+x^{2}})\,dx$.

30. $\int \frac{\ln x}{(1+x^{2})^{\frac{3}{2}}}dx$.

31. $\int \sqrt{1-x^{2}}\arcsin x\,dx$.

32. $\int \frac{dx}{\sin^{3}x\cos x}$.

第五章

定积分

Ⅰ　教学基本要求

1. 理解定积分的定义及其几何意义,掌握定积分的性质及定积分中值定理.

2. 理解变(上)限积分所定义的函数及其求导法则,掌握牛顿-莱布尼兹公式.

3. 掌握定积分的换元积分法与分部积分法.

4. 了解广义积分的概念并会计算广义积分.

*5. 理解元素法的基本思想,掌握用定积分表达和计算一些几何量(平面图形的面积、平面曲线的弧长、旋转体的体积、平行截面面积为已知的立体体积等),掌握定积分在经济上的一些应用.

Ⅱ　本章知识要点

一、定积分的概念与性质

1. 定积分的概念

(1) 定积分的概念

设函数 $f(x)$ 在 $[a, b]$ 上有界,在 $[a, b]$ 中任意插入若干个分点

$$a=x_0<x_1<x_2<\cdots<x_n=b,$$

把区间 $[a, b]$ 分成 n 个小区间

$$[x_0, x_1],[x_1, x_2], \cdots, [x_{n-1}, x_n],$$

各个小区间的长度依次为

$$\Delta x_1=x_1-x_0, \Delta x_2=x_2-x_1, \cdots, \Delta x_n=x_n-x_{n-1}.$$

在每个小区间 $[x_{i-1}, x_i]$ 上任取一点 $\xi_i(x_{i-1}\leqslant\xi_i\leqslant x_i)$，作函数值 $f(\xi_i)$ 与小区间长度 Δx_i 的乘积 $f(\xi_i)\Delta x_i(i=1, 2, \cdots, n)$，并作和

$$S=\sum_{i=1}^{n} f(\xi_i)\Delta x_i.$$

记 $\lambda=\max\{\Delta x_1, \Delta x_2, \cdots, \Delta x_n\}$，如果不论对 $[a, b]$ 怎样划分，也不论在小区间 $[x_{i-1}, x_i]$ 上的点 ξ_i 怎样选取，只要当 $\lambda\to 0$ 时，和 S 总趋于确定的极限 I，那么称函数 $f(x)$ 在区间 $[a, b]$ 上可积，并称这个极限 I 为函数 $f(x)$ 在区间 $[a, b]$ 上的定积分(简称积分)，记作 $\int_a^b f(x)\mathrm{d}x$，即

$$\int_a^b f(x)\mathrm{d}x=I=\lim_{\lambda\to 0}\sum_{i=1}^{n} f(\xi_i)\cdot\Delta x_i,$$

其中，$f(x)$ 称为被积函数，$f(x)\mathrm{d}x$ 称为被积表达式，x 称为积分变量，a 称为积分下限，b 称为积分上限，$[a, b]$ 称为积分区间.

(2) 定积分的几何意义

定积分 $\int_a^b f(x)\mathrm{d}x$ 的几何意义为由曲线 $y=f(x)$，x 轴及直线 $x=a$，$x=b$ 所围成的封闭图形在 x 轴上方与下方面积的代数和，其中 x 轴上方面积为正，下方面积为负(见下图).

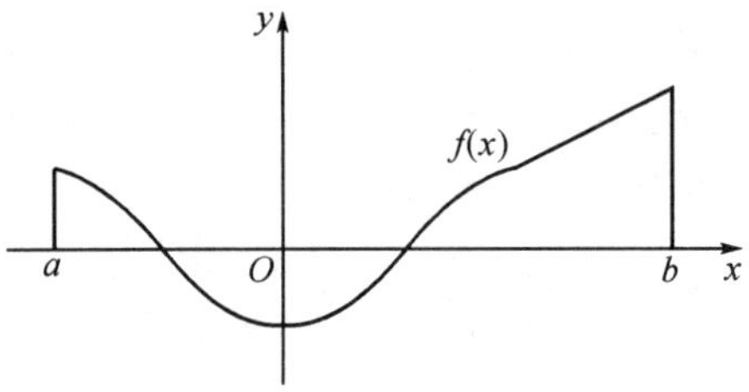

(3) 函数可积的充分条件

定理 1　设函数 $f(x)$ 在 $[a, b]$ 上连续，则 $f(x)$ 在 $[a, b]$ 上可积.

定理 2　设函数 $f(x)$ 在 $[a, b]$ 上有界，且只有有限个间断点，则 $f(x)$ 在 $[a, b]$ 上可积.

2. 定积分的基本性质

性质 1　$\int_a^b [f(x)\pm g(x)]\mathrm{d}x=\int_a^b f(x)\mathrm{d}x\pm\int_a^b g(x)\mathrm{d}x$.

对有限个函数 $f_1(x), f_2(x), \cdots, f_n(x)$ 亦成立，即

$$\int_a^b [f_1(x)\pm f_2(x)\pm\cdots\pm f_n(x)]\mathrm{d}x=\int_a^b f_1(x)\mathrm{d}x\pm\int_a^b f_2(x)\mathrm{d}x\pm\cdots\pm\int_a^b f_n(x)\mathrm{d}x.$$

性质 2　设 k 为常数，则

$$\int_a^b kf(x)\mathrm{d}x=k\int_a^b f(x)\mathrm{d}x.$$

性质 3　(区间可加性)

$$\int_a^b f(x)\mathrm{d}x=\int_a^c f(x)\mathrm{d}x+\int_c^b f(x)\mathrm{d}x,\ \forall c\in R.$$

性质 4 如果在区间 $[a,b]$ 上,有 $f(x)\leqslant g(x)$,则

$$\int_a^b f(x)\mathrm{d}x\leqslant\int_a^b g(x)\mathrm{d}x\quad(a<b).$$

性质 5(估值定值) 如果函数 $f(x)$ 在区间 $[a,b]$ 上的最大值与最小值分别为 M 与 m,则

$$m(b-a)\leqslant\int_a^b f(x)\mathrm{d}x\leqslant M(b-a)\quad(a<b),$$

即

$$m\leqslant\frac{\int_a^b f(x)\mathrm{d}x}{b-a}\leqslant M.$$

性质 6(积分中值定理) 设函数 $y=f(x)$ 在区间 $[a,b]$ 上连续,则在 $[a,b]$ 上至少存在一点 ξ $(a\leqslant\xi\leqslant b)$,使

$$\int_a^b f(x)\mathrm{d}x=f(\xi)(b-a).$$

二、微积分基本定理

1. 变限积分与原函数存在定理

定理 3 如果函数 $f(x)$ 在区间 $[a,b]$ 上连续,则积分上限函数

$$\Phi(x)=\int_a^x f(t)\mathrm{d}t$$

在 $[a,b]$ 上可导,且导数为

$$\Phi'(x)=\frac{\mathrm{d}}{\mathrm{d}x}\int_a^x f(t)\mathrm{d}t=f(x)\quad(a\leqslant x\leqslant b),$$

即 $\Phi(x)$ 是 $f(x)$ 在 $[a,b]$ 上的一个原函数.

2. 变限积分的求导公式

$$\frac{\mathrm{d}}{\mathrm{d}x}\int_{s(x)}^{u(x)} f(t)\mathrm{d}t=f[u(x)]\cdot u'(x)-f[s(x)]\cdot s'(x).$$

3. 微积分基本定理

定理 4 设函数 $F(x)$ 是连续函数 $f(x)$ 在区间 $[a,b]$ 上的一个原函数,则

$$\int_a^b f(x)\mathrm{d}x=F(b)-F(a).$$

这称为牛顿-莱布尼兹公式,它也常写成

$$\int_a^b f(x)\mathrm{d}x=F(x)\Big|_a^b\quad\text{或}\quad\int_a^b f(x)\mathrm{d}x=[F(x)]_a^b.$$

4. 广义的牛顿-莱布尼兹公式

$$\int_{s(x)}^{u(x)} f(t)\mathrm{d}t = F(u(x)) - F(s(x)).$$

三、定积分的计算

1. 换元积分法

定理 5 设函数 $f(x)$ 在区间 $[a, b]$ 上连续,函数 $x=\varphi(t)$ 满足条件:

(1) $\varphi(\alpha)=a$, $\varphi(\beta)=b$;

(2) $\varphi(t)$ 在 $[\alpha, \beta]$(或 $[\beta, \alpha]$)上具有连续导数,且其值域 $R_\varphi=[a, b]$, 则有

$$\int_a^b f(x)\mathrm{d}x = \int_\alpha^\beta f[\varphi(t)]\varphi'(t)\mathrm{d}t. \tag{1}$$

公式(1)称为定积分的换元积分公式.

2. 分部积分法

$$\int_a^b uv'\mathrm{d}x = [uv]_a^b - \int_a^b vu'\mathrm{d}x,$$

或

$$\int_a^b u\mathrm{d}v = [uv]_a^b - \int_a^b v\mathrm{d}u.$$

3. 常用公式

(1) 设 $f(x)$ 在 $[-a, a]$ 上连续,则

① 当 $f(x)$ 为偶函数时, $\int_{-a}^a f(x)\mathrm{d}x = 2\int_0^a f(x)\mathrm{d}x$;

② 当 $f(x)$ 为奇函数时, $\int_{-a}^a f(x)\mathrm{d}x = 0$.

(2) 若 $f(x)$ 在 $[0, 1]$ 上连续,则

① $\int_0^{\frac{\pi}{2}} f(\sin x)\mathrm{d}x = \int_0^{\frac{\pi}{2}} f(\cos x)\mathrm{d}x$;

② $\int_0^\pi x f(\sin x)\mathrm{d}x = \frac{\pi}{2}\int_0^\pi f(\sin x)\mathrm{d}x$.

(3) 设 $f(x)$ 是连续的周期函数,周期为 T, 则

① $\int_a^{a+T} f(x)\mathrm{d}x = \int_0^T f(x)\mathrm{d}x$;

② $\int_a^{a+nT} f(x)\mathrm{d}x = n\int_0^T f(x)\mathrm{d}x \quad (n \in \mathbf{N})$.

(4) 设 $f(x)$ 在 $[a, b]$ 上连续,则 $\int_a^b f(x)\mathrm{d}x = \int_a^b f(a+b-x)\mathrm{d}x$.

四、广义积分

1. 无穷限的广义积分

设函数 $f(x)$ 在区间 $[a, +\infty)$ 上连续,取 $u > a$, 如果极限

$$\lim_{u \to +\infty} \int_a^u f(x)\mathrm{d}x = J$$

存在,则此极限 J 为函数 $f(x)$ 在 $[a, +\infty)$ 上的广义积分或反常积分. 记作

$$J = \int_a^{+\infty} f(x)\mathrm{d}x = \lim_{u \to +\infty} \int_a^u f(x)\mathrm{d}x.$$

此时,我们称广义积分 $\int_a^{+\infty} f(x)\mathrm{d}x$ 存在或收敛;如果上述极限不存在,则称 $\int_a^{+\infty} f(x)\mathrm{d}x$ 发散.

类似地,可定义函数 $f(x)$ 在 $(-\infty, b]$ 上的广义积分为:

$$\int_{-\infty}^b f(x)\mathrm{d}x = \lim_{u \to -\infty} \int_u^b f(x)\mathrm{d}x.$$

如果上述极限存在,则称广义积分 $\int_{-\infty}^b f(x)\mathrm{d}x$ 收敛;否则称为发散.

也可定义函数 $f(x)$ 在 $(-\infty, +\infty)$ 上的广义积分. 称 $\int_{-\infty}^{+\infty} f(x)\mathrm{d}x$ 为收敛的,当且仅当广义积分 $\int_{-\infty}^c f(x)\mathrm{d}x$ 与 $\int_c^{+\infty} f(x)\mathrm{d}x$ 均收敛,且

$$\int_{-\infty}^{+\infty} f(x)\mathrm{d}x = \int_{-\infty}^c f(x)\mathrm{d}x + \int_c^{+\infty} f(x)\mathrm{d}x \quad (c\text{ 为实数}).$$

当 $\int_{-\infty}^c f(x)\mathrm{d}x$ 与 $\int_c^{+\infty} f(x)\mathrm{d}x$ 中至少有一个发散时,则称广义积分 $\int_{-\infty}^{+\infty} f(x)\mathrm{d}x$ 发散.

为了书写方便,在具体计算中,可以将无穷区间上的广义积分的积分限看作 $+\infty$ 或 $-\infty$,即

$$\int_a^{+\infty} f(x)\mathrm{d}x = F(x)\Big|_a^{+\infty} = F(+\infty) - F(a) = \lim_{x \to +\infty} F(x) - F(a),$$

$$\int_{-\infty}^b f(x)\mathrm{d}x = F(x)\Big|_{-\infty}^{+b} = F(b) - F(-\infty) = F(b) - \lim_{x \to -\infty} F(x),$$

其中,$F(x)$ 为 $f(x)$ 的一个原函数.

2. 无界函数的广义积分(瑕积分)

如果函数 $f(x)$ 在点 a 的任一邻域内都无界,那么点 a 称为函数 $f(x)$ 的瑕点(也称为无界间断点). 无界函数的广义积分又称为瑕积分.

设函数 $f(x)$ 在区间 $(a, b]$ 上连续,点 a 为 $f(x)$ 的瑕点. 任取 $\varepsilon > 0$,如果极限

$$\lim_{\varepsilon \to 0^+} \int_{a+\varepsilon}^b f(x)\mathrm{d}x = J$$

存在,那么此极限 J 为函数 $f(x)$ 在 $(a, b]$ 上的广义积分,记作 $\int_a^b f(x)\mathrm{d}x$,即

$$\int_a^b f(x)\mathrm{d}x = \lim_{\varepsilon \to 0^+} \int_{a+\varepsilon}^b f(x)\mathrm{d}x = J.$$

此时我们称广义积分 $\int_a^b f(x)\mathrm{d}x$ 收敛;如果上述极限不存在,则称广义积分 $\int_a^b f(x)\mathrm{d}x$ 发散.

类似地，对于函数 $f(x)$ 在 $[a,b)$ 上连续，点 b 为 $f(x)$ 的瑕点的广义积分定义为

$$\int_a^b f(x)\mathrm{d}x=\lim_{\varepsilon\to0^+}\int_a^{b-\varepsilon}f(x)\mathrm{d}x.$$

如果上述极限存在，那么称广义积分 $\int_a^b f(x)\mathrm{d}x$ 收敛；否则称为发散.

设函数 $f(x)$ 在区间 $[a,b]$ 上除 $x=c$，$a<c<b$ 外均连续，而点 c 为 $f(x)$ 的瑕点. 如果两个广义积分 $\int_a^c f(x)\mathrm{d}x$ 与 $\int_c^b f(x)\mathrm{d}x$ 均收敛，那么称 $\int_a^b f(x)\mathrm{d}x$ 收敛，且

$$\int_a^b f(x)\mathrm{d}x=\int_a^c f(x)\mathrm{d}x+\int_c^b f(x)\mathrm{d}x.$$

当 $\int_a^c f(x)\mathrm{d}x$ 与 $\int_c^b f(x)\mathrm{d}x$ 中至少有一个发散时，则称广义积分 $\int_a^b f(x)\mathrm{d}x$ 发散.

计算无界函数的反常积分，也可借助于牛顿-莱布尼兹公式.

若 $F(x)$ 为 $f(x)$ 的原函数，a 为瑕点，则有

$$\int_a^b f(x)\mathrm{d}x=\lim_{\varepsilon\to0^+}\int_{a+\varepsilon}^b f(x)\mathrm{d}x=\lim_{\varepsilon\to0^+}[F(x)]_{a+\varepsilon}^b=F(b)-\lim_{\varepsilon\to0^+}F(a+\varepsilon).$$

可采用如下简记形式:

$$\int_a^b f(x)\mathrm{d}x=[F(x)]_a^b=F(b)-\lim_{\varepsilon\to0^+}F(a+\varepsilon).$$

对于 $f(x)$ 在 $[a,b)$ 上连续，b 为瑕点的反常积分，也有类似的计算公式.

3. Γ 函数

(1) Γ 函数的概念

广义积分 $\int_0^{+\infty}x^{\alpha-1}\mathrm{e}^{-x}\mathrm{d}x$ $(\alpha>0)$，作为参变量 α 的函数，称为 Γ 函数，记为 $\Gamma(\alpha)$，即

$$\Gamma(\alpha)=\int_0^{+\infty}x^{\alpha-1}\mathrm{e}^{-x}\mathrm{d}x.$$

(2) Γ 函数的性质

性质 7　$\Gamma(1)=1$.

性质 8　$\Gamma(\alpha+1)=\alpha\Gamma(\alpha)$.

性质 9　n 为自然数，$\Gamma(n+1)=n!$.

性质 10　$\Gamma\left(\frac{1}{2}\right)=\sqrt{\pi}$.

五、定积分的应用

1. 定积分的元素法

一般地，如果某一实际问题中的所求量 U 符合下列条件：

(1) U 是一个与变量 x 的变化区间 $[a,b]$ 有关的量；

(2) U 对于区间 $[a,b]$ 具有可加性，就是说，如果把区间 $[a,b]$ 分成许多部分区间，则 U 相应地分成许多部分量，而 U 等于所有部分量之和；

(3) 部分量 ΔU_i 的近似值可表示为 $f(\xi_i)\Delta x_i$.
那么就可考虑用定积分来表示这个量 U.

通常写出这个量 U 的定积分表达式的步骤是：

(1) 根据问题的具体情况，选取一个变量例如 x 为积分变量，并确定它的变化区间 $[a, b]$；

(2) 设想把区间 $[a, b]$ 分成 n 个小区间并记作 $[x, x+\mathrm{d}x]$，求出相应于这个小区间的部分量 ΔU 的近似值. 如果 ΔU 能近似地表示为 $[a, b]$ 上的一个连续函数在 x 处的值 $f(x)$ 与 $\mathrm{d}x$ 的乘积，就把 $f(x)\mathrm{d}x$ 称为量 U 的元素且记作 $\mathrm{d}U$，即

$$\mathrm{d}U = f(x)\mathrm{d}x;$$

(3) 以所求量 U 的元素 $f(x)\mathrm{d}x$ 为被积分表达式，在区间 $[a, b]$ 上做定积分，得

$$U = \int_a^b f(x)\mathrm{d}x.$$

这就是所求量 U 的积分表达式. 这个方法通常叫作元素法.

2. 定积分的几何应用

(1) 平面图形的面积

由曲线 $y=f(x)$ $(f(x)\geqslant 0)$ 及直线 $x=a$，$x=b$ $(a<b)$ 与 x 轴所围成的曲边梯形的面积 A 是定积分

$$A = \int_a^b f(x)\mathrm{d}x,$$

其中被积表达式 $f(x)\mathrm{d}x$ 就是直角坐标下的面积元素，它表示高为 $f(x)$、底为 $\mathrm{d}x$ 的一个矩形面积.

(2) 体积

① 由连续曲线 $y=f(x)$，直线 $x=a$，$x=b$ 及 x 轴所围成的曲边梯形绕 x 轴旋转一周而成的立体 V 为

$$V = \int_a^b \pi[f(x)]^2\mathrm{d}x.$$

② 在过点 $x=a$，$x=b$ 且垂直于 x 轴的两个平面之间，以 $A(x)$ 表示过点 x 且垂直于 x 轴的截面面积的立体的体积为

$$V = \int_a^b A(x)\mathrm{d}x.$$

(3) 弧长

设曲线弧由参数方程

$$\begin{cases} x=\varphi(t) \\ y=\psi(t) \end{cases} \quad (\alpha \leqslant t \leqslant \beta)$$

给出，其中 $\varphi(t)$，$\psi(t)$ 在 $[\alpha, \beta]$ 上具有连续导数，且 $\varphi'(t)$，$\psi'(t)$ 不同时为零，则所求弧长为

$$s = \int_\alpha^\beta \sqrt{\varphi'^2(t)+\psi'^2(t)}\,\mathrm{d}t.$$

3. 定积分的经济应用

(1) 由边际函数求总函数

① 已知某产品的总成本 $C(Q)$ 的边际成本为 $C'(Q)=MC$，则该产品产量为 Q 时的总成本为

$$C(Q)=\int_0^Q MC\mathrm{d}Q+C_0,$$

其中 C_0 为固定成本，$\int_0^Q MC\mathrm{d}Q$ 为可变成本.

当产量从 Q_1 变到 Q_2 时，总成本的改变量为

$$\Delta C=\int_{Q_1}^{Q_2} MC\mathrm{d}Q,$$

平均改变量为

$$\overline{\Delta C}=\frac{\Delta C}{\Delta Q}.$$

② 若边际收益函数为

$$R'(Q)=MR,$$

则总收益函数可表示为

$$R(Q)=\int_0^Q MR\mathrm{d}Q.$$

③ 若边际利润函数为

$$L'(Q)=MR-MC,$$

则总利润函数为

$$L(Q)=\int_0^Q (MR-MC)\mathrm{d}Q-C_0,$$

其中，C_0 为固定成本，$\int_0^Q (MR-MC)\mathrm{d}Q$ 为不计固定成本下的利润函数，也称毛利润.

(2) 收支流的贴现价值

在现代经济理论中，常常谈到货币的时间价值. 若现有的 A_0 元钱按年利率 r 作连续复利计算，则 t 年后的价值为 $A_0\mathrm{e}^{rt}$ 元. 同样，若 t 年后有 A_0 元钱，其现值即贴现价值为 $A_0\mathrm{e}^{-rt}$.

如果支付或收入不是一次实现，而是在每个时间周期里连续均匀地收入或支出一个固定的数额 A_0，则称此类收入或支出为均匀收支流，A_0 称为收入或支出的流量. 对更一般的收支流，并不要求收入关于时间变化率为常数 A_0，它也可以是时间变量的函数 $f(t)$，这时称为非均匀收支流.

设 r 表示一周期利率(若周期为年，r 就是年利率)，t 表示时间，在 t 时刻的收支流为 $f(t)$，在时间间隔 $[t, t+\Delta t]$ 内可得收入(或支出)为 $f(t)\Delta t$，而在 $[t, t+\Delta t]$ 内，按连续复利计算，收入(或支出)的现值近似地为 $A_0\mathrm{e}^{-rt}\Delta t$. 如果这个收入(或支出)一共延续了 T 年，在时间间隔 $[0, T]$ 内的总收入(或支出)的贴现价值 N 可用定积分计算如下：

$$N=\int_0^T f(t)e^{-rt}dt.$$

若收支流为流量 A_0 的均匀流,即 $f(t)=A_0$,则得贴现价值为

$$N=\int_0^T A_0e^{-rt}dt=-\frac{A_0}{r}e^{-rt}\Big|_0^T=\frac{A_0}{r}(1-e^{-rt}).$$

如有一笔投资 I,则这笔投资的纯收入的贴现价值 P 为

$$P=N-I=\frac{A_0}{r}(1-e^{-rt})-I.$$

当 $P=0$ 时表示收回投资,则收回投资的时间 T 可用下式计算:

$$T=\frac{1}{r}\ln\frac{A_0}{A_0-Ir}.$$

Ⅲ 典型例题讲解

例 1 求 $\lim\limits_{n\to\infty}\int_0^1\frac{x^n}{1+x}dx$.

解 对于 $0\leqslant x\leqslant 1$,有 $0\leqslant\frac{x^n}{1+x}\leqslant x^n$. 根据定积分的性质,得

$$0\leqslant\int_0^1\frac{x^n}{1+x}dx\leqslant\int_0^1 x^n dx=\frac{1}{n+1},$$

利用极限的夹逼定理,得 $\lim\limits_{n\to\infty}\int_0^1\frac{x^n}{1+x}dx=0$.

评注 若做成 $\lim\limits_{n\to\infty}\int_0^1\frac{x^n}{1+x}dx=\lim\limits_{n\to\infty}\frac{\xi^n}{1+\xi}=0\ (0<\xi<1)$ 是错误的,原因是 ξ 与 n 有关.

例 2 求 $\lim\limits_{n\to\infty}n\left(\frac{1}{1+n^2}+\frac{1}{2^2+n^2}+\cdots+\frac{1}{n^2+n^2}\right)$.

解

$$\begin{aligned}&\lim_{n\to\infty}n\left(\frac{1}{1+n^2}+\frac{1}{2^2+n^2}+\cdots+\frac{1}{n^2+n^2}\right)\\&=\lim_{n\to\infty}\left[\frac{1}{\left(\frac{1}{n}\right)^2+1}+\frac{1}{\left(\frac{2}{n}\right)^2+1}+\cdots+\frac{1}{\left(\frac{n}{n}\right)^2+1}\right]\cdot\frac{1}{n}\\&=\int_0^1\frac{1}{1+x^2}dx=\arctan x\Big|_0^1=\frac{\pi}{4}.\end{aligned}$$

例 3 设 $f(x)=4x-\int_0^1 f(t)dt$,求 $f(x)$.

解题思路 本题的关键是注意积分 $\int_0^1 f(t)\mathrm{d}t$ 为一常数. 设 $A=\int_0^1 f(t)\mathrm{d}t$，得到关于 A 的方程，从中解出 A.

解 令 $A=\int_0^1 f(t)\mathrm{d}t$，将 $f(x)=4x-A$ 两边再积分，得

$$\int_0^1 f(x)\mathrm{d}x=\int_0^1 4x\,\mathrm{d}x-\int_0^1 A\,\mathrm{d}x,$$

有 $A=2-A$，于是 $A=1$，从而 $f(x)=4x-1$.

评注 还可以用另法去求解，关键是求出 $\int_0^1 f(t)\mathrm{d}t$，显然 $f'(x)=4$，由分部积分法 $\int_0^1 f(x)\mathrm{d}x=xf(x)\Big|_0^1-\int_0^1 xf'(x)\mathrm{d}x=f(1)-\int_0^1 4x\,\mathrm{d}x=f(1)-2$，而 $f(1)=4-[f(1)-2]$，于是 $f(1)=3$，从而 $\int_0^1 f(x)\mathrm{d}x=1$.

例 4 设 $f(x)=x^2-x\int_0^2 f(t)\mathrm{d}t+2\int_0^1 f(t)\mathrm{d}t$，求 $f(x)$.

解 令 $A=\int_0^2 f(t)\mathrm{d}t$，$B=\int_0^1 f(t)\mathrm{d}t$，则 $f(x)=x^2-Ax+2B$，等式两边分别从 0 到 1，从 0 到 2 积分，得

$$A=\int_0^2 f(x)\mathrm{d}x=\frac{8}{3}-2A+4B,\ B=\int_0^1 f(x)\mathrm{d}x=\frac{1}{3}-\frac{A}{2}+2B.$$

解得 $A=\frac{4}{3}$，$B=\frac{1}{3}$，所以 $f(x)=x^2-\frac{4}{3}x+\frac{2}{3}$.

评注 一般地，如果 $f(x)=g(x)+\varphi(x)\int_a^b P(x)f(x)\mathrm{d}x+\phi(x)\int_c^d Q(x)f(x)\mathrm{d}x$，求 $f(x)$. 可用如下方法求解：

令 $A=\int_a^b P(x)f(x)\mathrm{d}x$，$B=\int_c^d Q(x)f(x)\mathrm{d}x$，有 $f(x)=g(x)+A\varphi(x)+B\phi(x)$，所以

$$\begin{cases}A=\int_a^b P(x)f(x)\mathrm{d}x=\int_a^b P(x)[g(x)+A\varphi(x)+B\phi(x)]\,\mathrm{d}x\\ B=\int_c^d Q(x)f(x)\mathrm{d}x=\int_c^d Q(x)[g(x)+A\varphi(x)+B\phi(x)]\,\mathrm{d}x\end{cases},$$

解得 A，B，即得 $f(x)$.

例 5 求 $I=\int_{\frac{\pi}{4}}^{\frac{\pi}{3}}\frac{2x+\sin 2x}{\cos^2 x}\mathrm{d}x$.

解题思路 先用分项积分法，然后对每一项用分部积分法.

解 $I=\int_{\frac{\pi}{4}}^{\frac{\pi}{3}}\frac{2x}{\cos^2 x}\mathrm{d}x+\int_{\frac{\pi}{4}}^{\frac{\pi}{3}}\frac{\sin 2x}{\cos^2 x}\mathrm{d}x=\int_{\frac{\pi}{4}}^{\frac{\pi}{3}}2x\,\mathrm{d}(\tan x)+\int_{\frac{\pi}{4}}^{\frac{\pi}{3}}2\tan x\,\mathrm{d}x$

$$=2x\tan x\Big|_{\frac{\pi}{4}}^{\frac{\pi}{3}}-2\int_{\frac{\pi}{4}}^{\frac{\pi}{3}}\tan x\,\mathrm{d}x+2\int_{\frac{\pi}{4}}^{\frac{\pi}{3}}\tan x\,\mathrm{d}x$$

$$=2\cdot\frac{\pi}{3}\cdot\sqrt{3}-2\cdot\frac{\pi}{4}=2\pi\left(\frac{\sqrt{3}}{3}-\frac{1}{4}\right).$$

评注 在实际计算过程中，不必把每一个积分都计算出来，如本题 $-2\int_{\frac{\pi}{4}}^{\frac{\pi}{3}}\tan x\,dx$，$2\int_{\frac{\pi}{4}}^{\frac{\pi}{3}}\tan x\,dx$ 正好相互抵消. 有的时候，两项不易计算(甚至算不出来)的定积分相互抵消在计算定积分时十分方便.

例 6 求 $I=\int_2^3\frac{\sqrt{3+2x-x^2}}{(x-1)^2}dx$.

解题思路 $\sqrt{3+2x-x^2}=\sqrt{4-(x-1)^2}$，积分区间为 [2, 3]，所以 $1\leqslant x-1\leqslant 2$，可做代换 $x-1=2\sin t$.

解 $$I=\int_2^3\frac{\sqrt{4-(x-1)^2}}{(x-1)^2}dx\xlongequal{\text{令}x-1=2\sin t}\int_{\frac{\pi}{6}}^{\frac{\pi}{2}}\frac{\sqrt{4-4\sin^2 t}}{4\sin^2 t}2\cos t\,dt$$

$$=\int_{\frac{\pi}{6}}^{\frac{\pi}{2}}\frac{\cos^2 t}{\sin^2 t}dt=\int_{\frac{\pi}{6}}^{\frac{\pi}{2}}(\csc^2 t-1)\,dt=-\cot t\Big|_{\frac{\pi}{6}}^{\frac{\pi}{2}}-t\Big|_{\frac{\pi}{6}}^{\frac{\pi}{2}}=\sqrt{3}-\frac{\pi}{3}.$$

例 7 求 $\int_0^{\ln 2}\sqrt{1-e^{-2x}}\,dx$.

解题思路 被积函数含有根式 $\sqrt{1-e^{-2x}}$，可考虑作变换：$\sqrt{1-e^{-2x}}=t$，或 $e^{-x}=t$，$e^{-x}=\sin t$.

解 令 $e^{-x}=\sin t$，则

$$\int_0^{\ln 2}\sqrt{1-e^{-2x}}\,dx=\int_{\frac{\pi}{6}}^{\frac{\pi}{2}}\cos t\cdot\frac{\cos t}{\sin t}dt=\int_{\frac{\pi}{6}}^{\frac{\pi}{2}}\frac{1}{\sin t}dt-\int_{\frac{\pi}{6}}^{\frac{\pi}{2}}\sin t\,dt$$

$$=-\ln(\csc t+\cot t)\Big|_{\frac{\pi}{6}}^{\frac{\pi}{2}}-\frac{\sqrt{3}}{2}=\ln(2+\sqrt{3})-\frac{\sqrt{3}}{2}.$$

例 8 求 $\int_0^3\arcsin\sqrt{\frac{x}{1+x}}\,dx$.

解 令 $\arcsin\sqrt{\frac{x}{1+x}}=u$，则 $\sin^2 u=\frac{x}{1+x}$，$x\cos^2 u=\sin^2 u$，$x=\tan^2 u$，此时 $x:0\to 3$ 时，$u:0\to\frac{\pi}{3}$，于是

$$\int_0^3\arcsin\sqrt{\frac{x}{1+x}}\,dx=\int_0^{\frac{\pi}{3}}u\,d(\tan^2 u)=(u\cdot\tan^2 u)\Big|_0^{\frac{\pi}{3}}-\int_0^{\frac{\pi}{3}}1\cdot\tan^2 u\,du$$

$$=\pi-\int_0^{\frac{\pi}{3}}(\sec^2 u-1)\,du=\pi-\tan u\Big|_0^{\frac{\pi}{3}}+\frac{\pi}{3}$$

$$=\frac{4}{3}\pi-\sqrt{3}.$$

例 9 求 $I=\int_{-1}^{1}x(1+x^{2019})(e^{x}-e^{-x})dx$.

解 因为 $x^{2020}(e^{x}-e^{-x})$ 为奇函数,所以 $\int_{-1}^{1}x^{2020}(e^{x}-e^{-x})dx=0$.

所以

$$I=\int_{-1}^{1}x(e^{x}-e^{-x})dx=\int_{-1}^{1}x\,d(e^{x}+e^{-x})=x(e^{x}+e^{-x})\Big|_{-1}^{1}-\int_{-1}^{1}(e^{x}+e^{-x})dx=\frac{4}{e}.$$

评注 若积分区间为对称区间,即使被积函数不具备奇偶性,也可考虑拆分函数,使其一部分具有奇偶性,甚至积分区间不是对称区间,而被积函数(或部分)具备奇偶性,可考虑拆分区间,使其部分区间是对称的.

例 10 求 $I=\int_{-2}^{2}\sqrt{4|x|-x^{2}}\,dx$.

解题思路 若被积函数是常见的曲线方程,定积分即为所围成平面图形的面积.

解 $\sqrt{4|x|-x^{2}}$ 为偶函数,则

$$I=2\int_{0}^{2}\sqrt{4x-x^{2}}\,dx=2\int_{0}^{2}\sqrt{2^{2}-(x-2)^{2}}\,dx,$$

而 $y=\sqrt{4x-x^{2}}$ 为以 (2, 0) 为圆心、2 为半径的上半圆周,由定积分的几何意义可得

$$I=2\times\frac{1}{4}\text{ 圆的面积}=2\times\frac{1}{4}\times\pi\times2^{2}=2\pi.$$

评注 利用定积分的几何意义,免去了具体的计算,尤其在客观题的解答中,能很快得到正确的答案.

例 11 求 $I=\int_{-\frac{\pi}{4}}^{\frac{\pi}{4}}\frac{\cos^{2}x}{1+e^{-x}}dx$.

解题思路 本题被积函数可以理解为两类不同函数的乘积,但是利用分部积分法无法求解;若从积分区间来看,具有对称性,可是被积函数不具备奇偶性,也无法拆分. 我们尝试作变换 $x=-t$,得到 $I=I_{1}$,有 $I=\frac{1}{2}(I+I_{1})$,而合并后的定积分 $I+I_{1}$ 可计算.

解 令 $x=-t$,则 $I=\int_{-\frac{\pi}{4}}^{\frac{\pi}{4}}\frac{\cos^{2}t}{1+e^{t}}dt$,

从而 $$I=\frac{1}{2}\int_{-\frac{\pi}{4}}^{\frac{\pi}{4}}\left(\frac{\cos^{2}x}{1+e^{-x}}+\frac{\cos^{2}x}{1+e^{x}}\right)dx=\int_{0}^{\frac{\pi}{4}}\left(\frac{1+e^{-x}+1+e^{x}}{(1+e^{-x})(1+e^{x})}\right)\cos^{2}x\,dx$$

$$=\int_{0}^{\frac{\pi}{4}}\cos^{2}x\,dx=\int_{0}^{\frac{\pi}{4}}\frac{1+\cos2x}{2}dx$$

$$=\frac{\pi}{8}+\frac{1}{4}\sin2x\Big|_{0}^{\frac{\pi}{4}}=\frac{\pi}{8}+\frac{1}{4}.$$

评注 一般地,有如下结论:作变换 $x=a+b-t$,则 $I=\int_{a}^{b}f(x)dx=$

$\int_a^b f(a+b-t)\,dt$，因而，$I=\frac{1}{2}\int_a^b [f(x)+f(a+b-x)]\,dx$. 用此方法可以方便地求一些定积分.

例 12　求 $I=\int_0^{\frac{\pi}{2}} \frac{\sin^3 x}{\sin x+\cos x}dx$.

解题思路　令 $x=0+\frac{\pi}{2}-t=\frac{\pi}{2}-t$.

解　令 $x=\frac{\pi}{2}-t$，则

$$I=-\int_{\frac{\pi}{2}}^0 \frac{\cos^3 t}{\sin t+\cos t}dt=\int_0^{\frac{\pi}{2}} \frac{\cos^3 t}{\sin t+\cos t}dt,$$

从而

$$\begin{aligned}I&=\frac{1}{2}\int_0^{\frac{\pi}{2}} \frac{\sin^3 x+\cos^3 x}{\sin x+\cos x}dx=\frac{1}{2}\int_0^{\frac{\pi}{2}} (\sin^2 x-\sin x\cos x+\cos^2 x)\,dx\\&=\frac{1}{2}\int_0^{\frac{\pi}{2}}\left(1-\frac{1}{2}\sin 2x\right)dx=\frac{\pi}{4}+\frac{1}{8}\cos 2x\Big|_0^{\frac{\pi}{2}}=\frac{\pi-1}{4}.\end{aligned}$$

评注　要计算 $I=\int_0^{\frac{\pi}{2}} f(\sin x,\cos x)\,dx$，可做变换 $x=\frac{\pi}{2}-t$，则 $I=\int_0^{\frac{\pi}{2}} f(\cos t,\sin t)\,dt$，有 $I=\frac{1}{2}\int_0^{\frac{\pi}{2}} [f(\sin x,\cos x)+f(\cos x,\sin x)]\,dx$.

例 13　求 $I=\int_0^{\pi} \frac{x\sin x}{1+\cos^2 x}dx$.

解　令 $x=\pi-t$，则

$$\begin{aligned}I&=\int_0^{\pi} \frac{(\pi-t)\sin t}{1+\cos^2 t}dt=\pi\int_0^{\pi} \frac{\sin t}{1+\cos^2 t}dt-\int_0^{\pi} \frac{t\sin t}{1+\cos^2 t}dt\\&=\pi\int_0^{\pi} \frac{\sin t}{1+\cos^2 t}dt-I.\end{aligned}$$

解关于 I 的方程，得

$$I=\frac{\pi}{2}\int_0^{\pi} \frac{\sin x}{1+\cos^2 x}dx=-\frac{\pi}{2}\arctan\cos x\Big|_0^{\pi}=\frac{\pi^2}{4}.$$

评注　一般地，$I=\int_0^{\pi} xf(\sin x)\,dx \xlongequal{x=\pi-t} \int_0^{\pi} (\pi-t)f(\sin t)\,dt$

$$=\pi\int_0^{\pi} f(\sin t)\,dt-I.$$

解方程，得 $I=\frac{\pi}{2}\int_0^{\pi} f(\sin t)\,dt$，转化为三角函数的积分.

例 14 求 $I=\int_{-2}^{2}\min(2,\ x^2)\,dx$.

解题思路 先把被积函数写成分段函数的形式，然后再分区间求定积分.

解 令 $f(x)=\min(2,\ x^2)$，则有 $f(x)=\begin{cases}x^2 & |x|\leqslant\sqrt{2}\\ 2 & |x|>\sqrt{2}\end{cases}$.

于是

$$\begin{aligned}\int_{-2}^{2}f(x)dx&=\int_{-2}^{-\sqrt{2}}f(x)dx+\int_{-\sqrt{2}}^{\sqrt{2}}f(x)dx+\int_{\sqrt{2}}^{2}f(x)dx\\&=\int_{-2}^{-\sqrt{2}}2dx+\int_{-\sqrt{2}}^{\sqrt{2}}x^2dx+\int_{\sqrt{2}}^{2}2dx=8-\frac{8}{3}\sqrt{2}.\end{aligned}$$

评注 若被积函数为分段函数，利用定积分的可加性，要把积分区间分为对应的若干部分再积分.

例 15 求 $f(x)=\int_{0}^{1}t\,|t-x|\,dt$.

解题思路 注意到关于积分变量 t 的被积函数中含有参数 x，积分应对 x 的取值分情况讨论. 同时，被积函数有绝对值，本质上理解为分段函数，由于 $0\leqslant t\leqslant 1$，x 的取值分三种情形：$x\leqslant 0$，$x\geqslant 1$，$0<x<1$.

解 当 $x\leqslant 0$ 时，$f(x)=\int_{0}^{1}t(t-x)\,dt=\frac{1}{3}-\frac{x}{2}$；

当 $x\geqslant 1$ 时，$f(x)=\int_{0}^{1}t(x-t)\,dt=\frac{x}{2}-\frac{1}{3}$；

当 $0<x<1$ 时，令 $|t-x|=0$，得分界点 $t=x$，

$$f(x)=\int_{0}^{x}t(x-t)\,dt+\int_{x}^{1}t(t-x)\,dt=\frac{x^3}{3}-\frac{x}{2}+\frac{1}{3}.$$

综合如上结果，

$$f(x)=\begin{cases}\frac{1}{3}-\frac{x}{2}, & \text{当 } x\leqslant 0 \text{ 时}\\ \frac{x}{2}-\frac{1}{3}, & \text{当 } x\geqslant 1 \text{ 时}\\ \frac{x^3}{3}-\frac{x}{2}+\frac{1}{3}, & \text{当 } 0<x<1 \text{ 时}\end{cases}$$

评注 在被积函数中若有参数，一定要讨论参数的取值，再积分. 另外，题目可延伸为求函数 $f(x)$ 的单调区间、极值等.

例 16 求 $\int_{0}^{1}\frac{x^b-x^a}{\ln x}dx$，$a$，$b>0$.

解题思路 化为二重积分计算.

解 $\int_{0}^{1}\frac{x^b-x^a}{\ln x}dx=\int_{0}^{1}\left[\int_{a}^{b}x^t dt\right]dx=\int_{a}^{b}\left[\int_{0}^{1}x^t dx\right]dt=\int_{a}^{b}\frac{1}{t+1}x^{t+1}\Big|_{0}^{1}dt$

$$=\int_a^b \frac{1}{1+t}\mathrm{d}t=\ln\frac{b+1}{a+1}.$$

评注　本题的做法具有一定难度，但可开阔我们的思路.

例 17　设 $f(x)=\int_0^x \frac{\sin t}{\pi-t}\mathrm{d}t$，求 $\int_0^\pi f(x)\mathrm{d}x$.

解题思路　因为 $f(x)$ 不是初等函数，直接求 $f(x)$ 很困难，用分部积分法可把 $f(x)$ 中的积分号去掉.

解　$\int_0^\pi f(x)\mathrm{d}x=\int_0^\pi f(x)\mathrm{d}(x-\pi)$

$$=(x-\pi)f(x)\Big|_0^\pi-\int_0^\pi (x-\pi)f'(x)\mathrm{d}x$$

$$=-\int_0^\pi (x-\pi)\frac{\sin x}{\pi-x}\mathrm{d}x=\int_0^\pi \sin x\,\mathrm{d}x=2.$$

评注　(1) 用分部积分法可把 $f(x)$ 转化为 $f'(x)$.

(2) 适当凑微分(如本题中 $\mathrm{d}(x-\pi)$)，使得第一部分为 0，这是分部积分法中经常使用的手法.

例 18　设 $g(x)$ 在 $(-\infty,+\infty)$ 上连续，$g(1)=1$，$\int_0^1 g(x)\mathrm{d}x=\frac{1}{2}$，令

$$f(x)=\int_0^x g(x-t)t^2\mathrm{d}t，求 f''(1)，f'''(1).$$

解题思路　在被积分函数中含有 x，可作变换 $u=x-t$，把 x 变到积分号外或积分限上，再利用变限积分的求导公式.

解　令 $x-t=u$，则 $t=x-u$，$t^2=x^2-2xu+u^2$，

$$f(x)=\int_0^x g(u)(x^2-2xu+u^2)\mathrm{d}u$$

$$=x^2\int_0^x g(u)\mathrm{d}u-2x\int_0^x ug(u)\mathrm{d}u+\int_0^x u^2g(u)\mathrm{d}u.$$

所以

$$f'(x)=2x\int_0^x g(u)\mathrm{d}u+x^2g(x)-2\int_0^x ug(u)\mathrm{d}u-2x^2g(x)+x^2g(x)$$

$$=2x\int_0^x g(u)\mathrm{d}u-2\int_0^x ug(u)\mathrm{d}u.$$

$$f''(x)=2\int_0^x g(u)\mathrm{d}u+2xg(x)-2xg(x)=2\int_0^x g(u)\mathrm{d}u.$$

$$f'''(x)=2g(x).$$

从而 $f''(1)=2\int_0^1 g(u)\mathrm{d}u=1$，$f'''(1)=2g(1)=2$.

评注　不要犯如下错误：$\left(\int_0^x g(x-t)t^2\mathrm{d}t\right)'=g(0)x^2$.

例 19 证明 $\int_1^a f\left(x^2+\frac{a^2}{x^2}\right)\frac{dx}{x}=\int_1^a f\left(x+\frac{a^2}{x}\right)\cdot\frac{dx}{x}$.

解题思路 比较等式左右两边被积函数的特点，可在左式中作变换 $x^2=t$.

证明 令 $x^2=t$，则 $2x\,dx=dt$，

$$\text{左边}=\frac{1}{2}\int_1^a f\left(x^2+\frac{a^2}{x^2}\right)\frac{dx^2}{x^2}=\frac{1}{2}\int_1^{a^2} f\left(t+\frac{a^2}{t}\right)\frac{dt}{t}$$
$$=\frac{1}{2}\int_1^a f\left(t+\frac{a^2}{t}\right)\frac{dt}{t}+\frac{1}{2}\int_a^{a^2} f\left(t+\frac{a^2}{t}\right)\cdot\frac{dt}{t}.$$

在上式第二项中，令 $t=\frac{a^2}{u}$，则

$$\int_a^{a^2} f\left(t+\frac{a^2}{t}\right)\cdot\frac{1}{t}dt=\int_a^1 f\left(\frac{a^2}{u}+u\right)\cdot\frac{u}{a^2}\left(-\frac{a^2}{u^2}\right)du=\int_1^a f\left(u+\frac{a^2}{u}\right)\cdot\frac{1}{u}du.$$

从而等式得证.

评注 (1) 注意两次变换的特点；

(2) 把积分区间分解成若干小区间是定积分中常用的手法.

例 20 设 $f(x)$ 在 $[a,b]$ 上有二阶连续导数，又 $f(a)=f'(a)=0$，求证：

$$\int_a^b f(x)dx=\frac{1}{2}\int_a^b f''(x)(x-b)^2dx.$$

解题思路 从等式两边被积函数看，右边涉及二阶导数，左边为 0 阶导数，因而想到用分部积分法 $\int_a^b f(x)dx=\int_a^b f(x)d(x-b)$. 这样分部积分的首项 $f(x)(x-b)\Big|_a^b=0$，这一点应熟练掌握.

证明 连续利用分部积分法

$$\int_a^b f(x)dx=\int_a^b f(x)d(x-b)=-\int_a^b f'(x)(x-b)\,d(x-b)$$
$$=-\frac{1}{2}\int_a^b f'(x)d(x-b)^2=\frac{1}{2}\int_a^b f''(x)(x-b)^2dx.$$

评注 也可用分部积分法从右向左降低导数的阶数.

例 21 设 $f(x)$ 在 $[a,b]$ 上连续且严格单调增，证明

$$(a+b)\int_a^b f(x)dx<2\int_a^b xf(x)dx.$$

解题思路 可考虑把 b 换为 x，去证明函数不等式 $(a+x)\int_a^x f(t)dt<2\int_a^x tf(t)dt$. 本书中单调上升定义指的就是“<”，其中不含等号. 本题中添了“严格”两字是为了强调起见.

证明 令 $F(x)=(a+x)\int_a^x f(t)dt-2\int_a^x tf(t)dt$，$(a<x\leqslant b)$，则

$$F'(x)=\int_a^x f(t)dt+(a+x)f(x)-2xf(x)$$

$$
\begin{aligned}
&=\int_a^x f(t)\mathrm{d}t+(a-x)f(x)\\
&=f(\xi)(x-a)+(a-x)f(x)\\
&=(x-a)[f(\xi)-f(x)],
\end{aligned}
$$

其中用到积分中值定理 $\int_a^x f(t)\mathrm{d}t=f(\xi)(x-a)$（这里 $\xi\in(a,x)$）.

由于 $f(x)$ 在 $[a,b]$ 上严格单调上升，所以 $f(\xi)<f(x)$，从而 $F'(x)<0$，即 $F(x)$ 在 $[a,b]$ 上单调减少，从而 $F(b)<F(a)=0$，

即
$$(a+b)\int_a^b f(x)\mathrm{d}x<2\int_a^b xf(x)\mathrm{d}x.$$

例 22 求 $I=\int_0^{+\infty}\mathrm{e}^{-\sqrt{x}}\mathrm{d}x$.

解题思路 因被积函数中有根号，为去掉根号，作变换 $t=\sqrt{x}$.

解 令 $t=\sqrt{x}$，则

$$I=\int_0^{+\infty}2t\mathrm{e}^{-t}\mathrm{d}t=-2\int_0^{+\infty}t\mathrm{d}\mathrm{e}^{-t}=-2t\mathrm{e}^{-t}\Big|_0^{+\infty}+2\int_0^{+\infty}\mathrm{e}^{-t}\mathrm{d}t=0-2\mathrm{e}^{-t}\Big|_0^{+\infty}=2.$$

评注 (1) 上述的 $-2t\mathrm{e}^{-t}\Big|_0^{+\infty}=\lim\limits_{t\to+\infty}(-2t\mathrm{e}^{-t})+2\times0\times\mathrm{e}^{-0}=0$；

(2) 若在分部积分法中的第一部分极限不存在，分部积分法失效，应按定义去求.

例 23 求 $\int_0^1\dfrac{x\mathrm{d}x}{(2-x^2)\sqrt{1-x^2}}$.

解题思路 本题是无界函数的反常积分，做三角代换即可.

解 1 令 $x=\sin t$，则 $\mathrm{d}x=\cos t\mathrm{d}t$. 当 $x=0$ 时，$t=0$；当 $x=1$ 时，$t=\dfrac{\pi}{2}$. 因此

$$
\begin{aligned}
\int_0^1\frac{x\mathrm{d}x}{(2-x^2)\sqrt{1-x^2}}&=\int_0^{\frac{\pi}{2}}\frac{\sin t\cos t}{(2-\sin^2t)\cos t}\mathrm{d}t=-\int_0^{\frac{\pi}{2}}\frac{\mathrm{d}(\cos t)}{1+\cos^2t}\\
&=-\arctan(\cos t)\Big|_0^{\frac{\pi}{2}}=\frac{\pi}{4}.
\end{aligned}
$$

解 2 令 $\sqrt{1-x^2}=u$，则 $\mathrm{d}u=-\dfrac{x}{\sqrt{1-x^2}}\mathrm{d}x$. 当 $x=0$ 时，$u=1$；当 $x=1$ 时，$u=0$. 因此

$$\int_0^1\frac{x\mathrm{d}x}{(2-x^2)\sqrt{1-x^2}}=-\int_1^0\frac{1}{2-(1-u^2)}\mathrm{d}u=\int_0^1\frac{1}{1+u^2}\mathrm{d}u=\arctan u\Big|_0^1=\frac{\pi}{4}.$$

例 24 求 $\int_{\frac{1}{2}}^{\frac{3}{2}}\dfrac{1}{\sqrt{|x-x^2|}}\mathrm{d}x$.

解题思路 本题是无界函数的反常积分，瑕点在积分域的内部，先去绝对值符号，化为瑕点在积分区间端点的积分，然后分段进行计算.

解 $$\int_{\frac{1}{2}}^{\frac{3}{2}}\frac{1}{\sqrt{|x-x^2|}}dx=\int_{\frac{1}{2}}^{1}\frac{1}{\sqrt{x-x^2}}dx+\int_{1}^{\frac{3}{2}}\frac{1}{\sqrt{x^2-x}}dx$$
$$=\int_{\frac{1}{2}}^{1}\frac{1}{\sqrt{\frac{1}{4}-\left(x-\frac{1}{2}\right)^2}}dx+\int_{1}^{\frac{3}{2}}\frac{1}{\sqrt{\left(x-\frac{1}{2}\right)^2-\frac{1}{4}}}dx$$
$$=\arcsin(2x-1)\Big|_{\frac{1}{2}}^{1}+\ln\left[\left(x-\frac{1}{2}\right)+\sqrt{\left(x-\frac{1}{2}\right)^2-\frac{1}{4}}\right]\Bigg|_{1}^{\frac{3}{2}}$$
$$=\frac{\pi}{2}+\ln(2+\sqrt{3}).$$

评注 (1) 被积函数含有绝对值时,应先去绝对值符号,化为分段函数,然后根据积分可加性分段分别求积分.

(2) 被积函数含有 $\sqrt{ax^2+bx+c}$ 时,一般先配方.

例 25 求 $\displaystyle\int_{1}^{+\infty}\frac{dx}{x\sqrt{x^2-1}}$.

解题思路 本题是一个既是无限区间上的反常积分,也是无界函数的反常积分,称此混合型的反常积分,利用变量代换和牛顿-莱布尼茨公式仍可得所求的反常积分值.

解 1 令 $x=\sec t$,则 $dx=\sec t\cdot\tan t\,dt$,且当 $x=1$ 时,$t=0$;当 $x\to+\infty$ 时,$t\to\frac{\pi}{2}$,所以

$$\int_{1}^{+\infty}\frac{dx}{x\sqrt{x^2-1}}=\int_{0}^{\frac{\pi}{2}}\frac{\sec t\tan t}{\sec t\tan t}dt=\int_{0}^{\frac{\pi}{2}}dt=\frac{\pi}{2}.$$

解 2 令 $x=\frac{1}{t}$,则 $dx=-\frac{1}{t^2}dt$,且当 $x=1$ 时,$t=1$;当 $x\to+\infty$ 时,$t\to0$,所以

$$\int_{1}^{+\infty}\frac{dx}{x\sqrt{x^2-1}}=\int_{1}^{0}\frac{1}{\frac{1}{t}\sqrt{\frac{1}{t^2}-1}}\left(-\frac{1}{t^2}\right)dt=\int_{0}^{1}\frac{1}{\sqrt{1-t^2}}dt$$
$$=\arcsin t\Big|_{0}^{1}=\frac{\pi}{2}.$$

例 26 求 $I=\displaystyle\int_{0}^{+\infty}\frac{dx}{(1+x^2)^2}$.

解题思路 本题是有理函数的反常积分,仍可用拆分被积函数的方法计算.

解 注意到 $\frac{1}{(1+x^2)^2}=\frac{1}{1+x^2}-\frac{x^2}{(1+x^2)^2}$,及 $\left(\frac{1}{1+x^2}\right)'=-\frac{2x}{(1+x^2)^2}$,有

$$I=\int_{0}^{+\infty}\frac{1}{1+x^2}dx-\int_{0}^{+\infty}\frac{x^2}{(1+x^2)^2}dx$$

$$=\arctan x\Big|_0^{+\infty}+\frac{1}{2}\int_0^{+\infty}x\left(\frac{1}{1+x^2}\right)'\mathrm{d}x$$

$$=\frac{\pi}{2}+\frac{1}{2}\left[x\cdot\frac{1}{1+x^2}\Big|_0^{+\infty}-\int_0^{+\infty}\frac{1}{1+x^2}\mathrm{d}x\right]$$

$$=\frac{\pi}{4}.$$

例 27　求曲线 $y=-2x^3+x^2+3x$ 与 x 轴所围图形的面积.

解题思路　大致画出曲线，找到与 x 轴的三个交点即可求面积.

解　所求面积的图形如右图所示，所求面积为

$$S=-\int_{-1}^{0}(-2x^3+x^2+3x)\,\mathrm{d}x+\int_0^{\frac{3}{2}}(-2x^3+x^2+3x)\,\mathrm{d}x$$

$$=\left(\frac{1}{2}x^4-\frac{x^3}{3}-\frac{3x^2}{2}\right)\Big|_{-1}^{0}+\left(-\frac{1}{2}x^4+\frac{x^3}{3}+\frac{3x^2}{2}\right)\Big|_0^{\frac{3}{2}}$$

$$=\frac{253}{96}.$$

例 28　设区域 D 由 $(x-a)^2+y^2\leqslant a^2$ 和 $y\geqslant x$ 所确定，求区域 D 绕 $x=3a$ 旋转一周所得旋转体的体积 $(a>0)$.

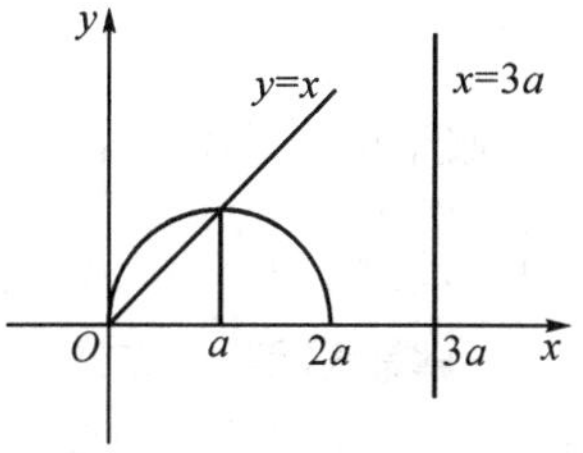

解题思路　以 y 为积分变量，用微元法.

解　取 y 为积分变量，则旋转体的体积微元为

$$\mathrm{d}V=\left\{\pi\left[3a-\left(a-\sqrt{a^2-y^2}\right)\right]^2-\pi(3a-y)^2\right\}\mathrm{d}y,$$

所以所求体积为

$$V=\int_0^a\left[\pi\left(3a-a+\sqrt{a^2-y^2}\right)^2-\pi(3a-y)^2\right]\mathrm{d}y$$

$$=\pi\int_0^a\left[4a\sqrt{a^2-y^2}+6ay-2y^2-4a^2\right]\mathrm{d}y$$

$$=\pi^2a^3-\frac{5}{3}\pi a^3.$$

评注　*用公式法求解，但容易出错，应熟练掌握微元法.*

例 29　过点 $(0,1)$ 作曲线 L：$y=\ln x$ 的切线，切点为 A，又 L 与 x 轴交于 B 点，区域 D 由 L 与直线 AB 围成. 求区域 D 的面积及 D 绕 x 轴旋转一周所得旋转体的体积.

解　(1) 设切点 A 的坐标为 (x_0,y_0)，则曲线 $y=\ln x$ 在点 A 处的切线方程是

$$y=\ln x_0+\frac{1}{x_0}(x-x_0).$$

由该切线过点 $(0,1)$ 知 $\ln x_0-1=1$，从而 $x_0=\mathrm{e}^2$，所以 $y_0=2$. 又 L 与 x 轴交于 B 的坐标为 $(1,0)$，故平面图形 D 的面积为

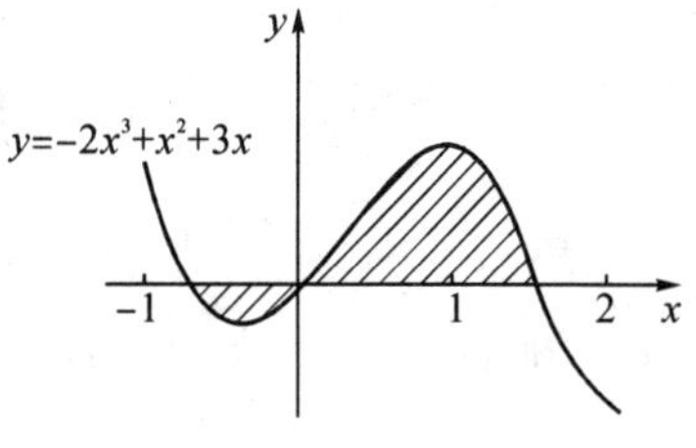

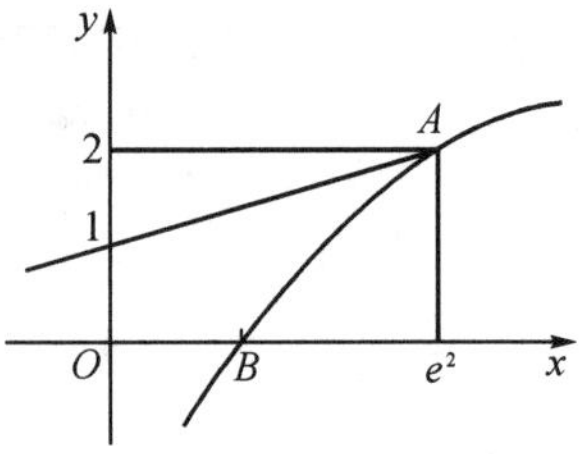

$$S=\int_1^{e^2}\ln x\,dx-\frac{1}{2}(e^2-1)\cdot 2$$
$$=x\ln x\Big|_1^{e^2}-\int_1^{e^2}dx-e^2+1=2.$$

(2) 直线 AB：$y=\frac{2}{e^2-1}(x-1)$ 与 x 轴及直线 $x=e^2$ 围成的三角形绕 x 轴旋转一周所得圆锥体的体积为

$$V_1=\frac{1}{3}\pi\cdot 2^2(e^2-1)=\frac{4\pi(e^2-1)}{3}.$$

因此 D 绕 x 轴旋转一周所得旋转体的体积

$$V=\pi\int_1^{e^2}\ln^2x\,dx-V_1=\pi\left[x\ln^2x\Big|_1^{e^2}-\int_1^{e^2}2\ln x\,dx\right]-\frac{4\pi(e^2-1)}{3}$$
$$=4e^2\pi-\pi\left[2x\ln x\Big|_1^{e^2}-\int_1^{e^2}2dx\right]-\frac{4\pi(e^2-1)}{3}$$
$$=2\pi(e^2-1)-\frac{4\pi(e^2-1)}{3}=\frac{2\pi(e^2-1)}{3}.$$

例 30 设某产品的边际平均成本为 $\bar{C}'(Q)=0.1Q-\frac{4}{Q^2}-0.3$，已知产量 $Q=4$(百件)时的平均成本为 2.6(万元)，求边际成本最小时的产量.

解题思路 先求出平均成本函数 $\bar{C}(Q)$ 和成本函数 $C(Q)$，再求出边际成本函数 $C'(Q)$，最后求 $C'(Q)$ 的最小值点.

解 由已知，$\bar{C}(4)=2.6$(万元)，于是平均成本函数为

$$\bar{C}(Q)=\int_4^Q\bar{C}'(Q)\,dQ+\bar{C}(4)=\int_4^Q\left(0.1Q-\frac{4}{Q^2}-0.3\right)dQ+2.6$$
$$=\frac{1}{20}Q^2-\frac{3}{10}Q+\frac{4}{Q}+2.$$

从而成本函数为 $C(Q)=Q\bar{C}(Q)=\frac{1}{20}Q^3-\frac{3}{10}Q^2+4+2Q.$

边际成本函数为 $C'(Q)=\frac{3}{20}Q^2-\frac{3}{5}Q+2.$

令 $C''(Q)=\frac{3}{10}Q-\frac{3}{5}=0$，得驻点 $Q=2$，

由于 $C'''(Q)=\frac{3}{10}>0$，所以当 $Q=2$ 时，$C'(Q)$ 取极小值，也为最小值.

故边际成本最小时的产量是 2 百件.

例 31 证明：$\int_0^{2\pi}f(a\cos x+b\sin x)\,dx=2\int_0^{\pi}f(\sqrt{a^2+b^2}\cos x)\,dx$，其中 $f(x)$ 连续，且

$a^2+b^2 \neq 0$.

解 取 $\cos\varphi=\dfrac{a}{\sqrt{a^2+b^2}}$, $\sin\varphi=\dfrac{b}{\sqrt{a^2+b^2}}$,

则

$$a\cos x+b\sin x=\sqrt{a^2+b^2}(\cos\varphi\cos x+\sin\varphi\sin x)=\sqrt{a^2+b^2}\cos(x-\varphi).$$

故

$$\text{左端}=\int_0^{2\pi} f\left[\sqrt{a^2+b^2}\cos(x-\varphi)\right]\mathrm{d}x \xlongequal{u=x-\varphi}\int_{-\varphi}^{2\pi-\varphi} f(\sqrt{a^2+b^2}\cos u)\,\mathrm{d}u.$$

又因被积函数以 2π 为周期,且是偶函数,则

$$\text{左端}=\int_{-\pi}^{\pi} f(\sqrt{a^2+b^2}\cos x)\,\mathrm{d}x=2\int_0^{\pi} f(\sqrt{a^2+b^2}\cos x)\,\mathrm{d}x=\text{右端}.$$

例 32 证明 $\lim\limits_{n\to\infty}\int_0^{\frac{\pi}{2}}\sin^n x\,\mathrm{d}x$ 存在并求其值.

证明 因 $\int_0^{\frac{\pi}{2}}\sin^n x\,\mathrm{d}x=\int_0^{\frac{\pi}{2}}\cos^n x\,\mathrm{d}x$,只需讨论 $\lim\limits_{n\to\infty}\int_0^{\frac{\pi}{2}}\cos^n x\,\mathrm{d}x$.

$$\begin{aligned}0\leqslant\int_0^{\frac{\pi}{2}}\cos^n x\,\mathrm{d}x&=\int_0^{\frac{1}{\sqrt[3]{n}}}\cos^n x\,\mathrm{d}x+\int_{\frac{1}{\sqrt[3]{n}}}^{\frac{\pi}{2}}\cos^n x\,\mathrm{d}x\\&\leqslant\int_0^{\frac{1}{\sqrt[3]{n}}}\cos^n 0\,\mathrm{d}x+\int_{\frac{1}{\sqrt[3]{n}}}^{\frac{\pi}{2}}\left(\cos\frac{1}{\sqrt[3]{n}}\right)^n\mathrm{d}x\\&=\frac{1}{\sqrt[3]{n}}+\left(\frac{\pi}{2}-\frac{1}{\sqrt[3]{n}}\right)\left(\cos\frac{1}{\sqrt[3]{n}}\right)^n\to 0\,(n\to\infty),\end{aligned}$$

其中用到 $\lim\limits_{n\to\infty}\left(\cos\frac{1}{\sqrt[3]{n}}\right)^n=0$. 由夹逼准则可知, $\lim\limits_{n\to\infty}\int_0^{\frac{\pi}{2}}\cos^n x\,\mathrm{d}x$ 存在且等于 0.

Ⅳ 补充习题

1. 填空题:

(1) 函数 $f(x)$ 在 $[a,b]$ 上有界是 $f(x)$ 在 $[a,b]$ 上可积的________条件,而 $f(x)$ 在 $[a,b]$ 上连续是 $f(x)$ 在 $[a,b]$ 上可积的________条件;

(2) 对 $[a,+\infty)$ 上非负、连续的函数 $f(x)$,它的变上限积分 $\int_a^t f(x)\mathrm{d}x$ 在 $[a,+\infty)$ 上有界是反常积分 $\int_a^{+\infty} f(x)\mathrm{d}x$ 收敛的________条件;

(3) 函数 $f(x)$ 在 $[a,b]$ 上有定义且 $|f(x)|$ 在 $[a,b]$ 上可积,此时积分 $\int_a^b f(x)\mathrm{d}x$ ________存在.

2. 回答下列问题：

(1) 设函数 $f(x)$ 及 $g(x)$ 在区间 $[a,b]$ 上连续，且 $f(x)\geqslant g(x)$，那么 $\int_a^b[f(x)-g(x)]\mathrm{d}x$ 在几何上表示什么?

(2) 设函数 $f(x)$ 在区间 $[a,b]$ 上连续，且 $f(x)\geqslant 0$，那么 $\int_a^b \pi f^2(x)\mathrm{d}x$ 在几何上表示什么?

(3) 如果在时刻 t 以 $\varphi(t)$ 的流量(单位时间内流过的流体的体积或质量)向一水池注水，那么 $\int_{t_1}^{t_2}\varphi(t)\mathrm{d}t$ 表示什么?

(4) 如果某国人口增长的速率为 $u(t)$，那么 $\int_{T_1}^{T_2}u(t)\mathrm{d}t$ 表示什么?

(5) 如果一公司经营某种产品的边际利润函数为 $P'(x)$，那么 $\int_{1\,000}^{2\,000}P'(x)\mathrm{d}x$ 表示什么?

3. 利用定积分的定义计算下列极限：

(1) $\lim\limits_{n\to\infty}\dfrac{1}{n}\sum\limits_{i=0}^{n}\sqrt{1+\dfrac{i}{n}}$；　　(2) $\lim\limits_{n\to\infty}\dfrac{1^p+2^p+\cdots+n^p}{n^{p+1}}\ (p>0)$.

4. 求下列极限：

(1) $\lim\limits_{x\to a}\dfrac{x}{x-a}\int_a^x f(t)\mathrm{d}t$，其中 $f(x)$ 连续；(2) $\lim\limits_{x\to+\infty}\dfrac{\int_a^x(\arctan t)^2\mathrm{d}t}{\sqrt{x^2+1}}$.

5. 下列计算是否正确？试说明理由：

(1) $\int_{-1}^{1}\dfrac{\mathrm{d}x}{1+x^2}=-\int_{-1}^{1}\dfrac{\mathrm{d}\left(\dfrac{1}{x}\right)}{1+\left(\dfrac{1}{x}\right)^2}=\left[-\arctan\dfrac{1}{x}\right]_{-1}^{1}=-\dfrac{\pi}{2}$；

(2) 因为 $\int_{-1}^{1}\dfrac{\mathrm{d}x}{x^2+x+1}\xlongequal{x=\frac{1}{t}}-\int_{-1}^{1}\dfrac{\mathrm{d}t}{t^2+t+1}$，所以 $\int_{-1}^{1}\dfrac{\mathrm{d}x}{x^2+x+1}=0$；

(3) $\int_{-\infty}^{\infty}\dfrac{x}{1+x^2}\mathrm{d}x=\lim\limits_{A\to+\infty}\int_{-A}^{A}\dfrac{x}{1+x^2}\mathrm{d}x=0$.

6. 设 $x>0$，证明

$$\int_0^x\frac{1}{1+t^2}\mathrm{d}t+\int_0^{\frac{1}{x}}\frac{1}{1+t^2}\mathrm{d}t=\frac{\pi}{2}.$$

7. 设 $p>0$，证明

$$\frac{p}{p+1}<\int_0^1\frac{\mathrm{d}x}{1+x^p}<1.$$

8. 设 $f(x)$，$g(x)$ 在区间 $[a,b]$ 上均连续，证明：

(1) $\left(\int_a^b f(x)g(x)\mathrm{d}x\right)^2\leqslant\int_a^b f^2(x)\mathrm{d}x\cdot\int_a^b f^2(x)\mathrm{d}x$ (柯西-施瓦茨不等式)；

(2) $\left(\int_a^b [f(x)+g(x)]^2 \mathrm{d}x\right)^{\frac{1}{2}} \leqslant \left(\int_a^b f^2(x)\mathrm{d}x\right)^{\frac{1}{2}} + \left(\int_a^b g^2(x)\mathrm{d}x\right)^{\frac{1}{2}}$（闵可夫斯基不等式）.

9. 设 $f(x)$ 在区间 $[a, b]$ 上连续，且 $f(x) > 0$. 证明

$$\int_a^b f(x)\mathrm{d}x \cdot \int_a^b \frac{\mathrm{d}x}{f(x)} \geqslant (b-a)^2.$$

10. 计算下列积分：

(1) $\int_0^{\frac{\pi}{2}} \frac{x+\sin x}{1+\cos x}\mathrm{d}x$；

(2) $\int_0^{\frac{\pi}{4}} \ln(1+\tan x)\mathrm{d}x$；

(3) $\int_0^a \frac{\mathrm{d}x}{x+\sqrt{a^2-x^2}}\ (a>0)$；

(4) $\int_0^{\frac{\pi}{2}} \sqrt{1-\sin 2x}\,\mathrm{d}x$；

(5) $\int_0^{\frac{\pi}{2}} \frac{\mathrm{d}x}{1+\cos^2 x}$；

(6) $\int_0^{\pi} x\sqrt{\cos^2 x-\cos^4 x}\,\mathrm{d}x$；

(7) $\int_0^{\pi} x^2 |\cos x| \mathrm{d}x$；

(8) $\int_0^{+\infty} \frac{\mathrm{d}x}{\mathrm{e}^{x+1}+\mathrm{e}^{3-x}}$；

(9) $\int_{\frac{1}{2}}^{\frac{3}{2}} \frac{\mathrm{d}x}{\sqrt{|x^2-x|}}$；

(10) $\int_0^x \max\{t^3, t^2, 1\}\mathrm{d}t$.

11. 设 $f(x)$ 在区间 $[a, b]$ 上连续，且 $f(x) > 0$，

$$F(x) = \int_a^x f(t)\mathrm{d}t + \int_b^x \frac{\mathrm{d}t}{f(t)},\ x \in [a, b].$$

证明：

(1) $F'(x) \geqslant 2$；

(2) 方程 $F(x)=0$ 在区间 (a, b) 内有且仅有一个根.

12. 求 $\int_0^2 f(x-1)\mathrm{d}x$，其中

$$f(x) = \begin{cases} \dfrac{1}{1+x}, & x \geqslant 0, \\ \dfrac{1}{1+\mathrm{e}^x}, & x < 0. \end{cases}$$

13. 设 $f(x)$ 在区间 $[a, b]$ 上连续，$g(x)$ 在区间 $[a, b]$ 上连续且不变号. 证明至少存在一点 $\xi \in [a, b]$，使下式成立：

$$\int_a^b f(x)g(x)\mathrm{d}x = f(\xi)\int_a^b g(x)\mathrm{d}x \text{（积分第一中值定理）}.$$

14. 设抛物线 $y=ax^2+bx+c$ 通过点 $(0, 0)$，且当 $x \in [0, 1]$ 时，$y \geqslant 0$. 试确定 a, b, c 的值，使得抛物线 $y=ax^2+bx+c$ 与直线 $x=1$，$y=0$ 所围图形的面积为 $\frac{4}{9}$，且使该图形绕 x 轴旋转而成的旋转体的体积最小.

15. 求由曲线 $y=x^{\frac{3}{2}}$，直线 $x=4$ 及 x 轴所围图形绕 y 轴旋转而成的旋转体的体积.

16. 求圆盘 $(x-2)^2+y^2\leqslant 1$ 绕 y 轴旋转而成的旋转体的体积.

17. 求抛物线 $y=\frac{1}{2}x^2$ 被圆 $x^2+y^2=3$ 所截下的有限部分的弧长.

第六章

多元函数微分学

Ⅰ 教学基本要求

1. 了解空间直角坐标系、平面、空间直线和常见的空间曲面.

2. 理解多元函数的概念,了解二元函数的极限与连续性的概念以及有界闭区域上的连续函数的性质.

3. 理解多元函数偏导数和全微分的概念,会求全微分,了解全微分存在的必要条件和充分条件,了解全微分形式的不变性.

4. 掌握多元复合函数偏导数的求法,会求隐函数的偏导数.

5. 理解多元函数极值和条件极值的概念,掌握多元函数极值存在的必要条件,了解二元函数极值存在的充分条件,会求二元函数的极值,会用拉格朗日乘数法求条件极值,会求多元函数的最大值和最小值,并会解决一些简单的应用问题.

Ⅱ 本章知识要点

一、空间解析几何

1. 空间直角坐标系

(1) 空间直角坐标系的概念

在空间任意选取一定点 O,过点 O 做三条互相垂直的以点 O 为原点的数轴,依次记为 x 轴(横轴)、y 轴(纵轴)、z 轴(竖轴),统称为坐标轴. 它们的顺序按下述右手规则确定:以右手握住 z 轴,让右手的四个手指从 x 轴正向以 $\frac{\pi}{2}$ 角度转向 y 轴正向时,大拇指的指向就是 z 轴的正向(如图 1 所示). 这样就构成了一个空间直角坐标系,如图 1 所示点 O 称为坐标原点

(或原点),每两条坐标轴确定一个平面,称为坐标平面,由 x 轴与 y 轴确定的平面称为 xOy 平面;类似地,有 yOz 平面和 zOx 平面. 显然,三个坐标平面把空间分为八个部分,称为八个卦限(见图 2). 含有三个坐标轴正半轴的那个卦限叫作第Ⅰ卦限,第Ⅱ、第Ⅲ、第Ⅳ卦限在 xOy 平面的上方,按逆时针方向确定. 第Ⅰ、Ⅱ、Ⅲ、Ⅳ卦限下面的空间部分,分别称为第Ⅴ、Ⅵ、Ⅶ、Ⅷ卦限(见图 2).

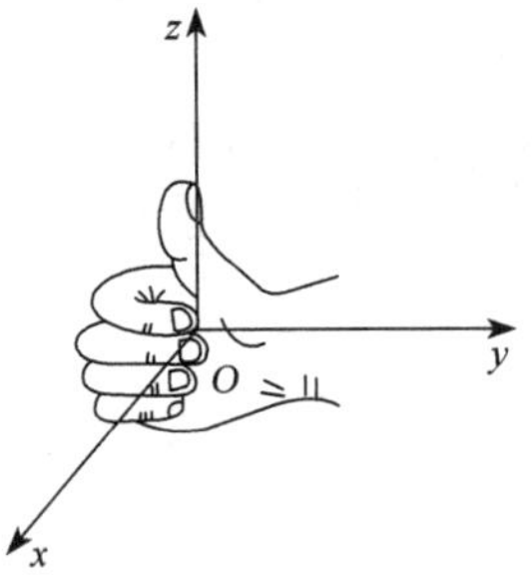

图 1

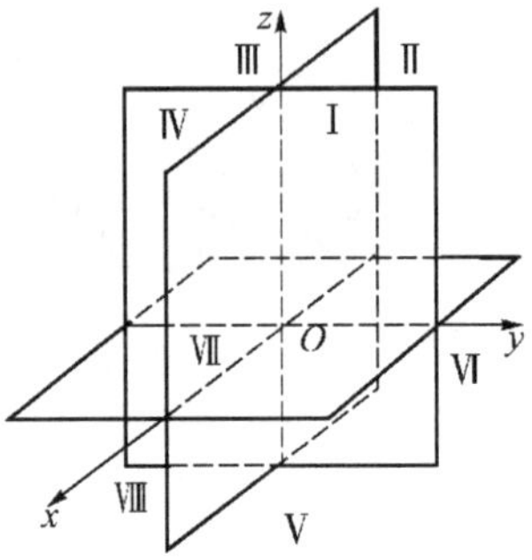

图 2

(2) 空间任意两点间的距离公式

设 $M_1(x_1, y_1, z_1)$, $M_2(x_2, y_2, z_2)$ 为空间任意两点,过这两点可作一条空间直线. 称线段 M_1M_2 的长度为空间两点 M_1, M_2 之间的距离,由此得空间任意两点间的距离公式:

$$d=|M_1M_2|=\sqrt{(x_2-x_1)^2+(y_2-y_1)^2+(z_2-z_1)^2}.$$

2. 空间曲面及其方程

(1) 空间曲面及其方程的概念

如果三元方程 $F(x, y, z)=0$ (1) 与空间曲面 S 有下列关系:

① 曲面 S 上任一点的坐标都满足方程(1);

② 不在曲面 S 上的点的坐标都不满足方程(1).

那么,方程(1)就称为曲面 S 的方程,而曲面 S 就称为方程(1)的图形(见图 3).

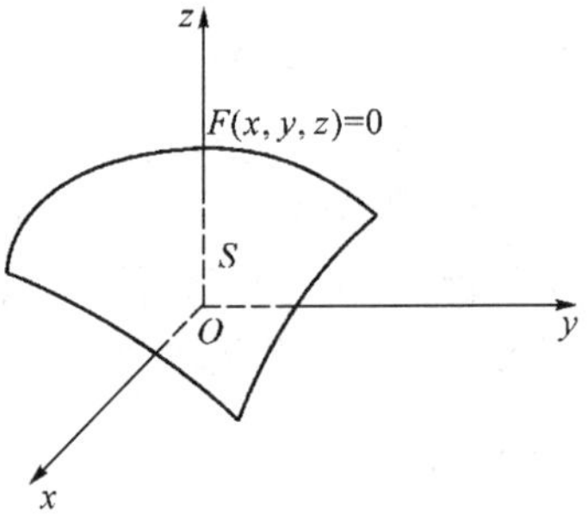

图 3

(2) 柱面

直线 L 沿定曲线 C 平行移动形成的轨迹叫作柱面,定曲线 C 叫作柱面的准线,动直线 L 叫作柱面的母线. 常见的柱面有椭圆柱面、双曲柱面及抛物柱面等.

(3) 旋转曲面

一条平面曲线 Γ 绕同一平面内的一条定直线 L 旋转所形成的曲面称为旋转曲面. 曲线 Γ 称为旋转曲面的母线,定直线 L 称为旋转曲面的旋转轴,简称轴.

(4) 二次曲面

三元二次方程 $F(x, y, z)=0$ 所表示的曲面称为二次曲面. 二次曲面有九种,分别为椭圆柱面、双曲柱面、抛物面、椭圆锥面、椭球面、单叶双曲面、双叶双曲面、椭圆抛物面及双曲抛物面(又称马鞍面)等.

(5) 空间平面的方程

$$Ax+By+Cz+D=0 \quad (A,\ B,\ C\text{不全为零}).$$

3. 空间曲线及其方程

(1) 空间曲线及其方程

空间曲线可看作两曲面的交线,设

$$F(x,\ y,\ z)=0 \quad \text{和} \quad G(x,\ y,\ z)=0$$

是两曲面的方程,它们的交线为 C(见图 4). 曲线上的任何点的坐标 x, y, z 应同时满足这两个曲面方程,因此,应满足方程组

$$\begin{cases}F(x,\ y,\ z)=0\\G(x,\ y,\ z)=0\end{cases}.$$

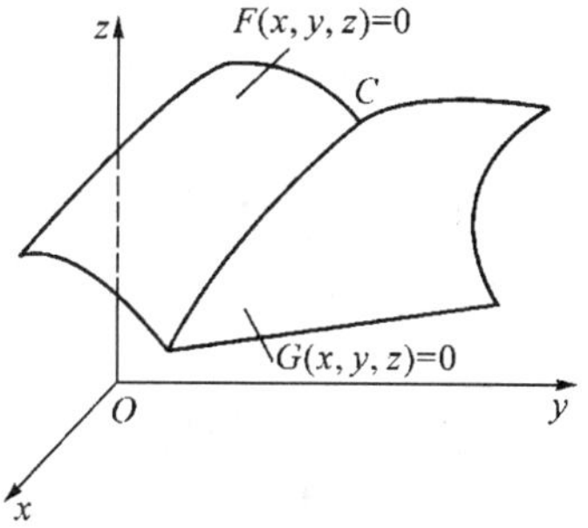

图 4

反过来,如果点 M 不在曲线 C 上,那么它不可能同时两曲面上. 所以,它的坐标不满足上述方程组. 由上述两点可知:曲线 C 可由上述方程组表示.

将上述方程组称作空间曲线的一般方程.

(2) 空间直线及其方程

设两个平面的方程为

$$\Pi_1:A_1x+B_1y+C_1z+D_1=0,$$
$$\Pi_2:A_2x+B_2y+C_2z+D_2=0,$$

则

$$\begin{cases}A_1x+B_1y+C_1z+D_1=0\\A_2x+B_2y+C_2z+D_2=0\end{cases}$$

表示一条直线,其中 A_1, B_1, C_1 与 A_2, B_2, C_2 不成比例(见图 5). 称上述方程组为直线的一般方程.

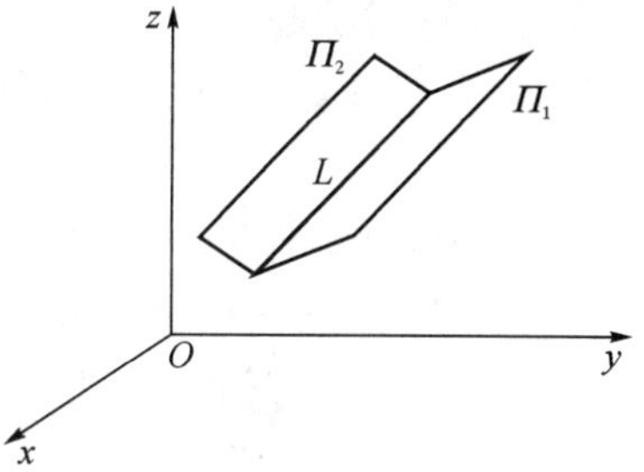

图 5

空间直线除了用一般方程表示外,还可以用对称式方程与参数方程来表示.

(3) 空间曲线在坐标面上的投影

设空间曲线 C 的一般方程为

$$\begin{cases}F(x,\ y,\ z)=0\\G(x,\ y,\ z)=0\end{cases}.$$

下面,我们来研究由上述方程组消去变量 z 之后所得到的方程

$$H(x,\ y)=0, \tag{2}$$

它表示一个母线平行于 z 轴的柱面,因此此柱面必定包含曲线 C. 以曲线 C 为准线,母线平行于 z 轴的柱面叫作关于 xOy 面的投影柱面.

投影柱面与 xOy 面的交线叫作空间曲线 C 在 xOy 面上的投影,该曲线的方程可表

示成

$$\begin{cases}H(x, y)=0\\ z=0\end{cases}.$$

二、多元函数的基本概念

1. 平面点集

(1) 平面点集的概念

坐标平面上具有某种性质 P 的点的集合,称为平面点集,记作

$$E=\{(x, y) \mid (x, y)\text{ 具有某种性质 }P\}.$$

(2) 邻域的概念

$$U(P_0, \delta)=\{P \mid |PP_0|<\delta\}=\left\{(x, y) \middle| \sqrt{(x-x_0)^2+(y-y_0)^2}<\delta\right\}.$$

$U(P_0, \delta)$ 在几何上表示以 $P_0(x_0, y_0)$ 为中心,以 δ 为半径的圆的内部(不含圆周)的点 $P(x, y)$ 的全体.

上述邻域 $U(P_0, \delta)$ 去掉中心 $P_0(x_0, y_0)$ 后,称为 $P_0(x_0, y_0)$ 的去心邻域,记作 $\mathring{U}(P_0, \delta)$,即

$$\mathring{U}(P_0, \delta)=\{P \mid 0<|PP_0|<\delta\}=\left\{(x, y) \middle| 0<\sqrt{(x-x_0)^2+(y-y_0)^2}<\delta\right\}.$$

(3) 点与点集之间的关系

设 E 是 xOy 平面上的一个点集,P 是 xOy 平面上的一点,则 P 与 E 的关系有以下三种情形:

① 内点:如果存在 P 的某个邻域 $U(P)$,使得 $U(P)\subset E$,则称点 P 为 E 的内点.

② 外点:如果存在 P 的某个邻域 $U(P)$,使得 $U(P)\cap E=\varnothing$,则称 P 为 E 的外点.

③ 边界点:如果在点 P 的任一邻域内既有属于 E 的点,也有不属于 E 的点,则称点 P 为 E 的边界点. E 的边界点的集合称为 E 的边界,记作 ∂E.

(4) 区域的概念

设 E 是点集,如果对于 E 中的任何两点,都可用完全含于 E 的折线连接起来,则称开集 E 是连通集.

连通的开集称为开区域(或开域).

开区域 E 连同它的边界 ∂E 构成的点集,称为闭区域(或闭域).

开区域、闭区域或者开域连同其一部分边界点所构成的点集,统称为区域.

如果区域 E 可包含在以原点为中心的某个圆内,即存在正数 r,使 $E\subset U(O, r)$,则称 E 为有界区域;否则,称 E 为无界区域.

2. 多元函数的概念

设 D 是平面上的一个点集,如果对于每一个点 $P(x, y)\in D$,变量 z 按照一定法则总有唯一确定的值和它对应,那么称 z 是变量 x, y 的二元函数(或点 P 的函数),记为

$$z=f(x, y)\quad(\text{或 } z=f(P)),$$

其中,点集 D 称为该函数的定义域,x, y 称为自变量,z 称为因变量.

函数值 $f(x, y)$ 的全体所构成的集合称为函数 f 的值域,记作 $f(D)$,即

$$f(D)=\{z \mid z=f(x, y),(x, y) \in D\}.$$

3. 多元函数的极限

(1) 多元函数极限的描述性定义

设二元函数 $z=f(x, y)$ 的定义域为 D,点 $P_0(x_0, y_0) \in D$ 或在 D 的边界上.如果动点 $P(x, y) \in D$ 以任何方式趋于 $P_0(x_0, y_0)$ 时,$f(x, y)$ 总是无限趋于一个常数 A,则称 A 是函数 $f(x, y)$ 当 $P(x, y)$ 趋于 $P_0(x_0, y_0)$ 时的极限,记作

$$\lim_{(x, y)\to(x_0, y_0)} f(x, y)=A \quad 或 \quad f(x, y)\to A\ ((x, y)\to(x_0, y_0)),$$

也记作

$$\lim_{P\to P_0} f(P)=A \quad 或 \quad f(P)\to A\ (P\to P_0),$$

也常记作 $\lim\limits_{\substack{x\to x_0\\ y\to y_0}} f(x, y)=A$.

(2) 多元函数极限的 ε-δ 分析定义

设二元函数 $z=f(x, y)$ 的定义域为 D,点 $P_0(x_0, y_0) \in D$ 或在 D 的边界上.如果对于任意给定的正数 ε (不论 ε 多小),总存在 $\delta>0$,使得当 $P(x, y) \in D$,且

$$0<|P_0P|=\sqrt{(x-x_0)^2+(y-y_0)^2}<\delta$$

时,总有

$$|f(P)-A|<\varepsilon,$$

则称 A 为 $z=f(P)$ 当 $P\to P_0$ 时的(二重)极限.

(3) 多元函数极限的注意点

平面上的点 P 趋近于 P_0 的方式是任意的:P 可以从四面八方趋于 P_0,也可以沿曲线或点列趋于 P_0.

上述定义指出:只有当 P 以任何方式趋近于 P_0,相应的 $f(P)$ 都趋近于同一常数 A 时,才称 A 为 $f(P)$ 当 $P\to P_0$ 时的极限.如果 $P(x, y)$ 以某些特殊方式(如沿某几条直线或几条曲线)趋于 $P_0(x_0, y_0)$ 时,即使函数值 $f(P)$ 趋于同一常数 A,我们也不能由此断定函数的极限存在.但是反过来,当 P 在 D 内沿不同的路径趋于 P_0 时,$f(P)$ 趋于不同的值,则可以断定函数的极限不存在.

4. 多元函数的连续性

(1) 多元函数连续的概念

设二元函数 $z=f(x, y)$ 在区域 D 内有定义,且点 $P_0(x_0, y_0) \in D$,如果

$$\lim_{(x, y)\to(x_0, y_0)} f(x, y)=f(x_0, y_0),$$

则称函数 $f(x, y)$ 在点 $P_0(x_0, y_0)$ 处连续,$P_0(x_0, y_0)$ 称为 $f(x, y)$ 的连续点;否则称 $f(x, y)$ 在 $P_0(x_0, y_0)$ 处间断(不连续),$P_0(x_0, y_0)$ 称为 $f(x, y)$ 的间断点.

(2) 多元函数连续的注意点

二元函数 $z=f(x, y)$ 在点 $P_0(x_0, y_0)$ 处连续,必须满足三个条件:

① 函数在点 $P_0(x_0, y_0)$ 有定义;

② 函数在 $P_0(x_0, y_0)$ 处的极限存在;

③ 函数在 $P_0(x_0, y_0)$ 处的极限与 $P_0(x_0, y_0)$ 处的函数值相等.

只要三条中有一条不满足,函数在 $P_0(x_0, y_0)$ 处就不连续.

(3) 多元函数连续的性质

二元连续函数经过四则运算后仍为二元连续函数(在商的情形要求分母不为零);二元连续函数的复合函数也是连续函数.

(4) 多元初等函数

二元初等函数是可用含 x, y 的一个解析式所表示的函数,而这个式子是由常数、x 的基本初等函数、y 的基本初等函数经过有限次四则运算及复合构成的. 二元初等函数在其定义区域内处处连续. 所谓定义区域,是指包含在定义域内的区域.

5. 有界闭区域上的二元连续函数的性质

性质 1(最值定理) 若 $f(x, y)$ 在有界闭区域 D 上连续,则 $f(x, y)$ 在 D 上必取得最大值与最小值.

推论 若 $f(x, y)$ 在有界闭区域 D 上连续,则 $f(x, y)$ 在 D 上有界.

性质 2(介值定理) 若 $f(x, y)$ 在有界闭区域 D 上连续, M 和 m 分别是 $f(x, y)$ 在 D 上的最大值与最小值,则对于介于 M 与 m 之间的任意一个数 c, 至少存在一点 $(x_0, y_0)\in D$, 使得 $f(x_0, y_0)=c$.

三、偏导数与全微分

1. 偏导数

(1) 多元函数增量

设函数 $z=f(x, y)$ 在点 (x_0, y_0) 的某邻域内有定义,当 x 在 x_0 取增量 Δx $(\Delta x\neq 0)$, 而 $y=y_0$ 保持不变时,函数 z 得到一个改变量

$$\Delta_x z=f(x_0+\Delta x, y_0)-f(x_0, y_0),$$

称为函数 $f(x, y)$ 对于 x 的偏增量.

类似地,

$$\Delta_y z=f(x_0, y_0+\Delta y)-f(x_0, y_0),$$

称为函数 $f(x, y)$ 对于 y 的偏增量.

对于自变量分别在 x_0, y_0 取得增量 Δx, Δy, 而函数 z 相应的增量

$$\Delta z=f(x_0+\Delta x, y_0+\Delta y)-f(x_0, y_0),$$

称为函数 $z=f(x, y)$ 的全增量.

(2) 偏导数的概念

设函数 $z=f(x, y)$ 在点 (x_0, y_0) 的某一邻域内有定义,当 y 固定为 y_0, 而 x 在 x_0 处有增量 Δx 时,相应地函数有偏增量

$$\Delta_x z=f(x_0+\Delta x, y_0)-f(x_0, y_0),$$

若增量比的极限

$$\lim_{\Delta x \to 0} \frac{\Delta_x z}{\Delta x} = \lim_{\Delta x \to 0} \frac{f(x_0 + \Delta x, y_0) - f(x_0, y_0)}{\Delta x}$$

存在,则称此极限值为函数 $z = f(x, y)$ 在点 (x_0, y_0) 处对 x 的偏导数,记为

$$\left.\frac{\partial z}{\partial x}\right|_{\substack{x = x_0 \\ y = y_0}}, \left.\frac{\partial f}{\partial x}\right|_{\substack{x = x_0 \\ y = y_0}}, \left.z_x\right|_{\substack{x = x_0 \\ y = y_0}}, f_x(x_0, y_0).$$

类似地,函数 $z = f(x, y)$ 在点 (x_0, y_0) 处对 y 的偏导数定义为

$$\left.\frac{\partial z}{\partial y}\right|_{\substack{x = x_0 \\ y = y_0}} = \lim_{\Delta y \to 0} \frac{\Delta_y z}{\Delta x} = \lim_{\Delta y \to 0} \frac{f(x_0, y_0 + \Delta y) - f(x_0, y_0)}{\Delta y},$$

记作

$$\left.\frac{\partial z}{\partial y}\right|_{\substack{x = x_0 \\ y = y_0}}, \left.\frac{\partial f}{\partial y}\right|_{\substack{x = x_0 \\ y = y_0}}, \left.z_y\right|_{\substack{x = x_0 \\ y = y_0}}, f_y(x_0, y_0).$$

若函数 $z = f(x, y)$ 在区域 D 内每一点 (x, y) 处对 x 或对 y 的偏导数都存在,那么这个偏导数就是 x, y 的二元函数,称为函数 $z = f(x, y)$ 对自变量 x 或对 y 的偏导函数,简称偏导数,记作

$$\frac{\partial z}{\partial x}\left(\frac{\partial z}{\partial y}\right), \frac{\partial f}{\partial x}\left(\frac{\partial f}{\partial y}\right), z_x(z_y), f_x(x, y), f_y(x, y).$$

偏导数 $f_x(x_0, y_0)$ 就是偏导函数 $f_x(x, y)$ 在点 (x_0, y_0) 处的函数值.

类似地,可定义三元函数的偏导数

$$f_x(x, y, z) = \lim_{\Delta x \to 0} \frac{f(x_0 + \Delta x, y_0, z_0) - f(x_0, y_0, z_0)}{\Delta x},$$

$$f_y(x, y, z) = \lim_{\Delta y \to 0} \frac{f(x_0, y_0 + \Delta y, z_0) - f(x_0, y_0, z_0)}{\Delta y},$$

$$f_z(x, y, z) = \lim_{\Delta z \to 0} \frac{f(x_0, y_0, z_0 + \Delta z) - f(x_0, y_0, z_0)}{\Delta z}.$$

(3) 偏导数的计算

求多元函数偏导数并不需要新的方法,实际上是一元函数的求导问题.

例如,二元函数 $z = f(x, y)$,求偏导数 $\frac{\partial f}{\partial x}$ 时,只要把 y 暂时看作常数而对 x 求导数;求偏导数 $\frac{\partial f}{\partial y}$ 时,只要把 x 暂时看作常数而对 y 求导数.

(4) 偏导数的几何意义

设 $M_0(x_0, y_0, f(x_0, y_0))$ 为曲面 $z=f(x, y)$ 上的一点,过 M_0 做平面 $y=y_0$,截此曲面得一条曲线,此曲线在平面 $y=y_0$ 上的方程为 $z=f(x, y_0)$,则 $z=f(x, y_0)$ 对 x 的偏导数

$$\frac{\mathrm{d}}{\mathrm{d}x}f(x, y_0)\bigg|_{x=x_0}=f_x(x_0, y_0)=\tan\alpha$$

就是曲线在点 M_0 处的切线 M_0T_1 对 x 轴的斜率(即对 x 的变化率).

同样,偏导数

$$\frac{\mathrm{d}}{\mathrm{d}y}f(x_0, y)\bigg|_{y=y_0}=f_y(x_0, y_0)=\tan\beta$$

就是曲线点 M_0 处的切线 M_0T_2 对 y 轴的斜率(即对 y 的变化率),如图 6 所示.

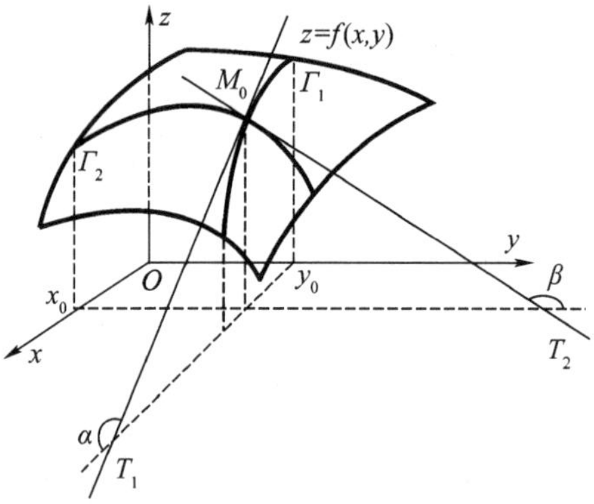

图 6

(5) 高阶偏导数

① 高阶偏导数的概念

设函数 $z=f(x, y)$ 在区域 D 内具有偏导数

$$\frac{\partial z}{\partial x}=f_x(x, y), \quad \frac{\partial z}{\partial y}=f_y(x, y),$$

那么它们仍是 D 上的二元函数. 若这两个函数的偏导数也存在,则称它们是函数 $z=f(x, y)$ 的二阶偏导数.

按对变量求偏导数的次序不同,有下列四个二阶偏导数

$$\frac{\partial}{\partial x}\left(\frac{\partial z}{\partial x}\right)=\frac{\partial^2 z}{\partial x^2}=f_{xx}(x, y), \quad \frac{\partial}{\partial y}\left(\frac{\partial z}{\partial x}\right)=\frac{\partial^2 z}{\partial x\partial y}=f_{xy}(x, y),$$

$$\frac{\partial}{\partial x}\left(\frac{\partial z}{\partial y}\right)=\frac{\partial^2 z}{\partial y\partial x}=f_{yx}(x, y), \quad \frac{\partial}{\partial y}\left(\frac{\partial z}{\partial y}\right)=\frac{\partial^2 z}{\partial y^2}=f_{yy}(x, y).$$

其中,$\frac{\partial^2 z}{\partial x\partial y}$,$\frac{\partial^2 z}{\partial y\partial x}$ 称为混合偏导数.

同样可引入三阶、四阶以及 n 阶偏导数,二阶以上的偏导数称为高阶偏导数.

② 混合偏导数的关系

定理 1 如果函数 $z=f(x, y)$ 的两个二阶混合偏导数 $\frac{\partial^2 z}{\partial x\partial y}$ 及 $\frac{\partial^2 z}{\partial y\partial x}$ 在区域 D 内连续,那么在该区域内这两个二阶混合偏导数必相等. 换言之,二阶混合偏导数在连续条件下与求导的次序无关.

2. 全微分

(1) 全微分的概念

如果函数 $z=f(x, y)$ 在点 (x, y) 的全增量

$$\Delta z=f(x+\Delta x, y+\Delta y)-f(x, y)$$

可表示为

$$\Delta z=A\Delta x+B\Delta y+o(\rho),$$

其中，A，B 是不依赖于 Δx，Δy 而仅与 x，y 有关的量，且 $\rho=\sqrt{(\Delta x)^2+(\Delta y)^2}$，则称函数 $z=f(x,y)$ 在点 (x,y) 处可微分，而 $A\Delta x+B\Delta y$ 称为函数 $z=f(x,y)$ 在点 (x,y) 的全微分，记为 $\mathrm{d}z$，即：

$$\mathrm{d}z=A\Delta x+B\Delta y.$$

如果函数在区域 D 内各点处都可微分，那么称这个函数在区域 D 内可微分.

(2) 可微的条件

定理 2(必要条件) 如果函数 $z=f(x,y)$ 在点 (x,y) 处可微分，则该函数在点 (x,y) 处的偏导数 $\frac{\partial z}{\partial x}$，$\frac{\partial z}{\partial y}$ 必定存在，且函数 $z=f(x,y)$ 在点 (x,y) 的全微分为

$$\mathrm{d}z=\frac{\partial z}{\partial x}\Delta x+\frac{\partial z}{\partial y}\Delta y.$$

定理 3(充分条件) 如果函数 $z=f(x,y)$ 的偏导数 $\frac{\partial z}{\partial x}$，$\frac{\partial z}{\partial y}$ 在点 (x,y) 处连续，则函数 $z=f(x,y)$ 在该点的全微分存在.

(3) 全微分的记号

二元函数 $z=f(x,y)$ 的全微分可写为

$$\mathrm{d}z=\frac{\partial z}{\partial x}\mathrm{d}x+\frac{\partial z}{\partial y}\mathrm{d}y.$$

三元函数 $u=f(x,y,z)$ 的全微分可写为

$$\mathrm{d}u=\frac{\partial u}{\partial x}\mathrm{d}x+\frac{\partial u}{\partial y}\mathrm{d}y+\frac{\partial u}{\partial z}\mathrm{d}z.$$

四、多元复合函数的求导法则

1. 复合函数的中间变量均为一元函数的情形

定理 4 如果函数 $u=\varphi(t)$ 及 $v=\psi(t)$ 都在点 t 可导，且函数 $z=f(u,v)$ 在对应点 (u,v) 具有连续偏导数，则复合函数 $z=f[\varphi(t),\psi(t)]$ 在点 t 可导，且其导数为

$$\frac{\mathrm{d}z}{\mathrm{d}t}=\frac{\partial z}{\partial u}\frac{\mathrm{d}u}{\mathrm{d}t}+\frac{\partial z}{\partial v}\frac{\mathrm{d}v}{\mathrm{d}t}.$$

定理 4 中的导数 $\frac{\mathrm{d}z}{\mathrm{d}t}$ 称为全导数.

同理，我们可以把定理推广到对于中间变量多于两个的复合函数情形. 例如，若 $z=f(u,v,w)$，$u=\varphi(t)$，$v=\psi(t)$，$w=\omega(t)$ 复合而成的复合函数

$$z=f[\varphi(t),\psi(t),\omega(t)]$$

满足定理条件，则有全导数公式

$$\frac{\mathrm{d}z}{\mathrm{d}t}=\frac{\partial z}{\partial u}\frac{\mathrm{d}u}{\mathrm{d}t}+\frac{\partial z}{\partial v}\frac{\mathrm{d}v}{\mathrm{d}t}+\frac{\partial z}{\partial w}\frac{\mathrm{d}w}{\mathrm{d}t}.$$

2. 复合函数的中间变量均为多元函数的情形

定理5 若 $u=\varphi(x,y)$ 及 $v=\psi(x,y)$ 在点 (x,y) 具有对 x, y 的偏导数,而函数 $z=f(u,v)$ 在对应点 (u,v) 具有连续偏导数,则复合函数 $z=f[\varphi(x,y),\psi(x,y)]$ 在点 (x,y) 的两个偏导数存在,且有

$$\frac{\partial z}{\partial x}=\frac{\partial z}{\partial u}\frac{\partial u}{\partial x}+\frac{\partial z}{\partial v}\frac{\partial v}{\partial x},\quad \frac{\partial z}{\partial y}=\frac{\partial z}{\partial u}\frac{\partial u}{\partial y}+\frac{\partial z}{\partial v}\frac{\partial v}{\partial y}.$$

3. 复合函数的中间变量既有一元函数又有多元函数的情形

定理6 设函数 $u=\varphi(x,y)$ 具有偏导数,而函数 $z=f(u,x,y)$ 可微,则复合函数 $z=f[\varphi(x,y),x,y]$ 在点 (x,y) 的偏导数存在,且有公式

$$\frac{\partial z}{\partial x}=\frac{\partial f}{\partial u}\frac{\partial u}{\partial x}+\frac{\partial f}{\partial x},\quad \frac{\partial z}{\partial y}=\frac{\partial z}{\partial u}\frac{\partial u}{\partial y}+\frac{\partial f}{\partial y}.$$

4. 全微分形式不变性

设函数 $z=f(u,v)$ 具有连续偏导数,则全微分为

$$\mathrm{d}z=\frac{\partial z}{\partial u}\mathrm{d}u+\frac{\partial z}{\partial v}\mathrm{d}v.$$

若函数 $u=\varphi(x,y)$, $v=\psi(x,y)$ 有连续偏导数,则复合函数 $z=f(\varphi(x,y),\psi(x,y))$ 的全微分为

$$\begin{aligned}\mathrm{d}z&=\frac{\partial z}{\partial x}\mathrm{d}x+\frac{\partial z}{\partial y}\mathrm{d}y\\&=\left(\frac{\partial z}{\partial u}\frac{\partial u}{\partial x}+\frac{\partial z}{\partial v}\frac{\partial v}{\partial x}\right)\mathrm{d}x+\left(\frac{\partial z}{\partial u}\frac{\partial u}{\partial y}+\frac{\partial z}{\partial v}\frac{\partial v}{\partial y}\right)\mathrm{d}y\\&=\frac{\partial z}{\partial u}\left(\frac{\partial u}{\partial x}\mathrm{d}x+\frac{\partial u}{\partial y}\mathrm{d}y\right)+\frac{\partial z}{\partial v}\left(\frac{\partial v}{\partial x}\mathrm{d}x+\frac{\partial v}{\partial y}\mathrm{d}y\right)\\&=\frac{\partial z}{\partial u}\mathrm{d}u+\frac{\partial z}{\partial v}\mathrm{d}v.\end{aligned}$$

可见,无论 z 是自变量 x, y 的函数还是中间变量 u, v 的函数,它的全微分形式是一样的.这个性质叫全微分形式不变性.

五、隐函数的求导法则

1. 由二元方程确定的隐函数的情形

定理7(隐函数存在定理1) 设函数 $F(x,y)$ 满足以下条件:

(1) 在点 $P_0(x_0,y_0)$ 的某一邻域内具有连续的偏导数;

(2) $F(x_0,y_0)=0$;

(3) $F_y(x_0,y_0)\neq 0$,

则方程 $F(x,y)=0$ 在点 (x_0,y_0) 的某一邻域内恒能唯一确定一个连续且具有连续导数的函数 $y=f(x)$,它满足条件 $y_0=f(x_0)$,并有导数公式

$$\frac{dy}{dx}=-\frac{F_x}{F_y}.$$

2. 由三元方程确定的二元隐函数的情形

定理 8(隐函数存在定理 2) 设函数 $F(x,y,z)$ 满足以下条件：

(1) 在点 $P_0(x_0,y_0,z_0)$ 的某一邻域内具有连续的偏导数；

(2) $F_0(x_0,y_0,z_0)=0$；

(3) $F_z(x_0,y_0,z_0)\neq 0$，

则方程 $F(x,y,z)=0$ 在点 (x_0,y_0,z_0) 的某一邻域内恒能唯一确定一个连续且具有连续偏导数的函数 $z=f(x,y)$，它满足条件 $z_0=f(x_0,y_0)$，并有偏导数公式

$$\frac{\partial z}{\partial x}=-\frac{F_x}{F_z},\quad \frac{\partial z}{\partial y}=-\frac{F_y}{F_z}.$$

六、多元函数的极值及其求法

1. 多元函数的极值

(1) 多元函数极值的概念

设函数 $z=f(x,y)$ 在点 (x_0,y_0) 的某个邻域内有定义，对于该邻域内的任何点 $(x,y)\neq(x_0,y_0)$，若总有 $f(x,y)<f(x_0,y_0)$，则称函数 $z=f(x,y)$ 在点 (x_0,y_0) 处有极大值；若总有 $f(x,y)>f(x_0,y_0)$，则称函数 $z=f(x,y)$ 在点 (x_0,y_0) 处有极小值.

函数的极大值、极小值统称为极值，使函数取得极值的点称为极值点.

(2) 多元函数极值存在的必要条件

定理 9(必要条件) 设函数 $z=f(x,y)$ 在点 (x_0,y_0) 具有偏导数，且在点 (x_0,y_0) 处有极值，则它在该点的偏导数必然为零，即

$$f_x(x_0,y_0)=0,\quad f_y(x_0,y_0)=0.$$

(3) 多元函数极值存在的充分条件

定理 10(充分条件) 设函数 $z=f(x,y)$ 在点 (x_0,y_0) 的某邻域内连续，且有一阶及二阶连续偏导数，$f_x(x_0,y_0)=0$，$f_y(x_0,y_0)=0$，令

$$f_{xx}(x_0,y_0)=A,\quad f_{xy}(x_0,y_0)=B,\quad f_{yy}(x_0,y_0)=C,$$

则

① 当 $AC-B^2>0$ 时，函数 $z=f(x,y)$ 在点 (x_0,y_0) 取得极值，且当 $A<0$ 时，有极大值 $f(x_0,y_0)$，当 $A>0$ 时，有极小值 $f(x_0,y_0)$；

② 当 $AC-B^2<0$ 时，函数 $z=f(x,y)$ 在点 (x_0,y_0) 没有极值；

③ 当 $AC-B^2=0$ 时，函数 $z=f(x,y)$ 在点 (x_0,y_0) 可能有极值，也有可能没有极值，需另做讨论.

2. 多元函数的最值

若函数 $f(x,y)$ 在有界闭区域 D 上连续，则 $f(x,y)$ 在 D 上定能取得最大值和最小值. 最值点既可能在 D 的内部，也可能在 D 的边界上，因此我们可以求出函数 $f(x,y)$ 在区域 D

内的全部极值点，以及在 D 边界上的最值点，将这些点的函数值求出，并且互相比较，便得函数在 D 上的最值.

3. 条件极值与拉格朗日乘数法

求函数 $z=f(x,y)$ 在条件 $\varphi(x,y)=0$ 下可能的极值点.

(1) 构造辅助函数

$$F(x,y)=f(x,y)+\lambda\varphi(x,y)\ (\lambda\text{ 为常数}).$$

(2) 求函数 F 对 x, y 的偏导数，并使之为零，解方程组

$$\begin{cases} f_x(x,y)+\lambda\varphi_x(x,y)=0 \\ f_y(x,y)+\lambda\varphi_y(x,y)=0, \\ \varphi(x,y)=0 \end{cases}$$

得 x, y, λ，其中 (x,y) 就是函数在条件 $\varphi(x,y)=0$ 下的可能极值点的坐标.

(3) 如何确定所求点是否为极值点，在实际问题中往往根据问题本身的性质来判定.

Ⅲ　典型例题讲解

例 1 求 $I=\lim\limits_{\substack{x\to\infty \\ y\to a}}\left(1+\dfrac{1}{x}\right)^{\frac{x^2}{x+y}}$.

解题思路 此题为 1^∞ 型，可把其转化为一元函数的极限.

解 $I=\lim\limits_{\substack{x\to\infty \\ y\to a}}\left[\left(1+\dfrac{1}{x}\right)^x\right]^{\frac{x}{x+y}}=e^{\lim\limits_{\substack{x\to\infty \\ y\to a}}\frac{x}{x+y}}=e^1=e.$

例 2 求极限 $\lim\limits_{\substack{x\to 1 \\ y\to 0}}\dfrac{e^{x\sin y}-1}{\sqrt{1+x^2y}-1}$.

解题思路 利用无穷小量等价代换 $e^{x\sin y}-1\sim x\sin y$, $\sqrt{1+x^2y}-1\sim\dfrac{1}{2}x^2y$.

解 $\lim\limits_{\substack{x\to 1 \\ y\to 0}}\dfrac{e^{x\sin y}-1}{\sqrt{1+x^2y}-1}=\lim\limits_{\substack{x\to 1 \\ y\to 0}}\dfrac{x\sin y}{\frac{1}{2}x^2y}=2\lim\limits_{\substack{x\to 1 \\ y\to 0}}\dfrac{1}{x}\lim\limits_{\substack{x\to 1 \\ y\to 0}}\dfrac{\sin y}{y}=2.$

例 3 讨论极限 $\lim\limits_{\substack{x\to 0 \\ y\to 0}}\dfrac{xy^2}{x^2+y^4}$ 的存在性.

解 当动点 $P(x,y)$ 沿着曲线 $x=ky^2$ 趋于点 $(0,0)$ 时，

$$\lim_{\substack{x\to 0 \\ y\to 0}}\frac{xy^2}{x^2+y^4}=\lim_{y\to 0}\frac{ky^4}{k^2y^4+y^4}=\frac{k}{k^2+1},$$

这个极限值不是一个确定的常数，它随着 k 的变化而改变，因此极限不存在.

例 4 讨论函数 $f(x,y)=\begin{cases}\dfrac{xy(x^2-y^2)}{x^2+y^2}, & (x,y)\neq(0,0) \\ 0, & (x,y)=(0,0)\end{cases}$ 在 $(0,0)$ 处的连续性.

解题思路 实际上,只需验证 $\lim\limits_{\substack{x\to 0\\ y\to 0}} f(x, y)$ 是否存在,且为 $f(0, 0)$.

解 令 $x=r\cos\theta$, $y=r\sin\theta$, 则有

$$0\leqslant |f(x, y)|=\left|\frac{xy(x^2-y^2)}{x^2+y^2}\right|=\left|\frac{r^2\sin 4\theta}{4}\right|\leqslant\frac{r^2}{4}.$$

所以当 $(x, y)\to(0, 0)$ 时,即 $r\to 0$ 时, $\frac{r^2}{4}\to 0$. 故 $\lim\limits_{\substack{x\to 0\\ y\to 0}} f(x, y)=0=f(0, 0)$, 可见 $f(x, y)$ 在点 $(0, 0)$ 处连续.

例 5 已知函数 $f(x, y)$ 在点 $(0, 0)$ 的某邻域内有定义,且 $f(0, 0)=0$, $\lim\limits_{\substack{x\to 0\\ y\to 0}}\frac{f(x, y)}{x^2+y^2}=1$, 则 $f(x, y)$ 在点 $(0, 0)$ 处

(A) 极限存在但不连续　　　　(B) 连续但偏导数不存在

(C) 偏导数存在但不可微　　　(D) 可微

解题思路 已知抽象函数 $f(x, y)$ 的有关极限存在,考察其极限、连续性、偏导数及可微性,一般利用定义来分析.

解 由于 $\lim\limits_{\substack{x\to 0\\ y\to 0}}\frac{f(x, y)}{x^2+y^2}=1$, $\lim\limits_{\substack{x\to 0\\ y\to 0}}(x^2+y^2)=0$, 于是, $\lim\limits_{\substack{x\to 0\\ y\to 0}} f(x, y)=0$, 又 $f(0, 0)=0$, 所以, $f(x, y)$ 在 $(0, 0)$ 处极限存在且连续. 又由 $\lim\limits_{\substack{x\to 0\\ y\to 0}}\frac{f(x, y)}{x^2+y^2}=1$, 得

$$\lim_{x\to 0}\frac{f(x, 0)}{x^2}=1,\quad \lim_{y\to 0}\frac{f(0, y)}{y^2}=1,$$

所以 $f'_x(0, 0)=\lim\limits_{x\to 0}\frac{f(x, 0)-f(0, 0)}{x}=\lim\limits_{x\to 0}\frac{f(x, 0)}{x}=\lim\limits_{x\to 0}\frac{f(x, 0)}{x^2}x=0.$

同理, $f'_y(0, 0)=0$. 故 $f(x, y)$ 在 $(0, 0)$ 处偏导数存在.

因为

$$\begin{aligned}\lim_{\rho\to 0}\frac{\Delta z-[f'_x(0, 0)\Delta x+f'_y(0, 0)\Delta y]}{\rho}&=\lim_{\substack{x\to 0\\ y\to 0}}\frac{f(x, y)-f(0, 0)}{\sqrt{x^2+y^2}}\,(\rho=\sqrt{x^2+y^2})\\&=\lim_{\substack{x\to 0\\ y\to 0}}\frac{f(x, y)}{x^2+y^2}\sqrt{x^2+y^2}=0,\end{aligned}$$

所以 $f(x, y)$ 在 $(0, 0)$ 处可微.

评注 一般地,若 $\lim\limits_{\substack{x\to x_0\\ y\to y_0}} f(x, y)=A$, 则 $\lim\limits_{x\to x_0} f(x, y_0)=A$, 且 $\lim\limits_{y\to y_0} f(x_0, y)=A$; 反之不然. 这里 $f(x, y)$ 在 (x_0, y_0) 的某邻域内有定义.

例 6 考察函数 $f(x, y)=\sqrt{|xy|}$ 在点 $(0, 0)$ 处是否连续? 偏导函数是否存在? 是否可微?

解题思路 本题含有绝对值,且 $(0, 0)$ 恰好是 $|xy|$ 等于零的点,因而在 $(0, 0)$ 处的连

续、偏导数及可微要用定义.

解 因为 $\lim\limits_{\substack{x\to 0\\ y\to 0}} f(x,y)=\lim\limits_{\substack{x\to 0\\ y\to 0}}\sqrt{|xy|}=0$，且 $f(0,0)=0$，所以 $f(x,y)$ 在点 $(0,0)$ 处连续.

$$\text{又}\lim_{x\to 0}\frac{f(x,0)-f(0,0)}{x}=\lim_{x\to 0}\frac{0-0}{x}=0,$$

所以 $f'_x(0,0)=0$. 同理，$f'_y(0,0)=0$. 即 $f(x,y)$ 在点 $(0,0)$ 处的两个偏导数存在. 而

$$\lim_{\rho\to 0}\frac{\Delta f-[f'x(x_0,y_0)\Delta x+f'_y(x_0,y_0)\Delta y]}{\rho}=\lim_{\rho\to 0}\frac{\sqrt{|\Delta x||\Delta y|}}{\sqrt{(\Delta x)^2+(\Delta y)^2}},$$

当动点沿直线 $y=x$ 趋于点 $(0,0)$，即 $\Delta y=\Delta x\to 0$ 时，得

$$\lim_{\rho\to 0}\frac{\sqrt{|\Delta x||\Delta y|}}{\sqrt{(\Delta x)^2+(\Delta y)^2}}=\frac{1}{\sqrt{2}}\neq 0.$$

故函数 $f(x,y)=\sqrt{|xy|}$ 在 $(0,0)$ 处不可微.

评注 (1) 在一元函数中，函数在某点的可导性与可微性是等价的. 但对于多元函数，它在某点处的两个偏导数均存在不能保证它的可微性. 这是多元函数与一元函数的不同之处. 从本题还可看出，即使加上函数本身的连续性仍不能成为可微的充分条件.

(2) 一元函数与多元函数在极限存在、连续、可导(偏导)、可微(全微分)的相互关系上，有相同之处，更有相异之处.

例 7 设 $z=\begin{cases}\dfrac{x^2y^2}{x^2+y^2}, & x^2+y^2\neq 0\\ 0, & x^2+y^2=0\end{cases}$ 在 $(0,0)$ 点，函数是否连续？是否偏导数存在？是否可微？一阶偏导数是否连续？

解题思路 $(0,0)$ 点是分段二元函数的分界点，在此点处的连续、偏导数、可微等用定义处理即可.

解 令 $x=\gamma\cos\theta$，$y=\gamma\sin\theta$，则

$$\lim_{\substack{x\to 0\\ y\to 0}} z(x,y)=\lim_{\gamma\to 0}\frac{\gamma^4\cos^2\theta\sin^2\theta}{\gamma^2}=\frac{1}{4}\lim_{\gamma\to 0}\gamma^2\sin^2 2\theta=0=z(0,0),$$

所以 $z(x,y)$ 在 $(0,0)$ 连续.

由偏导数定义 $\left.\dfrac{\partial z}{\partial x}\right|_{(0,0)}=\lim\limits_{\Delta x\to 0}\dfrac{z(0+\Delta x,0)-z(0,0)}{\Delta x}=0$，同理 $\left.\dfrac{\partial z}{\partial y}\right|_{(0,0)}=0$.

又因为 $\lim\limits_{\rho\to 0}\dfrac{\Delta z-[z'_x(0,0)\Delta x+z'_y(0,0)\Delta y]}{\rho}=\lim\limits_{\rho\to 0}\dfrac{(\Delta x)^2(\Delta y)^2}{[(\Delta x)^2+(\Delta y)^2]^{\frac{3}{2}}}=0$,

其中 $\rho=[(\Delta x)^2+(\Delta y)^2]^{\frac{1}{2}}$，故 $z(x,y)$ 在 $(0,0)$ 处可微.

而当 $(x, y) \neq (0, 0)$ 时,

$$\frac{\partial z}{\partial x}\bigg| = \frac{2xy^4}{(x^2+y^2)^2}, \quad \frac{\partial z}{\partial y}\bigg| = \frac{2yx^4}{(x^2+y^2)^2},$$

$$\lim_{\substack{x\to 0\\ y\to 0}} \frac{\partial z}{\partial x}\bigg| = \frac{\partial z}{\partial x}\bigg|_{(0,0)}, \quad \lim_{\substack{x\to 0\\ y\to 0}} \frac{\partial z}{\partial y}\bigg| = \frac{\partial z}{\partial y}\bigg|_{(0,0)}.$$

所以在 $(0, 0)$ 处一阶偏导数连续.

评注 一阶偏导数在某点连续,则函数在此点一定可微,一阶偏导数在某点不连续,函数在此点也可能可微,如

$$f(x, y) = \begin{cases} (x^2+y^2)\sin\dfrac{1}{x^2+y^2}, & x^2+y^2 \neq 0 \\ 0, & x^2+y^2 = 0 \end{cases}.$$

例 8 设 $f(x, y) = x^2\arctan\dfrac{y}{x} - y^2\arctan\dfrac{x}{y}$,求 $\dfrac{\partial f}{\partial x}$, $\dfrac{\partial^2 f}{\partial x \partial y}$.

解题思路 用四则运算法则和复合函数求偏导法则.

解 $\dfrac{\partial f}{\partial x} = 2x\arctan\dfrac{y}{x} + \dfrac{x^2}{1+\left(\dfrac{y}{x}\right)^2}\cdot\left(-\dfrac{y}{x^2}\right) - \dfrac{y^2}{1+\left(\dfrac{x}{y}\right)^2}\cdot\dfrac{1}{y} = 2x\arctan\dfrac{y}{x} - y$,

$$\frac{\partial^2 f}{\partial x \partial y} = \frac{\partial}{\partial y}\left(\frac{\partial f}{\partial x}\right) = \frac{2x}{1+\left(\dfrac{y}{x}\right)^2}\cdot\frac{1}{x} - 1 = \frac{x^2-y^2}{x^2+y^2}.$$

例 9 设 $z = \left(\dfrac{y}{x}\right)^{\frac{x}{y}}$,求 $dz|_{(1,2)}$.

解题思路 二元函数 $z = \left(\dfrac{y}{x}\right)^{\frac{x}{y}}$ 对 x, y 求偏导,应当作幂指函数求导,可先取对数或化为指数函数再求导,也可看作 $z = u^v$, $u = \dfrac{y}{x}$, $v = \dfrac{x}{y}$ 的复合函数.

解 1 两边取对数,有 $\ln z = \dfrac{x}{y}\ln\dfrac{y}{x} \Rightarrow y\ln z = x(\ln y - \ln x)$,

两边对 x 求偏导,得 $y\cdot\dfrac{\frac{\partial z}{\partial x}}{z} = \ln y - \ln x + x\cdot\left(-\dfrac{1}{x}\right) = \ln y - \ln x - 1$.

当 $x=1$, $y=2$ 时,有 $z=\sqrt{2}$,代入上式得 $\dfrac{\partial z}{\partial x}\bigg|_{(1,2)} = \dfrac{\sqrt{2}}{2}(\ln 2 - 1)$.

两边对 y 求偏导,得 $\ln z + y\cdot\dfrac{\frac{\partial z}{\partial y}}{z} = \dfrac{x}{y}$,

当 $x=1$，$y=2$ 时，有 $z=\sqrt{2}$，代入上式，得 $\left.\dfrac{\partial z}{\partial y}\right|_{(1,2)}=\dfrac{\sqrt{2}}{4}(1-\ln 2)$.

所以 $\left.\mathrm{d}z\right|_{(1,2)}=\dfrac{\sqrt{2}}{2}(\ln 2-1)\mathrm{d}x+\dfrac{\sqrt{2}}{4}(1-\ln 2)\mathrm{d}y$.

解 2 化为指数函数形式 $z=\mathrm{e}^{\frac{x}{y}\ln\frac{y}{x}}$，则

$$\frac{\partial z}{\partial x}=\mathrm{e}^{\frac{x}{y}\ln\frac{y}{x}}\left(\frac{1}{y}\ln\frac{y}{x}+\frac{x}{y}\left(-\frac{1}{x}\right)\right)=\mathrm{e}^{\frac{x}{y}\ln\frac{y}{x}}\left(\frac{1}{y}\ln\frac{y}{x}-\frac{1}{y}\right).$$

把 $x=1$，$y=2$ 代入上式，得 $\left.\dfrac{\partial z}{\partial x}\right|_{(1,2)}=\dfrac{\sqrt{2}}{2}(\ln 2-1)$.

$$\frac{\partial z}{\partial y}=\mathrm{e}^{\frac{x}{y}\ln\frac{y}{x}}\left(-\frac{x}{y^2}\ln\frac{y}{x}+\frac{x}{y}\,\frac{1}{y}\right)=\mathrm{e}^{\frac{x}{y}\ln\frac{y}{x}}\left(-\frac{x}{y^2}\ln\frac{y}{x}+\frac{x}{y^2}\right).$$

把 $x=1$，$y=2$ 代入上式得 $\left.\dfrac{\partial z}{\partial y}\right|_{(1,2)}=\dfrac{\sqrt{2}}{4}(1-\ln 2)$.

所以 $\left.\mathrm{d}z\right|_{(1,2)}=\dfrac{\sqrt{2}}{2}(\ln 2-1)\mathrm{d}x+\dfrac{\sqrt{2}}{4}(1-\ln 2)\mathrm{d}y$.

解 3 令 $u=\dfrac{y}{x}$，$v=\dfrac{x}{y}$，则 $z=u^v$，

所以 $$\frac{\partial z}{\partial x}=\frac{\partial z}{\partial u}\,\frac{\partial u}{\partial x}+\frac{\partial z}{\partial v}\,\frac{\partial v}{\partial x}=vu^{v-1}\left(-\frac{y}{x^2}\right)+u^v\ln u\,\frac{1}{y}$$
$$=\frac{x}{y}\left(\frac{y}{x}\right)^{\frac{x}{y}-1}\left(-\frac{y}{x^2}\right)+\left(\frac{y}{x}\right)^{\frac{x}{y}}\ln\frac{y}{x}\,\frac{1}{y}$$
$$=-\frac{1}{x}\left(\frac{y}{x}\right)^{\frac{x}{y}-1}+\left(\frac{y}{x}\right)^{\frac{x}{y}}\frac{1}{y}\ln\frac{y}{x},$$

把 $x=1$，$y=2$ 代入上式得 $\left.\dfrac{\partial z}{\partial x}\right|_{(1,2)}=\dfrac{\sqrt{2}}{2}(\ln 2-1)$.

同理，$$\frac{\partial z}{\partial y}=\frac{\partial z}{\partial u}\,\frac{\partial u}{\partial y}+\frac{\partial z}{\partial v}\,\frac{\partial v}{\partial y}=vu^{v-1}\,\frac{1}{x}+u^v\ln u\left(-\frac{x}{y^2}\right)$$
$$=\frac{x}{y}\left(\frac{y}{x}\right)^{\frac{x}{y}-1}\left(\frac{1}{x}\right)-\left(\frac{y}{x}\right)^{\frac{x}{y}}\ln\frac{y}{x}\,\frac{x}{y^2}$$
$$=\frac{1}{y}\left(\frac{y}{x}\right)^{\frac{x}{y}-1}-\frac{x}{y^2}\left(\frac{y}{x}\right)^{\frac{x}{y}}\ln\frac{y}{x},$$

把 $x=1$，$y=2$ 代入上式，得 $\left.\dfrac{\partial z}{\partial y}\right|_{(1,2)}=\dfrac{\sqrt{2}}{4}(1-\ln 2)$.

所以 $\mathrm{d}z\Big|_{(1,2)}=\dfrac{\sqrt{2}}{2}(\ln2-1)\mathrm{d}x+\dfrac{\sqrt{2}}{4}(1-\ln2)\mathrm{d}y.$

评注 (1) 从方法上来说,解法 3 更方便一些.

(2) 还可利用全微分形式不变性直接求全微分

$$\mathrm{d}z=vu^{v-1}\mathrm{d}u+u^v\ln u\,\mathrm{d}v=vu^{v-1}\frac{x\mathrm{d}y-y\mathrm{d}x}{x^2}+u^v\ln u\frac{y\mathrm{d}x-x\mathrm{d}y}{y^2}$$

$$=\left[-\frac{1}{x}\left(\frac{y}{x}\right)^{\frac{x}{y}-1}+\left(\frac{y}{x}\right)^{\frac{x}{y}}\frac{1}{y}\ln\frac{y}{x}\right]\mathrm{d}x+\left[\frac{1}{y}\left(\frac{y}{x}\right)^{\frac{x}{y}-1}-\frac{x}{y^2}\left(\frac{y}{x}\right)^{\frac{x}{y}}\ln\frac{y}{x}\right]\mathrm{d}y.$$

代入可求得 $\mathrm{d}z\Big|_{(1,2)}=\dfrac{\sqrt{2}}{2}(\ln2-1)\mathrm{d}x+\dfrac{\sqrt{2}}{4}(1-\ln2)\mathrm{d}y$. 同时也可求出两个偏导数.

例 10 设 $u=f\left(\dfrac{x}{y},\dfrac{y}{z}\right)$, $u=f(s,t)$ 有二阶连续偏导数,求 $\mathrm{d}u$, $\dfrac{\partial^2u}{\partial y\partial z}$.

解题思路 $u=f\left(\dfrac{x}{y},\dfrac{y}{z}\right)$ 是 $u=f(s,t)$ 与 $s=\dfrac{x}{y}$, $t=\dfrac{y}{z}$ 复合而成的 x,y,z 的三元函数. 先求 $\mathrm{d}u$ $\left(\text{从而也就求得}\dfrac{\partial u}{\partial x},\dfrac{\partial u}{\partial y},\dfrac{\partial u}{\partial z}\right)$, 或者先求 $\dfrac{\partial u}{\partial x}$, $\dfrac{\partial u}{\partial y}$, $\dfrac{\partial u}{\partial z}$, 也就可求得 $\mathrm{d}u$, 然后再由 $\dfrac{\partial u}{\partial y}$ $\left(\text{或}\dfrac{\partial u}{\partial z}\right)$ 求 $\dfrac{\partial^2u}{\partial y\partial z}$ $\left(\dfrac{\partial^2u}{\partial z\partial y}\right)$.

解 由一阶全微分形式的不变性及全微分的四则运算法则,得

$$\mathrm{d}u=f'_1\mathrm{d}\left(\frac{x}{y}\right)+f'_2\mathrm{d}\left(\frac{y}{z}\right)=f'_1\frac{y\mathrm{d}x-x\mathrm{d}y}{y^2}+f'_2\frac{z\mathrm{d}y-y\mathrm{d}z}{z^2}$$

$$=\frac{1}{y}f'_1\mathrm{d}x+\left(-\frac{x}{y^2}f'_1+\frac{1}{z}f'_2\right)\mathrm{d}y-\frac{y}{z^2}f'_2\mathrm{d}z,$$

$$\frac{\partial u}{\partial y}=-\frac{x}{y^2}f'_1+\frac{1}{z}f'_2.$$

所以

$$\frac{\partial^2u}{\partial y\partial z}=\frac{\partial^2u}{\partial z\partial y}=-\frac{x}{y^2}f''_{12}\frac{\partial}{\partial z}\left(\frac{y}{z}\right)+\frac{1}{z}f''_{22}\frac{\partial}{\partial z}\left(\frac{y}{z}\right)-\frac{f'_2}{z^2}$$

$$=\frac{x}{yz^2}f''_{12}-\frac{y}{z^3}f''_{22}-\frac{1}{z^2}f'_2.$$

评注 注意记号 f'_1, f''_{12} 的含义及应用,特别是 f'_1 仍是以"1""2"为中间变量的复合函数.

例 11 设函数 $z=f(xy,yg(x))$, 函数 f 具有二阶连续偏导数,函数 $g(x)$ 可导且在 $x=1$ 处取得极值 $g(1)=1$, 求 $\dfrac{\partial^2z}{\partial x\partial y}\Big|_{\substack{x=1\\y=1}}$.

解题思路 利用抽象多元复合函数的求偏导法则及 $g'(1)=0$.

解 由题意 $g'(1)=0$. 因为 $\dfrac{\partial z}{\partial x}=yf'_1+yg'(x)f'_2$, 有

$$\frac{\partial^2 z}{\partial x \partial y}=f'_1+y[xf''_{11}+g(x)f''_{12}]+g'(x)f'_2+yg'(x)[xf''_{21}+g(x)f''_{22}],$$

所以，令 $x=y=1$，且注意到 $g(1)=1$，$g'(1)=0$，得

$$\left.\frac{\partial^2 z}{\partial x \partial y}\right|_{\substack{x=1\\y=1}}=f'_1(1,1)+f''_{11}(1,1)+f''_{12}(1,1).$$

例 12 设函数 $z=z(x,y)$ 由方程 $z=e^{2x-3z}+2y$ 确定，求 $3\frac{\partial z}{\partial x}+\frac{\partial z}{\partial y}$.

解题思路 此题可利用复合函数求偏导法、公式法或全微分求解.

解 1 在 $z=e^{2x-3z}+2y$ 的两边分别对 x，y 求偏导，则

$$\frac{\partial z}{\partial x}=e^{2x-3z}\left(2-3\frac{\partial z}{\partial x}\right),\quad \frac{\partial z}{\partial y}=e^{2x-3z}\left(-3\frac{\partial z}{\partial y}\right)+2,$$

从而
$$\frac{\partial z}{\partial x}=\frac{2e^{2x-3z}}{1+3e^{2x-3z}},\quad \frac{\partial z}{\partial y}=\frac{2}{1+3e^{2x-3z}}.$$

所以
$$3\frac{\partial z}{\partial x}+\frac{\partial z}{\partial y}=2\cdot\frac{1+3e^{2x-3z}}{1+3e^{2x-3z}}=2.$$

解 2 令 $F(x,y,z)=e^{2x-3z}+2y-z$，则

$$\frac{\partial F}{\partial x}=2e^{2x-3z},\quad \frac{\partial F}{\partial y}=2,\quad \frac{\partial F}{\partial z}=e^{2x-3z}(-3)-1,$$

所以
$$\frac{\partial z}{\partial x}=-\frac{\frac{\partial F}{\partial x}}{\frac{\partial F}{\partial z}}=-\frac{e^{2x-3z}\cdot 2}{-(1+3e^{2x-3z})}=\frac{2e^{2x-3z}}{1+3e^{2x-3z}},$$

$$\frac{\partial z}{\partial y}=-\frac{\frac{\partial F}{\partial y}}{\frac{\partial F}{\partial z}}=-\frac{2}{-(1+3e^{2x-3z})}=\frac{2}{1+3e^{2x-3z}}.$$

从而
$$3\frac{\partial z}{\partial x}+\frac{\partial z}{\partial y}=2\left(\frac{3e^{2x-3z}}{1+3e^{2x-3z}}+\frac{1}{1+3e^{2x-3z}}\right)=2.$$

解 3 等式两边求全微分

$$dz=e^{2x-3z}(2dx-3dz)+2dy=2e^{2x-3z}dx+2dy-3e^{2x-3z}dz,$$

即 $(1+3e^{2x-3z})dz=2e^{2x-3z}dx+2dy$，

所以
$$dz=\frac{2e^{2x-3z}}{1+3e^{2x-3z}}dx+\frac{2}{1+3e^{2x-3z}}dy,$$

进而
$$\frac{\partial z}{\partial x}=\frac{2\mathrm{e}^{2x-3z}}{1+3\mathrm{e}^{2x-3z}},\ \frac{\partial z}{\partial y}=\frac{2}{1+3\mathrm{e}^{2x-3z}}.$$

故
$$3\frac{\partial z}{\partial x}+\frac{\partial z}{\partial y}=2.$$

例 13 设 $u=f(x,y,z)$ 有连续偏导数，$y=y(x)$ 和 $z=z(x)$ 分别由方程 $x\mathrm{e}^{xy}-y=0$ 和 $\mathrm{e}^z-xz=0$ 确定，并设运算中出现的分母 $\neq 0$. 试求 $\frac{\mathrm{d}u}{\mathrm{d}x}$.

解题思路 本题是一个抽象复合函数求偏导及由方程所确定的隐函数求导的题目，先用隐函数求导法则求出 $\frac{\mathrm{d}y}{\mathrm{d}x}$，$\frac{\mathrm{d}z}{\mathrm{d}x}$，再用抽象复合函数求偏导法则求全导数 $\frac{\mathrm{d}u}{\mathrm{d}x}$.

解
$$\frac{\mathrm{d}u}{\mathrm{d}x}=\frac{\partial f}{\partial x}+\frac{\partial f}{\partial y}\frac{\mathrm{d}y}{\mathrm{d}x}+\frac{\partial f}{\partial z}\frac{\mathrm{d}z}{\mathrm{d}x}, \tag{1}$$

由方程 $x\mathrm{e}^{xy}-y=0$ 的两边对 x 求导数，得 $\mathrm{e}^{xy}+xy\mathrm{e}^{xy}+x^2\mathrm{e}^{xy}\cdot\frac{\mathrm{d}y}{\mathrm{d}x}-\frac{\mathrm{d}y}{\mathrm{d}x}=0$，有

$$\frac{\mathrm{d}y}{\mathrm{d}x}=-\frac{\mathrm{e}^{xy}(1+xy)}{x^2\mathrm{e}^{xy}-1}, \tag{2}$$

由方程 $\mathrm{e}^z-xz=0$ 的两边对 x 求导，得

$$\mathrm{e}^z\frac{\mathrm{d}z}{\mathrm{d}x}-z-x\frac{\mathrm{d}z}{\mathrm{d}x}=0,\quad 所以\ \frac{\mathrm{d}z}{\mathrm{d}x}=\frac{z}{\mathrm{e}^z-x}. \tag{3}$$

把式(2)、式(3)代入式(1)，得

$$\frac{\mathrm{d}u}{\mathrm{d}x}=\frac{\partial f}{\partial x}+\frac{\partial f}{\partial y}\left(-\frac{\mathrm{e}^{xy}(1+xy)}{x^2\mathrm{e}^{xy}-1}\right)+\frac{\partial f}{\partial z}\left(\frac{z}{\mathrm{e}^z-x}\right).$$

例 14 设 $u=f(x,y)$ 具有二阶连续偏导数，而 $x=\frac{s-\sqrt{3}t}{2}$，$y=\frac{\sqrt{3}s+t}{2}$，证明 $\frac{\partial^2 u}{\partial x^2}+\frac{\partial^2 u}{\partial y^2}=\frac{\partial^2 u}{\partial s^2}+\frac{\partial^2 u}{\partial t^2}$.

证明
$$\frac{\partial u}{\partial s}=\frac{\partial u}{\partial x}\cdot\frac{\partial x}{\partial s}+\frac{\partial u}{\partial y}\cdot\frac{\partial y}{\partial s}=f'_x\cdot\frac{1}{2}+f'_y\cdot\frac{\sqrt{3}}{2},$$

$$\frac{\partial u}{\partial t}=\frac{\partial u}{\partial x}\cdot\frac{\partial x}{\partial t}+\frac{\partial u}{\partial y}\cdot\frac{\partial y}{\partial t}=f'_x\cdot\left(-\frac{\sqrt{3}}{2}\right)+f'_y\cdot\frac{1}{2}.$$

$$\begin{aligned}\frac{\partial^2 u}{\partial s^2}&=\frac{1}{2}f''_{xx}\cdot\frac{1}{2}+\frac{1}{2}f''_{xy}\cdot\frac{\sqrt{3}}{2}+\frac{\sqrt{3}}{2}f''_{yx}\cdot\frac{1}{2}+\frac{\sqrt{3}}{2}f''_{yy}\cdot\frac{\sqrt{3}}{2}\\&=\frac{1}{4}f''_{xx}+\frac{\sqrt{3}}{2}f''_{xy}+\frac{3}{4}f''_{yy},\end{aligned}$$

$$\frac{\partial^2 u}{\partial t^2}=-\frac{\sqrt{3}}{2}f''_{xx}\cdot\left(-\frac{\sqrt{3}}{2}\right)-\frac{\sqrt{3}}{2}f''_{xy}\cdot\frac{1}{2}+\frac{1}{2}f''_{yx}\cdot\left(-\frac{\sqrt{3}}{2}\right)+\frac{1}{2}f''_{yy}\cdot\frac{1}{2}$$
$$=\frac{3}{4}f''_{xx}-\frac{\sqrt{3}}{2}f''_{xy}+\frac{1}{4}f''_{yy}.$$

所以
$$\frac{\partial^2 u}{\partial s^2}+\frac{\partial^2 u}{\partial t^2}=f''_{xx}+f''_{yy}=\frac{\partial^2 u}{\partial x^2}+\frac{\partial^2 u}{\partial y^2}.$$

例 15 已知函数 $u=u(x,y)$ 满足方程 $\frac{\partial^2 u}{\partial x^2}-\frac{\partial^2 u}{\partial y^2}+\frac{\partial u}{\partial x}+\frac{\partial u}{\partial y}=0$. 试确定参数 a，b，使得原方程在变换 $u(x,y)=v(x,y)e^{ax+by}$ 下不出现一阶偏导数项.

解 由 $u(x,y)=v(x,y)e^{ax+by}$，得

$$\begin{cases}\frac{\partial u}{\partial x}=\frac{\partial v}{\partial x}e^{ax+by}+ave^{ax+by}=\left(\frac{\partial v}{\partial x}+av\right)e^{ax+by}\\ \frac{\partial u}{\partial y}=\frac{\partial v}{\partial y}e^{ax+by}+bve^{ax+by}=\left(\frac{\partial v}{\partial y}+bv\right)e^{ax+by}\end{cases},$$

且

$$\begin{cases}\frac{\partial^2 u}{\partial x^2}=\left(\frac{\partial^2 v}{\partial x^2}+a\frac{\partial v}{\partial x}\right)e^{ax+by}+a\left(\frac{\partial v}{\partial x}+av\right)e^{ax+by}=\left(\frac{\partial^2 v}{\partial x^2}+2a\frac{\partial v}{\partial x}+a^2v\right)e^{ax+by}\\ \frac{\partial^2 u}{\partial y^2}=\left(\frac{\partial^2 v}{\partial y^2}+2b\frac{\partial v}{\partial y}+b^2v\right)e^{ax+by}\end{cases}.$$

将上面各式代入原方程中，并消去 e^{ax+by}，得

$$\frac{\partial^2 v}{\partial x^2}-\frac{\partial^2 v}{\partial y^2}+(2a+1)\frac{\partial v}{\partial x}+(-2b+1)\frac{\partial v}{\partial y}+(a^2-b^2+a+b)v=0.$$

由题意可知，$2a+1=0$，$-2b+1=0$，即有 $a=-\frac{1}{2}$，$b=\frac{1}{2}$，此时方程就化为

$$\frac{\partial^2 v}{\partial x^2}-\frac{\partial^2 v}{\partial y^2}=0.$$

例 16 已知 $(axy^3-y^2\cos x)\,dx+(1+by\sin x+3x^2y^2)\,dy$ 为某一函数 $f(x,y)$ 的全微分，求 a，b.

解题思路 由 $df=(axy^3-y^2\cos x)\,dx+(1+by\sin x+3x^2y^2)\,dy$ 得到关于 a，b 的方程组，解方程组求出 a，b.

解 由题意知 $\frac{\partial f}{\partial x}=axy^3-y^2\cos x$，$\frac{\partial f}{\partial y}=1+by\sin x+3x^2y^2$，

从而有 $\frac{\partial^2 f}{\partial x\partial y}=3axy^2-2y\cos x$，$\frac{\partial^2 f}{\partial y\partial x}=by\cos x+6xy^2$.

显然 $\dfrac{\partial^2 f}{\partial x \partial y}$，$\dfrac{\partial^2 f}{\partial y \partial x}$ 均连续，所以 $\dfrac{\partial^2 f}{\partial x \partial y} = \dfrac{\partial^2 f}{\partial y \partial x}$，即

$by\cos x + 6xy^2 = 3axy^2 - 2y\cos x$，比较系数得 $a = 2$，$b = -2$.

例 17　设 $z = f(x, y)$ 满足 $\dfrac{\partial^2 f}{\partial y^2} = 2x$，$f(x, 1) = 0$，$\dfrac{\partial f(x, 0)}{\partial y} = \sin x$，求 $f(x, y)$.

解题思路　由 $\dfrac{\partial^2 f}{\partial y^2} = 2x$ 两边求不定积分(需注意积分变量为 y)，得 $\dfrac{\partial f}{\partial y} = 2xy + \varphi(x)$，不能把 $\varphi(x)$ 写成任意常数 C，进而确定 $\varphi(x)$. 类似地，进一步可求出 $f(x, y)$.

解　由 $\dfrac{\partial}{\partial y}\left(\dfrac{\partial f}{\partial y}\right) = 2x$ 得 $\dfrac{\partial f}{\partial y} = 2xy + \varphi(x)$，$\varphi(x)$ 为 x 的任意函数，

进而 $f(x, y) = xy^2 + \varphi(x)y + \psi(x)$，$\psi(x)$ 也是 x 的任意函数，

从 $\dfrac{\partial f(x, 0)}{\partial y} = \sin x$，即 $[2xy + \varphi(x)]\Big|_{y=0} = \sin x$，得 $\varphi(x) = \sin x$，

又　$f(x, 1) = 0$，得 $[xy^2 + \varphi(x)y + \psi(x)]\Big|_{y=1} = x + \sin x + \psi(x) = 0$，

则　$\psi(x) = -x - \sin x$，因此 $f(x, y) = xy^2 + y\sin x - x - \sin x$.

例 18　讨论二元函数 $z = x^3 + y^3 - 2(x^2 + y^2)$ 的极值.

解　对原函数分别求关于 x，y 的偏导，得

$$\begin{cases} \dfrac{\partial z}{\partial x} = 3x^2 - 4x = x(3x - 4) = 0 \\ \dfrac{\partial z}{\partial y} = 3y^2 - 4x = y(3y - 4) = 0 \end{cases},$$

解之，得驻点 $(0, 0)$，$\left(0, \dfrac{4}{3}\right)$，$\left(\dfrac{4}{3}, 0\right)$，$\left(\dfrac{4}{3}, \dfrac{4}{3}\right)$. 进而

$$A = \frac{\partial^2 z}{\partial x^2} = 6x - 4,\quad B = \frac{\partial^2 z}{\partial x \partial y} = 0,\quad C = \frac{\partial^2 z}{\partial y^2} = 6y - 4,$$

$$\Delta = B^2 - AC = -4(3x - 2)(3y - 2).$$

在 $(0, 0)$ 点，$\Delta = -16 < 0$，$A = -4 < 0$，故在 $(0, 0)$ 点取极大值为 0；

在 $\left(0, \dfrac{4}{3}\right)$ 点，$\Delta = 16 > 0$，在 $\left(\dfrac{4}{3}, 0\right)$ 点，$\Delta = 16 > 0$，故 $\left(0, \dfrac{4}{3}\right)$，$\left(\dfrac{4}{3}, 0\right)$ 都不是极值点；

在 $\left(\dfrac{4}{3}, \dfrac{4}{3}\right)$ 点，$\Delta = -16 < 0$，$A = 4 > 0$，所以在 $\left(\dfrac{4}{3}, \dfrac{4}{3}\right)$ 取极小值为 $-\dfrac{64}{27}$.

例 19　设 $z = z(x, y)$ 是由 $x^2 - 6xy + 10y^2 - 2yz - z^2 + 18 = 0$ 确定的函数，求 $z = z(x, y)$ 的极值点与极值.

解　$x^2 - 6xy + 10y^2 - 2yz - z^2 + 18 = 0$ 两边分别对 x，y 求偏导，得

$$2x - 6y - 2y\frac{\partial z}{\partial x} - 2z\frac{\partial z}{\partial x} = 0, \tag{1}$$

$$-6x+20y-2z-2y\frac{\partial z}{\partial y}-2z\frac{\partial z}{\partial y}=0. \tag{2}$$

令 $\begin{cases}\dfrac{\partial z}{\partial x}=0,\\ \dfrac{\partial z}{\partial y}=0,\end{cases}$ 得 $\begin{cases}x-3y=0\\ -3x+10y-z=0\end{cases}$.

故
$$\begin{cases}x=3y\\ z=y\end{cases}.$$

将上式代入 $x^2-6xy+10y^2-2yz-z^2+18=0$，可得

$$\begin{cases}x=9\\ y=3,\\ z=3\end{cases} \quad 或 \quad \begin{cases}x=-9\\ y=-3.\\ z=-3\end{cases}$$

方程(1)(2)两边分别对 x 求偏导，得

$$2-2y\frac{\partial^2 z}{\partial x^2}-2\left(\frac{\partial z}{\partial x}\right)^2-2z\frac{\partial^2 z}{\partial x^2}=0,$$

$$-6-2\frac{\partial z}{\partial x}-2y\frac{\partial^2 z}{\partial x\partial y}-2\frac{\partial z}{\partial x}\cdot\frac{\partial z}{\partial y}-2z\frac{\partial^2 z}{\partial x\partial y}=0.$$

方程(2)两边对 y 求偏导，得

$$20-2\frac{\partial z}{\partial y}-2\frac{\partial z}{\partial y}-2y\frac{\partial^2 z}{\partial y^2}-2\left(\frac{\partial z}{\partial y}\right)^2-2z\frac{\partial^2 z}{\partial y^2}=0.$$

所以

$$A=\frac{\partial^2 z}{\partial x^2}\Big|_{(9,3,3)}=\frac{1}{6},\quad B=\frac{\partial^2 z}{\partial x\partial y}\Big|_{(9,3,3)}=-\frac{1}{2},\quad C=\frac{\partial^2 z}{\partial y^2}\Big|_{(9,3,3)}=\frac{5}{3}.$$

又 $B^2-AC=-\dfrac{1}{36}<0$，$A=\dfrac{1}{6}>0$，

从而点 $(9,3)$ 是 $z(x,y)$ 的极小值点，极小值为 $z(9,3)=3$.

类似地，由 $A=\dfrac{\partial^2 z}{\partial x^2}\Big|_{(-9,-3,-3)}=-\dfrac{1}{6}$，$B=\dfrac{\partial^2 z}{\partial x\partial y}\Big|_{(-9,-3,-3)}=\dfrac{1}{2}$，

$$C=\frac{\partial^2 z}{\partial y^2}\Big|_{(-9,-3,-3)}=-\frac{5}{3},$$

可知 $B^2-AC=-\dfrac{1}{36}<0$，$A=-\dfrac{1}{6}<0$，

所以点 $(-9,-3)$ 是 $z(x,y)$ 的极大值点，极大值为 -3.

例 20 求椭圆 $x^2+2xy+3y^2-8y=0$ 与直线 $x+y=8$ 之间的最短距离.

解题思路 这是一个条件极值问题，椭圆上任意一点 $P(x, y)$ 到直线 $x+y=8$ 的距离为 $d=\left|\dfrac{x+y-8}{\sqrt{2}}\right|$，利用等效性构造函数 $F(x, y)=d^2+\lambda(x^2+2xy+3y^2-8y)$. 若用 d，问题将变得很复杂.

解 椭圆上任意一点 $P(x, y)$ 到直线 $x+y=8$ 的距离的平方为

$$d^2=\frac{(x+y-8)^2}{2}.$$

令 $F(x, y)=\dfrac{1}{2}(x+y-8)^2+\lambda(x^2+2xy+3y^2-8y)$，

则有方程组 $$\begin{cases}F'_x=x+y-8+(2\lambda x+2\lambda y)=0\\F'_y=x+y-8+\lambda(2x+6y-8)=0.\\x^2+2xy+3y^2-8y=0\end{cases}$$

解得 $\begin{cases}x=-2+2\sqrt{2}\\y=2\end{cases}$ 或者 $\begin{cases}x=-2-2\sqrt{2}\\y=2\end{cases}$，且 $d_1=4\sqrt{2}-2$，$d_2=4\sqrt{2}+2$.

所以，所求的最短距离为 $4\sqrt{2}-2$.

例 21 求函数 $f(x, y)=x^2+2y^2-x^2y^2$ 在区域 $D=\{(x, y)\mid x^2+y^2\leqslant 4, y\geqslant 0\}$ 上的最大值和最小值.

解题思路 由于 D 为闭区域，在开区域内按无条件极值分析，而在边界上按条件极值讨论即可.

解 因为 $f'_x(x, y)=2x-2xy^2$，$f'_y(x, y)=4y-2x^2y$，

解方程组 $\begin{cases}f'_x=2x-2xy^2=0\\f'_y=4y-2x^2y=0\end{cases}$. 得开区域内的可能极值点为 $(\pm\sqrt{2}, 1)$，其对应函数值为 $f(\pm\sqrt{2}, 1)=2$.

又当 $y=0$ 时，$f(x, y)=x^2$ 在 $-2\leqslant x\leqslant 2$ 上的最大值为 4，最小值为 0.

又当 $x^2+y^2=4$，$y>0$，$-2<x<2$，构造拉格朗日函数

$$F(x, y, \lambda)=x^2+2y^2-x^2y^2+\lambda(x^2+y^2-4).$$

解方程组 $\begin{cases}F'_x=2x-2xy^2+2\lambda x=0\\F'_y=4y-2x^2y+2\lambda y=0\\F'_\lambda=x^2+y^2-4=0\end{cases}$，得可能极值点：$(0, 2)$，$\left(\pm\sqrt{\dfrac{5}{2}}, \sqrt{\dfrac{3}{2}}\right)$，其对应函数值为 $f(0, 2)=8$，$f\left(\pm\sqrt{\dfrac{5}{2}}, \sqrt{\dfrac{3}{2}}\right)=\dfrac{7}{4}$.

比较函数值 $2, 0, 4, 8, \dfrac{7}{4}$，知 $f(x, y)$ 在区域 D 上的最大值为 8，最小值为 0.

评注 其实，在求边界上最值时，本题完全可把其转化为无条件极值，但题中的做法更具一般性.

例 22 求函数 $u=x^2+y^2+z^2$ 在约束条件 $z=x^2+y^2$ 和 $x+y+z=4$ 下的最大和最

小值.

解题思路 本题考查两个约束条件 $\begin{cases}\varphi(x, y, z)=0\\ \psi(x, y, z)=0\end{cases}$ 下的函数 $u=f(x, y, z)$ 的条件极值问题,可构造拉格朗日函数

$$F(x, y, z, \lambda, \mu)=f(x, y, z)+\lambda\varphi(x, y, z)+\mu\psi(x, y, z),$$

解出可能极值点后,直接代入目标函数计算函数值,再比较大小确定相应的极值(或最值)即可.

解 设拉格朗日函数为

$$F(x, y, z)=x^2+y^2+z^2+\lambda(z-x^2-y^2)+\mu(x+y+z-4),$$

解方程组

$$\begin{cases}F'_x(x, y, z)=2x-2\lambda x+\mu=0\\ F'_y(x, y, z)=2y-2\lambda y+\mu=0\\ F'_z(x, y, z)=2z+\lambda+\mu=0\\ F'_\lambda(x, y, z)=z-x^2-y^2=0\\ F'_\mu(x, y, z)=x+y+z-4=0\end{cases}.$$

得

$$\begin{cases}x=-2\\ y=-2\\ z=8\end{cases} \quad 或 \quad \begin{cases}x=1\\ y=1.\\ z=2\end{cases}$$

故最大值、最小值分别为 $u_{\max}=(-2)^2+(-2)^2+8^2=72$, $u_{\min}=1^2+1^2+2^2=6$.

例 23 求函数 $z=x^2-xy+y^2$ 在有界闭区域 D: $|x|+|y|\leqslant 1$ 上的最大值与最小值.

解 D 的边界是四条直线 $x+y=\pm 1$, $x-y=\pm 1$. 作变量代换 $x+y=s$, $x-y=t$, 它将 D 的四条边界线变为 sOt 平面上的四条直线 $s=\pm 1$, $t=\pm 1$; 将 D 变为 D': $|s|\leqslant 1$, $|t|\leqslant 1$.

因 $z=\dfrac{(x+y)^2+3(x-y)^2}{4}$, 故问题转化为求函数 $z=\dfrac{s^2+3t^2}{4}$ 在有界闭区域 D' 上的最值. 显然当 $|s|=1$ 且 $|t|=1$ 时, $z=\dfrac{1+3}{4}=1$ 达到最大值,这时对应 xOy 平面上的点为 $(1, 0)$, $(0, 1)$, $(-1, 0)$, $(0, -1)$; 当 $s=0$ 且 $t=0$ 时, $z=0$ 达到最小值 0, 这时对应 xOy 平面上的点为 $(0, 0)$.

Ⅳ 补充习题

1. 在"充分""必要"和"充分必要"三者中选择一个正确的填入下列空格内:

(1) $f(x, y)$ 在点 (x, y) 可微分是 $f(x, y)$ 在该点连续的________条件, $f(x, y)$ 在点 (x, y) 连续是 $f(x, y)$ 在该点可微分的________条件;

(2) $z=f(x, y)$ 在点 (x, y) 的偏导数 $\dfrac{\partial z}{\partial x}$ 及 $\dfrac{\partial z}{\partial y}$ 存在是 $f(x, y)$ 在该点可微分的

________条件，$z=f(x,y)$ 在点 (x,y) 可微分是函数在该点的偏导数 $\frac{\partial z}{\partial x}$ 及 $\frac{\partial z}{\partial y}$ 存在的________条件；

(3) $z=f(x,y)$ 的偏导数 $\frac{\partial z}{\partial x}$ 及 $\frac{\partial z}{\partial y}$ 在点 (x,y) 存在且连续是 $f(x,y)$ 在该点可微分的________条件；

(4) 函数 $z=f(x,y)$ 的两个二阶混合偏导数 $\frac{\partial^2 z}{\partial x\partial y}$ 及 $\frac{\partial^2 z}{\partial y\partial x}$ 在区域 D 内连续是这两个二阶混合偏导数在 D 内相等的________条件.

2. 求函数 $f(x,y)=\frac{\sqrt{4x-y^2}}{\ln(1-x^2-y^2)}$ 的定义域，并求 $\lim\limits_{(x,y)\to\left(\frac{1}{2},0\right)} f(x,y)$.

3. 证明极限 $\lim\limits_{(x,y)\to(0,0)}\frac{xy^2}{x^2+y^4}$ 不存在.

4. 设

$$f(x,y)=\begin{cases}\dfrac{x^2y}{x^2+y^2}, & x^2+y^2\neq 0\\ 0, & x^2+y^2=0\end{cases},$$

求 $f_x(x,y)$ 及 $f_y(x,y)$.

5. 求下列函数的一阶和二阶偏导数：

(1) $z=\ln(x+y^2)$；　　(2) $z=x^y$.

6. 求函数 $z=\frac{xy}{x^2-y^2}$ 当 $x=2$，$y=1$，$\Delta x=0.01$，$\Delta y=0.03$ 时的全增量和全微分.

7. 设

$$f(x,y)=\begin{cases}\dfrac{x^2y^2}{(x^2+y^2)^{3/2}}, & x^2+y^2\neq 0\\ 0, & x^2+y^2=0\end{cases}.$$

证明：$f(x,y)$ 在点 $(0,0)$ 处连续且偏导数存在，但不可微分.

8. 设 $u=x^y$，而 $x=\varphi(t)$，$y=\psi(t)$ 都是可微函数，求 $\frac{\mathrm{d}u}{\mathrm{d}t}$.

9. 设 $z=f(u,v,w)$ 具有连续偏导数，而

$$u=\eta-\zeta,\quad v=\zeta-\xi,\quad w=\xi-\eta,$$

求 $\frac{\partial z}{\partial\xi}$，$\frac{\partial z}{\partial\eta}$，$\frac{\partial z}{\partial\zeta}$.

10. 设 $z=f(u,x,y)$，$u=x\mathrm{e}^y$，其中 f 具有连续的二阶偏导数，求 $\frac{\partial^2 z}{\partial x\partial y}$.

11. 设 $x=\mathrm{e}^u\cos v$，$y=\mathrm{e}^u\sin v$，$z=uv$. 试求 $\frac{\partial z}{\partial x}$ 和 $\frac{\partial z}{\partial y}$.

12. 某厂家生产的一种产品同时在两个市场销售，售价分别为 p_1 和 p_2，销售量分别为 q_1 和 q_2，需求函数分别为

$$q_1 = 24 - 0.2p_1,\quad q_2 = 10 - 0.05p_2,$$

总成本函数为

$$C = 35 + 40(q_1 + q_2).$$

试问：厂家如何确定两个市场的售价，能使其获得的总利润最大？最大总利润为多少？

第七章

二重积分

Ⅰ　教学基本要求

1. 了解二重积分的概念和基本性质.
2. 掌握二重积分在直角坐标系下的计算方法.
3. 掌握二重积分在极坐标系下的计算方法.
4. 了解二重积分的换元法.
5. 会用二重积分计算平面图形面积、立体体积.

Ⅱ　本章知识要点

一、二重积分的概念

1. 二重积分的概念

设 $f(x, y)$ 是有界闭区域 D 上的有界函数,将闭区域 D 任意分成 n 个小闭区域

$$\Delta\sigma_1, \Delta\sigma_2, \cdots, \Delta\sigma_n,$$

其中 $\Delta\sigma_i$ 表示第 i 个小闭区域,也表示它的面积. 在每个 $\Delta\sigma_i$ 上任取一点 (ξ_i, η_i),做乘积 $f(\xi_i, \eta_i)\Delta\sigma_i(i=1, 2, \cdots, n)$,并作和 $\sum\limits_{i=1}^{n} f(\xi_i, \eta_i)\Delta\sigma_i$. 如果当各小闭区域的直径中的最大值 λ 趋于零时,这和的极限总存在,则称此极限为函数 $f(x, y)$ 在闭区域 D 上的二重积分,记作 $\iint\limits_D f(x, y)\mathrm{d}\sigma$,即

$$\iint\limits_D f(x, y)\mathrm{d}\sigma = \lim_{\lambda\to 0}\sum_{i=1}^{n} f(\xi_i, \eta_i)\Delta\sigma_i. \tag{1}$$

其中，$f(x, y)$ 称为被积函数，$f(x, y)\mathrm{d}\sigma$ 称为被积表达式，$\mathrm{d}\sigma$ 称为面积元素，x 与 y 称为积分变量，D 称为积分区域，$\sum_{i=1}^{n} f(\xi_i, \eta_i)\Delta\sigma_i$ 称为积分和.

2. 二重积分的几何意义

当 $f(x, y)\geqslant 0$ 时，$\iint_D f(x, y)\mathrm{d}\sigma$ 的值就等于以曲面 $z=f(x, y)$ 为顶，以 D 为底，母线平行于 z 轴的曲顶柱体的体积. 如果函数 $f(x, y)$ 是负的，柱体就在 xOy 面的下方，二重积分的绝对值仍等于柱体的体积，但二重积分的值是负的. 如果 $f(x, y)$ 在 D 的若干部分区域上是正的，而在其他的部分区域上是负的，那么 $f(x, y)$ 在 D 上的二重积分就等于 xOy 面上方的柱体体积减去 xOy 面下方的柱体体积所得之差.

二、二重积分的性质

性质 1 设 α，β 为常数，则

$$\iint_D [\alpha f(x, y)+\beta g(x, y)]\,\mathrm{d}\sigma=\alpha\iint_D f(x, y)\mathrm{d}\sigma+\beta\iint_D g(x, y)\mathrm{d}\sigma.$$

性质 2 若区域 $D=D_1\cup D_2$，且 $D_1\cap D_2=\Phi$，则

$$\iint_D f(x, y)\mathrm{d}\sigma=\iint_{D_1} f(x, y)\mathrm{d}\sigma+\iint_{D_2} f(x, y)\mathrm{d}\sigma.$$

性质 3 如果在 D 上，$f(x, y)=1$，σ 为 D 的面积，则

$$\sigma=\iint_D 1\cdot\mathrm{d}\sigma=\iint_D \mathrm{d}\sigma.$$

性质 4 如果在 D 上，$f(x, y)\leqslant g(x, y)$，则有

$$\iint_D f(x, y)\mathrm{d}\sigma\leqslant\iint_D g(x, y)\mathrm{d}\sigma.$$

特别地，由于 $-|f(x, y)|\leqslant f(x, y)\leqslant |f(x, y)|$，则有

$$\left|\iint_D f(x, y)\mathrm{d}\sigma\right|\leqslant\iint_D |f(x, y)|\,\mathrm{d}\sigma.$$

性质 5 设 M，m 分别是 $f(x, y)$ 在有界闭区域 D 上的最大值和最小值，S_D 是 D 的面积，则有

$$m\cdot S_D\leqslant\iint_D f(x, y)\mathrm{d}\sigma\leqslant M\cdot S_D.$$

性质 6 设函数 $f(x, y)$ 在有界闭区域 D 上连续，S_D 是 D 的面积，则在 D 上至少存在一点 (ξ, η)，使得

$$\iint_D f(x, y)\mathrm{d}\sigma=f(\xi, \eta)\cdot S_D.$$

三、二重积分的计算

1. 利用直角坐标系计算二重积分

采用垂直于 x 轴方向切片分割，二重积分可以化为：

$$\iint_D f(x, y)\mathrm{d}\sigma = \int_a^b \left[\int_{\varphi_1(x)}^{\varphi_2(x)} f(x, y)\mathrm{d}y\right]\mathrm{d}x = \int_a^b \mathrm{d}x\int_{\varphi_1(x)}^{\varphi_2(x)} f(x, y)\mathrm{d}y.$$

采用垂直于 y 轴方向切片分割，二重积分可以化为：

$$\iint_D f(x, y)\mathrm{d}\sigma = \int_c^d \left[\int_{\psi_1(y)}^{\psi_2(y)} f(x, y)\mathrm{d}x\right]\mathrm{d}y = \int_c^d \mathrm{d}y\int_{\psi_1(y)}^{\psi_2(y)} f(x, y)\mathrm{d}x.$$

2. 利用极坐标计算二重积分

有些二重积分，积分区域 D 的边界曲线用极坐标方程表示比较方便，而且被积函数用极坐标变量 r, θ 表示比较简单. 这时，我们可以考虑利用极坐标来计算二重积分. 采用以原点为圆心的同心圆和从原点出发的射线分割区域，二重积分可化为极坐标形式：

$$\iint_D f(x, y)\mathrm{d}\sigma = \iint_D f(r\cos\theta, r\sin\theta)r\mathrm{d}r\mathrm{d}\theta.$$

(1) 极点 O 在区域 D 之外，这时区域 D 在 $\theta=\alpha$ 与 $\theta=\beta$ 两条射线之间，这两条射线与区域 D 的边界的交点把区域边界分为两部分 $r=r_1(\theta)$, $r=r_2(\theta)$.

$$\iint_D f(r\cos\theta, r\sin\theta)r\mathrm{d}r\mathrm{d}\theta = \int_\alpha^\beta \mathrm{d}\theta\int_{r_1(\theta)}^{r_2(\theta)} f(r\cos\theta, r\sin\theta)r\mathrm{d}r.$$

(2) 极点 O 在区域 D 的边界上，这时 $r_1(\theta)=0$,

$$\iint_D f(r\cos\theta, r\sin\theta)r\mathrm{d}r\mathrm{d}\theta = \int_\alpha^\beta \mathrm{d}\theta\int_0^{n(\theta)} f(r\cos\theta, r\sin\theta)r\mathrm{d}r.$$

(3) 极点 O 在区域 D 的内部，

$$\iint_D f(r\cos\theta, r\sin\theta)r\mathrm{d}r\mathrm{d}\theta = \int_0^{2\pi} \mathrm{d}\theta\int_0^{r(\theta)} f(r\cos\theta, r\sin\theta)r\mathrm{d}r.$$

3. 广义二重积分

若二元函数的积分区域是无界的，则类似于一元函数，我们可以先在有界区域内积分，然后通过取极限求此积分.

四、二重积分的换元法

设函数 $f(x, y)$ 在 xOy 平面上的闭区域 D 上连续，变换 T: $\begin{cases} x=x(u, v) \\ y=y(u, v) \end{cases}$,

将 uOv 平面上的闭区域 D' 变为 xOy 平面上的 D，且满足

(1) $x(u, v)$, $y(u, v)$ 在 D' 上具有一阶连续偏导数，

(2) 在 D' 上，$J(u, v)=\dfrac{\partial(x, y)}{\partial(u, v)}=\begin{vmatrix} \dfrac{\partial x}{\partial u} & \dfrac{\partial x}{\partial v} \\ \dfrac{\partial y}{\partial u} & \dfrac{\partial y}{\partial v} \end{vmatrix}=\dfrac{\partial x}{\partial u}\dfrac{\partial y}{\partial v}-\dfrac{\partial x}{\partial v}\dfrac{\partial y}{\partial u}\neq 0$,

(3) 变换 $T: D' \to D$ 是一对一的,

则有 $$\iint\limits_{D} f(x, y)\,\mathrm{d}x\,\mathrm{d}y = \iint\limits_{D'} f[x(u, v), y(u, v)]\,|J(u, v)|\,\mathrm{d}u\,\mathrm{d}v.$$

注 $J(u, v)$ 只在 D' 内个别点上或一条线上为零,而在其他点上不为零,那么换元公式仍成立.

Ⅲ 典型例题讲解

例 1 将二重积分 $\iint\limits_{D} f(x, y)\mathrm{d}x\,\mathrm{d}y$ 化为二次积分(两种次序都要),其中积分区域 D 是:

(1) $|x| \leqslant 1$, $|y| \leqslant 2$, 见图 7-1;

(2) 由直线 $y = x$ 及抛物线 $y^2 = 4x$ 所围成,见图 7-2;

(3) 由 x 轴及半圆周 $x^2 + y^2 = r^2 (y \geqslant 0)$ 所围成,见图 7-3.

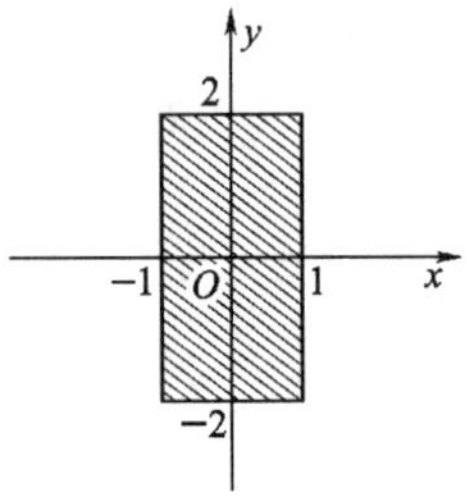

图 7-1

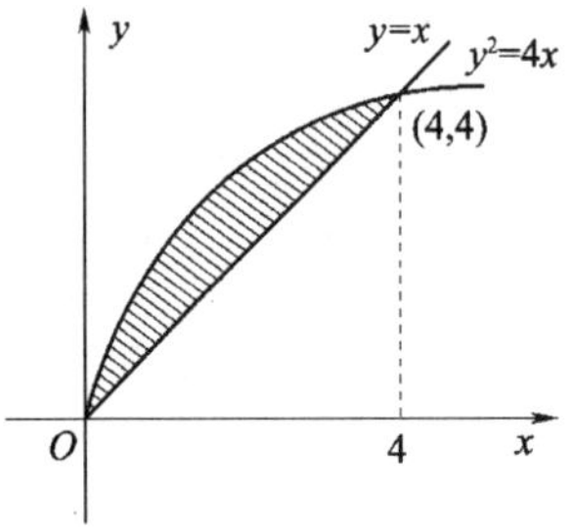

图 7-2

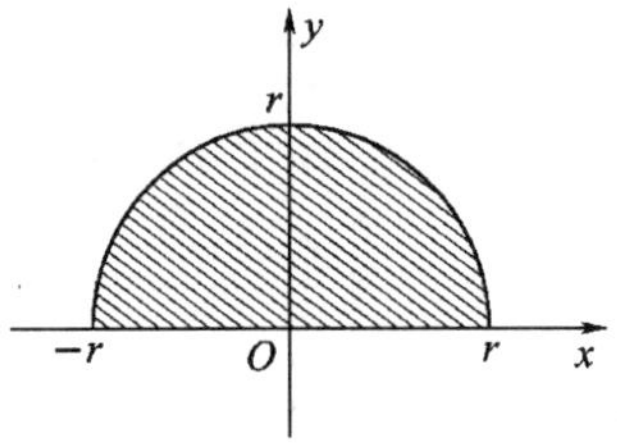

图 7-3

解 (1) $$\iint\limits_{D} f(x, y)\mathrm{d}x\,\mathrm{d}y = \int_{-1}^{1}\mathrm{d}x\int_{-2}^{2} f(x, y)\mathrm{d}y,$$

$$\iint\limits_{D} f(x, y)\mathrm{d}x\,\mathrm{d}y = \int_{-2}^{2}\mathrm{d}y\int_{-1}^{1} f(x, y)\mathrm{d}x.$$

(2) 解方程 $\begin{cases} y = x \\ y^2 = 4x \end{cases}$ 得两交点 $(0, 0)$, $(4,4)$.

故 $$\iint\limits_{D} f(x, y)\mathrm{d}x\,\mathrm{d}y = \int_{0}^{4}\mathrm{d}x\int_{x}^{\sqrt{4x}} f(x, y)\mathrm{d}y,$$

$$\iint\limits_{D} f(x, y)\mathrm{d}x\,\mathrm{d}y = \int_{0}^{4}\mathrm{d}y\int_{\frac{y^2}{4}}^{y} f(x, y)\mathrm{d}x.$$

(3) 由 $x^2 + y^2 = r^2$ 得 $x = \pm\sqrt{r^2 - y^2}$, $y = \sqrt{r^2 - x^2}$ $(y \geqslant 0)$.

故 $$\iint\limits_{D} f(x, y)\mathrm{d}x\,\mathrm{d}y = \int_{-r}^{r}\mathrm{d}x\int_{0}^{\sqrt{r^2-x^2}} f(x, y)\mathrm{d}y,$$

$$\iint\limits_{D} f(x, y)\mathrm{d}x\,\mathrm{d}y = \int_{0}^{r}\mathrm{d}y\int_{-\sqrt{r^2-y^2}}^{\sqrt{r^2-y^2}} f(x, y)\mathrm{d}x.$$

例 2　交换下列两次积分的次序：

(1) $\int_0^1 dy \int_y^{\sqrt{y}} f(x,y)dx$；

(2) $\int_0^{2a} dx \int_0^{\sqrt{2ax-x^2}} f(x,y)dy$；

(3) $\int_0^1 dx \int_0^x f(x,y)dy + \int_1^2 dx \int_0^{2-x} f(x,y)dy$.

解　(1) 由积分限 $y \leqslant x \leqslant \sqrt{y}$，$0 \leqslant y \leqslant 1$ 做出积分区域 D，如图 7-4 所示，可以表示为 $x^2 \leqslant y \leqslant x$，$0 \leqslant x \leqslant 1$.

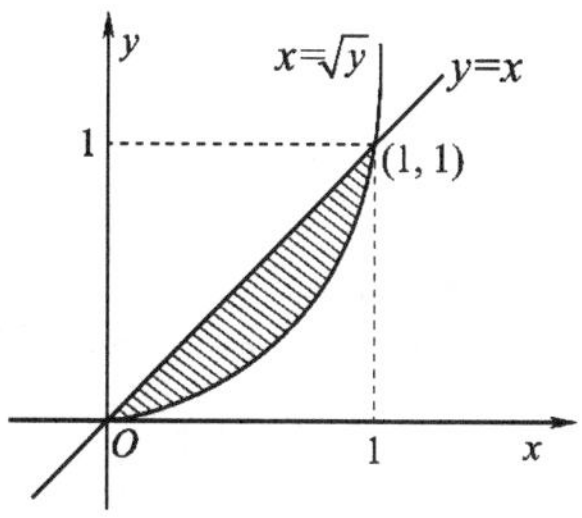

图 7-4

于是交换积分次序得

$$\int_0^1 dx \int_{x^2}^x f(x,y)dy.$$

(2) 由积分限 $0 \leqslant y \leqslant \sqrt{2ax-x^2}$，$0 \leqslant x \leqslant 2a$，做出积分区域 D，如图 7-5 所示.

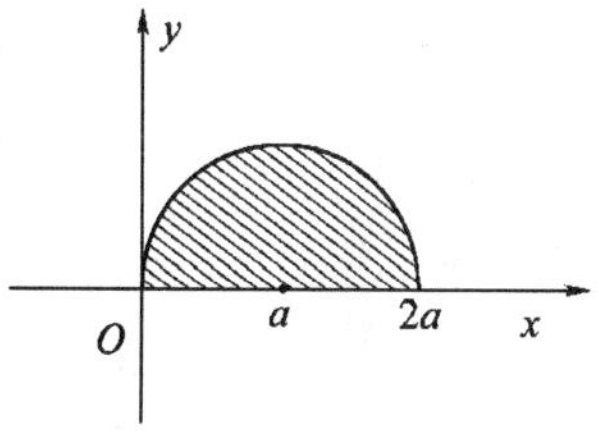

图 7-5

区域 D 也可表示为：

$$a-\sqrt{a^2-y^2} \leqslant x \leqslant a+\sqrt{a^2-y^2}，0 \leqslant y \leqslant a.$$

于是交换积分次序得

$$\int_0^a dy \int_{a-\sqrt{a^2-y^2}}^{a+\sqrt{a^2-y^2}} f(x,y)dx.$$

(3) 由已给积分限 $0 \leqslant y \leqslant x$，$0 \leqslant x \leqslant 1$，做出积分区域 D_1，由 $0 \leqslant y \leqslant 2-x$，$1 \leqslant x \leqslant 2$ 做出区域 D_2，如图 7-6 所示，D_1 与 D_2 组成积分区域 D，可表示为

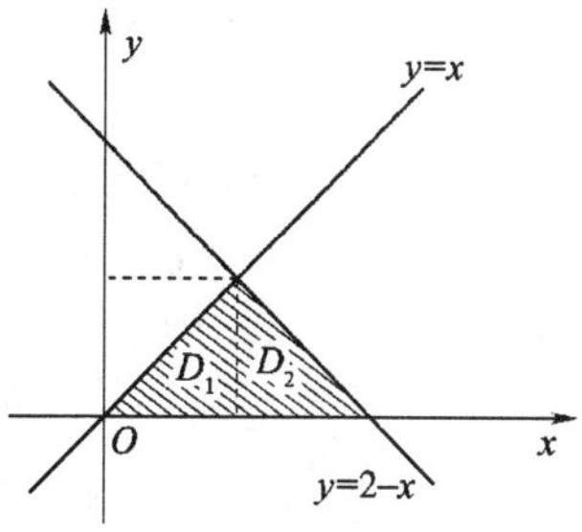

图 7-6

$$y \leqslant x \leqslant 2-y，0 \leqslant y \leqslant 1.$$

于是交换积分次序得：

$$\int_0^1 dy \int_y^{2-y} f(x,y)dx.$$

例 3　计算下列二重积分：

(1) $\iint\limits_D e^{x+y} d\sigma$，$D$：$|x| \leqslant 1$，$|y| \leqslant 1$；

(2) $\iint\limits_D x^2 y dxdy$，$D$ 由直线 $y=1$，$x=2$ 及 $y=x$ 围成；

(3) $\iint\limits_D (x-1)dxdy$，D 由 $y=x$ 和 $y=x^3$ 围成；

(4) $\iint\limits_D (x^2+y^2)dxdy$，$D$：$|x|+|y| \leqslant 1$；

(5) $\iint\limits_D \frac{1}{y}\sin y d\sigma$，$D$ 由 $y^2=\frac{\pi}{2}x$ 与 $y=x$ 围成；

(6) $\iint\limits_D (4-x-y)\mathrm{d}\sigma$，$D$ 是圆域 $x^2+y^2\leqslant R^2$；

(7) $\iint\limits_D \arctan\dfrac{y}{x}\mathrm{d}\sigma$，$D$ 是由圆 $x^2+y^2=4$，$x^2+y^2=1$，直线 $y=0$ 和 $y=x$ 所围成第一象限的区域；

(8) $\iint\limits_D \dfrac{x+y}{x^2+y^2}\mathrm{d}\sigma$，$D$：$x^2+y^2\leqslant 1$，$x+y\geqslant 1$.

解 (1) D 可表示为：$-1\leqslant x\leqslant 1$，$-1\leqslant y\leqslant 1$，

故 $\iint\limits_D \mathrm{e}^{x+y}\mathrm{d}\sigma=\int_{-1}^{1}\mathrm{d}y\int_{-1}^{1}\mathrm{e}^{x+y}\mathrm{d}x=\int_{-1}^{1}\left[\mathrm{e}^{x+y}\Big|_{-1}^{1}\right]\mathrm{d}y=\int_{-1}^{1}(\mathrm{e}-\mathrm{e}^{-1})\mathrm{e}^{y}\mathrm{d}y$

$$=(\mathrm{e}-\mathrm{e}^{-1})\int_{-1}^{1}\mathrm{e}^{y}\mathrm{d}y=(\mathrm{e}-\mathrm{e}^{-1})\mathrm{e}^{y}\Big|_{-1}^{1}=(\mathrm{e}-\mathrm{e}^{-1})^2.$$

(2) 做出积分区域 D，如图 7-7 所示，可表示为 $y\leqslant x\leqslant 2$，$1\leqslant y\leqslant 2$.

故 $\iint\limits_D x^2y\mathrm{d}x\mathrm{d}y=\int_1^2\mathrm{d}y\int_y^2 x^2y\mathrm{d}x=\int_1^2\left[\dfrac{x^3y}{3}\right]_y^2\mathrm{d}y$

$$=\int_1^2\left(\frac{8}{3}y-\frac{1}{3}y^4\right)\mathrm{d}y$$

$$=\left(\frac{4}{3}y^2-\frac{1}{15}y^5\right)\Big|_1^2=\frac{29}{15}.$$

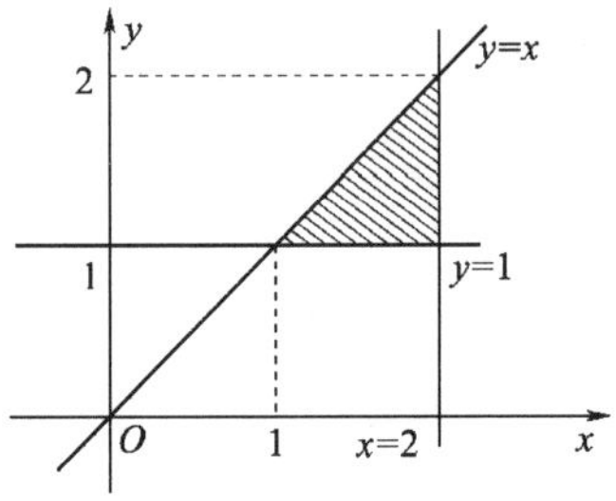

图 7-7

(3) 做出积分区域 D，可求得直线 $y=x$ 与 $y=x^3$ 的交点为 $(-1,-1)$，$(0,0)$，$(1,1)$，积分区域 D 可划分为 D_1 和 D_2，如图 7-8 所示.

其中 D_1：$-1\leqslant x\leqslant 0$，$x\leqslant y\leqslant x^3$；

D_2：$0\leqslant x\leqslant 1$，$x^3\leqslant y\leqslant x$.

于是：

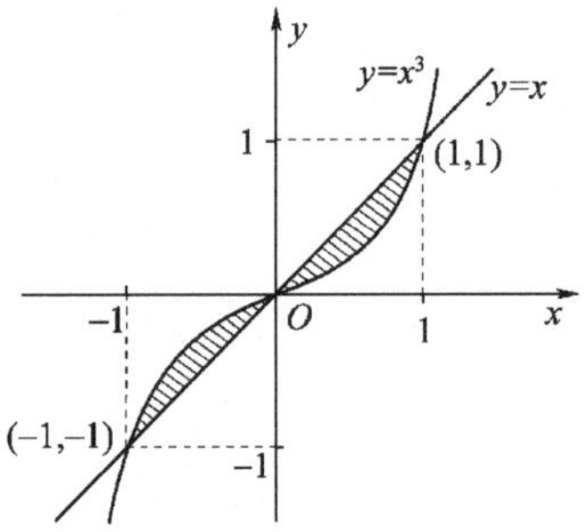

图 7-8

$$\iint\limits_D (x-1)\mathrm{d}x\mathrm{d}y=\iint\limits_{D_1}(x-1)\mathrm{d}x\mathrm{d}y+\iint\limits_{D_2}(x-1)\mathrm{d}x\mathrm{d}y$$

$$=\int_{-1}^{0}\mathrm{d}x\int_{x}^{x^3}(x-1)\mathrm{d}y+\int_0^1\mathrm{d}x\int_{x^3}^{x}(x-1)\mathrm{d}y$$

$$=\int_{-1}^{0}(x-1)(x^3-x)\mathrm{d}x+\int_0^1(x-1)(x-x^3)\mathrm{d}x$$

$$=\int_{-1}^{0}(x^4-x^3-x^2+x)\mathrm{d}x+\int_0^1(-x^4+x^3+x^2-x)\mathrm{d}x$$

$$=\left(\frac{1}{5}x^5-\frac{1}{4}x^4-\frac{1}{3}x^3+\frac{1}{2}x^2\right)\Big|_{-1}^{0}+\left(-\frac{1}{5}x^5+\frac{1}{4}x^4+\frac{1}{3}x^3-\frac{1}{2}x^2\right)\Big|_0^1$$

$$=-\frac{1}{2}.$$

(4) 做出积分区域 D，如图 7-9 所示，D 关于 x，y 轴对称，$f(x,y)=x^2+y^2$ 对 x，y 均为偶函数，故

$$\iint\limits_{D}(x^2+y^2)\mathrm{d}x\mathrm{d}y=4\iint\limits_{D_1}(x^2+y^2)\mathrm{d}x\mathrm{d}y,$$

其中，D_1：$0\leqslant x\leqslant 1$，$0\leqslant y\leqslant 1-x$ 或写成 D_1：$0\leqslant y\leqslant 1$，$0\leqslant x\leqslant 1-y$.

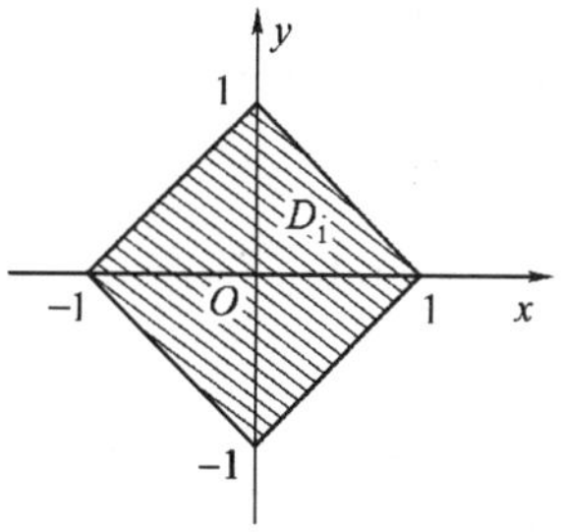

图 7-9

再用积分区域和被积函数具有关于变量 x，y 的轮换对称性，得

$$\iint\limits_{D_1}x^2\mathrm{d}x\mathrm{d}y=\iint\limits_{D_1}y^2\mathrm{d}x\mathrm{d}y.$$

所以 $\displaystyle\iint\limits_{D}(x^2+y^2)\mathrm{d}x\mathrm{d}y=8\iint\limits_{D_1}x^2\mathrm{d}x\mathrm{d}y=8\int_0^1\mathrm{d}y\int_0^{1-y}x^2\mathrm{d}x=8\int_0^1\frac{1}{3}(1-y)^3\mathrm{d}y=\frac{2}{3}.$

(5) 做出积分区域 D，由于 $\displaystyle\int\frac{\sin y}{y}\mathrm{d}y$ 积分难以积出，故应先对 x 积分再对 y 积分. 积分区域 D 可表示为：$\dfrac{2}{\pi}y^2\leqslant x\leqslant y$，$0\leqslant y\leqslant\dfrac{\pi}{2}$，如图 7-10 所示，于是有

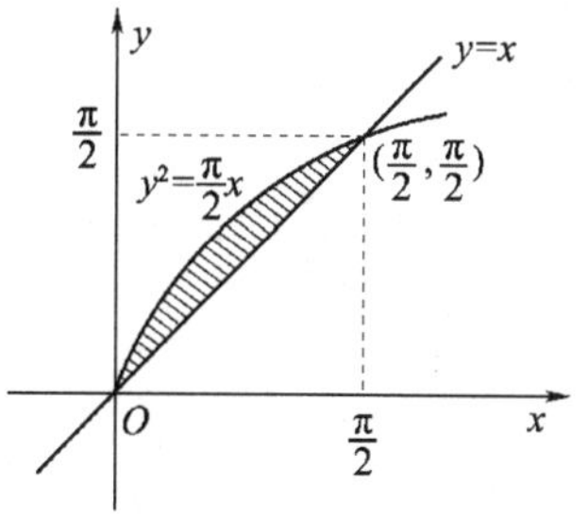

图 7-10

$$\begin{aligned}\iint\limits_{D}\frac{1}{y}\sin y\mathrm{d}\sigma&=\int_0^{\frac{\pi}{2}}\mathrm{d}y\int_{\frac{2}{\pi}y^2}^{y}\frac{\sin y}{y}\mathrm{d}x\\&=\int_0^{\frac{\pi}{2}}\frac{\sin y}{y}\left(y-\frac{2}{\pi}y^2\right)\mathrm{d}y\\&=\int_0^{\frac{\pi}{2}}\sin y\mathrm{d}y-\frac{2}{\pi}\int_0^{\frac{\pi}{2}}y\sin y\mathrm{d}y\\&=-\cos y\Big|_0^{\frac{\pi}{2}}-\frac{2}{\pi}(-y\cos y+\sin y)\Big|_0^{\frac{\pi}{2}}=1-\frac{2}{\pi}.\end{aligned}$$

(6) 积分区域 D：$x^2+y^2\leqslant R^2$ 用极坐标表示是

$$0\leqslant\theta\leqslant 2\pi,\ 0\leqslant r\leqslant R,$$

所以

$$\begin{aligned}\iint\limits_{D}(4-x-y)\mathrm{d}\sigma&=\int_0^{2\pi}\mathrm{d}\theta\int_0^R(4-r\cos\theta-r\sin\theta)r\mathrm{d}r\\&=\int_0^{2\pi}\left(2r^2-\frac{\cos\theta+\sin\theta}{3}r^3\right)\Big|_0^R\mathrm{d}\theta\\&=\int_0^{2\pi}\left[2R^2-\frac{R^3}{3}(\cos\theta+\sin\theta)\right]\mathrm{d}\theta\\&=\left[2R^2\theta-\frac{R^3}{3}(\sin\theta-\cos\theta)\right]_0^{2\pi}=4\pi R^2.\end{aligned}$$

(7) 作积分区域 D，用极坐标表示为：

$$0\leqslant\theta\leqslant\frac{\pi}{4},\ 1\leqslant r\leqslant 2,$$

如图 7-11 所示，由 $x=r\cos\theta$，$y=r\sin\theta$ 知 $\dfrac{y}{x}=\tan\theta$，于是

$$\iint\limits_D \arctan\frac{y}{x}\mathrm{d}x\,\mathrm{d}y=\int_0^{\frac{\pi}{4}}\mathrm{d}\theta\int_1^2\theta r\,\mathrm{d}r$$

$$=\int_0^{\frac{\pi}{4}}\theta\mathrm{d}\theta\int_1^2 r\,\mathrm{d}r=\left(\frac{\theta^2}{2}\bigg|_0^{\frac{\pi}{4}}\right)\cdot\left(\frac{r^2}{2}\right)\bigg|_1^2$$

$$=\frac{3}{64}\pi^2.$$

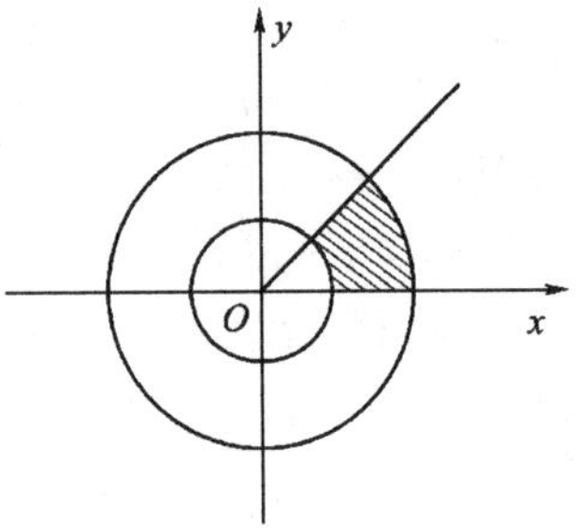

图 7-11

(8) 做出积分区域 D，用极坐标可表示为

$$0\leqslant\theta\leqslant\frac{\pi}{2},\ \frac{1}{\cos\theta+\sin\theta}\leqslant r\leqslant 1,$$

如图 7-12 所示，于是

$$\iint\limits_D\frac{x+y}{x^2+y^2}\mathrm{d}\sigma=\int_0^{\frac{\pi}{2}}\mathrm{d}\theta\int_{\frac{1}{\cos\theta+\sin\theta}}^1\frac{r\cos\theta+r\sin\theta}{r^2}r\,\mathrm{d}r$$

$$=\int_0^{\frac{\pi}{2}}\mathrm{d}\theta\int_{\frac{1}{\cos\theta+\sin\theta}}^1(\cos\theta+\sin\theta)\mathrm{d}r$$

$$=\int_0^{\frac{\pi}{2}}(\cos\theta+\sin\theta)\left(1-\frac{1}{\cos\theta+\sin\theta}\right)\mathrm{d}\theta$$

$$=\int_0^{\frac{\pi}{2}}(\cos\theta+\sin\theta-1)\mathrm{d}\theta$$

$$=(\sin\theta-\cos\theta-\theta)\bigg|_0^{\frac{\pi}{2}}=2-\frac{\pi}{2}.$$

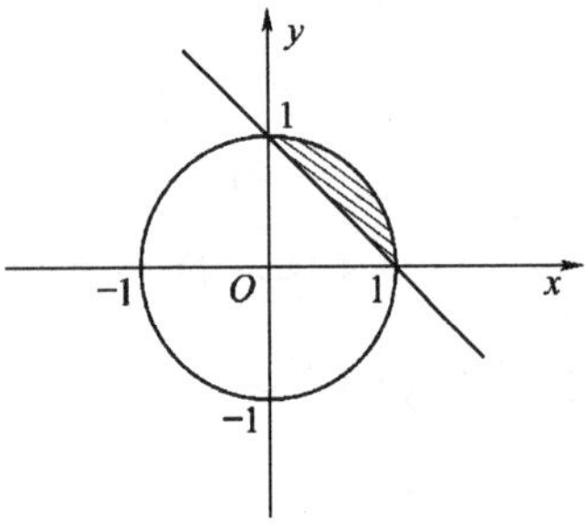

图 7-12

例 4 已知广义二重积分 $\iint\limits_D x\mathrm{e}^{-y^2}\mathrm{d}\sigma$ 收敛，求其值. 其中 D 是由曲线 $y=4x^2$ 和 $y=9x^2$ 在第一象限所围成的区域.

解 做出积分区域 D，设 D_a 是由曲线 $y=4x^2$ 和 $y=9x^2$ 及直线 $y=a$ 围成的区域，如图 7-13 所示，则

$$\iint\limits_{D_a}x\mathrm{e}^{-y^2}\mathrm{d}\sigma=\int_0^a\mathrm{d}y\int_{\frac{\sqrt{y}}{3}}^{\frac{\sqrt{y}}{2}}x\mathrm{e}^{-y^2}\mathrm{d}x=\int_0^a\left(\frac{x^2}{2}\mathrm{e}^{-y^2}\right)\bigg|_{\frac{\sqrt{y}}{3}}^{\frac{\sqrt{y}}{2}}\mathrm{d}y$$

$$=\frac{5}{72}\int_0^a y\mathrm{e}^{-y^2}\mathrm{d}y=-\frac{5}{144}\int_0^a\mathrm{e}^{-y^2}\mathrm{d}(-y^2)$$

$$=-\frac{5}{144}\mathrm{e}^{-a^2}+\frac{5}{144}.$$

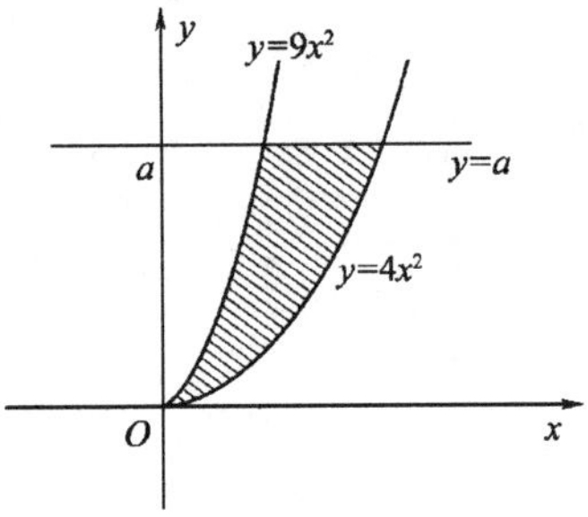

图 7-13

显然，当 $a\to+\infty$ 时，有 $D_a\to D$，因此有

$$\iint_D x e^{-y^2} d\sigma = \lim_{a\to+\infty}\iint_{D_p} x e^{-y^2} d\sigma = \lim_{a\to+\infty}\left(-\frac{5}{144}e^{-a^2}+\frac{5}{144}\right)=\frac{5}{144}.$$

例 5 已知曲线 $y=\ln x$ 及过此曲线上点（e，1）的切线 $y=\frac{1}{e}x$.

（1）求由曲线 $y=\ln x$，直线 $y=\frac{1}{e}x$ 和 $y=0$ 所围成的平面图形 D 的面积；

（2）求以平面图形 D 为底，以曲面 $z=e^y$ 为顶的曲顶柱体的体积.

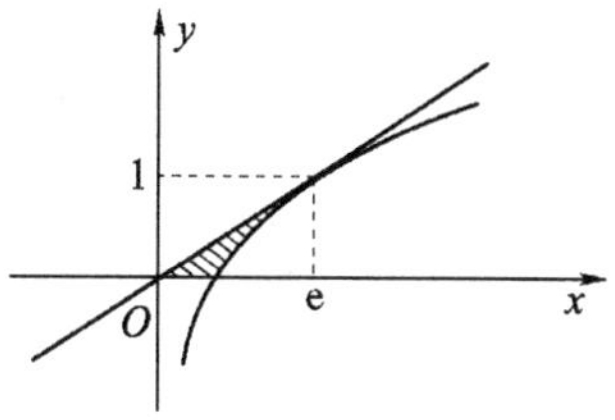

图 7-14

解 如图 7-14 所示，平面图形 D 可表示为

$$0\leqslant y\leqslant 1,\ ey\leqslant x\leqslant e^y.$$

（1）$S_D=\iint_D d\sigma=\int_0^1 dy\int_{ey}^{e^y}dx=\int_0^1(e^y-ey)dy=\left[e^y-\frac{e}{2}y^2\right]_0^1=\frac{e}{2}-1.$

（2）$V=\iint_D e^y d\sigma=\int_0^1 dy\int_{ey}^{e^y}e^y dx=\int_0^1 e^y(e^y-ey)dy=\int_0^1(e^{2y}-eye^y)dy=\frac{1}{2}e^2-\frac{1}{2}-e.$

例 6 计算二重积分 $\iint_D x\,dx\,dy$，其中 D 是由抛物线 $y=x^2$ 和直线 $y=x+2$ 所围成的区域.

解 $D=\{(x,y)\mid -1\leqslant x\leqslant 2,\ x^2\leqslant y\leqslant x+2\}$，

所以 $$\iint_D x\,dx\,dy=\int_{-1}^2 dx\int_{x^2}^{x+2}x\,dy=\frac{9}{4}.$$

例 7 利用极坐标计算二重积分 $\iint_D y\,dx\,dy$，其中 D：$x^2+y^2\leqslant 2x$，$y\geqslant 0$.

解 $D=\left\{(r,\theta)\,\middle|\,0\leqslant r\leqslant 2\cos\theta,\ 0\leqslant\theta\leqslant\frac{\pi}{2}\right\}$，

所以 $\iint_D y\,dx\,dy=\int_0^{\frac{\pi}{2}}d\theta\int_0^{2\cos\theta}r^2\sin\theta\,dr=\int_0^{\frac{\pi}{2}}\frac{8}{3}\cos^3\theta\sin\theta\,d\theta=-\frac{8}{3}\cdot\frac{1}{4}\cos^4\theta\Big|_0^{\frac{\pi}{2}}=\frac{2}{3}.$

例 8 计算 $\iint_D\frac{(x+y)\ln\left(1+\frac{y}{x}\right)}{\sqrt{1-x-y}}dx\,dy$，其中区域 D 是由直线 $x+y=1$ 与两坐标轴所围成三角形区域.

解 令 $x+y=u$，$x=v$，则 $x=v$，$y=u-v$，$dx\,dy=\begin{vmatrix}0&1\\1&-1\end{vmatrix}du\,dv=du\,dv$，

$$\iint_D\frac{(x+y)\ln\left(1+\frac{y}{x}\right)}{\sqrt{1-x-y}}dx\,dy=\iint_D\frac{u\ln u-u\ln v}{\sqrt{1-u}}du\,dv$$

$$=\int_0^1\left(\frac{u\ln u}{\sqrt{1-u}}\int_0^u dv-\frac{u}{\sqrt{1-u}}\int_0^u\ln v\,dv\right)du$$

$$=\int_0^1\left(\frac{u^2\ln u}{\sqrt{1-u}}-\frac{u(u\ln u-u)}{\sqrt{1-u}}\right)du$$
$$=\int_0^1\frac{u^2}{\sqrt{1-u}}du.$$

令 $t=\sqrt{1-u}$，则 $u=1-t^2$.

$du=-2t\,dt$，$u^2=1-2t^2+t^4$，$u(1-u)=t^2(1-t)(1+t)$，有

$$\int_0^1\frac{u^2}{\sqrt{1-u}}du=-2\int_1^0(1-2t^2+t^4)dt=2\int_0^1(1-2t^2+t^4)dt$$
$$=2\left[t-\frac{2}{3}t^3+\frac{1}{5}t^5\right]\Big|_0^1=\frac{16}{15}.$$

Ⅳ 补充习题

一、选择题

1. 设 D 是区域 $x^2+y^2\leqslant 4$，$y>0$，则 $\iint\limits_D dx\,dy=$(　　).

A. 16π　　B. 8π　　C. 4π　　D. 2π

2. 设 D 是区域 $x^2+y^2\leqslant 4$，则 $\iint\limits_D dx\,dy=$(　　).

A. 16π　　B. 8π　　C. 4π　　D. 2π

3. 设区域 D 由 $x=0$，$y=0$，$2x+y=4$ 所围成，则 $\iint\limits_D 2dx\,dy=$(　　).

A. 2　　B. 4　　C. 8　　D. 16

4. 设区域 D 由 $x=0$，$y=0$，$2x+y=4$ 所围成，则 $\iint\limits_D 4dx\,dy=$(　　).

A. 2　　B. 4　　C. 8　　D. 16

5. 设 D 为圆形闭区域 $x^2+y^2\leqslant 2$，则 $\iint\limits_D d\sigma=$(　　).

A. 16π　　B. 8π　　C. 4π　　D. 2π

6. 设平面区域 D：$(x-2)^2+(y-1)^2\leqslant 1$，若 $I_1=\iint\limits_D(x+y)^2d\sigma$，$I_2=\iint\limits_D(x+y)^3d\sigma$，则有(　　).

A. $I_1<I_2$　　B. $I_1=I_2$　　C. $I_1>I_2$　　D. 不能比较

7. 若区域 D 为 $(x-1)^2+y^2\leqslant 1$，则二重积分 $\iint\limits_D f(x,y)dx\,dy$ 化成极坐标系下二次积分为(　　).

A. $\int_0^{\pi}d\theta\int_0^{2\cos\theta}f(r\cos\theta,r\sin\theta)r\,dr$　　B. $\int_{-\pi}^{\pi}d\theta\int_0^{2\cos\theta}f(r\cos\theta,r\sin\theta)r\,dr$

C. $\int_{-\frac{\pi}{2}}^{\frac{\pi}{2}} d\theta \int_0^{2\cos\theta} f(r\cos\theta, r\sin\theta) r dr$　　D. $2\int_0^{\frac{\pi}{2}} d\theta \int_0^{2\cos\theta} f(r\cos\theta, r\sin\theta) r dr$

8. 交换积分的次序 $\int_0^2 dx \int_0^{x^2} f(x, y) dy =$ (　　).

A. $\int_0^4 dy \int_{\sqrt{y}}^2 f(x, y) dx$　　B. $\int_0^2 dy \int_{\sqrt{y}}^4 f(x, y) dx$

C. $\int_{\sqrt{y}}^2 dy \int_0^4 f(x, y) dx$　　D. $\int_0^4 dy \int_0^2 f(x, y) dx$

9. 在区域 $D = \{(x, y) \mid 0 < x < 1, 0 < y < 1\}$ 内, $\frac{d}{dx}\int_0^x \left[\int_0^1 st\, ds\right] dt =$ (　　).

A. $\int_0^1 sx\, ds$　　B. st　　C. sx　　D. $\int_0^1 sx\, dt$

10. 在区域 $D = \{(x, y) \mid x + y > 1, x^2 + y^2 \leqslant 1\}$ 上,将 $\iint_D 1 d\sigma$ 化为极坐标下二次积分为(　　).

A. $\int_0^{\pi} \left[\int_0^1 1 dr\right] d\theta$　　B. $\int_0^{\frac{\pi}{2}} \left[\int_1^{\cos\theta} r dr\right] d\theta$

C. $\int_0^{\frac{\pi}{2}} \left[\int_{\sin\theta}^1 r dr\right] d\theta$　　D. $\int_0^{\frac{\pi}{2}} \left[\int_{\frac{1}{\cos\theta+\sin\theta}}^1 r dr\right] d\theta$

11. 若 D 是圆心在原点、半径为 3 的圆,则 $\iint_D k\, d\sigma =$ (　　).

A. $6k\pi$　　B. π　　C. 3π　　D. $9k\pi$

12. 化二重积分 $\iint_D (x^2 + y^2) d\sigma$ 为极坐标下二次积分,其中区域 $D = \{(x, y) \mid x^2 + (y-1)^2 < 1\}$ (　　).

A. $\int_0^{2\pi} \left[\int_0^{\sin\theta} r^2 dr\right] d\theta$　　B. $\int_0^{\pi} \left[\int_0^{2\sin\theta} r^3 dr\right] d\theta$

C. $\int_0^{\frac{\pi}{2}} \left[\int_0^{2\sin\theta} r^3 dr\right] d\theta$　　D. $\int_0^{\pi} \left[\int_0^{\sin\theta} r^2 dr\right] d\theta$

13. 下列关于积分叙述正确的是(　　).

A. $f(x, y)$ 在 D, D_1, D_2 内可积,若 $D_1 \cup D_2 = D$, 则 $\iint_{D_1} f(x, y) dx + \iint_{D_2} f(x, y) dx = \iint_D f(x, y) dx$

B. 若对任意 $x \in \mathbf{R}$, $f(x) > 0$, $\int_a^a f(x) dx > 0$

C. 若 $F(x) = \int_{-\infty}^x \int_{-\infty}^{+\infty} f(s, y) dy ds$, 且 $F(x)$ 可微,则 $\frac{dF(x)}{dx} = \int_{-\infty}^{+\infty} f(x, y) dy$

D. $\int_0^1 f(x) dx = a$, $\int_{-1}^1 g(x) dx = b$, 则 $\int_0^1 [f(x) + g(x)] dx = a + \frac{b}{2}$

14. 设在 $D_1 = \{(x, y) \mid -1 \leqslant x \leqslant 1, -1 \leqslant y \leqslant 1\}$, $D_2 = \{(x, y) \mid 0 < x + y < 1\}$ 上以 $z = f(x, y)$ $(f(x, y) > 0)$ 为顶的曲顶柱体体积分别为 V_1, V_2, 则(　　).

A. $\iint\limits_{D_1 \cap D_2} f(x, y)\mathrm{d}\sigma = V_2$　　B. $\iint\limits_{D_1 \cap D_2} f(x, y)\mathrm{d}\sigma = V_1$

C. $\iint\limits_{D_1 \cap D_2} f(x, y)\mathrm{d}\sigma = V_1 - V_2$　　D. 不能确定

15. 交换二次积分 $\int_0^{\sqrt{2}}\int_y^{\sqrt{4-y^2}} f(x, y)\mathrm{d}x\mathrm{d}y$ 的次序有(　　).

A. $\int_y^{\sqrt{4-y^2}}\int_0^{\sqrt{2}} f(x, y)\mathrm{d}y\mathrm{d}x$

B. $\int_0^{\sqrt{2}}\int_0^{x} f(x, y)\mathrm{d}y\mathrm{d}x + \int_{\sqrt{2}}^{2}\int_0^{\sqrt{4-x^2}} f(x, y)\mathrm{d}y\mathrm{d}x$

C. $\int_0^{\sqrt{2}}\int_0^{y} f(x, y)\mathrm{d}x\mathrm{d}y + \int_{\sqrt{2}}^{2}\int_0^{\sqrt{4-y^2}} f(x, y)\mathrm{d}x\mathrm{d}y$

D. $\int_x^{\sqrt{4-x^2}}\int_0^{\sqrt{2}} f(x, y)\mathrm{d}x\mathrm{d}y$

16. 二重积分 $\iint\limits_{D} \frac{\sqrt{f(x, y)}}{x}\mathrm{d}\sigma$ 化为极坐标系下的二次积分为(　　)，其中 $D=\{(x, y) \mid 1 \leqslant x^2 + y^2 \leqslant 4\}$.

A. $\int_0^{2\pi}\int_1^{2} \frac{\sqrt{f(r\cos\theta, r\sin\theta)}}{\cos\theta}\mathrm{d}r\mathrm{d}\theta$　　B. $\int_0^{\pi}\int_0^{2} \frac{\sqrt{f(r\cos\theta, r\sin\theta)}}{\cos\theta}r\mathrm{d}r\mathrm{d}\theta$

C. $\int_1^{2}\int_0^{\pi} \frac{\sqrt{f(r\cos\theta, r\sin\theta)}}{\cos\theta}r\mathrm{d}\theta\mathrm{d}r$　　D. $\int_0^{2\pi}\int_1^{4} \frac{\sqrt{f(r\cos\theta, r\sin\theta)}}{\cos\theta}\mathrm{d}r\mathrm{d}\theta$

17. 设 D 是由直线 $x=0$，$y=0$，$x+y=3$，$x+y=5$ 所围成的闭区域，记：$I_1=\iint\limits_{D}\ln(x+y)\mathrm{d}\sigma$，$I_2=\iint\limits_{D}\ln^2(x+y)\mathrm{d}\sigma$，则(　　).

A. $I_1 < I_2$　　B. $I_1 > I_2$　　C. $2I_1 = I_2$　　D. 无法比较

18. 设 D 是由 x 轴和 $y=\sin x$，$(x \in [0, \pi])$ 所围成，则积分 $\iint\limits_{D} y\mathrm{d}\sigma =$(　　).

A. $\frac{\pi}{6}$　　B. $\frac{\pi}{4}$　　C. $\frac{\pi}{3}$　　D. $\frac{\pi}{2}$

19. 设积分区域 D 由 $y=x^2$ 和 $y=x+2$ 围成，则 $\iint\limits_{D} f(x, y)\mathrm{d}\sigma =$(　　).

A. $\int_{-1}^{2}\mathrm{d}x\int_{x^2}^{x+2} f(x, y)\mathrm{d}y$　　B. $\int_{-1}^{2}\mathrm{d}x\int_0^{2} f(x, y)\mathrm{d}y$

C. $\int_{-2}^{1}\mathrm{d}x\int_{x^2}^{x+2} f(x, y)\mathrm{d}y$　　D. $\int_0^{1}\mathrm{d}x\int_{x^2}^{x+2} f(x, y)\mathrm{d}y$

20. 设 $f(x, y)$ 是连续函数，则累次积分 $\int_0^4\mathrm{d}x\int_x^{2\sqrt{x}} f(x, y)\mathrm{d}y =$(　　).

A. $\int_0^4\mathrm{d}y\int_{\frac{y^2}{4}}^{y} f(x, y)\mathrm{d}x$　　B. $\int_0^4\mathrm{d}y\int_{-y}^{\frac{y^2}{4}} f(x, y)\mathrm{d}x$

C. $\int_0^4\mathrm{d}y\int_{\frac{1}{4}}^{y} f(x, y)\mathrm{d}x$　　D. $\int_0^4\mathrm{d}y\int_{\frac{y^2}{2}}^{y} f(x, y)\mathrm{d}x$

21. 累次积分 $\int_0^2 dx\int_x^2 e^{-y^2}dy=($　　$)$.

A. $\frac{1}{2}(1-e^{-2})$　　B. $\frac{1}{3}(1-e^{-4})$

C. $\frac{1}{2}(1-e^{-4})$　　D. $\frac{1}{3}(1-e^{-2})$

22. 设 D 由 $\frac{1}{4}\leqslant x^2+y^2\leqslant 1$ 确定,若 $I_1=\iint\limits_D \frac{1}{x^2+y^2}d\sigma$, $I_2=\iint\limits_D x^2+y^2 d\sigma$, $I_3=\iint\limits_D \ln(x^2+y^2)d\sigma$,则 I_1, I_2, I_3 之间的大小顺序为(　　).

A. $I_1<I_2<I_3$　　B. $I_1<I_3<I_2$

C. $I_2<I_3<I_1$　　D. $I_3<I_2<I_1$

23. 设 D 由 $|x|\leqslant 1$, $|y|\leqslant 1$ 确定,则 $\iint\limits_D x e^{\cos xy}\sin xy\,dx\,dy=($　　$)$.

A. 0　　B. e　　C. 2　　D. $e-2$

24. 若积分区域 D 由 $x+y\leqslant 1$, $x\geqslant 0$, $y\geqslant 0$ 确定,且 $\int_0^1 f(x)dx=\int_x^1 xf(x)dx$,则 $\iint\limits_D f(x)dx\,dy=($　　$)$.

A. 2　　B. 0　　C. $\frac{1}{2}$　　D. 1

25. 若 $\int_{-1}^0 dx\int_0^{1+x} f(x,y)dy+\int_0^1 dx\int_0^{1-x} f(x,y)dy=\int_0^1 dy\int_{x_1(y)}^{x_2(y)} f(x,y)dx$,则(　　).

A. $x_1(y)=y-1$, $x_2(y)=0$　　B. $x_1(y)=y-1$, $x_2(y)=1-y$

C. $x_1(y)=1-y$, $x_2(y)=y-1$　　D. $x_1(y)=0$, $x_2(y)=y-1$

二、填空题

1. 交换二次积分的积分次序 $\int_0^1 dx\int_0^x f(x,y)dy=$________.

2. 交换二次积分的积分次序 $\int_0^1 dy\int_{1-y}^1 f(x,y)dx=$________.

3. 化 $\iint\limits_D (x^2+y^2)d\sigma$,其中 $D=\{(x,y)\mid x^2+y^2\leqslant 1, y\geqslant 0\}$ 为极坐标下二次积分为________.

4. 交换积分次序 $\int_0^1 dx\int_0^{x^2} f(x,y)dy=$________.

5. 区域 $D=\{(x,y)\mid -1\leqslant x\leqslant 1, -1\leqslant y\leqslant 1\}$ 上以 $z=f(x,y)$ $(f(x,y)>0)$ 为顶的曲顶柱体体积为 V,则 $\int_{-1}^1\left[\int_0^2 2f(x-1,y)dx\right]dy=$________.

6. 交换积分次序 $\int_{-1}^1 dy\int_0^2 3xy^3dx=$________.

7. 设 $D=\{(x,y)\mid x^2+y^2\leqslant 1, x>0, y>0\}$,化 $\iint\limits_D f(x,y)d\sigma$ 为极坐标下二次积

分为________.

8. 设区域 D 由 $x^2+y^2\leqslant 4$ 和 $y\geqslant x$ 围成,则由二重积分性质有 $\frac{1}{\pi}\iint\limits_D 1\mathrm{d}\sigma=$________.

9. 设 D 是由直线 $y=x$, $y=\frac{1}{2}x$, $y=2$ 所围成的区域,则 $\iint\limits_D \mathrm{d}x\,\mathrm{d}y=$________.

10. 已知 D 是由 $a\leqslant x\leqslant b$, $0\leqslant y\leqslant 1$ 所围成的区域,且 $\iint\limits_D yf(x)\mathrm{d}x\,\mathrm{d}y=1$,则 $\int_a^b f(x)\mathrm{d}x=$________.

11. 若 D 是由 $x+y=1$ 和两坐标轴围成的区域,且 $\iint\limits_D f(x)\mathrm{d}x\,\mathrm{d}y=\int_0^1\varphi(x)\mathrm{d}x$,那么 $\varphi(x)=$________.

12. 交换积分次序 $\int_{-1}^{2}\mathrm{d}y\int_{y^2}^{y+2}f(x,y)\mathrm{d}x=$________.

13. 交换积分次序 $\int_0^{\pi}\mathrm{d}x\int_0^{\sin x}f(x,y)\mathrm{d}y=$________.

14. 交换积分次序 $\int_0^1\mathrm{d}x\int_{x^2}^{x}f(x,y)\mathrm{d}y=$________.

15. 交换积分次序 $\int_0^2\mathrm{d}y\int_{y^2}^{2y}f(x,y)\mathrm{d}x=$________.

三、解答题

1. 计算 $\iint\limits_D xy\,\mathrm{d}x\,\mathrm{d}y$,其中 D 是由抛物线 $y^2=x$ 及直线 $y=x-2$ 所围成的闭区域.

2. 计算 $\iint\limits_D \mathrm{e}^{x^2+y^2}\mathrm{d}x\,\mathrm{d}y$,其中 D 是由 $x^2+y^2=4$ 所围成的闭区域.

3. 计算 $\iint\limits_D (x^2+y^2-x)\,\mathrm{d}x\,\mathrm{d}y$,其中 D 是由直线 $y=x$, $y=2$ 及直线 $y=2x$ 所围成的闭区域.

4. 计算 $\iint\limits_D \mathrm{e}^{x^2+y^2}\mathrm{d}x\,\mathrm{d}y$,其中 D 是由 $x^2+y^2=4$ 所围成的闭区域.

5. 计算 $\iint\limits_D (2x+y)\mathrm{d}x\,\mathrm{d}y$,其中 D:$1\leqslant x\leqslant 2$, $1\leqslant y\leqslant 3$.

6. 计算二重积分 $I=\iint\limits_D \mathrm{e}^{-x^2-y^2}\mathrm{d}x\,\mathrm{d}y$,其中 D 由不等式 $x^2+y^2\leqslant a^2$, $x\geqslant 0$ $(a>0)$ 所确定.

7. 计算 $\iint\limits_D 2xy\,\mathrm{d}x\,\mathrm{d}y$,其中 D:$1\leqslant x\leqslant 2$, $1\leqslant y\leqslant 3-x$.

8. 计算二重积分 $I=\iint\limits_D \sqrt{x^2+y^2}\,\mathrm{d}x\,\mathrm{d}y$,其中 D 由不等式 $x^2+y^2\leqslant a^2$ 所确定.

9. 计算 $\iint\limits_D (3x+2y)\mathrm{d}\sigma$,其中 D 是由两坐标轴及直线 $x+y=2$ 所围成的闭区域.

10. 计算 $\iint\limits_D \arctan\frac{y}{x}\mathrm{d}\sigma$，其中 D 是由 $1\leqslant x^2+y^2\leqslant 4$，$y\geqslant 0$，$y\leqslant x$ 所围成的闭区域.

11. 计算 $\iint\limits_D (x+6y)\mathrm{d}\sigma$，其中 D 是由 $y=x$，$y=5x$，$x=1$ 所围成的闭区域.

12. 计算 $\iint\limits_D \sin\sqrt{x^2+y^2}\,\mathrm{d}\sigma$，其中 D 是由 $x^2+y^2\leqslant 1$ 所围成的闭区域.

13. 计算二重积分 $\iint\limits_D xy\mathrm{d}\sigma$，其中 D 是由 $x=1$，$y=x$，$y=2$ 所围成的闭区域.

14. 计算二重积分 $\iint\limits_D x\mathrm{d}x\mathrm{d}y$，其中 D 是由抛物线 $y=x^2$ 及直线 $y=x+2$ 所围成的区域.

15. 利用极坐标计算二重积分 $\iint\limits_D y\mathrm{d}x\mathrm{d}y$，其中 D：$x^2+y^2\leqslant 2x$，$y\geqslant 0$.

16. 计算二重积分 $\iint\limits_D x^2y\mathrm{d}\sigma$，$D$ 由 $y=\sqrt{x}$ 和 $y=x^2$ 围成.

17. 计算二重积分 $\iint\limits_D xy\mathrm{d}\sigma$，$D$ 由 $y=x^2$，$x=y^2$ 围成.

18. 计算二重积分 $\iint\limits_D xy\mathrm{d}\sigma$，其中 $D=\{(x,y)\mid 0<x<y<1\}$.

19. 设 $f(x,y)=\begin{cases}12y^2, & 0<y<x<1\\ 0, & \text{其他}\end{cases}$，计算二重积分 $\iint\limits_D xf(x,y)\mathrm{d}\sigma$，其中 $D=\{(x,y)\mid 0<y<x<1\}$.

20. 选择适当的坐标系和积分次序求下列二重积分：

(1) $\iint\limits_D x^2\cos y\mathrm{d}x\mathrm{d}y$，其中 D 由 $1\leqslant x\leqslant 2$，$0\leqslant y\leqslant\frac{\pi}{2}$ 确定；

(2) $\iint\limits_D (x+y)\mathrm{d}x\mathrm{d}y$，其中 D 由 $x^2+y^2\leqslant 2x$ 确定；

(3) $\iint\limits_D \sqrt{x^2+y^2}\,\mathrm{d}x\mathrm{d}y$，其中 D 是圆环形闭区域：$1\leqslant x^2+y^2\leqslant 4$；

(4) $\iint\limits_D xy\mathrm{d}x\mathrm{d}y$，其中 D 是由抛物线 $y^2=x$ 及 $y=x$ 所围成的闭区域.

21. 计算下列积分：

(1) $\int_1^{\frac{\pi}{6}}\mathrm{d}y\int_y^{\frac{\pi}{6}}\frac{\cos x}{x}\mathrm{d}x$；

(2) $\int_1^3\mathrm{d}y\int_y^3\frac{1}{y\ln x}\mathrm{d}x$.

22. 计算 $\int_0^1\mathrm{d}y\int_{\arcsin y}^{\pi-\arcsin y}x\,\mathrm{d}x$.

23. 令 $I=\iint\limits_D f(x,y)\mathrm{d}x\mathrm{d}y$，其中 D：$\begin{cases}\frac{1}{x}\leqslant y\leqslant x\\ 1\leqslant x\leqslant 2\end{cases}$，求 I 在极坐标下的二次积分.

24. 计算 $\int_0^{a\sin\varphi} e^{-y^2}dy\int_{\sqrt{a^2-y^2}}^{\sqrt{b^2-y^2}} e^{-x^2}dx+\int_{a\sin\varphi}^{b\sin\varphi} e^{-y^2}dy\int_{y\cot\varphi}^{\sqrt{b^2-y^2}} e^{-x^2}dx$，$0\leqslant a\leqslant b$，$0\leqslant\varphi\leqslant\frac{\pi}{2}$.

25. 求 $\iint\limits_D |\sin(y-x)|\,dx\,dy$，其中 D：$0\leqslant x\leqslant y\leqslant 2\pi$.

26. 求 $\iint\limits_D \frac{1}{xy}dx\,dy$，其中 D：$\begin{cases} 2\leqslant\frac{x}{x^2+y^2}\leqslant 4 \\ 2\leqslant\frac{y}{x^2+y^2}\leqslant 4 \end{cases}$.

27. 设平面区域 D：$x^3\leqslant y\leqslant 1$，$-1\leqslant x\leqslant 1$，$f(x)$ 是定义在 $[-a,a]$ $(a\geqslant 1)$ 上的任意连续函数，试求 $\iint\limits_D 2y[(x+1)f(x)+(x-2)f(-x)]dx\,dy$.

28. 设函数 $f(x)$ 在 $[0,1]$ 上连续，证明：$2\int_0^1 f(x)dx\int_x^1 f(y)dy\leqslant\left[\int_0^1 f(x)dx\right]^2$.

29. 设 $f(x)$，$g(x)$ 均为 $[a,b]$ 上的连续增函数，a，$b>0$. 证明：

$$\int_a^b f(x)dx\int_a^b g(x)dx\leqslant(b-a)\int_a^b f(x)g(x)dx.$$

第八章

无穷级数

Ⅰ 教学基本要求

1. 了解级数的收敛与发散、收敛级数和的概念.
2. 掌握级数收敛的必要条件.
3. 掌握级数的基本性质.
4. 掌握几何级数和 p – 级数的敛散性特点.
5. 掌握正项级数敛散性的基本定理和基本审敛方法.
6. 掌握交错级数敛散性的莱布尼茨审敛法.
7. 了解任意项级数的绝对收敛和条件收敛概念及判别方法.
8. 了解函数项级数收敛域与和函数概念.
9. 了解关于幂级数收敛性的 Abel 定理.
10. 会求幂级数收敛半径和收敛域.
11. 了解幂级数在收敛区间内的基本性质.
12. 会求简单幂级数在其收敛区间内的和函数.
13. 掌握部分简单函数的幂级数展开形式.

Ⅱ 本章知识要点

一、常数项级数

1. 常数项级数的概念

(1) 常数项级数的概念

给定一个无穷实数列 $\{u_n\}$：

$$u_1, u_2, \cdots, u_n, \cdots,$$

则由这数列构成的表达式

$$u_1+u_2+\cdots+u_n+\cdots$$

叫作常数项无穷级数,简称常数项级数,记为 $\sum_{n=1}^{\infty}u_n$, 即

$$\sum_{n=1}^{\infty}u_n=u_1+u_2+u_3+\cdots+u_n+\cdots,$$

其中第 n 项 u_n 叫作级数的一般项(或通项).

(2) 前 n 项部分和的概念

级数 $\sum_{n=1}^{\infty}u_n$ 的前 n 项和

$$s_n=\sum_{i=1}^{n}u_i=u_1+u_2+u_3+\cdots+u_n$$

称为级数 $\sum_{n=1}^{\infty}u_n$ 的前 n 项部分和. 部分和构成的数列

$$\{s_n\}: s_1, s_2, \cdots s_n, \cdots$$

称为部分和数列.

(3) 级数的收敛性

如果级数 $\sum_{n=1}^{\infty}u_n$ 的部分和数列 $\{s_n\}$ 收敛,即

$$\lim_{n\to\infty}s_n=s, (s\text{ 为一实数})$$

则称无穷级数 $\sum_{n=1}^{\infty}u_n$ 收敛,并称 s 为级数 $\sum_{n=1}^{\infty}u_n$ 的和,并写成

$$s=\sum_{n=1}^{\infty}u_n=u_1+u_2+u_3+\cdots+u_n+\cdots;$$

如果 $\{s_n\}$ 发散,则称无穷级数 $\sum_{n=1}^{\infty}u_n$ 发散. 级数的收敛和发散统称为敛散性.

当级数 $\sum_{n=1}^{\infty}u_n$ 收敛时,其部分和 s_n 是级数 $\sum_{n=1}^{\infty}u_n$ 的和 s 的近似值,它们之间的差

$$r_n=s-s_n$$

称为级数 $\sum_{n=1}^{\infty}u_n$ 的余项. s_n 和 s 之间的误差可由 $|r_n|$ 去衡量,由于 $\lim_{n\to\infty}s_n=s$, 所以

$$\lim_{n\to\infty}|r_n|=0$$

2. 收敛级数的基本性质

性质 1 如果级数 $\sum_{n=1}^{\infty}u_n$ 收敛于和 s, k 为任意常数,则级数 $\sum_{n=1}^{\infty}ku_n$ 也收敛,且其和为 ks.

性质 2　如果级数 $\sum_{n=1}^{\infty} u_n$，$\sum_{n=1}^{\infty} v_n$ 分别收敛于和 s，σ，则级数 $\sum_{n=1}^{\infty}(u_n \pm v_n)$ 也收敛，且其和为 $s \pm \sigma$.

性质 3　在级数中去掉、加上或改变有限项，不会改变级数的收敛性.

性质 4　设级数 $\sum_{n=1}^{\infty} u_n$ 收敛，其和为 s，则保持级数原有顺序对其任意加括号后所成的级数仍收敛，且其和不变.

注意　如果加括号后所成的级数收敛，则不能断定去括号后原来的级数也收敛. 例如，级数 $(1-1)+(1-1)+\cdots$ 收敛于 0，但级数 $1-1+1-1+\cdots$ 却是发散的.

推论　如果保持原有顺序添加括号后所成的级数发散，则原来级数也发散.

性质 5　如果 $\sum_{n=1}^{\infty} u_n$ 收敛，则它的一般项 u_n 趋于零，即 $\lim\limits_{n \to 0} u_n = 0$.

注意　性质 5 只是级数收敛的必要条件，而不是充分条件，即一般项趋于零的级数不一定收敛. 但可以用性质 5 的逆否命题来判断一个级数的发散.

推论　若 $\lim\limits_{n \to 0} u_n \neq 0$，则级数 $\sum_{n=1}^{\infty} u_n$ 发散.

3. 正项级数及其审敛法

(1) 正项级数的概念：若级数 $\sum_{n=1}^{\infty} u_n$ 的各项均非负，即 $u_n \geqslant 0$，则称该级数为正项级数.

(2) 正项级数 $\sum_{n=1}^{\infty} u_n$ 收敛的充分必要条件是它的部分和数列 $\{s_n\}$ 有界.

(3) 正项级数的审敛法：

① 比较审敛法：设 $\sum_{n=1}^{\infty} u_n$ 和 $\sum_{n=1}^{\infty} v_n$ 都是正项级数，且 $u_n \leqslant v_n (n=1, 2, \cdots)$. 若级数 $\sum_{n=1}^{\infty} v_n$ 收敛，则级数 $\sum_{n=1}^{\infty} u_n$ 收敛；反之，若级数 $\sum_{n=1}^{\infty} u_n$ 发散，则级数 $\sum_{n=1}^{\infty} v_n$ 发散.

推论　设 $\sum_{n=1}^{\infty} u_n$ 和 $\sum_{n=1}^{\infty} v_n$ 都是正项级数，如果级数 $\sum_{n=1}^{\infty} v_n$ 收敛，且存在自然数 $\mathbf{N}$，使当 $n \geqslant \mathbf{N}$ 时，有 $u_n \leqslant k v_n (k>0)$ 成立，则级数 $\sum_{n=1}^{\infty} u_n$ 收敛；如果级数 $\sum_{n=1}^{\infty} v_n$ 发散，且当 $n \geqslant \mathbf{N}$ 时，有 $u_n \geqslant k v_n (k>0)$ 成立，则级数 $\sum_{n=1}^{\infty} u_n$ 发散.

比较审敛法的极限形式：设 $\sum_{n=1}^{\infty} u_n$ 和 $\sum_{n=1}^{\infty} v_n$ 都是正项级数，$v_n \neq 0$，且 $\lim\limits_{n \to \infty} \dfrac{u_n}{v_n} = l$，则当 $0 \leqslant l < +\infty$ 时，级数 $\sum_{n=1}^{\infty} v_n$ 与 $\sum_{n=1}^{\infty} u_n$ 同时收敛或同时发散；当 $l=0$ 时，若级数 $\sum_{n=1}^{\infty} v_n$ 收敛，则级数 $\sum_{n=1}^{\infty} u_n$ 收敛；若 $\sum_{n=1}^{\infty} u_n$ 发散，则 $\sum_{n=1}^{\infty} v_n$ 发散；当 $l=+\infty$ 时，若级数 $\sum_{n=1}^{\infty} v_n$ 发散，则级数 $\sum_{n=1}^{\infty} u_n$ 发散；若 $\sum_{n=1}^{\infty} u_n$ 收敛，则 $\sum_{n=1}^{\infty} v_n$ 收敛.

② 比值审敛法(达朗贝尔审敛法)：若正项级数 $\sum_{n=1}^{\infty} u_n$ 对任意 $n \geqslant 1$，有 $\lim\limits_{n \to \infty} \dfrac{u_{n+1}}{u_n} = \rho$，则

当 $0 \leqslant \rho < 1$ 时，级数 $\sum_{n=1}^{\infty} u_n$ 收敛；当 $\rho > 1$ 时，级数 $\sum_{n=1}^{\infty} u_n$ 发散；当 $\rho = 1$ 时，级数 $\sum_{n=1}^{\infty} u_n$ 可能收敛也可能发散.

③ 根值审敛法(柯西审敛法)：设 $\sum_{n=1}^{\infty} u_n$ 是正项级数，且 $\lim_{n\to\infty} \sqrt[n]{u_n} = \rho$，则当 $0 \leqslant \rho < 1$ 时，级数 $\sum_{n=1}^{\infty} u_n$ 收敛；当 $\rho > 1$ 时，级数 $\sum_{n=1}^{\infty} u_n$ 发散；当 $\rho = 1$ 时，级数 $\sum_{n=1}^{\infty} u_n$ 可能收敛也可能发散.

④ 极限审敛法：设 $\sum_{n=1}^{\infty} u_n$ 为正项级数，当 $\lim_{n\to\infty} nu_n = l > 0$（包括 $\lim_{n\to\infty} nu_n = +\infty$）时，则级数 $\sum_{n=1}^{\infty} u_n$ 发散；当 $p > 1$，而 $\lim_{n\to\infty} n^p u_n = l$ $(0 \leqslant l < +\infty)$ 时，则级数 $\sum_{n=1}^{\infty} u_n$ 收敛.

⑤ 积分审敛法：设 $\sum_{n=1}^{\infty} u_n$ 为正项级数，$f(x)$ 是 $[1, +\infty)$ 上的单调递减连续函数，且对任意自然数 $n \geqslant 1$，有

$$f(n) = u_n,$$

则级数 $\sum_{n=1}^{\infty} u_n$ 收敛的充分必要条件是广义积分 $\int_1^{+\infty} f(x)\mathrm{d}x$ 收敛.

4. 交错级数及其审敛法

(1) 交错级数的概念：常数项级数的各项依次正负相间，就称该级数为交错级数. 它的一般形式如下：

$$\sum_{n=1}^{\infty} (-1)^{n-1} u_n，其中 u_n > 0.$$

(2) 莱布尼茨审敛法：如果交错级数 $\sum_{n=1}^{\infty} (-1)^{n-1} u_n$ 满足条件：$u_n \geqslant u_{n+1}$，$(n = 1, 2, \cdots)$；$\lim_{n\to\infty} u_n = 0$，则级数收敛，且其和 $s \leqslant u_1$，其余项满足 $|r_n| \leqslant u_{n+1}$.

5. 绝对收敛与条件收敛

若级数 $\sum_{n=1}^{\infty} u_n$ 各项的绝对值所构成的级数 $\sum_{n=1}^{\infty} |u_n|$ 收敛，则原级数必收敛，称级数 $\sum_{n=1}^{\infty} u_n$ 绝对收敛；若级数 $\sum_{n=1}^{\infty} u_n$ 收敛，而级数 $\sum_{n=1}^{\infty} |u_n|$ 发散，则称级数 $\sum_{n=1}^{\infty} u_n$ 条件收敛.

注意　如果级数 $\sum_{n=1}^{\infty} |u_n|$ 发散，我们不能断定级数 $\sum_{n=1}^{\infty} u_n$ 也发散. 但是，如果我们用比值法或根值法判定级数 $\sum_{n=1}^{\infty} |u_n|$ 发散，则我们可以断定级数 $\sum_{n=1}^{\infty} u_n$ 必定发散. 这是因为，此时 $|u_n|$ 不趋向于零，从而 u_n 也不趋向于零，因此级数 $\sum_{n=1}^{\infty} u_n$ 也是发散的.

二、函数项级数

1. 函数项级数的概念

(1) 函数项级数：级数的通项是在某一区间 I 上的函数时，就称为函数项级数，即

$$\sum_{n=1}^{\infty} u_n(x) = u_1(x) + u_2(x) + \cdots + u_n(x) + \cdots,$$

其中 $u_n(x)$，$n=1, 2, \cdots$ 是定义在区间 I 上的函数.

(2) 收敛点和收敛域：对于区间 I 内的一定点 x_0，若常数项级数 $\sum_{n=1}^{\infty} u_n(x_0)$ 收敛，则称点 x_0 是函数项级数 $\sum_{n=1}^{\infty} u_n(x)$ 的收敛点；若常数项级数 $\sum_{n=1}^{\infty} u_n(x_0)$ 发散，则称点 x_0 是级数 $\sum_{n=1}^{\infty} u_n(x)$ 的发散点. 函数项级数 $\sum_{n=1}^{\infty} u_n(x)$ 的所有收敛点的全体称为它的收敛域，所有发散点的全体称为它的发散域.

(3) 和函数：在函数项级数 $\sum_{n=1}^{\infty} u_n(x)$ 的收敛域上，其和是关于 x 的函数 $s(x)$，把 $s(x)$ 称为函数项级数 $\sum_{n=1}^{\infty} u_n(x)$ 的和函数，并写成 $s(x) = \sum_{n=1}^{\infty} u_n(x)$.

(4) 前 n 项部分和函数：把函数项级数 $\sum_{n=1}^{\infty} u_n(x)$ 的前 n 项的部分和记作 $s_n(x)$，即

$$s_n(x) = u_1(x) + u_2(x) + \cdots + u_n(x).$$

在收敛域上有 $\lim\limits_{n\to\infty} s_n(x) = s(x)$. 函数项级数 $\sum_{n=1}^{\infty} u_n(x)$ 的和函数 $s(x)$ 与部分和 $s_n(x)$ 的差 $r_n(x) = s(x) - s_n(x)$ 叫作函数项级数 $\sum_{n=1}^{\infty} u_n(x)$ 的余项. 在函数项级数 $\sum_{n=1}^{\infty} u_n(x)$ 的收敛域上有 $\lim\limits_{n\to\infty} r_n(x) = 0$.

2. 幂级数

(1) 幂级数概念：形如

$$\sum_{n=0}^{\infty} a_n(x-x_0)^n = a_0 + a_1(x-x_0) + \cdots + a_n(x-x_0)^n + \cdots \tag{1}$$

的级数称为 $(x-x_0)$ 的幂级数，其中 $x_0 \in R$ 为常数，a_0，a_1，a_2，$\cdots$，a_n，$\cdots$ 均为实常数，称为幂级数的系数.

注意　当 $x_0 = 0$ 时，幂级数的一般形式(1)就变为

$$\sum_{n=0}^{\infty} a_n x^n = a_0 + a_1 x + \cdots + a_n x^n + \cdots, \tag{2}$$

式(2)称为 x 的幂级数. 因为只要令 $t = x - x_0$，就可把式(1)化为式(2)，所以不失一般性，我们讨论幂级数(2)的收敛性问题.

(2) 阿贝尔定理：若幂级数 $\sum_{n=0}^{\infty} a_n x^n$ 在 $x = x_0$ $(x_0 \neq 0)$ 处收敛，则对满足不等式

$|x|<|x_0|$ 的任何 x，该幂级数绝对收敛. 反之，若幂级数 $\sum\limits_{n=0}^{\infty}a_nx^n$ 在 $x=x_0$ 处发散，则对满足不等式 $|x|>|x_0|$ 的任何 x，该幂级数发散.

推论 如果幂级数 $\sum\limits_{n=0}^{\infty}a_nx^n$ 不是仅在点 $x=0$ 一点收敛，也不是在 $(-\infty,+\infty)$ 上都收敛，则必存在一个完全确定的正数 R，使得当 $|x|<R$ 时，幂级数绝对收敛；当 $|x|>R$ 时，幂级数发散；当 $|x|=R$ 时，幂级数可能收敛，也可能发散. 正数 R 通常叫作幂级数 $\sum\limits_{n=0}^{\infty}a_nx^n$ 的收敛半径.

注意 若幂级数 $\sum\limits_{n=0}^{\infty}a_nx^n$ 仅在 $x=0$ 处收敛，此时收敛域中只有一点 $x=0$，规定此时幂级数的收敛半径 $R=0$，若幂级数 $\sum\limits_{n=0}^{\infty}a_nx^n$ 对一切 x 都收敛，则规定收敛半径 $R=+\infty$，收敛域为 $(-\infty,+\infty)$.

(3) 如果幂级数 $\sum\limits_{n=0}^{\infty}a_nx^n(a_n\neq 0)$ 相邻两项的系数满足

$$\lim_{n\to\infty}\left|\frac{a_{n+1}}{a_n}\right|=\rho,$$

则该幂级数的收敛半径

$$R=\begin{cases}+\infty & \rho=0\\ \dfrac{1}{\rho} & \rho\neq 0\\ 0 & \rho=+\infty\end{cases}.$$

(4) 幂级数的运算：设幂级数 $\sum\limits_{n=0}^{\infty}a_nx^n$ 及 $\sum\limits_{n=0}^{\infty}b_nx^n$ 分别在区间 $(-R_1,R_1)$ 及 $(-R_2,R_2)$ 内收敛，且 $R'=\min(R_1,R_2)$，则有如下计算法则：

① 加减法：$\sum\limits_{n=0}^{\infty}a_nx^n\pm\sum\limits_{n=0}^{\infty}b_nx^n=\sum\limits_{n=0}^{\infty}(a_n\pm b_n)x^n$，$x\in(-R',R')$.

② 乘法：$\left(\sum\limits_{n=0}^{\infty}a_nx^n\right)\cdot\left(\sum\limits_{n=0}^{\infty}b_nx^n\right)=\sum\limits_{n=0}^{\infty}(a_nb_0+a_{n-1}b_1+\cdots+a_0b_n)x^n$，$x\in(-R',R')$.

(5) 收敛幂级数性质：设幂级数 $\sum\limits_{n=0}^{\infty}a_nx^n$ 在收敛域 $(-R,R)$ 内的和函数为 $s(x)$，则有如下性质：

性质 1 幂级数 $\sum\limits_{n=0}^{\infty}a_nx^n$ 的和函数 $s(x)$ 在其收敛域 $(-R,R)$ 内连续.

性质 2 幂级数 $\sum\limits_{n=0}^{\infty}a_nx^n$ 的和函数 $s(x)$ 在其收敛域 $(-R,R)$ 内可积，并且有逐项积分公式

$$\int_0^x s(x)\mathrm{d}x=\int_0^x\left(\sum_{n=0}^{\infty}a_nx^n\right)\mathrm{d}x=\sum_{n=0}^{\infty}\int_0^x a_nx^n\mathrm{d}x=\sum_{n=0}^{\infty}\frac{a_n}{n+1}x^{n+1}\quad x\in(-R,R),$$

逐项积分后所得到的幂级数和原幂级数有相同的收敛半径.

性质 3 幂级数 $\sum\limits_{n=0}^{\infty}a_nx^n$ 的和函数 $s(x)$ 在其收敛域 $(-R,R)$ 内可导,并且有逐项求导公式

$$s'(x)=\left(\sum_{n=0}^{\infty}a_nx^n\right)'=\sum_{n=0}^{\infty}(a_nx^n)'=\sum_{n=1}^{\infty}na_nx^{n-1}\quad x\in(-R,R),$$

逐项求导后所得到的幂级数和原幂级数有相同的收敛半径.

注意 经过逐项可导或逐项积分后,所得的幂级数的收敛半径虽然不变,但端点的敛散性却会有所变化,故需另做判断.

3. 函数展开成幂级数

(1) 泰勒级数:若函数 $f(x)$ 在点 x_0 的某邻域内具有 $n+1$ 阶导数,则在该邻域内的任意一点 x,有

$$f(x)=f(x_0)+f'(x_0)(x-x_0)+\frac{f''(x_0)}{2!}(x-x_0)^2+\cdots+\frac{f^{(n)}(x_0)}{n!}(x-x_0)^n+R_n(x),\tag{1}$$

其中,$R_n(x)=\dfrac{f^{(n+1)}(\xi)}{(n+1)!}(x-x_0)^{n+1}$($\xi$ 介于 x 与 x_0 之间).

式(1)称为 $f(x)$ 在 $x=x_0$ 处的 n 阶泰勒公式,$R_n(x)$ 称为泰勒公式的余项,而

$$P_n(x)=f(x_0)+f'(x_0)(x-x_0)+\frac{f''(x_0)}{2!}(x-x_0)^2+\cdots+\frac{f^{(n)}(x_0)}{n!}(x-x_0)^n\tag{2}$$

称为 $f(x)$ 在 $x=x_0$ 处的 n 阶泰勒多项式. 当 $n\to\infty$ 时,$f(x)$ 在 $x=x_0$ 处的 n 阶泰勒多项式(2)就化为幂级数

$$\sum_{n=0}^{\infty}\frac{f^{(n)}(x_0)}{n!}(x-x_0)^n=f(x_0)+f'(x_0)(x-x_0)+\frac{f''(x_0)}{2!}(x-x_0)^2+\cdots+\frac{f^{(n)}(x_0)}{n!}(x-x_0)^n+\cdots\tag{3}$$

幂级数(3)称为函数 $f(x)$ 在 $x=x_0$ 处的泰勒级数. 显然,当 $x=x_0$ 时,$f(x)$ 的泰勒级数收敛于 $f(x_0)$.

$f(x)$ 在 $x_0=0$ 处的泰勒级数

$$\sum_{n=0}^{\infty}\frac{f^{(n)}(x_0)}{n!}x^n=f(0)+f'(0)x+\frac{f''(0)}{2!}x^2+\cdots+\frac{f^{(n)}(0)}{n!}x^n+\cdots$$

称为 $f(x)$ 的麦克劳林级数.

(2) 设函数 $f(x)$ 在点 x_0 的某一邻域 $U(x_0)$ 内具有任意阶导数,则 $f(x)$ 在该邻域 $U(x_0)$ 内能展开成泰勒级数的充分必要条件是 $f(x)$ 的泰勒公式(1)中的余项 $R_n(x)$ 满足:

$$\lim_{n\to\infty} R_n(x)=0\ (x\in U(x_0)).$$

注意 函数的麦克劳林级数是 x 的幂级数,如果 $f(x)$ 能展开成 x 的幂级数,那么这种展开式是唯一的,它一定等于 $f(x)$ 的麦克劳林级数.但是,反过来如果 $f(x)$ 的麦克劳林级数在点 $x_0=0$ 的某邻域内收敛,却不一定收敛于 $f(x)$. 因此,如果 $f(x)$ 在点 $x_0=0$ 处具有各阶导数,则 $f(x)$ 的麦克劳林级数虽然能写出来,但这个级数是否在某个区间内收敛,以及是否收敛于 $f(x)$ 却需要进一步考察.

(3) 函数展开成幂级数:把一个给定函数 $f(x)$ 展开成 x 的幂级数一般有直接法和间接法两种方法:

① 直接展开法:按下列步骤把给定函数 $f(x)$ 展开成 x 的幂级数的方法叫直接展开法.

a. 计算 $f(x)$ 的各阶导数及其在 $x=0$ 处的导数值:$f^{(n)}(x)$ 和 $f^{(n)}(0)$.

b. 写出麦克劳林级数 $\sum\limits_{n=0}^{\infty}\dfrac{f^{(n)}(x_0)}{n!}x^n$,并求出收敛半径 R.

c. 考察在收敛区间 $f(x)$ 内,余项的极限 $\lim\limits_{n\to\infty}R_n(x)=0$ 是否成立. 如果成立,则 $f(x)$ 在 $(-R,R)$ 内有展开式

$$f(x)=f(0)+f'(0)x+\frac{f''(0)}{2!}x^2+\cdots+\frac{f^{(n)}(0)}{n!}x^n+\cdots\quad x\in(-R,R).$$

② 间接展开法:利用已有的幂级数展开式,借助于幂级数性质、换元等方法展开幂级数的方法叫间接法.

Ⅲ 典型例题讲解

例 1 判定下列级数的收敛性:

(1) $\sum\limits_{n=1}^{\infty}5\cdot\left(\dfrac{1}{a}\right)^n(a>0)$;

(2) $\sum\limits_{n=1}^{\infty}(\sqrt{n+1}-\sqrt{n})$;

(3) $\sum\limits_{n=1}^{\infty}\dfrac{1}{n+3}$;

(4) $\sum\limits_{n=1}^{\infty}\dfrac{2+(-1)^n}{2^n}$;

(5) $\sum\limits_{n=1}^{\infty}\ln\dfrac{n}{n+1}$;

(6) $\sum\limits_{n=1}^{\infty}(-1)^n 2$;

(7) $\sum\limits_{n=1}^{\infty}\dfrac{n+1}{n}$;

(8) $\sum\limits_{n=0}^{\infty}\dfrac{(-1)^n\cdot n}{2n+1}$.

解 (1) 该级数为等比级数,公比为 $\dfrac{1}{a}$,且 $a>0$,故当 $\left|\dfrac{1}{a}\right|<1$,即 $a>1$ 时,级数收敛,当 $\left|\dfrac{1}{a}\right|\geqslant1$ 即 $0<a\leqslant1$ 时,级数发散.

(2) ∵ $S_n=(\sqrt{2}-\sqrt{1})+(\sqrt{3}-\sqrt{2})+\cdots+(\sqrt{n+1}-\sqrt{n})=\sqrt{n+1}-1$,

$\lim\limits_{n\to\infty}S_n=\infty$,

∴ $\sum\limits_{n=1}^{\infty}(\sqrt{n+1}-\sqrt{n})$ 发散.

(3) $\sum\limits_{n=1}^{\infty}\frac{1}{n+3}$ 是调和级数 $\sum\limits_{n=1}^{\infty}\frac{1}{n}$ 去掉前 3 项得到的级数，而调和级数 $\sum\limits_{n=1}^{\infty}\frac{1}{n}$ 发散，故原级数 $\sum\limits_{n=1}^{\infty}\frac{1}{n+3}$ 发散.

(4) ∵ $\sum\limits_{n=1}^{\infty}\frac{2+(-1)^n}{2^n}=\sum\limits_{n=1}^{\infty}\left(\frac{1}{2^{n-1}}+\frac{(-1)^n}{2^n}\right)$,

而 $\sum\limits_{n=1}^{\infty}\frac{1}{2^{n-1}}$, $\sum\limits_{n=1}^{\infty}\frac{(-1)^m}{2^n}$ 是公比分别为 $\frac{1}{2}$ 的收敛的等比级数，所以由数项级数的基本性质知 $\sum\limits_{n=1}^{\infty}\left(\frac{1}{2^{n-1}}+\frac{(-1)^n}{2^n}\right)$ 收敛，即原级数收敛.

(5) ∵ $\ln\frac{n}{n+1}=\ln n-\ln(n+1)$,

于是 $S_n=(\ln1-\ln2)+(\ln2-\ln3)+\cdots[\ln n-\ln(n+1)]$

$=\ln1-\ln(n+1)=-\ln(n+1)$,

故 $\lim\limits_{n\to\infty}S_n=-\infty$, 所以级数 $\sum\limits_{n=1}^{\infty}\ln\frac{n}{n+1}$ 发散.

(6) ∵ $S_{2n}=0$, $S_{2n+1}=-2$,

∴ $\lim\limits_{n\to\infty}S_n$ 不存在，从而级数 $\sum\limits_{n=1}^{\infty}(-1)^n 2$ 发散.

(7) ∵ $\lim\limits_{n\to\infty}U_n=\lim\limits_{n\to\infty}\frac{n+1}{n}=1\neq0$,

∴ 级数 $\sum\limits_{n=1}^{\infty}\frac{n+1}{n}$ 发散.

(8) ∵ $U_n=\frac{(-1)^n n}{2n+1}$, $\lim\limits_{n\to\infty}\left|\frac{(-1)^n n}{2n+1}\right|=\frac{1}{2}$,

∴ $\lim\limits_{n\to\infty}U_n\neq0$, 故级数 $\sum\limits_{n=1}^{\infty}\frac{(-1)^n n}{2n+1}$ 发散.

例 2　判别下列级数的收敛性，若收敛则求其和：

(1) $\sum\limits_{n=1}^{\infty}\left(\frac{1}{2^n}+\frac{1}{3^n}\right)$;　　(2) $\sum\limits_{n=1}^{\infty}\frac{1}{n(n+1)(n+2)}$;

(3) $\sum\limits_{n=1}^{\infty}n\cdot\sin\frac{\pi}{2n}$;　　(4) $\sum\limits_{n=0}^{\infty}\cos\frac{n\pi}{2}$.

解　(1) $\sum\limits_{n=1}^{\infty}\frac{1}{2^n}$, $\sum\limits_{n=1}^{\infty}\frac{1}{3^n}$ 都收敛，且其和分别为 1 和 $\frac{1}{2}$，则 $\sum\limits_{n=1}^{\infty}\left(\frac{1}{2^n}+\frac{1}{3^n}\right)$ 收敛，且其和为 $1+\frac{1}{2}=\frac{3}{2}$.

(2) $\because \dfrac{1}{n(n+1)(n+2)}=\dfrac{1}{2}\left(\dfrac{1}{n}-\dfrac{2}{n+1}+\dfrac{1}{n+2}\right)$,

$$\therefore S_n=\frac{1}{2}\left(1-\frac{2}{2}+\frac{1}{3}\right)+\frac{1}{2}\left(\frac{1}{2}-\frac{2}{3}+\frac{1}{4}\right)+\frac{1}{2}\left(\frac{1}{3}-\frac{2}{4}+\frac{1}{5}\right)$$

$$+\cdots+\frac{1}{2}\left(\frac{1}{n}-\frac{2}{n+1}+\frac{1}{n+2}\right)=\frac{1}{2}\left(\frac{1}{2}-\frac{1}{n+1}+\frac{1}{n+2}\right),$$

$\lim\limits_{n\to\infty}S_n=\dfrac{1}{4}$，故级数收敛，且其和为 $\dfrac{1}{4}$.

(3) $U_n=n\sin\dfrac{\pi}{2n}$，而 $\lim\limits_{n\to\infty}U_n=\lim\limits_{n\to\infty}\dfrac{\pi}{2}\cdot\dfrac{\sin\dfrac{\pi}{2n}}{\dfrac{\pi}{2n}}=\dfrac{\pi}{2}\neq 0$，故级数 $\sum\limits_{n=1}^{\infty}n\cdot\sin\dfrac{\pi}{2n}$ 发散.

(4) $U_n=\cos\dfrac{n\pi}{2}$，而 $\lim\limits_{k\to\infty}U_{4k}=\lim\limits_{k\to\infty}\cos 2k\pi=1$，$\lim\limits_{k\to\infty}U_{4k+2}=\lim\limits_{k\to\infty}\cos(2k+1)\pi=-1$，

故 $\lim\limits_{n\to\infty}U_n$ 不存在，所以级数 $\sum\limits_{n=0}^{\infty}\cos\dfrac{n\pi}{2}$ 发散.

例 3 判定下列正项级数的收敛性：

(1) $\sum\limits_{n=1}^{\infty}\dfrac{1}{\sqrt{n(n^2+5)}}$；　　(2) $\sum\limits_{n=1}^{\infty}\dfrac{1}{a+b^n}$ $(a,b>0)$；

(3) $\sum\limits_{n=1}^{\infty}(\sqrt{n^2+a}-\sqrt{n^2-a})$ $(a>0)$；　　(4) $\sum\limits_{n=1}^{\infty}\dfrac{n^n}{n!}$；

(5) $\sum\limits_{n=1}^{\infty}\dfrac{(n!)^2}{2^{n^2}}$；　　(6) $\sum\limits_{n=1}^{\infty}\left(\dfrac{n}{2n+1}\right)^n$.

解 (1) 因为 $\dfrac{1}{\sqrt{n(n^2+5)}}<\dfrac{1}{\sqrt{n\cdot n^2}}=\dfrac{1}{n^{\frac{3}{2}}}$，而 $\sum\limits_{n=1}^{\infty}\dfrac{1}{n^{\frac{3}{2}}}$ 是收敛的 $p-$级数 $\left(p=\dfrac{3}{2}>1\right)$，由比较审敛法知，级数 $\sum\limits_{n=1}^{\infty}\dfrac{1}{\sqrt{n(n^2+5)}}$ 收敛.

(2) 因为
$$\lim_{n\to\infty}\frac{\dfrac{1}{a+b^n}}{\dfrac{1}{b^n}}=\lim_{n\to\infty}\frac{b^n}{a+b^n}=\lim_{n\to\infty}\left(1-\frac{a}{a+b^n}\right)$$

$$=\begin{cases}1 & b>1\\ \dfrac{1}{a+1} & b=1\\ 0 & 0<b<1\end{cases},$$

而当 $b>1$ 时，$\sum\limits_{n=1}^{\infty}\dfrac{1}{b^n}$ 收敛，故 $\sum\limits_{n=1}^{\infty}\dfrac{1}{a+b^n}$ 收敛.

当 $b=1$ 时，$\sum_{n=1}^{\infty}\frac{1}{b^n}=\sum_{n=1}^{\infty}1$ 发散，故而由 $a>0$，$0<\frac{1}{a+1}<+\infty$，故 $\sum_{n=1}^{\infty}\frac{1}{a+b^n}$ 也发散.

当 $0<b<1$ 时，$\lim_{n\to\infty}\frac{1}{a+b^n}=\frac{1}{a}\neq 0$，故 $\sum_{n=1}^{\infty}\frac{1}{a+b^n}$ 发散.

综上所述知，当 $0<b\leqslant 1$ 时，级数 $\sum_{n=1}^{\infty}\frac{1}{a+b^n}$ 发散；当 $b>1$ 时，级数 $\sum_{n=1}^{\infty}\frac{1}{a+b^n}$ 收敛.

(3) 因为

$$\lim_{n\to\infty}\frac{\sqrt{n^2+a}-\sqrt{n^2-a}}{\frac{1}{n}}=\lim_{n\to\infty}\frac{2an}{\sqrt{n^2+a}+\sqrt{n^2-a}}$$

$$=\lim_{n\to\infty}\frac{2a}{\sqrt{1+\frac{a}{n^2}}+\sqrt{1-\frac{a}{n^2}}}=a>0,$$

而 $\sum_{n=1}^{\infty}\frac{1}{n}$ 发散，故级数 $\sum_{n=1}^{\infty}(\sqrt{n^2+a}-\sqrt{n^2-a})\ (a>0)$ 发散.

(4) 因为 $\lim_{n\to\infty}\frac{U_{n+1}}{U_n}=\lim_{n\to\infty}\frac{(n+1)^{n+1}}{(n+1)!}\cdot\frac{n!}{n^n}=\lim_{n\to\infty}\left(1+\frac{1}{n}\right)^n=e>1$，由比值审敛法知，级数 $\sum_{n=1}^{\infty}\frac{n^n}{n!}$ 发散.

(5) 因为

$$\lim_{n\to\infty}\frac{U_{n+1}}{U_n}=\lim_{n\to\infty}\frac{[(n+1)!]^2}{2^{(n+1)^2}}\cdot\frac{2^{n^2}}{(n!)^2}=\lim_{n\to\infty}\frac{(n+1)^2}{2^{2n+1}},$$

由

$$\lim_{x\to\infty}\frac{(x+1)^2}{2^{2x+1}}=\lim_{x\to+\infty}\frac{2(x+1)}{2^{2x+1}\cdot 2\ln 2}=\lim_{x\to+\infty}\frac{x+1}{2^{2x+1}\cdot\ln 2}$$

$$=\lim_{x\to+\infty}\frac{1}{2^{2x+1}\cdot 2(\ln 2)^2}=0,$$

知

$$\lim_{n\to\infty}\frac{U_{n+1}}{U_n}=\lim_{n\to\infty}\frac{(n+1)^2}{2^{2n+1}}=0<1.$$

由比值审敛法知，级数 $\sum_{n=1}^{\infty}\frac{(n!)^2}{2^{n^2}}$ 收敛.

(6) 因为 $\lim_{n\to\infty}\sqrt[n]{U_n}=\lim_{n\to\infty}\frac{n}{2n+1}=\frac{1}{2}<1$，由柯西根值审敛法，知级数 $\sum_{n=1}^{\infty}\left(\frac{n}{2n+1}\right)^n$ 收敛.

例 4　判定下列级数是否收敛；如果是收敛级数，指出其是绝对收敛还是条件收敛：

(1) $\sum_{n=1}^{\infty}(-1)^n\frac{1}{2n-1}$；　　(2) $\sum_{n=1}^{\infty}\frac{(-1)^n+2}{(-1)^{n-1}\cdot 2^n}$；

(3) $\sum_{n=1}^{\infty}(-1)^{n+1}\frac{1}{\pi n}\sin\frac{\pi}{n}$；　　(4) $\sum_{n=1}^{\infty}\frac{(-1)^n}{n+x}$；

(5) $\sum_{n=1}^{\infty}\frac{\sin(2^n\cdot x)}{n!}$； *(6) $\sum_{n=1}^{\infty}\frac{\sin nx}{n}\quad(0<x<\pi)$.

解 (1) 这是一个交错级数 $U_n=\frac{1}{2n-1}$，$\lim\limits_{n\to\infty}U_n=\lim\limits_{n\to\infty}\frac{1}{2n-1}=0$，

$U_n=\frac{1}{2n-1}>\frac{1}{2n+1}=U_{n+1}$，由莱布尼茨审敛法知 $\sum_{n=1}^{\infty}(-1)^n\frac{1}{2n-1}$ 收敛.

又 $\sum_{n=1}^{\infty}\left|(-1)^n\frac{1}{2n-1}\right|=\sum_{n=1}^{\infty}\frac{1}{2n-1}$，由 $\lim\limits_{n\to\infty}\frac{\frac{1}{2n-1}}{\frac{1}{n}}=\frac{1}{2}$ 及 $\sum_{n=1}^{\infty}\frac{1}{n}$ 发散，知级数 $\sum_{n=1}^{\infty}\frac{1}{2n-1}$ 发散，所以级数 $\sum_{n=1}^{\infty}(-1)^n\frac{1}{2n-1}$ 条件收敛.

(2) 因为 $\frac{(-1)^2+2}{(-1)^{n-1}\cdot 2^n}=\frac{-1}{2^n}+\frac{1}{(-1)^{n-1}\cdot 2^{n-1}}$，故

$$\left|\frac{(-1)^n+2}{(-1)^{n-1}\cdot 2^n}\right|=\left|\frac{-1}{2^n}+\frac{1}{(-1)^{n-1}\cdot 2^{n-1}}\right|\leqslant\left|\frac{-1}{2^n}\right|+\left|\frac{1}{(-1)^{n-1}\cdot 2^{n-1}}\right|$$
$$=\frac{1}{2^n}+\frac{1}{2^{n-1}}=\frac{3}{2^n}.$$

而 $\sum_{n=1}^{\infty}\frac{1}{2^n}$ 收敛，故 $\sum_{n=1}^{\infty}\frac{3}{2^n}$ 亦收敛，由比较审敛法知 $\sum_{n=1}^{\infty}\left|\frac{(-1)^n+2}{(-1)^{n-1}\cdot 2^n}\right|$ 收敛，所以级数 $\sum_{n=1}^{\infty}\frac{(-1)^n+2}{(-1)^{n-1}\cdot 2^n}$ 绝对收敛.

(3) 因为 $$\lim_{n\to\infty}\frac{\left|(-1)^{n+1}\frac{1}{\pi n}\sin\frac{\pi}{n}\right|}{\frac{1}{n^2}}=\lim_{n\to\infty}\left|\frac{\sin\frac{\pi}{n}}{\frac{\pi}{n}}\right|=1,$$

而 $\sum_{n=1}^{\infty}\frac{1}{n^2}$ 收敛，由比较审敛法的极限形式知级数 $\sum_{n=1}^{\infty}\left|(-1)^{n+1}\frac{1}{\pi n}\sin\frac{\pi}{n}\right|$ 收敛，从而级数 $\sum_{n=1}^{\infty}(-1)^{n+1}\frac{1}{\pi n}\sin\frac{\pi}{n}$ 绝对收敛.

(4) 当 x 为负整数时，级数显然无意义；当 x 不为负整数时，此交错级数满足莱布尼茨审敛法的条件，故它是收敛的，但因 $\sum_{n=1}^{\infty}\frac{1}{x+n}$ 发散，故原级数当 x 不为负整数时仅为条件收敛.

(5) 因为 $$\left|\frac{\sin(2^n\cdot x)}{n!}\right|\leqslant\frac{1}{n!},$$

由比值审敛法知 $\sum_{n=1}^{\infty}\frac{1}{n!}$ 收敛，从而由比较审敛法知 $\sum_{n=1}^{\infty}\left|\frac{\sin(2^n\cdot x)}{n!}\right|$ 收敛，所以级数

$\sum_{n=1}^{\infty}\frac{\sin(2^n\cdot x)}{n!}$绝对收敛.

*(6) 因为$\frac{1}{n}$单调下降趋于零，且部分和$\sum_{n=1}^{N}\sin nx$有界$(0<x<\pi)$，故由迪里黑里审敛法知级数$\sum_{n=1}^{\infty}\frac{\sin nx}{n}$收敛.

又$\left|\frac{\sin nx}{n}\right|\geqslant\frac{\sin^2 nx}{n}=\frac{1-\cos 2nx}{2n}=\frac{1}{2n}-\frac{\cos 2nx}{2n}$，由于$\sum_{n=1}^{\infty}\frac{1}{2n}$发散，因$\frac{1}{2n}$单调趋于零，且$\sum_{n=1}^{N}\cos 2nx$有界，故由迪里黑里审敛法知$\sum_{n=1}^{\infty}\frac{\cos 2nx}{2n}$收敛，从而$\sum_{n=1}^{\infty}\left(\frac{1}{2n}-\frac{\cos 2nx}{2n}\right)$发散，由比较审敛法知，$\sum_{n=1}^{\infty}\left|\frac{\sin nx}{n}\right|$发散，所以，原级数$\sum_{n=1}^{\infty}\frac{\sin nx}{n}$ $(0<x<\pi)$条件收敛.

注 迪里黑里审敛法：若级数$\sum_{n=1}^{\infty}u_n v_n$满足条件：

(1) 部分和$S_n=\sum_{i=1}^{n}u_i$是有界的；

(2) 当$n\to\infty$时，v_n单调地趋于零，

则级数$\sum_{n=1}^{\infty}u_n v_n$收敛.

例 5 设级数$\sum_{n=1}^{\infty}a_n^2$及$\sum_{n=1}^{\infty}b_n^2$都收敛，证明级数$\sum_{n=1}^{\infty}a_n b_n$及$\sum_{n=1}^{\infty}(a_n+b_n)^2$也都收敛.

证明 因为$0\leqslant|a_n b_n|\leqslant\frac{|a_n|^2+|b_n|^2}{2}=\frac{1}{2}a_n^2+\frac{1}{2}b_n^2$，

而由已知$\sum_{n=1}^{\infty}a_n^2$及$\sum_{n=1}^{\infty}b_n^2$都收敛，故$\sum_{n=1}^{\infty}\frac{1}{2}a_n^2$，$\sum_{n=1}^{\infty}\frac{1}{2}b_n^2$收敛，从而$\sum_{n=1}^{\infty}\left(\frac{1}{2}a_n^2+\frac{1}{2}b_n^2\right)$收敛，由正项级数的比较审敛法知$\sum_{n=1}^{\infty}|a_n b_n|$也收敛，从而级数$\sum_{n=1}^{\infty}a_n b_n$绝对收敛. 又由

$(a_n+b_n)^2=a_n^2+2a_n b_n+b_n^2$及$\sum_{n=1}^{\infty}a_n^2$，$\sum_{n=1}^{\infty}b_n^2$，以及$\sum_{n=1}^{\infty}a_n b_n$收敛，利用数项级数的基本性质知，$\sum_{n=1}^{\infty}(a_n^2+2a_n b_n+b_n^2)$收敛，亦即$\sum_{n=1}^{\infty}(a_n+b_n)^2$收敛.

例 6 指出下列幂级数的收敛区间：

(1) $\sum_{n=0}^{\infty}\frac{x^n}{n!}$ $(0!=1)$；　　(2) $\sum_{n=0}^{\infty}\frac{n!}{n^n}x^n$；

(3) $\sum_{n=0}^{\infty}(-1)^n\frac{x^{2n+1}}{2n+1}$；　　(4) $\sum_{n=0}^{\infty}\frac{2^n}{n}(x-1)^n$.

解 (1) 因为$\rho=\lim\limits_{n\to\infty}\left|\frac{a_{n+1}}{a_n}\right|=\lim\limits_{n\to\infty}\left|\frac{\frac{1}{(n+1)!}}{\frac{1}{n!}}\right|=\lim\limits_{n\to\infty}\frac{1}{n+1}=0$，所以收敛半径

$r=+\infty$，幂级数 $\sum\limits_{n=1}^{\infty}\dfrac{x^n}{n!}$ 的收敛区间为 $(-\infty,+\infty)$.

(2) 因为 $\rho=\lim\limits_{n\to\infty}\left|\dfrac{a_{n+1}}{a_n}\right|=\lim\limits_{n\to\infty}\left|\dfrac{n}{n+1}\right|^n=\lim\limits_{n\to\infty}\left(1-\dfrac{1}{n+1}\right)^n=e^{-1}$，所以收敛半径 $r=\dfrac{1}{\rho}=e$.

当 $x=e$ 时，级数 $\sum\limits_{n=0}^{\infty}\dfrac{n!}{n^n}x^n=\sum\limits_{n=1}^{\infty}\dfrac{n!}{n^n}e^n$，此时 $\dfrac{u_{n+1}}{u_n}=\dfrac{e}{\left(1+\dfrac{1}{n}\right)^n}$，因为 $\left(1+\dfrac{1}{n}\right)^n$ 是单调递增数列，且 $\left(1+\dfrac{1}{n}\right)^n<e$ 所以 $\dfrac{u_{n+1}}{u_n}>1$，从而 $\lim\limits_{n\to\infty}u_n\neq 0$，于是级数当 $x=e$ 时，原级数发散.

类似地，可证当 $x=-e$ 时，原级数也发散（可证 $\lim\limits_{n\to\infty}|u_n|\neq 0$）. 综上所述，级数 $\sum\limits_{n=0}^{\infty}\dfrac{n!}{n^n}x^n$ 的收敛区间为 $(-e, e)$.

(3) 此级数缺少偶次幂的项，不能直接运用定理求收敛半径，改用比值审敛法求收敛区间.

令 $u_n=(-1)^n\dfrac{x^{2n+1}}{2n+1}$，则 $\lim\limits_{n\to\infty}\left|\dfrac{u_{n+1}}{u_n}\right|=\lim\limits_{n\to\infty}\dfrac{2n+1}{2n+3}\cdot x^2=x^2$.

当 $x^2<1$ 时，即 $|x|<1$ 时，原级数绝对收敛.

当 $x^2>1$ 时，即 $|x|>1$ 时，级数 $\sum\limits_{n=0}^{\infty}|u_n|$ 发散，从而 $\sum\limits_{n=0}^{\infty}(-1)^n\dfrac{x^{2n+1}}{2n+1}$ 发散；当 $x=1$ 时，级数变为 $\sum\limits_{n=0}^{\infty}(-1)^n\dfrac{1}{2n+1}$；当 $x=-1$ 时，级数变为 $\sum\limits_{n=0}^{\infty}(-1)^{n+1}\dfrac{1}{2n+1}$；它们都是交错级数，且满足莱布尼茨审敛法的条件，故它们都收敛.

综上所述，级数 $\sum\limits_{n=0}^{\infty}(-1)^n\dfrac{x^{2n+1}}{2n+1}$ 的收敛区间为 $[-1, 1]$.

(4) 此级数 $(x-1)$ 的幂级数

$$\rho=\lim_{n\to\infty}\left|\frac{a_{n+1}}{a_n}\right|=\lim_{n\to\infty}\frac{2n}{n+1}=2,$$

故收敛半径 $r=\dfrac{1}{2}$.

于是当 $|x-1|<\dfrac{1}{2}$ 即 $\dfrac{1}{2}<x<\dfrac{3}{2}$ 时，原级数绝对收敛.

当 $|x-1|>\dfrac{1}{2}$ 即 $x<\dfrac{1}{2}$ 或 $x>\dfrac{3}{2}$ 时，原级数发散.

当 $x=\dfrac{3}{2}$ 时，原级数变为 $\sum\limits_{n=0}^{\infty}\dfrac{1}{n}$ 是调和级数，发散.

当 $x=\frac{1}{2}$ 时，原级数变为 $\sum\limits_{n=1}^{\infty}(-1)^n\frac{1}{n}$，是收敛的交错级数.

综上所述，原级数的收敛区间为 $\left[\frac{1}{2},\frac{3}{2}\right)$.

例 7 将下列函数展开成 x 的幂级数：

(1) $\cos^2\frac{x}{2}$； (2) $\sin\frac{x}{2}$；

(3) $\frac{1}{1-x^2}$； (4) $\cos\left(x-\frac{\pi}{4}\right)$.

解 (1) $\cos^2\frac{x}{2}=\frac{1+\cos x}{2}=\frac{1}{2}+\frac{1}{2}\sum\limits_{n=0}^{\infty}(-1)^n\frac{x^{2n}}{(2n)!}$

$$=1+\sum_{n=1}^{\infty}(-1)^n\frac{x^{2n}}{2(2n)!}\quad(-\infty<x<+\infty).$$

(2) $\sin\frac{x}{2}=\sum\limits_{n=0}^{\infty}(-1)^n\frac{1}{(2n+1)!}\left(\frac{x}{2}\right)^{2n+1}\quad(-\infty<x<+\infty).$

(3) $\frac{1}{1-x^2}=\frac{1}{2}\left[\frac{1}{1-x}+\frac{1}{1+x}\right]=\frac{1}{2}\sum\limits_{n=0}^{\infty}x^n+\frac{1}{2}\sum\limits_{n=0}^{\infty}(-1)^nx^n$

$$=\frac{1}{2}\sum_{n=0}^{\infty}[x^n+(-1)^nx^n]=\sum_{n=0}^{\infty}x^{2n}\quad |x|<1.$$

(4) $\cos\left(x-\frac{\pi}{4}\right)=\cos x\cos\frac{\pi}{4}+\sin x\sin\frac{\pi}{4}=\frac{\sqrt{2}}{2}(\cos x+\sin x)$

$$=\frac{\sqrt{2}}{2}\sum_{n=0}^{\infty}(-1)^n\left[\frac{x^{2n}}{(2n)!}+\frac{x^{2n+1}}{(2n+1)!}\right]\quad(-\infty<x<+\infty).$$

例 8 设 $f(x)$ 在点 $x=0$ 的某一邻域内具有二阶连续导数，且 $\lim\limits_{x\to 0}\frac{f(x)}{x}=0$，证明级数 $\sum\limits_{n=1}^{\infty}f\left(\frac{1}{n}\right)$ 绝对收敛.

分析 $\lim\limits_{x\to 0}\frac{f(x)}{x}=0$ 表明 $x\to 0$ 时 $f(x)$ 是比 x 高阶的无穷小，若能进一步确定 $f(x)$ 是 x 的 p 阶或高于 p 阶的无穷小，$p>1$，从而 $\left|f\left(\frac{1}{n}\right)\right|$ 也是 $\frac{1}{n}$ 的 p 阶或高于 p 阶的无穷小，这就证明了 $\sum\limits_{n=1}^{\infty}\left|f\left(\frac{1}{n}\right)\right|$ 绝对收敛.

证明 由 $\lim\limits_{x\to 0}\frac{f(x)}{x}=0$ 及 $f(x)$ 的连续性 $\Rightarrow f(0)=0$，$f'(0)=0$. 再由 $f(x)$ 在 $x=0$ 邻域有二阶连续导数及洛必达法则

$$\Rightarrow\lim_{x\to 0}\frac{f(x)}{x^2}=\lim_{x\to 0}\frac{f'(x)}{2x}=\lim_{x\to 0}\frac{f''(x)}{2}=\frac{1}{2}f''(0)$$

$$\Rightarrow\lim_{x\to 0}\left|\frac{f(x)}{x^2}\right|=\frac{1}{2}|f''(0)|.$$

由函数极限与数列极限的关系 $\Rightarrow \lim\limits_{x\to+\infty}\dfrac{\left|f\left(\frac{1}{n}\right)\right|}{\frac{1}{n^2}}=\dfrac{1}{2}|f''(0)|.$

因 $\sum\limits_{n=1}^{\infty}\dfrac{1}{n^2}$ 收敛 $\Rightarrow\sum\limits_{n=1}^{\infty}\left|f\left(\dfrac{1}{n}\right)\right|$ 收敛,即 $\sum\limits_{n=1}^{\infty}f\left(\dfrac{1}{n}\right)$ 绝对收敛.

例 9 设正项数列 $\{a_n\}$ 单调减小,且 $\sum\limits_{n=1}^{\infty}(-1)^n a_n$ 发散,问级数 $\sum\limits_{n=1}^{\infty}\left(\dfrac{1}{a_n+1}\right)^n$ 是否收敛?

解 因 $\{a_n\}$ 单调下降有下界 $0\Rightarrow\exists$ 极限 $\lim\limits_{n\to+\infty}a_n=a\geqslant 0$. 若 $a=0$,由莱布尼兹法则,交错级数 $\sum\limits_{n=1}^{\infty}(-1)^n a_n$ 收敛,与假设矛盾,于是 $a>0$.

对正项级数 $\sum\limits_{n=1}^{\infty}\left(\dfrac{1}{a_n+1}\right)^n$ 可用根值判别法:因为

$$\lim_{n\to+\infty}\sqrt[n]{\left(\frac{1}{a_n+1}\right)^n}=\lim_{n\to+\infty}\frac{1}{a_n+1}=\frac{1}{a+1}<1,$$

所以原级数收敛.

例 10 求幂级数 $\sum\limits_{n=1}^{\infty}\dfrac{1}{3^n+(-2)^n}\dfrac{x^n}{n}$ 的收敛区间,并讨论该区间端点处的收敛性.

解 直接用求收敛半径的公式,先求

$$\lim_{n\to+\infty}\sqrt[n]{\frac{1}{3^n+(-2)^n}\cdot\frac{1}{n}}=\lim_{n\to+\infty}\frac{1}{3\left(1+\left(-\frac{2}{3}\right)^n\right)^{\frac{1}{n}}}\frac{1}{\sqrt[n]{n}}=\frac{1}{3}.$$

于是收敛半径 $R=3$,收敛区间为 $(-3,3)$.

当 $x=3$ 时是正项级数 $\sum\limits_{n=1}^{\infty}\dfrac{3^n}{3^n+(-2)^n}\cdot\dfrac{1}{n}$.

$\dfrac{3^n}{3^n+(-2)^n}\cdot\dfrac{1}{n}\sim\dfrac{1}{n}(n\to+\infty)$,而 $\sum\limits_{n=1}^{\infty}\dfrac{1}{n}$ 发散,

$\Rightarrow\sum\limits_{n=1}^{\infty}\dfrac{3^n}{3^n+(-2)^n}\dfrac{1}{n}$ 发散,即 $x=3$ 时原幂级数发散.

当 $x=-3$ 时是变号级数,我们用分解法讨论它的敛散性.

$$\frac{3^n}{3^n+(-2)^n}\frac{1}{n}=\frac{(-1)^n(3^n+(-2)^n-(-2)^n)}{3^n+(-2)^n}\cdot\frac{1}{n}$$
$$=\frac{(-1)^n}{n}-\frac{2^n}{3^n+(-2)^n}\cdot\frac{1}{n}.$$

因 $\lim\limits_{n\to+\infty}\dfrac{\dfrac{2^n}{3^n+(-2)^n}\dfrac{1}{n}}{\dfrac{2^n}{3^n}}=\lim\limits_{n\to+\infty}\dfrac{3^n}{3^n+(-2)^n}\cdot\dfrac{1}{n}=0$，$\sum\limits_{n=1}^{\infty}\left(\dfrac{2}{3}\right)^n$ 收敛，

$\Rightarrow\sum\limits_{n=1}^{\infty}\dfrac{2^n}{3^n+(-2)^n}\cdot\dfrac{1}{n}$ 收敛，又 $\sum\limits_{n=1}^{\infty}\dfrac{(-1)^n}{n}$ 收敛 $\Rightarrow\sum\limits_{n=1}^{\infty}\dfrac{3^n}{3^n+(-2)^n}\dfrac{1}{n}$ 收敛，即 $x=-3$ 时原幂级数收敛.

例 11 (1) 验证函数 $y(x)=1+\dfrac{x^3}{3!}+\dfrac{x^6}{6!}+\dfrac{x^9}{9}+\cdots+\dfrac{x^{3n}}{(3n)!}+\cdots\ (-\infty<x<+\infty)$ 满足微分方程

$$y''+y'+y=e^x.$$

(2) 利用(1)的结果求幂级数 $\sum\limits_{n=0}^{\infty}\dfrac{x^{3n}}{(3n)!}$ 的和函数.

解 (1) 首先验证该幂级数的收敛区间是 $(-\infty,+\infty)$. 这是缺项幂级数，令 $t=x^3$，则

$$原级数=\sum_{n=0}^{\infty}\frac{x^{3n}}{(3n)!}=\sum_{n=0}^{\infty}\frac{t^n}{(3n)!}.$$

由
$$\lim_{n\to+\infty}\frac{\dfrac{1}{(3(n+1))!}}{\dfrac{1}{(3n)!}}=\lim_{n\to+\infty}\frac{1}{(3n+3)(3n+2)(3n+1)}=0,$$

$\Rightarrow t\in(-\infty,+\infty)$，从而 $x\in(-\infty,+\infty)$ 时原级数收敛.

其次，在收敛区间内对幂级数可以逐项求导任意次，这里要求逐项求导两次：

$$y'(x)=\sum_{n=1}^{\infty}\frac{x^{3n-1}}{(3n-1)!},\quad y''(x)=\sum_{n=1}^{\infty}\frac{x^{3n-2}}{(3n-2)!},\ x\in(-\infty,+\infty).$$

于是 $y''(x)+y'(x)+y(x)=\sum\limits_{n=1}^{\infty}\dfrac{x^{3n-2}}{(3n-2)!}+\sum\limits_{n=1}^{\infty}\dfrac{x^{3n-1}}{(3n-1)!}+\sum\limits_{n=0}^{\infty}\dfrac{x^{3n}}{(3n)!}$.

$$1+\sum_{n=1}^{\infty}\left(\frac{x^{3n-2}}{(3n-2)!}+\frac{x^{3n-1}}{(3n-1)!}+\frac{x^{3n}}{(3n)!}\right)$$
$$=1+\left(x+\frac{x^2}{2!}+\frac{x^3}{3!}\right)+\left(\frac{x^4}{4!}+\frac{x^5}{5!}+\frac{x^6}{6!}\right)+\cdots=\sum_{n=0}^{\infty}\frac{x^n}{n!}$$
$=e^x\ (-\infty<x<\infty)$. (收敛级数与它任意添加括号后的级数有相同的和)

(2) 因为幂级数 $\sum\limits_{n=0}^{\infty}\dfrac{x^{3n}}{(3n)!}$ 的和函数 $y(x)$ 满足微分方程

$$y''+y'+y=e^x. \qquad ①$$

又知
$$y(0)=1,\ y'(0)=0. \qquad ②$$

所以为求 $y(x)$ 只需解二阶线性常系数微分方程的初值问题①+②.

该方程相应的齐次方程的特征方程为 $\lambda^2+\lambda+1=0$.

特征根为 $\lambda_{1,2}=-\dfrac{1}{2}\pm\dfrac{\sqrt{3}}{2}i\Rightarrow$ 相应齐次方程的通解为

$$y=e^{-\frac{1}{2}x}\left(c_1\cos\frac{\sqrt{3}}{2}x+c_2\sin\frac{\sqrt{3}}{2}x\right).$$

设非齐次方程的一个特解为 $y^*=Ae^x$，代入方程①，得

$$y^{*\prime\prime}+y^{*\prime}+y^*=3Ae^x=e^x.$$

$\Rightarrow A=\dfrac{1}{3}$.

$\Rightarrow$ 非齐次方程①的通解为 $y=e^{-\frac{x}{2}}\left(c_1\cos\dfrac{\sqrt{3}}{2}x+c_2\sin\dfrac{\sqrt{3}}{2}x\right)+\dfrac{1}{3}e^x$.

令 $x=0$，由初始条件② $\Rightarrow$

$$\begin{cases}y(0)=c_1+\dfrac{1}{3}=1,\\ y'(0)=-\dfrac{1}{2}c_1+\dfrac{\sqrt{3}}{2}c_2+\dfrac{1}{3}=0.\end{cases}\Rightarrow c_1=\frac{2}{3},\ c_2=0.$$

因此 $$\sum_{n=0}^{\infty}\frac{x^{3n}}{(3n)!}=y(x)=\frac{2}{3}e^{-\frac{x}{2}}\cos\frac{\sqrt{3}}{2}x+\frac{1}{3}e^x\quad(-\infty<x<+\infty).$$

例 12 求幂级数 $\sum\limits_{n=1}^{\infty}(-1)^{n-1}\left(1+\dfrac{1}{n(2n-1)}\right)x^{2n}$ 的收敛区间与和函数 $f(x)$.

解 这是缺项幂级数，令 $t=x^2$，考察 $\sum\limits_{n=1}^{\infty}a_nt^n$，其中

$$a_n=(-1)^{n-1}\left(1+\frac{1}{n(2n-1)}\right).$$

由 $$1<\sqrt[n]{|a_n|}\leqslant\sqrt[n]{2}\Rightarrow\lim_{n\to+\infty}\sqrt[n]{|a_n|}=1,$$

$\Rightarrow\sum\limits_{n=1}^{\infty}a_nt^n$ 的收敛半径为 1 $\Rightarrow$ 原幂级数收敛半径为 1，收敛区间为 $(-1,1)$.

下面求和函数：

$$f_1(x)=\sum_{n=1}^{\infty}(-1)^{n-1}x^{2n}=x^2\sum_{n=1}^{\infty}(-1)^{n-1}x^{2(n-1)}=x^2\sum_{n=0}^{\infty}(-1)^nx^{2n}=\frac{x^2}{1+x^2},$$

$$f_2(x)=\sum_{n=1}^{\infty}(-1)^{n-1}\frac{1}{n(2n-1)}x^{2n},$$

$$\Rightarrow f_2'(x)=2\sum_{n=1}^{\infty}(-1)^{n-1}\frac{x^{2n-1}}{2n-1},$$

$$f''_2(x)=2\sum_{n=1}^{\infty}(-1)^{n-1}x^{2(n-1)}=\frac{2}{1+x^2}\quad(|x|<1).$$

注意 $f'_2(0)=0$，$f_2(0)=0$，积分两次得

$$f'_2(x)=\int_0^x f''_2(t)\mathrm{d}t=2\int_0^x\frac{1}{1+t^2}\mathrm{d}t=2\arctan x,$$

$$f_2(x)=\int_0^x f'_2(t)\mathrm{d}t=2\int_0^x\arctan t\,\mathrm{d}t=2x\arctan x-2\int_0^x\frac{t}{1+t^2}\mathrm{d}t$$
$$=2x\arctan x-\ln(1+x^2)\ (|x|<1).$$

因此，$f(x)=f_1(x)+f_2(x)=\dfrac{x^2}{1+x^2}+2x\arctan x-\ln(1+x^2)$.

例 13 求级数 $\sum\limits_{n=0}^{\infty}(-1)^n\dfrac{1}{2^n}(n^2-n+1)$ 的和.

解 先将级数分解：

$$A=\sum_{n=0}^{\infty}(-1)^n\frac{1}{2^n}(n^2-n+1)=\sum_{n=0}^{\infty}(-1)^n\frac{1}{2^n}n(n-1)+\sum_{n=0}^{\infty}\left(-\frac{1}{2}\right)^n.$$

第二个级数是几何级数，它的和已知

$$\sum_{n=0}^{\infty}\left(-\frac{1}{2}\right)^n=\frac{1}{1-\left(-\frac{1}{2}\right)}=\frac{2}{3}.$$

求第一个级数的和转化为幂级数求和，考察

$$\sum_{n=0}^{\infty}(-1)^nx^n=\frac{1}{1+x}\ (|x|<1)$$
$$\Rightarrow S(x)=\sum_{n=0}^{\infty}(-1)^nn(n-1)x^{n-2}=\left[\sum_{n=0}^{\infty}(-1)^nx^n\right]''$$
$$=\left(\frac{1}{1+x}\right)''=\frac{2}{(1+x)^3}$$
$$\Rightarrow\sum_{n=0}^{\infty}(-1)^n\frac{1}{2^n}n(n-1)=\frac{1}{2^2}S\left(\frac{1}{2}\right)=\frac{1}{4}\frac{2}{\left(1+\frac{1}{2}\right)^3}=\frac{4}{27}.$$

因此原级数的和 $$A=\frac{4}{27}+\frac{2}{3}=\frac{22}{27}.$$

例 14 设 $f(x)=\begin{cases}\dfrac{1+x^2}{2}\arctan x, & x\neq 0\\ 1, & x=0\end{cases}$，试将 $f(x)$ 展开成 x 的幂级数，并求级数 $\sum\limits_{n=1}^{\infty}\dfrac{(-1)^n}{1-4n^2}$ 的和.

解 关键是将 $\arctan x$ 展成幂级数，然后约去因子 x，再乘上 $1+x^2$ 并化简即可. 直接将 $\arctan x$ 展开办不到，但 $(\arctan x)'$ 易展开，即

$$(\arctan x)'=\frac{1}{1+x^2}=\sum_{n=0}^{\infty}(-1)^n x^{2n},\ |x|<1, \qquad ①$$

积分得

$$\arctan x=\int_0^x(\arctan t)'\mathrm{d}t=\sum_{n=0}^{\infty}(-1)^n\int_0^x t^{2n}\mathrm{d}t=\sum_{n=0}^{\infty}\frac{(-1)^n}{2n+1}x^{2n+1}\quad x\in[-1,1]. \qquad ②$$

因为右端级数在 $x=\pm1$ 时均收敛，又 $\arctan x$ 在 $x=\pm1$ 连续，所以展开式在收敛区间端点 $x=\pm1$ 成立.

现将②式两边同乘 $\frac{1+x^2}{x}$，得

$$\begin{aligned}\frac{1+x^2}{x}\arctan x&=(1+x^2)\sum_{n=0}^{\infty}\frac{(-1)^n}{2n+1}x^{2n}=\sum_{n=0}^{\infty}\frac{(-1)^n}{2n+1}x^{2n}+\sum_{n=0}^{\infty}\frac{(-1)^n x^{2n+2}}{2n+1}\\&=\sum_{n=0}^{\infty}\frac{(-1)^n}{2n+1}x^{2n}+\sum_{n=1}^{\infty}\frac{(-1)^{n-1}}{2n-1}x^{2n}\\&=1+\sum_{n=1}^{\infty}(-1)^n\left[\frac{1}{2n+1}-\frac{1}{2n-1}\right]x^{2n}\\&=1+\sum_{n=1}^{\infty}\frac{(-1)^n 2}{1-4n^2}x^{2n},\ x\in[-1,1],\ x\neq0.\end{aligned}$$

上式右端当 $x=0$ 时取值为 1，于是

$$f(x)=1+\sum_{n=1}^{\infty}\frac{(-1)^n 2}{1-4n^2}x^{2n},\ x\in[-1,1].$$

上式中令 $x=1\Rightarrow\sum_{n=1}^{\infty}\frac{(-1)^n}{1-4n^2}=\frac{1}{2}[f(1)-1]=\frac{1}{2}\left[2\times\frac{\pi}{4}-1\right]=\frac{\pi}{4}-\frac{1}{2}.$

例 15 将函数 $f(x)=\arctan\frac{1-2x}{1+2x}$ 展开成 x 的幂级数，并求级数 $\sum_{n=0}^{\infty}\frac{(-1)^n}{2n+1}$ 的和.

解 直接展开较困难，先将 $f'(x)$ 展开，再递项积分得出 $f(x)$ 的展开式

$$\begin{aligned}f'(x)&=\frac{1}{1+\left(\frac{1-2x}{1+2x}\right)^2}\cdot\frac{-2(1+2x)-2(1-2x)}{(1+2x)^2}=\frac{-2}{1+4x^2}\\&=-2\sum_{n=0}^{\infty}(-1)^n(4x^2)^n=-2\sum_{n=0}^{\infty}(-1)^n4^nx^{2n},\ -\frac{1}{2}<x<\frac{1}{2},\end{aligned}$$

$$\begin{aligned}f(x)&=f(0)+\int_0^x f'(t)\mathrm{d}t=\frac{\pi}{4}-2\sum_{n=0}^{\infty}(-1)^n4^n\int_0^x t^{2n}\mathrm{d}t\\&=\frac{\pi}{4}-2\sum_{n=0}^{\infty}\frac{(-1)^n}{2n+1}\cdot4^nx^{2n+1}.\end{aligned}$$

当 $x=\frac{1}{2}$ 时，$\sum_{n=0}^{\infty}\frac{(-1)^n}{2n+1}\cdot 4^n\cdot\frac{1}{2^{2n+1}}=\frac{1}{2}\sum_{n=0}^{\infty}\frac{(-1)^n}{2n+1}$ 收敛；　　（莱布尼兹判别法）

当 $x=-\frac{1}{2}$ 时，$\sum_{n=0}^{\infty}\frac{(-1)^n}{2n+1}\cdot 4^n\cdot\frac{(-1)^{2n+1}}{2^{2n+1}}=-\frac{1}{2}\sum_{n=0}^{\infty}\frac{(-1)^n}{2n+1}$ 收敛，

$\therefore f(x)=\frac{\pi}{4}-2\sum_{n=0}^{\infty}\frac{(-1)^n}{2n+1}\cdot 4^n\cdot x^{2n+1},\ x\in\left[-\frac{1}{2},\ \frac{1}{2}\right]$.

又 $f\left(\frac{1}{2}\right)=\frac{\pi}{4}-\sum_{n=0}^{\infty}\frac{(1)^n}{2n+1}=\arctan 0=0$，

$\therefore \sum_{n=0}^{\infty}\frac{(-1)^n}{2n+1}=\frac{\pi}{4}$.

例 16　设有方程 $x^n+nx-1=0$，其中 n 为正整数，证明此方程存在唯一的正实根 x_n，并证明当 $\alpha>1$ 时，级数 $\sum_{n=1}^{\infty}x_n^{\alpha}$ 收敛.

分析　(1) 存在性用根的存在定理，唯一性用函数的严格单调性证明.

(2) 用比较判别法证明 $\sum_{n=1}^{\infty}x_n^{\alpha}$ 收敛.

证明　(1) 取 $f_n(x)=x^n+nx-1=0$，则 $f_n(x)$ 在 $[0,\ 1]$ 上连续，且

$f_n(0)=-1<0,\ f(1)=n>0\Rightarrow\exists x_n\in(0,\ 1)$，使 $f(x_n)=0$，

又 $f'_n(x)=nx^{n-1}+n>0,\ x\in[0,+\infty]\Rightarrow f_n(x)$ 在 $[0,+\infty]$ 上严格递增 $\Rightarrow$ 方程 $x^n+nx-1=0$ 存在唯一正实根 $x_n\in(0,\ 1)$.

(2) 由　$x_n^n+nx_n-1=0$ 且 $x_n\in(0,\ 1)$，有

$$0<x_n=\frac{1-x_n^n}{n}<\frac{1}{n}\Rightarrow 0<x_n^{\alpha}<\frac{1}{n^{\alpha}}(\alpha>1),$$

又　$\sum_{n=1}^{\infty}\frac{1}{n^{\alpha}}$ 收敛 $\Rightarrow\sum_{n=1}^{\infty}x_n^{\alpha}$ 收敛.

例 17　设 $a_n=\int_0^{\frac{\pi}{4}}\tan^n x\,dx$，求 $\sum_{n=1}^{\infty}\frac{1}{n}(a_n+a_{n+2})$ 的值. 试证：对任意的常数 $\lambda>0$，级数 $\sum_{n=1}^{\infty}\frac{a_n}{n^{\lambda}}$ 收敛.

解　(1) 直接求 a_n+a_{n+2} 的表达式：

$$\begin{aligned}a_n+a_{n+2}&=\int_0^{\frac{\pi}{4}}\tan^n x\,dx+\int_0^{\frac{\pi}{4}}\tan^{n+2}x\,dx=\int_0^{\frac{\pi}{4}}\tan^n x\cdot(1+\tan^2 x)dx\\&=\int_0^{\frac{\pi}{4}}\tan^n x\cdot\sec^2 x\,dx=\int_0^{\frac{\pi}{4}}\tan^n x\,d(\tan x)\\&=\frac{1}{n+1}\tan^{n+1}x\Big|_0^{\frac{\pi}{4}}=\frac{1}{n+1},\end{aligned}$$

$$\therefore \sum_{n=1}^{\infty}\frac{1}{n}(a_n+a_{n+2})=\sum_{n=1}^{\infty}\frac{1}{n(n+1)},$$

$$S_n=\sum_{n=1}^{\infty}\frac{1}{k(k+1)}=\sum_{n=1}^{\infty}\left(\frac{1}{k}-\frac{1}{k+1}\right)=1-\frac{1}{n+1}\to 1\ (n\to\infty),$$

$$\therefore \sum_{n=1}^{\infty}\frac{1}{n}(a_n+a_{n+1})=1.$$

(2) $0<a_n=\int_0^{\frac{\pi}{4}}\tan^n x\,\mathrm{d}x$，令 $t=\tan x$，$x=\arctan t$，

$$原式=\int_0^1\frac{t^n}{1+t^2}\mathrm{d}t<\int_0^1 t^n\mathrm{d}t=\frac{1}{n+1}<\frac{1}{n}.$$

于是 $0<\dfrac{a_n}{n^{\lambda}}<\dfrac{1}{n^{1+\lambda}}$.

由于 $1+\lambda>1$，$\sum\limits_{n=1}^{\infty}\dfrac{1}{n^{1+\lambda}}$ 收敛，

因此 $\sum\limits_{n=1}^{\infty}\dfrac{a_n}{n^{\lambda}}$ 收敛.

例 18 设 $I_n=\int_0^{\frac{\pi}{4}}\sin^n x\cos x\,\mathrm{d}x$，$n=0,1,2,\cdots$，求 $\sum\limits_{n=0}^{\infty}I_n$.

解 由 $I_n=\int_0^{\frac{\pi}{4}}\sin^n x\,\mathrm{d}(\sin x)=\dfrac{1}{n+1}(\sin x)^{n+1}\Big|_0^{\frac{\pi}{4}}=\dfrac{1}{n+1}\left(\dfrac{\sqrt{2}}{2}\right)^{n+1}$，有

$$\sum_{n=0}^{\infty}I_n=\sum_{n=0}^{\infty}\frac{1}{n+1}\left(\frac{\sqrt{2}}{2}\right)^{n+1}.$$

令 $s(x)=\sum\limits_{n=0}^{\infty}\dfrac{1}{n+1}x^{n+1}$，因其收敛半径 $R=1$，且 $s(0)=0$，故在 $(-1,1)$ 内有

$$s'(x)=\sum_{n=0}^{\infty}x^n=\frac{1}{1-x},$$

于是 $$s(x)=s(0)+\int_0^x\frac{1}{1-t}\mathrm{d}t=-\ln(1-x),\ -1<x<1.$$

令 $x=\dfrac{\sqrt{2}}{2}\in(-1,1)$，

即得 $s\left(\dfrac{\sqrt{2}}{2}\right)=\sum\limits_{n=0}^{\infty}\dfrac{1}{n+1}\left(\dfrac{\sqrt{2}}{2}\right)^{n+1}=-\ln\left(1-\dfrac{\sqrt{2}}{2}\right)=\ln(2+\sqrt{2})$.

从而 $\sum\limits_{n=0}^{\infty}I_n=\sum\limits_{n=0}^{\infty}\int_0^{\frac{\pi}{4}}\sin^n x\cos x\,\mathrm{d}x=s\left(\dfrac{\sqrt{2}}{2}\right)=\ln(2+\sqrt{2})$.

例 19 已知 $f_n(x)$ 满足 $f'_n(x)=f_n(x)+x^{n-1}e^x$（$n$ 为正整数），且 $f_n(1)=\frac{e}{n}$，求函数项级数 $\sum_{n=1}^{\infty}f_n(x)$ 的和.

解 由已知条件，可知 $f_n(x)$ 满足一阶线性微分方程

$f'_n(x)-f_n(x)=x^{n-1}e^x$，$\Rightarrow$ 其通解为 $\quad f_n(x)=e^x\left(\frac{x^n}{n}+c\right)$.

由条件 $f_n(1)=\frac{e}{n}$，得 $c=0$，故 $f_n(x)=\frac{x^ne^x}{n}$. 从而

$$\sum_{n=1}^{\infty}f_n(x)=\sum_{n=1}^{\infty}\frac{x^ne^x}{n}=e^x\sum_{n=1}^{\infty}\frac{x^n}{n}.$$

记 $s(x)=\sum_{n=1}^{\infty}\frac{x^n}{n}$，其收敛域为 $[-1,1)$，且 $s(0)=0$，当 $x\in(-1,1)$ 时，有

$$s'(x)=\sum_{n=1}^{\infty}x^{n-1}=\frac{1}{1-x}.$$

故 $\quad s(x)=s(0)+\int_0^x s'(t)\mathrm{d}t=\int_0^x\frac{1}{1-t}\mathrm{d}t=-\ln(1-x)$.

由 $s(x)$ 与 $-\ln(1-x)$ 在 $x=-1$ 的连续性知，上述和函数公式在 $x=-1$ 处也成立，于是，当 $-1\leqslant x<1$ 时，有 $\sum_{n=1}^{\infty}f_n(x)=e^xs(x)=-e^x\ln(1-x)$.

例 20 求幂级数 $1+\sum_{n=1}^{\infty}(-1)^n\frac{x^{2n}}{2n}$（$|x|<1$）的和函数 $f(x)$ 及其极值.

解 将等式 $f(x)=1+\sum_{n=1}^{\infty}(-1)^n\frac{x^{2n}}{2n}$（$|x|<1$）逐项求导，得

$$f'(x)=\sum_{n=1}^{\infty}(-1)^nx^{2n-1}=\frac{x}{1+x^2}\ (|x|<1).$$

上式两边从 0 到 x 积分，有

$$f(x)-f(0)=-\int_0^x\frac{t}{1+t^2}\mathrm{d}t=-\frac{1}{2}\ln(1+x^2)\ (|x|>1).$$

由于 $f(0)=1$，故得到和函数 $f(x)$ 的表达式

$$f(x)=1-\frac{1}{2}\ln(1+x^2)\ (|x|<1).$$

令 $f'(x)=0$，可求出函数 $f(x)$ 有唯一驻点 $x=0$，因为

$$f''(x)=-\frac{1-x^2}{(1+x^2)^2}\Rightarrow f''(0)=-1<0,$$

可见 $f(x)$ 在点 $x=0$ 处取得极大值，且极大值为 $f(0)=1$.

例 21 求幂级数 $\sum_{n=1}^{\infty}\left(\frac{1}{2n+1}-1\right)x^{2n}$ 在区间 $(-1,1)$ 内的和函数 $S(x)$.

解 不难发现 $S(0)=0$，从而，只需求当 $0<|x|<1$ 时和函数 $S(x)$ 的表达式，注意

$$S(x)=\sum_{n=1}^{\infty}\left(\frac{1}{2n+1}-1\right)x^{2n}=\sum_{n=1}^{\infty}\frac{x^{2n}}{2n+1}-\sum_{n=1}^{\infty}x^{2n}$$
$$=\frac{1}{x}\sum_{n=1}^{\infty}\frac{x^{2n+1}}{2n+1}-x^{2}\sum_{n=0}^{\infty}x^{2n}=\frac{1}{x}S_1(x)-\frac{x^2}{1-x^2},$$

其中
$$S_1(x)=\sum_{n=1}^{\infty}\frac{x^{2n+1}}{2n+1},\ x\in(-1,1),$$

逐项求导，得
$$S_1'(x)=\sum_{n=1}^{\infty}x^{2n}=\frac{x^2}{1-x^2},\ x\in(-1,1).$$

将上式两端的 x 改写为 t，并分别从 0 到 x 求定积分，可得

$$S_1(x)-S_1(0)=\int_0^x\frac{t^2}{1-t^2}\mathrm{d}t=-x+\frac{1}{2}\ln\frac{1+x}{1-x},\ x\in(-1,1).$$

又因 $S_1(0)=0$，于是 $S_1(x)=-x+\frac{1}{2}\ln\frac{1+x}{1-x},\ x\in(-1,1).$

综合以上讨论，即得
$$S(x)=\begin{cases}0, & x=0\\ \frac{1}{2x}\ln\frac{1+x}{1-x}-\frac{1}{1-x^2}, & 0<|x|<1\end{cases}.$$

例 22 计算 $\dfrac{1+\frac{\pi^4}{5!}+\frac{\pi^8}{9!}+\cdots}{\frac{\pi^3}{3!}+\frac{\pi^7}{7!}+\frac{\pi^{11}}{11!}+\cdots}$.

解 由 $\sin x=\sum_{n=0}^{\infty}\frac{(-1)^n}{(2n+1)!}x^{2n+1}$,

得
$$\sum_{n=0}^{\infty}\frac{(-1)^n}{(2n+1)!}\pi^{2n+1}=\sin\pi=0,$$

于是
$$\sum_{n=0}^{\infty}\frac{1}{(4n+1)!}\pi^{4n+1}=\sum_{n=0}^{\infty}\frac{1}{(4n+3)!}\pi^{4n+3},$$

从而
$$\frac{1+\frac{\pi^4}{5!}+\frac{\pi^8}{9!}+\cdots}{\frac{\pi^3}{3!}+\frac{\pi^7}{7!}+\frac{\pi^{11}}{11!}+\cdots}=\frac{1}{\pi}\cdot\frac{\sum_{n=0}^{\infty}\frac{\pi^{4n+1}}{(4n+1)!}}{\sum_{n=0}^{\infty}\frac{\pi^{4n+3}}{(4n+3)!}}=\frac{1}{\pi}.$$

Ⅳ 补充习题

一、选择题

1. 若 $\lim\limits_{n\to\infty}u_n=+\infty$，则级数 $\sum\limits_{n=1}^{\infty}\left(\frac{1}{u_n}-\frac{1}{u_{n+1}}\right)$（　　）.

A. 一定发散　　B. 一定收敛于 0

C. 一定收敛于 $\frac{1}{u_1}$　　D. 敛散性不能确定

2. 若级数 $\sum\limits_{n=1}^{\infty}(u_{2n-1}+u_{2n})$ 收敛，则（　　）.

A. $\sum\limits_{n=1}^{\infty}u_n$ 收敛　　B. u_n 趋于零　　C. $\sum\limits_{n=1}^{\infty}u_n$ 发散　　D. $\sum\limits_{n=1}^{\infty}u_n$ 未必收敛

3. 设 $\sum\limits_{n=1}^{\infty}u_n$ 为收敛级数，$\sum\limits_{i=1}^{n}u_i=S_n$ 则下列级数中一定收敛的级数是（　　）.

A. $\sum\limits_{n=1}^{\infty}(u_n-10)$　　B. $\sum\limits_{n=1}^{\infty}10u_n$　　C. $\sum\limits_{n=1}^{\infty}\frac{10}{u_n}$　　D. $\sum\limits_{n=1}^{\infty}S_n$

4. $\sum\limits_{n=1}^{\infty}u_n$ 是正项级数，下列命题中错误的是（　　）.

A. 如果 $\lim\limits_{n\to\infty}\frac{u_{n+1}}{u_n}=\rho<1$，则 $\sum\limits_{n=1}^{\infty}u_n$ 收敛　　B. 如果 $\lim\limits_{n\to\infty}\frac{u_{n+1}}{u_n}=\rho>1$，则 $\sum\limits_{n=1}^{\infty}u_n$ 发散

C. 如果 $\frac{u_{n+1}}{u_n}<1$，则 $\sum\limits_{n=1}^{\infty}u_n$ 收敛　　D. 如果 $\frac{u_{n+1}}{u_n}>1$，则 $\sum\limits_{n=1}^{\infty}u_n$ 发散

5. 设常数 $\lambda>0$，而级数 $\sum\limits_{n=1}^{\infty}a_n^2$ 收敛，则级数 $\sum\limits_{n=1}^{\infty}(-1)^n\frac{|a_n|}{\sqrt{n^2+\lambda}}$ 是（　　）.

A. 发散　　B. 条件收敛

C. 绝对收敛　　D. 敛散性与 λ 有关

6. 若级数 $\sum\limits_{n=1}^{\infty}\frac{1}{n^{p-2}}$ 收敛，则 p 的取值范围是（　　）.

A. $p\geqslant1$　　B. $p>2$　　C. $p>3$　　D. $p\geqslant3$

7. 下列关于级数叙述正确的是（　　）.

A. $\sum\limits_{k=1}^{\infty}(-1)^{n-1}u_n$ 是交错级数

B. $\sum\limits_{k=1}^{\infty}(-1)^{n-1}u_n^2$ 是交错级数

C. 若 $\sum\limits_{k=1}^{\infty}u_n$ 收敛，则前 n 项部分和数列 $\{S_n\}$ 单调递增

D. 设 $S_n=\sum\limits_{k=1}^{n}u_k$，若 $\{S_n\}$ 收敛，则必有 $\sum\limits_{n=1}^{\infty}u_n$ 收敛

8. 若在 $x \in (-R, R)$ 内 $\sum_{n=0}^{\infty} a_n x^n = S(x)$，则在 $x \in (-R, R)$ 内 $\sum_{n=1}^{\infty} n a_n x^{n-1} =$（　　）.

A. $S(x)$　　B. $\int_0^x S(t)\mathrm{d}t$　　C. $S'(x)$　　D. $S(x)+C$

9. 下列关于数项级数叙述中正确的是（　　）.

A. 级数条件收敛时，部分和数列有界

B. 一般项收敛于 0，则级数一定收敛

C. 只有级数绝对收敛，一般项才收敛于 0

D. 以上说法都不对

10. 若在 $x \in (-R, R)$ 内 $\sum_{n=0}^{\infty} a_n x^n = S(x)$，则在 $x \in (-R, R)$ 内，$\sum_{n=0}^{\infty} \frac{a_n}{n+1} x^{n+1} =$（　　）.

A. $\int_0^x S(t)\mathrm{d}t$　　B. $S(x)$　　C. $S'(x)$　　D. $S(x)+C$

11. 若级数 $\sum_{n=1}^{\infty} u_n$ 收敛，$S_n = \sum_{i=1}^{n} u_i$，则当 $n \to +\infty$ 时，必有（　　）.

A. S_n 单调递增且有界　　B. u_n 趋于零

C. u_n 单调递减且趋于零　　D. S_n 单调递减且趋于零

12. 设 $p_n = \frac{a_n + |a_n|}{2}$，$q_n = \frac{a_n - |a_n|}{2}$，$n = 1. 2\cdots$，则下列命题中正确的是（　　）.

A. 若 $\sum_{n=1}^{\infty} a_n$ 条件收敛，则 $\sum_{n=1}^{\infty} p_n$ 与 $\sum_{n=1}^{\infty} q_n$ 都收敛

B. 若 $\sum_{n=1}^{\infty} a_n$ 绝对收敛，则 $\sum_{n=1}^{\infty} p_n$ 与 $\sum_{n=1}^{\infty} q_n$ 都收敛

C. 若 $\sum_{n=1}^{\infty} a_n$ 条件收敛，则 $\sum_{n=1}^{\infty} p_n$ 与 $\sum_{n=1}^{\infty} q_n$ 的敛散性都不定

D. 若 $\sum_{n=1}^{\infty} a_n$ 绝对收敛，则 $\sum_{n=1}^{\infty} p_n$ 与 $\sum_{n=1}^{\infty} q_n$ 的敛散性都不定

13. 已知级数 $\sum_{n=1}^{\infty} (-1)^{n-1} a_n = 2$，$\sum_{n=1}^{\infty} a_{2n-1} = 5$，则级数 $\sum_{n=1}^{\infty} a_n$ 等于（　　）.

A. 3　　B. 7　　C. 8　　D. 9

14. 设级数 $\sum_{n=1}^{\infty} u_n$ 收敛，则必收敛的级数为（　　）.

A. $\sum_{n=1}^{\infty} (-1)^n \frac{u_n}{n}$　　B. $\sum_{n=1}^{\infty} \sum_{i=1}^{n} u_i^2$　　C. $\sum_{n=1}^{\infty} (u_{2n-1} - u_{2n})$　　D. $\sum_{n=1}^{\infty} (u_n + u_{n+1})$

15. 下列叙述中错误的是（　　）.

A. 若 $\frac{\partial^2 z}{\partial x \partial y}$ 和 $\frac{\partial^2 z}{\partial y \partial x}$ 连续，则 $\frac{\partial^2 z}{\partial x \partial y} = \frac{\partial^2 z}{\partial x \partial y}$

B. $\int_a^a f(x)\mathrm{d}x = 0$

C. 如果 y_1 是某个二阶非齐次线性微分方程的一个特解，那么对任意常数 C，Cy_1 也是该

方程的解

D. 若交错级数 $\sum_{n=1}^{\infty}(-1)^{n-1}u_n$ 收敛,则 $\lim_{n\to+\infty}u_n=0$

16. 设函数 $f(x)=x^2(0\leqslant x\leqslant 1)$,而 $S(x)=\sum_{n=1}^{\infty}b_n\sin n\pi x$,$-\infty<x<\infty$,其中 $b_n=2\int_0^1 f(x)\sin n\pi x\,dx$,$n=1,2,3\cdots$,则 $S\left(-\frac{1}{2}\right)$ 等于( ).

A. $-\frac{1}{2}$ B. $-\frac{1}{4}$ C. $\frac{1}{4}$ D. $\frac{1}{2}$

17. 设 $f(x)=\begin{cases}x, & 0\leqslant x\leqslant\frac{1}{2}\\ 2-2x, & \frac{1}{2}<x<1\end{cases}$,$S(x)=\frac{a_0}{2}+\sum_{n=1}^{\infty}a_n\cos n\pi x$,$-\infty<x<+\infty$,其中 $a_n=2\int_0^1 f(x)\cos n\pi x\,dx$ $(n=0,1,2,\cdots)$,则 $S\left(-\frac{5}{2}\right)$ 等于( ).

A. $\frac{1}{2}$ B. $-\frac{1}{2}$ C. $\frac{3}{4}$ D. $-\frac{3}{4}$

18. 若级数 $\sum_{n=1}^{\infty}a_n$ 收敛,则级数( ).

A. $\sum_{n=1}^{\infty}|a_n|$ 收敛 B. $\sum_{n=1}^{\infty}(-1)^n a_n$ 收敛

C. $\sum_{n=1}^{\infty}a_n a_{n+1}$ 收敛 D. $\sum_{n=1}^{\infty}\frac{a_n+a_{n+1}}{2}$ 收敛

19. 若 $\sum_{n=0}^{\infty}a_n(x-1)^n$ 在 $x=1$ 处收敛,则此级数在 $x=2$ 处( ).

A. 条件收敛 B. 绝对收敛

C. 发散 D. 敛散性不能确定

20. 设幂级数 $\sum_{n=0}^{\infty}a_n x^n$ 与 $\sum_{n=1}^{\infty}b_n x^n$ 的收敛半径分别为 $\frac{\sqrt{5}}{3}$ 与 $\frac{1}{3}$,则幂级数 $\sum_{n=1}^{\infty}\frac{a_n^2}{b_n^2}x^n$ 的收敛半径为( ).

A. 5 B. $\frac{\sqrt{5}}{3}$ C. $\frac{1}{3}$ D. $\frac{1}{5}$

二、填空题

1. 设幂级数 $\sum_{n=0}^{\infty}a_n x^n$ 的收敛半径为 3,则幂级数 $\sum_{n=1}^{\infty}na_n(x-1)^{n+1}$ 的收敛区间为________.

2. 幂级数 $\sum_{n=0}^{\infty}(2n+1)x^n$ 的收敛域为________.

3. 幂级数 $\sum_{n=1}^{\infty}\frac{n}{(-3)^n+2^n}x^{2n-1}$ 的收敛半径 $R=$________.

4. 级数 $\sum_{n=1}^{\infty}\frac{(x-2)^{2n}}{n4^n}$ 的收敛域为________.

5. 级数 $\sum_{n=0}^{\infty}\frac{(\ln 3)^n}{2^n}$ 的和为________.

6. 级数 $\sum_{n=1}^{\infty}\frac{1}{n(n+1)(n+2)}$ 的和为________.

7. 若级数 $\sum_{n=1}^{\infty}u_n$ 绝对收敛,则级数 $\sum_{n=1}^{\infty}u_n$ 必定(填“收敛”或“发散”)________;若级数 $\sum_{n=1}^{\infty}u_n$ 条件收敛,则级数 $\sum_{n=1}^{\infty}|u_n|$ 必定(填“收敛”或“发散”)________.

8. 若级数 $\sum_{n=1}^{\infty}(a_n+2)^2$ 收敛,则 $\lim\limits_{n\to\infty}a_n=$________.

9. 幂级数 $\sum_{n=0}^{\infty}\frac{(x-1)^n}{(2n+1)}$ 的收敛域为________.

10. 已知 $\sum_{n=1}^{\infty}\left(\frac{1}{n}-\sin\frac{1}{n}\right)^{\alpha}$ 收敛,则常数 α 的取值范围为________.

11. $a_1=a_2=1$, $a_{n+2}=a_{n+1}+a_n$, $n\geqslant 1$, 则 $\sum_{n=1}^{\infty}\frac{a_n}{2^n}=$________.

12. 设正项级数 $\sum_{n=1}^{\infty}a_n$ 收敛,且和为 S, 试求:

(1) $\lim\limits_{n\to\infty}\frac{a_1+2a_2+\cdots+na_n}{n}=$________.

(2) $\sum_{n=1}^{\infty}\frac{a_1+2a_2+\cdots+na_n}{n(n+1)}=$________.

13. 数项级数 $\sum_{n=1}^{\infty}(-1)^n\frac{n-(2n)!}{n(2n)!}$ 的和 $S=$________.

14. 设 $f(x)=\frac{1}{1+2x+4x^2}$, 则 $f^{(100)}(0)=$________.

15. 设 $f(x)=(x-1)^5e^{-x}$, 则 $f^{(10)}(1)=$________.

三、解答题

1. 求函数项级数 $\sum_{n=1}^{\infty}\frac{1}{n}(x-1)^n$ 的收敛域.

2. 证明:级数 $\sum_{n=1}^{\infty}(-1)^{n+1}\sin\left(\frac{2}{5n+3}\right)$ 条件收敛.

3. 判定级数敛散性 $\sum_{n=1}^{\infty}\left(\frac{n+5}{4n+3}\right)^n$.

4. 求 $\sum_{n=1}^{\infty}\frac{\ln(1+n)}{n+1}x^{n+1}$ 的收敛半径和收敛域.

5. 证明：级数 $\sum_{n=1}^{\infty}(-1)^{n+1}\sin\left(\frac{2}{5n+3}\right)$ 条件收敛.

6. 求幂级数 $\sum_{n=1}^{\infty}\frac{(x-3)^n}{\sqrt{n}}$ 的收敛半径和收敛域.

7. 求函数项级数 $\sum_{n=1}^{\infty}\frac{1}{2^n+3^n}x^n$ 的收敛域.

8. 证明级数 $\sum_{n=2}^{\infty}\frac{\sqrt{n}\cos(n\pi)}{n-1}$ 条件收敛.

9. 求 $x\to 1^-$ 时，与 $\sum_{n=0}^{\infty}x^{n^2}$ 等价的无穷大量.

10. 设 $a_n>0$，$S_n=\sum_{k=1}^{n}a_k$，证明：

(1) 当 $\alpha>1$ 时，级数 $\sum_{n=1}^{+\infty}\frac{a_n}{S_n^{\alpha}}$ 收敛；

(2) 当 $\alpha\leqslant 1$ 且 $S_n\to\infty$ $(n\to\infty)$ 时，级数 $\sum_{n=1}^{+\infty}\frac{a_n}{S_n^{\alpha}}$ 发散.

11. 判断级数 $\sum_{n=1}^{\infty}\frac{1+\frac{1}{2}+\cdots+\frac{1}{n}}{(n+1)(n+2)}$ 的敛散性；若收敛，求其和.

12. 求幂级数 $\sum_{n=0}^{\infty}\frac{n^3+2}{(n+1)!}(x-1)^n$ 的收敛域及其和函数.

13. 将函数 $f(x)=\arctan\frac{1+x}{1-x}$ 展为 x 的幂级数.

14. 将函数 $f(x)=\frac{1}{4}\ln\frac{1+x}{1-x}+\frac{1}{2}\arctan x-x$ 展开成 x 的幂级数.

15. 设有两条抛物线 $y=nx^2+\frac{1}{n}$ 和 $y=(n+1)x^2+\frac{1}{n+1}$，记它们交点的横坐标的绝对值为 a_n.

(1) 求这两条抛物线所围成的平面图形的面积 s_n；

(2) 求级数 $\sum_{n=1}^{\infty}\frac{s_n}{a_n}$ 的和.

16. 已知函数 $f(x)=\begin{cases}x, & 若\ 0\leqslant x\leqslant 1\\ 2-x, & 若\ 1<x\leqslant 2\end{cases}$. 试计算下列各题：

(1) $s_0=\int_0^2 f(x)e^{-x}dx$；　　(2) $s_1=\int_2^4 f(x-2)e^{-x}dx$；

(3) $S_n=\int_{2n}^{2n+2}f(x-2n)e^{-x}dx$ $(n=2,3\cdots)$；　　(4) $s=\sum_{n=0}^{\infty}s_n$.

17. 设级数 $\frac{x^4}{2\cdot 4}+\frac{x^6}{2\cdot 4\cdot 6}+\frac{x^8}{2\cdot 4\cdot 6\cdot 8}+\cdots$ $(-\infty<x<+\infty)$ 的和函数为 $S(x)$，求：

(1) $S(x)$ 所满足的一阶微分方程；

(2) $S(x)$ 的表达式.

18. 判别下列级数是绝对收敛，条件收敛，还是发散？

(1) $\sum_{n=1}^{\infty}(-1)^{n-1}\left[\frac{n^2}{3^n}+\frac{1}{\sqrt{n}}\right]$；　(2) $\sum_{n=1}^{\infty}\frac{n^2\cos n}{3^n}$；

(3) $\sum_{n=1}^{\infty}(-1)^{n-1}\frac{1}{\sqrt{n-\ln n}}$.

19. 把 $f(x)=\arctan x$ 展开成 x 的幂级数，并求级数 $\sum_{n=0}^{\infty}\frac{(-1)^n}{3^n(2n+1)}$ 的和.

20. 设 $a_1=2$，$a_{n+1}=\frac{1}{2}\left(a_n+\frac{1}{a_n}\right)$ $(n=1,2,\cdots)$，证明：

(1) $\lim_{n\to\infty}a_n$ 存在；　(2) 级数 $\sum_{n=1}^{\infty}\left(\frac{a_n}{a_{n+1}}-1\right)$ 收敛.

21. 设正项数列 $\{a_n\}$ 单调减少，且 $\sum_{n=1}^{\infty}(-1)^n a_n$ 发散，试问 $\sum_{n=1}^{\infty}\left(\frac{1}{a_n+1}\right)^n$ 是否收敛？并说明理由.

22. 展开 $\frac{\mathrm{d}}{\mathrm{d}x}\left(\frac{e^x-1}{x}\right)$ 为 x 幂级数，并推出 $\sum_{n=1}^{\infty}\frac{n}{(n+1)!}=1$.

23. 证明极限 $\lim_{n\to\infty}\left(\frac{b+c}{a}+\frac{2b+c}{a^2}+\cdots+\frac{nb+c}{a^n}\right)$ 存在并求其值，其中 $a>1$，$b,c\in R$.

24. 若级数 $\sum_{n=1}^{\infty}a_n$，$a_n\geqslant 0$ 发散，S_n 为前 n 部分和，证明：

(1) $\sum_{n=1}^{\infty}\frac{a_n}{S_n^2}$ 收敛；　(2) * $\sum_{n=1}^{\infty}\frac{a_n}{S_n}$ 发散.

25. 判断级数 $\sum_{n=1}^{\infty}\frac{1}{\sqrt{n}}\sin\frac{2}{\sqrt{n}}$ 的敛散性.

26. 若级数 $\sum_{n=1}^{\infty}a_n$，$a_n\geqslant 0$ 收敛，证明下列级数收敛：

(1) $\sum_{n=1}^{\infty}\frac{\sqrt{a_n}}{n}$；　(2) $\sum_{n=1}^{\infty}\left(\sum_{m=1}^{\infty}\frac{a_n}{m^2+n^2}\right)$.

27. 设 $a_n\neq 0$，$\lim_{n\to\infty}a_n=a\neq 0$，证明：$\sum_{n=1}^{\infty}|a_{n+1}-a_n|$ 与 $\sum_{n=1}^{\infty}\left|\frac{1}{a_{n+1}}-\frac{1}{a_n}\right|$ 同敛同散.

28. 判断级数 $\frac{1}{\sqrt{2}-1}-\frac{1}{\sqrt{2}+1}+\frac{1}{\sqrt{3}-1}-\frac{1}{\sqrt{3}+1}+\cdots+\frac{1}{\sqrt{n}-1}-\frac{1}{\sqrt{n}+1}+\cdots$ 的敛散性.

29. 展开 $f(x)=\ln(1+x+x^2+x^3)$ 为 x 的幂级数.

第九章

常微分方程

Ⅰ　教学基本要求

1. 了解微分方程及其阶、解、通解和特解的概念.

2. 掌握可分离变量微分方程、齐次微分方程、一阶线性微分方程的求解方法.

3. 会求解形如 $y^{(n)}=f(x)$，$y''=f(x, y')$，$y''=f(y, y')$ 的微分方程.

4. 理解线性微分方程解的结构和性质.

5. 掌握二阶常系数齐次线性微分方程的特征方程解法.

6. 会利用待定系数法求解 $f(x)$ 为多项式和指数函数乘积形式的二阶常系数非齐次线性微分方程；了解 $f(x)$ 为多项式和指数函数、正弦、余弦乘积形式的二阶常系数非齐次线性微分方程的求解方法.

Ⅱ　本章知识要点

一、微分方程的基本概念

(1) 微分方程的概念：凡是表示未知函数、未知函数的导数(或微分)与自变量之间关系的方程，称为微分方程. 若未知函数是一元函数的微分方程，叫常微分方程. 若未知函数是多元函数的微分方程，叫偏微分方程.

注意　在一个微分方程中，自变量和未知函数可以不出现，但未知函数的导数(或微分)必须出现；否则，就不是微分方程.

(2) 微分方程中所出现的未知函数的最高阶导数的阶数，称为微分方程的阶.

(3) 设函数 $y=\varphi(x)$ 在区间 I 上有 n 阶连续导数，$F(x, y, y', y'', \cdots, y^{(n)})=0$ 为微分方程，若在区间 I 上有，

$$F(x, \varphi(x), \varphi'(x), \cdots, \varphi^{(n)}(x)) \equiv 0,$$

则称函数 $y=\varphi(x)$ 是微分方程 $F(x, y, y', y'', \cdots, y^{(n)})=0$ 在区间 I 上的解.

(4) 若微分方程的解中含有任意常数,且所含独立的任意常数的个数与微分方程的阶数相同,则称此解为微分方程的通解.

(5) 确定了通解中的任意常数后得到的解称为微分方程的特解. 即不含任意常数的解.

微分方程的解的图形称为微分方程的积分曲线,微分方程的通解是以任意常数为参数的一簇积分曲线,称为积分曲线簇.

二、一阶微分方程

1. 一阶微分方程的概念

微分方程中未知函数的最高阶导数为1(形如 $F(x, y, y')=0$ 或 $y'=f(x, y)$)的微分方程.

2. 可分离变量型微分方程求解的变量分离法

(1) 形如 $\frac{\mathrm{d}y}{\mathrm{d}x}=f(x)\cdot g(y)$(或 $g(y)\cdot \mathrm{d}y=f(x)\cdot \mathrm{d}x$)的微分方程称为可分离变量的微分方程,即:能把微分方程写成一端只含 y 的函数和 $\mathrm{d}y$,另一端只含 x 的函数和 $\mathrm{d}x$.

(2) 可分离变量的微分方程的解法:

第一步:分离变量,将方程写成 $g(y)\cdot \mathrm{d}y=f(x)\cdot \mathrm{d}x$ 的形式;

第二步:两端积分,得 $\int g(y)\mathrm{d}y=\int f(x)\mathrm{d}x$,设积分后得 $G(y)=F(x)+C$;

第三步:求出由 $G(y)=F(x)+C$ 确定的函数 $y=\Phi(x)$ 或 $x=\Psi(y)$,则 $G(y)=F(x)+C$,$y=\Phi(x)$ 或 $x=\Psi(y)$ 都是方程的通解,其中 $G(y)=F(x)+C$ 称为隐式(通)解.

(3) 齐次微分方程:如果一阶微分方程 $\frac{\mathrm{d}y}{\mathrm{d}x}=f(x, y)$ 中的函数 $f(x, y)$ 可写成 $\frac{y}{x}$ 的函数,即 $f(x, y)=\varphi\left(\frac{y}{x}\right)$,则称 $\frac{\mathrm{d}y}{\mathrm{d}x}=\varphi\left(\frac{y}{x}\right)$ 为齐次方程.

齐次方程的解法是:

在齐次方程 $\frac{\mathrm{d}y}{\mathrm{d}x}=\varphi\left(\frac{y}{x}\right)$ 中,令 $u=\frac{y}{x}$,即 $y=ux$,有

$$u+x\frac{\mathrm{d}u}{\mathrm{d}x}=\varphi(u),$$

分离变量,得

$$\frac{\mathrm{d}u}{\varphi(u)-u}=\frac{\mathrm{d}x}{x}.$$

两端积分,得

$$\int \frac{\mathrm{d}u}{\varphi(u)-u}=\int \frac{\mathrm{d}x}{x}.$$

求出积分后，再用 $\frac{y}{x}$ 代替 u，便得所给齐次方程的通解.

3. 一阶线性微分方程

(1) 一阶线性微分方程的概念

形如 $\frac{\mathrm{d}y}{\mathrm{d}x}+P(x)y=Q(x)$ 的微分方程称为一阶线性微分方程. 所谓线性是指未知函数及其导数都是一次幂的. 这里 $P(x)$ 和 $Q(x)$ 为已知连续函数.

若 $Q(x)\equiv 0$，称为一阶线性齐次微分方程；否则，称为一阶线性非齐次微分方程.

(2) 一阶线性微分方程的求解

① 一阶线性齐次微分方程 $\frac{\mathrm{d}y}{\mathrm{d}x}+P(x)y=0$ 求解公式：

$$y=C\mathrm{e}^{-\int P(x)\mathrm{d}x}\ (C=\pm \mathrm{e}^{C_1}).$$

② 一阶线性非齐次微分方程求解公式：

$$y=\mathrm{e}^{-\int P(x)\mathrm{d}x}\left[\int Q(x)\mathrm{e}^{\int P(x)\mathrm{d}x}\mathrm{d}x+C\right],$$

或 $y=C\mathrm{e}^{-\int P(x)\mathrm{d}x}+\mathrm{e}^{-\int P(x)\mathrm{d}x}\int Q(x)\mathrm{e}^{\int P(x)\mathrm{d}x}\mathrm{d}x$.

注 一阶线性非齐次微分方程求解也可采用常系数变易法. 齐次微分方程通解中的任意常数 C 换成未知函数 $u(x)$，把 $y=u(x)\mathrm{e}^{-\int P(x)\mathrm{d}x}$ 假设成非齐次线性方程的通解. 代入非齐次方程，求得 $u(x)=\int Q(x)\mathrm{e}^{\int P(x)\mathrm{d}x}\mathrm{d}x+C$，

于是通解为

$$y=\mathrm{e}^{-\int P(x)\mathrm{d}x}\left[\int Q(x)\mathrm{e}^{\int P(x)\mathrm{d}x}\mathrm{d}x+C\right],$$

或 $y=C\mathrm{e}^{-\int P(x)\mathrm{d}x}+\mathrm{e}^{-\int P(x)\mathrm{d}x}\int Q(x)\mathrm{e}^{\int P(x)\mathrm{d}x}\mathrm{d}x$.

(3) 伯努利方程

形如 $\frac{\mathrm{d}y}{\mathrm{d}x}+P(x)y=Q(x)y^n\ (n\neq 0,1)$ 的微分方程，称为伯努利方程. 这里 $P(x)$ 和 $Q(x)$ 为已知连续函数.

伯努利方程的解法是：

以 y^n 同除上述方程的两边，得

$$y^{-n}\frac{\mathrm{d}y}{\mathrm{d}x}+P(x)y^{1-n}=Q(x).$$

令 $z=y^{1-n}$，得一阶线性方程

$$\frac{dz}{dx}+(1-n)P(x)z=(1-n)Q(x).$$

可转化为一阶线性微分方程求解.

三、可降阶的高阶微分方程

1. $y^{(n)}(x)=f(x)$型的微分方程

微分方程

$$y^{(n)}(x)=f(x) \tag{1}$$

的右端是仅含有自变量 x 的连续函数 $f(x)$. 容易看出,只要把 $y^{(n-1)}(x)$ 作为新的未知函数,那么(1)式就是新未知函数的一阶微分方程. 两边积分,就得到一个 $n-1$ 阶的微分方程

$$y^{(n-1)}(x)=\int f(x)dx+C_1,$$

同理可得

$$y^{(n-2)}(x)=\int\left[\int f(x)dx+C_1\right]dx+C_2,$$

以此类推,接连积分 n 次,便得方程(1)的含有 n 个任意独立常数的通解.

2. $y''=f(x, y')$型的微分方程

微分方程

$$y''=f(x, y') \tag{2}$$

的右端不显含未知函数 y.

若令 $y'=p(x)$, 则 $y''=p'=\frac{dp}{dx}$, 方程(2)化为

$$\frac{dp}{dx}=f(x, p).$$

这是关于未知函数 p 的一阶微分方程. 令方程 $\frac{dp}{dx}=f(x, p)$ 的通解为

$$p=\varphi(x, C_1),$$

则原方程的通解为

$$y=\int\varphi(x, C_1)dx+C_2.$$

3. $y''=f(y, y')$型的微分方程

微分方程

$$y''=f(y, y') \tag{3}$$

右端不显含自变量 x.

若把 y 暂时看作自变量,并作变换 $y'=p(y)$. 于是, 由复合函数的求导法则,有

$$y''=\frac{dp}{dx}=\frac{dp}{dy}\cdot\frac{dy}{dx}=p\frac{dp}{dy}.$$

则原方程就化为

$$p\frac{\mathrm{d}p}{\mathrm{d}y}=f(y, p).$$

这是一个关于变量 y，p 的一阶微分方程. 令其通解为

$$y'=p=\varphi(y, C_1),$$

这是可分离变量的方程，对其积分即得到方程(3)的通解

$$\int\frac{\mathrm{d}y}{\varphi(y, C_1)}=x+C_2.$$

四、二阶线性微分方程

1. 二阶线性微分方程解的结构

(1) 线性微分方程概念

在 n 阶微分方程 $F(x, y, y', \cdots, y^{(n)})=0$ 中，若未知函数 y 及其各阶导数 $y', y'', \cdots, y^{(n)}$ 都是一次的，则称此方程为 n 阶线性微分方程. 其一般形式为

$$y^{(n)}+a_1(x)y^{(n-1)}+\cdots+a_n(x)y=f(x), \tag{1}$$

其中 $a_1(x)$，$a_2(x)$，…，$a_n(x)$，$f(x)$ 是区间 I 上的连续函数. 若 $f(x)\equiv 0$，则称方程(1)为 n 阶线性齐次微分方程；否则，称方程(1)为 n 阶线性非齐次微分方程.

(2) 齐次线性微分方程解的结构

① 线性相关的概念

设 $y_1(x)$，$y_2(x)$，…，$y_n(x)$ 是定义在区间 I 上的函数，如果存在不全为零的常数 k_1，k_2，…k_n，使得 $k_1y_1+k_2y_2+\cdots+k_ny_n\equiv 0$，则称 $y_1(x)$，$y_2(x)$，…，$y_n(x)$ 在区间 I 上线性相关；否则，称 $y_1(x)$，$y_2(x)$，…，$y_n(x)$ 在区间 I 上线性无关.

设 $y_1(x)$，$y_2(x)$ 是定义在区间 I 上的函数，则 $y_1(x)$，$y_2(x)$ 线性无关的充要条件是 $\dfrac{y_1(x)}{y_2(x)}$ 不恒为常数.

② 齐次线性微分方程解的结构

设 $y_1(x)$，$y_2(x)$ 是二阶齐次线性微分方程 $y''+p(x)y'+q(x)y=0$ 的两个线性无关的特解，则其通解为 $y=C_1y_1(x)+C_2y_2(x)$（C_1，C_2 为任意常数）.

(3) 非齐次线性微分方程解的结构

设 y^* 是二阶非齐次线性微分方程 $y''+p(x)y'+q(x)y=f(x)$ 的一个特解，而 Y 是其对应的齐次线性微分方程 $y''+p(x)y'+q(x)y=0$ 的通解，则

$$y=Y+y^*$$

是二阶线性非齐次微分方程 $y''+p(x)y'+q(x)y=f(x)$ 的通解.

(4) 解的叠加原理

设 y_1^* 与 y_2^* 分别是方程

$$y''+P(x)y'+Q(x)y=f_1(x)$$

与

$$y''+P(x)y'+Q(x)y=f_2(x)$$

的特解，则 $y_1^*+y_2^*$ 是方程

$$y''+P(x)y'+Q(x)y=f_1(x)+f_2(x)$$

的特解.

2. 二阶常系数线性微分方程

(1) 二阶线性常系数齐次常微分方程

① 二阶线性常系数齐次常微分方程的概念

形如 $y''+py'+qy=0$ 的方程称为二阶常系数线性齐次微分方程，其中 p,q 为常数.

② 特征方程法

称一元二次方程 $r^2+pr+q=0$ 为二阶常系数线性齐次微分方程 $y''+py'+qy=0$ 的特征方程，并称特征方程的两个根 r_1，r_2 为特征根.

(a) 特征方程有两个不相等的实根：特征根为 $r_{1,2}=\dfrac{-p\pm\sqrt{p^2-4q}}{2}$ $(p^2-4q>0)$，两个特解为 $y_1=e^{r_1x}$，$y_2=e^{r_2x}$，且线性无关，从而方程通解为

$$y=C_1e^{r_1x}+C_2e^{r_2x},$$

(b) 特征方程有两个相等的实根：特征根为 $r_{1,2}=-\dfrac{p}{2}$ $(p^2-4q=0)$，两个特解 $y_1=e^{r_1x}$，$y_2=xe^{r_1x}$，从而方程通解为

$$y=(C_1+C_2x)e^{r_1x}.$$

(c) 特征方程有一对共轭复根：特征根为 $r_{1,2}=\dfrac{-p\pm\sqrt{4q-p^2}\,i}{2}=\alpha\pm\beta i$ $(p^2-4q<0)$，两个复数形式的特解为 $y_1=e^{r_1x}$，$y_2=e^{r_2x}$. 应用欧拉公式 $e^{i\theta}=\cos\theta+i\sin\theta$，得

$$\bar{y}_1=\frac{1}{2}(y_1+y_2)=e^{\alpha x}\cos\beta x,$$

$\bar{y}_2=\dfrac{1}{2i}(y_1-y_2)=e^{\alpha x}\sin\beta x$ 也是方程的特解，且线性无关，故方程的通解为

$$y=e^{\alpha x}(C_1\cos\beta x+C_2\sin\beta x).$$

(2) 二阶线性常系数非齐次常微分方程

① 二阶线性常系数非齐次常微分方程的一般形式为 $y''+py'+qy=f(x)$，其中 p，q 为常数，$f(x)\neq 0$.

② 求特解的待定系数法：

(a) $f(x)=e^{\lambda x}P_m(x)$ 型的解法：

设方程的特解为 $y^*=Q(x)e^{\lambda x}$（其中 $Q(x)$ 是某个多项式）. 把 y^* 及其导数代入方程

$$Q''(x)+(2\lambda+p)Q'(x)+(\lambda^2+p\lambda+q)Q(x)=P_m(x).$$

以下分三种不同的情形，分别讨论函数 $Q(x)$ 的确定方法：

（Ⅰ）若 λ 不是对应齐次方程的特征方程 $r^2+pr+q=0$ 的根,可令 $Q(x)$ 为另一个 m 次多项式 $Q_m(x)=b_0+b_1x+b_2x^2+\cdots+b_mx^m$ 代入并比较方程两端关于 x 同次幂的系数,就得到关于未知数 $b_0, b_1, \cdots, b_m$ 的 $m+1$ 个方程. 联立解方程组可以确定出 $b_i(i=0, 1, \cdots, m)$，从而得到所求方程的特解为

$$y^*=Q_m(x)e^{\lambda x}.$$

（Ⅱ）若 λ 是对应齐次方程的特征方程 $r^2+pr+q=0$ 的单根,令

$$Q(x)=xQ_m(x),$$

并用同样的方法来确定 $Q_m(x)$ 的系数 $b_i(i=0, 1, \cdots, m)$.

（Ⅲ）若 λ 是对应齐次方程的特征方程 $r^2+pr+q=0$ 的重根,令

$$Q(x)=x^2Q_m(x),$$

用同样的方法来确定 $Q_m(x)$ 的系数.

(b) $f(x)=e^{\lambda x}[P_l(x)\cos\omega x+P_n(x)\sin\omega x]$ 型的解法：

如果 $f(x)=e^{\lambda x}[P_l(x)\cos\omega x+P_n(x)\sin\omega x]$，则方程的特解可设为

$$y^*=x^ke^{\lambda x}[R_m^{(1)}(x)\cos\omega x+R_m^{(2)}(x)\sin\omega x],$$

其中 $R_m^{(1)}(x)$，$R_m^{(2)}(x)$ 是 m 次多项式，$m=\max\{l, n\}$，而 k 按 $\lambda+i\omega$（或 $\lambda-i\omega$）不是特征方程的根或是特征方程的单根依次取 0，1.

Ⅲ 典型例题讲解

例 1 指出下列各微分方程的阶数：

(1) $x(y')^2-2yy'+x=0$；

(2) $(y'')^3-5(y')^4-y^5+x^6=0$；

(3) $xy'''-2y''+x^3y=0$；

(4) $(x^3-y^3)dx+(x^2+y^2)dy=0$.

解 (1) 因为方程中未知函数 y 的最高阶导数的阶数为 1,故该方程为一阶微分方程；

(2) 二阶；

(3) 三阶；

(4) 一阶.

例 2 验证下列给定函数是其对应微分方程的解：

(1) $y=(x+C)e^{-x}$，$y'+y=e^{-x}$；

(2) $xy=C_1e^x+C_2e^{-x}$，$xy''+2y'-xy=0$；

(3) $x=\cos 2t+C_1\cos 3t+C_2\sin 3t$，$x''+9x=5\cos 2t$；

(4) $\dfrac{x^2}{C_1}+\dfrac{y^2}{C_2}=1$，$xyy''+x(y')^2-yy'=0$.

解 (1) $\because$ $y'=e^{-x}-(x+C)e^{-x}$，

$\therefore\ y'+y=e^{-x}-(x+C)e^{-x}+(x+C)e^{-x}=e^{-x}$，

$\therefore\ y=(x+C)e^{-x}$ 是微分方程 $y'+y=e^{-x}$ 的解.

(2) 在方程 $xy=C_1e^x+C_2e^{-x}$ 两边对 x 求导，有 $y+xy'=C_1e^x-C_2e^{-x}$，该方程两边对 x 求导，有 $2y'+xy''=C_1e^x+C_2e^{-x}$，即 $2y'+xy''=xy$，即 $xy''+2y'-xy=0$.

所以 $xy=C_1e^x+C_2e^{-x}$ 所确定的函数 $y=y(x)$ 是方程 $xy''+2y'-xy=0$ 的解.

(3) $\because\ x'=-2\sin 2t-3c_1\sin 3t+3c_2\cos 3t$，

$x''=-4\cos 2t-9c_1\cos 3t-9c_2\sin 3t$，

$\therefore\ x''+9x=-4\cos 2t-9c_1\cos 3t-9c_2\sin 3t+9\cos 2t+9c_1\cos 3t+9c_2\sin 3t$

$=5\cos 2t$.

所以 $x=\cos 2t+C_1\cos 3t+C_2\sin 3t$ 是微分方程 $x''+9x=5\cos 2t$ 的解.

(4) 方程 $\dfrac{x^2}{C_1}+\dfrac{y^2}{C_2}=1$ 两边对 x 求导，得

$$C_2x+C_1yy'=0. \qquad ①$$

①式两边对 x 求导，得

$$C_2+C_1(y')^2+C_1yy''=0. \qquad ②$$

②式两边同乘以 x，得

$$C_2x+C_1x(y')^2+C_1xyy''=0 \qquad ③$$

③－①，得 $xyy''+x(y')^2-yy'=0$.

所以 $\dfrac{x^2}{C_1}+\dfrac{y^2}{C_2}=1$ 是方程 $xyy''+x(y')^2-yy'=0$ 的解.

例 3 已知曲线的切线在纵轴上的截距等于切点的横坐标，求曲线满足的微分方程.

解 设 (x,y) 是曲线 $y=f(x)$ 上任一点，则过该点的切线方程为 $Y-y=y'(X-x)$，由已知 $X=0$ 时，$Y=x$，得 $x-y=-xy'$，即 $xy'-y+x=0$ 为 $y=f(x)$ 所满足得微分方程.

例 4 求通解为 $y=Ce^x+x$ 的微分方程，这里 C 为任意常数.

解 由 $y=Ce^x+x$，得 $y'=Ce^x+1$，而由已知 $Ce^x=y-x$，得 $y'=y-x+1$，故通解为 $y=Ce^x+x$ 的微分方程为 $y'=y-x+1$.

例 5 求平面上过原点的曲线方程，该曲线上任一点处的切线与切点和点(1, 0)的连线相互垂直.

解 设曲线方程为 $y=y(x)$，切点为(x,y)，切点到点(1, 0)的连线的斜率为 $\dfrac{y}{x-1}$，则由题意可得如下初值问题：

$$\begin{cases} y'\dfrac{y}{x-1}=-1 \\ y(0)=0 \end{cases}.$$

分离变量，积分并整理后可得 $y^2=-(x-1)^2+C$.

代入初始条件，可得 $C=1$，因此所求曲线为 $(x-1)^2+y^2=1$.

例 6 求下列微分方程的通解或在给定条件下的特解：

(1) $xy'-y-\sqrt{x^2+y^2}=0$；

(2) $y'=\frac{y}{x}+\sin\frac{y}{x}$；

(3) $3xy2\mathrm{d}y=(2y^3-x^3)\mathrm{d}x$；

(4) $x^2y'+xy=y^2$，$y(1)=1$；

(5) $xy'=y(\ln y-\ln x)$，$y(1)=1$.

解 (1) 原方程可化为 $y'=\frac{y}{x}+\sqrt{1+\left(\frac{y}{x}\right)^2}$，令 $u=\frac{y}{x}$，则 $y=ux$，$y'=u+xu'$，代入原方程，得：

$$xu'=\sqrt{1+u^2}\text{，即 }\frac{\mathrm{d}u}{\sqrt{1+u^2}}=\frac{\mathrm{d}x}{x},$$

两边积分，得 $\ln(u+\sqrt{1+u^2})=\ln|x|+c_1$，即 $u+\sqrt{1+u^2}=cx$.

将 $u=\frac{y}{x}$ 代入，得 $y+\sqrt{x^2+y^2}=cx^2$.

(2) 令 $u=\frac{y}{x}$，则 $y=ux$，$y'=u+xu'$，代入原方程，得：

$$x\frac{\mathrm{d}u}{\mathrm{d}x}=\sin u,$$

即

$$\frac{\mathrm{d}u}{\sin u}=\frac{\mathrm{d}x}{x},$$

两边积分，得 $\ln\tan\frac{u}{2}=\ln x+c_1$，则 $\tan\frac{u}{2}=cx$，$u=2\arctan cx$，

将 $u=\frac{y}{x}$ 代入，得 $y=2x\arctan cx$.

(3) 原方程可化为 $\frac{\mathrm{d}y}{\mathrm{d}x}=\frac{2}{3}\left(\frac{y}{x}\right)-\frac{1}{3}\left(\frac{x}{y}\right)^2$，令 $u=\frac{y}{x}$，则 $x\frac{\mathrm{d}u}{\mathrm{d}x}+u=\frac{\mathrm{d}y}{\mathrm{d}x}$，代入上式，得 $\frac{3u^2}{1+u^3}\mathrm{d}u=-\frac{\mathrm{d}x}{x}$，两边积分，得 $\ln(1+u^3)=-\ln x+c_1$，即 $x(1+u^3)=c$.

将 $u=\frac{y}{x}$ 代入，得 $x^3+y^3=cx^2$.

(4) 原方程可化为 $y'+\frac{y}{x}=\left(\frac{y}{x}\right)^2$，令 $u=\frac{y}{x}$，则 $y=ux$，$\frac{\mathrm{d}y}{\mathrm{d}x}=u+x\frac{\mathrm{d}u}{\mathrm{d}x}$，代入上式，得 $\frac{\mathrm{d}u}{u^2-2u}=\frac{\mathrm{d}x}{x}$，即 $\frac{1}{2}\left[\frac{1}{u-2}-\frac{1}{u}\right]=\frac{\mathrm{d}x}{x}$，两边积分，得 $\frac{1}{2}\ln\left|\frac{u-2}{u}\right|=\ln|x|+c_1$.

即 $u-2=cux^2$，将 $u=\frac{y}{x}$ 代入，得 $\frac{y}{x}-2=cxy$，

由 $y(1)=1$，得 $c=-1$，

$\therefore \frac{y}{x}-2=-xy$，即 $y=\frac{2x}{1+x^2}$.

所以原方程满足初始条件的特解为 $y=\frac{2x}{1+x^2}$.

(5) 原方程可化为 $\frac{dy}{dx}=\frac{y}{x}\ln\frac{y}{x}$，令 $u=\frac{y}{x}$，则 $\frac{dy}{dx}=u+x\frac{du}{dx}$，上方程可化为

$$u+x\frac{du}{dx}=u\ln u,\quad 即\quad \frac{du}{u(\ln u-1)}=\frac{dx}{x},$$

两边积分，得 $\ln|\ln u-1|=\ln|x|+c_1$，即 $\ln u-1=cx\ (c=\pm e^{c_1})$，

亦即 $u=e^{1+cx}$. 将 $u=\frac{y}{x}$ 代入，得 $y=xe^{1+cx}$.

由初始条件 $y(1)=1$，得 $c=-1$.

故原方程满足初始条件的特解为 $y=xe^{1-x}$.

例 7 求下列微分方程的通解或在给定初始条件下的特解：

(1) $y'-y=\sin x$；

(2) $y'-\frac{n}{x}y=x^ne^x$；

(3) $(x-2y)dy+dx=0$；

(4) $(1+x\sin y)y'-\cos y=0$；

(5) $y'-\frac{y}{x+1}=(x+1)e^x$，$y(0)=1$；

(6) $y'-\frac{2xy}{x^2+1}=\frac{2x^2}{x^2+1}$，$y(0)=\frac{2}{3}$；

(7) $y'-\frac{y}{x}=\frac{2}{x}\ln x$，$y(1)=1$；

(8) $y'-2xy=(x\sin x)e^{-x^2}$，$y(0)=1$.

解 (1) 这是一阶非齐次线性微分方程，

$$P(x)=-1,\ Q(x)=\sin x,$$

$$\begin{aligned}\therefore y&=e^{-\int P(x)dx}\left(\int Q(x)e^{\int P(x)dx}dx+c\right)\\&=e^{\int dx}\left(\int \sin x\, e^{\int -dx}dx+c\right)\\&=e^x\left(\int \sin x\cdot e^{-x}dx+c\right)\\&=e^x\left(\frac{-\sin x\cdot e^{-x}-\cos x\cdot e^{-x}}{2}+c\right)\\&=ce^x-\frac{1}{2}(\sin x+\cos x).\end{aligned}$$

(2) 这是一阶非齐次线性微分方程，

$$P(x)=-\frac{n}{x},\ Q(x)=x^n e^x$$

$$\therefore\ y=e^{-\int P(x)dx}\left(\int Q(x)e^{\int P(x)dx}dx+c\right)$$

$$=e^{\int\frac{n}{x}dx}\left(\int x^n e^x\cdot e^{-\int\frac{n}{x}dx}dx+c\right)=e^{n\ln x}\left(\int x^n e^x\cdot e^{-n\ln x}dx+c\right)$$

$$=x^n\left(\int x^n e^x\cdot x^{-n}dx+c\right)=x^n\left(\int e^x dx+c\right)=x^n(e^x+c).$$

(3) 原方程可化为 $\frac{dx}{dy}+x=2y$，这是一个关于 y 的一阶齐次线性微分方程，且 $P(y)=1$，$Q(y)=2y$，所以

$$x=e^{-\int P(y)dy}\left(\int Q(y)e^{\int P(y)dy}dy+c\right)$$

$$=e^{-\int dy}\left(\int 2y\cdot e^{\int dy}dy+c\right)$$

$$=e^{-y}\left(2\int ye^y dy+c\right)$$

$$=e^{-y}(2e^y(y-1)+c)$$

$$=2(y-1)+ce^{-y}.$$

(4) 原方程可化为 $\frac{dx}{dy}-x\tan y=\sec y$，这是一个关于 y 的一阶非齐次线性微分方程，且 $P(y)=-\tan y$，$Q(y)=\sec y$，所以

$$x=e^{-\int P(y)dy}\left(\int Q(y)e^{\int P(y)dy}dy+c\right)$$

$$=e^{\int\tan y dy}\left(\int\sec y e^{-\int\tan y dy}dy+c\right)$$

$$=\frac{1}{\cos y}\left(\int\sec y\cdot\cos y dy+c\right)$$

$$=\frac{1}{\cos y}(y+c).$$

(5) 这是一阶非齐次线性微分方程，且 $P(x)=-\frac{1}{x+1}$，$Q(x)=(x+1)e^x$，所以

$$y=e^{-\int P(x)dx}\left(\int Q(x)e^{\int P(x)dx}dx+c\right)$$

$$=e^{\int\frac{1}{x+1}dx}\left(\int(x+1)e^x\cdot e^{-\int\frac{1}{x+1}dx}dx+c\right)$$

$$=(x+1)\left(\int e^x dx+c\right)=(x+1)(e^x+c).$$

将初始条件 $y(0)=1$ 代入上式，得 $c=0$，

故原方程满足初始条件的特解是 $y=(1+x)e^x$.

(6) 这是一阶非齐次线性微分方程,且 $P(x)=\dfrac{2x}{1+x^2}$, $Q(x)=\dfrac{2x^2}{1+x^2}$, 所以

$$\begin{aligned}y&=e^{-\int P(x)dx}\left(\int Q(x)e^{\int P(x)dx}dx+c\right)\\&=e^{-\int\frac{2x}{1+x^2}dx}\left(\int\frac{2x^2}{1+x^2}e^{\int\frac{2x}{1+x^2}}dx+c\right)\\&=e^{-\ln(1+x^2)}\left(\int\frac{2x^2}{1+x^2}e^{\ln(1+x^2)}dx+c\right)\\&=\frac{1}{1+x^2}\left(\int 2x^2dx+c\right)=\frac{1}{1+x^2}\left(\frac{2}{3}x^3+c\right).\end{aligned}$$

将初始条件 $y(0)=1$ 代入上式,得 $c=\dfrac{2}{3}$, 所以原方程满足初始条件的特解是

$$y=\frac{2(1+x^3)}{3(1+x^2)}.$$

(7) 这是一阶非齐次线性微分方程,且 $P(x)=-\dfrac{1}{x}$, $Q(x)=-\dfrac{2}{x}\ln x$, 所以

$$\begin{aligned}y&=e^{-\int P(x)dx}\left(\int Q(x)e^{\int P(x)dx}dx+c\right)\\&=e^{\int\frac{1}{x}dx}\left(\int-\frac{2}{x}\ln x\,e^{-\int\frac{1}{x}dx}dx+c\right)\\&=x\left(\int-\frac{2}{x^2}\ln x\,dx+c\right)\\&=x\left(\frac{2}{x}\ln x+\frac{2}{x}+c\right)\\&=2(1+\ln x)+cx.\end{aligned}$$

将初始条件 $y(1)=1$ 代入上式,得 $c=-1$.
所以,原方程满足初始条件的特解是 $y=2(1+\ln x)-x$.

(8) 这是一阶非齐次线性微分方程,且 $P(x)=2x$, $Q(x)=x\sin x\cdot e^{-x^2}$, 所以

$$\begin{aligned}y&=e^{-\int P(x)dx}\left(\int Q(x)e^{\int P(x)dx}dx+c\right)\\&=e^{-\int 2x\,dx}\left(\int x\sin x\cdot e^{-x^2}e^{\int 2x\,dx}dx+c\right)\\&=e^{-x^2}\left(\int x\sin x\,dx+c\right)\\&=e^{-x^2}(\sin x-x\cos x+c).\end{aligned}$$

将初始条件 $y(0)=1$ 代入上式,得 $c=1$, 故原方程满足初始条件的特解是:
$y=e^{-x^2}(\sin x-x\cos x+1)$.

例 8 设函数 $f(x)$ 在 $[1, +\infty)[1, +\infty)$ 上连续，若由曲线 $y=f(x)$，直线 $x=1$，$x=t\ (t>1)$ 与 x 轴所围成的平面图形绕 x 轴旋转一周所成的旋转体的体积为

$$V(t)=\frac{\pi}{3}[t^2 f(t)-f(1)].$$

试求 $y=f(x)$ 所满足的微分方程，并求该微分方程满足条件 $y(2)=\frac{2}{9}$ 的特解.

解 依题意，有 $\pi\int_1^t f^2(x)\mathrm{d}x=\frac{\pi}{3}[t^2 f(t)-f(1)]$，两边同时对 t 求导，有：

$$\pi f^2(t)=\frac{\pi}{3}[2tf(t)+t^2 f'(t)],$$

即 $t^2 f'(t)=3f^2(t)-2tf(t)$，亦即 $x^2 y'=3y^2-2xy$.

故 $y=f(x)$ 所满足的微分方程是 $x^2y'=3y^2-2xy$，该方程可化为

$$y'=3\left(\frac{y}{x}\right)^2-2\left(\frac{y}{x}\right),$$

这是齐次方程. 可求得该齐次方程的通解为：

$$y-x=cx^3y.$$

将初始条件 $y(2)=\frac{2}{9}$ 代入上式，得 $c=-1$. 所以，该微分方程满足条件 $y(2)=\frac{2}{9}$ 的特解是 $y-x=-x^3y$.

例 9 已知 $f(x)=\int_0^{3x} f\left(\frac{t}{3}\right)\mathrm{d}t+3x-3$，求 $f(x)$.

解 方程两边对 x 求导，得 $f'(x)=3f(x)+3$，即 $y'-3y=3$.
这是一阶非齐次线性微分方程，$P(x)=-3$，$Q(x)=3$，其通解为

$$\begin{aligned} y&=\mathrm{e}^{-\int -3\mathrm{d}x}\left(\int 3\mathrm{e}^{\int -3\mathrm{d}x}\mathrm{d}x+c\right)=\mathrm{e}^{3x}\left(\int 3\mathrm{e}^{-3x}\mathrm{d}x+c\right)\\ &=\mathrm{e}^{3x}(-\mathrm{e}^{-3x}+c)=-1+c\mathrm{e}^{3x}.\end{aligned}$$

由已知 $f(x)=\int_0^{3x} f\left(\frac{t}{3}\right)\mathrm{d}t+3x-3$，得 $f(0)=-3$，代入上式，得 $c=-2$，所以

$$f(x)=-1-2\mathrm{e}^{3x}.$$

例 10 求下列微分方程的通解：

(1) $y'''=x\mathrm{e}^x$；　　(2) $y''=\frac{1}{1+x^2}$；

(3) $(1+x^2)y''+2xy'=0$；　　(4) $y''-(y')^2=0$；

(5) $x^3\frac{\mathrm{d}^2x}{\mathrm{d}t^2}+1=0$.

解 (1) 对方程两端连续积分三次，得

$$y''=(x-1)e^x+c_1,$$
$$y'=(x-2)e^x+c_1x+c_2,$$
$$y=(x-3)e^x+\frac{c_1x^2}{2}+c_2x+c_3,$$

这就是所求的通解.

(2) 对方程两端连续积分两次,得

$$y'=\arctan x+c_1,$$
$$y=\int\arctan x\,dx+c_1x=x\arctan x-\frac{1}{2}\ln(1+x^2)+c_1x+c_2,$$

这就是所求的通解.

(3) 令 $y'=p(x)$,则 $y''=p'(x)$,于是原方程可化为

$$(1+x^2)p'+2xp=0.$$

分离变量,得 $\frac{dp}{p}=-\frac{2x}{1+x^2}dx$,积分得

$$p=\frac{c_1}{1+x^2},\quad 即\quad y'=\frac{c_1}{1+x^2}.$$

再积分,得 $y=c_1\arctan x+c_2$.

(4) 令 $y'=p(x)$,则 $y''=p'$,原方程可化为

$$p'-p^2=0,\quad 即\quad \frac{dp}{p^2}=dx.$$

两边积分,得 $-\frac{1}{p}=x+c_1$,即 $p=-\frac{1}{x+c_1}$.

亦即 $\frac{dy}{dx}=-\frac{1}{x+c_1}$.

再积分,得 $y=-\ln|x+c_1|+c_2$.

(5) 令 $x'=p(x)$,则 $x''=p\frac{dp}{dx}$,原方程变为 $x^3p\frac{dp}{dx}+1=0$,即 $p\,dp=-\frac{1}{x^3}dx$.

两边积分,得 $p^2=\frac{1+c_1x^2}{x^2}$,即 $p=\pm\frac{\sqrt{1+c_1x^2}}{x}$.

亦即 $\frac{dx}{dt}=\pm\frac{\sqrt{1+c_1x^2}}{x}$,即 $\pm\frac{x}{\sqrt{1+c_1x^2}}dx=dt$.

积分,得 $\pm\sqrt{1+c_1x^2}=c_1t+c_2$.

从而 $1+c_1x^2=(c_1t+c_2)^2$.

这就是所求的通解.

例 11　求下列微分方程满足初始条件的特解：

(1) $y'''=\ln x$，$y(1)=0$，$y'(1)=-\frac{3}{4}$，$y''(1)=-1$；

(2) $x^2y''+xy'=1$，$y(1)=0$，$y'(1)=1$；

(3) $y''+(y')^2=1$，$y(0)=0$，$y'(0)=1$.

解　(1) 方程两边积分，得 $y''=x\ln x-x+c_1$. 由 $y''(1)=-1$，得 $c_1=0$. 于是 $y''=x\ln x-x$，上式两边再积分，得 $y'=\frac{x^2}{2}\ln x-\frac{3}{4}x^2+c_2$.

由 $y'(1)=-\frac{3}{4}$，得 $c_2=0$，于是

$$y'=\frac{x^2}{2}\ln x-\frac{3}{4}x^2.$$

两边再积分，得 $y=\frac{1}{6}x^3\ln x-\frac{11}{36}x^3+c_3$.

由 $y(1)=0$，得 $c_3=\frac{11}{36}$.

所以，原方程满足初始条件的特解为 $y=\frac{1}{6}x^3\ln x-\frac{11}{36}x^3+\frac{11}{36}$.

(2) 令 $y'=p(x)$，则 $y''=p'$，原方程化为 $x^2\frac{\mathrm{d}p}{\mathrm{d}x}+xp=1$，即 $\frac{\mathrm{d}p}{\mathrm{d}x}+\frac{1}{x}p=x^{-2}$. 这是一阶非齐次线性方微分方程.

$p(x)=\frac{1}{x}$，$Q(x)=x^{-2}$，其通解为

$$p=\mathrm{e}^{-\int\frac{1}{x}\mathrm{d}x}\left(\int x^{-2}\mathrm{e}^{\int\frac{1}{x}\mathrm{d}x}\mathrm{d}x+c_1\right)=\frac{1}{x}(\ln x+c_1),$$

即 $y'=\frac{1}{x}(\ln x+c_1)$. 由 $y'(1)=1$，得 $c_1=1$，于是 $y'=\frac{1}{x}(\ln x+1)$，从而

$$y=\int\frac{1}{x}(\ln x+1)\mathrm{d}x=\int(\ln x+1)\mathrm{d}(\ln x+1)=\frac{1}{2}(1+\ln x)^2+c_2.$$

由 $y(1)=0$，得 $c_2=-\frac{1}{2}$，

$\therefore\ y=\frac{1}{2}(1+\ln x)^2-\frac{1}{2}$，即 $y=\ln x+\frac{1}{2}\ln^2 x$.

(3) 令 $y'=p$，则 $y''=p'$，原方程可化为

$$\frac{dp}{dx}=1-p^2,$$

由 $y'(0)=1$，即 $x=0$ 时，$p=1$.

显然，$p=1$ 是上述方程的解，即 $\frac{dy}{dx}=1$，积分得 $y=x+c$. 由 $y(0)=0$，得 $c=0$. 所以，原方程满足初始条件的特解为 $y=x$.

例 12 已知某个二阶非齐次线性微分方程有三个特解 $y_1=x$，$y_2=x+e^x$ 和 $y_3=1+x+e^x$，求这个方程的通解.

解 因为 y_1，y_2，y_3 是该二阶非齐次线性微分方程的三个特解，则 $y_2-y_1=e^x$，$y_3-y_2=1$ 是某对应的齐次微分方程的特解，且 $\frac{e^x}{1}=e^x\neq$ 常数，故 e^x 和 1 是其对应的二阶齐次线性微分方程的两个线性无关的特解，故对应齐次线性方程的通解为

$$y=c_1+c_2e^x.$$

又 $y_1=x$ 是这个二阶非齐次线性微分方程的特解，故这个方程的通解是

$$y=c_1+c_2e^x+x.$$

例 13 求下列齐次线性方程的通解或在给定条件下的特解：

(1) $y''-4y'+4y=0$;

(2) $y''-y'-2y=0$;

(3) $y''+5y'+6y=0$，$y(0)=1$，$y'(0)=6$;

(4) $y''-2y'-10y=0$，$y\left(\frac{\pi}{6}\right)=0$，$y'\left(\frac{\pi}{6}\right)=e^{\frac{\pi}{6}}$.

解 (1) 特征方程为 $r^2-4r+4=0$，它有两个相等的特征根 $r_1=r_2=2$，所以，所求的通解为 $y=(c_1+c_2x)e^{2x}$.

(2) 特征方程为 $r^2-r-2=0$，它有两个不相等的实特征根 $r_1=-1$，$r_2=2$，故所求的通解为 $y=c_1e^{-x}+c_2e^{2x}$.

(3) 特征方程为 $r^2+5r+6=0$，它有两个不相等的实特征根 $r_1=-2$，$r_2=-3$，故所求的通解为 $y=c_1e^{-2x}+c_2e^{-3x}$.

由 $y(0)=1$，得 $c_1+c_2=1$. 又由 $y'(0)=6$ 及 $y'=-2c_1e^{-2x}-3c_2e^{-3x}$，得 $2c_1+3c_2=-6$，解方程组

$$\begin{cases}c_1+c_2=1\\2c_1+3c_2=-6\end{cases},$$

得

$$\begin{cases}c_1=9\\c_2=-8\end{cases}.$$

所以原方程满足初始条件的特解为 $y=9e^{-2x}-8e^{-3x}$.

(4) 特征方程为 $r^2-2r-10=0$，它有两个共轭复数根，$r_{1,2}=1\pm3i$，故方程的通解为

$$y = e^{x}(c_1\cos 3x + c_2\sin 3x),$$

由 $y\left(\frac{\pi}{6}\right)=0$，$y'\left(\frac{\pi}{6}\right)=e^{\frac{\pi}{6}}$，得 $c_1=-\frac{1}{3}$，$c_2=0$，故所求特解为：

$$y=-\frac{1}{3}e^{x}\cos 3x.$$

例 14　求下列非齐次线性微分方程的通解或给定初始条件下的特解：

(1) $y''+3y'-10y=144xe^{-2x}$；

(2) $y''-6y'+8y=8x^2+4x-2$；

(3) $y''+y=\cos 3x$，$y\left(\frac{\pi}{2}\right)=4$，$y'\left(\frac{\pi}{2}\right)=-1$；

(4) $y''-8y'+16y=e^{4x}$，$y(0)=0$，$y'(0)=1$.

解　(1) 特征方程 $r^2+3r-10=0$ 有两个不相等的实数根 $r_1=-5$，$r_2=2$，故对应齐次方程的通解为

$$Y=c_1e^{-5x}+c_2e^{2x}.$$

因为 $\lambda=-2$ 不是特征方程的根，故可设特解为

$$y^*=(Ax+B)e^{-2x},$$

则 $y^{*\prime}=(-2Ax+A-2B)e^{-2x}$，

$$y^{*\prime\prime}=(-4Ax+4B+4Ax)e^{-2x},$$

代入原方程，可解得 $A=-12$，$B=1$. 所以 $y^*=(1-12x)=e^{-2x}$.
故所求通解为

$$y=(1-12x)e^{-2x}+c_1e^{-5x}+c_2e^{2x}.$$

(2) 特征方程 $r^2-6r+8=0$ 有两个不同的特征根 $r_1=2$，$r_2=4$，故对应齐次方程的通解为

$$Y=c_1e^{2x}+c_2e^{4x}.$$

又因为 $\lambda=0$ 不是特征方程的根，故可设特解为

$$y^*=Ax^2+bx+c,$$

则 $y^{*\prime}=2Ax+B$，$y^{*\prime}=2A$，代入原方程，可解得

$$A=1,\ B=2,\ C=1,$$

故 $y^*=x^2+2x+1=(x+1)^2$.
所求通解为 $y=(x+1)^2+c_1e^{2x}+c_2e^{4x}$.

(3) 特征方程为 $r^2+1=0$，它有两个共复数根 $r_{1,2}=\pm i$，故对应齐次方程的通解为

$$Y=c_1\cos x+c_2\sin x.$$

考察方程 $y''+y=e^{3ix}$，因为 $w=3i$ 不是特征方程的根，故可设特解为

$$y^* = Ae^{3ix},$$

则 $y^{*\prime} = 3iAe^{3ix}$，$y^{*\prime\prime} = -9Ae^{3ix}$，代入方程 $y'' + y = e^{3ix}$，得 $A = -\dfrac{1}{8}$，所以

$$y^* = -\frac{1}{8}e^{3ix} = -\frac{1}{8}(\cos 3x + i\sin 3x).$$

取 y^* 的实部,即得到方程 $y'' + y = \cos 3x$ 的特解

$$y_1^* = -\frac{1}{8}\cos 3x.$$

故原方程 $y'' + y = \cos 3x$ 的通解为

$$y = -\frac{1}{8}\cos 3x + c_1\cos x + c_2\sin x.$$

又 $y' = \dfrac{3}{8}\sin 3x - c_1\sin x + c_2\cos x$，

由初始条件 $y\left(\dfrac{\pi}{2}\right) = 4$，$y\left(\dfrac{\pi}{2}\right) = 1$，得 $c_1 = \dfrac{5}{8}$，$c_2 = 4$，故所求的特解为

$$y = -\frac{1}{8}\cos 3x + \frac{5}{8}\cos x + 4\sin x.$$

(4) 特征方程 $r^2 - 8r + 16 = 0$ 有两个相等的实根 $r_1 = r_2 = 4$，故对应齐次方程的通解为：

$$y = (c_1 + c_2 x)e^{4x}.$$

因为 $\lambda = 4$ 是特征方程的重根,故可设特解为

$$y^* = Ax^2e^{4x}.$$

将其代入方程 $y'' - 8y' + 16y = e^{4x}$，得 $A = \dfrac{1}{2}$，故特解为 $y^* = \dfrac{1}{2}x^2e^{4x}$.

所以原方程的特解为 $y = \dfrac{1}{2}x^2e^{4x} + (c_1 + c_2x)e^{4x}$. 由 $y(0) = 0$，得 $c_1 = 0$.

又由 $y' = xe^{4x} + 2x^2e^{4x} + c_2e^{4x} + 4c_2xe^{4x}$ 及 $y'(0) = 1$，得 $c_2 = 1$.

所以,所求特解为 $y = \dfrac{1}{2}x^2e^{4x} + xe^{4x}$.

例 15 设对一切实数 x，函数 $f(x)$ 连续且满足等式

$$f'(x) = x^2 + \int_0^x f(t)\mathrm{d}t，且 f(0) = 2,$$

求函数 $f(x)$.

解 方程两边求导,得 $f''(x) = 2x + f(x)$，即 $y'' - y = 2x$，特征方程 $r^2 - 1 = 0$ 有两个

不同的实根 $r_1=1$，$r_2=-1$，故对应齐次方程的通解为 $Y=c_1e^x+c_2e^{-x}$.

因为 $\lambda=0$ 不是特征方程的根,故可设特解为 $y^*=Ax+B$. 代入原方程,得 $A=-2$，$B=0$，故特解为 $y^*=-2x$，所以方程的通解为

$$y=-2x+c_1e^x+c_2e^{-x}.$$

由已知 $f(0)=2$，得 $c_1+c_2=2$. 又由题设,得 $f'(0)=0$，及 $y'=-2+c_1e^x-c_2e^{-x}$，得 $c_1-c_2=2$.

解方程 $\begin{cases}c_1+c_2=2\\c_1-c_2=2\end{cases}$，得 $c_1=2$，$c_2=0$.

所以满足题设条件特解为

$$y=-2x+2e^x,$$

即 $f(x)=-2x+2e^x$.

例 16 求解方程 $\dfrac{dy}{dx}=\dfrac{x+y-1}{x-y+3}$.

解 由 $\begin{cases}x+y-1=0\\x-y+3=0\end{cases}$，求得 $x=-1$，$y=2$，令 $\begin{cases}x=\xi-1\\y=\eta+2\end{cases}$.

则有 $\dfrac{d\eta}{d\xi}=\dfrac{\xi+\eta}{\xi-\eta}$. 令 $z=\dfrac{\eta}{\xi}$，解得 $\dfrac{(1-z)dz}{1+z^2}=\dfrac{d\xi}{\xi}$，

积分得 $\arctan z-\dfrac{1}{2}\ln(1+z^2)=\ln|\xi|+C$，

故原方程的解为

$$\arctan\frac{y-2}{x+1}=\ln\sqrt{(x+1)^2+(y-2)^2}+C.$$

例 17 求解方程 $x\dfrac{d^2x}{dt^2}+\left(\dfrac{dx}{dt}\right)^2=0$.

解 令 $\dfrac{dx}{dt}=y$，直接计算可得 $\dfrac{d^2x}{dt^2}=y\dfrac{dy}{dt}$，于是原方程化为 $xy\dfrac{dy}{dt}+y^2=0$，故有 $y=0$ 或 $x\dfrac{dy}{dx}+y=0$，积分后得 $y=\dfrac{c}{x}$，即 $\dfrac{dx}{dt}=\dfrac{c}{x}$，所以 $x^2=C_1t+C_2(C_1=2C)$，就是原方程的通解,这里 C_1，C_2 为任意常数.

例 18 仿照求解二阶常系数线性微分方程的特征方程法和待定系数法,求解三阶常系数非齐次线性微分方程 $x'''-4x''+4x'=8t-8$.

解 对应齐次线性微分方程的特征方程为 $\lambda^3-4\lambda^2+4\lambda=0$，

特征根为 $\lambda_1=0$，$\lambda_{2,3}=2$.

对应齐次线性微分方程的通解为 $x_0(t)=C_1+C_2e^{2t}+C_3te^{2t}$.

设原方程的特解形如 $x^*(t)=at^2+bt$，代入原方程,可得 $-8a+4(2at+b)=8t-8$，

利用对应系数相等，可得 $a=1$，$b=0$，故 $x^*(t)=t^2$.

原方程的通解可以表示为

$x(t)=x_0(t)+x^*(t)=C_1+C_2e^{2t}+C_3te^{2t}+t^2$（$C_1$，$C_2$，$C_3$ 是任意常数）.

例 19 求方程 $y'=y+\sin x$ 的通解.

解 先解 $y'=y$，得通解为 $y=ce^x$，令 $y=c(x)e^x$ 为原方程的解，代入得 $c'(x)e^x+c(x)e^x=c(x)e^x+\sin x$，即有 $c'(x)=e^{-x}\sin x$，

积分得 $c(x)=-\dfrac{1}{2}e^{-x}(\sin x+\cos x)+c$，

所以 $y=ce^x-\dfrac{1}{2}(\sin x+\cos x)$ 为原方程的通解.

例 20 形如 $M(x,y)dx+N(x,y)dy=0$（$M(x,y)$，$N(x,y)$ 连续，且具有连续一阶偏导数）的微分方程，若左端恰好是某个二元函数的全微分，则称该方程为恰当方程. 验证微分方程 $(\cos x\sin x-xy^2)dx+y(1-x^2)dy=0$ 是恰当方程，并求出它的通解.

解 由于 $M(x,y)=\cos x\sin x-xy^2$，$N(x,y)=y(1-x^2)$，因为 $\dfrac{\partial M}{\partial y}=-2xy=\dfrac{\partial N}{\partial x}$，所以原方程为恰当方程.

把原方程分项组合，得 $\cos x\sin x\,dx-(xy^2dx+yx^2dy)+ydy=0$，

或写成
$$d\left(\frac{1}{2}\sin^2x\right)-d\left(\frac{1}{2}x^2y^2\right)+d\left(\frac{1}{2}y^2\right)=0,$$

故原方程的通解为 $\sin^2x-x^2y^2+y^2=C$.

例 21 求 $\left(\dfrac{dy}{dx}\right)^3-4xy\dfrac{dy}{dx}+8y^2=0$ 的通解.

解 方程可化为 $x=\dfrac{\left(\dfrac{dy}{dx}\right)^3+8y^2}{4xy\dfrac{dy}{dx}}$，令 $\dfrac{dy}{dx}=p$，则有 $x=\dfrac{p^3+8y^2}{4xyp}$（*），

（*）两边对 y 求导，得 $2y(p^3-4y^2)\dfrac{dp}{dy}+p(8y^2-p^3)=4y^2p$，

即 $(p^3-4y^2)\left(2y\dfrac{dp}{dy}-p\right)=0$，由 $2y\dfrac{dp}{dy}-p=0$，得 $p=cy^{\frac{1}{2}}$，即 $y=\left(\dfrac{p}{c}\right)^2$，

将 y 代入（*），得 $x=\dfrac{c^2}{4}+\dfrac{2p}{c^2}$，

即方程的含参数形式的通解为：
$$\begin{cases}x=\dfrac{c^2}{4}+\dfrac{2p}{c^2}\\ y=\left(\dfrac{p}{c}\right)^2\end{cases}，p \text{ 为参数；}$$

又由 $p^3-4y^2=0$，得 $p=(4y^2)^{\frac{1}{3}}$，代入（*），得 $y=\dfrac{4}{27}x^3$ 也是方程的解.

例 22 某公司办公用品的月平均成本 C 与公司雇员人数 x 有如下关系：

$$C' = C^2 e^{-x} - 2C,$$

且 $C(0)=1$，求 $C(x)$.

解 方程 $C' = C^2 e^{-x} - 2C$ 可变形为：

$$C' + 2C = e^{-x} \cdot C^2,$$

这是 $\alpha = 2$ 的伯努利方程，令 $Z = C^{1-2} = C^{-1}$，方程可化为：$Z' - 2Z = -e^{-x}$，这是一阶非齐次线性微分方程，且 $P(x) = -2$，$Q(x) = -e^{-x}$，其通解为：

$$Z = e^{-\int -2dx}\left(\int (-e^{-x})e^{\int -2dx}dx + m\right) = e^{2x}\left(\int -e^{-3x}dx + m\right)$$
$$= e^{2x}\left(\frac{1}{3}e^{-3x}dx + m\right) = \frac{1}{3}e^{-x} + me^{2x}.$$

（为了与成本 C 区别，这里的任意常数用 m 表示）于是 $\frac{1}{C} = \frac{1}{3}e^{-x} + me^{2x}$，由已知 $C(0)=1$，可得：$m = \frac{2}{3}$，从而 $\frac{1}{C} = \frac{1}{3}e^{-x} + \frac{2}{3}e^{2x} = \frac{1+2e^{3x}}{3e^{x}}$，所以 $C(x) = \frac{3e^{x}}{1+2e^{3x}}$.

例 23 设 $R = R(t)$ 为小汽车的运行成本，$S = S(t)$ 为小汽车的转卖价值，它满足下列方程：

$$R' = \frac{a}{S},\ S' = -bS,$$

其中 a，b 为正的已知常数，若 $R(0)=0$，$S(0)=S_0$（购买成本），求 $R(t)$ 与 $S(t)$.

解 先解一阶线性方程 $S' = -bS$，求出 $S(t)$，分离变量，得 $\frac{dS}{S} = -b dt$，积分得 $S = C_1 e^{-bt}$，由已知条件 $S(0)=S_0$，可得 $C_1 = S_0$，所以 $S(t) = S_0 e^{-bt}$. 将 $S(t) = S_0 e^{-bt}$ 代入所给方程 $R' = \frac{a}{S}$，得 $R' = \frac{a}{S_0}e^{bt}$，积分得 $R(t) = \frac{a}{bS_0}e^{bt} + C_2$. 由已知条件 $R(0)=0$，得 $C_2 = -\frac{a}{bS_0}$，所以 $R(t) = \frac{a}{bS_0}e^{bt} - \frac{a}{bS_0}$.

例 24 设 $C = C(t)$ 为 t 时刻的消费水平，$I = I(t)$ 为 t 时刻的投资水平，$Y = Y(t)$ 为 t 时刻的国民收入，它们满足下列方程

$$\begin{cases} Y = C + I, \\ C = aY + b, & 0 < a < 1,\ b > 0,\ a,\ b \text{ 均为常数.} \\ I = kC', & k > 0 \text{ 为常数} \end{cases}$$

(1) 设 $Y(0) = Y_0$，求 $Y(t)$，$C(t)$，$I(t)$；

(2) 求极限 $\lim\limits_{t \to +\infty} \frac{Y(t)}{I(t)}$.

解 (1) 由 $C = aY + b$，得 $C' = aY'$，而 $I = kC' = kaY'$，于是 $Y = C + I = aY + b + akY'$，

即有$Y'+\frac{a-1}{ak}Y=-\frac{b}{ak}$，这是一阶非齐次线性微分方程，$P(t)=\frac{a-1}{ak}$，$Q(t)=-\frac{b}{ak}$，其通解为：

$$Y=e^{-\int\frac{a-1}{ak}dt}\left(\int-\frac{b}{ak}e^{\int\frac{a-1}{ak}dt}dt+m\right)=\frac{b}{1-a}+me^{\frac{1-a}{ak}t},$$

由$Y(0)=Y_0$，得$m=Y_0+\frac{b}{a-1}$，所以

$$Y(t)=\frac{b}{1-a}+\left(Y_0-\frac{b}{1-a}\right)e^{\frac{1-a}{ak}t}.$$

为了方便起见，记$Y_e=\frac{b}{1-a}$，$\mu=\frac{1-a}{ak}$，则

$$Y(t)=Y_e+(Y_0-Y_e)e^{\mu t},$$

于是

$$C(t)=aY+b=aY_e+a(Y_0-Y_e)e^{\mu t}+b=a(Y_0-Y_e)e^{\mu t}+Y_e,$$

$$I(t)=kC'=k\cdot a\mu(Y_0-Y_e)e^{\mu t}=k\cdot a\cdot\frac{1-a}{ka}(Y_0-Y_e)e^{\mu t}$$
$$=(1-a)(Y_0-Y_e)e^{\mu t}.$$

(2) $$\lim_{t\to+\infty}\frac{Y(t)}{I(t)}=\lim_{t\to+\infty}\frac{(Y_0-Y_e)e^{\mu t}+Y_e}{(1-a)(Y_0-Y_e)e^{\mu t}}$$
$$=\lim_{t\to+\infty}\left(\frac{1}{1-a}+\frac{Y_e}{(1-a)(Y_0-Y_e)}\cdot e^{-\mu t}\right)=\frac{1}{1-a}.$$

例 25 设$f(x)$在$[0,+\infty)$上连续，且$\lim\limits_{x\to+\infty}f(x)=0$，求证：方程$\frac{dy}{dx}+y=f(x)$的任意解$y=y(x)$均有$\lim\limits_{x\to+\infty}y(x)=0$.

证明 设$y=y(x)$为方程任一解，满足$y(x_0)=y_0$. 由常数变易法，有

$$y(x)=y_0e^{-(x-x_0)}+e^{-(x-x_0)}\int_{x_0}^{x}f(s)e^{s-x}ds,$$

于是

$$\lim_{x\to+\infty}y(x)=\lim_{x\to+\infty}\frac{y_0}{e^{x-x_0}}+\lim_{x\to\infty}\frac{\int_{x_0}^{x}f(s)e^{s-x_0}ds}{e^{x-x_0}}$$
$$=0+\begin{cases}0, & 若\int_{x_0}^{+\infty}f(s)e^{s-x_0}ds\ 收敛\\ \lim\limits_{x\to+\infty}\frac{f(s)e^{x-x_0}}{e^{x-x_0}}=0, & 若\int_{x_0}^{+\infty}f(s)e^{s-x_0}ds\ 发散\end{cases}.$$

Ⅳ 补充习题

一、选择题

1. 微分方程 $\frac{dy}{dx}=\frac{y^3}{1+xy^2}$ 是(　　).

A. 一阶线性齐次微分方程　　B. 一阶线性非齐次微分方程

C. 二阶微分方程　　D. 三阶微分方程

2. 若 y_1 和 y_2 是二阶齐次线性方程 $y''+P(x)y'+Q(x)y=0$ 的两个线性无关特解，c_1，c_2 为任意常数，则 $y=c_1y_1+c_2y_2$ (　　).

A. 是该方程的通解　　B. 是该方程的特解

C. 不是该方程的解　　D. 不一定是该方程的解

3. 下列方程中，(　　)是二阶微分方程.

A. $(y'')^3+x^2y'+xy+x^2=0$　　B. $(y')^2+3x^2y=x^3$

C. $y'''+3y''+3y'+y=0$　　D. $y'-y^2=\sin x$

4. 若 y_1 和 y_2 是二阶齐次线性方程 $y''+P(x)y'+Q(x)y=0$ 的两个特解，c_1，c_2 为任意常数，则 $y=c_1y_1+c_2y_2$ (　　).

A. 是该方程的通解　　B. 是该方程的特解

C. 是该方程的解　　D. 不一定是该方程的解

5. 微分方程 $\frac{dy}{dx}+\frac{y}{x}=\sin x$ 是(　　).

A. 可分离变量的微分方程　　B. 齐次微分方程

C. 一阶线性齐次微分方程　　D. 一阶线性非齐次微分方程

6. 设 y_0 是 $y''+py'+qy=0$ 的解，y_1 是 $y''+py'+qy=f(x)$ 的解，则下列哪个是方程 $y''+py'+qy=f(x)$ 的解(　　).

A. $y=y_1+y_0$　　B. $y=c_1y_1+c_2y_0$

C. $y=c_1y_1+y_0$　　D. 前三个均不是

7. 识别方程 $x(y')^2-2yy'+x=0$，它属于(　　).

A. 二阶微分方程　　B. 一阶微分方程

C. 一阶线性微分方程　　D. 可分离变量的微分方程

8. 微分方程 $y''-2y'=x$ 的特解 y^* 的形式为(　　).

A. ax　　B. $ax+b$　　C. ax^2　　D. ax^2+bx

9. 微分方程 $xyy''+x(y')^3-y^4y'=0$ 的阶数是(　　).

A. 2　　B. 3　　C. 4　　D. 5

10. 若 y_1 和 y_2 是二阶非齐次线性方程 $y''+P(x)y'+Q(x)y=f(x)$ 的两个解，c_1，c_2 为任意常数，则(　　)是二阶齐次线性方程 $y''+P(x)y'+Q(x)y=0$ 的解.

A. $y=c_1y_1+c_2y_2$，c_1，c_2 为任意常数　　B. $y=y_1+y_2$

C. $y=y_1-y_2$　　D. 以上均不对

11. 若 y_1 和 y_2 是二阶齐次线性方程 $y''+P(x)y'+Q(x)y=0$ 的两个特解，c_1，c_2 为任意常数，则 $y=c_1y_1+c_2y_2$（　　）.

A. 是该方程的通解　　B. 是该方程的特解

C. 是该方程的解　　D. 不一定是该方程的解

12. 下列方程中，设 y_1，y_2 是它的解，可以推知 y_1+y_2 也是它的解的方程是（　　）.

A. $y'+p(x)y+q(x)=0$　　B. $y''+p(x)y'+q(x)y=0$

C. $y''+p(x)y'+q(x)y=f(x)$　　D. $y''+p(x)y'+q(x)=0$

13. 已知曲线 $y=y(x)$ 经过原点，且在原点处的切线与直线 $2x+y+6=0$ 平行，而 $y(x)$ 满足微分方程 $y''-2y'+5y=0$，则曲线的方程为 $y=$（　　）.

A. $-e^x\sin 2x$　　B. $e^x(\sin 2x-\cos 2x)$

C. $e^x(\cos 2x-\sin 2x)$　　D. $e^x\sin 2x$

14. 微分方程 $y^2y'''+e^{-y^{(5)}}=x+\ln y$ 的通解一定包含（　　）个独立的任意常数.

A. 5　　B. 4

C. 至少 5　　D. 不超过 4

15. 方程 $(2x-1)\dfrac{dy}{dx}+(x^2+1)y-p(x)=0$ 是（　　）微分方程.

A. 一阶齐次线性　　B. 二阶齐次线性

C. 一阶非齐次线性　　D. 二阶非齐次线性

16. 下列哪项是微分方程 $y''=e^{3x}+\sin x$ 的通解（　　）.

A. $y=\dfrac{1}{9}e^{3x}-\sin x+C_1x$　　B. $y=\dfrac{1}{9}e^{3x}-\sin x+C_1x+C_2$

C. $y=\dfrac{1}{9}e^{3x}-\sin x$　　D. $y=\dfrac{1}{9}e^{3x}-\sin x+x$

17. 给定微分方程 $y^2y'''+e^{-y^{(5)}}=x+\ln y$ 的通解一定包含（　　）个独立的任意常数.

A. 5　　B. 4　　C. 至少 5　　D. 不超过 4

18. 方程 $(xy^2+x)y'+(y-x^2y)=0$ 是（　　）微分方程.

A. 一阶线性　　B. 二阶线性

C. 可降阶　　D. 可变量分离型

19. 若 $f(x)$ 为已知函数，微分方程（Ⅰ）的通解中恰好包含三个相互独立的任意常数，则微分方程（Ⅰ）为下列的（　　）.

A. $y^3\dfrac{d^2y}{dx^2}+f'''(x)e^x=0$　　B. $(y'')^3+y'-3x^3y=f(x^2y^3)$

C. $x^4y^2\dfrac{d^3x}{dy^3}-\dfrac{d^2x}{dy^2}+y=f(y)$　　D. $f'''(x)=y^3(x+y)$

20. 已知二阶常系数齐次线性微分方程 $y''+ay'+by=0$ 的通解为 $y=(C_1+C_2x)e^{-x}$，则下列成立的是（　　）.

A. $a=-2$，$b=1$　　B. $a=2$，$b=-1$

C. $a=-2$，$b=-1$　　D. $a=2$，$b=1$

二、填空题

1. $x(y''')^2+2x^2y'^2+x^3y=x^4+1$ 是________阶微分方程.

2. $xy'=4y$ 得通解为________.

3. 微分方程方程 $y'-2y=0$ 的通解为________.

4. 以 $y=C_1e^{2x}+C_2e^{3x}$（C_1、C_2 为任意常数）为通解的微分方程为________.

5. 若二阶常系数齐次线性微分方程有两个线性无关的特解 e^{r_1x}，e^{r_2x} 则其特征方程可能为________.

6. 若二阶常系数齐次线性微分方程的特征方程为 $r^2+3r-4=0$，则 $y_0=e^{-4x+1}-e^{x-2}$ (是、不是)该方程的解.

7. 函数 $y=\tan x$ 和 $y=e^3\cdot\sec x\cdot\sin x$ 是线性(相关、无关)的.

8. 方程 $x^3\dfrac{d^2x}{dt^2}+1=0$ 是(线性、非线性)微分方程.

9. 方程 $\dfrac{x}{y}\dfrac{dy}{dx}=f(xy)$ 经变换________,可以化为变量分离方程.

10. 微分方程 $\dfrac{d^3y}{dx^3}-y^2-x=0$ 满足条件 $y(0)=1$，$y'(0)=2$ 的解有________个.

11. 设常系数方程 $y''+\alpha y'+\beta y=\gamma e^x$ 的一个特解为 $y^*(x)=e^{2x}+e^x+xe^x$，则此方程的系数 $\alpha=$________，$\beta=$________，$\gamma=$________.

12. 可用________变换将伯努利方程 $\dfrac{dy}{dx}=x^3y+y^3$ 化为线性方程.

13. $y=1$ 是满足方程 $y'''+2y''+5y'+y=1$ 和初始条件______的唯一解.

14. 方程 $y^{(4)}-y=x^2$ 的待定特解可取__________的形式.

15. 已知 $y_1=e^x$ 和 $y_2=xe^x$ 是齐次二阶常系数微分方程的解,则该微分方程是________.

16. 方程 $\dfrac{dy}{dx}=x^2\tan y$ 的所有常数解是________.

17. 方程 $\dfrac{dy}{dx}=\sqrt{1-y^2}$ 过点 $\left(\dfrac{\pi}{2},1\right)$ 共有________个解.

18. 求微分方程 $y''+2y'=2x^2-1$ 的一个特解时,应设特解的形式为________.

19. 微分方程 $x\dfrac{dy}{dx}=y+x^2\sin x$ 的通解是________.

20. 以 $y=C_1xe^x+C_2e^x$ 为通解的二阶常数线性齐次分方程为________.

三、解答题

1. 求微分方程 $xy'+y=xe^x$ 的通解.

2. 求微分方程 $y''+2y'+y=0$ 的通解.

3. 求微分方程 $(xy^2+x)dx+(y-x^2y)dy=0$ 的通解.

4. 求微分方程 $y''+y'-2y=0$ 的通解.

5. 求微分方程 $\dfrac{dy}{dx}+y=e^{-x}$ 的通解.

6. 求方程 $y''-y=e^x$ 的通解.

7. 求微分方程 $\frac{dy}{dx}=xy$ 的通解.

8. 求方程 $y''+4y'+8y=0$ 的通解.

9. 求解微分方程 $y'+y\cos x=e^{-\sin x}$.

10. 求解微分方程 $y''+5y'+6y=2e^{-x}$.

11. 求解微分方程 $xy'+y=xe^x$.

12. 求解微分方程 $y''+5y'+6y=2e^{-x}$.

13. 求微分方程 $\frac{dy}{dx}=\frac{y}{x}+\tan\frac{y}{x}$ 的通解.

14. 求微分方程 $y''-7y'+6y=e^x$ 的通解.

15. 求方程 $y''+7y'+12y=0$ 的通解.

16. 求一阶线性微分方程 $(x-2)\frac{dy}{dx}=y+2(x-2)^3$ 的通解.

17. 求一阶线性微分方程 $y'+\frac{1}{x}y=\frac{\sin x}{x}$ 的通解.

18. 求一阶线性微分方程 $y'+\frac{1}{x}y=\frac{e^x}{x}$ 的通解.

19. 求方程 $y''+2y'-3y=0$ 的通解.

20. 求方程 $(1+x^2)\frac{d^2y}{dx^2}-2x\frac{dy}{dx}=0$ 的通解.

21. 求一阶线性微分方程 $(x-2)\frac{dy}{dx}=y+2(x-2)^3$ 的通解.

22. 求解一阶线性微分方程 $xy'\ln x+y=x(\ln x+1)$.

23. 求平面上过原点的曲线方程,该曲线上任一点的切线与切点和点(1, 0)的连线相互垂直.

24. 求解方程 $\frac{dy}{dx}=\frac{x+y-1}{x-y+3}$.

25. 求解方程 $x\frac{d^2x}{dt^2}+\left(\frac{dx}{dt}\right)^2=0$.

26. 解方程 $y'''-3y'+2y=x+2$.

27. 求方程 $y'=y+\sin x$ 的通解.

28. 验证微分方程 $(x^3+xy^2)dx+(x^2y+y^3)dy=0$ 是恰当方程,并求出它的通解.

29. 已知 $\int_0^1 f(tx)dt=\frac{1}{2}f(x)+1$,求 $f(x)$.

30. 设 $f(x)$ 为可微函数,解方程 $f(x)=e^x+e^x\int_0^x[f(t)]^2dt$.

31. $f(x)$ 在 $[0,+\infty)$ 上可导,$f(0)=1$,且满足 $f'(x)+f(x)-\frac{1}{x+1}\int_0^x f(t)dt=0$,求 $f'(x)$.

32. 设 $y=f(x)$ 是第一象限内连接 $A(0,1)$，$B(1,0)$ 的一段连续曲线，$M(x,y)$ 为其上任意一点，C 为 M 在 x 轴上投影，若梯形 $OCMA$ 的面积与曲边三角形 BCM 面积之和为 $\frac{x^3}{6}+\frac{1}{3}$，求 $f(x)$ 的表达式.

33. 求通过点 $(1,1)$ 的曲线方程 $y=f(x)$ $(f(x)>0)$，使此曲线在 $[1,x]$ 上所形成的曲边梯形面积的值等于曲线终点的横坐标 x 与纵坐标 y 之比的 2 倍减去 2，其中 $x\geqslant 1$.

34. 一半球状雪堆，其体积融化的速度与半球面面积 S 成正比，比例常数 $k>0$. 假设融化过程中雪堆始终保持半球状态，已知半径为 r_0 的雪堆在开始融化的 3 小时内，融化了体积的 $\frac{7}{8}$，问雪堆全部融化需要多少小时？

35. 某早晨开始下雪，且以恒定的速度不停地下，一台扫雪机从上午 8 点开始在路上扫雪，到 9 点前进了 2km，到 10 点前进了 3km，假定扫雪机每小时扫去积雪的体积为常数，问何时开始下雪？

36. 已知 $y_1=x^2$，$y_2=x+x^2$，$y_3=\mathrm{e}^x+x^2$ 都是 $(x-1)y''-xy'+y=-x^2+2x-2$ 的解，求这方程的通解.

37. 设函数 $\varphi(u)$ 可导，且 $\varphi(0)=1$，二元函数 $z=\varphi(x+y)\mathrm{e}^{xy}$ 满足 $\frac{\partial z}{\partial x}+\frac{\partial z}{\partial y}=0$，证明 $\varphi(u)=\mathrm{e}^{-\frac{u^2}{4}}$.

38. 已知 $y_1=x\mathrm{e}^x+\mathrm{e}^{2x}$，$y_2=x\mathrm{e}^x+\mathrm{e}^{-x}$，$y_3=x\mathrm{e}^x+\mathrm{e}^{2x}-\mathrm{e}^{-x}$ 是某二阶常系数线性非齐次微分方程的三个解，试求此微分方程.